Die Grundl  mathematischen

in Einzeldarstellungen
mit besonderer Berücksichtigung
der Anwendungsgebiete

Band 40

Herausgegeben von

J. L. Doob · E. Heinz · F. Hirzebruch · E. Hopf · H. Hopf
W. Maak · S. Mac Lane · W. Magnus · D. Mumford
M. M. Postnikov · F. K. Schmidt · D. S. Scott · K. Stein

Geschäftsführende Herausgeber

B. Eckmann und B. L. van der Waerden

D. Hilbert und P. Bernays

Grundlagen
der Mathematik I

Zweite Auflage

Springer-Verlag Berlin Heidelberg New York 1968

Prof. Dr. Paul Bernays

CH-8002 Zürich, Bodmerstr. 11

Geschäftsführende Herausgeber:

Prof. Dr. B. Eckmann

Eidgenössische Technische Hochschule Zürich

Prof. Dr. B. L. van der Waerden

Mathematisches Institut der Universität Zürich

ISBN 978-3-642-86895-5   ISBN 978-3-642-86894-8 (eBook)
DOI 10.1007/978-3-642-86894-8

Vorwort zur zweiten Auflage

Schon vor etlichen Jahren haben der verstorbene HEINRICH SCHOLZ und Herr F. K. SCHMIDT mir vorgeschlagen, eine zweite Auflage der „Grundlagen der Mathematik" vorzunehmen, und Herr G. HASENJAEGER war auch zu meiner Unterstützung bei dieser Arbeit auf einige Zeit nach Zürich gekommen. Es zeigte sich jedoch bereits damals, daß eine Einarbeitung der vielen im Gebiet der Beweistheorie hinzugekommenen Ergebnisse eine völlige Umgestaltung des Buches erfordert hätte. Erst recht kann bei der jetzt vorliegenden zweiten Auflage, zu der wiederum Herr F. K. SCHMIDT den Anstoß gab, nicht davon die Rede sein, den Inhalt dessen, was seither in der Beweistheorie erreicht worden ist, zur Darstellung zu bringen. Das ist auch um so weniger erforderlich, als in der Zwischenzeit verschiedene namhafte Lehrbücher erschienen sind, welche die Beweistheorie und die an sie grenzenden Fragengebiete behandeln.

Andererseits sind doch etliche Dinge in den „Grundlagen der Mathematik" eingehender auseinandergesetzt, als man sie anderwärts findet, was sich auch an der Nachfrage nach dem seit längerem vergriffenen Buche geltend macht. Unter diesen Umständen erschien es als tunlich, das Buch im wesentlichen in seiner bisherigen Form zu belassen und die Änderungen und Ergänzungen auf solche Punkte zu beschränken, die in engem Zusammenhang mit dem Inhalt der ersten Auflage stehen.

Es wurde auch darauf verzichtet, Änderungen in der Symbolik und in der Terminologie vorzunehmen. Was insbesondere die logische Symbolik betrifft, so sind ohnehin deren mehrere in Gebrauch, und es macht keine Schwierigkeit von der einen zu einer andern überzugehen. Die einführenden Paragraphen, die die Problemstellung entwickeln, wurden fast unverändert übernommen.

Für den vorliegenden ersten Band seien als inhaltliche Änderungen und Hinzufügungen (abgesehen von etlichen Korrekturen und Verbesserungen im einzelnen) die folgenden erwähnt:

1. Im Aussagenkalkul eine eingehendere Behandlung der disjunktiven Normalform; 2. die Darstellung der von G. HASENJAEGER gegebenen Beantwortung einer bezüglich des Systems (B) seinerzeit offen gebliebenen Abhängigkeitsfrage; 3. die Einarbeitung einer Bemerkung von G. KREISEL, wonach bei der Behandlung der Theorie der $<$-Beziehung mittels der rekursiven δ-Funktion die Heranziehung der Summe nicht erfordert wird; 4. eine Ergänzung betreffend die rekursive Darstellung

des Maximums; 5. die formale Vorführung des Nachweises von TH. SKO-
LEM für die Entbehrlichkeit der erweiterten Induktionsschemata; 6. die
Ersetzung des früheren sehr komplizierten Beweises für die Eliminierbarkeit der ι-Symbole durch einen einfacheren, auf einer Methode von
B. ROSSER beruhenden Beweis von G. HASENJAEGER; 7. eine Verdeut-
lichung der Ausführung über die Vertretbarkeit der rekursiven Funktionen im System (Z).

An der Disposition des Buches wurde keine Änderung vorgenommen,
im Hinblick darauf, daß das ausführliche Inhaltsverzeichnis eine hinlängliche Orientierung über den Inhalt und die Gedankengänge des
Buches liefert. Auf dieses Inhaltsverzeichnis sei der Leser besonders
hingewiesen.

Herr D. RÖDDING (Münster) hat ein Namenverzeichnis angelegt,
das Sachverzeichnis erweitert und ein System von Rückverweisungen
in der Form von Fußnoten zugefügt, durch welches vor allem eine ver-
besserte Möglichkeit gegeben werden soll, einzelne Partien des Buches
gesondert zu lesen. Ich sage ihm hierfür meinen besten Dank.

Herrn GISBERT HASENJAEGER und Herrn GEORG KREISEL bin ich
dankbar für das, was sie zum Inhalt der neuen Auflage beigetragen haben.
In dem neuen Beweis für die Elimination der ι-Symbole ist die Arbeit
zur Verwertung gekommen, die Herr HASENJAEGER seinerzeit hier für
das Grundlagenbuch leistete.

Dankbar gedenke ich der stets wachen Teilnahme von HEINRICH
SCHOLZ an den Arbeiten zu dieser Neuauflage und des Interesses, das
Herr F. K. SCHMIDT der Durchführung ständig entgegenbrachte.

Herrn GERT MÜLLER danke ich von Herzen für das Vielseitige, das
er zu der Herstellung der neuen Auflage beigetragen hat. Herrn DIRK
SIEFKES (Heidelberg) danke ich herzlich für seine wertvolle Beteiligung
bei den Korrekturen und speziell auch für die Ausführung der Ergänzungen im Sachverzeichnis. Herrn WALTER ZAUGG danke ich aufs beste
für seine Hilfe bei der Niederschrift und Ausführung der Korrekturen.

Dem Verlage Springer bin ich für etliches freundliches Entgegen-
kommen dankbar, und im Hinblick auf das Vergangene besonders dafür,
daß er auch in den schweren Zeiten die Verbindung mit mir aufrechterhalten hat.

Zürich, im August 1968

P. BERNAYS

Zur Einführung

Die Leitgedanken meiner Untersuchungen über die Grundlagen der Mathematik, die ich — anknüpfend an frühere Ansätze — seit 1917 in Besprechungen mit P. Bernays wieder aufgenommen habe, sind von mir an verschiedenen Stellen eingehend dargelegt worden.

Diesen Untersuchungen, an denen auch W. Ackermann beteiligt ist, haben sich seither noch verschiedene Mathematiker angeschlossen.

Der hier in seinem ersten Teil vorliegende, von Bernays abgefaßte und noch fortzusetzende Lehrgang bezweckt eine Darstellung der Theorie nach ihren heutigen Ergebnissen.

Dieser Ergebnisstand weist zugleich die Richtung für die weitere Forschung in der Beweistheorie auf das Endziel hin, unsere üblichen Methoden der Mathematik samt und sonders als widerspruchsfrei zu erkennen.

Im Hinblick auf dieses Ziel möchte ich hervorheben, daß die zeitweilig aufgekommene Meinung, aus gewissen neueren Ergebnissen von Gödel folge die Undurchführbarkeit meiner Beweistheorie, als irrtümlich erwiesen ist. Jenes Ergebnis zeigt in der Tat auch nur, daß man für die weitergehenden Widerspruchsfreiheitsbeweise den finiten Standpunkt in einer schärferen Weise ausnutzen muß, als dieses bei der Betrachtung der elementaren Formalismen erforderlich ist.

Göttingen, im März 1934

Hilbert

Vorwort zur ersten Auflage

Eine Darstellung der Beweistheorie, welche aus dem Hilbertschen Ansatz zur Behandlung der mathematisch-logischen Grundlagenprobleme erwachsen ist, wurde schon seit längerem von Hilbert angekündigt.

Die Ausführung dieses Vorhabens hat eine wesentliche Verzögerung dadurch erfahren, daß in einem Stadium, in dem die Darstellung schon ihrem Abschluß nahe war, durch das Erscheinen der Arbeiten von Herbrand und von Gödel eine veränderte Situation im Gebiet der Beweistheorie entstand, welche die Berücksichtigung neuer Einsichten zur Aufgabe machte. Dabei ist der Umfang des Buches angewachsen, so daß eine Teilung in zwei Bände angezeigt erschien.

Über den Inhalt und Gedankengang des vorliegenden ersten Bandes gibt ein ausführliches Inhaltsverzeichnis Auskunft.

Hier sei besonders darauf hingewiesen, daß der logische Formalismus in den §§ 3—4 ganz von Anfang entwickelt wird. Die Behandlung unterscheidet sich gegenüber derjenigen in dem Buche von HILBERT und ACKERMANN: „Grundzüge der theoretischen Logik" (1928) vor allem in Hinsicht auf den Aussagenkalkul. Bei dem weiteren Kalkul hat insbesondere die Einsetzungsregel, deren bisherige Formulierung nicht genügend deutlich war[1], eine genauere Fassung erhalten.

Ebensowenig wie aus dem Gebiet der Logistik werden aus mathematischen Gebieten spezielle Vorkenntnisse vorausgesetzt.

In dieser Hinsicht möge sich ein Leser, der mit den Grundlagen der Geometrie oder vielleicht auch mit den Grundlagen der Analysis nicht näher vertraut ist, durch die im § 1 stehenden Hinweise auf HILBERTs „Grundlagen der Geometrie" und die im § 2 ausgeführte Betrachtung über die Methoden der Analysis nicht abschrecken lassen. Die beiden ersten Paragraphen dienen im wesentlichen nur der Einführung in die Problemstellung, während der eigentliche systematische Aufbau erst mit dem § 3 beginnt.

Für die §§ 7 und 8 ist allerdings eine gewisse Vertrautheit mit den Elementen der Zahlentheorie erwünscht.

Bei der Niederschrift der §§ 4—7 haben Herr ARNOLD SCHMIDT und Herr KURT SCHÜTTE durch Begutachtung und Vorschläge mitgewirkt. Ich spreche ihnen hierfür meinen herzlichen Dank aus. Herrn ARNOLD SCHMIDT danke ich noch ganz besonders für die sorgsame Mitarbeit an den Korrekturen, bei denen er mich durch mannigfache Ratschläge unterstützt hat.

Göttingen, im März 1934

P. BERNAYS

---

[1] Das Erfordernis einer deutlicheren Fassung dieser Regel ist besonders stark hervorgetreten durch die Kritik, welche H. SCHOLZ in seiner „Logistik" (Vorlesungen 1932—1933) an ihr geübt hat. Diese Kritik beruht auf einer von dem intendierten Sinn der Regel abweichenden Interpretation, welche durch die Ungenauigkeit der bisherigen Formulierung verursacht ist.

Inhaltsverzeichnis

§ 1. Das Problem der Widerspruchsfreiheit in der Axiomatik als logisches Entscheidungsproblem.

Der Stand der Forschungen im Gebiete der Grundlagen der Mathematik, an den unsere Ausführungen anknüpfen, wird durch die Ergebnisse von dreierlei Untersuchungen gekennzeichnet:

1. der Ausbildung der axiomatischen Methode, insbesondere an Hand der Grundlagen der Geometrie,

2. der Begründung der Analysis nach der heutigen strengen Methode durch die Zurückführung der Größenlehre auf die Lehre von Zahlen und Zahlenmengen,

3. der Untersuchungen zur Grundlegung der Zahlen- und Mengenlehre.

An den hierdurch erreichten Standpunkt knüpft sich auf Grund einer verschärften methodischen Anforderung eine weitergehende Aufgabestellung, bei der es sich um eine neue Art der Auseinandersetzung mit dem Problem des Unendlichen handelt. Wir wollen auf diese Problemstellung von der Betrachtung der Axiomatik aus hinführen.

Der Terminus ,,axiomatisch" wird teils in weiterem, teils in engerem Sinne gebraucht. In der weitesten Bedeutung des Wortes nennen wir die Entwicklung einer Theorie axiomatisch, wenn die Grundbegriffe und Grundvoraussetzungen als solche an die Spitze gestellt werden und aus ihnen der weitere Inhalt der Theorie mit Hilfe von Definitionen und Beweisen logisch abgeleitet wird. In diesem Sinne ist die Geometrie von EUKLID, die Mechanik von NEWTON, die Thermodynamik von CLAUSIUS axiomatisch begründet worden.

Eine Verschärfung, welche der axiomatische Standpunkt in HILBERTS ,,Grundlagen der Geometrie" erhalten hat, besteht darin, daß man von dem sachlichen Vorstellungsmaterial, aus dem die Grundbegriffe einer Theorie gebildet sind, in dem axiomatischen Aufbau der Theorie nur dasjenige beibehält, was als Extrakt in den Axiomen formuliert ist, von allem sonstigen Inhalt aber abstrahiert. Bei der Axiomatik in der engsten Bedeutung kommt noch als weiteres Moment die *existentiale Form* hinzu. Durch diese unterscheidet sich *die axiomatische Methode* von der *konstruktiven* oder *genetischen* Methode der Begründung einer Theorie[1]. Während bei der konstruktiven Methode die

---

[1] Vgl. zu dieser Gegenüberstellung den Anhang VI von HILBERTS Grundlagen der Geometrie: Über den Zahlbegriff, 1900.

Gegenstände der Theorie bloß als eine *Gattung* von Dingen[1] eingeführt werden, hat man es in einer axiomatischen Theorie mit einem festen System von Dingen (bzw. mehreren solchen Systemen) zu tun, welches einen von vornherein *abgegrenzten Bereich von Subjekten* für alle Prädikate bildet, aus denen sich die Aussagen der Theorie zusammensetzen.

In der Voraussetzung einer solchen Totalität des „Individuen-Bereiches" liegt — abgesehen von den trivialen Fällen, in denen eine Theorie es ohnehin nur mit einer endlichen, festbegrenzten Gesamtheit von Dingen zu tun hat — eine idealisierende Annahme, die zu den durch die Axiome formulierten Annahmen hinzutritt.

Charakteristisch ist für die verschärfte Form der Axiomatik, wie sie sich durch die Abstraktion vom Sachgehalt und durch die existentiale Fassung ergibt — wir wollen sie kurz die „formale Axiomatik" nennen —, daß sie einen *Nachweis der Widerspruchsfreiheit* erforderlich macht, während die inhaltliche Axiomatik ihre Grundbegriffe durch den Hinweis auf bekannte Erlebnisse einführt und ihre Grundsätze entweder als evidente Tatsachen hinstellt, die man sich klarmachen kann, oder sie als Extrakt von Erfahrungskomplexen formuliert und damit dem Glauben Ausdruck gibt, daß man Gesetzen der Natur auf die Spur gekommen ist, zugleich in der Absicht, diesen Glauben durch den Erfolg der Theorie zu stützen.

Auch die formale Axiomatik bedarf sowohl zur Verfolgung der Deduktionen wie für den Nachweis der Widerspruchsfreiheit jedenfalls gewisser Evidenzen, aber mit dem wesentlichen Unterschied, daß diese Art von Evidenz nicht auf einer besonderen Erkenntnisbeziehung zu dem jeweiligen Sachgebiet beruht, vielmehr für jedwede Axiomatik ein und dieselbe ist, nämlich diejenige primitive Erkenntnisweise, welche die Vorbedingung für jede exakte theoretische Forschung überhaupt bildet. Wir werden diese Art der Evidenz noch näher zu betrachten haben.

Für die richtige Würdigung des Verhältnisses von inhaltlicher und formaler Axiomatik in ihrer Bedeutung für die Erkenntnis sind vor allem folgende Gesichtspunkte zu beachten:

Die formale Axiomatik bedarf der inhaltlichen notwendig als ihrer Ergänzung, weil durch diese überhaupt erst die Anleitung zur Auswahl der Formalismen und ferner für eine vorhandene formale Theorie auch erst die Anweisung zu ihrer Anwendung auf ein Gebiet der Tatsächlichkeit gegeben wird.

Andrerseits können wir bei der inhaltlichen Axiomatik deshalb nicht stehenbleiben, weil wir es in der Wissenschaft, wenn nicht durchweg, so doch vorwiegend mit solchen Theorien zu tun haben, die gar nicht vollkommen den wirklichen Sachverhalt wiedergeben, sondern eine

---

[1] Von BROUWER und seiner Schule wird in diesem Sinne das Wort „species" gebraucht.

vereinfachende Idealisierung des Sachverhaltes darstellen und darin ihre Bedeutung haben. Eine derartige Theorie kann gar nicht durch Berufung auf die evidente Wahrheit ihrer Axiome oder auf Erfahrung ihre Begründung erhalten, vielmehr kann diese Begründung nur in dem Sinne geschehen, daß die in der Theorie vollzogene Idealisierung, d. h. die Extrapolation, durch welche die Begriffsbildungen und Grundsätze der Theorie die Reichweite entweder der anschaulichen Evidenz oder der Erfahrungsdaten überschreitet, als eine widerspruchsfreie eingesehen wird. Für diese Erkenntnis der Widerspruchsfreiheit nützt uns auch die Berufung auf die approximative Gültigkeit der Grundsätze nichts, denn ein Widerspruch kann ja gerade dadurch zustande kommen, daß eine Beziehung als strikte gültig angenommen wird, die nur in eingeschränktem Sinne besteht.

Wir sind also genötigt, die Widerspruchsfreiheit von theoretischen Systemen losgelöst von der Betrachtung der Tatsächlichkeiten zu untersuchen, und damit befinden wir uns bereits auf dem Standpunkt der formalen Axiomatik.

Was nun die bisherige Behandlung dieses Problems betrifft, so geschieht diese sowohl bei der Geometrie wie bei den physikalischen Disziplinen durch die *Methode der Arithmetisierung:* Man repräsentiert die Gegenstände der Theorie durch Zahlen oder Zahlensysteme und die Grundbeziehungen durch Gleichungen und Ungleichungen derart, daß auf Grund dieser Übersetzung die Axiome der Theorie entweder in arithmetische Identitäten bzw. beweisbare Sätze übergehen, wie es bei der Geometrie der Fall ist, oder aber, wie bei der Physik, in ein System von Bedingungen, deren gemeinsame Erfüllbarkeit sich auf Grund arithmetischer Existenzsätze erweisen läßt. Bei diesem Verfahren wird die Arithmetik, d. h. die Theorie der reellen Zahlen (die Analysis) als gültig vorausgesetzt, und wir kommen so zu der Frage, welcher Art diese Geltung ist.

Ehe wir uns aber mit dieser Frage beschäftigen, wollen wir zusehen, ob es nicht eine direkte Art gibt, das Problem der Widerspruchsfreiheit in Angriff zu nehmen. Wir wollen uns überhaupt einmal die Struktur dieses Problems deutlich vor Augen führen. Zugleich wollen wir uns bei dieser Gelegenheit schon mit der *logischen Symbolik* etwas vertraut machen, die sich für den vorliegenden Zweck als sehr nützlich erweist und die wir im folgenden eingehender zu betrachten haben werden.

Als Beispiel einer Axiomatik nehmen wir die *Geometrie der Ebene,* und zwar mögen der Einfachheit halber nur die Axiome für die Geometrie der Lage (welche in HILBERTS „Grundlagen der Geometrie" als „Axiome der Verknüpfung" und „Axiome der Anordnung" aufgeführt werden) nebst dem Parallelen-Axiom in Betracht gezogen werden. Dabei empfiehlt es sich für unseren Zweck, von dem HILBERTschen Axiomensystem darin abzuweichen, daß wir nicht die Punkte und die Geraden als zwei Systeme von Dingen zugrunde legen, sondern *nur die Punkte als Individuen nehmen.* An die Stelle der Beziehung „die Punkte x und y bestimmen die Gerade g" tritt dann eine Beziehung zwischen *drei* Punkten: „x, y, z liegen auf einer Geraden", für die wir die Bezeichnung $Gr(x, y, z)$ anwenden. Zu dieser Beziehung kommt als zweite Grundbeziehung die des Zwischenliegens: „x liegt zwischen y und z", die wir mit $Zw(x, y, z)$ bezeichnen[1]. Ferner tritt in den Axiomen, als ein zur Logik gehöriger Begriff die Identität von x mit y auf, für die wir das übliche Gleichheitszeichen $x = y$ anwenden.

Zur symbolischen Darstellung der Axiome brauchen wir nun noch die logischen Zeichen, und zwar erstens die Zeichen für Allgemeinheit und Existenz: Ist $P(x)$ ein auf das Ding x bezügliches Prädikat, so bedeutet $(x) P(x)$: „Alle x haben die Eigenschaft $P(x)$", und $(Ex) P(x)$: „Es gibt ein x von der Eigenschaft $P(x)$". (x) heißt das „Allzeichen", (Ex) das „Seinszeichen". Das Allzeichen und das Seinszeichen kann ebenso wie auf x auch auf irgendeine andere Variable y, z, u bezogen sein. Die zu einem solchen Zeichen gehörige Variable wird durch dieses Zeichen „gebunden", entsprechend wie die Integrationsvariable durch das Integrationszeichen, so daß die Gesamtaussage nicht von einem Werte der Variablen abhängt.

Als weitere logische Zeichen kommen hinzu die Zeichen für die Negation und für die Satzverbindungen. Die Negation einer Aussage bezeichnen wir durch Überstreichen. Dabei soll im Falle eines in der Aussage voranstehenden Allzeichens oder Seinszeichens der Negationsstrich nur über dieses Zeichen gesetzt werden, und anstatt $\overline{x = y}$ werde kürzer „$x \neq y$" geschrieben. Das Zeichen & („und") zwischen zwei Aussagen bedeutet, daß beide Aussagen zutreffen („Konjunktion"). Das Zeichen V („oder" im Sinne von „vel") zwischen zwei Aussagen bedeutet, daß mindestens eine der beiden Aussagen zutrifft („Disjunktion").

Das Zeichen → zwischen zwei Aussagen bedeutet, daß das Zutreffen der ersten das Zutreffen der zweiten nach sich zieht, oder mit anderen Worten, daß die erste Aussage nicht zutrifft, ohne daß auch die zweite zutrifft („Implikation"). Eine Implikation $\mathfrak{A} \to \mathfrak{B}$ zwischen zwei Aussagen $\mathfrak{A}$, $\mathfrak{B}$ ist demnach nur dann falsch, wenn $\mathfrak{A}$ wahr und $\mathfrak{B}$ falsch ist; sonst ist sie wahr.

Die Verbindung des Zeichens der Implikation mit dem Allzeichen ergibt die Darstellung der allgemeinen hypothetischen Sätze. Z.B. stellt eine Formel

$$(x)\,(y)\,(\mathfrak{A}(x, y) \;\to\; \mathfrak{B}(x, y)),$$

---

[1] Das Verfahren, die Punkte allein als Individuen zu nehmen, ist insbesondere in der Axiomatik von Oswald Veblen „A system of axioms for geometry" [Trans. Amer. Math. Soc. Bd. 5 (1904) S. 343—384] zur Durchführung gebracht. Hier werden überdies alle geometrischen Beziehungen mit Hilfe der „Zwischen"-Beziehung definiert.

worin $\mathfrak{A}(x, y)$, $\mathfrak{B}(x, y)$ die Darstellungen gewisser Beziehungen zwischen x und y sind, den Satz dar: „Wenn $\mathfrak{A}(x, y)$ besteht, so besteht $\mathfrak{B}(x, y)$", oder auch: „für jedes Paar von Individuen x, y, für welches $\mathfrak{A}(x, y)$ besteht, besteht auch $\mathfrak{B}(x, y)$"[1].

Zur Zusammenfassung von Formelbestandteilen wenden wir in üblicher Weise Klammern an. Dabei soll zur Ersparung von Klammern festgesetzt werden, daß für die Trennung von symbolischen Ausdrücken → den Vorrang hat vor & und V, & vor V, und daß →, &, V alle den Vorrang haben vor den Allzeichen und den Seinszeichen. Wo keine Mehrdeutigkeit in Betracht kommt, lassen wir die Klammern weg, z. B. schreiben wir an Stelle des Ausdruckes

$$(x)\,((E\,y)\ R(x, y)),$$

worin $R(x, y)$ irgendeine Beziehung zwischen x und y bezeichnet, einfach $(x)\,(E\,y)\ R(x, y)$, da hier nur die eine Lesart in Betracht kommt: „zu jedem x gibt es ein y, für welches die Beziehung $R(x, y)$ besteht." —

Nunmehr sind wir in der Lage, das betrachtete Axiomsystem in Formeln aufzuschreiben. Zur Erleichterung soll bei den ersten Axiomen die sprachliche Fassung hinzugefügt werden.

Die Abgrenzung der Axiome entspricht nicht völlig derjenigen in HILBERTs „Grundlagen der Goemetrie". Es soll deshalb bei jeder Axiomgruppe die Beziehung der hier in Formeln aufgestellten Axiome zu den HILBERTschen Axiomen angegeben werden[2].

I. Axiome der Verknüpfung.

1) $(x)\,(y)\ Gr(x, x, y)$

„x, x, y liegen stets auf einer Geraden."

2) $(x)\,(y)\,(z)\ (Gr(x, y, z)\ →\ Gr(y, x, z)\ \&\ Gr(x, z, y))$.

„Wenn x, y, z auf einer Geraden liegen, so liegen stets auch y, x, z sowie auch x, z, y auf einer Geraden."

3) $(x)\,(y)\,(z)\,(u)\ (Gr(x, y, z)\ \&\ Gr(x, y, u)\ \&\ x \neq y\ →\ Gr(x, z, u))$.

„Wenn x, y, verschiedene Punkte sind und wenn x, y, z sowie x, y, u auf einer Geraden liegen, so liegen stets auch x, z, u auf einer Geraden."

4) $(E\,x)\,(E\,y)\,(E\,z)\ \overline{Gr(x, y, z)}$.

„Es gibt Punkte x, y, z, die nicht auf einer Geraden liegen."

Von diesen Axiomen treten 1) und 2) — auf Grund des geänderten Geraden-Begriffes — an die Stelle des Axioms I 1, 3) entspricht dem Axiom I 2, und 4) dem zweiten Teil des Axioms I 3.

---

[1] Von dem Verhältnis der hier definierten Disjunktion und Implikation zu den im üblichen Sinne disjunktiven und hypothetischen Aussagen-Verknüpfungen wird im § 3 noch die Rede sein.

[2] Diese Angaben sind speziell für die Kenner von HILBERTs „Grundlagen der Geometrie" bestimmt und beziehen sich auf die 7. Auflage.

II. Axiome der Anordnung.

1) $(x)\,(y)\,(z)\,\overline{(Zw\,(x,\,y,\,z)\,\to\,Gr\,(x,\,y,\,z))}$

2) $(x)\,(y)\,\overline{Zw\,(x,\,y,\,y)}$.

3) $(x)\,(y)\,(z)\,(Zw\,(x,\,y,\,z)\,\to\,Zw\,(x,\,z,\,y)\,\&\,\overline{Zw\,(y,\,x,\,z)})$.

4) $(x)\,(y)\,(x \neq y\,\to\,(Ez)\,Zw\,(x,\,y,\,z))$.

„Wenn x und y verschiedene Punkte sind, so gibt es stets einen Punkt z derart, daß x zwischen y und z liegt."

5) $(x)\,(y)\,(z)\,(u)\,(v)\,\big(\overline{Gr\,(x,\,y,\,z)}\,\&\,Zw\,(u,\,x,\,y)\,\&\,\overline{Gr\,(v,\,x,\,y)}$

$\&\,\overline{Gr\,(z,\,u,\,v)}\,\to\,(Ew)\,\{Gr\,(u,\,v,\,w)\,\&\,Zw\,(w,\,x,\,z)\,\vee\,Zw\,(w,\,y,\,z)\}\big)$.

1) und 2) bilden zusammen den ersten Teil des HILBERTschen Axioms II 1; 3) vereinigt den letzten Teil des HILBERTschen Axioms II 1 mit II 3; 4) ist das Axiom II 2, und 5) das Axiom der ebenen Anordnung II 4.

III. Parallelen-Axiom.

Da wir die Kongruenz-Axiome beiseite lassen, so müssen wir hier dem Parallelen-Axiom die erweiterte Fassung geben: „Zu jeder Geraden gibt es durch einen ausserhalb gelegenen Punkt stets eine und nur eine sie nicht schneidende Gerade[1]."

Zur Erleichterung der symbolischen Formulierung werde das Symbol

$$Par\,(x,\,y;\,u,\,v)$$

als Abkürzung angewendet für den Ausdruck:

$$\overline{(Ew)}\,(Gr\,(x,\,y,\,w)\,\&\,Gr\,(u,\,v,\,w))$$

„Es gibt keinen Punkt w, der sowohl mit x und y wie mit u und v auf einer Geraden liegt".

Das Axiom lautet dann:

$$(x)(y)(z)\big(\overline{Gr(x,y,z)}\,\to\,(Eu)\{Par(x,y;z,u)\&(v)(Par(x,y;z,v)\to Gr(z,u,v))\}\big).$$

Denken wir uns die aufgezählten Axiome der Reihe nach durch & verbunden, so erhalten wir eine einzige logische Formel, welche eine Aussage über die Prädikate Gr, Zw darstellt und die wir mit

$$\mathfrak{A}\,(Gr,\,Zw)$$

bezeichnen wollen.

In entsprechender Weise können wir einen Lehrsatz der ebenen Geometrie, welcher nur die Lagen- und Anordnungsbeziehungen betrifft, durch eine Formel

$$\mathfrak{S}\,(Gr,\,Zw)$$

darstellen.

Diese Darstellung entspricht aber noch der inhaltlichen Axiomatik, bei welcher die Grundbeziehungen als etwas in der Erfahrung oder in

---

[1] Vgl. in HILBERTS Grundlagen der Geometrie S. 83.

anschaulicher Vorstellung Aufweisbares und somit inhaltlich Bestimmtes angesehen werden, worüber die Sätze der Theorie Behauptungen enthalten.

In der formalen Axiomatik dagegen werden die Grundbeziehungen nicht als von vornherein inhaltlich bestimmt angenommen, vielmehr erhalten sie erst implizite ihre Bestimmung durch die Axiome; und es wird auch in allen Überlegungen einer axiomatischen Theorie nur dasjenige von den Grundbeziehungen benutzt, was in den Axiomen ausdrücklich formuliert ist.

Wenn somit in der axiomatischen Geometrie die der anschaulichen Geometrie entsprechenden Beziehungsnamen wie „liegen auf", „zwischen" für die Grundbeziehungen gebraucht werden, so geschieht das nur als eine Konzession an das Gewohnte und um die Anknüpfung der Theorie an die anschaulichen Tatsachen zu erleichtern. In Wahrheit aber haben für die formale Axiomatik die Grundbeziehungen die Rolle von *variablen* Prädikaten.

Dabei verstehen wir „Prädikat" hier sowie im folgenden stets in dem weiteren Sinne, daß auch Prädikate mit zwei oder mehreren Subjekten inbegriffen sind. Je nach der Anzahl der Subjekte sprechen wir von „einstelligen", „zweistelligen" . . . Prädikaten.

In dem von uns betrachteten Teil der axiomatischen Geometrie handelt es sich um zwei variable dreistellige Prädikate

$$R(x, y, z), \quad S(x, y, z).$$

Das Axiomensystem besteht in einer Anforderung an zwei solche Prädikate, welche sich ausdrückt durch die logische Formel $\mathfrak{A}(R, S)$, die wir aus $\mathfrak{A}(Gr, Zw)$ erhalten, indem wir $Gr(x, y, z)$ durch $R(x, y, z)$, $Zw(x, y, z)$ durch $S(x, y, z)$ ersetzen. In dieser Formel tritt neben den variablen Prädikaten noch die inhaltlich zu deutende Identitätsbeziehung $x = y$ auf. Daß wir diese in inhaltlicher Bestimmtheit zulassen, ist nicht etwa ein Verstoß gegen unseren methodischen Standpunkt. Denn die Inhaltsbestimmung der Identität — die im eigentlichen Sinne überhaupt gar keine Beziehung ist — wird ja nicht dem besonderen Vorstellungskreis des axiomatisch zu untersuchenden Sachgebietes entnommen, sondern betrifft lediglich die Sonderung der Individuen, die mit der Zugrundelegung eines Individuenbereiches jedenfalls als gegeben angenommen werden muß.

Einem Satz von der Form $\mathfrak{S}(Gr, Zw)$ entspricht im Sinne dieser Auffassung die Feststellung logischen Inhalts, daß für *irgendwelche* Prädikate $R(x, y, z)$, $S(x, y, z)$, die der Anforderung $\mathfrak{A}(R, S)$ genügen, auch die Beziehung $\mathfrak{S}(R, S)$ besteht, daß also für irgend zwei Prädikate $R(x, y, z)$, $S(x, y, z)$ die Formel

$$\mathfrak{A}(R, S) \to \mathfrak{S}(R, S)$$

eine wahre Aussage darstellt. Ein geometrischer Satz wird auf diese Weise transformiert in einen Satz der reinen Prädikaten-Logik.

Ganz entsprechend stellt sich von diesem Standpunkt auch die Frage der Widerspruchsfreiheit als ein Problem der reinen Prädikaten-Logik dar. Nämlich es handelt sich darum, ob zwei dreistellige Prädikate $R(x, y, z)$, $S(x, y, z)$ den in der Formel $\mathfrak{A}(R, S)$ zusammengefaßten Bedingungen genügen können[1] oder ob im Gegenteil die Annahme, daß die Formel $\mathfrak{A}(R, S)$ für ein gewisses Prädikatenpaar erfüllt ist, zu einem Widerspruch führt, so daß also allgemein für jedes Prädikatenpaar R, S die Formel $\overline{\mathfrak{A}(R, S)}$ eine richtige Aussage darstellt.

Eine solche Frage wie die hier vorliegende fällt unter das „*Entscheidungsproblem*". Hierunter versteht man in der neueren Logik das Problem der Auffindung allgemeiner Methoden zur Entscheidung über die „Allgemeingültigkeit" bzw. über die „Erfüllbarkeit" logischer Formeln[2].

Dabei sind die zu untersuchenden Formeln solche, die aus Prädikaten-Variablen und Gleichungen — nebst den an den Subjektstellen stehenden Variablen, welche wir als „Individuen-Variablen" bezeichnen — mit Hilfe der logischen Zeichen zusammengesetzt sind, wobei jede der Individuen-Variablen durch ein Allzeichen oder ein Seinszeichen gebunden ist.

Eine Formel dieser Art heißt allgemeingültig, wenn sie für *jede* Bestimmung der variablen Prädikate eine wahre Aussage darstellt, sie heißt erfüllbar, wenn sie bei *geeigneter* Bestimmung der variablen Prädikate eine wahre Aussage darstellt.

Einfache Beispiele von allgemeingültigen Formeln sind folgende:

$$(x) F(x) \mathbin{\&} (x) G(x) \;\to\; (x)(F(x) \mathbin{\&} G(x))$$
$$(x) P(x, x) \to (x)(E y) P(x, y)$$
$$(x)(y)(z)(P(x, y) \mathbin{\&} y = z \;\to\; P(x, z)).$$

Beispiele erfüllbarer Formeln sind:

$$(E x) F(x) \mathbin{\&} (E x) \overline{F(x)}$$
$$(x)(y)(P(x, y_{/} \mathbin{\&} P(y, x) \;\to\; x = y)$$
$$(x)(E y) P(x, y) \mathbin{\&} (E y)(x) \overline{P(x, y)}.$$

Diese ergeben z. B. für den Individuenbereich der Zahlen 1, 2 wahre Aussagen, wenn in der ersten Formel für $F(x)$ das Prädikat „x ist geradzahlig", in der zweiten Formel für $P(x, y)$ das Prädikat $x \leqq y$, in der dritten Formel für $P(x, y)$ das Prädikat $x \leqq y \mathbin{\&} y \neq 1$ gesetzt wird.

Zu beachten ist, daß man zugleich mit der Bestimmung der Prädikate auch den *Individuenbereich* festzulegen hat, auf den sich die Varia-

---

[1] Diese hier noch unscharfe Form der Fragestellung wird später verschärft werden.

[2] Diese Erklärung trifft allerdings nur für das Entscheidungsproblem in engerer Bedeutung zu. Auf die weitere Fassung des Entscheidungsproblems brauchen wir in diesem Zusammenhang nicht einzugehen.

blen x, y, ... beziehen sollen. Dieser geht gewissermaßen als *versteckte Variable* in die logische Formel ein. Allerdings verhält sich die logische Formel in bezug auf ihre Erfüllbarkeit invariant gegenüber einer umkehrbar eindeutigen Abbildung des Individuenbereiches auf einen anderen, da ja die Individuen nur als variable Subjekte in den Formeln auftreten, und somit ist die einzige wesentliche Bestimmung des Individuenbereiches die *Anzahl der Individuen.*

Wir haben demnach betreffs der Allgemeingültigkeit und Erfüllbarkeit folgende Fragen zu unterscheiden:

1. Die Frage nach der Allgemeingültigkeit für *jeden* Individuenbereich bzw. der Erfüllbarkeit für *irgendeinen* Individuenbereich.

2. Die Frage nach der Allgemeingültigkeit bzw. Erfüllbarkeit bei gegebener Anzahl der Individuen.

3. Die Frage, für welche Anzahlen von Individuen Allgemeingültigkeit bzw. Erfüllbarkeit besteht.

Bemerkt sei, daß man gut tut, die Individuenzahl 0 grundsätzlich auszuschließen, da die 0-zahligen Individuenbereiche formal eine Sonderstellung einnehmen und da andererseits ihre Betrachtung trivial und für die Anwendungen wertlos ist[1].

Des weiteren hat man zu beachten, daß es bei der Bestimmung eines Prädikates nur auf seinen „Wertverlauf" ankommt, das heißt darauf, für welche Werte der (an den Subjektstellen auftretenden) Variablen das Prädikat zutrifft bzw. nicht zutrifft („wahr" bzw. „falsch" ist).

Dieser Umstand hat zur Folge, daß für eine *gegebene endliche* Individuenzahl die Allgemeingültigkeit bzw. die Erfüllbarkeit einer vorgelegten logischen Formel einen rein *kombinatorischen Sachverhalt* darstellt, den man durch elementares Durchprobieren aller Fälle feststellen kann.

Ist nämlich n die Anzahl·der Individuen und k die Anzahl der Subjekte („Stellen") eines Prädikates, so ist n^k die Anzahl der verschiedenen Wertsysteme der Variablen; und da für jedes dieser Wertsysteme das Prädikat entweder wahr oder falsch ist, so gibt es

$$2^{(n^k)}$$

verschiedene mögliche Wertverläufe für ein k-stelliges Prädikat.

---

[1] Die Festsetzung, daß jeder Individuenbereich mindestens ein Ding enthalten soll, so daß also ein wahres allgemeines Urteil für mindestens ein Ding zutreffen muß, darf nicht verwechselt werden mit der in der ARISTOTELischen Logik herrschenden Konvention, wonach ein Urteil von der Form „alle S sind P" nur als wahr gilt, wenn überhaupt Dinge von der Eigenschaft S vorhanden sind. Diese Konvention wird in der neueren Logik fallen gelassen. Ein Urteil von jener Art stellt sich symbolisch dar in der Form $(x)\,(S(x) \rightarrow P(x))$ und gilt als wahr, wenn ein Ding x, sofern es die Eigenschaft $S(x)$ besitzt, auch stets die Eigenschaft $P(x)$ besitzt — unabhängig davon, ob es überhaupt Dinge von der Eigenschaft $S(x)$ gibt. Wir werden hierauf beim deduktiven Aufbau der Prädikatenlogik nochmals zu sprechen kommen. (Siehe § 4 S. 105—106.)

Sind also
$$R_1, \ldots, R_t$$

die in einer vorgelegten Formel vorkommenden verschiedenen Prädikaten-Variablen,
$$k_1, \ldots, k_t$$

ihre Stellenzahlen, so ist
$$2^{(n^{k_1} + n^{k_2} + \cdots + n^{k_t})}$$

die Anzahl der in Betracht kommenden Systeme von Wertverläufen, oder, wie wir kurz sagen wollen, die Anzahl der verschiedenen möglichen Prädikatensysteme.

Hiernach bedeutet die Allgemeingültigkeit der Formel, daß für alle diese
$$2^{(n^{k_1} + \cdots + n^{k_t})}$$

explizite aufzählbaren Prädikatensysteme die Formel eine wahre Aussage darstellt, und ihre Erfüllbarkeit bedeutet, daß für eines unter diesen Prädikatensystemen die Formel eine wahre Aussage darstellt; dabei ist für ein festes Prädikatensystem die Wahrheit oder Falschheit der durch die Formel dargestellten Aussage wiederum durch ein endliches Ausprobieren entscheidbar, da ja für die mit Allzeichen oder Seinszeichen verbundenen Variablen nur n Werte in Betracht kommen, so daß das „alle“ gleichbedeutend ist mit einer n-gliedrigen Konjunktion, das „es gibt“ gleichbedeutend mit einer n-gliedrigen Disjunktion.

Nehmen wir als Beispiel die beiden vorher genannten Formeln
$$(x)\,P(x,\,x) \rightarrow (x)\,(E\,y)\,P(x,\,y)$$
$$(x)\,(y)\,(P(x,\,y)\,\&\,P(y,\,x) \rightarrow x = y),$$

von denen die erste als allgemeingültige, die zweite als erfüllbare Formel angeführt wurde, und beziehen wir diese Formeln auf einen zweizahligen Individuenbereich.

Die beiden Individuen können wir durch die Ziffern 1, 2 bezeichnen. Wir haben hier $t = 1$, $n = 2$, $k_1 = 2$, also ist die Anzahl der verschiedenen Prädikatensysteme
$$2^{(2^2)} = 2^4 = 16.$$

An Stelle von $(x)\,P(x,\,x)$ können wir setzen
$$P(1,\,1)\,\&\,P(2,\,2),$$

an Stelle von $(x)\,(E\,y)\,P(x,\,y)$
$$P(1,\,1) \lor P(1,\,2)\,\&\,P(2,\,1) \lor P(2,\,2),$$

so daß die erste der beiden Formeln übergeht in
$$P(1,\,1)\,\&\,P(2,\,2) \rightarrow P(1,\,1) \lor P(1,\,2)\,\&\,P(2,\,1) \lor P(2,\,2).$$

Diese Implikation ist nun für diejenigen Prädikate P wahr, für welche

$$P(1,1) \& P(2,2)$$

falsch, sowie auch für diejenigen, bei welchen

$$P(1,1) \lor P(1,2) \& P(2,1) \lor P(2,2)$$

wahr ist. Man kann nun verifizieren, daß bei jedem der 16 Wertverläufe, die man erhält, indem man jedem der 4 Wertepaare

$$(1,1),\ (1,2),\ (2,1),\ (2,2)$$

je einen der Wahrheitswerte „wahr", „falsch" zuordnet, eine von jenen beiden Bedingungen erfüllt ist, so daß jedesmal die ganze Aussage den Wert „wahr" erhält. [Die Verifikation vereinfacht sich bei diesem Beispiel dadurch, daß zur Feststellung der Richtigkeit der Aussage bereits die Bestimmung der Werte von $P(1,1)$ und $P(2,2)$ genügt.] Auf diese Weise läßt sich die Allgemeingültigkeit unserer ersten Formel für zweizahlige Individuenbereiche durch direktes Ausprobieren feststellen.

Die zweite der genannten Formeln ist für zweizahlige Individuenbereiche gleichbedeutend mit der Konjunktion

$$(P(1,1) \& P(1,1) \ \rightarrow\ 1 = 1) \& (P(2,2) \& P(2,2) \ \rightarrow\ 2 = 2)$$
$$\& (P(1,2) \& P(2,1) \ \rightarrow\ 1 = 2) \& (P(2,1) \& P(1,2) \ \rightarrow\ 2 = 1).$$

Da $1 = 1$ und $2 = 2$ wahr ist, so sind die beiden ersten Konjunktionsglieder stets wahre Aussagen; die beiden letzten Glieder sind dann und nur dann wahr, wenn

$$P(1,2) \& P(2,1)$$

falsch ist.

Zur Erfüllung der betrachteten Formel hat man also nur diejenigen Wertbestimmungen von P auszuschließen, bei welchen die Paare $(1,2)$ und $(2,1)$ beide mit dem Werte „wahr" versehen sind. Jede andere Wertbestimmung liefert eine wahre Aussage. Die Formel ist also für einen zweizahligen Individuenbereich erfüllbar.

Diese Beispiele sollen uns den rein kombinatorischen Charakter verdeutlichen, den das Entscheidungsproblem im Falle einer gegebenen endlichen Anzahl von Individuen besitzt. Aus diesem kombinatorischen Charakter ergibt sich insbesondere, daß für eine vorgeschriebene endliche Anzahl von Individuen die Allgemeingültigkeit einer Formel $\mathfrak{F}$ gleichbedeutend ist mit der Unerfüllbarkeit der Formel $\overline{\mathfrak{F}}$ und die Erfüllbarkeit der Formel $\mathfrak{F}$ gleichbedeutend damit, daß die Formel $\overline{\mathfrak{F}}$ nicht allgemeingültig ist. In der Tat stellt ja $\overline{\mathfrak{F}}$ für diejenigen Prädikatensysteme eine richtige Aussage dar, für welche $\mathfrak{F}$ eine falsche Aussage darstellt und umgekehrt.

Wenden wir uns nun zu unserer Frage der Widerspruchsfreiheit eines Axiomensystems zurück[1]. Denken wir uns das Axiomensystem,

---

[1] Vgl. S. 2f.

wie in dem betrachteten Beispiel, symbolisch aufgeschrieben und in eine Formel zusammengefaßt.

Die Frage der Erfüllbarkeit dieser Formel läßt sich dann für eine vorgeschriebene endliche Anzahl von Individuen, wenigstens grundsätzlich, durch Ausprobieren zur Entscheidung bringen. Angenommen nun, es sei für eine bestimmte endliche Anzahl von Individuen die Erfüllbarkeit der Formel festgestellt; dann erhalten wir dadurch einen Nachweis für die Widerspruchsfreiheit des Axiomensystems, und zwar nach der *Methode der Aufweisung*, indem der endliche Individuenbereich zusammen mit den (zur Erfüllung der Formel) gewählten Wertverläufen der Prädikate ein Modell bildet, an dem wir das Erfülltsein der Axiome konkret aufzeigen können.

Es sei ein Beispiel einer solchen Aufweisung aus der geometrischen Axiomatik vorgebracht. Wir gehen aus von dem anfangs aufgestellten Axiomensystem. Hierin ersetzen wir das Axiom I 4), welches die Existenz dreier nicht auf einer Geraden liegenden Punkte fordert, durch das schwächere Axiom

I 4') $\quad (E\,x)\ (E\,y)\ (x \neq y).$

,,Es gibt zwei verschiedene Punkte.''

Ferner lassen wir das Axiom der ebenen Anordnung II 5) weg, nehmen aber dafür zwei Sätze, die mit Hilfe von II 5) beweisbar sind, unter die Axiome auf[1] indem wir erstens II 4) erweitern zu

II 4') $\quad (x)\,(y)\{x \neq y \ \rightarrow\ (Ez)\,Zw\,(z,\,x,\,y)\ \&\ (Ez)\,Zw\,(x,\,y,\,z)\}$

und zweitens hinzufügen

II 5') $\quad (x)\,(y)\,(z)\,\{x \neq y\ \&\ x \neq z\ \&\ y \neq z$

$$\rightarrow\ Zw\,(x,\,y,\,z) \vee Zw\,(y,\,z,\,x) \vee Zw\,(z,\,x,\,y)\}.$$

Das Parallelen-Axiom behalten wir bei. Das so entstehende Axiomensystem, dem an Stelle der früheren Formel $\mathfrak{A}\,(R,\,S)$ jetzt eine Formel $\mathfrak{A}'\,(R,\,S)$ entspricht, läßt sich, wie O. VEBLEN bemerkt hat[2], mit einem Individuenbereich von 5 Dingen erfüllen. Die Wahl der Wertverläufe für die Prädikate $R,\,S$ — wir können hier ohne Gefahr eines Mißverständnisses wieder die Bezeichnungen ,,*Gr*'', ,,*Zw*'' gebrauchen — geschieht so, daß zunächst das Prädikat *Gr* so bestimmt wird, daß es für jedes Werte-Tripel $x,\,y,\,z$ wahr ist. Dann sind, wie man sofort sieht, alle Axiome I, ferner II 1) und III erfüllt. Damit die Axiome II 2), 3), 5'), 4') erfüllt werden, ist es notwendig und auch hinreichend, an das Prädikat *Zw* folgende drei Forderungen zu stellen:

---

[1] Diese beiden Sätze wurden in den früheren Auflagen von HILBERTS ,,Grundlagen der Geometrie'' als Axiome aufgeführt. Es erwies sich, daß sie mittels des Axioms der ebenen Anordnung beweisbar sind. Vgl. hierzu 7. Auflage, S. 5—6.

[2] In der bereits erwähnten Untersuchung ,,A system of axioms for geometry'', Trans. Amer. Math. Soc. Bd. 5, S. 350.

1. Für ein Tripel x, y, z mit zwei übereinstimmenden Elementen ist Zw stets falsch.

2. Haben wir eine Kombination von drei verschiedenen unserer 5 Individuen, so sind unter den 6 möglichen Anordnungen der Elemente 2 Anordnungen mit gemeinsamem ersten Element, für welche Zw wahr ist, während für die übrigen 4 Anordnungen Zw falsch ist.

3. Jedes Paar von verschiedenen Elementen kommt sowohl als vorderes wie auch als hinteres Paar in je einem derjenigen Tripel vor, für welche Zw wahr ist.

Die erste Forderung läßt sich direkt durch Festsetzung erfüllen. Die gemeinsame Erfüllung der beiden anderen Forderungen geschieht in folgender Weise: Wir bezeichnen die 5 Elemente durch die Ziffern 1, 2, 3, 4, 5. Die Zahl der Werte-Tripel aus drei verschiedenen Elementen, für die wir Zw noch zu definieren haben, ist gleich $5 \cdot 4 \cdot 3 = 60$. Je sechs davon gehören zu einer Kombination; für zwei von diesen soll Zw wahr, für die übrigen falsch sein. Wir müssen also die 20 Tripel unter den 60 angeben, für die Zw als wahr definiert wird. Das sind diejenigen, die man aus den vier Tripeln

$$(1\ 2\ 5), \quad (1\ 5\ 2), \quad (1\ 3\ 4), \quad (1\ 4\ 3)$$

durch Anwendung der zyklischen Permutation $(1\ 2\ 3\ 4\ 5)$ erhält.

Man verifiziert leicht, daß hierdurch allen Forderungen genügt wird. Auf diese Weise wird das Axiomensystem durch die Methode der Aufweisung als widerspruchsfrei erkannt[1].

Die an diesem Beispiel vorgeführte Methode der Aufweisung findet in neueren axiomatischen Untersuchungen sehr mannigfache Anwendungen. Sie dient hier vor allem zur Ausführung von *Unabhängigkeitsbeweisen*. Die Behauptung der Unabhängigkeit eines Satzes $\mathfrak{S}$ von einem Axiomensystem $\mathfrak{A}$ ist gleichbedeutend mit der Behauptung der Widerspruchsfreiheit des Axiomensystems

$$\mathfrak{A}\ \&\ \overline{\mathfrak{S}},$$

welches wir erhalten, indem wir die Negation des Satzes $\mathfrak{S}$ als Axiom zu $\mathfrak{A}$ hinzunehmen. Ist dieses Axiomensystem für einen endlichen Individuenbereich erfüllbar, so kann seine Widerspruchsfreiheit nach der Methode der Aufweisung festgestellt werden[2]. Somit liefert diese Me-

---

[1] Aus der Tatsache, daß das modifizierte Axiomensystem $\mathfrak{A}'$ mit einem 5-zahligen Individuenbereich erfüllbar ist, folgt auch sofort, daß die in diesem Axiomensystem enthaltenen Axiome die lineare Anordnung nicht vollständig bestimmen.

[2] Eine Fülle von Beispielen für dieses Verfahren findet man in den Abhandlungen über lineare und zyklische Ordnung von E. V. HUNTINGTON und seinen Mitarbeitern. Siehe insbesondere die Abhandlung „A new set of postulates for betweenness with proof of complete independence", Trans. Amer. Math. Soc. Bd. 26 (1924) S. 257—282. Dort sind auch die vorausgehenden Abhandlungen angegeben.

thode für viele grundsätzliche Untersuchungen die ausreichende Ergänzung zur Methode des progressiven Schließens, indem durch das Schließen die Beweisbarkeit, durch die Aufweisungen die Unbeweisbarkeit von Sätzen aus gewissen Axiomen dargetan wird.

Ist nun die Methode der Aufweisung in ihrer Anwendung auf die endlichen Individuenbereiche beschränkt? Aus unserer bisherigen Überlegung können wir das noch nicht folgern. Wir sehen allerdings sogleich, daß bei einem unendlichen Individuenbereich die möglichen Prädikatensysteme nicht mehr eine überblickbare Mannigfaltigkeit bilden und daß von einem Durchprobieren aller Wertverläufe keine Rede sein kann. Gleichwohl könnten wir doch bei bestimmten vorgelegten Axiomen in der Lage sein, ihre Erfüllung durch bestimmte Prädikate aufzuweisen. Und das ist auch tatsächlich der Fall. Nehmen wir z. B. das System der drei Axiome

$$(x)\,\overline{R(x,\,x)}\,,$$
$$(x)\,(y)\,(z)\,(R(x,\,y)\,\&\,R(y,\,z)\;\rightarrow\;R(x,\,z))\,,$$
$$(x)\,(E\,y)\,R(x,\,y)\,.$$

Machen wir uns klar, was diese besagen: Wir gehen aus von einem Ding a des Individuenbereiches. Gemäß dem dritten Axiom muß es ein Ding b geben, für das $R(a,\,b)$ wahr ist, und dieses ist auf Grund des ersten Axioms von a verschieden. Zu b muß es wieder ein Ding c geben, für das $R(b,\,c)$ wahr ist, und auf Grund des zweiten Axioms ist auch $R(a,\,c)$ wahr; gemäß dem ersten Axiom ist c von a und von b verschieden. Zu c muß es wieder ein Ding d geben, für welches $R(c,\,d)$ wahr ist. Für dieses ist auch $R(a,\,d)$ und $R(b,\,d)$ wahr, und d ist von $a,\,b,\,c$ verschieden. Das Verfahren dieser Überlegung kommt nicht zum Abschluß, und wir ersehen daraus, daß wir mit einem endlichen Individuenbereich die Axiome nicht erfüllen können. Andererseits aber können wir leicht eine Erfüllung durch einen unendlichen Individuenbereich aufweisen: Wir nehmen als Individuen die ganzen Zahlen und setzen für $R(x,\,y)$ die Beziehung „x ist kleiner als y"; dann ergibt sich sofort, daß alle drei Axiome erfüllt werden.

Der gleiche Fall liegt vor bei den Axiomen

$$(E\,x)\,(y)\,\overline{S(y,\,x)}\,,$$
$$(x)\,(y)\,(u)\,(v)\,(S(x,\,u)\,\&\,S(y,\,u)\,\&\,S(v,\,x)\;\rightarrow\;S(v,\,y))\,,$$
$$(x)\,(E\,y)\,S(x,\,y)\,.$$

Für diese weist man auch leicht nach, daß sie mit einem endlichen Individuenbereich nicht erfüllt werden können. Andererseits aber sind sie im Bereich der positiven ganzen Zahlen erfüllt, wenn wir für $S(x,\,y)$ die Beziehung setzen: „y folgt unmittelbar auf x".

An diesen Beispielen bemerken wir aber, daß durch die gegebene Aufweisung die Frage der Widerspruchsfreiheit für die betrachteten

Axiome gar nicht endgültig erledigt, sondern vielmehr nur auf die nach der *Widerspruchsfreiheit der Zahlentheorie zurückgeführt* wird. Wir hatten auch bei dem früheren Beispiel einer endlichen Aufweisung ganze Zahlen als Individuen genommen. Das geschah aber dort nur zum Zweck der einfachen Bezeichnung der Individuen. Wir hätten statt der Zahlen auch andere Dinge, etwa Buchstaben nehmen können. Auch war dasjenige, was von den Zahlen gebraucht wurde, derart, daß es durch konkreten Nachweis festgestellt werden konnte.

Im vorliegenden Falle kommen wir aber mit einer konkreten Zahlenvorstellung nicht aus; denn wir brauchen wesentlich die Voraussetzung, daß die *ganzen Zahlen einen Individuenbereich*, also eine fertige Gesamtheit bilden.

Diese Voraussetzung ist uns allerdings sehr geläufig, da wir in der neueren Mathematik dauernd mit ihr operieren, und man ist geneigt, sie für selbstverständlich zu halten. Es war zuerst FREGE, der mit allem Nachdruck und mit scharfer, witziger Kritik die Forderung zur Geltung brachte, daß die Vorstellung der Zahlenreihe als einer fertigen Gesamtheit durch einen Nachweis ihrer Widerspruchsfreiheit gesichert werden müsse[1]. Ein solcher Nachweis war nach FREGES Meinung nur im Sinne einer Aufweisung, als Existenzbeweis, zu führen, und er glaubte, die Objekte für eine solche Aufweisung im Bereich der Logik zu finden. Sein Verfahren der Aufweisung kommt darauf hinaus, daß er die Gesamtheit der Zahlen definiert mit Hilfe der als existierend vorausgesetzten Gesamtheit aller überhaupt denkbaren einstelligen Prädikate. Aber die hierbei zugrunde gelegte Voraussetzung, welche ohnehin schon einer unbefangenen Betrachtung als sehr verdächtig erscheint, hat sich durch die berühmten, von RUSSELL und ZERMELO entdeckten logischen und mengentheoretischen Paradoxien als unhaltbar erwiesen. Und das Mißlingen des FREGEschen Unternehmens hat mehr noch als FREGEs Dialektik das Problematische an der Annahme der Totalität der Zahlenreihe zum Bewußtsein gebracht.

Wir können nun angesichts dieser Problematik versuchen, an Stelle der Zahlenreihe einen anderen unendlichen Individuenbereich für die Zwecke der Widerspruchsfreiheitsbeweise zu verwenden, der nicht wie die Zahlenreihe ein reines Gedankengebilde, sondern aus dem Gebiet der sinnlichen Wahrnehmung oder aber der realen Wirklichkeit entnommen ist. Sehen wir aber näher zu, so werden wir gewahr, daß überall, wo wir im Gebiet der Sinnesqualitäten oder in der physikalischen Wirklichkeit unendliche Mannigfaltigkeiten anzutreffen glauben, von einem eigentlichen Vorfinden einer solchen Mannigfaltigkeit keine Rede ist, daß vielmehr die Überzeugung von dem Vorhandensein einer solchen Mannigfaltigkeit auf einer gedanklichen Extrapolation beruht, deren

---

[1] GOTTLOB FREGE „Grundlagen der Arithmetik‘‘, Breslau 1884, sowie „Grundgesetze der Arithmetik‘‘, Jena 1893.

Berechtigung jedenfalls ebensosehr der Prüfung bedarf wie die Vorstellung von der Totalität der Zahlenreihe.

Ein typisches Beispiel hierfür bildet diejenige Unendlichkeit, welche zu der bekannten Paradoxie des ZENO Anlaß gegeben hat. Wird eine Strecke in endlicher Zeit durchlaufen, so sind in dieser Durchlaufung nacheinander unendlich viele Teilvorgänge enthalten: die Durchlaufung der ersten Hälfte, dann die des folgenden Viertels, des folgenden Achtels usw. Haben wir es mit einer wirklichen Bewegung zu tun, so müssen diese Teildurchlaufungen lauter reale Prozesse sein, welche nach einander erfolgen.

Man pflegt diese Paradoxie mit dem Argument abzuweisen, daß die Summe von unendlich vielen Zeitintervallen doch konvergieren, also eine endliche Zeitdauer ergeben kann. Dadurch wird aber ein wesentlicher Punkt der Paradoxie nicht getroffen, nämlich das Paradoxe, was darin liegt, daß eine unendliche Aufeinanderfolge, deren Vollendung wir in der Vorstellung nicht nur faktisch, sondern auch grundsätzlich nicht vollziehen können, in der Wirklichkeit abgeschlossen vorliegen soll.

Tatsächlich gibt es auch eine viel radikalere Lösung der Paradoxie. Diese besteht in der Erwägung, daß wir keineswegs genötigt sind, zu glauben, daß die mathematische raum-zeitliche Darstellung der Bewegung für beliebig kleine Raum- und Zeitgrößen noch physikalisch sinnvoll ist, vielmehr allen Grund haben zu der Annahme, daß jenes mathematische Modell die Tatsachen eines gewissen Erfahrungsbereiches, eben die Bewegungen innerhalb der unserer Beobachtung bisher zugänglichen Größenordnungen, im Sinne einer einfachen Begriffsbildung extrapoliert, ähnlich wie die Mechanik der Kontinua eine Extrapolation vollzieht, indem sie die Vorstellung einer kontinuierlichen Erfüllung des Raumes mit Materie zugrunde legt: so wenig wie eine Wassermenge bei unbegrenzter räumlicher Teilung immer wieder Wassermengen ergibt, ebensowenig wird es bei einer Bewegung der Fall sein, daß durch ihre Teilung ins Unbegrenzte immer wieder etwas entsteht, das sich als Bewegung charakterisieren läßt. Geben wir dieses zu, so schwindet die Paradoxie.

Das mathematische Modell der Bewegung hat ungeachtet dessen als *idealisierende Begriffsbildung* zum Zweck der vereinfachten Darstellung seinen bleibenden Wert. Für diesen Zweck muß es außer der approximativen Übereinstimmung mit der Wirklichkeit noch die Bedingung erfüllen, daß die in ihm vollzogene Extrapolation auch in sich widerspruchsfrei ist. Unter diesem Gesichtspunkt wird unsere mathematische Vorstellung von der Bewegung durch die ZENOsche Paradoxie nicht im geringsten erschüttert; das genannte mathematische Gegenargument hat hierfür seine volle Geltung. Eine andere Frage aber ist, ob wir einen wirklichen Nachweis für die Widerspruchsfreiheit der mathematischen Theorie der Bewegung besitzen. Diese Theorie beruht wesentlich auf der mathematischen Theorie des Kontinuums, diese wiederum stützt sich wesentlich auf die Vorstellung von der Menge aller ganzen Zahlen als einer fertigen Gesamtheit. Wir kommen also auf Umwegen zu dem Problem zurück, das wir durch den Hinweis auf die Tatsachen der Bewegung zu umgehen versuchten.

Ähnlich verhält es sich in all den Fällen, wo man glaubt, direkt eine Unendlichkeit als durch Erfahrung oder durch Anschauung gegeben aufweisen zu können, wie etwa die Unendlichkeit der von Oktave zu Oktave ins Unendliche fortschreitenden Tonreihe oder die stetige unendliche Mannigfaltigkeit beim Übergang von einer Farbenqualität zu einer anderen. Die nähere Betrachtung zeigt jeweils, daß eine Unendlichkeit uns hier tatsächlich gar nicht gegeben ist, sondern erst durch einen gedanklichen Prozeß interpoliert oder extrapoliert wird.

Auf Grund dieser Überlegungen kommen wir zu der Einsicht, daß die Frage nach der Existenz einer unendlichen Mannigfaltigkeit durch eine Berufung auf außermathematische Objekte nicht entschieden werden kann, sondern innerhalb der Mathematik selbst gelöst werden muß. Wie soll aber eine solche Lösung angesetzt werden? Auf den ersten Blick scheint es, daß hiermit etwas Unmögliches verlangt wird: Unendlich viele Individuen vorzuführen, ist grundsätzlich unmöglich; daher kann ein unendlicher Individuenbereich als solcher nur durch seine Struktur gekennzeichnet werden, d. h. durch Beziehungen, welche zwischen seinen Elementen bestehen. Mit anderen Worten: es muß der Nachweis erbracht werden, daß für ihn gewisse formale Relationen sich erfüllen lassen. Die Existenz eines unendlichen Individuenbereiches läßt sich also *gar nicht anders darstellen als durch die Erfüllbarkeit gewisser logischer Formeln;* das sind dann aber gerade Formeln von der Art wie diejenigen, durch deren Untersuchung wir auf die Frage nach der Existenz eines unendlichen Individuenbereiches geführt worden sind und deren Erfüllbarkeit eben durch die Aufweisung eines unendlichen Individuenbereiches dargetan werden sollte. Der Versuch, die Methode der Aufweisung auf die betrachteten Formeln anzuwenden, führt uns also auf einen Circulus vitiosus.

Nun sollte uns aber die Aufweisung nur als Mittel dienen zum Nachweis der Widerspruchsfreiheit von Axiomensystemen. Auf dieses Verfahren brachte uns die Betrachtung von Individuenbereichen mit einer gegebenen endlichen Anzahl von Individuen, indem wir erkannten, daß für einen solchen Bereich die Widerspruchsfreiheit einer Formel gleichbedeutend ist mit ihrer Erfüllbarkeit.

Im Falle unendlicher Individuenbereiche ist der Sachverhalt komplizierter. Es gilt hier zwar auch noch, daß ein durch eine Formel $\mathfrak{A}$ dargestelltes Axiomensystem dann und nur dann widerspruchsvoll ist, wenn die Formel $\overline{\mathfrak{A}}$ allgemeingültig ist. Aber wir können jetzt, da wir es nicht mehr mit einem überblickbaren Vorrat von Wertverläufen für die variablen Prädikate zu tun haben, nicht mehr folgern, daß uns, falls $\overline{\mathfrak{A}}$ nicht allgemeingültig ist, auch schon ein Modell zur Erfüllung des Axiomensystems $\mathfrak{A}$ zu Gebote steht.

Die Erfüllbarkeit eines Axiomensystems ist demnach, wenn ein unendlicher Individuenbereich in Frage kommt, zwar eine hinreichende Bedingung für seine Widerspruchsfreiheit, aber als notwendige Bedingung ist sie nicht erwiesen. Wir können daher nicht erwarten, daß sich allgemein der Nachweis der Widerspruchsfreiheit durch einen Nachweis der Erfüllbarkeit erbringen lasse. Andrerseits aber sind wir auch gar nicht genötigt, die Widerspruchsfreiheit durch die Feststellung der Erfüllbarkeit zu erweisen, vielmehr können wir bei der ursprünglichen negativen Bedeutung der Widerspruchsfreiheit stehenbleiben. Das heißt — wenn wir uns das Axiomensystem wieder durch eine Formel $\mathfrak{A}$ dargestellt denken —, wir brauchen nicht die Erfüllbarkeit der Formel $\mathfrak{A}$ zu zeigen, sondern vielmehr nur nachzuweisen, daß die Annahme der Erfüllung von $\mathfrak{A}$ durch gewisse Prädikate nicht auf einen logischen Widerspruch führen kann.

Um das Problem von dieser Seite in Angriff zu nehmen, werden wir darauf ausgehen, uns einen Überblick über die möglichen logischen Schlüsse zu verschaffen, welche aus einem Axiomensystem gezogen werden können. Als das geeignete Mittel hierfür bietet sich die Methode der *Formalisierung des logischen Schließens*, wie sie von FREGE, SCHRÖDER, PEANO und RUSSELL ausgebildet worden ist.

Wir gelangen somit zu folgender Aufgabestellung: 1. die Prinzipien des logischen Schließens streng zu formalisieren und dadurch zu einem völlig überblickbaren System von Regeln zu machen; 2. für ein vorgelegtes Axiomensystem $\mathfrak{A}$ (das als widerspruchsfrei erwiesen werden soll) den Nachweis zu führen, daß beim Ausgehen von diesem *System $\mathfrak{A}$ mittels logischer Deduktionen kein Widerspruch zustande kommen kann*, d. h. daß nicht zwei Formeln beweisbar werden, von denen die eine die Negation der andern ist.

Wir brauchen nun aber diesen Nachweis nicht für jedes Axiomensystem einzeln auszuführen, sondern können uns die bereits am Anfang unserer Betrachtung erwähnte Methode der *Arithmetisierung*[1] zunutze machen. Diese läßt sich von unserem jetzigen Standpunkt so charakterisieren: Wir suchen uns ein Axiomensystem $\mathfrak{A}$, welches einerseits eine so übersichtliche Struktur hat, daß wir den Nachweis seiner Widerspruchsfreiheit (im Sinne der gestellten Aufgabe 2) erbringen können, das aber andererseits auch so reichhaltig ist, daß wir aus einer *als vorhanden vorausgesetzten* Erfüllung dieses Axiomensystems durch ein System $\mathfrak{S}$ von Dingen und Beziehungen Erfüllungen für die Axiomensysteme der geometrischen und physikalischen Disziplinen ableiten können in der Weise, daß wir die Gegenstände eines solchen Axiomensystems $\mathfrak{B}$ durch Individuen aus $\mathfrak{S}$ oder Komplexe solcher Individuen

---

[1] Vgl. S. 3.

repräsentieren und für die Grundbeziehungen solche Prädikate setzen, die sich durch logische Operationen aus den Grundbeziehungen von $\mathfrak{S}$ bilden lassen.

Damit ist dann das betreffende Axiomensystem $\mathfrak{B}$ in der Tat als widerspruchsfrei erwiesen; denn ein Widerspruch, der sich als Folgerung aus diesem Axiomensystem ergäbe, würde sich ja als ein aus dem Axiomensystem $\mathfrak{A}$ ableitbarer Widerspruch darstellen, während doch das Axiomensystem $\mathfrak{A}$ als widerspruchsfrei erkannt ist.

Als ein solches Axiomensystem $\mathfrak{A}$ bietet sich die (axiomatisch aufgebaute) Arithmetik dar.

Diese „Methode der Zurückführung" axiomatischer Theorien auf die Arithmetik erfordert nicht, daß die Arithmetik einen anschaulich vorweisbaren Tatbestand bilde, vielmehr braucht hierzu die Arithmetik nichts anderes zu sein als eine Ideenbildung, die wir als widerspruchsfrei nachweisen können und welche einen systematischen Rahmen liefert, in den die Axiomensysteme der theoretischen Wissenschaften sich einordnen lassen, so daß die in ihnen vollzogenen Idealisierungen des tatsächlich Gegebenen durch diese Einordnung ebenfalls als widerspruchsfrei erwiesen werden. —

Es seien die Ergebnisse der letzten Betrachtung kurz zusammengefaßt: Das Problem der Erfüllbarkeit eines Axiomensystems (bzw. einer logischen Formel), welches im Falle endlicher Individuenbereiche positiv durch Aufweisung gelöst werden kann, ist im Falle, wo zur Erfüllung der Axiome nur ein unendlicher Individuenbereich in Betracht kommt, nicht nach dieser Methode lösbar, weil die Existenz unendlicher Individuenbereiche nicht als ausgemacht gelten kann, vielmehr die Einführung solcher unendlichen Bereiche erst durch einen Nachweis der Widerspruchsfreiheit für ein das Unendliche charakterisierendes Axiomensystem gerechtfertigt wird.

Angesichts des Versagens der positiven Entscheidungsmethode bleibt uns nur der Weg, den Nachweis der Widerspruchsfreiheit im negativen Sinne, das heißt als *Unmöglichkeitsbeweis* zu führen, wozu eine Formalisierung des logischen Schließens erforderlich wird. —

Wenn wir nun an die Aufgabe eines solchen Unmöglichkeitsbeweises herantreten, so müssen wir uns darüber klar sein, daß dieser nicht wieder mit der Methode des axiomatisch-existentialen Schließens geführt werden kann. Wir dürfen vielmehr nur solche Schlußweisen anwenden, die von idealisierenden Existenzannahmen frei sind.

Auf Grund dieser Erwägung stellt sich aber sogleich folgender Gedanke ein: Wenn wir ohne axiomatisch-existentiale Annahmen den Unmöglichkeitsbeweis führen können, sollte es dann nicht auch möglich sein, auf solche Weise direkt die ganze Arithmetik zu begründen und damit jenen Unmöglichkeitsbeweis ganz überflüssig zu machen? Dieser Frage wollen wir uns im folgenden Paragraphen zuwenden.

§ 2. Die elementare Zahlentheorie. — Das finite Schließen und seine Grenzen.

Die zum Schluß des vorigen Paragraphen aufgeworfene Frage, ob wir nicht durch eine von der Axiomatik unabhängige Methode direkt die Arithmetik begründen und dadurch einen besonderen Nachweis der Widerspruchsfreiheit entbehrlich machen können, gibt uns Anlaß, uns darauf zu besinnen, daß ja die Methode der verschärften Axiomatik, insbesondere das existentiale Schließen, unter Zugrundelegung eines festumgrenzten Individuenbereiches, gar nicht das ursprüngliche Verfahren der Mathematik ist.

Die Geometrie wurde zwar von vornherein axiomatisch aufgebaut. Aber die Axiomatik EUKLIDs ist inhaltlich und anschaulich gemeint. Es wird hier nicht von der anschaulichen Bedeutung der Figuren abstrahiert. Ferner haben auch die Axiome nicht die existentiale Form. EUKLID setzt nicht voraus, daß die Punkte sowie die Geraden je einen festen Individuenbereich bilden. Er stellt deshalb auch nicht Existenz-Axiome auf, sondern Konstruktions-Postulate.

Ein solches Postulat ist z. B., daß man zwei Punkte durch eine Gerade verbinden kann; ferner, daß man um einen gegebenen Punkt einen Kreis mit vorgeschriebenem Radius ziehen kann.

Dieser methodische Standpunkt ist jedoch nur dann durchführbar, wenn die Postulate als der Ausdruck einer bekannten Tatsächlichkeit oder einer unmittelbaren Evidenz angesehen werden. Die hiermit sich erhebende Frage nach dem Geltungsbereich der geometrischen Axiome ist bekanntermaßen sehr heikel und strittig, und es besteht gerade ein wesentlicher Vorzug der formalen Axiomatik darin, daß sie die Begründung der Geometrie von der Entscheidung dieser Frage unabhängig macht.

Von dieser Problematik, welche mit dem besonderen Charakter der geometrischen Erkenntnis zusammenhängt, sind wir frei im Gebiet der Arithmetik, und in der Tat ist auch hier, in den Disziplinen der elementaren Zahlenlehre und der Algebra, der Standpunkt der direkten inhaltlichen, ohne axiomatische Annahmen sich vollziehenden Überlegung am reinsten ausgebildet.

Das Kennzeichnende für diesen methodischen Standpunkt ist, daß die Überlegungen in der Form von *Gedankenexperimenten* an Gegenständen angestellt werden, die als *konkret vorliegend* angenommen werden. In der Zahlentheorie handelt es sich um Zahlen, die als vorliegend gedacht werden, in der Algebra um vorgelegte Buchstabenausdrücke mit gegebenen Zahl-Koeffizienten.

Wir wollen das Verfahren genauer betrachten, und die Anfangsgründe methodisch etwas verschärfen. In der Zahlentheorie haben wir ein Ausgangsobjekt und einen Prozeß des Fortschreitens. Beides müssen wir in bestimmter Weise anschaulich festlegen. Die besondere Art der Festlegung ist dabei unwesentlich, nur muß die einmal getroffene Wahl für die ganze Theorie beibehalten werden. Wir wählen als Ausgangsding die Ziffer 1 und als Prozeß des Fortschreitens das Anhängen von 1.

Die Dinge, die wir, ausgehend von der Ziffer 1, durch Anwendung des Fortschreitungsprozesses erhalten, wie z. B.

$$1, 11, 1111$$

sind Figuren von folgender Art: sie beginnen mit 1, sie enden mit 1; auf jede 1, die nicht schon das Ende der Figur bildet, folgt eine angehängte 1. Sie werden durch Anwendung des Fortschreitungsprozesses, also durch einen konkret zum Abschluß kommenden *Aufbau* erhalten, und dieser Aufbau läßt sich daher auch durch einen schrittweisen *Abbau* rückgängig machen.

Wir wollen diese Figuren, mit einer leichten Abweichung vom gewohnten Sprachgebrauch, als „*Ziffern*" bezeichnen.

Was die genaue figürliche Beschaffenheit der Ziffern betrifft, so denken wir uns, wie üblich, für diese einen gewissen Spielraum gelassen, d. h. kleine Unterschiede in der Ausführung, sowohl was die Form der 1 wie ihre Größe, wie auch den Abstand beim Ansetzen einer 1 betrifft, sollen nicht in Betracht gezogen werden. Was wir als wesentlich brauchen, ist nur, daß wir sowohl in der 1 wie in der Anfügung ein anschauliches Objekt haben, das sich in eindeutiger Weise wiedererkennen läßt, und daß wir an einer Ziffer stets die diskreten Teile, aus denen sie aufgebaut ist, überblicken können.

Neben den Ziffern führen wir noch anderweitige Zeichen ein, Zeichen „zur Mitteilung", die von den Ziffern, welche die *Objekte* der Zahlentheorie bilden, grundsätzlich zu unterscheiden sind.

Ein Zeichen zur Mitteilung ist für sich genommen auch eine Figur, von der wir auch voraussetzen, daß sie sich eindeutig wiedererkennen läßt und bei der es auf geringe Unterschiede in der Ausführung nicht ankommt. Innerhalb der Theorie wird es aber nicht zum Gegenstand der Betrachtung gemacht, sondern bildet hier ein Hilfsmittel zur kurzen und deutlichen Formulierung von Tatsachen, Behauptungen und Annahmen.

Wir gebrauchen in der Zahlentheorie folgende Arten von Zeichen zur Mitteilung:

1. Kleine deutsche Buchstaben zur Bezeichnung für irgendeine nicht festgelegte Ziffer;

2. die üblichen Nummern zur Abkürzung für bestimmte Ziffern, z. B. 2 für 11, 3 für 111;

3. Zeichen für gewisse Bildungsprozesse und Rechenoperationen, durch die wir aus gegebenen Ziffern andere gewinnen. Diese können sowohl auf bestimmte wie auch auf unbestimmt gelassene Ziffern angewandt werden, wie z. B. in $\mathfrak{a} + 11$;

4. das Zeichen $=$ zur Mitteilung der figürlichen Übereinstimmung, das Zeichen $\neq$ zur Mitteilung der Verschiedenheit zweier Ziffern: die Zeichen $<, >$ zur Bezeichnung der noch zu erklärenden Größenbeziehung zwischen Ziffern.

5. Klammern als Zeichen für die Art der Aufeinanderfolge von Prozessen, wo diese nicht ohne weiteres deutlich ist.

In welcher Weise mit den eingeführten Zeichen operiert wird, und wie die inhaltlichen Überlegungen anzustellen sind, wird am besten deutlich, wenn wir die Zahlentheorie ein Stück weit in den Hauptzügen entwickeln.

Das erste, was wir an den Ziffern feststellen, ist die Größenbeziehung. Es sei eine Ziffer $\mathfrak{a}$ von einer Ziffer $\mathfrak{b}$ verschieden. Überlegen wir, wie das sein kann. Beide beginnen mit 1, und der Aufbau schreitet für $\mathfrak{a}$ wie für $\mathfrak{b}$ in ganz derselben Weise fort, sofern nicht eine der Ziffern endigt, während der Aufbau der anderen noch weiter geht. Dieser Fall muß also einmal eintreten, und somit stimmt die eine Ziffer mit einem *Teilstück* der anderen überein, oder genauer ausgedrückt: der Aufbau der einen Ziffer stimmt mit einem Anfangsstück von dem Aufbau der anderen überein.

Wir sagen in dem Falle, wo eine Ziffer $\mathfrak{a}$ mit einem Teilstück von $\mathfrak{b}$ übereinstimmt, daß $\mathfrak{a}$ kleiner ist als $\mathfrak{b}$ oder auch daß $\mathfrak{b}$ größer ist als $\mathfrak{a}$, und wenden dafür die Bezeichnung

$$\mathfrak{a} < \mathfrak{b}, \quad \mathfrak{b} > \mathfrak{a}$$

an. Aus unserer Überlegung geht hervor, daß für eine Ziffer $\mathfrak{a}$ und eine Ziffer $\mathfrak{b}$ stets eine der Beziehungen

$$\mathfrak{a} = \mathfrak{b}, \quad \mathfrak{a} < \mathfrak{b}, \quad \mathfrak{b} < \mathfrak{a}$$

stattfinden muß, und andererseits ist aus der anschaulichen Bedeutung ersichtlich, daß diese Beziehungen einander ausschließen. Desgleichen ergibt sich unmittelbar, daß, falls $\mathfrak{a} < \mathfrak{b}$ und $\mathfrak{b} < \mathfrak{c}$, auch stets $\mathfrak{a} < \mathfrak{c}$ ist.

In engem Zusammenhang mit der Größenbeziehung der Ziffern steht die *Addition*. Wenn eine Ziffer $\mathfrak{b}$ mit einem Teilstück von $\mathfrak{a}$ übereinstimmt, so ist das Reststück wiederum eine Ziffer $\mathfrak{c}$; man erhält also die Ziffer $\mathfrak{a}$, indem man $\mathfrak{c}$ an $\mathfrak{b}$ ansetzt, in der Weise, daß die 1, mit welcher $\mathfrak{c}$ beginnt, an die 1, mit welcher $\mathfrak{b}$ endigt, nach der Art des Fortschreitungsprozesses angehängt wird. Diese Art der Zusammensetzung von Ziffern bezeichnen wir als *Addition* und wenden dafür das Zeichen $+$ an.

Aus dieser Definition der Addition entnehmen wir direkt: Wenn $\mathfrak{b} < \mathfrak{a}$, so gewinnt man durch Vergleichung von $\mathfrak{b}$ mit $\mathfrak{a}$ eine Darstellung von $\mathfrak{a}$ in der Form $\mathfrak{b} + \mathfrak{c}$, wobei $\mathfrak{c}$ wieder eine Ziffer ist. Geht man andererseits von irgendwelchen Ziffern $\mathfrak{b}$, $\mathfrak{c}$ aus, so liefert die Addition wiederum eine Ziffer $\mathfrak{a}$, so daß

$$\mathfrak{a} = \mathfrak{b} + \mathfrak{c},$$

und es ist dann
$$\mathfrak{b} < \mathfrak{a}.$$
Allgemein gilt also:
$$\mathfrak{b} < \mathfrak{b} + \mathfrak{c}.$$
Auf Grund der eingeführten Definitionen ergibt sich die Bedeutung der numerischen Gleichungen und Ungleichungen, wie
$$2 < 3, \; 2 + 3 = 5.$$
$2 < 3$ besagt, daß die Ziffer 11 mit einem Teilstück von 111 übereinstimmt; $2 + 3 = 5$ besagt, daß durch Ansetzen von 111 an 11 die Ziffer 11111 entsteht.

Wir haben hier beide Male die Darstellung einer richtigen Aussage, während z. B.
$$2 + 3 = 4$$
die Darstellung einer falschen Aussage ist.

Für die anschaulich definierte Addition haben wir nunmehr die Gültigkeit der Rechengesetze festzustellen.

Diese werden hier als Sätze über beliebig vorgelegte Ziffern aufgefaßt und als solche durch anschauliche Überlegung eingesehen.

Unmittelbar aus der Definition der Addition entnimmt man das assoziative Gesetz, wonach, wenn $\mathfrak{a}$, $\mathfrak{b}$, $\mathfrak{c}$ irgendwelche Ziffern sind, stets
$$\mathfrak{a} + (\mathfrak{b} + \mathfrak{c}) = (\mathfrak{a} + \mathfrak{b}) + \mathfrak{c}.$$
Nicht so direkt ergibt sich das kommutative Gesetz, welches besagt, daß stets
$$\mathfrak{a} + \mathfrak{b} = \mathfrak{b} + \mathfrak{a}$$
ist. Wir gebrauchen hier die Beweismethode der *vollständigen Induktion*. Machen wir uns zunächst klar, wie diese Schlußweise von unserem elementaren Standpunkt aufzufassen ist: Es werde irgendeine Aussage betrachtet, die sich auf eine Ziffer bezieht und die einen elementar anschaulichen Inhalt besitzt. Die Aussage treffe für 1 zu, und man wisse auch, daß die Aussage, falls sie für eine Ziffer $\mathfrak{n}$ zutrifft, dann auch jedenfalls für die Ziffer $\mathfrak{n} + 1$ zutrifft. Hieraus folgert man, daß die Aussage für jede vorgelegte Ziffer $\mathfrak{a}$ zutrifft.

In der Tat ist ja die Ziffer $\mathfrak{a}$ aufgebaut, indem man, von 1 beginnend, den Prozeß des Anhängens von 1 anwendet. Konstatiert man nun zunächst das Zutreffen der betrachteten Aussage für 1, und bei jedem Anhängen einer 1, auf Grund der gemachten Voraussetzung, das Zutreffen der Aussage für die neu erhaltene Ziffer, so gelangt man beim fertigen Aufbau von $\mathfrak{a}$ zu der Feststellung, daß die Aussage für $\mathfrak{a}$ zutrifft.

Wir haben es also hier nicht mit einem selbständigen Prinzip zu tun, sondern mit einer Folgerung, die wir aus dem konkreten Aufbau der Ziffern entnehmen.

Mit Hilfe dieser Schlußweise können wir nun nach der üblichen Art zeigen, daß für jede Ziffer
$$1 + \mathfrak{a} = \mathfrak{a} + 1,$$

und auf Grund hiervon weiter, daß stets

ist.
$$\mathfrak{a} + \mathfrak{b} = \mathfrak{b} + \mathfrak{a}$$

Es werde nun noch kurz die Einführung der Multiplikation, der Division und der anschließenden Begriffsbildungen angegeben.

Die *Multiplikation* kann folgendermaßen definiert werden: $\mathfrak{a} \cdot \mathfrak{b}$ bedeutet die Ziffer, die man aus der Ziffer $\mathfrak{b}$ erhält, indem man beim Aufbau immer die 1 durch die Ziffer $\mathfrak{a}$ ersetzt, so daß man also zunächst $\mathfrak{a}$ bildet und anstatt jedes in der Bildung von $\mathfrak{b}$ vorkommenden Anfügens von 1 das Ansetzen von $\mathfrak{a}$ ausführt.

Aus dieser Definition ergibt sich unmittelbar das assoziative Gesetz der Multiplikation, ferner das distributive Gesetz, wonach stets

$$\mathfrak{a} \cdot (\mathfrak{b} + \mathfrak{c}) = (\mathfrak{a} \cdot \mathfrak{b}) + (\mathfrak{a} \cdot \mathfrak{c}).$$

Das andere distributive Gesetz, wonach stets

$$(\mathfrak{b} + \mathfrak{c}) \cdot \mathfrak{a} = (\mathfrak{b} \cdot \mathfrak{a}) + (\mathfrak{c} \cdot \mathfrak{a}),$$

wird auf Grund der Gesetze der Addition mit Hilfe der vorhin beschriebenen vollständigen Induktion eingesehen. Durch diese Beweismethode erhält man dann auch das kommutative Gesetz der Multiplikation.

Um zur Division zu gelangen, stellen wir zunächst eine Vorbetrachtung an. Der Aufbau einer Ziffer ist so beschaffen, daß beim Anhängen von 1 jedesmal eine neue Ziffer gewonnen wird. Die Bildung einer Ziffer $\mathfrak{a}$ geschieht also auf dem Wege der Bildung einer konkreten Reihe von Ziffern, die mit 1 beginnt, mit $\mathfrak{a}$ endigt und wo jede Ziffer aus der vorhergehenden durch Anhängen von 1 entsteht. Man sieht auch sogleich, daß diese Reihe außer $\mathfrak{a}$ selbst nur solche Ziffern enthält, die $< \mathfrak{a}$ sind, und daß eine Ziffer, welche $< \mathfrak{a}$ ist, auch in dieser Reihe vorkommen muß. Wir nennen diese Aufeinanderfolge von Ziffern kurz „die Reihe der Ziffern von 1 bis $\mathfrak{a}$".

Sei nun $\mathfrak{b}$ eine von 1 verschiedene Ziffer, die $< \mathfrak{a}$ ist. $\mathfrak{b}$ hat dann die Form $1 + \mathfrak{c}$, und daher ist

$$\mathfrak{b} \cdot \mathfrak{a} = (1 \cdot \mathfrak{a}) + (\mathfrak{c} \cdot \mathfrak{a}) = \mathfrak{a} + (\mathfrak{c} \cdot \mathfrak{a}),$$

also
$$\mathfrak{a} < \mathfrak{b} \cdot \mathfrak{a}.$$

Multiplizieren wir nun $\mathfrak{b}$ nacheinander mit den Ziffern aus der Reihe von 1 bis $\mathfrak{a}$, so ist in der entstehenden Reihe von Ziffern

$$\mathfrak{b} \cdot 1, \quad \mathfrak{b} \cdot 11, \quad \ldots, \mathfrak{b} \cdot \mathfrak{a}$$

die erste $< \mathfrak{a}$ und die letzte $> \mathfrak{a}$. Gehen wir nun in der Reihe dieser Ziffern so weit, bis wir zuerst auf eine solche treffen, die $> \mathfrak{a}$ ist; die vorherige, welche $\mathfrak{b} \cdot \mathfrak{q}$ sei, ist dann entweder $= \mathfrak{a}$ oder $< \mathfrak{a}$, während

$$\mathfrak{b} \cdot (\mathfrak{q} + 1) = (\mathfrak{b} \cdot \mathfrak{q}) + \mathfrak{b} > \mathfrak{a}$$

ist. Somit ist entweder
$$\mathfrak{a} = \mathfrak{b} \cdot \mathfrak{q},$$

oder wir haben eine Darstellung

$$\mathfrak{a} = (\mathfrak{b} \cdot \mathfrak{q}) + \mathfrak{r},$$

und dabei ist

$$(\mathfrak{b} \cdot \mathfrak{q}) + \mathfrak{r} < (\mathfrak{b} \cdot \mathfrak{q}) + \mathfrak{b},$$

also

$$\mathfrak{r} < \mathfrak{b}.$$

Im ersten Falle ist $\mathfrak{a}$ „durch $\mathfrak{b}$ teilbar" („$\mathfrak{b}$ geht in $\mathfrak{a}$ auf"), im zweiten Fall haben wir die Division mit Rest.

Wir nennen allgemein $\mathfrak{a}$ durch $\mathfrak{b}$ teilbar, wenn in der Reihe

$$\mathfrak{b} \cdot 1, \quad \mathfrak{b} \cdot 11, \quad \ldots, \quad \mathfrak{b} \cdot \mathfrak{a}$$

die Ziffer $\mathfrak{a}$ vorkommt. Dies trifft zu für $\mathfrak{b} = 1$, für $\mathfrak{b} = \mathfrak{a}$ und sonst in dem eben erhaltenen ersten Fall.

Aus der Definition der Teilbarkeit folgt unmittelbar, daß, falls $\mathfrak{a}$ durch $\mathfrak{b}$ teilbar ist, mit der Feststellung der Teilbarkeit auch eine Darstellung

$$\mathfrak{a} = \mathfrak{b} \cdot \mathfrak{q}$$

gegeben ist. Aber es gilt auch die Umkehrung, daß aus einer Gleichung

$$\mathfrak{a} = \mathfrak{b} \cdot \mathfrak{q}$$

stets die Teilbarkeit von $\mathfrak{a}$ durch $\mathfrak{b}$ (in dem definierten Sinne) folgt, da die Ziffer $\mathfrak{q}$ der Reihe der Ziffern von 1 bis $\mathfrak{a}$ angehören muß.

Ist $\mathfrak{a} \neq 1$ und kommt in der Reihe der Ziffern von 1 bis $\mathfrak{a}$ außer 1 und $\mathfrak{a}$ kein Teiler von $\mathfrak{a}$ vor, so daß jedes der Produkte $\mathfrak{m} \cdot \mathfrak{n}$, worin $\mathfrak{m}$ und $\mathfrak{n}$ der Reihe der Ziffern von 2 bis $\mathfrak{a}$ angehören, von $\mathfrak{a}$ verschieden ist, so nennen wir $\mathfrak{a}$ eine *Primzahl*.

Ist $\mathfrak{n}$ eine von 1 verschiedene Ziffer, so gibt es in der Reihe der Ziffern 1 bis $\mathfrak{n}$ jedenfalls eine erste, welche die Eigenschaft hat, von 1 verschieden und Teiler von $\mathfrak{n}$ zu sein. Von diesem „kleinsten von 1 verschiedenen Teiler von $\mathfrak{n}$" zeigt man leicht, daß er eine Primzahl ist.

Nun können wir auch nach dem Verfahren von EUKLID den Satz beweisen, daß zu jeder Ziffer $\mathfrak{a}$ eine Primzahl $> \mathfrak{a}$ bestimmt werden kann: Man multipliziere die Zahlen der Reihe von 1 bis $\mathfrak{a}$ miteinander, addiere 1 und nehme von der so erhaltenen Ziffer den kleinsten von 1 verschiedenen Teiler $\mathfrak{t}$. Dieser ist dann eine Primzahl, und man erkennt leicht, daß $\mathfrak{t}$ nicht in der Reihe der Zahlen von 1 bis $\mathfrak{a}$ vorkommen kann, mithin $> \mathfrak{a}$ ist.

Von hier aus ist der weitere Aufbau der elementaren Zahlentheorie ersichtlich; nur noch ein Punkt bedarf hier der grundsätzlichen Erörterung, das Verfahren der *rekursiven Definition*. Vergegenwärtigen wir uns, worin dieses Verfahren besteht: Ein neues Funktionszeichen, etwa φ wird eingeführt, und die Definition der Funktion geschieht durch zwei Gleichungen, welche im einfachsten Falle die Form haben:

$$\varphi(1) = \mathfrak{a},$$

$$\varphi(\mathfrak{n} + 1) = \psi(\varphi(\mathfrak{n}), \mathfrak{n}).$$

Hierbei ist $\mathfrak{a}$ eine Ziffer und ψ eine Funktion, die aus bereits bekannten Funktionen durch Zusammensetzung gebildet ist, so daß $\psi(\mathfrak{b}, \mathfrak{c})$ für gegebene Ziffern $\mathfrak{b}$, $\mathfrak{c}$ berechnet werden kann und als Wert wieder eine Ziffer liefert.

Z. B. kann die Funktion

$$\varrho(\mathfrak{n}) = 1 \cdot 2 \ldots \mathfrak{n}$$

definiert werden durch die Gleichungen:

$$\varrho(1) = 1,$$

$$\varrho(\mathfrak{n} + 1) = \varrho(\mathfrak{n}) \cdot (\mathfrak{n} + 1).$$

Es ist nicht ohne weiteres klar, welcher Sinn diesem Definitionsverfahren zukommt. Zur Erklärung ist zunächst der Funktionsbegriff zu präzisieren. Unter einer *Funktion* verstehen wir hier eine anschauliche Anweisung, auf Grund deren einer vorgelegten Ziffer, bzw. einem Paar, einem Tripel, ... von Ziffern, wieder eine Ziffer zugeordnet wird. Ein Gleichungspaar der obigen Art — wir nennen ein solches eine „*Rekursion*" — haben wir anzusehen als eine *abgekürzte Mitteilung* folgender Anweisung:

Es sei $\mathfrak{m}$ irgendeine Ziffer. Wenn $\mathfrak{m} = 1$ ist, so werde $\mathfrak{m}$ die Ziffer $\mathfrak{a}$ zugeordnet. Andernfalls hat $\mathfrak{m}$ die Form $\mathfrak{b} + 1$. Man schreibe dann zunächst schematisch auf:

$$\psi(\varphi(\mathfrak{b}), \mathfrak{b}).$$

Ist nun $\mathfrak{b} = 1$, so ersetze man hierin $\varphi(\mathfrak{b})$ durch $\mathfrak{a}$; andernfalls hat wieder $\mathfrak{b}$ die Form $\mathfrak{c} + 1$, und man ersetze dann $\varphi(\mathfrak{b})$ durch

$$\psi(\varphi(\mathfrak{c}), \mathfrak{c}).$$

Nun ist wieder entweder $\mathfrak{c} = 1$ oder $\mathfrak{c}$ von der Form $\mathfrak{d} + 1$. Im ersten Fall ersetze man $\varphi(\mathfrak{c})$ durch $\mathfrak{a}$, im zweiten Fall durch

$$\psi(\varphi(\mathfrak{d}), \mathfrak{d}).$$

Die Fortsetzung dieses Verfahrens führt jedenfalls zu einem Abschluß. Denn die Ziffern

$$\mathfrak{b}, \mathfrak{c}, \mathfrak{d}, \ldots,$$

welche wir der Reihe nach erhalten, entstehen durch den *Abbau der Ziffer* $\mathfrak{m}$, und dieser muß ebenso wie der Aufbau von $\mathfrak{m}$ zum Abschluß gelangen. Wenn wir beim Abbau bis zu 1 gekommen sind, dann wird $\varphi(1)$ durch $\mathfrak{a}$ ersetzt; das Zeichen φ kommt dann in der entstehenden Figur nicht mehr vor, vielmehr tritt als Funktionszeichen nur ψ, eventuell in mehrmaliger Überlagerung, auf, und die innersten Argumente sind Ziffern. Damit sind wir zu einem berechenbaren Ausdruck gelangt; denn ψ soll ja eine bereits bekannte Funktion sein. Diese Berechnung hat man nun von innen her auszuführen, und die dadurch gewonnene Ziffer soll der Ziffer $\mathfrak{m}$ zugeordnet werden.

Aus dem Inhalt dieser Anweisung ersehen wir zunächst, daß sie sich in jedem Falle einer vorgelegten Ziffer $\mathfrak{m}$ grundsätzlich erfüllen läßt und daß das Ergebnis eindeutig festgelegt ist. Zugleich ergibt sich aber auch, daß für jede gegebene Ziffer $\mathfrak{n}$ die Gleichung

$$\varphi(\mathfrak{n}+1) = \psi(\varphi(\mathfrak{n}), \mathfrak{n})$$

erfüllt wird, wenn wir darin $\varphi(\mathfrak{n})$ und $\varphi(\mathfrak{n}+1)$ durch die den Ziffern $\mathfrak{n}$ und $\mathfrak{n}+1$ gemäß unserer Vorschrift zugeordneten Ziffern ersetzen und dann für die bekannte Funktion ψ ihre Definition substituieren.

Ganz entsprechend ist der etwas allgemeinere Fall zu behandeln, wo in der zu definierenden Funktion φ noch eine oder mehrere unbestimmte Ziffern als „*Parameter*" auftreten. Die Rekursionsgleichungen haben im Falle eines Parameters t die Form

$$\varphi(t, 1) = \alpha(t),$$

$$\varphi(t, \mathfrak{n}+1) = \psi(\varphi(t, \mathfrak{n}), t, \mathfrak{n}),$$

wobei α ebenso wie ψ eine bekannte Funktion ist. Z. B. wird durch die Rekursion

$$\varphi(t, 1) = t$$

$$\varphi(t, \mathfrak{n}+1) = \varphi(t, \mathfrak{n}) \cdot t,$$

die Funktion $\varphi(t, \mathfrak{n}) = t^{\mathfrak{n}}$ definiert.

Es handelt sich hier bei der Definition durch Rekursion wiederum nicht um ein selbständiges Definitionsprinzip, sondern die Rekursion hat im Rahmen der elementaren Zahlentheorie lediglich die Bedeutung einer Vereinbarung über eine abgekürzte Beschreibung gewisser Bildungsprozesse, durch die man aus einer oder mehreren gegebenen Ziffern wieder eine Ziffer erhält. —

Als ein Beispiel dafür, daß wir im Rahmen der anschaulichen Zahlentheorie auch *Unmöglichkeitsbeweise* führen können, werde der Satz genommen, welcher die Irrationalität von $\sqrt{2}$ zum Ausdruck bringt: Es kann nicht zwei Ziffern $\mathfrak{m}$, $\mathfrak{n}$ geben, so daß[1]

$$\mathfrak{m} \cdot \mathfrak{m} = 2 \cdot \mathfrak{n} \cdot \mathfrak{n}.$$

Der Beweis wird bekanntermaßen so geführt: Man zeigt zunächst, daß jede Ziffer entweder durch 2 teilbar oder von der Form $(2 \cdot \mathfrak{k}) + 1$ ist und daß daher $\mathfrak{a} \cdot \mathfrak{a}$ nur dann durch 2 teilbar sein kann, wenn $\mathfrak{a}$ durch 2 teilbar ist.

Wäre nun ein Zahlenpaar $\mathfrak{m}$, $\mathfrak{n}$ gegeben, das die obige Gleichung erfüllt, so könnten wir alle Zahlenpaare $\mathfrak{a}$, $\mathfrak{b}$, wo

$$\mathfrak{a} \text{ der Reihe } 1, \ldots, \mathfrak{m},$$

$$\mathfrak{b} \text{ der Reihe } 1, \ldots, \mathfrak{n}$$

angehört, daraufhin ansehen, ob

$$\mathfrak{a} \cdot \mathfrak{a} = 2 \cdot \mathfrak{b} \cdot \mathfrak{b}$$

---

[1] Wir benutzen hier die übliche, zufolge des assoziativen Gesetzes der Multiplikation statthafte Schreibweise mehrgliedriger Produkte ohne Klammern.

ist oder nicht. Unter den Wertepaaren, welche der Gleichung genügen, wählen wir ein solches, worin $\mathfrak{b}$ den kleinstmöglichen Wert hat. Es kann nur *ein* solches geben; dieses sei $\mathfrak{m}'$, $\mathfrak{n}'$. Aus der Gleichung

$$\mathfrak{m}' \cdot \mathfrak{m}' = 2 \cdot \mathfrak{n}' \cdot \mathfrak{n}'$$

folgt nun nach dem vorher Bemerkten, daß $\mathfrak{m}'$ durch 2 teilbar ist:

also erhalten wir
$$\mathfrak{m}' = 2 \cdot \mathfrak{l}',$$
$$2 \cdot \mathfrak{l}' \cdot 2 \cdot \mathfrak{l}' = 2 \cdot \mathfrak{n}' \cdot \mathfrak{n}',$$
$$2 \cdot \mathfrak{l}' \cdot \mathfrak{l}' = \mathfrak{n}' \cdot \mathfrak{n}'.$$

Hiernach wäre aber $\mathfrak{n}'$, $\mathfrak{l}'$ ein Zahlenpaar, das unserer Gleichung genügt, und zugleich wäre $\mathfrak{l}' < \mathfrak{n}'$. Dieses widerspricht aber der Bestimmung von $\mathfrak{n}'$.

Der hiermit bewiesene Satz läßt sich allerdings auch positiv aussprechen: Wenn $\mathfrak{m}$ und $\mathfrak{n}$ irgend zwei Ziffern sind, so ist $\mathfrak{m} \cdot \mathfrak{m}$ von $2 \cdot \mathfrak{n} \cdot \mathfrak{n}$ verschieden.

Soviel mag zur Charakterisierung der elementaren Behandlung der Zahlentheorie genügen. Diese haben wir als eine Theorie der Ziffern, also einer gewissen Art besonders einfacher Figuren, entwickelt. Die Bedeutung dieser Theorie für die Erkenntnis beruht auf der Beziehung der Ziffern zu dem eigentlichen *Anzahl-Begriff*. Diese Beziehung erhalten wir auf folgende Art:

Es sei eine konkrete (also jedenfalls endliche) Gesamtheit von Dingen vorgelegt. Man nehme nacheinander die Dinge der Gesamtheit vor und lege ihnen der Reihe nach die Ziffern 1, 11, 111, . . . als Nummern bei. Wenn kein Ding mehr übrig ist, so sind wir zu einer gewissen Ziffer $\mathfrak{n}$ gelangt. Diese ist damit zunächst als *Ordinalzahl* für die Gesamtheit der Dinge in der gewählten Reihenfolge bestimmt.

Nun machen wir uns aber leicht klar, daß die resultierende Ziffer $\mathfrak{n}$ gar nicht von der gewählten Reihenfolge abhängt. Denn seien

$$a_1, a_2, \ldots, a_{\mathfrak{n}}$$

die Dinge der Gesamtheit in der gewählten Reihenfolge und

$$b_1, b_2, \ldots, b_{\mathfrak{l}}$$

die Dinge in einer anderen Reihenfolge. Dann können wir von der ersten Numerierung zu der zweiten folgendermaßen durch eine Reihe von Vertauschungen der Nummern übergehen: Falls a_1 von b_1 verschieden ist, so vertauschen wir zunächst die Nummer $\mathfrak{r}$, die das Ding b_1 in der ersten Numerierung hat, mit 1, d. h. wir legen dem Ding $a_{\mathfrak{r}}$ die Nummer 1, dem Ding a_1 die Nummer $\mathfrak{r}$ bei. In der hierdurch entstehenden Numerierung hat das Ding b_1 die Nummer 1; auf dieses folgt, mit der Nummer 2 versehen, entweder das Ding b_2, oder dieses Ding hat hier eine andere

Nummer $\mathfrak{z}$, die jedenfalls auch von 1 verschieden ist; dann vertauschen wir in der Numerierung diese Nummer $\mathfrak{z}$ mit 2, so daß nun eine Numerierung entsteht, in der das Ding b_1 die Nummer 1, b_2 die Nummer 2 hat. b_3 hat hier entweder die Nummer 3 oder eine andere, jedenfalls von 1 und 2 verschiedene Nummer $\mathfrak{t}$; diese vertauschen wir dann wieder mit 3.

Mit diesem Verfahren müssen wir zu einem Abschluß gelangen; denn durch jede Vertauschung wird die Numerierung der betrachteten Gesamtheit mit der Numerierung

$$b_1, b_2, \ldots, b_{\mathfrak{t}}$$

vom Anfang aus um mindestens eine Stelle weiter zur Übereinstimmung gebracht, so daß man schließlich für b_1 die Nummer 1, für b_2 die Nummer 2, $\ldots$, für $b_{\mathfrak{t}}$ die Nummer $\mathfrak{t}$ bekommt, und dann ist kein weiteres Ding mehr übrig. Andererseits bleibt aber bei jeder der vorgenommenen Vertauschungen der Vorrat der verwendeten Ziffern ganz derselbe; es wird ja nur die Nummer eines Dinges gegen die eines anderen ausgewechselt. Es geht also die Numerierung jedesmal von 1 bis $\mathfrak{n}$, folglich ist auch

$$\mathfrak{t} = \mathfrak{n}.$$

Somit ist die Ziffer $\mathfrak{n}$ der betrachteten Gesamtheit unabhängig von der Reihenfolge zugeordnet, und wir können sie in diesem Sinne der Gesamtheit als ihre *Anzahl* beilegen[1]. Wir sagen, die Gesamtheit besteht aus $\mathfrak{n}$ Dingen.

Hat eine konkrete Gesamtheit mit einer anderen die Anzahl gemeinsam, so gewinnen wir, indem wir für jede eine Numerierung vornehmen, eine umkehrbar eindeutige Zuordnung der Dinge der einen Gesamtheit zu denen der anderen. Liegt andererseits eine solche Zuordnung zwischen zwei gegebenen Gesamtheiten von Dingen vor, so haben beide dieselbe Anzahl, wie ja unmittelbar aus unserer Definition der Anzahl folgt.

Von der Definition der Anzahl gelangen wir nun durch inhaltliche Überlegungen zu den Grundsätzen der *Anzahlenlehre* wie z. B. zu dem Satz, daß bei der Vereinigung zweier Gesamtheiten ohne gemeinsames Element, deren Anzahlen $\mathfrak{a}$ und $\mathfrak{b}$ sind, eine Gesamtheit von $\mathfrak{a} + \mathfrak{b}$ Dingen entsteht. —

Anschließend an die Darstellung der elementaren Zahlentheorie möge noch kurz der elementare inhaltliche Standpunkt in der *Algebra* gekennzeichnet werden. Es soll sich handeln um die elementare Theorie der ganzen rationalen Funktionen einer oder mehrerer Variablen mit ganzen Zahlen als Koeffizienten.

Als Objekte der Theorie haben wir hier wieder gewisse Figuren, die „Polynome", die aus einem bestimmten Vorrat von Buchstaben,

---

[1] Diese Überlegung ist von HELMHOLTZ in seinem Aufsatz „Zählen und Messen" (1887) durchgeführt worden. (HERMANN V. HELMHOLTZ, Schriften zur Erkenntnistheorie. Berlin: Julius Springer 1921. Siehe S. 80—82.)

$x, y, z, \ldots$, die „Variablen" heißen, und aus Ziffern mit Hilfe der Zeichen $+, -, \cdot$ und von Klammern zusammengesetzt sind. Die Zeichen $+, \cdot$ sind also hier nicht, wie in der elementaren Zahlentheorie, als Zeichen zur Mitteilung aufzufassen, sondern gehören zu den Objekten der Theorie.

Kleine deutsche Buchstaben benutzen wir wieder als Zeichen zur Mitteilung, aber nicht nur für Ziffern, sondern auch für irgendwelche Polynome.

Die Zusammensetzung der Polynome aus den genannten Zeichen geschieht nach folgenden Bildungsregeln:

Eine Variable sowie auch eine Ziffer kann für sich als Polynom genommen werden.

Aus zwei Polynomen $\mathfrak{a}, \mathfrak{b}$ können die Polynome

$$\mathfrak{a} + \mathfrak{b}, \quad \mathfrak{a} - \mathfrak{b}, \quad \mathfrak{a} \cdot \mathfrak{b}$$

gebildet werden, aus einem Polynom $\mathfrak{a}$ kann $(-\mathfrak{a})$ gebildet werden. Dabei gelten die üblichen Regeln für das Klammernsetzen. Als Zeichen zur Mitteilung werden noch eingeführt:

die Nummern $2, 3, \ldots$, so wie in der elementaren Zahlentheorie;

das Zeichen 0 für $1 - 1$;

die übliche Potenzbezeichnung: z. B. bedeutet: $x^{\mathfrak{z}}$, wenn $\mathfrak{z}$ eine Ziffer ist, dasjenige Polynom, das aus $\mathfrak{z}$ entsteht, indem statt jeder 1 die Variable x gesetzt und zwischen je zwei aufeinanderfolgende x das Zeichen „$\cdot$" gesetzt wird;

das Zeichen $=$ zur Mitteilung der gegenseitigen *Ersetzbarkeit* zweier Polynome.

Die Ersetzbarkeit wird durch folgende inhaltlichen Regeln bestimmt:

1. Die assoziativen und kommutativen Gesetze für „$+$" und „$\cdot$".

2. Das distributive Gesetz

$$\mathfrak{a} \cdot (\mathfrak{b} + \mathfrak{c}) = (\mathfrak{a} \cdot \mathfrak{b}) + (\mathfrak{a} \cdot \mathfrak{c}).$$

3. Die Regeln für „$-$":

$$\mathfrak{a} - \mathfrak{b} = \mathfrak{a} + (-\mathfrak{b}),$$

$$(\mathfrak{a} + \mathfrak{b}) - \mathfrak{b} = \mathfrak{a}.$$

4. $1 \cdot \mathfrak{a} = \mathfrak{a}$.

5. Sind zwei Polynome $\mathfrak{m}, \mathfrak{n}$ frei von Variablen und von „$-$" und besteht *im Sinne der Deutung der elementaren Zahlentheorie* die Gleichung $\mathfrak{m} = \mathfrak{n}$, so ist $\mathfrak{m}$ durch $\mathfrak{n}$ ersetzbar.

Diese Regeln der Ersetzbarkeit beziehen sich auch auf solche Polynome, die als *Bestandteile* von anderen Polynomen auftreten. Aus ihnen leiten sich die weiteren Sätze über die Ersetzbarkeit ab, welche die „Identitäten" und Theoreme der elementaren Algebra bilden. Als einige der einfachsten beweisbaren Identitäten seien genannt:

$$\mathfrak{a} + 0 = \mathfrak{a} \qquad\qquad -(\mathfrak{a} - \mathfrak{b}) = \mathfrak{b} - \mathfrak{a},$$

$$\mathfrak{a} - \mathfrak{a} = 0 \qquad\qquad -(-\mathfrak{a}) = \mathfrak{a},$$

$$\mathfrak{a} \cdot 0 = 0 \qquad\qquad (-\mathfrak{a}) \cdot (-\mathfrak{b}) = \mathfrak{a} \cdot \mathfrak{b}.$$

Unter den Theoremen, welche durch inhaltliche Überlegung eingesehen werden, seien folgende grundlegenden Sätze erwähnt:

a) Sind $\mathfrak{a}$, $\mathfrak{b}$ zwei Polynome, die durch einander ersetzbar sind und von denen mindestens eines die Variable x enthält, und gehen aus $\mathfrak{a}$, $\mathfrak{b}$ die Polynome $\mathfrak{a}_1$, $\mathfrak{b}_1$ hervor, indem die Variable x überall, wo sie vorkommt, durch ein und dasselbe Polynom $\mathfrak{c}$ ersetzt wird, so ist auch $\mathfrak{a}_1$ durch $\mathfrak{b}_1$ ersetzbar.

b) Aus einer richtigen Gleichung zwischen Polynomen erhält man durch Einsetzung von Ziffern für die Variablen richtige Zahlengleichungen im Sinne der Zahlentheorie (vorausgesetzt, daß das Rechnen mit negativen Zahlen in die Zahlentheorie einbezogen wird). — Die Bedeutung dieses Satzes b) möge an einem einfachen Beispiel erläutert werden: Die Gleichung

$$(x + y) \cdot (x + y) = x^2 + 2 \cdot x \cdot y + y^2$$

besagt zunächst nichts anderes, als daß nach unseren Festsetzungen $(x + y) \cdot (x + y)$ durch $x^2 + 2 \cdot x \cdot y + y^2$ ersetzbar ist. Auf Grund des Satzes b) können wir aber hieraus folgern, daß, wenn $\mathfrak{m}$ und $\mathfrak{n}$ Zahlzeichen sind, $(\mathfrak{m} + \mathfrak{n}) \cdot (\mathfrak{m} + \mathfrak{n})$ im Sinne der Zahlentheorie mit $\mathfrak{m} \cdot \mathfrak{m} + 2 \cdot \mathfrak{m} \cdot \mathfrak{n} + \mathfrak{n} \cdot \mathfrak{n}$ übereinstimmt.

c) Jedes Polynom ist ersetzbar entweder durch 0 oder durch eine Summe verschiedener Potenzprodukte der Variablen — (als solches gilt hier auch das Polynom 1) —, deren jedes mit einem positiven oder negativen Zahlfaktor versehen ist.

An Hand dieser Normalform gewinnen wir ein Verfahren, um von zwei vorgelegten Polynomen zu entscheiden, ob sie durch einander ersetzbar sind oder nicht. Es gilt nämlich der Satz:

d) Ein Polynom, das aus einer Summe verschiedener Potenzprodukte mit Zahlfaktoren besteht, ist nicht durch 0 ersetzbar, und zwei solche Polynome sind nur dann durch einander ersetzbar, wenn sie, abgesehen von der Reihenfolge der Summanden sowie der Reihenfolge der Faktoren, in den Potenzprodukten und ihren Zahlfaktoren übereinstimmen.

Der zweite Teil dieses Satzes folgt aus dem ersten, und dieser kann mit Hilfe des Satzes b) durch Betrachtung geeigneter Einsetzungen von Ziffern bewiesen werden.

Als spezielle Folgerung aus d) ergibt sich der Satz:

e) Wenn eine Ziffer $\mathfrak{m}$, aufgefaßt als Polynom, durch eine Ziffer $\mathfrak{n}$ ersetzbar ist, so stimmt $\mathfrak{m}$ mit $\mathfrak{n}$ überein.

Methodisch sei zu diesen Sätzen noch bemerkt: Die in den Sätzen a), e) vorkommende Voraussetzung der Ersetzbarkeit von Polynomen ist so zu verstehen, daß wir annehmen, man habe die Ersetzbarkeit des einen Polynoms durch das andere gemäß den Regeln festgestellt. Bei dem Satz c) wird die Behauptung der Ersetzbarkeit näher bestimmt durch die Angabe eines Verfahrens, welches im Beweise des Satzes beschrieben wird.

Wir befinden uns also hier, ebenso wie in der elementaren Zahlentheorie, ganz im Bereich des elementaren inhaltlichen Schließens. Und das gilt auch für die weiteren Sätze und Beweise der elementaren Algebra. —

Die ausgeführte Betrachtung der Anfangsgründe von Zahlentheorie und Algebra diente dazu, uns das direkte inhaltliche, in Gedanken-Experimenten an anschaulich vorgestellten Objekten sich vollziehende und von axiomatischen Annahmen freie Schließen in seiner Anwendung und Handhabung vorzuführen. Diese Art des Schließens wollen wir, um einen kurzen Ausdruck zu haben, als das „*finite*" Schließen und ebenso auch die diesem Schließen zugrunde liegende methodische Einstellung als die „finite" Einstellung oder den „finiten" Standpunkt bezeichnen. Im gleichen Sinne wollen wir von finiten Begriffsbildungen und Behauptungen sprechen, indem wir allemal mit dem Worte „finit" zum Ausdruck bringen, daß die betreffende Überlegung, Behauptung oder Definition sich an die Grenzen der grundsätzlichen Vorstellbarkeit von Objekten sowie der grundsätzlichen Ausführbarkeit von Prozessen hält und sich somit im Rahmen konkreter Betrachtung vollzieht.

Zur Charakterisierung des finiten Standpunktes seien noch einige allgemeine Gesichtspunkte hervorgehoben, betreffend den Gebrauch der logischen Urteilsformen im finiten Denken, wobei wir zur Exemplifizierung Aussagen über *Ziffern* betrachten wollen.

Ein *allgemeines* Urteil über Ziffern kann finit nur im hypothetischen Sinn gedeutet werden, d. h. als eine Aussage über jedwede vorgelegte Ziffer. Ein solches Urteil spricht ein Gesetz aus, das sich an jedem vorliegenden Einzelfall verifizieren muß.

Ein *Existenzsatz* über Ziffern, also ein Satz von der Form „es gibt eine Ziffer $\mathfrak{n}$ von der Eigenschaft $\mathfrak{A}(\mathfrak{n})$", ist finit aufzufassen als ein „Partialurteil", d. h. als eine unvollständige Mitteilung einer genauer bestimmten Aussage, welche entweder in der direkten Angabe einer Ziffer von der Eigenschaft $\mathfrak{A}(\mathfrak{n})$ oder der Angabe eines Verfahrens zur Gewinnung einer solchen Ziffer besteht, — wobei zur Angabe eines Verfahrens gehört, daß für die Reihe der auszuführenden Handlungen eine bestimmte Grenze aufgewiesen wird.

In entsprechender Weise sind diejenigen Urteile finit zu interpretieren, in denen eine allgemeine Aussage mit einer Existenzbehauptung verknüpft ist. So hat man z. B. einen Satz von der Form „zu jeder Ziffer ! von der Eigenschaft 𝔄(!) gibt es eine Ziffer !, für welche 𝔅(!, !) gilt", finit aufzufassen als unvollständige Mitteilung von einem Verfahren, welches gestattet, zu jeder vorgelegten Ziffer ! von der Eigenschaft 𝔄(!) eine Ziffer ! zu finden, welche zu ! in der Beziehung 𝔅(!, !) steht.

Besondere Achtsamkeit erfordert die Anwendung der *Negation.*

Die Verneinung ist unproblematisch bei „elementaren" Urteilen, welche eine Frage betreffen, über die sich durch eine direkte anschauliche Festsstellung (einen „Befund") entscheiden läßt. Sind z. B. !, ! bestimmte Ziffern, so läßt sich direkt feststellen, ob

$$! + ! = !$$

zutrifft oder nicht, d. h. ob ! + ! mit ! übereinstimmt oder von ! verschieden ist.

Die Negation eines solchen elementaren Urteils besagt einfach, daß das Ergebnis der betreffenden anschaulichen Entscheidung von dem im Urteil behaupteten Sachverhalt abweicht; und es besteht für ein elementares Urteil ohne weiteres die Alternative, daß entweder dieses selbst oder seine Negation zutrifft.

Dagegen für ein allgemeines und ein existentiales Urteil ist es nicht ohne weiteres klar, was im finiten Sinne als seine Negation gelten soll.

Betrachten wir daraufhin zunächst die Existenzaussagen. Daß es eine Ziffer 𝔫 von einer Eigenschaft 𝔄(𝔫) nicht gibt, kann in unscharfem Sinne gemeint sein, als die Feststellung, daß eine Ziffer von dieser Eigenschaft uns zur Angabe nicht zur Verfügung steht. Eine solche Feststellung hat aber wegen ihrer Bezogenheit auf einen zufälligen Erkenntniszustand keine objektive Bedeutung. Soll aber unabhängig vom Erkenntnisstande das Nichtvorhandensein einer Ziffer 𝔫 von der Eigenschaft 𝔄(𝔫) behauptet werden, so kann das im finiten Sinne nur durch eine Unmöglichkeitsbehauptung geschehen, welche besagt, daß eine Ziffer 𝔫 nicht die Eigenschaft 𝔄(𝔫) besitzen *kann.*

Wir kommen so auf eine *verschärfte* Negation; diese aber ist nicht das genau kontradiktorische Gegenteil der Existenzbehauptung, „es gibt eine Ziffer 𝔫 von der Eigenschaft 𝔄(𝔫)", die (als Partialurteil) auf eine bekannte Ziffer von jener Eigenschaft hinweist oder auf ein Verfahren, das wir zur Gewinnung einer solchen Ziffer besitzen.

Die Existenzaussage und ihre verschärfte Negation sind nicht, wie eine elementare Aussage und ihre Negation, Aussagen über die beiden allein in Betracht kommenden Ergebnisse *einer und derselben Entscheidung,* sondern sie entsprechen zwei getrennten Erkenntnismöglichkeiten, nämlich einerseits der Auffindung einer Ziffer von einer gegebenen Eigenschaft, andererseits der Einsicht in ein allgemeines Gesetz über Ziffern.

Daß eine von diesen beiden Möglichkeiten sich bieten muß, ist nicht logisch selbstverständlich. Wir können daher vom finiten Standpunkt nicht die **Alternative** benutzen, daß es entweder eine Ziffer $\mathfrak{n}$ gibt, für die $\mathfrak{A}(\mathfrak{n})$ zutrifft, oder daß das Zutreffen von $\mathfrak{A}(\mathfrak{n})$ auf eine Ziffer ausgeschlossen ist.

Ähnlich wie bei dem Existentialurteil verhält es sich bei einem allgemeinen Urteil von der Form „für jede Ziffer $\mathfrak{n}$ gilt $\mathfrak{A}(\mathfrak{n})$" betreffs der finiten Negation. Die Verneinung der Gültigkeit eines solchen Urteils ergibt ohne weiteres noch keinen finiten Sinn; wird sie aber zu der Behauptung verschärft, daß die Allgemeingültigkeit von $\mathfrak{A}(\mathfrak{n})$ sich durch ein Gegenbeispiel widerlegen läßt, dann bildet diese verschärfte Negation nicht das kontradiktorische Gegenteil des allgemeinen Urteils; nämlich es ist dann wiederum nicht logisch selbstverständlich, daß entweder das allgemeine Urteil oder die verschärfte Negation zutreffen muß, daß also entweder $\mathfrak{A}(\mathfrak{n})$ für jede vorgelegte Ziffer $\mathfrak{n}$ zutrifft oder daß sich eine Ziffer angeben läßt, für welche $\mathfrak{A}(\mathfrak{n})$ unzutreffend ist.

Allerdings ist zu bemerken, daß die Auffindung eines Gegenbeispiels nicht die einzige Möglichkeit bildet, ein allgemeines Urteil zu widerlegen. Es kann auch in anderer Weise die Verfolgung der Konsequenzen des allgemeinen Urteils auf einen Widerspruch führen. Dieser Umstand hebt jedoch die Schwierigkeit nicht auf, vielmehr wird dadurch die Komplikation noch erhöht. Nämlich es ist weder die Alternative logisch ersichtlich, daß ein allgemeines Urteil über Ziffern entweder zutreffen oder in seinen Konsequenzen auf einen Widerspruch führen, also widerlegbar sein müsse, noch auch ist es selbstverständlich, daß ein solches Urteil, wenn es widerlegbar ist, dann auch durch ein Gegenbeispiel widerlegbar ist.

Die komplizierte Situation, die wir hier in betreff der Verneinung von Urteilen beim finiten Standpunkt vorfinden, entspricht der These BROUWERS von der Ungültigkeit des Satzes vom ausgeschlossenen Dritten für unendliche Gesamtheiten. Diese Ungültigkeit besteht beim finiten Standpunkt in der Tat insofern, als es hier für das existentiale sowie für das allgemeine Urteil nicht gelingt, eine dem Satz vom ausgeschlossenen Dritten genügende Negation finiten Inhalts zu finden.

Diese Darlegungen mögen zur Kennzeichnung des finiten Standpunktes genügen. Sehen wir uns nun die Arithmetik in ihrer üblichen Behandlung daraufhin an, ob sie diesem methodischen Standpunkt entspricht, so bemerken wir, daß dieses nicht der Fall ist, daß vielmehr durch die arithmetischen Schlußweisen und Begriffsbildungen mannigfach die Grenzen der finiten Betrachtung überschritten werden.

Die Überschreitung des finiten Standpunktes findet bereits in den Schlußweisen der Zahlentheorie statt, indem hier Existenzaussagen über ganze Zahlen — wir sprechen in der üblichen Mathematik von „ganzen Zahlen" (genauer „positiven ganzen Zahlen" und kurz auch „Zahlen") anstatt von „Ziffern" — zugelassen werden ohne Rücksicht auf die Möglichkeit einer tatsächlichen Bestimmung der betreffenden Zahl, und indem man Gebrauch macht von der Alternative, daß eine

Aussage über ganze Zahlen entweder für alle Zahlen zutrifft oder daß es eine Zahl gibt, für die sie unzutreffend ist.

Diese Alternative, das „tertium non datur" für ganze Zahlen, kommt implizite auch zur Anwendung bei dem „Prinzip der kleinsten Zahl", welches besagt: „Wenn eine Aussage über ganze Zahlen für mindestens eine Zahl zutrifft, so gibt es eine kleinste Zahl, für die sie zutrifft."

Das Prinzip der kleinsten Zahl hat in seinen *elementaren* Anwendungen finiten Charakter. In der Tat, sei $\mathfrak{A}(n)$ die betreffende Aussage über eine Zahl n, und sei $\mathfrak{m}$ eine bestimmte Zahl, für welche $\mathfrak{A}(\mathfrak{m})$ zutrifft, so gehe man die Zahlen von 1 bis $\mathfrak{m}$ durch; man muß dann einmal zuerst zu einer Zahl $\mathfrak{k}$ gelangen, für die $\mathfrak{A}(\mathfrak{k})$ richtig ist, da ja spätestens $\mathfrak{m}$ eine solche Zahl ist. Diese Zahl $\mathfrak{k}$ ist dann die kleinste Zahl von der Eigenschaft $\mathfrak{A}$.

Diese Überlegung beruht aber auf zwei Voraussetzungen, die bei den nichtelementaren Anwendungen des Prinzips der kleinsten Zahl nicht immer erfüllt sind. Erstens wird vorausgesetzt, daß das Zutreffen der Aussage $\mathfrak{A}$ auf eine Zahl in dem Sinne statthat, daß uns eine Zahl $\mathfrak{m}$ von der Eigenschaft $\mathfrak{A}(\mathfrak{m})$ wirklich gegeben ist, während bei den Anwendungen die Existenz einer Zahl von der Eigenschaft $\mathfrak{A}$ vielfach nur mittels des „tertium non datur" erschlossen ist, ohne daß wir dadurch zur wirklichen Bestimmung einer solchen Zahl gelangen. Die zweite Voraussetzung ist, daß sich für eine jede Zahl $\mathfrak{k}$ aus der Reihe der Zahlen von 1 bis $\mathfrak{m}$ entscheiden läßt, ob $\mathfrak{A}(\mathfrak{k})$ zutrifft oder nicht; diese Entscheidungsmöglichkeit besteht allerdings für elementare Aussagen $\mathfrak{A}(n)$ ohne weiteres; dagegen kann bei einer nichtelementaren Aussage $\mathfrak{A}(n)$ die Frage, ob sie für eine gegebene Zahl $\mathfrak{k}$ zutrifft, ein ungelöstes Problem bilden.

Sei z. B. $\psi(a)$ eine Funktion, die durch eine Aufeinanderfolge von Rekursionen und Einsetzungen definiert ist, so wie wir sie in der finiten Zahlentheorie zulassen, und $\mathfrak{A}(n)$ bedeute die Aussage, daß es eine Zahl a gibt, für welche $\psi(a) = n$ ist. Dann ist für eine vorgelegte Zahl $\mathfrak{k}$ die Frage, ob $\mathfrak{A}(\mathfrak{k})$ zutrifft, im allgemeinen (d. h. wenn die Funktion ψ nicht besonders einfach ist) nicht durch direktes Zusehen entscheidbar, vielmehr hat sie den Charakter eines mathematischen Problems. Denn die Rekursionen, welche in die Definition von ψ eingehen, liefern ja die Werte der Funktion nur *für vorgelegte Argumentwerte*, während es sich bei der Frage, ob es eine Zahl a gibt, für die $\psi(a)$ den Wert $\mathfrak{k}$ hat, um den gesamten Wertverlauf der Funktion ψ handelt.

In allen den Fällen nun, wo die genannten Voraussetzungen für die finite Begründung des Prinzips der kleinsten Zahl nicht erfüllt sind, muß zur Begründung dieses Prinzips das „tertium non datur" für die ganzen Zahlen herangezogen werden[1].

---

[1] Wir werden den Beweis des Prinzips der kleinsten Zahl später im Rahmen des Formalismus vorführen. Siehe § 6 S. 284—285.

Es seien einige Beispiele von zahlentheoretischen Alternativen aufgeführt, welche sich mittels des tertium non datur für ganze Zahlen ergeben, dagegen auf finitem Wege vom heutigen Stande unserer Kenntnis nicht zu erweisen sind:

„Entweder ist jede gerade Zahl, die >2 ist, als Summe zweier Primzahlen darstellbar, oder es gibt eine gerade Zahl, die >2 und nicht als Summe zweier Primzahlen darstellbar ist."

„Entweder ist jede ganze Zahl der Form $2^{(2^t)} + 1$ für $t > 4$ in zwei Faktoren >1 zerlegbar, oder es gibt eine Primzahl der Form $2^{(2^t)} + 1$ mit $t > 4$."

„Entweder ist jede genügend große ganze Zahl als Summe von weniger als 8 dritten Potenzen darstellbar, oder es gibt zu jeder ganzen Zahl n eine größere ganze Zahl m, welche nicht als Summe von weniger als 8 dritten Potenzen darstellbar ist."

„Entweder gibt es beliebig große Primzahlen p von der Eigenschaft, daß $p + 2$ ebenfalls eine Primzahl ist, oder es gibt eine größte Primzahl von dieser Eigenschaft."

„Entweder besteht für jede ganze Zahl $n > 2$ und beliebige positive ganze Zahlen a, b, c die Ungleichung $a^n + b^n \neq c^n$, oder es gibt eine kleinste solche ganze Zahl $n > 2$, für welche die Gleichung $a^n + b^n = c^n$ mit positiven ganzen Zahlen a, b, c lösbar ist."

Derartige Beispiele der Zahlentheorie sind geeignet, um uns die einfachsten Formen nichtfiniter Argumentationen zu verdeutlichen. Dagegen wird uns in der Zahlentheorie das Erfordernis zur Überschreitung des finiten Standpunktes nicht wirklich fühlbar; denn es gibt wohl kaum einen zahlentheoretisch geführten Beweis, bei dem sich die etwa benutzten nichtfiniten Schlußweisen nicht durch ziemlich leichte Modifikationen umgehen ließen.

Ganz anders steht es damit in der Analysis (Infinitesimalrechnung); hier gehört die nichtfinite Art der Begriffsbildung und der Beweisführung geradezu zur Methode der Theorie.

Wir wollen uns den Grundbegriff der Analysis, den Begriff der reellen Zahl, kurz vergegenwärtigen. Man definiert die reelle Zahl entweder als eine Folge beständig wachsender rationaler Zahlen

$$r_1 < r_2 < r_3 < \dots,$$

welche alle unter einer gemeinsamen Schranke liegen, („Fundamentalreihe") oder als einen unendlichen Dezimalbruch bzw. Dualbruch, oder als eine Einteilung der rationalen Zahlen in zwei Klassen, bei welcher jede Zahl der ersten Klasse kleiner ist als jede Zahl der zweiten Klasse („DEDEKINDscher Schnitt").

Dabei liegt die Auffassung zugrunde, daß die rationalen Zahlen eine festumgrenzte Gesamtheit bilden, die als ein *Individuenbereich* betrachtet werden kann. Auch die Gesamtheit der möglichen Folgen von rationalen Zahlen, bzw. der möglichen Einteilungen aller rationalen Zahlen wird in der Analysis als ein Individuenbereich gedacht.

Allerdings genügt es, an Stelle der Gesamtheit der rationalen Zahlen die Gesamtheit der ganzen Zahlen zugrunde zu legen und an Stelle der Einteilungen aller rationalen Zahlen diejenigen aller ganzen Zahlen zu betrachten. In der Tat ist ja jede positive rationale Zahl gegeben durch ein Zahlenpaar m, n, und jede rationale Zahl überhaupt läßt sich darstellen als Differenz zweier positiven rationalen Zahlen, d. h. als ein Paar von Zahlenpaaren $(m, n; p, q)$. Auch läßt sich ja jeder Dualbruch von der Form

$$0, a_1 a_2 a_3 \ldots,$$

worin $a_1, a_2, a_3, \ldots$ alle entweder $= 0$ oder $= 1$ sind, als eine Einteilung aller ganzen Zahlen deuten, nämlich als die Einteilung in solche Zahlen k, für welche $a_k = 0$ ist, und solche, für welche $a_k = 1$ ist. Jeder Einteilung der positiven ganzen Zahlen entspricht auf diese Weise umkehrbar eindeutig ein Dualbruch der obigen Form, und andrerseits läßt sich jede reelle Zahl darstellen als Summe einer ganzen Zahl und eines Dualbruchs dieser Form.

Statt der Einteilungen können wir auch *Mengen* von ganzen Zahlen betrachten; denn jede Menge von ganzen Zahlen bestimmt die Einteilung in solche Zahlen, die zur Menge gehören und solche, die nicht dazu gehören, und ist auch umgekehrt durch diese Einteilung vollständig bestimmt. — Dieselbe Bemerkung gilt auch für den DEDEKINDschen Schnitt, der ebenfalls durch eine *Menge* von rationalen Zahlen, nämlich die Menge der kleineren rationalen Zahlen vertreten werden kann. Eine solche Menge ist durch folgende Eigenschaften charakterisiert: 1. sie enthält mindestens eine und nicht alle rationalen Zahlen; 2. zugleich mit einer rationalen Zahl enthält sie alle kleineren rationalen Zahlen und mindestens eine größere.

Durch solche Umformungen wird aber die existentiale Voraussetzung, die wir für die Analysis zugrunde legen müssen, nur unwesentlich abgeschwächt. Es bleibt das Erfordernis, die Mannigfaltigkeit der ganzen Zahlen und auch die der Mengen von ganzen Zahlen als festen Individuenbereich aufzufassen, für den das „tertium non datur" Gültigkeit hat und mit Bezug auf den eine Aussage über die Existenz einer ganzen Zahl bzw. einer Zahlenmenge mit einer Eigenschaft $\mathfrak{E}$ unabhängig von ihrer Deutbarkeit als Partialurteil sinnvoll ist. Während also das Unendlich-Große und das Unendlich-Kleine durch diese Theorie der reellen Zahlen im eigentlichen Sinne ausgeschaltet wird und nur noch im Sinne einer Redeweise bestehen bleibt, wird das *Unendliche als Gesamtheit* beibehalten. Ja, man kann sagen, daß die Vorstellung von den unendlichen Gesamtheiten systematisch erst hier in der strengen Grundlegung der Analysis eingeführt und zur Geltung gebracht wurde.

Um uns wirklich davon zu überzeugen, daß die Voraussetzung der Totalität des Bereiches der ganzen Zahlen bzw. der rationalen Zahlen und ferner des Bereiches der Mengen (Einteilungen) von ganzen bzw. von rationalen Zahlen wesentlich in der Begründung der Analysis zur Anwendung kommt, brauchen wir uns nur einige von den grundlegenden Begriffsbildungen und Überlegungen vorzuführen.

Wird die reelle Zahl durch eine Folge von wachsenden rationalen Zahlen
$$r_1 < r_2 < r_3 < \cdots$$
definiert, so ist schon der Begriff der Gleichheit von reellen Zahlen nicht finit. Denn ob zwei solche Folgen von rationalen Zahlen dieselbe reelle Zahl definieren, hängt davon ab, ob es zu jeder Zahl in der einen Folge eine größere in der anderen Folge und umgekehrt gibt. Ein allgemeines Verfahren zur Entscheidung hierüber besitzen wir aber nicht.

Geht man andererseits aus von der Definition der reellen Zahl durch einen DEDEKINDschen Schnitt, so hat man zu beweisen, daß jede beschränkte Folge wachsender rationaler Zahlen einen Schnitt erzeugt, welcher die obere Grenze der Folge darstellt. Diesen Schnitt erhält man als die Einteilung der rationalen Zahlen in solche, die von mindestens einer Zahl aus der Folge übertroffen werden, und solche, die nicht übertroffen werden. Das heißt: eine rationale Zahl r wird zur ersten oder zur zweiten Klasse gerechnet, je nachdem es unter den Zahlen der Folge eine solche gibt, die $> r$ ist, oder alle Zahlen der Folge $\leqq r$ sind. Dies ist wiederum keine finite Unterscheidung.

Ähnlich verhält es sich, wenn man die reellen Zahlen durch unendliche Dezimalbrüche oder durch Dualbrüche definiert. Es muß wiederum gezeigt werden, daß eine beschränkte Folge rationaler Zahlen
$$r_1 < r_2 < \cdots$$
einen Dezimalbruch bzw. Dualbruch bestimmt. Nehmen wir der Einfachheit halber an, es handle sich um eine Folge positiver echter Brüche:
$$0 < b_1 < b_2 < \cdots < 1,$$
und es soll der Dualbruch
$$0, a_1\, a_2\, a_3 \ldots$$
bestimmt werden, der die obere Grenze der Folge von Brüchen darstellt. Diese Bestimmung geschieht folgendermaßen:

a_1 ist $= 0$ oder $= 1$, je nachdem alle Brüche $b_n < \frac{1}{2}$ sind oder nicht;
a_{m+1} ist $= 0$ oder $= 1$, je nachdem alle Brüche b_n kleiner sind als
$$\frac{a_1}{2} + \frac{a_2}{4} + \cdots + \frac{a_m}{2^m} + \frac{1}{2^{m+1}}$$
oder nicht.

In allen diesen Fällen hat man es mit Alternativen zu tun, bei denen es sich darum handelt, ob alle rationalen Zahlen einer gegebenen Folge
$$r_1, r_2, r_3, \ldots$$

eine gewisse Ungleichung erfüllen, oder ob diese mindestens einmal eine Ausnahme erleidet. Eine solche Alternative benutzt das „tertium non datur" für die ganzen Zahlen; denn es wird dabei vorausgesetzt, daß entweder für alle ganzen Zahlen n als Index die rationale Zahl r_n der betreffenden Ungleichung genügt, oder daß es eine ganze Zahl n gibt, für welche r_n gegen die Ungleichung verstößt.

Mit dieser Inanspruchnahme der *Gesamtheit der ganzen Zahlen* als Individuenbereich kommen wir jedoch für die Analysis nicht aus, sondern wir brauchen überdies die *Gesamtheit der rellen Zahlen* als Individuenbereich. Wie wir sahen, ist diese Gesamtheit im wesentlichen gleichzusetzen mit derjenigen der Mengen von ganzen Zahlen.

Die Erforderlichkeit des Individuenbereiches der reellen Zahlen macht sich schon beim Beweise des Satzes von der oberen Grenze einer beschränkten Menge von reellen Zahlen geltend. Um die Existenz der oberen Grenze für eine beschränkte, also etwa im Intervall von 0 bis 1 gelegene Menge von reellen Zahlen auf Grund der DEDEKINDschen Definition der reellen Zahl zu beweisen, betrachtet man die Einteilung der rationalen Zahlen in solche, die von einer reellen Zahl aus der Menge übertroffen werden, und solche, die nicht übertroffen werden. Man rechnet also eine rationale Zahl r zur ersten Klasse, dann und nur dann, wenn es in der Menge eine reelle Zahl $a > r$ gibt.

Nun muß man sich klarmachen, daß eine Menge uns in der Analysis im allgemeinen nur durch eine definierende Eigenschaft gegeben ist, d. h. die Menge wird eingeführt als die Gesamtheit derjenigen reellen Zahlen, welche eine gewisse Bedingung $\mathfrak{B}$ erfüllen. Die Frage, ob es in einer betrachteten Menge eine reelle Zahl $a > r$ gibt, kommt also darauf hinaus, ob es eine reelle Zahl gibt, welche größer als r ist und zugleich eine gewisse Bedingung $\mathfrak{B}$ erfüllt. In dieser Fassung wird es deutlich, daß wir die Gesamtheit der reellen Zahlen als einen Individuenbereich zugrunde legen[1].

Es sei noch bemerkt, daß der beschriebene Prozeß zur Gewinnung der oberen Grenze auf die Bildung einer *Vereinigungsmenge* hinauskommt. In der Tat ist ja jede reelle Zahl definiert durch eine Einteilung der rationalen Zahlen in kleinere und größere bzw. durch die Menge der kleineren rationalen Zahlen. Die gegebene Menge von reellen Zahlen stellt sich hiernach dar als eine Menge $\mathfrak{M}$ von Mengen von rationalen Zahlen. Und die obere Grenze der Menge $\mathfrak{M}$ wird gebildet von der Menge derjenigen rationalen Zahlen, welche mindestens einer der Mengen aus $\mathfrak{M}$ angehören. Die Gesamtheit dieser rationalen Zahlen ist aber gerade die Vereinigungsmenge von $\mathfrak{M}$.

Es gelingt auch nicht etwa, die Heranziehung des Individuenbereiches der reellen Zahlen dadurch zu umgehen, daß man anstatt der DEDEKIND-

---

[1] Auf den hier vorliegenden Sachverhalt hat WEYL in seiner Schrift „Das Kontinuum" (Leipzig 1918) besonders nachdrücklich hingewiesen.

schen Definition der reellen Zahlen die Definition durch eine Fundamentalreihe oder durch einen Dualbruch benutzt. Vielmehr wird hierdurch der Prozeß nur noch komplizierter, indem noch ein rekursives
Verfahren hinzutritt. Es sei dies kurz für den Fall der Definition der
reellen Zahlen durch Dualbrüche angegeben. Wir haben es dann zu tun
mit einer Menge von Dualbrüchen

$$0, a_1 a_2 a_3 \ldots,$$

die wiederum durch eine gewisse Bedingung $\mathfrak{B}$ bestimmt ist; und die
obere Grenze stellt sich dar durch einen Dualbruch

$$0, b_1 b_2 \ldots,$$

der folgendermaßen definiert ist:

$b_1 = 0$, wenn bei allen Dualbrüchen, welche der Bedingung $\mathfrak{B}$ genügen, an erster Dualstelle 0 steht, sonst ist $b_1 = 1$;

$b_{n+1} = 0$, wenn bei allen Dualbrüchen, welche der Bedingung $\mathfrak{B}$
genügen, und deren erste n Dualziffern bzw. mit $b_1, b_2, \ldots, b_n$ übereinstimmen, an der $(n + 1)$ten Stelle 0 steht, sonst ist $b_{n+1} = 1$.

Hier tritt die Gesamtheit der reellen Zahlen auf als die Gesamtheit
aller Dualbrüche, und wir machen Gebrauch von der Voraussetzung,
daß für die aus Nullen und Einsen gebildeten unendlichen Folgen das
,,tertium non datur" gilt. —

Nun ist aber auch diese Voraussetzung der Gesamtheit aller reellen
Zahlen bzw. aller Dualbrüche als eines Individuenbereiches noch nicht
ausreichend. Dies zeigt sich an folgendem einfachen Fall: Es sei a
die obere Grenze einer Menge von reellen Zahlen. Wir wollen zeigen,
daß es eine Folge von reellen Zahlen *aus der Menge* gibt, welche gegen a
konvergiert. Hierzu schließen wir folgendermaßen:

Aus der Eigenschaft der oberen Grenze folgt, daß es für jede ganze
Zahl n eine Zahl c_n in der Menge gibt, so daß

$$a - \frac{1}{n} < c_n \leqq a,$$

also

$$|a - c_n| < \frac{1}{n}$$

ist. Die Zahlen c_n bilden somit eine gegen a konvergente Folge, und sie
gehören alle der betrachteten Menge an.

Wenn wir so argumentieren, so verdecken wir durch die Ausdrucksweise einen prinzipiellen Beweispunkt. Indem wir nämlich die Schreibweise c_n anwenden, denken wir uns für jede Zahl n unter denjenigen
reellen Zahlen c, welche zu der betrachteten Menge gehören, und die
Ungleichung

$$a - \frac{1}{n} < c \leqq a$$

erfüllen, eine bestimmte ausgezeichnet.

Hierin liegt eine Voraussetzung. Was wir unmittelbar schließen können, ist nur, daß es zu jeder Zahl n eine Teilmenge $\mathfrak{M}_n$ unserer betrachteten Menge gibt, welche aus den Zahlen besteht, die der obigen Ungleichung genügen, und daß für jedes n diese Teilmenge mindestens ein Element enthält. Nun wird vorausgesetzt, daß wir in jeder dieser Mengen

$$\mathfrak{M}_1, \mathfrak{M}_2, \mathfrak{M}_3, \ldots$$

je ein Element, c_1 in $\mathfrak{M}_1$, c_2 in $\mathfrak{M}_2$, $\ldots c_n$ in $\mathfrak{M}_n$, auszeichnen können, so daß wir eine bestimmte unendliche Folge von reellen Zahlen erhalten.

Wir haben hier einen Spezialfall des *Auswahlprinzips* vor uns, welches allgemein folgendes besagt: „Wenn es zu jedem Ding x einer Gattung $\mathfrak{G}_1$ mindestens ein Ding y der Gattung $\mathfrak{G}_2$ gibt, welches zu x in der Beziehung $\mathfrak{B}(x, y)$ steht, so gibt es eine Funktion φ, welche jedem Ding x der Gattung $\mathfrak{G}_1$ eindeutig ein solches Ding $\varphi(x)$ der Gattung $\mathfrak{G}_2$ zuordnet, welches zu x in der Beziehung $\mathfrak{B}(x, \varphi(x))$ steht."

In dem vorliegenden Fall ist die Gattung $\mathfrak{G}_1$ die der positiven ganzen Zahlen, $\mathfrak{G}_2$ die der reellen Zahlen, die Beziehung $\mathfrak{B}(x, y)$ besteht in der Ungleichung

$$a - \frac{1}{x} < y \leqq a,$$

und die Funktion φ, deren Existenz aus dem Auswahlaxiom entnommen wird, ist die Zuordnung der reellen Zahl c_x zu ihrer Nummer x.

In der Anwendung des Auswahlprinzips, welches zuerst von ZERMELO als eine besondere Voraussetzung erkannt und in mengentheoretischer Fassung formuliert worden ist, liegt eine weitere Art der Überschreitung des finiten Standpunktes vor, die über die Anwendung des „tertium non datur" noch hinausgeht. Die angestellte Betrachtung von methodischen Beispielen lehrt uns, daß die Begründung der Infinitesimalrechnung, wie sie seit der Entdeckung der strengen Methoden gegeben wird, nicht im Sinne einer Zurückführung auf das *finite* zahlentheoretische Denken erfolgt. Die hier vollzogene *Arithmetisierung* der Größenlehre ist insofern *keine restlose*, als gewisse systematische Grundvorstellungen eingeführt werden, die nicht dem Bereich des anschaulichen arithmetischen Denkens angehören. Die Einsicht, welche uns die strenge Begründung der Analysis gebracht hat, besteht darin, daß diese wenigen Grundannahmen schon genügen, um die Größenlehre als Theorie der Zahlenmengen aufzubauen.

Von den Methoden der Analysis werden große Gebiete der Mathematik beherrscht, so die Funktionentheorie, die Differentialgeometrie, die Topologie (Analysis situs). Der weitgehendste Gebrauch von nichtfiniten Annahmen, noch weit über die Voraussetzungen der Analysis hinaus, wird in der allgemeinen *Mengenlehre* gemacht, deren Methoden auch in die neuere abstrakte Algebra und in die Topologie eingreifen.

Die Arithmetik in ihrer üblichen Behandlung entspricht somit keineswegs dem finiten Standpunkt, sondern beruht wesentlich auf hinzutretenden Prinzipien des Schließens. Wir sehen uns daher, wenn wir die Arithmetik in ihrer vorhandenen Form beibehalten wollen und andererseits die Anforderungen des finiten Standpunktes unter dem Gesichtspunkt der Evidenz anerkennen, vor die Aufgabe gestellt, die Anwendung jener Prinzipien, mit denen wir über das finite Denken hinausgehen, durch einen Nachweis ihrer Widerspruchsfreiheit zu rechtfertigen. Wenn ein solcher Nachweis für die Widerspruchsfreiheit der üblichen arithmetischen Schlußweisen gelingt, so haben wir damit auch die Gewähr, daß die Ergebnisse dieser Schlußweisen niemals durch eine finite Feststellung oder eine finite Überlegung widerlegt werden können; denn die finiten Methoden sind ja in der üblichen Arithmetik inbegriffen, und eine finite Widerlegung eines mit den üblichen Mitteln der Arithmetik bewiesenen Satzes würde daher einen Widerspruch innerhalb der üblichen Arithmetik bedeuten.

Wir kommen so auf das im § 1 gestellte Problem zurück. Nun bleibt aber noch die Frage zu beantworten, von welcher die Betrachtungen dieses Paragraphen ausgingen: ob wir nicht, anstatt einen Unmöglichkeitsbeweis für das Auftreten eines Widerspruchs in der Arithmetik an Hand der Formalisierung der Schlüsse zu führen, einfacher direkt ohne zusätzliche Annahmen die ganze Arithmetik begründen und damit jenen Unmöglichkeitsbeweis entbehrlich machen können.

Die Antwort hierauf ist zum einen Teil bejahend, zum anderen verneinend. Nämlich was die Möglichkeit einer direkten finiten Begründung der Arithmetik, in einem für die praktischen Anwendungen ausreichenden Umfange, betrifft, so ist diese durch die Untersuchungen von KRONECKER und von BROUWER aufgezeigt worden.

KRONECKER, der als erster die Anforderungen des finiten Standpunktes geltend gemacht hat, ging darauf aus, die nichtfiniten Schlußweisen allenthalben aus der Mathematik auszuschalten. In der Theorie der algebraischen Zahlen und Zahlenkörper ist er damit zum Ziel gekommen[1]. Hier gelingt auch die Einhaltung des finiten Standpunktes noch in solcher Weise, daß man von den Sätzen und Beweismethoden nichts Wesentliches aufzugeben braucht.

Nachdem die Problemstellung KRONECKERs lange Zeit hindurch gänzlich abgelehnt worden war, hat in neuerer Zeit BROUWER sich an die Aufgabe gemacht, die Arithmetik unabhängig von dem Satz vom ausgeschlossenen Dritten zu begründen, und hat im Sinne dieses Programms erhebliche Teile der Analysis und Mengenlehre entwickelt[2].

---

[1] Die Ergebnisse dieser Untersuchungen wurden von KRONECKER nicht systematisch publiziert, sondern nur in Vorlesungen mitgeteilt.

[2] Ein ausführliches Verzeichnis der Veröffentlichungen BROUWERs über diesen Gegenstand findet sich in dem Lehrbuch von A. FRAENKEL: „Einleitung in die Mengenlehre", *Dritte* Auflage. Berlin: Julius Springer 1928.

Allerdings müssen bei diesem Verfahren wesentliche Sätze preisgegeben und beträchtliche Komplikationen der Begriffsbildung in Kauf genommen werden.

Der methodische Standpunkt des „Intuitionismus", den BROUWER zugrunde legt, bildet eine gewisse *Erweiterung der finiten Einstellung* insofern, als BROUWER zuläßt, daß eine Annahme über das Vorliegen einer Folgerung bzw. eines Beweises eingeführt wird, ohne daß die Folgerung bzw. der Beweis nach anschaulicher Beschaffenheit bestimmt ist. So sind z. B. vom Standpunkt BROUWERs Sätze zugelassen von der Form „wenn unter der Voraussetzung $\mathfrak{A}$ der Satz $\mathfrak{B}$ gilt, so gilt auch $\mathfrak{C}$" oder auch „die Annahme, daß $\mathfrak{A}$ widerlegbar sei, führt auf einen Widerspruch" bzw. nach BROUWERs Ausdrucksweise: „die Absurdität von $\mathfrak{A}$ ist absurd".

Eine derartige weitere Fassung des finiten Standpunktes, welche erkenntnistheoretisch darauf hinauskommt, daß man zu den anschaulichen Einsichten noch Überlegungen allgemein logischen Charakters hinzunimmt, erweist sich als erforderlich, wenn man mittels der finiten Betrachtungen über einen gewissen elementaren Bereich hinaus gelangen will. Wir werden in einem vorgerückten Stadium unserer Betrachtungen auf dieses Erfordernis hingeführt werden.

Wenngleich nun durch die genannten Untersuchungen ein Weg gewiesen ist, wie man sich in der Mathematik weitgehend ohne die nichtfiniten Schlußweisen behelfen kann, so wird doch damit ein Nachweis für die Widerspruchsfreiheit der üblichen Methoden der Arithmetik keineswegs entbehrlich gemacht. Denn die Vermeidung der nichtfiniten Methoden des Schließens erfolgt nicht im Sinne einer vollen Ersetzung dieser Methoden durch andere Überlegungen, vielmehr gelingt sie in der Analysis und den an sie anschließenden Gebieten der Mathematik nur um den Preis einer wesentlichen Einbuße an Systematik und Beweistechnik.

Dem Mathematiker kann aber nicht zugemutet werden, eine solche Einbuße ohne zwingenden Grund hinzunehmen. Die Methoden der Analysis sind in einem Ausmaß erprobt, wie wohl sonst kaum eine wissenschaftliche Voraussetzung, und sie haben sich aufs glänzendste bewährt. Wenn wir diese Methoden unter dem Gesichtspunkt der Evidenz kritisieren, so entsteht für uns die Aufgabe, den Grund für ihre Anwendbarkeit aufzuspüren, so wie wir es überall in der Mathematik tun, wo ein erfolgreiches Verfahren auf Grund von Vorstellungen geübt wird, die an Evidenz zu wünschen übriglassen.

Es ist also, sofern wir den finiten Standpunkt einnehmen, ein nicht abzuweisendes Problem, uns betreffs der Anwendbarkeit der nichtfiniten Methoden eine klare Einsicht zu verschaffen, und sofern uns unser Vertrauen auf diese Methoden nicht täuscht, kann diese Einsicht nur darin bestehen, daß wir Gewißheit darüber erhalten, daß diese üblichen arithmetischen Methoden niemals zu einem nachweislich falschen Ergebnis führen können, genauer gesagt, daß die Ergebnisse ihrer Anwendung sowohl miteinander wie auch mit jeder vom finiten Standpunkt ersichtlichen Tatsache im Einklang stehen.

Dieses Problem ist aber kein anderes als das eines Nachweises der Widerspruchsfreiheit unserer üblichen Arithmetik.

Zur Behandlung dieses Problems haben wir im § 1 bereits die in der symbolischen Logik ausgebildete Methode der Formalisierung des logischen Schließens in Aussicht genommen[1]. Diese Methode erfüllt jedenfalls die Bedingung, daß durch sie die Aufgabe des geforderten Nachweises der Widerspruchsfreiheit — sofern die vollständige Formalisierung der üblichen Arithmetik gelingt — zu einem *finiten* Problem gemacht wird. Denn wenn die übliche Arithmetik formalisiert ist, d. h. ihre Voraussetzungen und Schlußweisen in Ausgangsformeln und Regeln der Ableitung übersetzt sind, so stellt sich ein arithmetischer Beweis als eine anschaulich überblickbare Aufeinanderfolge von Prozessen dar, deren jeder einem von vornherein angegebenen Bestande von in Betracht kommenden Handlungen angehört. Wir haben also dann grundsätzlich dieselbe methodische Sachlage wie in der elementaren Zahlentheorie, und so wie es dort gelingt, Unmöglichkeitsbeweise in finitem Sinne zu führen, z. B. dafür, daß es nicht zwei Ziffern $\mathfrak{m}, \mathfrak{n}$ geben kann derart, daß

$$\mathfrak{m} \cdot \mathfrak{m} = 2 \cdot \mathfrak{n} \cdot \mathfrak{n},$$

so ist es auch ein finites Problem, zu zeigen, daß es in der formalisierten Arithmetik nicht zwei Beweise geben kann derart, daß die Endformel des einen mit der Negation der Endformel des anderen übereinstimmt.

Von einer Lösung dieses Problems sind wir allerdings noch weit entfernt. Doch sind in der Verfolgung dieses Zieles bereits mannigfache lohnende Ergebnisse gewonnen worden, und es hat sich auf diesem Wege ein neues Feld der Forschung eröffnet, indem die Formalisierung des logischen Schließens zu einer systematischen *Beweistheorie* verwertet wurde, welche die Frage nach der Tragweite der logischen Schlußweisen, die von der traditionellen Logik nur in einer sehr speziellen Form gestellt und gelöst wurde, in systematischer Allgemeinheit behandelt und durch deren Untersuchungsmethode die Probleme der Grundlagen der Mathematik mit den logischen Problemen in unmittelbaren Zusammenhang treten.

Diese Beweistheorie, auch „*Metamathematik*" genannt, soll im folgenden entwickelt werden. Wir beginnen mit der Formalisierung des Schließens, die wir zunächst unabhängig von der Anwendung auf die Beweistheorie darlegen wollen.

---

[1] Vgl. S. 18.

§ 3. Die Formalisierung des logischen Schließens I: Der Aussagenkalkul.

Bereits im § 1 haben wir uns mit der logischen Symbolik vertraut gemacht[1]. Sie diente uns dort als eine Formelsprache, an Hand deren wir uns die Struktur von mathematischen Axiomen deutlich vor Augen führten. Jetzt wollen wir mit Hilfe dieser Formelsprache zu einer Formalisierung der logischen Schlüsse gelangen. Das logische Schließen soll nachgebildet werden durch ein äußeres Handeln nach bestimmten Regeln.

Der Schritt, den wir hiermit vollziehen, ist analog dem Übergang von der inhaltlichen zur formalen Axiomatik. So wie wir da von der sachlichen Bedeutung der betrachteten Gegenstände und Beziehungen abstrahieren und nur noch auf die formale Struktur der Zusammenhänge achten, so schalten wir auch jetzt die inhaltliche Bedeutung der logischen Verknüpfungen und der Schlußfolgerungen aus und ziehen nur deren formale Struktur in Betracht.

Ehe wir daran gehen, das System der Regeln des Schließens im Sinne dieses formalen Standpunktes aufzustellen, müssen wir zunächst als wichtige Hilfsdisziplin die *elementare Aussagenlogik* behandeln, die sich am einfachsten als eine inhaltlich-kombinatorische *Theorie der „Wahrheitsfunktionen"* entwickeln läßt.

Hierzu knüpfen wir an die Betrachtung derjenigen Aussagenverbindungen an, für die wir schon im ersten Paragraphen Symbole eingeführt haben: die Konjunktion, die Disjunktion, die Implikation, die Negation[2]. Wir wollen uns klarmachen, inwiefern diese logischen Bildungen den Charakter von Wahrheitsfunktionen haben.

Nehmen wir als Beispiel die *Konjunktion*. Sind $\mathfrak{A}$, $\mathfrak{B}$ irgendwelche Sätze, von denen feststehe, daß sie eindeutig entweder wahr oder falsch sind, dann ist auch

$$\mathfrak{A} \,\&\, \mathfrak{B}$$

entweder wahr oder falsch, und wir brauchen zur Feststellung, welcher der beiden Fälle vorliegt, nichts von dem genauen Inhalt der Sätze $\mathfrak{A}$, $\mathfrak{B}$ zu wissen, sondern es kommt allein darauf an, ob $\mathfrak{A}$ und ob $\mathfrak{B}$ wahr bzw. falsch ist. In der Tat ist ja $\mathfrak{A} \,\&\, \mathfrak{B}$ dann und nur dann wahr, wenn sowohl $\mathfrak{A}$ wie $\mathfrak{B}$ wahr ist.

Wir können demnach die Konjunktion auffassen als eine Funktion zweier Argumente A, B, deren jedes die Werte „wahr", „falsch" annehmen kann und welche jedem Wertsystem der Argumente wiederum einen der beiden Werte „wahr", „falsch" als Funktionswert zuordnet. Der Verlauf dieser Funktion stellt sich durch folgendes Schema dar:

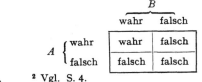

		B	
		wahr	falsch
A	wahr	wahr	falsch
	falsch	falsch	falsch

---

[1] Vgl. S. 3f.   [2] Vgl. S. 4.

Hier entspricht jedem der vier Felder je eine der vier Kombinationen von Wahrheitswerten für die Argumente A, B, und der in das Feld eingetragene Wahrheitswert ist der zugehörige Funktionswert.

Im gleichen Sinne wie die Konjunktion läßt sich auch die Disjunktion, die Negation und die Implikation als Wahrheitsfunktion deuten. Die *Negation* $\bar{A}$ ist eine Funktion von nur einem Argument, welche durch das Schema

$$
A \left\{ \begin{array}{l} \text{wahr} \\ \text{falsch} \end{array} \right. \begin{array}{|c|} \hline \text{falsch} \\ \hline \text{wahr} \\ \hline \end{array}
$$

dargestellt wird, d. h. $\bar{A}$ ist wahr oder falsch, je nachdem A falsch oder wahr ist.

Das Schema der *Disjunktion* $A \vee B$ lautet:

		B	
		wahr	falsch
A	wahr	wahr	wahr
	falsch	wahr	falsch

d. h. $A \vee B$ ist wahr, wenn mindestens eines der Argumente A, B den Wert „wahr" hat.

Die *Implikation* $\mathfrak{A} \to \mathfrak{B}$ haben wir im § 1 direkt als Wahrheitsfunktion erklärt, nämlich als diejenige, die den Wert „falsch" hat, wenn A wahr und B falsch ist, und sonst den Wert „wahr" hat. Das Schema dieser Wahrheitsfunktion lautet also

		B	
		wahr	falsch
A	wahr	wahr	falsch
	falsch	wahr	wahr

Die Auswahl der genannten vier Wahrheitsfunktionen erfolgt in Anlehnung an die Sprache; die Konjunktion, die Negation, die Disjunktion und die Implikation sind den Worten „und", „nicht", „oder", „wenn — so" der Sprache zugeordnet. Und zwar stellt sich diese Zuordnung folgendermaßen dar: Für jede der vier Wahrheitsfunktionen besteht die (notwendige und hinreichende) Bedingung ihrer Wahrheit in derjenigen Verknüpfung der Wahrheit der Argumente, welche sich mittels des zugeordneten Wortes ausdrückt; d. h. die Bedingung der Wahrheit besteht

für die Konjunktion $A \& B$ darin, daß A wahr ist *und* B wahr ist,
„   „   Negation $\bar{A}$ „   „   *nicht* A wahr ist,
„   „   Disjunktion $A \vee B$ „   „ A wahr ist *oder* B wahr ist,
„   „   Implikation $A \to B$ „   „   *wenn* A wahr ist, *so* B wahr ist.

Wir verwenden die den vier Wahrheitsfunktionen zugeordneten Wörter beim Lesen der Formeln zur Angabe der Wahrheitsfunktionen, wobei wir uns darüber klar sein müssen, daß diese Verwendung sich nicht immer mit dem Sprachgebrauch deckt[1].

Noch eine andere Wahrheitsfunktion wollen wir einführen, die der „Äquivalenz" $A \sim B$. Durch diese wird die Übereinstimmung zweier Aussagen im Wahrheitswert zum Ausdruck gebracht, eine Beziehung, für die wir im Sprachgebrauch kein Wort zur Verfügung haben. Das Schema dieser Wahrheitsfunktion lautet:

		B	
		wahr	falsch
A	wahr	wahr	falsch
	falsch	falsch	wahr

d. h. $A \sim B$ ist wahr, wenn A, B beide wahr oder beide falsch sind, andernfalls ist $A \sim B$ falsch.

An die Einführung der fünf Wahrheitsfunktionen knüpfen sich sogleich einige Bemerkungen und Fragestellungen. Zunächst fällt es sofort auf, daß diese Funktionen nicht voneinander unabhängig sind. Des Genaueren zeigt sich, daß eine jede von ihnen sowohl durch Negation und Konjunktion, wie durch Negation und Disjunktion, wie auch durch Negation und Implikation darstellbar ist.

Um uns kurz ausdrücken zu können, wollen wir zwei Aussagenverknüpfungen durch einander „ersetzbar" nennen, wenn sie dieselbe

---

[1] Die sprachlichen Aussagen-Verknüpfungen sind Verknüpfungen der Aussagen selbst, nicht ihrer Wahrheitswerte. Dieser Unterschied macht sich allerdings für die Konjunktion und die Negation nicht fühlbar, wohl aber für die disjunktive und die hypothetische Verknüpfung. Die Bedeutung einer Aussage „𝔄 oder 𝔅" ist, daß 𝔄, 𝔅 *Möglichkeiten* sind, die zusammen den Bereich der Möglichkeiten in einer Hinsicht erschöpfen. Eine Aussage „wenn 𝔄, so 𝔅" bringt einen *Zusammenhang* zum Ausdruck, zufolge dessen das Zutreffen von 𝔄 ein Erkenntnisgrund für das Zutreffen von 𝔅 ist. In beiden Fällen läßt sich der Inhalt der Aussage nicht einfach als eine Beziehung zwischen den Wahrheitswerten von 𝔄 und 𝔅 ausdrücken.

Hieraus erklären sich die Diskrepanzen, welche sich ergeben, wenn man disjunktive und hypothetische Satzverbindungen einerseits als Wahrheitsfunktionen, andererseits gemäß dem Sprachgebrauch interpretiert. Bilden wir z. B. aus dem falschen Satz „der Schnee ist schwarz" und dem wahren Satz „der Schnee ist weiß" die Satzverbindungen „der Schnee ist schwarz oder der Schnee ist weiß", „wenn der Schnee schwarz ist, so ist der Schnee weiß", so sind diese als Wahrheitsfunktionen beide wahr, nämlich die erste ist eine wahre Disjunktion, die zweite eine wahre Implikation; dagegen wird man sie gemäß dem Sprachgebrauch jedenfalls nur mit Widerstreben als wahre Urteile anerkennen.

Diese Schwierigkeit ist in betreff der Implikation vielfach vermerkt worden; auf den analogen Sachverhalt bei der Disjunktion hat insbesondere P. HERTZ hingewiesen. Vgl. den Vortrag „Über Axiomensysteme beliebiger Satzsysteme" Ann. d. Philos. Bd. 8 (1928) Heft 6, sowie auch „Vom Wesen des Logischen, . . ." Erkenntnis Bd. 2, (1932) Heft 5/6.

Wahrheitsfunktion darstellen. Die eben aufgestellten Behauptungen ergeben sich aus folgenden Beziehungen der Ersetzbarkeit, die man leicht nachprüfen kann; es ist ersetzbar:

$$A \sim B \text{ durch } (A \mathbin{\&} B) \vee (\bar{A} \mathbin{\&} \bar{B})$$
$$\text{sowie} \quad \text{durch } (A \to B) \mathbin{\&} (B \to A),$$
$$A \to B \text{ durch } \bar{A} \vee B,$$
$$A \vee B \text{ durch } \bar{A} \to B$$
$$\text{sowie} \quad \text{durch } \overline{\bar{A} \mathbin{\&} \bar{B}},$$
$$A \mathbin{\&} B \text{ durch } \overline{\bar{A} \vee \bar{B}}.$$

Es besteht noch eine weitergehende Reduktionsmöglichkeit. Nämlich die fünf betrachteten Wahrheitsfunktionen lassen sich alle durch eine einzige sechste darstellen. Als solche kann die Funktion

$$\bar{A} \vee \bar{B}, \quad \text{,,} A \text{ besteht nicht zusammen mit } B\text{``,}$$
$$\text{,,} A \text{ und } B \text{ schließen einander aus``,}$$

gewählt werden[1], welche falsch ist, wenn A und B beide wahr sind, und sonst wahr ist, sowie auch die Funktion

$$\bar{A} \mathbin{\&} \bar{B}, \quad \text{,,weder } A \text{ noch } B\text{``}$$

welche wahr ist, wenn A und B beide falsch sind, und sonst falsch ist; d. h. durch jede dieser beiden Wahrheitsfunktionen für sich allein können unsere betrachteten Wahrheitsfunktionen ausgedrückt werden.

Der Nachweis hierfür ist sehr einfach: Führt man für die durch $\bar{A} \vee \bar{B}$ dargestellte Wahrheitsfunktion das SHEFFERsche Symbol $A \mid B$ ein, so ist, wie man leicht verifiziert,

$$\bar{A} \text{ ersetzbar durch } A \mid A,$$
$$A \mathbin{\&} B \text{ durch } (A \mid B) \mid (A \mid B),$$

und mittels der Negation und der Konjunktion sind, wie wir wissen, die Disjunktion, die Implikation und die Äquivalenz darstellbar.

Ganz entsprechend ergibt sich die Ausdrückbarkeit der fünf Wahrheitsfunktionen durch die Verknüpfung ,,weder-noch``. —

Von der Betrachtung der Beziehungen der Ersetzbarkeit gelangen wir zum ,,*Aussagenkalkul*``, indem wir aus diesen Beziehungen *Regeln der Umformung* von Aussagenverbindungen entnehmen. Dieses Um-formen ist hier im Sinne der gegenseitigen Ersetzbarkeit zu ver-

---

[1] Die Tatsache der Ausdrückbarkeit der Wahrheitsfunktionen durch eine einzige unter ihnen wurde zuerst von CHARLES SANDERS PEIRCE entdeckt. Die diesbezüg-liche Abhandlung ,,A Boolean Algebra with one Constant`` stammt aus dem Jahre 1880 (vgl. in der Sammlung Collected Papers of Charles Sanders Peirce, Cambridge, Mass. 1933, Bd. 4, S. 13—18). Die Entdeckung gelangte jedoch anscheinend nicht zu allgemeiner Kenntnis. Die genannte Tatsache wurde dann, unabhängig von H. M. SHEFFER wiedergefunden. Siehe die Abh.: ,,A set of five independent postulates ...``, Trans. Amer. Math. Soc. Bd. 14 (1913) S. 481—488.

stehen, d. h. ein gegebener Ausdruck wird durch einen anderen ersetzt, der dieselbe Wahrheitsfunktion darstellt. Dabei handelt es sich um solche Ausdrücke, die aus Variablen A, B, ... mittels der Symbole &, $^-$, $\lor$, $\to$, $\sim$ gebildet sind.

Aus der Bedeutung der Ersetzbarkeit entnehmen wir zunächst folgende allgemeinen Substitutionsregeln:

$S\,1$: Es sei ein Ausdruck $\mathfrak{U}$ durch $\mathfrak{B}$ ersetzbar; A, ..., K seien die in $\mathfrak{U}$, $\mathfrak{B}$ vorkommenden Variablen, und es entstehe $\mathfrak{U}'$ aus $\mathfrak{U}$, $\mathfrak{B}'$ aus $\mathfrak{B}$, indem für die Variablen A, ..., K die Ausdrücke $\mathfrak{A}$, ..., $\mathfrak{K}$ gesetzt werden; dann ist auch $\mathfrak{U}'$ durch $\mathfrak{B}'$ ersetzbar.

$S\,2$: Es sei der Ausdruck $\mathfrak{U}$ durch $\mathfrak{B}$ ersetzbar, der Ausdruck $\mathfrak{C}$ enthalte $\mathfrak{U}$ als Bestandteil, und aus $\mathfrak{C}$ entstehe $\mathfrak{C}'$, indem an Stelle des Bestandteils $\mathfrak{U}$ der Ausdruck $\mathfrak{B}$ gesetzt werde; dann ist $\mathfrak{C}$ durch $\mathfrak{C}'$ ersetzbar.

Wir stellen ferner eine Reihe von spezielleren Ersetzbarkeiten, die sich aus den Definitionen der Wahrheitsfunktionen in Verbindung mit der Regel $S\,1$ ergeben, als „Ersetzungsregeln" zusammen. (Die großen deutschen Buchstaben bedeuten Ausdrücke der betrachteten Art.)

1. Regeln für die Konjunktion und Disjunktion:
   a) $\mathfrak{A} \,\&\, \mathfrak{A}$ sowie auch $\mathfrak{A} \lor \mathfrak{A}$ ist durch $\mathfrak{A}$ ersetzbar.
   b) Die Konjunktion und Disjunktion ist assoziativ und kommutativ.
   c) Es gilt ein beiderseitiges distributives Gesetz[1]:
   $(\mathfrak{A} \,\&\, \mathfrak{B}) \lor \mathfrak{C}$ ist ersetzbar durch $\mathfrak{A} \lor \mathfrak{C} \,\&\, \mathfrak{B} \lor \mathfrak{C}$,
   $\mathfrak{A} \lor \mathfrak{B} \,\&\, \mathfrak{C}$ ist ersetzbar durch $(\mathfrak{A} \,\&\, \mathfrak{C}) \lor (\mathfrak{B} \,\&\, \mathfrak{C})$.

2. Regeln für die Negation:
   a) $\overline{\overline{\mathfrak{A}}}$ ist durch $\mathfrak{A}$ ersetzbar.
   b) $\overline{\mathfrak{A} \,\&\, \mathfrak{B}}$ ist durch $\overline{\mathfrak{A}} \lor \overline{\mathfrak{B}}$ ersetzbar
   $\overline{\mathfrak{A} \lor \mathfrak{B}}$ ist durch $\overline{\mathfrak{A}} \,\&\, \overline{\mathfrak{B}}$ ersetzbar.

Diese Regeln 1 und 2 bringen die formalen Eigenschaften der Konjunktion, Disjunktion und Negation zum Ausdruck. Dazu kommt eine andere Art von Ersetzungsregeln, die sich aus der Feststellung ergeben, daß die Funktion $A \lor \overline{A}$ sowie auch $A \lor \overline{A} \lor B$ stets den Wert „wahr", die Funktion $A \,\&\, \overline{A}$ sowie auch $A \,\&\, \overline{A} \,\&\, B$ stets den Wert „falsch" hat.

3. Regeln der Kürzung und Erweiterung:
   a) $\mathfrak{A} \,\&\, \mathfrak{B} \lor \overline{\mathfrak{B}}$ sowie auch
   $\mathfrak{A} \,\&\, \mathfrak{B} \lor \overline{\mathfrak{B}} \lor \mathfrak{C}$ ist durch $\mathfrak{A}$ ersetzbar;
   b) $\mathfrak{A} \lor (\mathfrak{B} \,\&\, \overline{\mathfrak{B}})$ sowie auch
   $\mathfrak{A} \lor (\mathfrak{B} \,\&\, \overline{\mathfrak{B}} \,\&\, \mathfrak{C})$ ist durch $\mathfrak{A}$ ersetzbar.

Ferner brauchen wir die früher schon genannten Umformungen, mittels deren sich $\to$ und $\sim$ durch &, $\lor$, $^-$ ausdrücken lassen:

---

[1] Betreffs der Schreibweise sei an unsere Vereinbarung erinnert, daß für die Trennung von Ausdrücken & den Vorrang haben soll vor $\lor$.

4. Regeln der Elimination bzw. der Einführung von Implikation und Äquivalenz:

   a) $\mathfrak{A} \to \mathfrak{B}$ ist ersetzbar durch $\overline{\mathfrak{A}} \vee \mathfrak{B}$,

   b) $\mathfrak{A} \sim \mathfrak{B}$ ist ersetzbar durch $(\mathfrak{A} \,\&\, \mathfrak{B}) \vee (\overline{\mathfrak{A}} \,\&\, \overline{\mathfrak{B}})$.

Als Anwendungsbeispiele für diese Regeln seien einige Umformungen durchgeführt.

Nach der Regel 4a) ist $\mathfrak{A} \to \mathfrak{B}$ durch $\overline{\mathfrak{A}} \vee \mathfrak{B}$ ersetzbar. Nehmen wir hier für $\mathfrak{A}$ die Variable A, für $\mathfrak{B}$ den Ausdruck $B \to C$, so ergibt sich, daß

$$A \to (B \to C) \text{ durch } A \vee (B \to C)$$

ersetzbar ist.

In dem letzten Ausdruck kann [nach Regel 4a) und $S\,2$][1] $B \to C$ durch $\overline{B} \vee C$ ersetzt werden, so daß wir als Umformung von

$$A \to (B \to C)$$

den Ausdruck

$$\overline{A} \vee (\overline{B} \vee C)$$

und, wegen des assoziativen Charakters der Disjunktion [Regel 1b)], auch den Ausdruck

$$\overline{A} \vee \overline{B} \vee C .$$

erhalten. Hier können wir $\overline{A} \vee \overline{B}$ zusammenfassen und dafür [Regel 2b)] $\overline{A \,\&\, B}$ setzen. Somit erhalten wir:

$$\overline{A \,\&\, B} \vee C,$$

und hierfür kann [Regel 4a)]

$$(A \,\&\, B) \to C$$

gesetzt werden. Auch dieser Ausdruck ist somit durch

$$A \to (B \to C)$$

ersetzbar.

Da ferner $A \,\&\, B$ durch $B \,\&\, A$ ersetzbar ist [Regel 1b)], so ergibt sich, daß

$$A \to (B \to C) \text{ durch } B \to (A \to C)$$

ersetzbar ist.

Betrachten wir jetzt den durch vordere Klammerung gebildeten Ausdruck

$$(A \to B) \to C;$$

eliminieren wir hier nach Regel 4a) die beiden Implikationen, so erhalten wir

$$\overline{\overline{A} \vee B} \vee C .$$

Hierin ist $\overline{\overline{A} \vee B}$ ersetzbar durch $\overline{\overline{A}} \,\&\, \overline{B}$ [Regel 2b)] und weiter durch $A \,\&\, \overline{B}$ [Regel 2a)], also ergibt sich:

$$(A \,\&\, \overline{B}) \vee C,$$

---

[1] Die Anwendung der Substitutionsregel $S\,2$ soll im folgenden nicht jedesmal eigens erwähnt werden.

wofür wir auch nach dem distributiven Gesetz [Regel 1 c)]

$$A \lor C \mathbin{\&} \bar{B} \lor C$$

setzen können. Durch diesen Ausdruck ist also $(A \to B) \to C$ ersetzbar. Durch dieselbe Umformung erhalten wir aus

$$(A \to B) \to B$$

den Ausdruck

$$A \lor B \mathbin{\&} \bar{\bar{B}} \lor B,$$

und wegen des kommutativen Gesetzes für die Disjunktion [Regel 1 b)]:

$$A \lor B \mathbin{\&} B \lor \bar{B}.$$

Hier kann nun nach der Kürzungsregel 3 a) das zweite Konjunktionsglied weggelassen werden, so daß wir

$$A \lor B \text{ als Umformung von } (A \to B) \to B$$

erhalten. Wir finden hier also, daß die *Disjunktion durch die Implikation allein darstellbar* ist.

Betrachten wir die Negation der Implikation:

$$\overline{A \to B}.$$

Hierfür erhalten wir zunächst [nach Regel 4 a)]

$$\overline{\bar{A} \lor B},$$

hieraus weiter [nach Regel 2 b)]

$$\bar{\bar{A}} \mathbin{\&} \bar{B}$$

und, da $\bar{\bar{A}}$ durch A ersetzbar ist [Regel 2 a)]:

$$A \mathbin{\&} \bar{B}.$$

Nun ist $A \to B$ ersetzbar durch $\overline{\overline{A \to B}}$ [Regel 2 a)], also auch durch

$$\overline{A \mathbin{\&} \bar{B}};$$

dies ist die Darstellung der Implikation durch Konjunktion und Negation.

Für die Äquivalenz $A \sim B$ haben wir gleich zu Anfang zwei Darstellungen gegeben:

$$(A \mathbin{\&} B) \lor (\bar{A} \mathbin{\&} \bar{B})$$

sowie

$$(A \to B) \mathbin{\&} (B \to A).$$

Aus diesen ergibt sich zunächst auf Grund des kommutativen Gesetzes für die Konjunktion [Regel 1 b)] die Ersetzbarkeit von $A \sim B$ durch $B \sim A$. Bilden wir von dem Ausdruck $(A \to B) \mathbin{\&} (B \to A)$ die Negation, so erhalten wir [nach 2 b)]

$$(\overline{A \to B}) \lor (\overline{B \to A}).$$

Hier kann, wie eben festgestellt,

$$\overline{A \to B} \quad \text{durch} \quad A \,\&\, \overline{B}$$

und ebenso

$$\overline{B \to A} \quad \text{durch} \quad B \,\&\, \overline{A}$$

ersetzt werden, so daß wir im ganzen erhalten:

$$(A \,\&\, \overline{B}) \lor (B \,\&\, \overline{A}).$$

Diese Aussagenverbindung stellt das *ausschließende* „*oder*" dar; denn sie ist dann und nur dann wahr, wenn eines der Argumente A, B den Wert „wahr" und das andere den Wert „falsch" hat. Diese Wahrheitsfunktion ist offenbar, ebenso wie die Konjunktion, die Disjunktion und die Äquivalenz, symmetrisch in A, B.

Da $B \,\&\, \overline{A}$ auch durch $\overline{A} \,\&\, \overline{\overline{B}}$ [wegen der Kommutativität der Konjunktion [Regel 1 b)] und nach 2 a)] ersetzbar ist, so erhalten wir für das ausschließende „oder" auch die Darstellung

$$(A \,\&\, \overline{B}) \lor (\overline{A} \,\&\, \overline{\overline{B}}),$$

die wiederum, auf Grund der Darstellung $(A \,\&\, B) \lor (\overline{A} \,\&\, \overline{B})$ für die Äquivalenz, durch

$$A \sim \overline{B}$$

ersetzt werden kann.

Wir finden somit, daß die Negation der Äquivalenz ersetzbar ist durch das ausschließende „oder" sowie auch durch

$$A \sim \overline{B}$$

und daher auch, auf Grund der Symmetrieeigenschaft der Äquivalenz, durch

$$\overline{A} \sim B.$$

Von den vier Ausdrücken:

$$A \sim B, \quad A \sim \overline{B}, \quad \overline{A} \sim B, \quad \overline{A} \sim \overline{B}$$

stellt somit der erste und vierte die Äquivalenz, der zweite und dritte das ausschließende „oder" dar.

In dieser Weise führt uns die Theorie der Wahrheitsfunktionen auf einen *Aussagenkalkul*. Einen systematischen Überblick über diesen Kalkul gewinnen wir aus einigen allgemeinen Betrachtungen, die sich an die Ersetzungsregeln knüpfen.

Zunächst einmal fällt auf, daß in den Ersetzungsregeln 1 bis 3 Konjunktion und Disjunktion vollkommen symmetrisch auftreten, so daß das System dieser Regeln ungeändert bleibt, wenn man überall & mit ∨ vertauscht. Die hierin zum Ausdruck kommende „*Dualität*" findet ihre Erklärung darin: die Konjunktion und Disjunktion stehen als Wahrheitsfunktionen in der Beziehung, daß man die eine aus der anderen erhält, indem man sowohl in den Argumentwerten wie im Funktionswert überall „wahr" und „falsch" miteinander vertauscht. Man verifiziert das leicht durch Vergleichung der Schemata für & und V. Für die *Algebra der Logik*, d. h. für die Verfolgung der Analogie zwischen dem Aussagenkalkul und der Algebra, wie sie sich aus den Ersetzungsregeln 1 ergibt, hat diese Dualität zur Folge, daß es uns freisteht, welche von den beiden Verknüpfungen &, V wir als Summe und welche als Produkt ansehen wollen. In der Tat haben wir ja hier im Aussagenkalkul *zwei* distributive Gesetze. Die in der Literatur vorherrschende Auffassung der Konjunktion als „logisches Produkt", der Disjunktion als „logische Summe" entspricht dem Standpunkt der Umfangslogik, während die umgekehrte Zuordnung vom Standpunkt der Inhaltslogik die natürliche ist.

Die Bedeutung der Ersetzungsregeln liegt vor allem darin, daß sie uns ein Verfahren geben, um jeden aus den betrachteten Wahrheitsfunktionen gebildeten Ausdruck in gewisse *Normalformen* überzuführen[1].

Die Regeln 4 gestatten zunächst, die Zeichen ∼ und → zu entfernen[1]. Sodann können wir durch wiederholte Anwendung der Regeln 2 erreichen, daß der Negationsstrich nur über den einzelnen Variablen steht und daß auch keine mehrfachen Negationen vorkommen. Nunmehr können wir mit Hilfe der Regeln 1 b), 1 c) alle Klammern wegschaffen, indem wir im Sinne des einen oder des anderen der beiden distributiven Gesetze „ausmultiplizieren". Je nachdem wir das erste oder das zweite distributive Gesetz anwenden, gelangen wir zu einer *konjunktiven* oder einer *disjunktiven Normalform*.

Eine konjunktive Normalform besteht aus konjunktiv verbundenen einfachen Disjunktionen, eine disjunktive Normalform aus disjunktiv verbundenen einfachen Konjunktionen, wobei unter einer „einfachen" Disjunktion bzw. Konjunktion eine solche zu verstehen ist, deren Glieder entweder Variable oder einmal überstrichene Variable sind. Zu bemerken ist dabei, daß die Konjunktion oder Disjunktion evtl. nur aus einem einzigen Gliede zu bestehen braucht. Die durch das beschriebene Verfahren erhaltene Normalform stellt dieselbe Wahrheitsfunktion dar wie der Ausdruck, von dem wir ausgegangen sind.

Als Beispiel für die Herstellung einer konjunktiven und einer disjunktiven Normalform wollen wir den Ausdruck

$$(A \to \overline{B}) \sim C$$

behandeln. Die Anwendung der Regeln 4 ergibt

$$(\overline{A} \lor \overline{B} \mathbin{\&} C) \lor (\overline{\overline{A} \lor \overline{B}} \mathbin{\&} \overline{C}).$$

---

[1] Die Anwendung der Regel *S* 2 ist hier wiederum inbegriffen.

Der in der zweiten Klammer stehende Ausdruck

$$\overline{\overline{\overline{A} \vee \overline{B}} \& \overline{C}}$$

ergibt nach Anwendung von 2 b)

$$(\overline{\overline{A}} \& \overline{\overline{B}}) \& \overline{C}$$

und nach 2 a):

$$(A \& B) \& \overline{C},$$

so daß wir im ganzen erhalten:

$$(\overline{A} \vee \overline{B} \ \& \ C) \vee ((A \& B) \& \overline{C}).$$

Hieraus gewinnen wir durch Anwendung des ersten distributiven Gesetzes und Weglassung unnötiger Klammern den Ausdruck:

$$\overline{A} \vee \overline{B} \vee A \& \overline{A} \vee \overline{B} \vee B \& \overline{A} \vee \overline{B} \vee \overline{C} \& C \vee A \& C \vee B \& C \vee \overline{C}.$$

Dieser Ausdruck ist eine konjunktive Normalform. Durch die Anwendung des zweiten distributiven Gesetzes erhalten wir aus dem vorletzten Ausdruck die disjunktive Normalform

$$(\overline{A} \& C) \vee (\overline{B} \& C) \vee (A \& B \& \overline{C}).$$

Die konjunktive Normalform bietet ein bequemes Verfahren, um festzustellen, ob ein Ausdruck für jede Wertverteilung der Variablen den Wert „wahr" hat. Ein Ausdruck von dieser Eigenschaft möge „*identisch wahr*" genannt werden.

Haben wir einen Ausdruck in eine konjunktive Normalform übergeführt, so können wir, ohne die verschiedenen Wertverteilungen durchzugehen, direkt aus der Gestalt der Normalform ersehen, ob die durch sie dargestellte Wahrheitsfunktion identisch wahr ist. Das notwendige und hinreichende Kriterium besteht darin, daß in jeder der konjunktiv verbundenen einfachen Disjunktionen mindestens eine Variable sowohl unüberstrichen wie auch überstrichen als Glied auftritt.

Daß dieses Kriterium hinreichend ist, ergibt sich leicht daraus, daß der Ausdruck

$$A \vee \overline{A} \vee B$$

immer den Wert „wahr" hat. Daß es notwendig ist, sieht man folgendermaßen ein: Damit eine Konjunktion identisch wahr ist, muß jedes einzelne Glied identisch wahr sein. In einer identisch wahren konjunktiven Normalform muß also jede der einfachen Disjunktionen identisch wahr sein. Damit ferner eine einfache Disjunktion identisch wahr ist, muß in ihr mindestens eine Variable sowohl ohne Negation wie mit Negation als Glied auftreten; denn käme jede Variable entweder nur unüberstrichen oder nur überstrichen vor, so würde die Disjunktion den Wert „falsch" erhalten, indem wir den unüberstrichenen Variablen den Wert „falsch", den überstrichenen den Wert „wahr" beilegen.

Das hiermit gewonnene Entscheidungsverfahren hat sein duales Gegenstück: wir können an Hand der disjunktiven Normalform in ganz analoger Weise entscheiden, ob ein Ausdruck für alle Wertsysteme der Variablen den Wert „falsch" hat, also „identisch falsch" ist.

Dabei besteht folgender Zusammenhang: Ein Ausdruck $\mathfrak{A}$ ist dann und nur dann identisch wahr, wenn $\overline{\mathfrak{A}}$ identisch falsch ist. Ferner gilt: eine Disjunktion ist dann und nur dann identisch falsch, wenn jedes Glied identisch falsch ist. — Man beachte aber, daß eine Disjunktion sehr wohl identisch wahr sein kann, ohne daß eines der Glieder identisch wahr ist. Das einfachste Beispiel bildet die Disjunktion

$$A \lor \overline{A}.$$

Mit Hilfe unseres Entscheidungsverfahrens können wir nun auch von zwei gegebenen Ausdrücken $\mathfrak{A}, \mathfrak{B}$ feststellen, ob der eine durch den anderen ersetzbar ist oder nicht. $\mathfrak{A}$ ist dann und nur dann durch $\mathfrak{B}$ ersetzbar, wenn für alle Wertsysteme der vorkommenden Variablen $\mathfrak{A}$ denselben Wert hat wie $\mathfrak{B}$, d. h. wenn der Ausdruck $\mathfrak{A} \sim \mathfrak{B}$ identisch wahr ist. Ob dies aber der Fall ist oder nicht, können wir ja durch unser Verfahren entscheiden.

Diese Methode zur Entscheidung über Ersetzbarkeit ist freilich nicht sehr bequem. Wir können die Entscheidung aber noch auf einem anderen Wege gewinnen, indem wir die konjuktive und die disjunktive Normalform noch weiter spezialisieren. Hierzu werden wir ohnehin veranlaßt, indem wir bemerken, daß die konjuktive sowie die disjunktive Normalform keineswegs eindeutig ist.

Z. B. stellt die konjunktive Normalform

$$\overline{A} \lor B \,\&\, \overline{B} \lor C \,\&\, \overline{C} \lor A$$

dieselbe Wahrheitsfunktion dar wie die andere konjunktive Normalform

$$A \lor \overline{B} \,\&\, B \lor \overline{C} \,\&\, C \lor \overline{A}.$$

Wir werden daher versuchen, durch zusätzliche Forderungen die Normalform festzulegen. Eine solche Normierung gelingt in der Tat, allerdings nur in dem Sinne, daß im voraus angegeben wird, welche Variablen, außer den in dem betrachteten Ausdruck auftretenden, noch mit als Argumente der betreffenden Wahrheitsfunktion angesehen werden sollen. Z. B. bekommen wir für die durch A dargestellte Wahrheitsfunktion eine andere Normalform, je nachdem wir sie in Abhängigkeit von A allein oder etwa von A und B betrachten. Die Überlegung, welche uns am einfachsten zu einer Normierung der gewünschten Art führt, ist die folgende:

Eine Wahrheitsfunktion der Argumente $A_1, \ldots, A_n$ bestimmt sich dadurch, daß jeder Verteilung von Wahrheitswerten auf die Argumente wiederum ein Wahrheitswert zugeordnet wird. Eine Verteilung von

Wahrheitswerten auf die Argumente läßt sich nun darstellen durch eine n-gliedrige Konjunktion, worin das i-te Glied $(1 \leqq i \leqq n)$ entweder A_i oder $\bar{A}_i$ ist, je nachdem in der Wertverteilung das Argument A_i den Wert „wahr" oder „falsch" erhält. In der Tat hat die so bestimmte Konjunktion für die betreffende Wertverteilung den Wert „wahr", für jede andere Wertverteilung den Wert „falsch". Sie mag die darstellende Konjunktion für die Wertverteilung genannt werden.

Man ersieht nun ohne Mühe, daß die betrachtete Wahrheitsfunktion dargestellt wird durch die Disjunktion aus den darstellenden Konjunktionen für diejenigen Wertverteilungen, für welche die Wahrheitsfunktion den Wert „wahr" besitzt.

Auf diese Weise gewinnen wir für jede Wahrheitsfunktion von $A_1, \ldots, A_n$, die für mindestens eine Wertverteilung der Argumente den Wert „wahr" erhält, welche also nicht „immer falsch" ist, eine sie darstellende disjunktive Normalform; und sofern wir für die Argumente eine Reihenfolge wählen, die wir auch in den darstellenden Konjunktionen für die Wertverteilungen einhalten, ist diese Normalform bis auf die Reihenfolge der Disjunktionsglieder eindeutig bestimmt.

Für die Wahrheitsfunktion $A \sim B$, als Funktion von A, B, C aufgefaßt, erhalten wir z.B. auf die beschriebene Art die disjunktive Normalform

$$(A \,\&\, B \,\&\, C) \lor (A \,\&\, B \,\&\, \bar{C}) \lor (\bar{A} \,\&\, \bar{B} \,\&\, C) \lor (\bar{A} \,\&\, \bar{B} \,\&\, \bar{C}).$$

Eine disjunktive Normalform, bei welcher in jedem Disjunktionsglied jede der vorkommenden Variablen genau einmal, ohne oder mit Negation, als Konjunktionsglied auftritt, möge eine *ausgezeichnete disjunktive Normalform* heißen.

Als Ergebnis aus unserer Überlegung entnehmen wir: Jede Wahrheitsfunktion von Argumenten $A_1, \ldots, A_n$, die nicht immer falsch ist, stellt sich durch eine ausgezeichnete disjunktive Normalform in den Variablen $A_1, \ldots, A_n$ dar, und zwar nur auf eine Weise, sofern wir von der Reihenfolge der Disjunktionsglieder sowie der Glieder in den Konjunktionen absehen. (In diesem Sinne können wir von *der* ausgezeichneten disjunktiven Normalform sprechen.)

Hieraus folgt insbesondere, daß sich jede Wahrheitsfunktion gegebener Argumente $A, B, \ldots$ mittels der Verknüpfungen $\&$, $\lor$, $^-$ darstellen läßt. (Das gilt natürlich auch für die „immer falsche" Wahrheitsfunktion, die ja durch $A \,\&\, \bar{A}$ dargestellt wird.)

Die Anzahl der verschiedenen Wahrheitsfunktionen von $A_1, \ldots, A_n$ stimmt mit derjenigen der (im erwähnten Sinne) verschiedenen mit diesen Variablen gebildeten ausgezeichneten disjunktiven Normalformen überein, wenn wir als Darstellung der „immer falschen" Wahrheitsfunktion die nullgliedrige Disjunktion ansehen. Jede dieser Normalformen ist eine Teildisjunktion derjenigen („vollen") Disjunktion, welche alle darstellende Konjunktionen von Wertverteilungen als Disjunktionsglieder hat und welche die identisch wahre Wahrheitsfunktion darstellt. Diese volle Disjunktion besteht aus 2^n Gliedern, und die Anzahl ihrer Teildisjunktionen (einschließlich der nullgliedrigen) ist 2^{2^n} Dieses ist also die Anzahl der verschiedenen Wahrheitsfunktionen von $A_1, \ldots, A_n$.

Bemerkt sei noch, daß man aus einer ausgezeichneten disjunktiven Normalform eine solche für die *Negation* der betreffenden Wahrheitsfunktion gewinnt, indem man die zu der gegebenen Disjunktion komplementäre Disjunktion bildet, welche diejenigen darstellenden Konjunktionen als Glieder hat, die in der gegebenen Disjunktion nicht auftreten.

Das duale Gegenstück zur ausgezeichneten disjunktiven Normalform, ist die *ausgezeichnete konjunktive Normalform*, bei welcher gegenüber jener die Rolle von & und $\vee$ vertauscht ist.

Aus der ausgezeichneten disjunktiven Normalform für eine Wahrheitsfunktion erhält man die ausgezeichnete konjunktive Normalform für die negierte Wahrheitsfunktion, indem man die gegebene Normalform formal negiert und die Regeln 2b) für die Umformung der Negation von Disjunktionen und von Konjunktionen[1] anwendet.

Ausgehend von einem gegebenen aussagenlogischen Ausdruck erhält man die Umformung in die ausgezeichnete disjunktive oder konjunktive Normalform, indem man zunächst, auf die früher beschriebene Art, eine konjunktive bzw. disjunktive Normalform herstellt und aus dieser dann durch Anwendung der Regeln 1 a), b) und 3 a), b)[1] zu einer ausgezeichneten Normalform übergeht. Die Methode dieses Übergangs soll an ein paar Beispielen vorgeführt werden.

Wollen wir die Wahrheitsfunktion A in Abhängigkeit von A und B durch eine ausgezeichnete konjunktive Normalform darstellen, so ersetzen wir nach 3 b)

$$A \text{ durch } A \vee (B \& \overline{B}).$$

Die distributive Entwicklung ergibt:

$$A \vee B \& A \vee \overline{B},$$

und dieses ist die gesuchte ausgezeichnete Normalform. Sie ist zugleich auch die ausgezeichnete konjunktive Normalform für $A \& (A \vee B)$, woraus man ersieht, daß allgemein $\mathfrak{A} \& (\mathfrak{A} \vee \mathfrak{B})$ ersetzbar ist durch $\mathfrak{A}$. Dual entsprechend erhält man als ausgezeichnete disjunktive Normalform von A in Abhängigkeit von A und B:

$$(A \& B) \vee (A \& \overline{B}).$$

Und hiermit ergibt sich wiederum, daß allgemein $\mathfrak{A} \vee (\mathfrak{A} \& \mathfrak{B})$ ersetzbar ist durch $\mathfrak{A}$.

[1] Vgl. S. 49.

Betrachten wir nunmehr den Ausdruck

$$(A \to \overline{B}) \sim C.$$

Für diesen haben wir früher[1] die disjunktive Normalform erhalten:

$$(\overline{A} \,\&\, C) \lor (\overline{B} \,\&\, C) \lor (A \,\&\, B \,\&\, \overline{C}).$$

Um hieraus die ausgezeichnete disjunktive Normalform zu gewinnen, wenden wir auf die ersten beiden Disjunktionsglieder die Regel 3 a) an; wir ersetzen $\overline{A} \,\&\, C$ durch

$$(\overline{A} \,\&\, C) \,\&\, B \lor \overline{B}$$

und weiter nach dem zweiten distributiven Gesetz (nebst Umstellung von Konjunktionsgliedern) durch

$$(\overline{A} \,\&\, B \,\&\, C) \lor (\overline{A} \,\&\, \overline{B} \,\&\, C).$$

Auf entsprechende Art wird $\overline{B} \,\&\, C$ umgeformt in

$$(A \,\&\, \overline{B} \,\&\, C) \lor (\overline{A} \,\&\, \overline{B} \,\&\, C).$$

Indem wir diese Umformungen in unseren vorherigen Ausdruck eintragen und die Wiederholung des Disjunktionsgliedes $\overline{A} \,\&\, \overline{B} \,\&\, C$ nach der Regel 1 a) wegstreichen, erhalten wir für unseren betrachteten Ausdruck die ausgezeichnete disjunktive Normalform

$$(A \,\&\, B \,\&\, \overline{C}) \lor (A \,\&\, \overline{B} \,\&\, C) \lor (\overline{A} \,\&\, B \,\&\, C) \lor (\overline{A} \,\&\, \overline{B} \,\&\, C).$$

Von der ausgezeichneten disjunktiven Normalform können wir in der Weise auf die ausgezeichnete konjunktive Normalform übergehen, daß wir die doppelte Negation bilden, wobei wir für die einfache Negation von der obigen Bemerkung Gebrauch machen, daß die Negation einer ausgezeichneten disjunktiven Normalform sich durch die komplementäre Disjunktion darstellt. Das ergibt für die einfache Negation den Ausdruck:

$$(A \,\&\, B \,\&\, C) \lor (A \,\&\, \overline{B} \,\&\, \overline{C}) \lor (\overline{A} \,\&\, B \,\&\, \overline{C}) \lor (\overline{A} \,\&\, \overline{B} \,\&\, \overline{C}).$$

Von diesem bilden wir nun die formale Negation, und mit Anwendung der Regeln 2b) erhalten wir die ausgezeichnete konjunktive Normalform

$$\overline{A} \lor \overline{B} \lor \overline{C} \,\&\, \overline{A} \lor B \lor C \,\&\, A \lor \overline{B} \lor C \,\&\, A \lor B \lor C.$$

Mit Hilfe der ausgezeichneten Normalformen gewinnen wir nun auch ein einfaches Verfahren zur Entscheidung darüber, ob zwei vorgelegte Ausdrücke $\mathfrak{A}$, $\mathfrak{B}$ dieselbe Wahrheitsfunktion darstellen oder nicht: Man schreibe sich zunächst die sämtlichen in $\mathfrak{A}$ oder $\mathfrak{B}$ vorkommenden Variablen in irgendeiner Reihenfolge auf und stelle sowohl für $\mathfrak{A}$ wie für $\mathfrak{B}$ als Funktionen aller dieser Variablen die ausgezeichnete kon-

---

[1] Vgl. S. 53—54.

junktive Normalform, bzw. für beide die ausgezeichnete disjunktive Normalform her. Dann und nur dann, wenn diese Normalform für $\mathfrak{A}$ dieselbe ist wie für $\mathfrak{B}$, ist $\mathfrak{A}$ durch $\mathfrak{B}$ ersetzbar.

Auf diese Weise können wir z. B. die obige Behauptung nachprüfen, daß

$$\bar{A} \vee B \& \bar{B} \vee C \& \bar{C} \vee A$$

ersetzbar ist durch:

$$A \vee \bar{B} \& B \vee \bar{C} \& C \vee \bar{A}.$$

Nämlich wenn wir auf jeden der beiden Ausdrücke die distributiven Gesetze in Verbindung mit den Regeln 1 b) und 3 b) anwenden, erhalten wir beidemal die gleiche ausgezeichnete disjunktive Normalform

$$(A \& B \& C) \vee (\bar{A} \& \bar{B} \& \bar{C}).$$

Aus dem Kriterium der Ersetzbarkeit, welches durch die ausgezeichneten Normalformen geliefert wird, in Verbindung mit der Tatsache, daß die ausgezeichnete konjunktive bzw. disjunktive Normalform für einen Ausdruck stets mittels der Ersetzungsregeln (nebst der Substitutionsregel $S\,2$) herstellbar ist, erhalten wir noch folgendes Ergebnis: Ist der Ausdruck $\mathfrak{A}$ durch $\mathfrak{B}$ ersetzbar, so können wir mittels der Ersetzungsregeln nebst der Regel $S\,2$ von $\mathfrak{A}$ zu $\mathfrak{B}$ gelangen; oder kurz gesagt: eine *jede Ersetzbarkeit läßt sich mit Hilfe unserer Ersetzungsregeln feststellen*. —

Hiermit haben wir die Theorie der Wahrheitsfunktionen in den Grundzügen entwickelt. Es kommt nun darauf an, die *Beziehung dieser Theorie zu dem logischen Schließen* zu erkennen.

Es seien

$$\mathfrak{S}_1, \mathfrak{S}_2, \ldots, \mathfrak{S}_n$$

gewisse Sätze, etwa mathematische Behauptungen, von denen wir voraussetzen wollen, daß ein jeder in objektiv eindeutiger Weise entweder wahr oder falsch ist. Welcher der beiden Fälle aber vorliegt, braucht von den einzelnen Sätzen nicht bekannt zu sein. Nun mögen gewisse Abhängigkeiten zwischen den Sätzen feststehen; es sei etwa erwiesen, daß, falls $\mathfrak{S}_1$ und $\mathfrak{S}_2$ beide wahr sind, auch $\mathfrak{S}_3$ wahr sein muß. Dann ergibt sich daraus, gemäß der Definition der Implikation, daß der Ausdruck

$$\mathfrak{S}_1 \& \mathfrak{S}_2 \to \mathfrak{S}_3$$

jedenfalls den Wert „wahr" hat.

Wissen wir umgekehrt, daß der Ausdruck

$$\mathfrak{S}_1 \& \mathfrak{S}_2 \to \mathfrak{S}_3$$

auf Grund der Wahrheitswerte der Sätze $\mathfrak{S}_1, \mathfrak{S}_2, \mathfrak{S}_3$ den Wert „wahr" hat, so können wir daraus entnehmen, daß im Falle der Wahrheit von $\mathfrak{S}_1$ und $\mathfrak{S}_2$ auch der Satz $\mathfrak{S}_3$ wahr ist.

Ebenso ergibt sich, daß, wenn das Zusammenbestehen der Wahrheit von $\mathfrak{S}_1$ mit der Falschheit von $\mathfrak{S}_2$ die Wahrheit von $\mathfrak{S}_3$ ausschließt, dann der Ausdruck

$$(\mathfrak{S}_1 \,\&\, \overline{\mathfrak{S}}_2) \to \overline{\mathfrak{S}}_3$$

auf Grund der Wahrheitswerte der Sätze $\mathfrak{S}_1$, $\mathfrak{S}_2$, $\mathfrak{S}_3$ den Wert „wahr" hat, und umgekehrt: hat der Ausdruck für die den Sätzen $\mathfrak{S}_1$, $\mathfrak{S}_2$, $\mathfrak{S}_3$ zukommenden Wahrheitswerte den Wert „wahr", so ist im Falle der Wahrheit von $\mathfrak{S}_1$ und der Falschheit von $\mathfrak{S}_2$ jedenfalls $\mathfrak{S}_3$ falsch.

Jede Abhängigkeit zwischen Wahrheit und Falschheit von gewissen Sätzen

$$\mathfrak{S}_1, \ldots, \mathfrak{S}_n$$

stellt sich also durch die Wahrheit einer Implikation dar.

Die Fragestellung der Aussagenlogik ist nun folgende: Es seien einige Abhängigkeiten zwischen den Sätzen $\mathfrak{S}_1, \ldots, \mathfrak{S}_n$ (bzw. ihren Gegenteilen) als bestehend angenommen; auch kann von einzelnen der Sätze selbst die Wahrheit bzw. Falschheit angenommen werden. Zu untersuchen ist, ob aus diesen Annahmen rein logisch, und zwar ohne Eingehen auf die Struktur der Sätze $\mathfrak{S}_1, \ldots, \mathfrak{S}_n$, die Wahrheit oder Falschheit eines bestimmten Satzes oder eine weitere Abhängigkeit gefolgert werden kann.

Jeder der gemachten Annahmen entspricht ein Ausdruck, der aus $\mathfrak{S}_1, \ldots, \mathfrak{S}_n$ mit den Zeichen $\&$, $^{-}$, $\to$ gebildet ist, und der auf Grund der Annahme den Wert „wahr" ergibt, wenn für $\mathfrak{S}_1, \ldots, \mathfrak{S}_n$ die ihnen zukommenden Werte „wahr" bzw. „falsch" gesetzt werden. Auf diese Weise werden die Annahmen durch gewisse Ausdrücke

$$\mathfrak{A}(\mathfrak{S}_1, \ldots, \mathfrak{S}_n), \quad \mathfrak{B}(\mathfrak{S}_1, \ldots, \mathfrak{S}_n), \ldots, \mathfrak{K}(\mathfrak{S}_1, \ldots, \mathfrak{S}_n)$$

repräsentiert. Soll nun der Schluß auf die Wahrheit einer Beziehung $\mathfrak{T}(\mathfrak{S}_1, \ldots, \mathfrak{S}_n)$ möglich sein, so muß zunächst die Implikation

$$(\mathfrak{A}(\mathfrak{S}_1, \ldots, \mathfrak{S}_n) \,\&\, \mathfrak{B}(\mathfrak{S}_1, \ldots, \mathfrak{S}_n) \,\&\, \ldots \,\&\, \mathfrak{K}(\mathfrak{S}_1, \ldots, \mathfrak{S}_n)) \to \mathfrak{T}(\mathfrak{S}_1, \ldots, \mathfrak{S}_n)$$

den Wert „wahr" ergeben, wenn für $\mathfrak{S}_1, \mathfrak{S}_2, \ldots, \mathfrak{S}_n$ die ihnen zukommenden Werte „wahr" bzw. „falsch" gesetzt werden.

Nun soll aber der Schluß auf die Wahrheit von $\mathfrak{T}(\mathfrak{S}_1, \ldots, \mathfrak{S}_n)$ ohne Rücksicht auf die Struktur der Sätze $\mathfrak{S}_1, \ldots, \mathfrak{S}_n$ gültig sein. Daher muß die obige Implikation auch dann den Wert „wahr" ergeben, wenn die Sätze $\mathfrak{S}_1, \ldots, \mathfrak{S}_n$ durch irgendwelche anderen ersetzt werden, sofern diese nur die Bedingung erfüllen, eindeutig wahr oder falsch zu sein; d. h. die Implikation

$$\mathfrak{A}(A_1, \ldots, A_n) \,\&\, \ldots \,\&\, \mathfrak{K}(A_1, \ldots, A_n) \to \mathfrak{T}(A_1, \ldots, A_n),$$

welche aus der obigen entsteht, indem $\mathfrak{S}_1, \ldots, \mathfrak{S}_n$ bezüglich durch die Variablen $A_1, \ldots, A_n$ ersetzt werden, muß identisch wahr sein.

Ist andererseits diese Bedingung erfüllt, so ergibt sich ohne weiteres, daß im Falle des Zutreffens der durch

$$\mathfrak{A}(\mathfrak{S}_1, \ldots, \mathfrak{S}_n), \ldots, \mathfrak{K}(\mathfrak{S}_1, \ldots, \mathfrak{S}_n)$$

repräsentierten Annahmen auch der Satz $\mathfrak{T}(\mathfrak{S}_1, \ldots, \mathfrak{S}_n)$ wahr ist; man kann dann also unter diesen Annahmen auf die Wahrheit von $\mathfrak{T}$ schließen. Die Frage nach der Möglichkeit eines logischen Schlusses aus den Annahmen $\mathfrak{A}, \ldots, \mathfrak{K}$ auf die Wahrheit von $\mathfrak{T}$ reduziert sich somit darauf, zu entscheiden, ob die Formel

$$\mathfrak{A}(A_1, \ldots, A_n) \,\&\, \ldots \,\&\, \mathfrak{K}(A_1, \ldots, A_n) \rightarrow \mathfrak{T}(A_1, \ldots, A_n)$$

identisch wahr ist. Und hierzu besitzen wir ja ein einfaches Verfahren.

Wir erkennen hier die Bedeutung, welche den identisch wahren Ausdrücken für das Schließen im Bereich der Aussagenlogik zukommt; sie liefern uns die Schemata der Schlußfolgerungen; die Prinzipien des logischen Schließens werden durch sie in Formeln dargestellt. Durch die Übersicht über die identisch wahren Ausdrücke wird uns das Kombinieren der logischen Schlüsse im Bereich der Aussagenlogik erspart.

Wir brauchen, um hier das Schließen zu formalisieren, nur die Festsetzung zu treffen, daß, wenn ein Ausdruck

$$\mathfrak{A}(A_1, \ldots, A_n) \,\&\, \ldots \,\&\, \mathfrak{K}(A_1, \ldots, A_n) \rightarrow \mathfrak{T}(A_1, \ldots, A_n)$$

identisch wahr ist, dann aus den Prämissen

$$\mathfrak{A}(\mathfrak{S}_1, \ldots, \mathfrak{S}_n), \ldots, \mathfrak{K}(\mathfrak{S}_1, \ldots, \mathfrak{S}_n)$$

die „Konsequenz" $\mathfrak{T}(\mathfrak{S}_1, \ldots, \mathfrak{S}_n)$ nach dem Schema

$$\mathfrak{A}(\mathfrak{S}_1 \ldots \mathfrak{S}_n)$$
$$\vdots$$
$$\frac{\mathfrak{K}(\mathfrak{S}_1 \ldots \mathfrak{S}_n)}{\mathfrak{T}(\mathfrak{S}_1 \ldots \mathfrak{S}_n)}$$

entnommen werden kann. Das durch diese Festsetzung angegebene Verfahren läßt sich formal noch in einfachere zerlegen. Zunächst können wir den Ausdruck

$$\mathfrak{A}(A_1, \ldots, A_n) \,\&\, \ldots \,\&\, \mathfrak{K}(A_1, \ldots, A_n) \rightarrow \mathfrak{T}(A_1, \ldots, A_n)$$

durch einen anderen ersetzen. Wir haben früher festgestellt, daß

$$A \,\&\, B \rightarrow C \qquad \text{ersetzbar ist durch} \qquad A \rightarrow (B \rightarrow C).$$

Hieraus ergibt sich weiter, daß

$$A \,\&\, B \,\&\, C \rightarrow D \qquad \text{ersetzbar ist durch} \qquad A \rightarrow (B \,\&\, C \rightarrow D)$$

und daher auch durch

$$A \rightarrow (B \rightarrow (C \rightarrow D)).$$

In derselben Weise erkennt man, daß ein Ausdruck

$$A \,\&\, B \,\&\, \ldots \,\&\, K \to T$$

ersetzbar ist durch

$$A \to (B \to (\cdots \to (K \to T)) \ldots).$$

Gemäß der Regel $S1$ ergibt sich hieraus, daß ein Ausdruck

$$\mathfrak{A}(A_1, \ldots, A_n) \,\&\, \ldots \,\&\, \mathfrak{K}(A_1, \ldots, A_n) \to \mathfrak{T}(A_1, \ldots, A_n)$$

ersetzbar ist durch

$$\mathfrak{A}(A_1 \ldots A_n) \to (\mathfrak{B}(A_1 \ldots A_n) \to \cdots \to (\mathfrak{K}(A_1 \ldots A_n) \to \mathfrak{T}(A_1 \ldots A_n))\ldots),$$

und dieser Ausdruck ist somit auch identisch wahr, sofern der vorige es ist. Um nun von dieser Formel ausgehend mit Hilfe der Prämissen

$$\mathfrak{A}(\mathfrak{S}_1, \ldots, \mathfrak{S}_n), \ldots, \mathfrak{K}(\mathfrak{S}_1, \ldots, \mathfrak{S}_n)$$

zu der Konklusion $\mathfrak{T}(\mathfrak{S}_1, \ldots, \mathfrak{S}_n)$ zu gelangen, brauchen wir erstens eine Regel, welche uns gestattet, für die Variablen $A_1, \ldots, A_n$ die Sätze $\mathfrak{S}_1, \ldots, \mathfrak{S}_n$ einzusetzen, so daß wir zu der Formel

$$\mathfrak{A}(\mathfrak{S}_1, \ldots, \mathfrak{S}_n) \to (\mathfrak{B}(\mathfrak{S}_1 \ldots \mathfrak{S}_n) \to \cdots \to (\mathfrak{K}(\mathfrak{S}_1 \ldots \mathfrak{S}_n) \to \mathfrak{T}(\mathfrak{S}_1 \ldots \mathfrak{S}_n))\ldots)$$

gelangen, und ferner eine Regel, gemäß der wir nacheinander die Vorderglieder der Implikationen, welche ja mit unseren Prämissen übereinstimmen, weglassen („abhängen") können.

Die Formalisierung der Schlüsse von der betrachteten Art kann daher durch eine Aufeinanderfolge von „Formeln" geschehen, indem wir folgendes festsetzen:

Als Ausgangsformel kann jeder identisch wahre Ausdruck genommen werden, ferner jede Prämisse, die mit Hilfe der logischen Symbolik dargestellt ist.

Hinter eine Formel kann eine solche gesetzt werden, die aus ihr entsteht, indem für eine oder mehrere Variablen ein (symbolisch dargestellter) Satz eingesetzt wird (*Regel der „Einsetzung"*). Ferner kann eine schon erhaltene Formel wiederholt werden.

Hinter zwei Formeln $\mathfrak{U}$, $\mathfrak{U} \to \mathfrak{B}$ kann $\mathfrak{B}$ als Formel gesetzt werden, d. h. es darf das „*Schlußschema*"

$$\frac{\begin{array}{c} \mathfrak{U} \\ \mathfrak{U} \to \mathfrak{B} \end{array}}{\mathfrak{B}}$$

angewandt werden.

Die beiden Elementarprozesse der formalen Ableitung: Einsetzung und Schlußschema, die sich hier zum erstenmal einstellen, bilden das formale Analogon der einfachsten inhaltlichen Schlüsse, des Schlusses vom Allgemeinen aufs Besondere („dictum de omni") und des Schlusses vom Grund auf die Folge („modus ponens" des hypothetischen Schlusses).

Im Rahmen der Theorie der Wahrheitsfunktionen entsprechen diesen beiden Schlüssen zwei Regeln, durch welche ebenso wie durch die früheren Ersetzungsregeln elementare mathematische Sachverhalte konstatiert werden. Diese lauten:

1. Aus einem identisch wahren Ausdruck erhalten wir wieder einen solchen, wenn wir für eine oder mehrere der darin vorkommenden Variablen — überall, wo sie vorkommen — je einen beliebigen (mit &, $\vee$, $^-$, $\rightarrow$, $\sim$ und Variablen gebildeten) Ausdruck einsetzen.

2. Sind $\mathfrak{A}$ und $\mathfrak{A} \rightarrow \mathfrak{B}$ identisch wahre Ausdrücke, so ist auch $\mathfrak{B}$ ein solcher.

Die erste Regel ergibt sich daraus, daß ja durch die Einsetzung der Wertevorrat des Ausdrucks nicht vermehrt wird, und die zweite Regel entnimmt man daraus, daß für einen identisch wahren Ausdruck $\mathfrak{A}$ die Implikation $\mathfrak{A} \rightarrow \mathfrak{B}$ stets denselben Wert hat wie $\mathfrak{B}$.

Diese Feststellung regt nun zu der Frage an, ob es nicht möglich ist, sämtliche identisch wahren Ausdrücke aus einigen wenigen unter ihnen auf Grund der beiden Regeln, d. h. durch Einsetzung und durch Anwendung des Schlußschemas, zu erhalten, also das System der identisch wahren Ausdrücke *deduktiv* zu gewinnen. Daß man überhaupt mit endlich vielen Ausdrücken als Ausgangsformeln auskommt, ist insofern nicht ganz selbstverständlich, als bei unbegrenzter Variablenzahl auch die Zahl der identisch-wahren Ausdrücke nicht mehr endlich ist. Tatsächlich genügen aber endlich viele Ausgangsformeln zur Herleitung des Gesamtsystems der identisch-wahren Ausdrücke[1]. Man kann

---

[1] Für den Bereich der mit Implikation und Negation allein gebildeten Ausdrücke — unter diesen sind ja bereits alle Wahrheitsfunktionen enthalten — hat zuerst FREGE ein vollständiges System von Ausgangsformeln aufgestellt, in seinem Buch ,,Begriffschrift, eine der arithmetischen nachgebildete Formelsprache des reinen Denkens'' (Halle 1879).
Dieses System, bestehend aus den sechs Formeln

$$A \rightarrow (B \rightarrow A),$$
$$(A \rightarrow (B \rightarrow C)) \rightarrow (B \rightarrow (A \rightarrow C)),$$
$$(A \rightarrow (B \rightarrow C)) \rightarrow ((A \rightarrow B) \rightarrow (A \rightarrow C)),$$
$$(A \rightarrow B) \rightarrow (\overline{B} \rightarrow \overline{A}),$$
$$A \rightarrow \overline{\overline{A}},$$
$$\overline{\overline{A}} \rightarrow A,$$

ist lange unbeachtet geblieben. Sehr bekannt ist dagegen das in den ,,Principia mathematica'' (Vol. I, 1. Aufl. Cambridge 1910) von WHITEHEAD und RUSSELL aufgestellte System der ,,primitive propositions'', welche in unserer Schreibweise lauten

$$A \vee A \rightarrow A,$$
$$A \rightarrow B \vee A,$$
$$A \vee B \rightarrow B \vee A,$$
$$(B \rightarrow C) \rightarrow (A \vee B \rightarrow A \vee C).$$

Dieses entspricht allerdings insofern nicht ganz der hier betrachteten Problemstellung, als darin die Implikation nicht als Grundverknüpfung genommen, sondern durch sogar, wie A. TARSKI erkannt hat, mit einer einzigen Ausgangsformel auskommen[1].

Es ergibt sich nun hier, ganz analog wie für die deduktive Entwicklung der Elementargeometrie, die Aufgabe, das System der Ausgangsformeln möglichst einfach und naturgemäß zu wählen, derart, daß die Rolle, die einer jeden von den betrachteten Aussagenverknüpfungen für das logische Schließen zukommt, möglichst deutlich hervortritt. Dabei nimmt die Implikation insofern eine ausgezeichnete Stellung ein, als ja das Schlußschema bereits eine auf die Implikation bezügliche Anweisung gibt.

---

die Disjunktion und Negation definiert wird, was formal der Anwendung unserer Ersetzungsregel 4 a) gleichkommt. Ebenso werden in den „Principia mathematica" die Konjunktion und die Äquivalenz durch Definitionen eingeführt, welche den Ersetzungsregeln 2 b) und 4 b) formal gleichwertig sind. Jede solche Definition kann jedoch durch ein Paar von Ausgangsformeln vertreten werden, und man erhält so für unseren gesamten Aussagenkalkul ein vollständiges System von Ausgangsformeln, indem man zu den genannten vier Formeln noch die folgenden sechs hinzufügt:

$$\overline{A} \vee B \to (A \to B),$$
$$(A \to B) \to \overline{A} \vee B,$$
$$\overline{A \vee \overline{B}} \to \overline{A \& B},$$
$$\overline{A \& B} \to \overline{A} \vee \overline{B},$$
$$(A \to B) \& (B \to A) \to (A \sim B),$$
$$(A \sim B) \to (A \to B) \& (B \to A).$$

[1] Dieses Ergebnis (aus dem Jahre 1925) ist dargestellt in der Abhandlung von S. LEŚNIEWSKI: „Grundzüge eines neuen Systems der Grundlagen der Mathematik" Fundamenta Math. Bd. 14 (1929). Unter Zugrundelegung der durch das SHEFFERsche Symbol $A | B$ dargestellten Verknüpfung „A, B schließen einander aus" als Grundverknüpfung, hat zuerst NICOD [in der Abhandlung: „A reduction in the number of the primitive propositions of logic", Proc. Cambr. Phil. Soc. Bd. 19 (1917)] eine Formel aufgestellt, welche als einzige Ausgangsformel genügt, um alle mit jener SHEFFERschen Verknüpfung gebildeten identisch-wahren Ausdrücke durch Einsetzung und durch das Schlußschema

$$\frac{\mathfrak{A} \quad \mathfrak{A} | (\mathfrak{B} | \mathfrak{C})}{\mathfrak{C}}$$

zu gewinnen. Dieses Schlußschema ist allerdings ein stärkeres Hilfsmittel als das gewöhnliche Schema

$$\frac{\mathfrak{A} \quad \mathfrak{A} \to \mathfrak{B}}{\mathfrak{B}},$$

da es ja gestattet, zwei Ausdrücke auf einmal zu eliminieren.

Für das System der mit der Implikation und der Negation gebildeten Ausdrücke haben J. ŁUKASIEWICZ und SOBOCIŃSKI verschiedene Formeln aufgestellt, deren jede als einzige Ausgangsformel bei Anwendung des gewöhnlichen Schlußschemas ausreicht. Vgl. den zusammenfassenden Bericht von ŁUKASIEWICZ und TARSKI: „Untersuchungen über den Aussagenkalkül" (C. R. Soc. Sci. Varsovie Bd. 23, Klasse III. Warschau 1930).

Es sei hier ein System von Ausgangsformeln angegeben, welches im Hinblick auf jene Anforderungen gewählt ist. Entsprechend den Axiomgruppen in HILBERTS „Grundlagen der Geometrie" sind hier verschiedene Gruppen von Ausgangsformeln gesondert.

I. Formeln der Implikation:
1) $A \rightarrow (B \rightarrow A)$,
2) $(A \rightarrow (A \rightarrow B)) \rightarrow (A \rightarrow B)$,
3) $(A \rightarrow B) \rightarrow ((B \rightarrow C) \rightarrow (A \rightarrow C))$.

II. Formeln der Konjunktion.
1) $A \,\&\, B \rightarrow A$,
2) $A \,\&\, B \rightarrow B$,
3) $(A \rightarrow B) \rightarrow ((A \rightarrow C) \rightarrow (A \rightarrow B \,\&\, C))$.

III. Formeln der Disjunktion.
1) $A \rightarrow A \lor B$,
2) $B \rightarrow A \lor B$,
3) $(A \rightarrow C) \rightarrow ((B \rightarrow C) \rightarrow (A \lor B \rightarrow C))$.

IV. Formeln der Äquivalenz.
1) $(A \sim B) \rightarrow (A \rightarrow B)$,
2) $(A \sim B) \rightarrow (B \rightarrow A)$,
3) $(A \rightarrow B) \rightarrow ((B \rightarrow A) \rightarrow (A \sim B))$.

V. Formeln der Negation.
1) $(A \rightarrow B) \rightarrow (\overline{B} \rightarrow \overline{A})$,
2) $A \rightarrow \overline{\overline{A}}$,
3) $\overline{\overline{A}} \rightarrow A$.

Die Formeln dieses Systems sind sämtlich, wie man leicht nachprüft, identisch wahre Ausdrücke, und es können daher aus ihnen auch nur identisch wahre Ausdrücke abgeleitet werden. Andererseits ist aber das System auch *vollständig* in dem Sinne, daß jeder (mit den Symbolen $\&$, $\lor$, $^{-}$, $\rightarrow$, $\sim$ und Variablen gebildete identisch wahre Ausdruck sich aus den Formeln I bis V mit Hilfe der beiden Regeln ableiten läßt.

Der Nachweis dafür sei hier nur angedeutet. Man zeigt erstens, daß jede identisch wahre konjunktive Normalform aus unserem System abgeleitet werden kann, und ferner beweist man, daß, wenn ein Ausdruck $\mathfrak{A}$ durch einen Ausdruck $\mathfrak{B}$, gemäß einer unserer Ersetzungsregeln 1 bis 4 (eventuell in Verbindung mit Regel $S\,2$), ersetzbar ist, dann die Formel $\mathfrak{A} \rightarrow \mathfrak{B}$ aus unserem System ableitbar ist.

Hiernach ergibt sich die Behauptung folgendermaßen: Sei $\mathfrak{A}$ ein identisch wahrer Ausdruck. Wie früher gezeigt, kann jedenfalls $\mathfrak{A}$ auf Grund der Ersetzungsregeln in eine konjunktive Normalform $\mathfrak{N}$ übergeführt werden. Das geschieht durch eine Reihe von Ersetzungen, so daß zunächst $\mathfrak{A}$ durch $\mathfrak{A}_1$, dann $\mathfrak{A}_1$ durch $\mathfrak{A}_2$, ..., zuletzt $\mathfrak{A}_k$ durch $\mathfrak{N}$ ersetzt wird, wobei jede dieser Ersetzungen gemäß den Regeln 1 bis 4 und $S\,2$ erfolgt und die Ersetzbarkeit jedesmal eine gegenseitige ist.

Indem man die Reihe der Ersetzungen rückwärts durchläuft, stellt man gemäß dem schon Bewiesenen fest, daß die Implikationen

$$\mathfrak{N} \to \mathfrak{A}_k, \quad \mathfrak{A}_k \to \mathfrak{A}_{k-1}, \ldots, \mathfrak{A}_2 \to \mathfrak{A}_1, \quad \mathfrak{A}_1 \to \mathfrak{A}$$

alle aus unserem System ableitbar sind. Ferner ist $\mathfrak{N}$ ableitbar: denn $\mathfrak{N}$ ist ja eine konjunktive Normalform und außerdem identisch wahr, weil ja $\mathfrak{N}$ dieselbe Wahrheitsfunktion darstellt, wie der als identisch wahr vorausgesetzte Ausdruck $\mathfrak{A}$. Um aber aus $\mathfrak{N}$ und den obigen ableitbaren Implikationen $\mathfrak{A}$ zu erhalten, braucht man nur mehrmals das Schlußschema anzuwenden.

Aus der angestellten Überlegung können wir noch einen weiteren Vollständigkeitssatz entnehmen, bei welchem der Begriff des identisch wahren Ausdrucks ganz eliminiert ist.

Betrachten wir nämlich irgendeinen Ausdruck $\mathfrak{B}$, der nicht aus unserem System ableitbar ist. Dieser ist dann nach dem eben Bewiesenen nicht identisch wahr. $\mathfrak{B}$ kann durch eine Reihe von Ersetzungen in eine konjunktive Normalform $\mathfrak{N}$ übergeführt werden, und diese ist wiederum nicht identisch wahr. Die Reihe der Ersetzungen führe von $\mathfrak{B}$ zu $\mathfrak{B}_1$, von $\mathfrak{B}_1$ zu $\mathfrak{B}_2, \ldots$, endlich von $\mathfrak{B}_l$ zu $\mathfrak{N}$. Dann sind die Implikationen

$$\mathfrak{B} \to \mathfrak{B}_1, \quad \mathfrak{B}_1 \to \mathfrak{B}_2, \ldots, \mathfrak{B}_l \to \mathfrak{N}$$

alle aus unserem System ableitbar.

Nehmen wir daher die Formel $\mathfrak{B}$ zu unserem System der Formeln I bis V hinzu, so können wir nunmehr durch wiederholte Anwendung des Schlußschemas zu der Formel $\mathfrak{N}$ gelangen; und durch Anwendung der Formeln II können wir jedes einzelne Konjunktionsglied von $\mathfrak{N}$ erhalten. Da aber $\mathfrak{N}$ nicht identisch wahr ist, so gibt es unter den Konjunktionsgliedern von $\mathfrak{N}$, welche ja ihrerseits einfache Disjunktionen sind, mindestens eine solche Disjunktion, in der jede der vorkommenden Variablen entweder nur unüberstrichen oder nur überstrichen auftritt. Setzen wir nun für die unüberstrichenen Variablen A, für die überstrichenen $\overline{A}$ ein, so gelangen wir zu einer Disjunktion, in der jedes Glied entweder A oder $\overline{\overline{A}}$ ist, und aus dieser kann man durch Benutzung der Formeln I, III und V 3) den aus der Variablen A allein bestehenden Ausdruck ableiten. Für die Variable A können wir aber jeden beliebigen Ausdruck einsetzen.

Somit erhalten wir folgendes Ergebnis: Das System der Formeln I bis V ist in dem Sinne vollständig, daß für jeden mit den fünf Verknüpfungen $\to$, &, $\vee$, $\sim$, $^-$ gebildeten Ausdruck $\mathfrak{B}$ die *Alternative* besteht: entweder ist $\mathfrak{B}$ aus dem System jener Formeln mit Hilfe von Einsetzungen und Anwendungen des Schlußschemas ableitbar, oder bei Hinzunahme von $\mathfrak{B}$ als Ausgangsformel wird *jeder beliebige Ausdruck* ableitbar.

Dieser Satz wäre nichtssagend, wenn aus dem System der Formeln I bis V bereits jeder Ausdruck abgeleitet werden könnte. Wir wissen ja aber, daß nur identisch waure Ausdrücke aus dem System ableitbar sind.

Zur Charakterisierung des Systems der Formeln I bis V ist ferner zu bemerken: Das System ist so angelegt, daß in den Formeln der Gruppe I nur die Implikation und in jeder der weiteren Formelgruppen nur die Implikation und die durch die betreffende Formelgruppe eingeführte Verknüpfung vorkommt.

Bei der Wahl der Formeln ist ein wesentlicher Gesichtspunkt, daß durch die Formelgruppen I bis IV aus dem Gesamtbereich der Aussagenlogik die „*positive Logik*" ausgesondert wird, d. h. die Formalisierung derjenigen logischen Schlüsse, welche unabhängig sind von der Voraussetzung, daß zu jeder Aussage ein Gegenteil existiert.

Diese Aussonderung der positiven Logik wird dadurch bewirkt, daß in die Formelgruppe I nur solche Formeln aufgenommen sind, welche den Regeln des hypothetischen Schließens entsprechen. Die Art dieser Abgrenzung der Formelgruppe I läßt sich mathematisch vollkommen präzisieren[1].

Dazu führen wir den Begriff der „regulären Implikationsformel" ein. Ein Ausdruck, welcher aus den Variablen mit Hilfe der Implikation allein gebildet ist, möge als „Implikationsformel" bezeichnet werden. Eine Implikationsformel von der Gestalt

$$\mathfrak{A} \to (\mathfrak{B} \to \cdots \to (\mathfrak{G} \to \mathfrak{K}))\cdots) \,,$$

gebildet aus solchen Ausdrücken $\mathfrak{A}, \mathfrak{B}, \ldots, \mathfrak{G}, \mathfrak{K}$, worin jedes vorkommende Vorderglied nur aus einer Variablen besteht, soll eine „reguläre" Implikationsformel heißen, wenn $\mathfrak{K}$ entweder selbst unter den Ausdrücken $\mathfrak{A}, \mathfrak{B}, \ldots, \mathfrak{G}$ vorkommt oder aus ihnen durch Anwendung des Schlußschemas — aber ohne Einsetzungen — abgeleitet werden kann.

So sind z. B. die drei Formeln I reguläre Implikationsformeln. Bei der Formel
$$A \to (B \to A)$$
ist dieses ohne weiteres ersichtlich; die Formel
$$(A \to (A \to B)) \to (A \to B)$$
hat die Form $\mathfrak{A} \to (\mathfrak{B} \to \mathfrak{C})$, wobei für $\mathfrak{A}, \mathfrak{B}, \mathfrak{C}$ die Ausdrücke
$$A \to (A \to B), \quad A, \quad B$$
zu setzen sind; aus $A \to (A \to B)$ und A kann aber B durch zweimalige Anwendung des Schlußschemas abgeleitet werden. Die Formel
$$(A \to B) \to ((B \to C) \to (A \to C))$$

---

[1] Diese Abgrenzung ist eine wesentlich andere als die, welche Lewis durch seinen Begriff der „strict implication" vorgenommen hat. (C. I. Lewis, „A survey of symbolic logic", Berkeley 1918.) Die Theorie der strict implication geht darauf aus, den Unterschied des bloß Tatsächlichen gegenüber dem Notwendigen im axiomatischen Aufbau der theoretischen Logik zur Geltung zu bringen.

hat die Form $\mathfrak{A} \to (\mathfrak{B} \to (\mathfrak{C} \to \mathfrak{D}))$, wobei für $\mathfrak{A}$, $\mathfrak{B}$, $\mathfrak{C}$, $\mathfrak{D}$ die Ausdrücke

$$A \to B, \quad B \to C, \quad A, \quad C$$

zu setzen sind; und aus

$$A, \quad A \to B, \quad B \to C$$

kann durch zweimalige Anwendung des Schlußschemas C abgeleitet werden[1].

Als „positiv identisch" soll nun eine Implikationsformel bezeichnet werden, wenn sie entweder eine reguläre oder aus einer regulären Formel durch Einsetzung entstehende Formel ist oder aus Formeln dieser Art mittels des Schlußschemas gewonnen wird.

Hiernach ist z. B. die Formel

$$((A \to A) \to B) \to B$$

eine positiv identische Implikationsformel; denn sie wird mittels des Schlußschemas erhalten aus den Formeln

$$A \to A,$$

$$(A \to A) \to (((A \to A) \to B) \to B),$$

von denen die erste eine reguläre Implikationsformel ist und die zweite aus der regulären Implikationsformel

$$A \to ((A \to B) \to B)$$

durch Einsetzung hervorgeht.

Hiermit ist der Begriff der positiv identischen Implikationsformel, ohne Auszeichnung irgendwelcher speziellen Ausgangsformeln, lediglich durch Bezugnahme auf die Schlußregeln definiert. Es läßt sich nun beweisen, daß der Bereich der positiv identischen Implikationsformeln zusammenfällt mit dem Bereich derjenigen identisch wahren Ausdrücke, welche mit Hilfe von Einsetzungen und Schlußschematen aus den Formeln I abgeleitet werden können.

---

[1] Durch reguläre Implikationsformeln stellen sich alle die verallgemeinerten Kettenschlüsse dar, welche P. HERTZ in seiner Theorie der Satzsysteme behandelt. [„Über Axiomensysteme für beliebige Satzsysteme", Math. Ann. Bd. 89 (1923) Heft 1/2; Bd. 101 (1929) Heft 4.] Ersetzt man nämlich einen jeden der in dieser Theorie betrachteten Sätze der Form

$$a_1 \ldots a_t \to b$$

durch den entsprechenden Ausdruck

$$A_1 \to (A_2 \to \cdots \to (A_t \to B) \ldots),$$

so entspricht jedem durch die HERTZschen Schlußregeln zugelassenen Schluß mit den Prämissen $\mathfrak{P}_1, \ldots, \mathfrak{P}_r$ und dem Schlußsatz $\mathfrak{S}$ eine reguläre Implikationsformel

$$\mathfrak{P}_1 \to (\mathfrak{P}_2 \to \cdots \to (\mathfrak{P}_r \to \mathfrak{S}) \ldots).$$

Dieser Bereich umfaßt aber nicht sämtliche identisch wahren Implikationsformeln. Vielmehr gibt es unter den identisch wahren Implikationsformeln auch solche, die nicht positiv identisch sind, z. B.

$$((A \to B) \to A) \to A.$$

Von dieser Formel läßt sich zeigen[1], daß sie nicht aus den Formeln I mit Hilfe der beiden Regeln ableitbar ist. Es genügt aber, diese Formel zusammen mit den Formeln I 1) und I 3) als Ausgangsformeln zu nehmen, um mit Hilfe von Einsetzungen und Schlußschematen alle identisch wahren Implikationsformeln zu erhalten[2].

Was den Bereich der positiv identischen Implikationsformeln betrifft, so genügen für diesen als Ausgangsformeln die beiden regulären Implikationsformeln

$$A \to (B \to A),$$
$$(A \to (B \to C)) \to ((A \to B) \to (A \to C)).$$

Die zweite von diesen läßt sich ableiten aus den drei Formeln

$$(B \to C) \to ((A \to B) \to (A \to C)),$$
$$(A \to (B \to C)) \to (B \to (A \to C)),$$
$$(A \to (A \to B)) \to (A \to B).$$

Man wird so auf ein System von vier Ausgangsformeln geführt, bestehend aus den Formeln I 1), I 2) und den beiden Formeln

$$(A \to (B \to C)) \to (B \to (A \to C)),$$
$$(B \to C) \to ((A \to B) \to (A \to C)).$$

In diesem System lassen sich die beiden letzten Formeln, wie J. Łukasiewicz erkannte, durch die eine Formel I 3) ersetzen, womit man zu dem System I 1) bis 3) gelangt.

Unser System der Formeln I bis V ist so beschaffen, daß bei Weglassung der Formel V 3), d. h. der Formel

$$\bar{\bar{A}} \to A,$$

---

[1] Vgl. S. 78.

[2] Ein System von Ausgangsformeln, das zur Ableitung aller identisch wahren Implikationsformeln ausreicht, hat zuerst M. Schönfinkel aufgestellt. A. Tarski hat erkannt, daß als Ausgangsformeln für diesen Bereich schon die drei Formeln I 1), I 3) und

$$((A \to B) \to C) \to ((A \to C) \to C)$$

genügen. Hier kann noch die dritte Formel durch die obengenannte einfachere ersetzt werden. Von M. Wajsberg und J. Łukasiewicz wurden verschiedene Formeln gefunden, die jede für sich schon als einzige Ausgangsformel zur Ableitung aller identisch wahren Implikationsformeln ausreichen. Vgl. hierzu den schon genannten Bericht von Łukasiewicz und Tarski: „Untersuchungen über den Aussagenkalkül" (C. R. Soc. Sci. Varsovie Bd. 23. Warschau 1930).

nur solche Implikationsformeln abgeleitet werden können, die positiv identisch sind[1].

Ferner erfüllt unser Formelsystem die Bedingung, daß *jede der Formeln von allen übrigen unabhängig*, d. h. aus den übrigen nicht ableitbar ist.

Durch geringe Änderungen können aber hier Abhängigkeiten entstehen. Ersetzen wir z. B. die dritte der Formeln für die Konjunktion II 3) durch die einfachere Formel

$$A \to (B \to A \mathbin{\&} B),$$

so wird die Formel I 1) aus den Formeln I 2), 3), zusammen mit den Formeln der Konjunktion ableitbar[2]. Ersetzen wir die Formel V 2)

durch die Formel

$$A \to \overline{\overline{A}}$$

$$(A \to \overline{A}) \to \overline{A},$$

so wird die Formel I 2) aus den Formeln I 1), 3) und den Formeln der Negation ableitbar.

Überhaupt läßt sich in Hinsicht auf die Kürze unser System in verschiedener Weise überbieten. So genügt z. B. an Stelle des Systems unserer sechs Formeln I, V das System der drei Formeln

$$(A \to B) \to ((B \to C) \to (A \to C)),$$

$$A \to (\overline{A} \to B),$$

$$(\overline{A} \to A) \to A,$$

sowie auch das System

$$A \to (B \to A),$$

$$(A \to (B \to C)) \to ((A \to B) \to (A \to C)),$$

$$(A \to B) \to (B \to A),$$

---

[1] Mit dem System unserer Formeln I, II gleichwertig ist das System der Formeln, die A. Heyting in seiner Formalisierung der intuitionistischen Logik [„Die formalen Regeln der intuitionistischen Logik", S.-B. preuß. Akad. Wiss., Math.-Phys. Klasse Bd. 2 (1930)] gemeinsam für die Implikation und die Konjunktion aufgestellt hat. Für die Disjunktion nimmt Heyting auch die Formeln III.

[2] Dagegen entsteht keine Abhängigkeit, wenn wir an Stelle der Formel II 3) die Formel

$$(A \to B) \to (A \to A \mathbin{\&} B)$$

setzen, durch welche auch die Formel II 3) im System der Formeln I, II vertreten werden kann.

Was die Frage der entsprechenden Vertretbarkeit der Formel III 3) durch die Formel

$$(A \to B) \to (A \vee B \to B)$$

anbelangt, so besteht die Vertretbarkeit zwar im System der Formeln I, III, V, also erst recht im Gesamtsystem der Formeln I bis V, aber nicht bei Auslassung der Formel V 3).

welche beide von ŁUKASIEWICZ aufgestellt und als ausreichend zur Ableitung aller mit der Implikation und der Negation gebildeten identisch wahren Ausdrücke erkannt wurden.

Es sei noch darauf hingewiesen, daß die Formeln V 1), 2), 3) in dem erwähnten FREGEschen System des deduktiven Aussagenkalkuls[1] als Ausgangsformeln auftreten[2].

Die Nachweise für die verschiedenen aufgestellten Behauptungen über Ableitbarkeit können hier übergangen werden, da wir im folgenden von dem deduktiven Aufbau der Aussagenlogik keinen Gebrauch machen werden. Es sei aber hier noch der *Nachweis* erbracht *für die Unabhängigkeit* einer jeden der Formeln I bis V von den übrigen Formeln. Dazu möge zunächst die allgemeine Methode auseinandergesetzt werden, die zu diesen Unabhängigkeitsbeweisen verwendet wird. Auf diese Methode werden wir hingeführt, wenn wir die Beziehung der deduktiven Aussagenlogik zur Theorie der Wahrheitsfunktionen betrachten.

Fassen wir die Verknüpfungen $\rightarrow$, &, $\vee$, $\sim$, $^-$ als Wahrheitsfunktionen auf, so bekommen wir damit für das System der deduktiven Aussagenlogik, wie es durch die Formeln I bis V und die Regeln charakterisiert ist, eine Art von *Interpretation*.

Bei der Betrachtung dieser Interpretation können wir abstrahieren von dem eigentlich logischen Gesichtspunkt, auf Grund dessen die Formeln der Aussagenlogik die Bedeutung von Schlußregeln erhalten. Daß die Werte der Wahrheitsfunktionen und ihrer Argumente gerade „wahr“ und „falsch“ sind, darauf kommt es uns hier nicht an, sondern vielmehr nur darauf, daß wir es mit gewissen zweiwertigen Funktionen zu tun haben, deren Argumente ebenfalls nur derselben zwei Werte — sie mögen α, β genannt werden — fähig sind. Die Definition dieser Funktionen wird gegeben durch unsere früheren Schemata, wenn wir darin „wahr“ durch α, „falsch“ durch β ersetzen. Wir können diese Definitionen auch in der Form von Gleichungen geben, nämlich die Definition von „$\rightarrow$“ durch die Gleichungen:

$$\alpha \rightarrow \alpha = \alpha,$$

$$\beta \rightarrow \beta = \alpha,$$

$$\beta \rightarrow \alpha = \alpha,$$

$$\alpha \rightarrow \beta = \beta,$$

---

[1] Vgl. die Fußnote auf S. 63.

[2] In dem FREGEschen System ist übrigens die Formel

$$(A \rightarrow (B \rightarrow C)) \rightarrow (B \rightarrow (A \rightarrow C))$$

entbehrlich, was sich an Hand des letztgenannten Systems von ŁUKASIEWICZ erweist.

die Definition von ,,¯`` durch die Gleichungen

$$\bar{\alpha} = \beta\,, \quad \bar{\beta} = \alpha\,,$$

die Definitionen von ,,&``, ,,∨`` durch die Gleichungen

$$\alpha \,\&\, \alpha = \alpha \vee \alpha = \alpha\,, \quad \beta \,\&\, \beta = \beta \vee \beta = \beta\,,$$

$$\alpha \,\&\, \beta = \beta \,\&\, \alpha = \beta\,, \quad \alpha \vee \beta = \beta \vee \alpha = \alpha$$

und die Definition von ,,~`` durch die Gleichungen

$$\alpha \sim \alpha = \beta \sim \beta = \alpha\,,$$

$$\alpha \sim \beta = \beta \sim \alpha = \beta\,.$$

Daß ein Ausdruck identisch wahr ist, besagt hiernach, daß er auf Grund der gegebenen Definitionen stets den Wert α liefert. Und die Überlegung, durch die wir uns klarmachen, daß das System der Formeln I bis V nur identisch wahre Formeln liefert, stellt sich in der neuen abstrakteren Bezeichnungsweise so dar:

Zunächst verifiziert man, daß die Ausdrücke I bis V auf Grund der Definition von → stets den Wert α liefern. Danach hat man nur noch zu zeigen, daß die Anwendung der Regeln beim Ausgehen von Formeln, die stets den Wert α haben, wieder nur zu solchen Formeln führt.

Dies ist zunächst für die Regel der Einsetzung unmittelbar ersichtlich, denn durch eine Einsetzung kann ja der Wertevorrat eines Ausdrucks nicht erweitert werden. Was ferner das Schlußschema betrifft, so haben wir zu zeigen, daß, wenn der Ausdruck $\mathfrak{A}$ sowie auch $\mathfrak{A} \to \mathfrak{B}$ stets den Wert α hat, dann auch $\mathfrak{B}$ stets den Wert α hat. Das ist tatsächlich der Fall; denn wenn $\mathfrak{A}$ den Wert α hat, so hat $\mathfrak{A} \to \mathfrak{B}$ denselben Wert wie $\alpha \to \mathfrak{B}$; $\alpha \to \mathfrak{B}$ hat aber gemäß der Definition von → stets denselben Wert wie $\mathfrak{B}$. Also muß, damit $\mathfrak{A} \to \mathfrak{B}$ den Wert α hat, auch $\mathfrak{B}$ den Wert α haben.

Aus der angestellten Überlegung ergibt sich insbesondere, daß aus den Formeln I bis V jedenfalls nicht zwei Ausdrücke $\mathfrak{A}$, $\overline{\mathfrak{A}}$, von denen der zweite die Negation des ersten ist, ableitbar sind. Denn wenn $\mathfrak{A}$ stets den Wert α hat, so hat ja $\overline{\mathfrak{A}}$ stets den Wert $\bar{\alpha} = \beta$.

Die bei diesem Verfahren notwendige Feststellung, daß die Ausdrücke I bis V stets den Wert α liefern, erscheint zunächst mühsam. Man kann jedoch die Verifikation durch geeignete Fallunterscheidungen kürzer und übersichtlicher gestalten. Wir wollen dieses am Beispiel der Formel I 3)

$$(A \to B) \to ((B \to C) \to (A \to C))$$

zeigen. Es sei bereits festgestellt, daß der Ausdruck

$$A \to (B \to A) \quad \text{sowie auch} \quad A \to A$$

stets den Wert α hat. Dann kann man einfach so argumentieren: Unter den Werten, die für A, B, C eingesetzt werden, müssen jedenfalls zwei übereinstimmen. Wenn B und C denselben Wert haben, dann hat $A \to B$ denselben Wert wie $A \to C$, und der Wert des betrachteten Ausdrucks I 3 ist daher auch ein Wert von

$$A \to (B \to A),$$

also $= \alpha$.
Wenn die Werte von A und C übereinstimmen, so hat $A \to C$ den Wert α, und da

$$\alpha \to \alpha = \beta \to \alpha = \alpha,$$

also jeder Ausdruck der Form $\mathfrak{A} \to \alpha$ den Wert α hat, ergibt sich:

$$(A \to B) \to ((B \to C) \to (A \to C))$$
$$= (A \to B) \to ((B \to C) \to \alpha)$$
$$= (A \to B) \to \alpha = \alpha.$$

Stimmen schließlich die Werte von A und B überein, so stimmt auch der Wert von $B \to C$ mit dem von $A \to C$ überein, also hat

$$(B \to C) \to (A \to C)$$

den Wert α, und somit folgt:

$$(A \to B) \to ((B \to C) \to (A \to C)) = (A \to B) \to \alpha = \alpha.$$

Das dargelegte Beweisverfahren, das wir aus der Betrachtung der zweiwertigen Funktionen gewonnen haben, läßt sich nun derart verallgemeinern, daß es uns eine Methode zur Ausführung von Unabhängigkeitsbeweisen liefert. Die Verallgemeinerung besteht darin, daß an Stelle der Definitionen von

$$\to, \&, \vee, \sim, {}^{-}$$

als zweiwertiger Funktionen, die wir aus den Schematen für die Wahrheitsfunktionen entnommen haben, andere Definitionen, und zwar auch solche von mehrwertigen Funktionen, betrachtet werden. Von dem Wertsystem wird eine gewisse Teilgesamtheit von ,,ausgezeichneten Werten" ausgesondert, welcher die entsprechende Rolle wie dem Wert α in der obigen Betrachtung zukommt.

Eine solche Definition der Symbole $\to$, $\&$, $\vee$, $\sim$, ${}^{-}$ durch Funktionen in einem endlichen Wertbereich, verbunden mit einer Aussonderung von ausgezeichneten Werten, wollen wir kurz als ,,Wertung" bezeichnen, und diejenige Wertung, welche den Schematen der Wahrheitsfunktionen entspricht, möge die ,,normale Wertung" genannt werden.

Um zu zeigen, daß aus gewissen Formeln

$$\mathfrak{A}_1, \ldots, \mathfrak{A}_k$$

eine Formel $\mathfrak{U}$ nicht abgeleitet werden kann, haben wir nur nötig, eine Wertung anzugeben, bei der folgendes erfüllt ist: Die Ausdrücke

$$\mathfrak{A}_1, \ldots, \mathfrak{A}_k$$

nehmen nur ausgezeichnete Werte an. Wenn ferner irgendein Ausdruck $\mathfrak{S}$ sowie auch $\mathfrak{S} \to \mathfrak{T}$ nur ausgezeichneter Werte fähig ist, so gilt das gleiche von $\mathfrak{T}$. Der Ausdruck $\mathfrak{U}$ nimmt dagegen auch solche Werte an, die nicht ausgezeichnet sind.

Damit ist dann tatsächlich die Unableitbarkeit von $\mathfrak{U}$ erwiesen; denn aus den genannten Eigenschaften der Wertung ergibt sich ja, daß beim Ausgehen von den Formeln $\mathfrak{A}_1, \ldots, \mathfrak{A}_k$, die nur ausgezeichneter Werte fähig sind, die Anwendung der Einsetzung und des Schlußschemas wieder nur zu solchen Formeln mit nur ausgezeichneten Werten, also nicht zu der Formel $\mathfrak{U}$ führen kann.

Nach dieser Methode wollen wir nun für jede der Formeln I bis V ihre Unableitbarkeit aus den übrigen Formeln erweisen.

Für die Formeln aus den Formelgruppen II bis V genügen hierzu solche Wertungen, welche von der normalen Wertung jeweils nur in der Definition für dasjenige logische Symbol abweichen, welches durch die betreffende Formelgruppe eingeführt wird. Wir können daher die Unabhängigkeitsbeweise für die Formeln II bis V in eine Tabelle zusammenfassen, in welcher wir zu jeder Formel $\mathfrak{F}$ aus einer der genannten Formelgruppen eine Definition für das durch die Formelgruppe eingeführte Symbol angeben, welche eine von der normalen Wertung abweichende Wertung bestimmt, durch die sich die Unabhängigkeit der Formel $\mathfrak{F}$ von den übrigen der Formeln I bis V erweist. Und zwar läßt sich diese Definition jedesmal durch eine einzige Definitionsgleichung ausdrücken, die für jede Verteilung der Werte α, β auf die vorkommenden Variablen gelten soll. Die Unabhängigkeit der Formel $\mathfrak{F}$ erweist sich jeweils dadurch, daß innerhalb der dieser Formel zugeordneten Wertung, deren Abweichung von der normalen Wertung durch die betreffende Definitionsgleichung angegeben ist, die Formel $\mathfrak{F}$ für ein gewisses Wertsystem der Variablen — welches wir auch in der Tabelle angeben — den Wert β erhält, während jede andere von den Formeln I bis V den Wert α erhält.

Die Nachprüfung der letztgenannten Tatsache braucht jeweils nur für die Formeln derjenigen Formelgruppe ausgeführt zu werden, zu welcher $\mathfrak{F}$ gehört, da ja die Abweichung der der Formel $\mathfrak{F}$ zugeordneten Wertung von der normalen Wertung nur für diese Formeln zur Geltung kommt.

Man beachte, daß bei allen diesen Unabhängigkeitsbeweisen die Definition für $\to$ ungeändert bleibt, so daß jede in der Tabelle angegebene Wertung die Eigenschaft besitzt, daß, wenn die Formeln $\mathfrak{S}$, $\mathfrak{S} \to \mathfrak{T}$ beide stets den Wert α haben, auch $\mathfrak{T}$ stets den Wert α hat.

Wir geben nun die Tabelle der Unabhängigkeitsbeweise für die Formeln II bis V an.

Die als unabhängig zu erweisende Formel $\mathfrak{F}$	Die von der normalen Wertung abweichende Definitionsgleichung	Wertsystem der Variablen, welches der Formel $\mathfrak{F}$ den Wert β erteilt
II 1) $A \& B \to A$	$A \& B = B$	$A = \beta, B = \alpha$
2) $A \& B \to B$	$A \& B = A$	$A = \alpha, B = \beta$
3) $(A \to B) \to ((A \to C) \to (A \to B \& C))$	$A \& B = \beta$	$A = \alpha, B = \alpha, C = \alpha$
III 1) $A \to A \lor B$	$A \lor B = B$	$A = \alpha, B = \beta$
2) $B \to A \lor B$	$A \lor B = A$	$A = \beta, B = \alpha$
3) $(A \to C) \to ((B \to C) \to (A \lor B \to C))$	$A \lor B = \alpha$	$A = \beta, B = \beta, C = \beta$
IV 1) $(A \sim B) \to (A \to B)$	$A \sim B = B \to A$	$A = \alpha, B = \beta$
2) $(A \sim B) \to (B \to A)$	$A \sim B = A \to B$	$A = \beta, B = \alpha$
3) $(A \to B) \to ((B \to A) \to (A \sim B))$	$A \sim B = \beta$	$A = \alpha, B = \alpha$
V 1) $(A \to B) \to (B \to A)$	$\overline{A} = A$	$A = \beta, B = \alpha$
2) $A \to \overline{\overline{A}}$	$\overline{A} = \beta$	$A = \alpha$
3) $\overline{\overline{A}} \to A$	$\overline{A} = \alpha$	$A = \beta$

Aus den in dieser Tabelle zusammengestellten Wertungen lassen sich auch noch manche zusätzlichen Folgerungen entnehmen. Z. B. zeigt die Wertung, welche die Unabhängigkeit der Formel II 3) erweist, zugleich auch, daß diese Formel in dem Gesamtsystem der Formeln I bis V nicht vertreten werden kann durch die Formel

$$(A \to B) \& (A \to C) \to (A \to B \& C);$$

denn diese Formel erhält ja bei jener Wertung, welche durch die Definitionsgleichung

$$A \& B = \beta$$

bestimmt ist, stets den Wert α, ebenso wie die Formeln I, II 1), 2), III bis V, während dieses für die Formel II 3) nicht zutrifft.

Ferner zeigt die zum Nachweis der Unabhängigkeit von V 3) benutzte Wertung, welche durch die Definitionsgleichung

$$\overline{A} = \alpha$$

bestimmt wird, daß die Formel V 3) nicht abgeleitet werden kann aus den Formeln I bis IV, V 1), 2) und der Formel

$$A \lor \overline{A},$$

daß sie also im Gesamtsystem der Formeln I bis V nicht durch diese Formel vertreten werden kann. Denn für die genannte Wertung haben alle Formeln I bis IV, V 1), 2) sowie auch $A \lor \overline{A}$ stets den Wert α, während dieses für V 3) nicht der Fall ist.

Nun bleiben noch die Unabhängigkeitsbeweise für die Formeln I zu führen. Bei diesen können wir nicht so einfach wie bisher verfahren, weil das Symbol $\to$ in allen fünf Formelgruppen auftritt.

Wir geben die Unabhängigkeitsbeweise für die Formeln I 1), 2), 3) durch drei voneinander wesentlich verschiedene Wertungen.

Gemeinsam an diesen Wertungen ist, daß jedesmal α als der einzige ausgezeichnete Wert genommen wird. Die Bedingung, daß, wenn $\mathfrak{S}$ und $\mathfrak{S} \to \mathfrak{T}$ stets den Wert α ergeben, auch $\mathfrak{T}$ stets den Wert α ergibt, wird dadurch erfüllt, daß in allen drei Wertungen der Ausdruck $\alpha \to A$ für $A \neq \alpha$ einen von α verschiedenen Wert hat. Ferner haben die Wertungen noch folgende Eigenschaften gemeinsam:

Für jeden Wert von A und von B bestehen die Gleichungen

$$A \& B = B \& A, \quad A \vee B = B \vee A, \quad A \sim B = B \sim A,$$

$$A \to A = \alpha, \quad A \& A = A, \quad A \vee A = A, \quad A \sim A = \alpha,$$

$$A \to \alpha = \alpha, \quad \beta \to A = \alpha,$$

$$A \& \alpha = A, \quad A \vee \alpha = \alpha, \quad A \& \beta = \beta, \quad A \vee \beta = A,$$

und es ist.
$$\overline{\alpha} = \beta, \quad \overline{\beta} = \alpha.$$

Diese Bedingungen sind, wie man leicht erkennt, miteinander verträglich. Die aus ihnen sich ergebenden Definitionsgleichungen wollen wir als die „Grundgleichungen" bezeichnen. Zu diesen kommen jedesmal zusätzliche Definitionsgleichungen hinzu.

Zum Nachweis der Unabhängigkeit von I 1) nehmen wir eine Wertung mit vier Werten $\alpha, \beta, \gamma, \delta$. Für diese sind die zusätzlichen Definitionsgleichungen folgende:

$$\alpha \to \beta = \beta, \quad \alpha \to \gamma = \beta, \quad \alpha \to \delta = \beta,$$

$$\gamma \to \beta = \beta, \quad \delta \to \beta = \beta,$$

$$\gamma \to \delta = \beta, \quad \delta \to \gamma = \alpha,$$

$$\gamma \& \delta = \delta, \quad \gamma \vee \delta = \gamma,$$

$$\overline{\gamma} = \delta, \quad \overline{\delta} = \gamma,$$

$$A \sim B = \beta \quad \text{für} \quad A \neq B.$$

Gemäß der so bestimmten Wertung ist für jede der Formeln I 2), 3), II bis V der Wert stets gleich α.

Zur Erleichterung der Verifikation ist folgendes zu beachten: $A \to B$ hat stets einen der Werte α, β. $A \& B$ sowie auch $A \vee B$ hat stets einen der Werte A, B. Hierzu kommt noch die Eigenschaft unserer Wertung, daß sie für Ausdrücke, die aus α, β mittels der fünf logischen Symbole gebildet sind, mit der normalen Wertung übereinstimmt.

Daß die Formel I 1)
$$A \to (B \to A)$$

nicht stets den Wert α liefert, kann man an verschiedenen Wertsystemen feststellen, z. B. für die Werte $A = \delta$, $B = \alpha$, für welche sich der Wert β ergibt.

Für dieselben Werte von A, B liefert auch die Formel

$$A \to (B \to A \,\&\, B)$$

den Wert β. Daraus folgt, daß diese Formel nicht abgeleitet werden kann aus den Formeln I 2), 3), II bis V.

Auf die gleiche Art erkennt man, daß auch die Formeln

$$A \vee \overline{A}, \quad \overline{A \,\&\, \overline{A}}, \quad (A \to \overline{A}) \to \overline{A}, \quad A \to (\overline{A} \to \overline{B})$$

nicht aus den Formeln I 2), 3), II bis V ableitbar sind.

Ferner folgt aus dem Umstande, daß die betrachtete Wertung für die Formel $A \to A$ sowie auch für $B \to (A \to A)$ stets den Wert α liefert, daß im Gesamtsystem der Formeln I bis V die Formel I 1) nicht durch die Formel $A \to A$ und auch nicht durch $B \to (A \to A)$ vertreten werden kann. Auch bei Hinzunahme, nicht nur der Formeln $A \to A$, $B \to (A \to A)$, sondern überdies auch der Formeln $A \vee \overline{A}$, $\overline{A \,\&\, \overline{A}}$ sowie des Schemas $\dfrac{\mathfrak{A} \to \overline{\overline{\mathfrak{A}}}}{\mathfrak{A}}$ zu den Formeln I 2), 3), II—V, wird die Formel I 1) nicht ableitbar. Nämlich es werden dann nur solche Formeln ableitbar, welche bei der betrachteten Wertung nur die Werte α, γ annehmen.

Die Unabhängigkeit der Formel I 2) erweist sich an Hand einer Wertung mit drei Werten α, β, γ, welche zuerst von ŁUKASIEWICZ betrachtet wurde. Für diese Wertung lauten die zusätzlichen Gleichungen

$$\alpha \to \beta = \beta, \quad \alpha \to \gamma = \gamma, \quad \gamma \to \beta = \gamma,$$
$$\alpha \sim \beta = \beta, \quad \alpha \sim \gamma = \gamma, \quad \beta \sim \gamma = \gamma, \quad \overline{\gamma} = \gamma.$$

(Für $A \,\&\, B$ und $A \vee B$ wird durch die Grundgleichungen bereits die vollständige Definition geliefert.)

Daß diese Wertung für jede der Formeln I 1), 3), II bis V den Wert α liefert, entnimmt man leicht aus folgender arithmetischer Interpretation: α, β, γ sind bzw. die drei Zahlen 0, 1, $\frac{1}{2}$; $A \to B$ ist die arithmetische Differenz $B - A$, falls $A \leqq B$, und sonst gleich 0; $A \,\&\, B$ ist der maximale, $A \vee B$ der minimale von den Werten A, B; $A \sim B$ ist der absolute Betrag von $A - B$; $\overline{A}$ ist gleich $(1 - A)$.

Die Formel I 2)

$$(A \to (A \to B)) \to (A \to B)$$

ergibt aber bei dieser Wertung, wenn $A = \gamma$, $B = \beta$ gesetzt wird, nicht den Wert α, sondern γ.

Ebenso stellt man fest, daß keine der Formeln

$$(A \to (A \to B)) \to (A \,\&\, A \to B),$$
$$A \vee \overline{A}, \quad \overline{A \,\&\, \overline{A}}, \quad (A \to \overline{A}) \to \overline{A}$$

stets den Wert α liefert. Diese Formeln sind also nicht aus den Formeln I 1), 3), II bis V ableitbar.

Um nun auch die Unabhängigkeit von I 3) nachzuweisen, nehmen wir eine Wertung mit vier Werten $\alpha, \beta, \gamma, \delta$, für welche die zusätzlichen Definitionsgleichungen durch folgende Festsetzungen bestimmt sind:

$$\bar{\gamma} = \delta, \quad \bar{\delta} = \gamma,$$

$$\gamma \,\&\, \delta = \beta, \quad \gamma \vee \delta = \alpha, \quad \alpha \to \beta = \gamma,$$

$$\gamma \to \beta = \delta, \quad \delta \to \beta = \gamma;$$

ferner ist für $A, B \neq \beta, A \neq B$

$$A \to B = B;$$

endlich ist für jeden Wert von A, B

$$A \sim B = (A \to B) \,\&\, (B \to A).$$

Man erkennt leicht, daß diese Festsetzungen untereinander sowie auch mit den Grundgleichungen im Einklange stehen, und daß sie die Wertung vollständig bestimmen.

Nun läßt sich verifizieren, daß gemäß dieser Wertung die Formeln I 1), 2), II bis V stets den Wert α ergeben. Dagegen ergibt die Formel I 3)

$$(A \to B) \to ((B \to C) \to (A \to C))$$

für das Wertsystem $A = \alpha, B = \beta, C = \delta$ den Wert δ.

Aus dem Umstande, daß bei dieser Wertung die Formel

$$A \to ((A \to B) \to B)$$

für $A = \alpha, B = \beta$ den Wert δ ergibt, ersieht man, daß zur Ableitung dieser Formel aus den Formeln I bis V die Formel I 3) nicht entbehrt werden kann.

Hiermit ist für alle Formeln I bis V der Unabhängigkeitsbeweis geführt. Anschließend soll noch mittels einer Wertung gezeigt werden, daß die Formel

$$((A \to B) \to A) \to A,$$

welche wir im vorhergehenden[1] als Beispiel einer zwar identisch wahren, aber nicht positiv identischen Implikationsformel angeführt haben, aus dem System der Formeln I bis V nicht ohne Benutzung von V 3) abgeleitet werden kann.

Hierzu nehmen wir eine Wertung mit drei Werten α, β, γ. Für diese sollen wiederum die „Grundgleichungen" gelten; zu diesen treten folgende zusätzlichen Gleichungen:

$$\alpha \to \beta = \beta, \quad \alpha \to \gamma = \gamma, \quad \gamma \to \beta = \beta,$$

$$\alpha \sim \beta = \beta, \quad \alpha \sim \gamma = \gamma, \quad \beta \sim \gamma = \beta,$$

$$\bar{\gamma} = \beta.$$

Bei der so definierten Wertung erhalten alle Formeln I bis IV, V 1), 2) stets den Wert α; dagegen erhält die Formel

$$((A \to B) \to A) \to A$$

für $A = \gamma, B = \beta$ den Wert γ. Diese Formel ist also in der Tat nicht

---

[1] Vgl. S. 69.

aus den Formeln I bis IV, V 1), 2) ableitbar. Das gleiche gilt von der identisch wahren Formel

$$A \lor (A \to B),$$

welche gemäß der betrachteten Wertung für $A = \gamma$, $B = \beta$ auch den Wert γ ergibt.

Unser Verfahren der Definition von mehrwertigen Funktionen läßt sich ohne weiteres auch für solche Unabhängigkeitsbeweise verwenden, bei denen nicht nur eine Änderung des Formelsystems, sondern auch eine solche der *Regeln* in Betracht gezogen wird.

So zeigt z. B. die Wertung, die wir zum Nachweis für die Unabhängigkeit der Formel I 1) aufgestellt haben, daß die Formel I 1) nicht vertreten werden kann durch das Schema

$$\frac{\mathfrak{A}}{\mathfrak{B} \to \mathfrak{A}}.$$

Denn dieses Schema führt von einer Formel, die auf Grund der genannten Wertung stets den Wert α hat, wieder zu einer solchen Formel, da ja $A \to \alpha$ bei dieser Wertung stets den Wert α hat. Somit sind auch bei der Hinzunahme des genannten Schemas aus den Formeln I 2), 3), II bis V nur solche Formeln ableitbar, die gemäß der betrachteten Wertung stets den Wert α haben, während die Formel I 1) nicht diese Eigenschaft besitzt.

Nach der gleichen Methode soll der Nachweis erbracht werden, daß bei der Beschränkung auf die Formelgruppen I bis III die Formel II 3)

$$(A \to B) \to ((A \to C) \to (A \to B \,\&\, C))$$

nicht etwa vertreten werden kann durch das Schema

$$(\mathfrak{Z}) \qquad \frac{\begin{array}{c} \mathfrak{A} \to \mathfrak{B} \\ \mathfrak{A} \to \mathfrak{C} \end{array}}{\mathfrak{A} \to \mathfrak{B} \,\&\, \mathfrak{C},}$$

d. h. also, daß auch bei Hinzunahme dieses Schemas ($\mathfrak{Z}$) als formaler Schlußregel die Formel II 3) nicht aus den Formeln I, II 1), 2), III ableitbar ist.

Hierzu betrachten wir ein vierwertiges System. Unter den Werten α, β, γ, δ soll wieder nur α ausgezeichnet sein. Es gelten wiederum die Grundgleichungen, und die zusätzlichen Definitionen lauten:

$$A \to B = B \quad \text{für} \quad A \neq \beta, \quad A \neq B;$$
$$\gamma \,\&\, \delta = \beta, \quad \gamma \lor \delta = \alpha.$$

Zunächst ist nun festzustellen, daß auf Grund dieser Definitionsgleichungen jede der Formeln I, II 1), 2), III stets den Wert α liefert. Ferner gilt, daß, wenn ein Ausdruck $\mathfrak{S}$ sowie auch $\mathfrak{S} \to \mathfrak{T}$ stets den Wert α hat, dann auch $\mathfrak{T}$ stets den Wert α hat; wir gelangen also bei der Anwendung des Schlußschemas

$$\begin{array}{c} \mathfrak{S} \\ \mathfrak{S} \to \mathfrak{T} \\ \hline \mathfrak{T} \,, \end{array}$$

wenn wir es auf Formeln anwenden, die stets den Wert α haben, wieder zu einer Formel von dieser Eigenschaft.

Das gleiche gilt aber auch für das hinzugenommene Schema ($\mathfrak{F}$):

$$\mathfrak{A} \to \mathfrak{B}$$
$$\frac{\mathfrak{A} \to \mathfrak{C}}{\mathfrak{A} \to \mathfrak{B} \,\&\, \mathfrak{C};}$$

d. h.: Sind $\mathfrak{A}, \mathfrak{B}, \mathfrak{C}$ Ausdrücke, für welche $\mathfrak{A} \to \mathfrak{B}$ sowie $\mathfrak{A} \to \mathfrak{C}$ stets den Wert α ergibt, so ergibt auch $\mathfrak{A} \to \mathfrak{B} \,\&\, \mathfrak{C}$ stets den Wert α. Denn betrachten wir irgendeine bestimmte Einsetzung von Werten für die in $\mathfrak{A}, \mathfrak{B}, \mathfrak{C}$ vorkommenden Variablen, so sind in Hinsicht auf den Wert von $\mathfrak{A}$ folgende Fälle zu unterscheiden:

1. $\mathfrak{A}$ erhält den Wert β; dann hat $\mathfrak{A} \to \mathfrak{B} \,\&\, \mathfrak{C}$ jedenfalls den Wert α.

2. $\mathfrak{A}$ erhält den Wert α; da $\mathfrak{A} \to \mathfrak{B}$ und $\mathfrak{A} \to \mathfrak{C}$ nach unserer Annahme den Wert α haben, so muß dann

$$\alpha \to \mathfrak{B} = \mathfrak{B} = \alpha, \quad \alpha \to \mathfrak{C} = \mathfrak{C} = \alpha,$$

also

$$\alpha \to \mathfrak{B} \,\&\, \mathfrak{C} = \alpha \to \alpha \,\&\, \alpha = \alpha$$

sein.

3. $\mathfrak{A}$ erhält einen der Werte γ, δ. Da $\mathfrak{A} \to \mathfrak{B}$ und $\mathfrak{A} \to \mathfrak{C}$ den Wert α haben, so muß dann $\mathfrak{B}$ entweder denselben Wert wie $\mathfrak{A}$ oder den Wert α haben, und dasselbe gilt auch von $\mathfrak{C}$. Da nun

$$\gamma \,\&\, \gamma = \alpha \,\&\, \gamma = \gamma \,\&\, \alpha = \gamma,$$
$$\delta \,\&\, \delta = \alpha \,\&\, \delta = \delta \,\&\, \alpha = \delta,$$
$$\alpha \,\&\, \alpha = \alpha$$

ist, so folgt, daß auch $\mathfrak{B} \,\&\, \mathfrak{C}$ entweder denselben Wert wie $\mathfrak{A}$ oder den Wert α hat, so daß

entweder $\mathfrak{A} \to \mathfrak{B} \,\&\, \mathfrak{C} = \mathfrak{A} \to \mathfrak{A} = \alpha$

oder $\mathfrak{A} \to \mathfrak{B} \,\&\, \mathfrak{C} = \mathfrak{A} \to \alpha = \alpha$ ist.

Wir erkennen somit, daß auch bei der Hinzunahme des Schemas ($\mathfrak{F}$) alle aus den Formeln I, II 1), 2), III ableitbaren Formeln stets den Wert α liefern. Dies gilt aber nicht von der Formel II 3). Denn setzen wir in dieser für A, B, C die Werte γ, γ, δ, so erhalten wir

$$(\gamma \to \gamma) \to ((\gamma \to \delta) \to (\gamma \to \gamma \,\&\, \delta))$$
$$= \alpha \to (\delta \to (\gamma \to \beta))$$
$$= \delta \to (\gamma \to \beta) = \delta \to \beta = \beta. \; -$$

Zu dem Ergebnis dieses Unabhängigkeitsbeweises sind noch folgende Bemerkungen anzubringen:

1. Wenn wir zu den betrachteten Formeln I, II 1), 2), III die Formelgruppe V hinzunehmen, so wird mit Hilfe unserer Regeln einschließlich des Schemas ($\mathfrak{F}$) die Formel II 3) ableitbar.

2. Wenn wir an Stelle des Schemas ($\mathfrak{s}$) das modifizierte Schema

($\mathfrak{s}'$)
$$\frac{\begin{array}{c}\mathfrak{A} \to (\mathfrak{B} \to \mathfrak{U})\\ \mathfrak{A} \to (\mathfrak{B} \to \mathfrak{B})\end{array}}{\mathfrak{A} \to (\mathfrak{B} \to \mathfrak{U} \ \& \ \mathfrak{B})}$$

einführen, so läßt sich mit diesem die Formel II 3) aus den Formeln I allein ableiten.

In der Tat gestattet dieses Schema ($\mathfrak{s}'$) folgende Anwendung:

$$\frac{\begin{array}{c}A \to (B \to A)\\ A \to (B \to B)\end{array}}{A \to (B \to A \ \& \ B).}$$

Hier steht zuerst die Formel I 1), und die zweite Formel ist aus den Formeln I ableitbar. Wir gelangen also zu der Formel

$$A \to (B \to A \ \& \ B),$$

und aus dieser kann mit Hilfe der Formeln I die Formel II 3) abgeleitet werden.

Das Schema ($\mathfrak{s}'$) genügt somit, um für die implizite Charakterisierung der Konjunktion die Formel II 3) zu vertreten. Der hier bei der Charakterisierung der Konjunktion vorliegende komplizierte Sachverhalt tritt bei der Disjunktion nicht auf, vielmehr kann hier die Formel III 3)

$$(A \to C) \to ((B \to C) \to (A \lor B \to C))$$

bereits durch das dem Schema ($\mathfrak{s}$) entsprechende Schema

($\mathfrak{t}$)
$$\frac{\begin{array}{c}\mathfrak{A} \to \mathfrak{C}\\ \mathfrak{B} \to \mathfrak{C}\end{array}}{\mathfrak{A} \lor \mathfrak{B} \to \mathfrak{C}}$$

vertreten werden. Denn mit Hilfe dieses Schemas und der Formeln I läßt sich die Formel III 3) ableiten. In der Tat genügt hierzu folgende Anwendung des Schemas:

$$\frac{\begin{array}{c}A \to [(A \to C) \to ((B \to C) \to C)]\\ B \to [(A \to C) \to ((B \to C) \to C)]\end{array}}{A \lor B \to [(A \to C) \to ((B \to C) \to C)].}$$

Hier sind die beiden ersten Formeln aus den Formeln I ableitbar, und aus der dritten erhält man durch eine Vertauschung der Implikationsvorderglieder, die mit Hilfe der Formeln I bewirkt werden kann, die Formel III 3). —

Wir wollen hiermit die Betrachtungen über die deduktive (axiomatische) Aussagenlogik abschließen. Unsere Ausführungen hierüber sind keineswegs erschöpfend, ihr Zweck ist auch nur, eine Vorstellung davon zu geben, welch eine Fülle von anregenden Fragestellungen und systematischen Gedanken in der deduktiven Aussagenlogik vorliegt.

Für unsere Zwecke der Formalisierung des Schließens werden wir die Aussagenlogik nicht in der axiomatischen Form, sondern nur in der zu Anfang dieses Paragraphen entwickelten Form als Theorie der Wahrheitsfunktion verwenden[1]. Diese Verwendung geschieht auf die bereits angegebene Art: wir nehmen einerseits die identisch wahren Ausdrücke, andererseits gewisse durch Formeln dargestellte Prämissen als Ausgangsformeln und leiten nun durch Einsetzungen und mit Hilfe des Schlußschemas weitere Formeln ab.

Es ist nun nützlich, sich gewisse häufig vorkommende Übergänge als Regeln anzumerken. Der dadurch sich ergebende Kalkul, den wir wieder als *Aussagenkalkul* bezeichnen wollen, schließt den vorher betrachteten Aussagenkalkul, d. h. die Anwendung unserer Ersetzungsregeln 1 bis 4,[2] in sich.

Wenn nämlich ein Ausdruck $\mathfrak{A}$ gemäß diesen Regeln durch $\mathfrak{B}$ ersetzbar ist, so ist ja $\mathfrak{A} \rightarrow \mathfrak{B}$ sowie auch $\mathfrak{B} \rightarrow \mathfrak{A}$ identisch wahr; jede dieser beiden Implikationen können wir also als Ausgangsformel nehmen und können somit durch das Schlußschema von $\mathfrak{A}$ zu $\mathfrak{B}$, bzw. von $\mathfrak{B}$ zu $\mathfrak{A}$ gelangen.

Wir können daher an irgendeiner beim formalen Schließen uns begegnenden Formel jede der durch die Ersetzungsregeln angegebenen Veränderungen vornehmen.

Einige wichtige Umformungen, die man so erhält, seien hier besonders angeführt. Wie wir festgestellt haben, ist $A \rightarrow (B \rightarrow C)$ ersetzbar durch $B \rightarrow (A \rightarrow C)$, sowie auch durch $A \,\&\, B \rightarrow C$. Wir können daher in einer Implikation der Gestalt

$$\mathfrak{A} \rightarrow (\mathfrak{B} \rightarrow \mathfrak{C})$$

die Implikationsvorderglieder ihre Stellen vertauschen lassen, so daß wir

$$\mathfrak{B} \rightarrow (\mathfrak{A} \rightarrow \mathfrak{C})$$

erhalten. Ferner können wir die beiden Vorderglieder durch die Konjunktion zu einem zusammenfassen, so daß wir

$$\mathfrak{A} \,\&\, \mathfrak{B} \rightarrow \mathfrak{C}$$

erhalten; und umgekehrt können wir von einer Formel

$$\mathfrak{A} \,\&\, \mathfrak{B} \rightarrow \mathfrak{C}$$

mit einer Konjunktion im Vorderglied zu der Formel

$$\mathfrak{A} \rightarrow (\mathfrak{B} \rightarrow \mathfrak{C})$$

mit $\mathfrak{A}, \mathfrak{B}$ als Vordergliedern sukzessiver Implikationen übergehen.

Der Übergang von $\mathfrak{A} \rightarrow (\mathfrak{B} \rightarrow \mathfrak{C})$ zu $\mathfrak{A} \,\&\, \mathfrak{B} \rightarrow \mathfrak{C}$ (das Hineinnehmen von $\mathfrak{A}$ in das mit $\mathfrak{C}$ verknüpfte Implikationsvorderglied) wird als ,,*Importation*", der umgekehrte Prozeß als ,,*Exportation*" bezeichnet.

---

[1] Nur zur heuristischen Motivierung der Regeln für das Allzeichen und das Seinszeichen werden wir die deduktive Aussagenlogik heranziehen.

[2] Vgl. S. 49—50.

Die Prozesse der Vertauschung von Implikationsvordergliedern, der Importation und der Exportation, lassen sich auch auf mehrgliedrige Implikationen bzw. mehrgliedrige Konjunktionen im Vorderglied ausdehnen.

So können wir von einem Ausdruck

$$\mathfrak{A} \to (\mathfrak{B} \to (\mathfrak{C} \to \mathfrak{K}))$$

übergehen zu

$$\mathfrak{B} \to (\mathfrak{A} \to (\mathfrak{C} \to \mathfrak{K})),$$

sowie zu $\qquad \mathfrak{C} \to (\mathfrak{B} \to (\mathfrak{A} \to \mathfrak{K})),$

sowie auch zu $\qquad \mathfrak{A} \,\&\, \mathfrak{B} \,\&\, \mathfrak{C} \to \mathfrak{K};$

und diese Übergänge sind auch in umgekehrter Richtung ausführbar.

Eine andere häufig gebrauchte Ersetzbarkeit ist die, welche zwischen den Ausdrücken

$$A \to B \quad \text{und} \quad \overline{B} \to \overline{A},$$

ferner zwischen $\qquad A \to \overline{B} \quad \text{und} \quad B \to \overline{A},$

sowie zwischen $\qquad \overline{A} \to B \quad \text{und} \quad \overline{B} \to A$

besteht. Wir können danach von

$$\mathfrak{A} \to \mathfrak{B} \quad \text{zu} \quad \overline{\mathfrak{B}} \to \overline{\mathfrak{A}}$$

übergehen, und umgekehrt, ferner von

$$\mathfrak{A} \to \overline{\mathfrak{B}} \quad \text{zu} \quad \mathfrak{B} \to \overline{\mathfrak{A}}$$

und von

$$\overline{\mathfrak{A}} \to \mathfrak{B} \quad \text{zu} \quad \overline{\mathfrak{B}} \to \mathfrak{A}.$$

Diese Übergänge mögen nach der entsprechenden inhaltlichen Schlußweise als „*Kontraposition*" bezeichnet werden.

Ferner sei erwähnt, daß auf Grund der Ersetzbarkeit von

$$A \to (A \to B) \quad \text{durch} \quad A \to B$$

ein doppelt stehendes Implikationsvorderglied einmal weggestrichen werden kann.

Für die Äquivalenz besteht die Ersetzbarkeit von $\mathfrak{A} \sim \mathfrak{B}$ durch $\mathfrak{B} \sim \mathfrak{A}$, ferner die Ersetzbarkeit von $\mathfrak{A} \sim \mathfrak{B}$ durch $\overline{\mathfrak{A}} \sim \overline{\mathfrak{B}}$ sowie von $\mathfrak{A} \sim \overline{\mathfrak{B}}$ durch $\overline{\mathfrak{A}} \sim \mathfrak{B}$.

Außer diesen Umformungen, welche auf der Ersetzbarkeit des Ausdrucks durch einen anderen beruhen, liefert uns die Aussagenlogik aber auch solche Übergänge, welche nicht umkehrbare Prozesse darstellen.

Ein solcher ist das Hinzufügen eines beliebigen Implikationsvordergliedes: Haben wir eine Formel $\mathfrak{A}$ und ist $\mathfrak{B}$ ein beliebiger Ausdruck, so gelangen wir zu

$$\mathfrak{B} \to \mathfrak{A},$$

indem wir in den identischen wahren Ausdruck

$$A \to (B \to A)$$

$\mathfrak{A}$ für A und $\mathfrak{B}$ für B einsetzen und auf die dadurch entstehende Formel

$$\mathfrak{A} \to (\mathfrak{B} \to \mathfrak{A})$$

zusammen mit der Formel $\mathfrak{A}$ das Schlußschema anwenden.

Das Hinzufügen eines Implikationsvordergliedes ist gleichbedeutend mit der Anwendung des zuvor erwähnten Schemas

$$\frac{\mathfrak{A}}{\mathfrak{B} \to \mathfrak{A}}.$$

So wie wir hier aus der Betrachtung des identischen wahren Ausdrucks

$$A \to (B \to A)$$

eine Regel des formalen Schließens gewinnen, können wir auch aus anderen identisch wahren Ausdrücken solche Regeln entnehmen.

Eine besonders wichtige Regel dieser Art ist die Regel des „*Kettenschlusses*": Haben wir zwei Formeln

$$\mathfrak{A} \to \mathfrak{B}, \quad \mathfrak{B} \to \mathfrak{C},$$

so können wir daraus $\mathfrak{A} \to \mathfrak{C}$

ableiten. In der Tat brauchen wir hierzu nur in den identischen wahren Ausdruck

$$(A \to B) \to ((B \to C) \to (A \to C))$$

$\mathfrak{A}$ für A, $\mathfrak{B}$ für B, $\mathfrak{C}$ für C einzusetzen und zweimal das Schlußschema anzuwenden:

$$\mathfrak{A} \to \mathfrak{B}$$
$$\frac{(\mathfrak{A} \to \mathfrak{B}) \to ((\mathfrak{B} \to \mathfrak{C}) \to (\mathfrak{A} \to \mathfrak{C}))}{(\mathfrak{B} \to \mathfrak{C}) \to (\mathfrak{A} \to \mathfrak{C})}$$
$$\frac{\mathfrak{B} \to \mathfrak{C}}{\mathfrak{A} \to \mathfrak{C}}.$$

Für die Konjunktion und die Disjunktion liefern uns die identisch wahren Ausdrücke

$$(A \to B) \to ((A \to C) \to (A \to B \,\&\, C)),$$
$$(A \to C) \to ((B \to C) \to (A \lor B \to C))$$

folgende Regeln:

Aus zwei Formeln $\mathfrak{A} \to \mathfrak{B}$ und $\mathfrak{A} \to \mathfrak{C}$ erhalten wir $\mathfrak{A} \to \mathfrak{B} \,\&\, \mathfrak{C}$,

aus zwei Formeln $\mathfrak{A} \to \mathfrak{C}$ und $\mathfrak{B} \to \mathfrak{C}$ erhalten wir $\mathfrak{A} \lor \mathfrak{B} \to \mathfrak{C}$.

Diese beiden Regeln sind gleichbedeutend mit den im vorigen betrachteten Schematen ($\mathfrak{s}$) und ($\mathfrak{t}$).

Bei der Äquivalenz haben wir zunächst die Regel, daß zwei Implikationen

$$\mathfrak{A} \to \mathfrak{B} \quad \text{und} \quad \mathfrak{B} \to \mathfrak{A}$$

sich zusammenfassen lassen in die Äquivalenz $\mathfrak{A} \sim \mathfrak{B}$; d. h. man kann aus den beiden Implikationen die Äquivalenz und andrerseits aus dieser die beiden Implikationen ableiten. Dieses ergibt sich aus der Ersetzbarkeit von

$$\mathfrak{A} \sim \mathfrak{B} \quad \text{durch} \quad (\mathfrak{A} \to \mathfrak{B}) \,\&\, (\mathfrak{B} \to \mathfrak{A}).$$

Aus der Vereinigung dieser Regel mit dem Kettenschluß gewinnen wir die Regel der Transitivität der Äquivalenz:

$$\text{Aus } \mathfrak{A} \sim \mathfrak{B} \text{ und } \mathfrak{B} \sim \mathfrak{C} \text{ kann } \mathfrak{A} \sim \mathfrak{C}$$

entnommen werden; desgleichen kann, wegen der Symmetrie und der Transitivität der Äquivalenz,

$$\text{aus } \mathfrak{A} \sim \mathfrak{C} \text{ und } \mathfrak{B} \sim \mathfrak{C} \text{ die Formel } \mathfrak{A} \sim \mathfrak{B}$$

entnommen werden. Diese beiden Übergänge mögen gemeinsam als „Schema der Äquivalenz" bezeichnet werden.

An diese Betrachtung des Formalismus der Ableitungen, wie er sich aus der Theorie der Wahrheitsfunktionen ergibt, schließt sich noch eine grundsätzlich wichtige Bemerkung. Wenn wir nur die identisch wahren Ausdrücke als Ausgangsformeln benutzen, so wissen wir, daß wir sicher nicht einen Ausdruck $\mathfrak{A}$ und zugleich auch seine Negation $\overline{\mathfrak{A}}$ als ableitbare Formeln erhalten können. Dieser Fall ist aber wohl möglich, wenn wir außer den identisch wahren Ausdrücken noch formalisierte *Prämissen* als Ausgangsformeln nehmen. Wird durch die Hinzunahme solcher Prämissen eine gewisse Formel $\mathfrak{A}$ samt ihrer Negation $\overline{\mathfrak{A}}$ ableitbar, so sagen wir, daß die Prämissen zum Widerspruch führen. Wenn nun dieser Fall vorliegt, so ist überhaupt *jede Formel ableitbar*, die zur Einsetzung für die Variablen $A, B, \ldots$ in Betracht kommt.

In der Tat, sei $\mathfrak{F}$ eine solche Formel. Wir gehen aus von dem identisch wahren Ausdruck $A \to (\overline{A} \to B)$. Hierin setzen wir für A die Formel $\mathfrak{A}$, für B die Formel $\mathfrak{F}$ ein, so daß wir

$$\mathfrak{A} \to (\overline{\mathfrak{A}} \to \mathfrak{F})$$

erhalten. Da $\mathfrak{A}$ und $\overline{\mathfrak{A}}$ nach unserer Annahme ableitbar sind, so gelangen wir von der eben genannten Formel durch zweimalige Anwendung des Schlußschemas zu $\mathfrak{F}$.

Wissen wir daher von einem System von Prämissen, daß eine gewisse Formel $\mathfrak{F}$, die zur Einsetzung für die Variablen $A, B, \ldots$ in Betracht kommt, auf Grund dieser Prämissen jedenfalls nicht abgeleitet werden kann, so haben wir damit schon die Gewißheit, daß die Prämissen überhaupt zu keinem Widerspruch führen können.

Von dieser Bemerkung werden wir später bei den Beweisen der Widerspruchsfreiheit Gebrauch machen. —

§ 4. Die Formalisierung des Schließens II: Der Prädikatenkalkul.

Durch die Ausführungen des vorigen Paragraphen ist die Formalisierung des logischen Schließens vorbereitet.

Wir haben die Theorie der Wahrheitsfunktionen als eine Hilfsdisziplin entwickelt und aus ihr ein Verfahren zur Formalisierung gewisser Schlüsse entnommen. Dieses Verfahren besteht darin, daß man ausgeht von gewissen Formeln, die entweder identisch wahre Ausdrücke sind oder symbolische Darstellungen von Prämissen (Axiomen), und aus diesen nach der Regel der Einsetzung und mit Hilfe des Schlußschemas weitere Formeln ableitet.

Bei diesem Verfahren kommt ein wesentliches logisches Moment gar nicht zur Geltung, nämlich die Beziehung der Aussagen auf Gegenstände, d. h. das Verhältnis von *Subjekt und Prädikat*.

Dieses Verhältnis und die darauf sich gründenden Schlüsse haben wir nun im Formalismus darzustellen.

Der erste Schritt hierzu ist die Einführung der *Individuen-Variablen*. Wir wollen diese zunächst an die Theorie der Wahrheitsfunktionen anknüpfen. Zum besseren Verständnis wird es nützlich sein, eine mathematische Analogie heranzuziehen.

Wenn wir in der Algebra eine formale Identität haben, wie z. B.

$$(x + y) \cdot (x - y) = x^2 - y^2,$$

so bleibt diese gültig, wenn wir darin die Variablen noch von einem oder mehreren „Parametern" abhängen lassen, also z. B. in der genannten Formel x, y durch

$$x(t), \quad y(t)$$

ersetzen, so daß wir erhalten:

$$\big(x(t) + y(t)\big) \cdot \big(x(t) - y(t)\big) = \big(x(t)\big)^2 - \big(y(t)\big)^2.$$

Diese Gleichung gilt dann identisch, einerseits in x und y, andrerseits in t, wobei die Variable t auf einen gewissen Zahlbereich als Wertbereich bezogen ist und x, y nun Variable für *Funktionen* sind, die einer Zahl aus dem Wertbereich von t eine solche aus dem Wertbereich der ursprünglichen Variablen x, y zuordnen. Ganz entsprechend können wir nun auch mit den Identitäten der Aussagenlogik, d. h. den identisch wahren Ausdrücken, verfahren. Wir können die Variablen

$$A, B, \ldots,$$

die nur der beiden Werte „wahr", „falsch" fähig sind, noch von Parametern abhängen lassen, die sich ihrerseits auf irgendeinen Wertbereich beziehen, mag dieser bloß als Gattung von Dingen oder als fest abgegrenzter Individuenbereich bestimmt sein.

Die Parameter unterscheiden wir als „Individuen-Variablen" $a, b, \ldots$ (kleine lateinische Buchstaben) von den Variablen des Aussagenkalkuls

Ein Ausdruck
$$A, B, \ldots.$$

$$A(a), \quad A(a, b)$$

stellt eine doppelte Variabilität dar; die Festlegung von A geschieht durch eine Funktion, welche jedem zulässigen Wert von a, bzw. von a, b einen der beiden Werte „wahr", „falsch" zuordnet. Eine solche Funktion ist gerade das, was wir im § 1 als *Wertverlauf eines Prädikates* bezeichnet haben[1]. Wir gelangen also durch die Einführung der Individuen-Variablen von der Aussagenlogik zur *Prädikatenlogik*.

Die hiermit eingeführte Erweiterung der Symbolik liefert uns aus den identisch wahren Ausdrücken der Aussagenlogik sofort eine neue Art von Identitäten. So gewinnen wir z. B. aus dem identisch wahren Ausdruck

Ausdrücke wie
$$A \lor A$$

$$A(a) \lor A(a)$$

$$A(a, b) \lor \overline{A(a, b)},$$

welche in dem Sinne Identitäten sind, daß sie stets den Wert „wahr" ergeben, wie man auch die Variable A durch ein Prädikat und die Individuen-Variablen durch Individuen spezialisiert. In der Tat muß ja bei beliebiger Festlegung von a, b

$$A(a) \text{ bzw. } A(a, b)$$

einen der beiden Werte „wahr", „falsch" ergeben, so daß der ganze Ausdruck einen speziellen Wert des Ausdrucks

$$A \lor \overline{A},$$

also, weil dieser ja identisch wahr ist, den Wert „wahr" liefert.

Im Sinne dieser Überlegung geben wir nun der Einsetzungsregel[2] eine erweiterte Fassung. Wir führen zunächst den Begriff der „*Formel*" ein. Als „Formel" soll der symbolische Ausdruck einer variablen oder bestimmten Aussage bzw. eines variablen oder bestimmten Prädikates gelten.

Diese Erklärung bedarf der Präzisierung durch *Beschreibung der formalen Struktur* derjenigen Ausdrücke, die wir als Formeln zulassen. Die Möglichkeit einer solchen formalen Charakterisierung ergibt sich aus dem Umstande, daß wir die Formalisierung des Schließens nur auf *axiomatische Theorien* anwenden wollen.

---

[1] Vgl. S. 9. Die Bezeichnung stammt von FREGE.
[2] Vgl. S. 62.

In einer axiomatischen Theorie werden von vornherein bestimmte Arten von Gegenständen und ferner bestimmte Grundprädikate eingeführt. Jedes dieser Grundprädikate stellt sich, je nach der Zahl der zugehörigen Subjekte, durch ein Prädikatensymbol mit einer bestimmten Anzahl von Argumenten dar, deren jedes auf einen bestimmten Gegenstandsbereich bezogen ist. Jeder Art von Gegenständen entsprechen zugehörige Individuenvariablen.

Wir werden uns im Folgenden auf den einfachsten Fall beschränken, daß *nur eine Gattung von Gegenständen* vorhanden ist, so daß wir nicht nötig haben, verschiedene Arten von Individuenvariablen zu unterscheiden.

Wir erklären nun zunächst als „Primformel" einen Ausdruck, der besteht aus einer der Variablen A, B, C, ... bzw. einer solchen mit einer oder mehreren Individuen-Variablen als Argumenten, oder aus einem Prädikatensymbol mit den zugehörigen Argumenten, ferner auch einen solchen Ausdruck, der aus einem der vorgenannten entsteht, in dem eine Individuenvariable durch den Namen eines Gegenstandes, ein „Individuensymbol", ersetzt wird.

Als Formel bezeichnen wir einen Ausdruck, der entweder selbst eine Primformel ist oder aus solchen mit Hilfe der logischen Zeichen des Aussagenkalkuls

$$\rightarrow, \&, \vee, \sim, \overline{}$$

gebildet ist.

Es sei gleich hier bemerkt, daß der Begriff der Formel noch eine gewisse Erweiterung erfahren wird. Wir wollen aber schon von jetzt ab „Formel" als einen bestimmten Terminus gebrauchen[1] und im Zusammenhange damit die Variablen

$$A, B, C, \ldots$$

als „Formel-Variablen" bezeichnen.

Die Formel-Variablen mit angefügten Individuen-Variablen bezeichnen wir als Formel-Variablen „mit Argumenten". Diese Variablen haben die Rolle von Prädikaten-Variablen.

Innerhalb einer Formel kann dieselbe Formel-Variable mit wechselnden Argumenten auftreten: sie ist als „dieselbe" gekennzeichnet durch die Übereinstimmung des großen lateinischen Buchstabens sowie der Anzahl ihrer Argumente. Hiernach gelten Formel-Variablen mit verschiedener Anzahl von Argumenten stets als *verschiedene Variablen*.

Um eine Formel-Variable mit Argumenten losgelöst von den Besetzungen ihrer Argumentstellen, mit denen sie innerhalb einer Formel oder einer Formelreihe auftritt, anzugeben, wählen wir eine „*Nennform*" der Variablen, in welcher als Argumente solche Individuen-Variablen

---

[1] Daneben werden wir das Wort „Ausdruck" ohne scharfe Definition für irgendwelche Zeichenkomplexe unserer Symbolik verwenden.

stehen, die (wenn es mehrere sind) voneinander und von den in der Formel, bzw. der Formelreihe, auftretenden Variablen verschieden sind.

Nunmehr können wir die erweiterte *Einsetzungsregel* formulieren. Der Prozeß der Einsetzung besteht allgemein in dem Übergang von einer Formel zu einer andern Formel, die sich von jener dadurch unterscheidet, daß für eine gewisse Variable, überall wo sie in jener Formel auftritt, ein und derselbe Ausdruck gesetzt wird. Die genaueren Festsetzungen hierüber sind für die verschiedenen Arten von Variablen folgende:

Für eine Individuen-Variable kann wiederum eine Individuen-Variable sowie auch ein Individuensymbol eingesetzt werden.

Für eine Formel-Variable ohne Argument kann irgendeine Formel eingesetzt werden.

Für eine Formel-Variable mit einem oder mehreren Argumenten besteht das Verfahren der Einsetzung darin, daß zunächst für eine Nennform dieser Variablen eine Formel $\mathfrak{A}$ zur Einsetzung angegeben wird, welche die in der Nennform als Argumente stehenden Individuen-Variablen enthält und dann an jeder Stelle, wo (in der betrachteten Formel) die Formel-Variable mit gewissen Argumenten auftritt, für sie diejenige Formel gesetzt wird, die man aus $\mathfrak{A}$ erhält, indem man an die Stelle der Individuen-Variablen der Nennform die Argumente der Formel-Variablen treten läßt.

Wie diese Einsetzungsregel für die Formel-Variablen mit Argumenten zu verstehen ist, möge durch ein Beispiel erläutert werden.

Es seien $\Theta(a, b)$, $\Phi(a, b, c)$ Prädikatensymbole, und man habe die Formel
$$A(a, b) \,\&\, \Theta(a, c) \to A(c, b).$$

Aus dieser kann man durch Einsetzung die Formel
$$\Phi(a, a, b) \,\&\, \Theta(a, c) \to \Phi(a, c, b)$$

folgendermaßen gewinnen: Man wählt für die Formel-Variable A mit zwei Argumenten die Nennform $A(m, n)$ und nimmt zur Einsetzung für $A(m, n)$ die Formel $\Phi(a, m, n)$. Dann ergibt sich für $A(a, b)$ die Einsetzung $\Phi(a, a, b)$, für $A(c, b)$ die Einsetzung $\Phi(a, c, b)$ und man erhält so die gewünschte Formel. —

Zu den Einsetzungsregeln tritt die alte Regel, daß jeder identisch wahre Ausdruck der Aussagenlogik — wir wollen dafür jetzt kurz „*identische Formel*" sagen — als Ausgangsformel genommen werden kann, und ferner das Schlußschema

$$\frac{\mathfrak{A} \qquad \mathfrak{A} \to \mathfrak{B}}{\mathfrak{B}}.$$

Der formale Kalkul, der sich aus diesen Regeln ergibt, soll durch einige Bemerkungen und Beispiele erläutert werden.

Eine unmittelbare Folge aus der Erweiterung unserer Einsetzungs-regeln besteht darin, daß wir jetzt das Verfahren des Kettenschlusses auf solche Formeln ausdehnen können, welche Individuen-Variablen enthalten.

So können wir aus zwei Formeln

$$\mathfrak{A}(a) \to \mathfrak{B}(a) \, ,$$

$$\mathfrak{B}(a) \to \mathfrak{C}(a)$$

die Formel

$$\mathfrak{A}(a) \to \mathfrak{C}(a)$$

und ebenso aus

$$\mathfrak{A}(a, b) \to \mathfrak{B}(a, b), \quad \mathfrak{B}(a, b) \to \mathfrak{C}(a, b)$$

die Formel

$$\mathfrak{A}(a, b) \to \mathfrak{C}(a, b)$$

ableiten.

Ebenso wie der Kettenschluß sind auch die Umformungen gemäß den Ersetzungsregeln auf Ausdrücke mit Individuen-Variablen an-wendbar.

Ein Beispiel, in welchem auch die Regel der Einsetzung für die Individuen-Variablen zur Geltung kommt, ist folgendes:

Für das Prädikat $<(a, b)$, „a ist kleiner als b", das sich auf Zahl-größen bezieht, gelten die beiden Axiome[1]

$$\overline{<(a, a)} \, ,$$

$$<(a, b) \,\&\, <(b, c) \to \,<(a, c).$$

Hieraus soll abgeleitet werden:

$$<(a, b) \to \overline{<(b, a)} \, .$$

Diese Ableitung können wir nach unseren Regeln so ausführen:

In das zweite Axiom setzen wir für c die Variable a ein:

$$<(a, b) \,\&\, <(b, a) \to \,<(a, a).$$

Diese Formel geht durch Exportation über in

$$<(a, b) \to \big(<(b, a) \to \,<(a, a)\big).$$

Nun wenden wir die identische Formel

$$(A \to B) \to (\overline{B} \to A)$$

an, indem wir für A einsetzen

$$<(b, a)$$

und für B einsetzen

$$<(a, a) \, .$$

_____

[1] Das Wort „Axiom" gebrauchen wir hier wie auch sonst, wo kein Mißver-ständnis zu befürchten ist, für die _Formeln_, welche die Axiome darstellen.

So ergibt sich

$$\left(<(b,a) \to <(a,a)\right) \to \left(\overline{<(a,a)} \to \overline{<(b,a)}\right)$$

Diese Formel zusammen mit der vorher erhaltenen liefert durch den Kettenschluß

$$<(a,b) \to \left(\overline{<(a,a)} \to \overline{<(b,a)}\right)$$

und durch Vertauschung der Vorderglieder

$$\overline{<(a,a)} \to \left(<(a,b) \to \overline{<(b,a)}\right);$$

und diese Formel zusammen mit dem Axiom

$$\overline{<(a,a)}$$

ergibt nach dem Schlußschema die gewünschte Formel

$$<(a,b) \to \overline{<(b,a)}.$$

Hier läßt sich die Anwendung auf bestimmte Zahlen anschließen. Ist z. B.

$$<(\sqrt{2},\tfrac{3}{2})$$

bewiesen, so können wir

$$\overline{<(\tfrac{3}{2},\sqrt{2})}$$

ableiten, indem wir zunächst in die obige Formel $\sqrt{2}$ für a, $\tfrac{3}{2}$ für b einsetzen und dadurch die Formel

$$<(\sqrt{2},\tfrac{3}{2}) \to \overline{<(\tfrac{3}{2},\sqrt{2})}$$

gewinnen, die zusammen mit

$$<(\sqrt{2},\tfrac{3}{2})$$

gemäß dem Schlußschema

$$\overline{<(\tfrac{3}{2},\sqrt{2})}$$

ergibt.

An diesem Beispiel einer formalen Ableitung treten uns folgende Unterschiede unseres formalen Verfahrens gegenüber dem üblichen inhaltlichen Schließen entgegen: An Stelle allgemeiner Sätze über Zahlen, welche ohne weiteres auf jede einzelne Zahl Anwendung finden, haben wir hier Formeln mit Individuen-Variablen, aus denen die entsprechenden Formeln für bestimmte Zahlen durch den Prozeß der Einsetzung (gemäß der Einsetzungsregel) erhalten werden. Außerdem findet sich eine Abweichung von der üblichen Form der hypothetischen Schlüsse. Seien etwa

$$\mathfrak{B}(a) \text{ und } \mathfrak{C}(a)$$

zwei Prädikate und bezeichne α einen Gegenstand, der als Subjekt (Argument) von $\mathfrak{B}$ und $\mathfrak{C}$ in Betracht kommt. Haben wir dann den Satz

,,wenn $\mathfrak{B}(a)$, so $\mathfrak{C}(a)$",

und wissen wir außerdem, daß $\mathfrak{B}(\alpha)$ gilt, so schließen wir hieraus gemäß der inhaltlichen Logik direkt auf $\mathfrak{C}(\alpha)$.

Bei unserem Verfahren dagegen wird aus der Formel

$$\mathfrak{B}(a) \rightarrow \mathfrak{C}(a)$$

zunächst durch Einsetzung

$$\mathfrak{B}(\alpha) \rightarrow \mathfrak{C}(\alpha)$$

abgeleitet, und erst diese Formel liefert zusammen mit $\mathfrak{B}(\alpha)$ gemäß dem Schlußschema $\mathfrak{C}(\alpha)$. Wir zerlegen also den Prozeß des Schließens in eine Einsetzung und eine Anwendung unseres Schlußschemas.

Diese Abweichung unseres Verfahrens von dem gewöhnlichen Schließen hängt mit dem Bedeutungsunterschied zwischen der Implikation und der hypothetischen Verknüpfung zusammen. Nämlich die Formel

$$\mathfrak{B}(a) \rightarrow \mathfrak{C}(a),$$

die wir zur Formalisierung des hypothetischen Urteils

„wenn $\mathfrak{B}(a)$, so $\mathfrak{C}(a)$"

verwenden, entspricht nicht direkt diesem hypothetischen Urteil, sondern der Behauptung, daß für jeden Wert von a die Implikation $\mathfrak{B}(a) \rightarrow \mathfrak{C}(a)$ wahr ist. Die beiden Aussagen sind zwar gleichwertig in dem Sinne, daß, sofern die eine von ihnen zutrifft, auch die andere zutrifft, aber sie haben doch nicht denselben Inhalt: während das hypothetische Urteil für den Fall des Zutreffens von $\mathfrak{B}(a)$ auf ein Ding a das Zutreffen von $\mathfrak{C}(a)$ aussagt und daher von der Feststellung $\mathfrak{B}(\alpha)$ unmittelbar auf $\mathfrak{C}(\alpha)$ führt, liefert mir die zweite Behauptung eine Aussage über jedes Ding a (des Individuenbereiches) unabhängig davon, ob $\mathfrak{B}(a)$ zutrifft, und diese auf α angewandte Aussage ergibt erst in Verbindung mit $\mathfrak{B}(\alpha)$ das Zutreffen von $\mathfrak{C}(\alpha)$.

Wir können somit die bei unserem formalen Verfahren stattfindende Zerlegung der hypothetischen Schlüsse in zwei Schritte mittels der Implikation inhaltlich deuten. Formal ist diese Zerlegung dadurch motiviert, daß beim Übergang von der Formel

$$\mathfrak{B}(a) \rightarrow \mathfrak{C}(a)$$

zu $\mathfrak{C}(\alpha)$, der auf Grund der Prämisse $\mathfrak{B}(\alpha)$ vollzogen wird, zwei Veränderungen vor sich gehen: an Stelle der Variablen a tritt der Gegenstandsname α, ferner wird von der Implikation nur das zweite Glied beibehalten.

Diese beiden äußerlich konstatierbaren Veränderungen werden in unserem Formalismus nacheinander ausgeführt. Dadurch gewinnen die Regeln der formalen Ableitung an Einfachheit und Übersichtlichkeit. — Die Einführung der Individuen-Variablen und die damit verbundene Erweiterung der Einsetzungsregeln bildet nur den Anfang zur

Formalisierung der Prädikatenlogik. Zu dieser bedarf es noch der Symbole und Regeln, mit denen die logischen Formen des allgemeinen und des partikulären Urteils sowie die auf diesen Urteilsformen beruhenden Schlüsse zur Darstellung gebracht werden.

Für die allgemeinen Urteile haben wir zwar schon eine Darstellung. Denn eine Formel, welche eine oder mehrere Individuen-Variablen enthält, entspricht ja einem allgemeinen Satz, welcher das Zutreffen eines Prädikates für jeden Gegenstand (bzw. für jedes Paar, Tripel, ... von Gegenständen) aus dem Wertbereich der betreffenden Variablen aussagt.

Diese Darstellung ist aber noch nicht ausreichend; denn ein Ausdruck

$$\mathfrak{A}(a), \quad \mathfrak{A}(a, b)$$

entspricht nur dann, im Sinne der inhaltlichen Deutung, einem allgemeinen Urteil, wenn er für sich als Formel steht, dagegen nicht, wenn er als Bestandteil einer Formel auftritt. So entspricht einer Formel

$$\overline{\mathfrak{A}(a)}$$

keineswegs die Negation des durch

$$\mathfrak{A}(a)$$

dargestellten allgemeinen Urteils, sondern vielmehr die Allgemeinheit der Negation von $\mathfrak{A}$ für jeden Gegenstand des Wertbereiches von a.

In der Tat erhält man ja aus

durch Einsetzung $\qquad \dfrac{\overline{\mathfrak{A}(a)}}{\overline{\mathfrak{A}(\mathfrak{a})}}$

für jeden Wert $\mathfrak{a}$ von a. Wir können uns dieses auch so klarmachen: Das der Formel $\overline{\mathfrak{A}(a)}$ entsprechende Urteil muß wegen des Auftretens der Variablen a ein allgemeines Urteil sein, und zwar wegen des Auftretens der Negation ein allgemein verneinendes. Die Negation eines allgemein bejahenden Urteils ist aber nicht ein allgemein verneinendes, sondern ein partikulär verneinendes Urteil.

Wir sind also bisher nicht in der Lage, die Negation eines allgemeinen Urteils in unserem Formalismus auszudrücken.

Aber auch schon für ein positiv allgemeines Urteil, das als Vorderglied eines hypothetischen Satzes steht, haben wir noch keinen Ausdruck.

So können wir das Urteil

„wenn $\mathfrak{A}(a)$ für alle Werte von a gilt, so ist $\mathfrak{B}$",

nicht etwa formal durch die Implikation

$$\mathfrak{A}(a) \to \mathfrak{B}$$

darstellen; denn aus dieser kann ja für jeden Wert $\mathfrak{a}$ von a die Formel
$$\mathfrak{A}(\mathfrak{a}) \rightarrow \mathfrak{B}$$
entnommen werden, so daß danach bereits aus irgendeiner Formel
$$\mathfrak{A}(\mathfrak{a}),$$
wo $\mathfrak{a}$ ein Wert von a ist, die Formel $\mathfrak{B}$ gemäß dem Schlußschema erhalten wird.

Die Formel $\qquad \mathfrak{A}(a) \rightarrow \mathfrak{B}$
entspricht somit nicht etwa der Aussage, daß $\mathfrak{B}$ im Falle der Gültigkeit von $\mathfrak{A}$ für *alle* Werte von a besteht, sondern vielmehr derjenigen, daß $\mathfrak{B}$ im Falle der Gültigkeit von $\mathfrak{A}$ für *irgendeinen* Wert von a besteht.

Wir sind also mit unseren bisherigen formalen Hilfsmitteln nicht imstande, allgemeine Urteile zu negieren, noch auch sie als Vorderglieder von Implikationen einzuführen.

Andrerseits zeigt uns diese Betrachtung, daß die Darstellung eines partikulären (existentialen) Urteils mittels des bisherigen Formalismus gerade in den Verbindungen möglich ist, in denen das allgemeine Urteil nicht darstellbar ist. Nämlich die Negation eines partikulären Urteils „für einige Werte von a gilt $\mathfrak{A}(a)$" oder schärfer existential formuliert, „es gibt einen Wert von a, für den $\mathfrak{A}(a)$ gilt", ist gleichbedeutend mit dem allgemein verneinenden Urteil, dem die Formel $\overline{\mathfrak{A}(a)}$ entspricht; und einem Urteil mit einem existentialen Bedingungssatz „wenn es einen Wert von a gibt, für den $\mathfrak{A}(a)$ gilt" oder kürzer „wenn $\mathfrak{A}(a)$ für irgendeinen Wert von a gilt", entspricht eine Formel $\mathfrak{A}(a) \rightarrow \mathfrak{B}$.

Dagegen haben wir für das existentiale Urteil selbst noch keine Formalisierung.

Wir sehen uns somit veranlaßt, besondere Symbole für Allgemeinheit und Existenz einzuführen. Dabei schließen wir uns (mit unwesentlicher Abweichung) der Symbolik der Principia Mathematica an, indem wir die schon im § 1 eingeführten Zeichen

$$(x) \text{ „Allzeichen"}$$
$$(Ex) \text{ „Seinszeichen"}$$

zur Darstellung des allgemeinen bzw. partikulären Urteils verwenden[1]. Betreffs dieser Symbolik ist folgendes zu bemerken:

Das Allzeichen sowie das Seinszeichen bezieht sich jeweils auf einen gewissen Ausdruck $\mathfrak{A}(x)$, vor dem es steht:

$$(x) \ \mathfrak{A}(x) \text{ „für alle } x \text{ ist } \mathfrak{A}(x)",$$
$$(Ex) \ \mathfrak{A}(x) \text{ „es gibt ein } x, \text{ für das } \mathfrak{A}(x) \text{ ist"}.$$

Die in dem Zeichen und dem betreffenden Ausdruck gemeinsam auftretende Variable ist analog einer Summations- bzw. einer Integrations-Variablen. Der Ausdruck

$$(x) \ \mathfrak{A}(x) \quad \text{bzw.} \quad (Ex) \ \mathfrak{A}(x)$$

---

[1] Vgl. S. 4.

hängt nicht von der Variablen x ab, sondern diese dient nur zur Angabe der Subjektstellen, auf welche das „alle" bzw. „es gibt" bezogen werden soll.

Betreffs der Schreibweise sei daran erinnert[1], daß wir die Negation von

$$(x)\,\mathfrak{A}(x)\quad\text{bzw.}\quad(Ex)\,\mathfrak{A}(x)$$

durch Überstreichen des Allzeichens bzw. des Seinszeichens angeben.

Die zu den Allzeichen und Seinszeichen gehörenden Variablen bezeichnen wir als „gebundene Individuen-Variablen" und unterscheiden sie grundsätzlich von den bisherigen Variablen, die wir zum Unterschied „freie Variablen" nennen.

Um den Unterschied zwischen den freien und den gebundenen Individuen-Variablen äußerlich kenntlich zu machen, werden wir für die freien Individuen-Variablen Buchstaben aus dem Anfang und der Mitte des Alphabets

$$a,\quad b,\quad c,\quad m,\quad n,\quad r,\quad s,$$

für die gebundenen Variablen die letzten Buchstaben des Alphabets,

$$u,\quad v,\quad w,\quad x,\quad y,\quad z,$$

verwenden.

Nur für die freien Variablen gilt die Regel der Einsetzung[2]. Auch darf für eine freie Individuen-Variable nicht eine gebundene Variable eingesetzt werden.

Für das Operieren mit den gebundenen Variablen müssen wir die Regeln jetzt aufstellen. Und zwar muß zunächst der Begriff „Formel" im Sinne der Erweiterung unserer Symbolik ausgedehnt werden. Dies geschieht dadurch, daß wir zu den Prozessen, mit Hilfe deren aus Primformeln weitere Formeln gebildet werden — wir hatten als solche bisher nur die Zusammensetzung mit Hilfe der logischen Symbole des Aussagenkalkuls zugelassen[3] —, noch die Prozesse des Übergangs von einer Formel

$$\mathfrak{A}(a)$$

zu

$$(x)\,\mathfrak{A}(x)\quad\text{bzw.}\quad(Ex)\,\mathfrak{A}(x)$$

hinzunehmen, so daß, wenn $\mathfrak{A}(a)$ eine Formel ist, hiernach auch

$$(x)\,\mathfrak{A}(x)\quad\text{und}\quad(Ex)\,\mathfrak{A}(x)$$

als Formeln gelten. Statt x kann hier auch eine andere gebundene Variable, z. B. y, stehen. Man beachte, daß nach diesem Verfahren bei einem Ausdruck mit mehreren freien Variablen nacheinander mehrere Allzeichen und Seinszeichen in beliebiger Art der Aufeinanderfolge vorgesetzt werden können. So können wir z. B., ausgehend von einer Formel

$$\mathfrak{A}(a,b,c),$$

---

[1] Vgl. S. 4.   [2] Vgl. S. 89.   [3] Vgl. S. 88.

der Reihe nach folgende Formeln bilden:

$$(z) \, \mathfrak{A}(a, b, z) \,,$$
$$(Ey) \, (z) \, \mathfrak{A}(y, b, z) \,,$$
$$(x) \, (Ey) \, (z) \, \mathfrak{A}(y, x, z) \,.$$

Auf der Vielfältigkeit der Kombinationen von All- und Seinszeichen beruht vor allem die verwickelte Struktur des Prädikatkalkuls, die freilich erst dann voll zur Geltung kommt, wenn Prädikate mit mehreren Subjekten in Betracht gezogen werden.

Auf eine gewisse Beschränkung in dem Verfahren des Vorsetzens von Allzeichen und Seinszeichen haben wir noch hinzuweisen: Der Prozeß der Bildung von $(x) \, \mathfrak{A}(x)$ oder $(Ex) \, \mathfrak{A}(x)$ aus $\mathfrak{A}(a)$ liefert nur dann eine „Formel", wenn in $\mathfrak{A}(a)$ nicht schon die gebundene Variable x vorkommt.

Die Notwendigkeit dieser Beschränkung wird durch die Analogie der gebundenen Variablen zu den Summationsbuchstaben ohne weiteres ersichtlich. Haben wir einen Rechenausdruck, der den Summationsbuchstaben n und die freie Variable a enthält, etwa von der Form

$$\sum_{n=1}^{k} \varphi(n, a)$$

und wollen wir nun die Summe

$$\sum_{n} \varphi(n, 1) + \sum_{n} \varphi(n, 2) + \cdots + \sum_{n} \varphi(n, k)$$

mit Hilfe des Summenzeichens darstellen, so können wir als Summationsbuchstaben für die äußere Summation nicht wieder n verwenden, da die Schreibweise

$$\sum_{n=1}^{k} \sum_{n=1}^{k} \varphi(n, n)$$

mehrdeutig wäre.

So könnte z. B.

$$\sum_{n} \sum_{n} (n + 2 n)^{n}$$

einerseits als gleichbedeutend mit

$$\sum_{m} \sum_{n} (m + 2 n)^{n},$$

ebensogut aber auch als gleichbedeutend mit

$$\sum_{m} \sum_{n} (n + 2 m)^{n}$$

gedeutet werden.

Ganz entsprechende Mehrdeutigkeiten würden auftreten, wenn wir in der logischen Symbolik Ausdrücke wie

$$(x) \, (\mathfrak{A}(x) \; \& \; (x) \, \mathfrak{B}(x, x))$$

oder

$$(x) \, (Ex) \, \mathfrak{A}(x, x)$$

zuließen. Wir setzen deshalb fest, daß ein Ausdruck

$$(x)\ \mathfrak{A}(x)\quad \text{bzw.}\quad (Ex)\ \mathfrak{A}(x)$$

nur dann als Formel gilt, wenn in der Formel $\mathfrak{A}(a)$, aus der er durch Vorsetzen des Allzeichens bzw. des Seinszeichens gebildet ist, die gebundene Variable x nicht auftritt. Wir sagen hierfür kurz, es müssen bei der Formelbildung „*Kollisionen zwischen gebundenen Variablen*" vermieden werden.

Die Erweiterung des Begriffes „Formel" ergibt automatisch eine *Erweiterung der Einsetzungsregel* in dem Sinne, daß die mit den Allzeichen und Seinszeichen gebildeten Formeln zu denen hinzugenommen werden, die wir für die Formelvariablen einsetzen können und auf welche somit der Aussagenkalkul Anwendung findet.

Außerdem erstreckt sich jetzt die Regel der Einsetzung für Formelvariablen mit Argumenten auch auf die Fälle, wo in einer Formel die Argumentstellen einer Formel-Variablen (sämtlich oder zum Teil) mit gebundenen Variablen besetzt sind.

So z. B. erhält man aus der Formel

$$(x)\ A(x, b) \to A(a, b),$$

wenn für die Nennform $A(r, s)$ die Einsetzung $\mathfrak{A}(r, s)$ angegeben wird, die Formel

$$(x)\ \mathfrak{A}(x, b) \to \mathfrak{A}(a, b).$$

Diese Einsetzung ist jedoch nur dann zulässig, wenn $(x)\ \mathfrak{A}(x, b)$ eine Formel ist, d. h. wenn x nicht schon in $\mathfrak{A}(r, s)$ vorkommt.

Allgemein ergibt sich beim Auftreten gebundener Variablen eine beschränkende Bedingung für die Einsetzung aus der Anforderung, daß durch die Einsetzung eine Formel stets *wieder in eine Formel* übergehen muß, d. h. aus der Forderung der Vermeidung von Kollisionen zwischen gebundenen Variablen. So kann z. B. in einer Formel von der Gestalt

$$(x)\ (\mathfrak{A}(x)\ \&\ B \to \mathfrak{C}(x))$$

für die Formel-Variable B nicht die Formel $(x)\ \mathfrak{A}(x)$ eingesetzt werden, weil der dadurch entstehende Ausdruck nicht die Eigenschaft einer Formel haben würde.

Das in dieser Einschränkung liegende Hindernis wird unschädlich gemacht durch die Regel der *Umbenennung der gebundenen Variablen*, die wir ohnehin, mangels einer Einsetzungsregel für die gebundenen Variablen, einführen müssen. Diese lautet:

In einem durch Vorsetzen eines Allzeichens oder eines Seinszeichens gebildeten Ausdruck wie

$$(x)\ \mathfrak{A}(x),\ (E\ y)\ \mathfrak{A}(y)$$

(mag er für sich als Formel oder auch als Bestandteil einer Formel auftreten) kann die zu dem Allzeichen bzw. Seinszeichen gehörige gebundene Variable durch eine andere gebundene Variable ersetzt werden, vorausgesetzt, daß diese nicht schon in $\mathfrak{A}(a)$ vorkommt.

Als ein Beispiel für die Anwendung dieser Regel der Umbenennung wollen wir den Übergang von einer Formel

$$(x)\,(E\,y)\,\mathfrak{A}\,(x,\,y)$$

zu

$$(y)\,(E\,x)\,\mathfrak{A}\,(y,\,x)$$

ausführen. Zunächst werde die Variable x durch eine in $\mathfrak{A}\,(a,\,b)$ nicht vorkommende gebundene Variable, etwa z, ersetzt. Dadurch entsteht

$$(z)\,(E\,y)\,\mathfrak{A}\,(z,\,y).$$

Nun werde in

$$(E\,y)\,\mathfrak{A}\,(z,\,y)$$

die Variable y durch x ersetzt. Diese Ersetzung führt die Formel

$$(z)\,(E\,y)\,\mathfrak{A}\,(z,\,y)$$

über in

$$(z)\,(E\,x)\,\mathfrak{A}\,(z,\,x),$$

und hier kann nun z durch y ersetzt werden, wodurch die gewünschte Formel

$$(y)\,(E\,x)\,\mathfrak{A}\,(y,\,x)$$

entsteht.

Durch die bisherigen Regeln für die Allzeichen und Seinszeichen werden diese nur als gewisse mit gebundenen Variablen versehene Operatoren gekennzeichnet, welche eine Formel mit einer freien Variablen in eine andere Formel überführen, die von dieser Variablen nicht mehr abhängt.

Wir bedürfen daher noch solcher Regeln, durch welche diesen Operatoren ihre besondere Rolle zugewiesen wird, nämlich die logischen Formen des allgemeinen und partikulären (existentialen) Urteils in unserem Formalismus zu vertreten. Diese logischen Formen sind — nach einem in der Logik gebräuchlichen Ausdruck — Bestimmungen der „Quantität des Urteils" und wir wollen in Anlehnung an diesen Terminus die Allzeichen und Seinszeichen gemeinsam auch als „*Quantoren*" bezeichnen.

Zur Aufstellung der Formeln und Regeln für die Quantoren soll uns als heuristische Analogie die Auffassung der Allgemeinheit als einer über den Individuenbereich erstreckten, eventuell „unendlichen" Konjunktion, der existentialen Form als einer über den Individuenbereich erstreckten Disjunktion dienen. Da es uns hier um eine implizite Charakterisierung zu· tun ist, greifen wir auf die axiomatische Form der Aussagenlogik zurück.

Erinnern wir uns der Formeln, durch welche in dem Axiomensystem der deduktiven Aussagenlogik, das wir im § 3 angegeben haben[1], die Konjunktion und Disjunktion implizite eingeführt werden. Diese lauten:

---

[1] Vgl. § 3, S. 65.

II. Formeln der Konjunktion:

1) $A \& B \to A$,

2) $A \& B \to B$,

3) $(A \to B) \to [(A \to C) \to (A \to B \& C)]$.

III. Formeln der Disjunktion:

1) $A \to A \vee B$,

2) $B \to A \vee B$,

3) $(A \to C) \to [(B \to C) \to (A \vee B \to C)]$.

Diese Formeln betreffen zweigliedrige Konjunktionen und Disjunktionen. Durch Ableitung gewinnt man die entsprechenden Formeln für mehrgliedrige Konjunktionen und Disjunktionen und zugleich das assoziative und das kommutative Gesetz für die Konjunktion und die Disjunktion. So erhält man als Verallgemeinerung der Formeln II 1) 2) Formeln vom Typus:

$$A \& B \& \ldots \& K \to A,$$
$$A \& B \& \ldots \& K \to B,$$
$$\vdots$$
$$A \& B \& \ldots \& K \to K.$$

Nun seien

$$\mathfrak{a}, \mathfrak{b}, \ldots, \mathfrak{f}$$

Werte der Variablen a. Wir setzen in die obigen Formeln für

$$A, B, \ldots, K$$

die Ausdrücke

$$A(\mathfrak{a}), A(\mathfrak{b}), \ldots, A(\mathfrak{f})$$

ein; dann erhalten wir

$$A(\mathfrak{a}) \& A(\mathfrak{b}) \& \ldots \& A(\mathfrak{f}) \to A(\mathfrak{a})$$
$$\vdots$$
$$A(\mathfrak{a}) \& A(\mathfrak{b}) \& \ldots \& A(\mathfrak{f}) \to A(\mathfrak{f}).$$

Fassen wir nun $(x) A(x)$ als Konjunktion auf, erstreckt über alle Werte von x, so haben wir entsprechend den letztgenannten Formeln für jeden Wert $\mathfrak{c}$ von a anzusetzen:

$$(x) A(x) \to A(\mathfrak{c}).$$

Das System dieser (im allgemeinen unendlich vielen) Formeln können wir im Sinne der Einsetzungsregel zusammenfassen in die eine Formel

(a) $\qquad (x) A(x) \to A(a)$.

Diese Formel für das Allzeichen stellen wir also, in Analogie zu den Formeln II 1), 2) für die Konjunktion, auf.

7*

Ganz entsprechend finden wir als Analogon der Formeln für die Disjunktion III 1), 2) die Formel

(b) $$A(a) \rightarrow (Ex)\, A(x).$$

Nun kommt es darauf an, auch für die Formeln II 3) und III 3) das Analogon zu finden. Wir betrachten zuerst die Formel II 3):

$$(A \rightarrow B) \rightarrow [(A \rightarrow C) \rightarrow (A \rightarrow B \,\&\, C)].$$

Die Verallgemeinerung auf endlich viele Konjunktionsglieder ergibt:

$$(A \rightarrow B) \rightarrow ((A \rightarrow C) \rightarrow \cdots \rightarrow ((A \rightarrow K) \rightarrow (A \rightarrow B \,\&\, C \,\&\, \ldots \,\&\, K))\ldots).$$

Setzen wir für

$$B, C, \ldots, K$$

die Ausdrücke

$$B(\mathfrak{a}), B(\mathfrak{b}), \ldots, B(\mathfrak{k}),$$

wobei

$$\mathfrak{a}, \mathfrak{b}, \ldots, \mathfrak{k}$$

Werte der Variablen a sind, so erhalten wir

$$(A \rightarrow B(\mathfrak{a})) \rightarrow$$

$$\rightarrow ((A \rightarrow B(\mathfrak{b})) \rightarrow \cdots \rightarrow ((A \rightarrow B(\mathfrak{k})) \rightarrow (A \rightarrow B(\mathfrak{a}) \,\&\, B(\mathfrak{b}) \,\&\, \ldots \,\&\, B(\mathfrak{k})))\ldots).$$

Hier können wir nun die mehrgliedrige Implikation, welche sich auf die Werte

$$\mathfrak{a}, \mathfrak{b}, \ldots, \mathfrak{k}$$

der Variablen a erstreckt, im allgemeinen nicht auf den ganzen Wertbereich ausdehnen, da wir keinen formalen Ausdruck für eine „unendliche Implikation" zur Verfügung haben[1].

Jedoch können wir den Übergang zu dem gesamten Individuenbereich vollziehen, wenn wir an Stelle der Formel II 3) die entsprechend gebildete Regel, d. h. das schon früher erwähnte Schema ($\mathfrak{s}$)

$$\frac{\mathfrak{A} \rightarrow \mathfrak{B}}{\mathfrak{A} \rightarrow \mathfrak{C}}$$
$$\overline{\mathfrak{A} \rightarrow \mathfrak{B} \,\&\, \mathfrak{C}}$$

---

[1] Man könnte denken, daß sich diese Schwierigkeit dadurch beheben ließe, daß man in der mehrgliedrigen Implikation die Vorderglieder durch die Konjunktion zusammenfaßt. Das würde darauf hinauskommen, daß man anstatt der Formel II 3) die Formel

$$(A \rightarrow B) \,\&\, (A \rightarrow C) \rightarrow (A \rightarrow B \,\&\, C)$$

zum Ausgang nähme. Diese Formel genügt aber nicht, um zusammen mit den Formeln II 1), 2) die Konjunktion implizite zu charakterisieren — wie der im vorigen Paragraphen (auf S. 75) gegebene Unabhängigkeitsbeweis lehrt. Und ebenso würde auch die entsprechende Formel für das Allzeichen

$$(x)\,(A \rightarrow B(x)) \rightarrow (A \rightarrow (x)\, B(x))$$

nicht zur impliziten Charakterisierung der über den Individuenbereich erstreckten Konjunktion genügen.

heranziehen. Lassen wir hier zunächst wieder an die Stelle der zweigliedrigen Konjunktion eine mehrgliedrige Konjunktion treten, welche sich auf die Werte

$$\mathfrak{a}, \mathfrak{b}, \ldots, \mathfrak{k}$$

der Variablen a erstreckt, so erhalten wir das Schema

$$\mathfrak{A} \to \mathfrak{B}(\mathfrak{a})$$
$$\mathfrak{A} \to \mathfrak{B}(\mathfrak{b})$$
$$\vdots$$
$$\underline{\mathfrak{A} \to \mathfrak{B}(\mathfrak{k})}$$
$$\mathfrak{A} \to \mathfrak{B}(\mathfrak{a}) \,\&\, \mathfrak{B}(\mathfrak{b}) \,\&\, \ldots \,\&\, \mathfrak{B}(\mathfrak{k}).$$

An diesem Schema läßt sich nun der Übergang zu dem gesamten Wertbereich der Variablen a ausführen. Nämlich zunächst können wir in der Formel

$$\mathfrak{A} \to \mathfrak{B}(\mathfrak{a}) \,\&\, \mathfrak{B}(\mathfrak{b}) \,\&\, \ldots \,\&\, \mathfrak{B}(\mathfrak{k})$$

an Stelle der endlichen Konjunktion

$$(x)\,\mathfrak{B}(x)$$

setzen. Allerdings muß, damit $(x)\,\mathfrak{B}(x)$ eine Formel ist, $\mathfrak{B}(a)$ von der Variablen x frei sein. Das läßt sich aber jedenfalls durch eventuelle vorherige Umbenennung von gebundenen Variablen erreichen.

Auch das System der Prämissen können wir auf den gesamten Wertbereich von a ausdehnen. indem wir an die Stelle der endlich vielen Formeln

$$\left\{ \begin{array}{l} \mathfrak{A} \to \mathfrak{B}(\mathfrak{a}) \\ \mathfrak{A} \to \mathfrak{B}(\mathfrak{b}) \\ \vdots \\ \mathfrak{A} \to \mathfrak{B}(\mathfrak{k}) \end{array} \right.$$

die Formel

$$\mathfrak{A} \to \mathfrak{B}(a)$$

treten lassen, die für jeden beliebigen Wert $\mathfrak{c}$ der Variablen a

$$\mathfrak{A} \to \mathfrak{B}(\mathfrak{c})$$

abzuleiten gestattet.

Hierbei ist freilich eine wesentliche Voraussetzung, daß in $\mathfrak{A}$ die Variable a nicht vorkommt. Denn andernfalls würde ja durch die Einsetzung für a der Ausdruck $\mathfrak{A}$ verändert werden. Aus demselben Grunde darf auch in $\mathfrak{B}(a)$ die Variable a nur an der Stelle bzw. den Stellen auftreten, die durch das Argument bezeichnet sind; diese Voraussetzung braucht keineswegs immer erfüllt zu sein. Haben wir z. B. die Gleichung

$$a = b$$

abgekürzt, mitgeteilt durch $\mathfrak{B}(b)$, so bezieht sich in $\mathfrak{B}(a)$ die Abhängigkeit von a nur auf die rechte Seite der Gleichung, obwohl die Variable a auch auf der linken Seite steht.

Wir werden hiernach zur Aufstellung des folgenden Schemas geführt:

$$(\alpha) \qquad \frac{\mathfrak{A} \to \mathfrak{B}(a)}{\mathfrak{A} \to (x)\,\mathfrak{B}(x),}$$

das jedoch nur anwendbar ist, wenn die Formel

$$\mathfrak{A} \to \mathfrak{B}(a)$$

die Variable a nur an der angegebenen Argumentstelle enthält — (wir sprechen kurz von „der Argumentstelle", auch wenn mehrere Stellen durch das Argument bezeichnet sind) — und wenn x nicht in $\mathfrak{B}(a)$ vorkommt.

Dieses Schema entspricht nun freilich nicht der Formel II 3) für die Konjunktion, sondern dem Schema ($\mathfrak{z}$), welches, wie wir früher feststellten[1], in der axiomatischen Einführung der Konjunktion keinen vollen Ersatz für die Formel II 3) bietet. Ein solcher wird vielmehr erst durch das Schema ($\mathfrak{z}'$)

$$\frac{\mathfrak{A} \to (\mathfrak{B} \to \mathfrak{U})}{\mathfrak{A} \to (\mathfrak{B} \to \mathfrak{B})}{\mathfrak{A} \to (\mathfrak{B} \to \mathfrak{U} \,\&\, \mathfrak{B})}$$

geliefert. Wenn wir an diesem Schema wieder den Übergang von der zweigliedrigen Konjunktion zu derjenigen erstreckt über den Wertbereich der Variablen a vollziehen, so erhalten wir folgendes Schema für das Allzeichen:

$$\frac{\mathfrak{A} \to (\mathfrak{B} \to \mathfrak{C}(a))}{\mathfrak{A} \to (\mathfrak{B} \to (x)\,\mathfrak{C}(x))}$$

— wobei wieder die Vorbedingung ist, daß die Variable a in der Formel

$$\mathfrak{A} \to (\mathfrak{B} \to \mathfrak{C}(a))$$

nur an der angegebenen Argumentstelle auftritt und daß die gebundene Variable x nicht in $\mathfrak{C}(a)$ vorkommt.

Es läßt sich nun aber zeigen, daß dieses Schema aus dem obigen Schema (α) als *abgeleitete Regel*[2] gewonnen werden kann, d. h. wir können mit Hilfe des Schemas (α) und der von uns benutzten Regeln des Aussagenkalkuls von einer Formel

$$\mathfrak{A} \to (\mathfrak{B} \to \mathfrak{C}(a))$$

unter den genannten Bedingungen zu

$$\mathfrak{A} \to (\mathfrak{B} \to (x)\,\mathfrak{C}(x))$$

gelangen. Wir brauchen hierzu nur nach der Regel der Importation[3] die gegebene Formel durch

$$\mathfrak{A} \,\&\, \mathfrak{B} \to \mathfrak{C}(a)$$

---

[1] Vgl. § 3, S. 79—81.

[2] Genaueres über die Rolle abgeleiteter Regeln siehe S. 106.

[3] Vgl. S. 82.

zu ersetzen. Nun liefert das Schema (α), zufolge der gemachten Voraussetzungen über das Auftreten der Variablen a und x, die Formel

$$\mathfrak{A} \,\&\, \mathfrak{B} \to (x)\, \mathfrak{C}(x),$$

und diese läßt sich wieder durch Exportation umformen in

$$\mathfrak{A} \to (\mathfrak{B} \to (x)\, \mathfrak{C}(x)).$$

Hier macht sich der Umstand geltend, daß wir ja bereits den Aussagenkalkul (in der Form der Theorie der Wahrheitsfunktionen) zugrunde legen und daher nicht nötig haben, die Konjunktion selbst, sondern nur das Analogon der Konjunktion, die „über einen Individuenbereich erstreckte Konjunktion" implizite zu charakterisieren.

Infolge davon kommen wir mit dem Schema (α) aus und brauchen nicht statt dessen das kompliziertere Schema mit zwei Implikationsvorgliedern als Grundregel einzuführen.

Entsprechend dem Schema (α) für das Allzeichen stellen wir für das Seinszeichen folgendes Schema auf:

$$(\beta) \qquad \frac{\mathfrak{B}(a) \to \mathfrak{A}}{(E\,x)\,\mathfrak{B}(x) \to \mathfrak{A},}$$

dessen Anwendung wiederum an die Bedingungen gebunden ist, daß die Variable a in der Formel $\mathfrak{B}(a) \to \mathfrak{A}$ nur an der angegebenen Argumentstelle auftritt und daß x in $\mathfrak{B}(a)$ nicht vorkommt.

Dieses Schema entspricht dem Schema für die Disjunktion:

$$\frac{\begin{array}{c}\mathfrak{A} \to \mathfrak{C}\\ \mathfrak{B} \to \mathfrak{C}\end{array}}{\mathfrak{A} \lor \mathfrak{B} \to \mathfrak{C},}$$

welches, wie wir früher feststellten[1], in der axiomatischen Aussagenlogik einen vollkommenen Ersatz für die Formel III 3) bildet.

Von den Formeln (a), (b) und den Schematen (α), (β), zu denen wir so an Hand der heuristischen Analogie gelangt sind, können wir nun auch direkt feststellen, daß sie im Sinne der Übersetzung des Formalismus ins Inhaltliche solchen Schlußweisen entsprechen, die sich aus der Bedeutung der Formen des allgemeinen und des existentialen Urteils ergeben.

Der Formel (a) entspricht inhaltlich das „dictum de omni": „Ist $\mathfrak{a}$ ein Ding und gilt $\mathfrak{A}(x)$ für alle Dinge x, so gilt $\mathfrak{A}(\mathfrak{a})$."

Der Formel (b) entspricht der Schluß von dem Zutreffen einer Eigenschaft für ein bestimmtes Ding auf die Existenz eines Dinges von dieser Eigenschaft: „Ist $\mathfrak{a}$ ein Ding und gilt $\mathfrak{A}(\mathfrak{a})$, so gibt es ein Ding x, für das $\mathfrak{A}(x)$ gilt."

Nicht ganz so unmittelbar, aber auch leicht aus der Bedeutung von „alle" und „es gibt" zu entnehmen sind die Schlußweisen, welche den Schematen (α), (β) inhaltlich entsprechen:

---

[1] Vgl. S. 81.

„Wenn für jedes Ding $\mathfrak{a}$, falls $\mathfrak{A}$ gilt, $\mathfrak{B}(\mathfrak{a})$ gilt, so gilt, falls $\mathfrak{A}$ gilt, $\mathfrak{B}(x)$ für alle Dinge x."

„Wenn $\mathfrak{A}$ gilt, falls $\mathfrak{B}(\mathfrak{a})$ gilt, welches Ding auch $\mathfrak{a}$ sei, so gilt $\mathfrak{A}$, falls es ein Ding x gibt, für das $\mathfrak{B}(x)$ gilt."

Unter „Dingen" sind hier jedesmal Dinge des jeweils betrachteten Individuenbereiches zu verstehen.

Der Deutlichkeit halber sei hervorgehoben, daß die Formalisierung der genannten vier Schlußweisen durch die beiden Formeln und die beiden Schemata erst in Verbindung mit der Einsetzungsregel geleistet wird.

Wir haben nunmehr ein System von Regeln gewonnen, durch welches, wie sich zeigen wird, alle die üblichen Schlußweisen, die das Verhältnis des Allgemeinen zum Besonderen und die Beziehungen zwischen allgemeinen und partikulären Urteilen betreffen, ihre Formalisierung erhalten. Der damit abgegrenzte Kalkul kann als *Prädikatenkalkul* bezeichnet werden — wobei wir, wie schon bisher, auch von Prädikaten mit mehreren Subjekten sprechen. Und zwar wollen wir als „Formeln des Prädikatenkalkuls" speziell solche Formeln — im Sinne unserer Festlegung des Begriffes „Formel" — bezeichnen, die nur Variablen und logische Zeichen enthalten. Dagegen wollen wir von einer „Ableitung durch den Prädikatenkalkul" auch in solchen Fällen sprechen, wo in den Formeln Prädikatensymbole und eventuell auch Individuensymbole auftreten. Auch können bei einer Ableitung durch den Prädikatenkalkul außer denjenigen Formeln, die generell im Prädikatenkalkul als Ausgangsformeln festgesetzt sind, noch anderweitige Formeln („Axiome") als Ausgangsformeln genommen werden. Wir sagen dann, daß die Endformel aus diesen Axiomen durch den Prädikatenkalkul abgeleitet ist.

Es seien nun die Regeln des Prädikatenkalkuls noch einmal kurz zusammengestellt:

Wir haben zunächst die *Regel der Einsetzung für die Formel-Variablen*, die ihre genaue Inhaltsbestimmung durch die Abgrenzung des Begriffs der „Formel" erhält, ferner die *Regel der Einsetzung für die freien Individuen-Variablen* und die *Regel der Umbenennung der gebundenen Variablen*[1].

Als *Ausgangsformeln* sind zugelassen die *identischen Formeln des Aussagenkalkuls*. Zu diesen kommen noch die beiden „Grundformeln":

(a) $(x)\, A\,(x) \to A\,(a)$
(b) $A\,(a) \to (E\ x)\, A\,(x).$

Als *Schemata* zur Gewinnung neuer Formeln aus vorherigen haben wir erstens das ursprüngliche Schlußschema

$$\frac{\mathfrak{A}\qquad\mathfrak{A}\to\mathfrak{B}}{\mathfrak{B}\,,}$$

---

[1] Vgl. S. 88—89 und S. 95—97.

ferner die beiden neuen Schemata:

$$(\alpha) \qquad \frac{\mathfrak{A} \to \mathfrak{B}(a)}{\mathfrak{A} \to (x)\,\mathfrak{B}(x),}$$

$$(\beta) \qquad \frac{\mathfrak{B}(a) \to \mathfrak{A}}{(E\,x)\,\mathfrak{B}(x) \to \mathfrak{A},}$$

welche beide nur Anwendung finden, wenn in der ersten Formel des Schemas die Variable a nur an der angegebenen Argumentstelle auftritt und x nicht in $\mathfrak{B}(a)$ vorkommt.

Man beachte, daß die Sonderstellung, welche in den Formeln (a), (b) und den Schematen (α), (β) die Variable x gegenüber den anderen gebundenen Variablen besitzt, durch die Regel der Umbenennung der gebundenen Variablen aufgehoben wird. —

Wir wollen uns nun klarmachen, wie man durch die Anwendung dieser Regeln zu den üblichen Schlußweisen gelangt. Und zwar werden wir, ebenso wie im Aussagenkalkul, die logischen Gesetze, in denen die Regeln des Schließens ausgesprochen werden, durch *ableitbare Formeln* zur Darstellung bringen.

Zuvor aber wollen wir kurz angeben, wie sich die Formeln der „kategorischen Urteile"

„alle $\mathfrak{A}$ sind $\mathfrak{B}$"	„einige $\mathfrak{A}$ sind $\mathfrak{B}$"
„kein $\mathfrak{A}$ ist $\mathfrak{B}$",	„einige $\mathfrak{A}$ sind nicht $\mathfrak{B}$"

mit Hilfe des Allzeichens und des Seinszeichens darstellen. $\mathfrak{A}$ und $\mathfrak{B}$ sind Prädikate mit einem Argument, und die vier Urteile sind in unserer Symbolik so zu formulieren:

$(x)\,(\mathfrak{A}(x) \to \mathfrak{B}(x))$ („jedes Ding, das die Eigenschaft $\mathfrak{A}$ hat, hat auch die Eigenschaft $\mathfrak{B}$");

$(x)\,(\mathfrak{A}(x) \to \overline{\mathfrak{B}(x)})$ („ein Ding, das die Eigenschaft $\mathfrak{A}$ hat, kann nicht die Eigenschaft $\mathfrak{B}$ haben");

$(E\,x)\,(\mathfrak{A}(x)\ \&\ \mathfrak{B}(x))$ („es gibt ein Ding, das die Eigenschaft $\mathfrak{A}$ und zugleich die Eigenschaft $\mathfrak{B}$ hat");

$(E\,x)\,(\mathfrak{A}(x)\ \&\ \overline{\mathfrak{B}(x)})$ („es gibt ein Ding, das die Eigenschaft $\mathfrak{A}$, aber nicht die Eigenschaft $\mathfrak{B}$ hat").

Inbetreff des allgemeinen Urteils „alle $\mathfrak{A}$ sind $\mathfrak{B}$" ist hier zu bemerken, daß unsere Darstellung derjenigen Auffassung entspricht, wonach ein solches Urteil auch dann richtig ist, wenn es in dem Individuenbereich kein Ding von der Eigenschaft $\mathfrak{A}$ gibt. In der Tat vertritt ja die Formel

$$(x)\,(\mathfrak{A}(x) \to \mathfrak{B}(x))$$

die inhaltliche Aussage, daß für jedes Ding $\mathfrak{a}$ des Individuenbereiches

$$\mathfrak{A}(\mathfrak{a}) \to \mathfrak{B}(\mathfrak{a})$$

wahr ist, und da ja eine Implikation $\mathfrak{S} \to \mathfrak{T}$ den Wert „wahr" hat, wenn $\mathfrak{S}$ falsch ist, so ist jene Aussage schon dann erfüllt, wenn für jedes Ding $\mathfrak{a}$ des Individuenbereiches

$$\mathfrak{A}(\mathfrak{a})$$

falsch ist. Dieses Abweichen von der ARISTOTELischen Deutung des allgemeinen Urteils, welche an sich durchaus einwandfrei ist, geschieht aus Gründen der Einfachheit.

Während es sich somit empfiehlt, als Subjektsbegriff eines allgemeinen Urteils auch einen solchen Begriff zuzulassen, unter den kein Ding des Individuenbereiches fällt, erweist es sich andrerseits als sachgemäß, einen *leeren Individuenbereich auszuschließen*[1].

Dieses zeigt sich insbesondere daran, daß aus den Formeln (a) und (b),

$$(x) A (x) \to A (a)$$

$$A (a) \to (E x) A (x)$$

durch Anwendung des Kettenschlusses die Formel

hervorgeht. $$(x) A (x) \to (E x) A (x)$$

Diese Formel ist in der Tat bei einem leeren Individuenbereich nicht mit der Auffassung von $(x) A (x)$ als Konjunktion und von $(E x) A (x)$ als Disjunktion, beide erstreckt über den Individuenbereich, im Einklang. Denn eine 0-gliedrige Konjunktion ist im Sinne des Aussagenkalkuls als wahr, eine 0-gliedrige Disjunktion als falsch anzusehen[2]. Hiernach wäre für einen leeren Individuenbereich

$$(x) A (x) \to (E x) A (x)$$

eine Implikation mit wahrem Vorderglied und falschem Hinterglied und somit falsch. —

Indem wir uns nunmehr zu den formalen Ableitungen wenden, wollen wir beginnen mit der Zusammenstellung einiger *„abgeleiteter Regeln"*. Die Aufstellung von abgeleiteten Regeln dient dazu, die formalen Deduktionen in abgekürzter und übersichtlicher Weise mitzuteilen. In einer solchen Regel wird das Ergebnis eines häufig wiederkehrenden Prozesses, bestehend aus Anwendungen der vorhin aufgezählten Regeln (*„Grundregeln"*) formuliert, und die Ableitung der Regel ist nichts anderes als die Angabe des betreffenden Prozesses.

Einige derartige Regeln für den *Aussagenkalkul* haben wir bereits am Ende des vorigen Paragraphen angegeben. Diese ergeben sich als Anwendungen der Regel, daß jede identische Formel als Ausgangsformel

---

[1] Bezüglich der Berücksichtigung auch der nullzahligen Individuenbereiche vgl. STANISLAW JAŚKOWSKI „On the rules of suppositions in formal logic", Studia logica (Warszawa) Nr. 1 (1934) p. 1—32, sowie in neuerer Zeit: W. V. QUINE „Quantification and the empty domain". Journ. Symb. Log., Vol. 19 (1954), p. 177 ff. H. H. SCHNEIDER: Semantics of the Predicate Calculus with Identity and the Validity in the Empty Individual-Domain. Portugaliae Mathematica, Vol. 17, Fasc. 3, 1958, S. 85—96. Siehe auch die Bibliographie in der genannten Abhandlung von W. V. QUINE.

[2] Vgl. S. 56—57.

genommen werden kann, in Verbindung mit dem Schlußschema sowie der Einsetzungsregel für die Formelvariablen. Die Anwendung dieser Regeln erstreckt sich auf Formeln in unserem weiteren Sinne. Diese Regeln seien hier noch einmal kurz aufgezählt:

1. Unsere anfänglichen Ersetzungsregeln 1 bis 4.[1]

2. Die Regel der Importation und Exportation sowie der Umstellung der Vorderglieder[2].

3. Die Regel der Kontraposition.

4. Die Ersetzungsregeln für die Äquivalenz.

5. Das Weglassen von mehrfachen Implikationsvordergliedern und das Hinzufügen beliebiger Implikationsvorderglieder.

6. Die Regel des Kettenschlusses.

7. Die Schemata ($\mathfrak{s}$) und ($\mathfrak{t}$) für die Konjunktion und Disjunktion[3].

8. Die Regel der Zusammenfassung zweier wechselseitiger Implikationen in eine Äquivalenz[4].

9. Das Schema der Äquivalenz.

Betreffs der Schreibweise der Formeln wollen wir hier noch die Verabredung hinzufügen, daß für die Trennung von Ausdrücken das Zeichen $\sim$, ebenso wie bisher schon das Zeichen $\rightarrow$, den Vorrang haben soll vor &, $\vee$ und den Quantoren.

Die nun folgenden Regeln betreffen das Operieren mit Allzeichen und Seinszeichen, und zwar handelt es sich dabei um den Übergang von freien zu gebundenen Variablen. In der Fassung der Regeln wird als freie Variable jedesmal a, als gebundene Variable x genommen. In der Auszeichnung dieser Variablen liegt für die Anwendung keine Beschränkung; denn bei den freien Variablen können wir die Umbenennung durch Anwendung der Einsetzungsregel bewirken, und für die gebundenen Variablen haben wir ja eigens eine Regel der Umbenennung eingeführt. An Hand der nachfolgenden Ableitungen wird dieser Sachverhalt ganz deutlich werden.

Die gemeinsame Voraussetzung bei allen diesen Regeln ist, ebenso wie bei den Schematen (α), (β), daß die Variable a in der Ausgangsformel nicht noch außerhalb der angegebenen Argumentstelle vorkommt und daß die Formeln, vor welche (x) bzw. (Ex) gesetzt werden soll — mit Ersetzung der freien Variablen durch die gebundene —, nicht bereits vorher die Variable x enthalten. Diese Vorbedingung für die Anwendung der Regeln soll *nicht jedesmal besonders angeführt werden*.

Die erste hier zu erwähnende Regel haben wir bereits bei der Erörterung des Schemas (α) gefunden. Sie lautet:

Regel (γ): Von einer Formel

$$\mathfrak{A} \rightarrow (\mathfrak{B} \rightarrow \mathfrak{C}(a))$$

kann man zu

$$\mathfrak{A} \rightarrow (\mathfrak{B} \rightarrow (x)\mathfrak{C}(x))$$

---

[1] Vgl. S. 49—50. [2] Zu 2. bis 6. vgl. S. 83f. [3] Vgl. S. 79, 81.
[4] Zu 8. und 9. vgl. S. 85.

übergehen. Diese Regel läßt sich, wie man sofort sieht, auf Implikationen mit noch mehr als zwei Vordergliedern ausdehnen.

Hiermit wird das Schema (α) für den Fall zweier oder mehrerer Implikationsvorderglieder verallgemeinert. Andererseits kann aber das Vortreten des Allzeichens auch in dem Falle bewirkt werden, wo vor dem Ausdruck mit der freien Variablen gar kein Implikationsvorderglied steht, d. h.:

Regel (γ'): Von

$$\mathfrak{A}(a)$$

kann man zu

$$(x)\,\mathfrak{A}(x)$$

übergehen. Dies geschieht in der Weise, daß man zunächst zu der Formel $\mathfrak{A}(a)$ das Implikationsvorderglied $(C \to C)$ hinzufügt; auf die entstehende Formel

$$(C \to C) \to \mathfrak{A}(a)$$

läßt sich das Schema (α) anwenden und liefert

$$(C \to C) \to (x)\,\mathfrak{A}(x),$$

und diese Formel, zusammen mit der identischen Formel $C \to C$, ergibt nach dem Schlußschema $(x)\,\mathfrak{A}(x)$.

Will man umgekehrt von $(x)\,\mathfrak{A}(x)$ zu der Formel $\mathfrak{A}(a)$ gelangen, so braucht man nur in die Formel (a), nach Wahl einer in $\mathfrak{A}(x)$ nicht vorkommenden freien Variablen, etwa c, für die Nennform $A(c)$ der Formelvariablen die Formel $\mathfrak{A}(c)$ einzusetzen[1], so daß sich

$$(x)\,\mathfrak{A}(x) \to \mathfrak{A}(a)$$

ergibt, und dann das Schlußschema anzuwenden.

Regel (δ): Aus einer Formel

$$\mathfrak{A}(a) \to \mathfrak{B}(a),$$

erhält man sowohl

$$(x)\,\mathfrak{A}(x) \to (x)\,\mathfrak{B}(x)$$

wie auch

$$(E\,x)\,\mathfrak{A}(x) \to (E\,x)\,\mathfrak{B}(x).$$

Der erste Übergang geschieht so:

Aus der Formel (a) erhalten wir durch Einsetzung von $\mathfrak{A}(c)$ für $A(c)$ die Formel

$$(x)\,\mathfrak{A}(x) \to \mathfrak{A}(a);$$

diese zusammen mit der gegebenen Formel liefert durch Anwendung des Kettenschlusses

$$(x)\,\mathfrak{A}(x) \to \mathfrak{B}(a),$$

und hieraus geht nach dem Schema (α) die Formel

$$(x)\,\mathfrak{A}(x) \to (x)\,\mathfrak{B}(x)$$

hervor. Ganz entsprechend gelangen wir zu der Formel

$$(E\,x)\,\mathfrak{A}(x) \to (E\,x)\,\mathfrak{B}(x);$$

wir haben nur an Stelle der Formel (a) die Formel (b), in welche jetzt $\mathfrak{B}(c)$ für $A(c)$ eingesetzt wird, und anstatt des Schemas (α) das Schema (β) anzuwenden.

---

[1] Im folgenden soll die Einsetzung für die Nennform $A(c)$ kurz als Einsetzung „für $A(c)$" angegeben werden.

Aus der Regel (δ) entnehmen wir leicht noch die folgende Regel:

Regel (δ'): Aus einer Formel

$$\mathfrak{A}(a) \sim \mathfrak{B}(a),$$

erhält man sowohl

$$(x)\,\mathfrak{A}(x) \sim (x)\,\mathfrak{B}(x)$$

wie auch

$$(E\,x)\,\mathfrak{A}(x) \sim (E\,x)\,\mathfrak{B}(x)\,.$$

Man braucht hierzu nur die gegebene Äquivalenz sowie die beiden abzuleitenden Äquivalenzen je in zwei Implikationen zu zerlegen und die Regel (δ) anzuwenden.

Wir gehen nun an die Ableitung einiger *Formeln* des Prädikatenkalkuls. Als bereits abgeleitete Formel nennen wir zuerst die

Formel (1): $\qquad\qquad (x)\,A(x) \rightarrow (E\,x)\,A(x)\,.$

Formel (2): $\qquad\qquad \overline{(x)}\,A(x) \sim (E\,x)\,\overline{A(x)}\,.$

Wir spalten die Äquivalenz in die beiden Implikationen

(2a) $\qquad\qquad \overline{(x)}\,A(x) \rightarrow (E\,x)\,\overline{A(x)}\,,$

(2b) $\qquad\qquad (E\,x)\,\overline{A(x)} \rightarrow \overline{(x)}\,A(x)\,;$

es genügt, diese beiden abzuleiten.

(2a) wird so erhalten: In die Formel (b)

$$A(a) \rightarrow (E\,x)\,A(x)$$

setzen wir $\overline{A(c)}$ für $A(c)$ ein; es ergibt sich

$$\overline{A(a)} \rightarrow (E\,x)\,\overline{A(x)}$$

und hieraus durch Kontraposition

$$\overline{(E\,x)\,\overline{A(x)}} \rightarrow A(a)\,.$$

Das Schema (α) liefert nun

$$\overline{(E\,x)\,\overline{A(x)}} \rightarrow (x)\,A(x)\,,$$

woraus durch nochmalige Kontraposition die Formel (2a) hervorgeht.

Noch einfacher erfolgt die Ableitung von (2b): Aus der Formel (a)

$$(x)\,A(x) \rightarrow A(a)$$

erhalten wir durch Kontraposition

$$\overline{A(a)} \rightarrow \overline{(x)}\,A(x)\,,$$

und das Schema (β) liefert nun sofort die Formel (2b).

Aus der Formel (2) erhalten wir durch den Übergang von $\overline{\mathfrak{A}} \sim \mathfrak{B}$ zu $\overline{\mathfrak{B}} \sim \mathfrak{A}$, gemäß den Ersetzungsregeln der Äquivalenz, die

Formel (2'): $\qquad\qquad \overline{(E\,x)\,\overline{A(x)}} \sim (x)\,A(x)\,.$

Formel (3): $\qquad\qquad \overline{(x)}\,\overline{A(x)} \sim (E\,x)\,A(x)\,.$

Diese gewinnen wir mit Benutzung der Formel (2). Wir setzen zunächst in die identische Formel

$$\overline{\overline{A}} \sim A$$

für A ein $A(a)$, dadurch erhalten wir

$$\overline{\overline{A(a)}} \sim A(a)$$

und hieraus gemäß der Regel (δ'):

$$(E\,x)\,\overline{\overline{A(x)}} \sim (E\,x)\,A(x)\,.$$

Andererseits erhalten wir aus der Formel (2) durch Einsetzung von $\overline{A(a)}$ für $A(a)$:

$$\overline{(x)\,\overline{A(x)}} \sim (E\,x)\,\overline{\overline{A(x)}}\,.$$

Die beiden erhaltenen Formeln liefern, nach dem Schema der Äquivalenz

$$\overline{(x)\,\overline{A(x)}} \sim (E\,x)\,A(x)\,,$$

d. h. die Formel (3).

Aus (3) ergibt sich durch den Übergang von $\mathfrak{A} \sim \mathfrak{B}$ zu $\overline{\mathfrak{B}} \sim \overline{\mathfrak{A}}$ die

Formel (3'): $\overline{(E\,x)\,A(x)} \sim (x)\,\overline{A(x)}\,.$

Formel (4): $(x)\,(A \rightarrow B(x)) \sim (A \rightarrow (x)\,B(x))\,.$

Wir zerlegen die Äquivalenz wieder in zwei Implikationen:

(4a) $(x)\,(A \rightarrow B(x)) \rightarrow (A \rightarrow (x)\,B(x))\,,$

(4b) $(A \rightarrow (x)\,B(x)) \rightarrow (x)\,(A \rightarrow B(x))\,.$

Zur Ableitung von (4a) setzen wir in die Formel (a) für $A(c)$ die Formel $A \rightarrow B(c)$ ein:

$$(x)\,(A \rightarrow B(x)) \rightarrow (A \rightarrow B(a))\,.$$

Nun liefert die Regel (γ) unmittelbar die Formel (4a).

Um (4b) zu erhalten, gehen wir aus von der durch Einsetzung aus der Formel (a) entstehenden Formel

$$(x)\,B(x) \rightarrow B(a)\,.$$

Die Anwendung der identischen Formel

$$(B \rightarrow C) \rightarrow ((A \rightarrow B) \rightarrow (A \rightarrow C))\,,$$

worin $(x)\,B(x)$ für B und $B(a)$ für C eingesetzt wird, liefert in Verbindung mit dem Schlußschema:

$$(A \rightarrow (x)\,B(x)) \rightarrow (A \rightarrow B(a))\,,$$

und nun ergibt das Schema (α) die Formel (4b).

Formel (5): $(x)\,(A \vee B(x)) \sim (A \vee (x)\,B(x))\,.$

Zu dieser Formel gelangen wir mit Hilfe der Formel (4) folgendermaßen: Aus der identischen Formel

$$A \vee B \sim (\overline{A} \rightarrow B)$$

erhalten wir einerseits durch Einsetzung von $(x) B(x)$ für B die Formel

$$A \vee (x) B(x) \sim (\overline{A} \rightarrow (x) B(x)),$$

andererseits durch Einsetzung von $B(a)$ für B und Anwendung der Regel (δ'):

$$(x) (A \vee B(x)) \sim (x) (\overline{A} \rightarrow B(x)).$$

Ferner ergibt sich durch Einsetzung von $\overline{A}$ für A in die Formel (4):

$$(x) (\overline{A} \rightarrow B(x)) \sim (\overline{A} \rightarrow (x) B(x)).$$

Die drei erhaltenen Formeln zusammen ergeben gemäß dem Schema der Äquivalenz die Formel (5).

Formel (6): $\qquad (x) (A \& B(x)) \sim A \& (x) B(x).$

Diese Äquivalenz wird wieder in zwei Implikationen zerlegt:

(6a) $\qquad\qquad (x) (A \& B(x)) \rightarrow A \& (x) B(x),$

(6b) $\qquad\qquad A \& (x) B(x) \rightarrow (x) (A \& B(x)).$

Zur Ableitung von (6a) gehen wir aus von der Formel

$$(x) (A \& B(x)) \rightarrow A \& B(a),$$

die durch Einsetzung aus der Formel (a) erhalten wird. Ferner setzen wir in die identische Formel

$$A \& B \rightarrow A$$

$B(a)$ für B ein. Die entstehende Formel zusammen mit der vorherigen ergibt durch den Kettenschluß

$$(x) (A \& B(x)) \rightarrow A.$$

Andererseits erhalten wir die Formel:

$$(x) (A \& B(x)) \rightarrow (x) B(x),$$

indem wir auf die Formel

$$A \& B(a) \rightarrow B(a),$$

welche durch Einsetzung aus der identischen Formel

$$A \& B \rightarrow B$$

hervorgeht, die Regel (δ) anwenden.

Die beiden gewonnenen Formeln zusammen ergeben nach dem Schema $(\mathfrak{z})$ für die Konjunktion die Formel (6a).

Um zu (6b) zu gelangen, geht man aus von der Formel

$$(x) B (x) \to B (a),$$

die durch Einsetzung aus der Formel (a) entsteht. Durch die Anwendung der identischen Formel

$$(B \to C) \to (A \& B \to A \& C)$$

und des Schlußschemas erhalten wir daraus

$$A \& (x) B (x) \to A \& B (a),$$

und nun ergibt sich die Formel (6b) gemäß dem Schema (α).

Formel (7): $(x) \big(A (x) \& B (x)\big) \sim (x) A (x) \& (x) B (x)$.

Wir zerlegen die Äquivalenz in die Implikationen

(7a) $(x) \big(A (x) \& B (x)\big) \to (x) A (x) \& (x) B (x)$

(7b) $(x) A (x) \& (x) B (x) \to (x) \big(A (x) \& B (x)\big)$.

(7a) ergibt sich so: Aus der identischen Formel

$$A \& B \to A$$

erhalten wir durch Einsetzung von $A (a)$, $B (a)$ für A, B und durch Anwendung der Regel (δ) die Formel

$$(x) \big(A (x) \& B (x)\big) \to (x) A (x);$$

entsprechend finden wir durch Anwendung der identischen Formel $A \& B \to B$ die Formel

$$(x) \big(A (x) \& B (x)\big) \to (x) B (x).$$

Diese beiden Formeln zusammen liefern nach dem Schema $(\mathfrak{z})$ der Konjunktion die Formel (7a).

Zur Ableitung von (7b) setzen wir in die Formel

$$A \& B \to A$$

$(x) A (x)$ für A und $(x) B (x)$ für B ein, so daß sich

$$(x) A (x) \& (x) B (x) \to (x) A (x)$$

ergibt. Diese Formel zusammen mit der Formel (a) liefert auf Grund des Kettenschlusses:

$$(x) A (x) \& (x) B (x) \to A (a).$$

Ganz entsprechend erhalten wir

$$(x) A (x) \& (x) B (x) \to B (a).$$

Diese beiden Formeln zusammen ergeben nach dem Schema $(\mathfrak{z})$ der Konjunktion die Formel

$$(x) A (x) \& (x) B (x) \to A (a) \& B (a),$$

woraus nach dem Schema (α) die Formel (7b) hervorgeht.

Die Formeln (5), (6), (7) für das Allzeichen haben jede ihr Gegenstück in einer Formel für das Seinszeichen, die man aus jener auf Grund einer Erweiterung der früher, im Aussagenkalkul, gefundenen *Dualität* erhält.

Wir stellen dual gegenüber:

$$
\begin{array}{c|c}
\& & \vee \\
(x) & (E\,x) \\
\mathfrak{A} \to \mathfrak{B} & \mathfrak{B} \to \mathfrak{A}
\end{array}
$$

Die Äquivalenz soll zu sich selbst dual sein.

Gemäß dieser gegenseitigen Zuordnung erhalten wir folgendes duale Entsprechen von Formeln und Schematen:

$A \,\&\, B \to A$	$A \to A \vee B$
$A \,\&\, B \to B$	$B \to A \vee B$
Schema ($\mathfrak{s}$) für die Konjunktion	Schema ($\mathfrak{t}$) für die Disjunktion
Formel (a)	Formel (b)
Schema (α)	Schema (β)

Zu sich selbst dual sind: die Regel des Kettenschlusses, die Zerlegung der Äquivalenz in Implikationen sowie die Regeln (δ) und (δ').

Bei der Ableitung der Formeln (6) und (7) wird außer diesen eben aufgezählten Formeln und Regeln, die jede ihr duales Gegenstück haben, nur noch der Übergang von

$$\mathfrak{B} \to \mathfrak{C} \quad \text{zu} \quad \mathfrak{A} \,\&\, \mathfrak{B} \to \mathfrak{A} \,\&\, \mathfrak{C}$$

benutzt. Auch dieser Prozeß hat sein duales Gegenstück, nämlich in dem Übergang von

$$\mathfrak{C} \to \mathfrak{B} \quad \text{zu} \quad \mathfrak{A} \vee \mathfrak{C} \to \mathfrak{A} \vee \mathfrak{B}.$$

Somit gewinnen wir durch duale Übersetzung der Ableitungen von (6) und (7) die dual entsprechenden Formeln

Formel (8): $\quad (E\,x)\,(A \vee B(x)) \sim (A \vee (E\,x)\,B(x))$,

Formel (9): $\quad (E\,x)\,(A(x) \vee B(x)) \sim ((E\,x)\,A(x) \vee (E\,x)\,B(x))$.

Zu der Formel (5) dual ist die

Formel (10): $\quad (E\,x)\,(A \,\&\, B(x)) \sim (A \,\&\, (E\,x)\,B(x))$.

Diese können wir allerdings nicht durch duale Übersetzung der für (5) gegebenen Ableitung gewinnen, da bei dieser die Regel (γ) benutzt wird, zu der wir keine dual entsprechende haben. Jedoch können wir von der Formel (5) folgendermaßen zu (10) gelangen:

Aus (5) erhalten wir durch beiderseitige Negation die Formel

$$\overline{(x)\,(A \vee B(x))} \sim \overline{A \vee (x)\,B(x)}.$$

Hierin setzen wir $\overline{A}$ für A, $B(a)$ für $B(a)$ ein und formen die rechte Seite gemäß der Ersetzungsregel für die Negation um; so ergibt sich

(10a) $\overline{(x)}\,(\overline{A} \vee \overline{B(x)}) \sim (A \,\&\, \overline{(x)}\,\overline{B(x)})$.

Aus der Formel (2) erhalten wir durch Einsetzung

$$\overline{(x)}\,(\overline{A} \vee \overline{B(x)}) \sim (E\,x)\,\overline{\overline{A} \vee \overline{B(x)}}$$

und aus der identischen Formel

$$\overline{\overline{A} \vee \overline{B}} \sim A \,\&\, B$$

durch Einsetzung von $B(a)$ für B und Anwendung der Regel (δ'):

$$(E\,x)\,\overline{\overline{A} \vee \overline{B(x)}} \sim (E\,x)\,(A \,\&\, B(x));$$

die beiden erhaltenen Äquivalenzen ergeben zusammen:

(10b) $\overline{(x)}\,(\overline{A} \vee \overline{B(x)}) \sim (E\,x)\,(A \,\&\, B(x))$.

Ferner ergibt sich aus Formel (3) durch Einsetzung von $B(a)$ für $A(a)$ die Formel:

$$\overline{(x)}\,\overline{B(x)} \sim (E\,x)\,B(x)$$

und daraus auf Grund der identischen Formel

$$(B \sim C) \to (A \,\&\, B \sim A \,\&\, C)$$

die Formel

(10c) $(A \,\&\, \overline{(x)}\,\overline{B(x)}) \sim (A \,\&\, (E\,x)\,B(x))$.

Aus der Vereinigung der Äquivalenzen (10a), (10b), (10c) ergibt sich nach dem Schema der Äquivalenz die Formel (10).

Formel (11): $(x)\,(A(x) \to B(x)) \to ((x)\,A(x) \to (x)\,B(x))$.

Zur Ableitung gehen wir aus von der Formel

$$(x)\,(A(x) \to B(x)) \to (A(a) \to B(a)),$$

die durch Einsetzung aus der Formel (a) entsteht. Die Vertauschung der Vorderglieder ergibt

$$A(a) \to ((x)\,(A(x) \to B(x)) \to B(a)),$$

und diese Formel zusammen mit der Formel (a) liefert gemäß dem Kettenschluß

$$(x)\,A(x) \to ((x)\,(A(x) \to B(x)) \to B(a)).$$

Wenden wir hier nun die Regel (γ) an und vertauschen nochmals die Vorderglieder, so erhalten wir die Formel (11).

Formel (12): $(x)\,(A(x) \to B(x)) \to ((E\,x)\,A(x) \to (E\,x)\,B(x))$.

Wir beginnen die Ableitung wieder mit der Formel:

$$(x)\,(A(x) \to B(x)) \to (A(a) \to B(a)),$$

aus welcher durch Importation

$$(x)\,(A\,(x) \to B\,(x))\,\&\,A\,(a) \to B\,(a)$$

hervorgeht.

Diese Formel zusammen mit der aus der Formel (b) durch Einsetzung entstehenden Formel

$$B\,(a) \to (E\,x)\,B\,(x)$$

liefert nach dem Kettenschluß

$$((x)\,(A\,(x) \to B\,(x))\,\&\,A\,(a)) \to (E\,x)\,B\,(x),$$

die durch Exportation und Vertauschung der Vorderglieder in

$$A\,(a) \to ((x)(A\,(x) \to B\,(x)) \to (E\,x)\,B\,(x))$$

übergeht. Jetzt wenden wir das Schema (β) an; dann ergibt sich, nach nochmaliger Vertauschung der Vorderglieder, die Formel (12).

In den bisher abgeleiteten Formeln treten die Formelvariablen stets mit *höchstens einem* Argument auf, und die vorkommenden Allzeichen und Seinszeichen stehen alle getrennt. Die folgenden Formeln betreffen das kombinierte Auftreten zweier Quantoren.

Formel (13): $(x)\,(y)\,A\,(x,\,y) \sim (y)\,(x)\,A\,(x,\,y).$

Von den beiden Implikationen, in die sich diese Äquivalenz zerlegen läßt, braucht nur die eine

(13a) $(x)\,(y)\,A\,(x,\,y) \to (y)\,(x)\,A\,(x,\,y)$

abgeleitet zu werden, da die andere aus ihr durch Umbenennung der gebundenen Variablen und Einsetzung von $A\,(b,\,a)$ für $A\,(a,\,b)$ entsteht. Um (13a) zu erhalten, gehen wir aus von der Formel

$$(y)\,A\,(a,\,y) \to A\,(a,\,b),$$

welche aus der Formel (a) hervorgeht, indem für die Nennform $A(c)$ die Formel $A(d,\,c)$ eingesetzt wird, wodurch wir zunächst

$$(x)\,A\,(d,\,x) \to A\,(d,\,a)$$

erhalten, sodann b für a und darauf a für d eingesetzt und die Variable x in y umbenannt wird.

Die Anwendung der Regel (δ) liefert

$$(x)\,(y)\,A\,(x,\,y) \to (x)\,A\,(x,\,b).$$

Nun setzen wir für b wieder a ein und benennen auf der rechten Seite die Variable x in z um; so ergibt sich

$$(x)\,(y)\,A\,(x,\,y) \to (z)\,A\,(z,\,a)$$

und durch Anwendung des Schemas (α):

$$(x)\,(y)\,A\,(x,\,y) \to (x)\,(z)\,A\,(z,\,x).$$

8*

Um nun (13 a) zu erhalten, brauchen wir nur noch auf der rechten Seite die Variablen umzubenennen, und zwar erst x in y, dann z in x.

Formel (14):

$$(x)(y)A(x, y) \rightarrow (x)A(x, x).$$

Wie bei der Ableitung von Formel (13 a) gewinnen wir zunächst die Formel

$$(y)A(a, y) \rightarrow A(a, b).$$

Hier setzen wir a für b ein:

$$(y)A(a, y) \rightarrow A(a, a).$$

Nun liefert die Anwendung der Regel (δ) die Formel (14).

Die Ableitungen der Formeln (13) und (14) lassen sich dual übersetzen, und wir erhalten so die folgenden beiden Formeln:

(Formel 13′): $\qquad (E\,x)\,(E\,y)\,A(x, y) \sim (E\,y)\,(E\,x)\,A(x, y)$,

(Formel 14′): $\qquad (E\,x)\,A(x, x) \rightarrow (E\,x)\,(E\,y)\,A(x, y)$.

(Formel 15 a): $\qquad (x)(y)\,(A(x)\,\&\,B(y)) \sim ((x)\,A(x)\,\&\,(y)\,B(y))$.

Diese Formel gewinnen wir durch Anwendung der Formel (6); wir benennen in dieser zunächst rechts und links die Variable x in y um:

$$(y)\,(A\,\&\,B(y)) \sim A\,\&\,(y)\,B(y).$$

Nun setzen wir $A(a)$ für A ein und vertauschen rechts die beiden Konjunktionsglieder; so ergibt sich:

$$(y)\,(A(a)\,\&\,B(y)) \sim (y)\,B(y)\,\&\,A(a),$$

und durch Anwendung der Regel (δ'):

$$(x)\,(y)\,(A(x)\,\&\,B(y)) \sim (x)\,((y)\,B(y)\,\&\,A(x)).$$

Andererseits erhalten wir aus der Formel (6), indem wir zunächst C für A, dann $A(a)$ für $B(a)$ und schließlich $(y)\,B(y)$ für C einsetzen:

$$(x)\,((y)\,B(y)\,\&\,A(x)) \sim (y)\,B(y)\,\&\,(x)\,A(x).$$

Diese Formel zusammen mit der vorher gefundenen liefert nach dem Schema der Äquivalenz

$$(x)(y)\,(A(x)\,\&\,B(y)) \sim (y)\,B(y)\,\&\,(x)\,A(x),$$

woraus durch Vertauschung der beiden Konjunktionsglieder rechts die Formel (15 a) entsteht.

In ganz entsprechender Weise wie (15 a) gewinnt man auch diejenigen Formeln, die aus (15 a) hervorgehen, indem man (x), (y) entweder durch $(E\,x)$, $(E\,y)$ oder (x), $(E\,y)$ oder $(E\,x)$, (y) ersetzt, sowie auch die weiteren vier Formeln, die entstehen, indem man an Stelle der Konjunktion die Disjunktion setzt. Zur Ableitung hat man neben der Formel (6) auch die Formeln (10), (5), (8) heranzuziehen, und die Regel (δ') ist teils mit Vorsetzen des Allzeichens, teils mit Vorsetzen des Seinszeichens anzuwenden. Wir wollen diese acht Formeln zusammenfassend als die „Formeln (15)" bezeichnen. —

Es mögen nun noch ohne Angabe der Ableitung einige Formeln aufgezählt werden.

(16a) $$(x)\,(A\,(x) \to B) \sim ((E\,x)\,A\,(x) \to B),$$

(16b) $$(E\,x)\,(A\,(x) \to B) \sim ((x)\,A\,(x) \to B),$$

(17a) $$(x)\,(A\,(x) \sim B\,(x)) \to ((x)\,A\,(x) \sim (x)\,B\,(x)),$$

(17b) $$(x)\,(A\,(x) \sim B\,(x)) \to ((E\,x)\,A\,(x) \sim (E\,x)\,B\,(x)),$$

(18) $$(E\,x)\,(y)\,A\,(x,\,y) \to (y)\,(E\,x)\,A\,(x,\,y).$$

Kurz angegeben sei noch die Ableitung der beiden Formeln, durch welche sich die bekannten ARISTOTELischen Schlußfiguren „barbara", „darii" darstellen.

Formel (19):

$$(x)\,\big(B\,(x) \to C\,(x)\big) \to \big((x)\,(A\,(x) \to B\,(x)) \to (x)\,(A\,(x) \to C\,(x))\big).$$

Formel (20):

$$(x)\,(B\,(x) \to C\,(x)) \to \big((E\,x)\,(A\,(x)\,\&\,B\,(x)) \to (E\,x)\,(A\,(x)\,\&\,C\,(x))\big).$$

Zur Ableitung von (19) gehen wir aus von der identischen Formel

$$(B \to C) \to ((A \to B) \to (A \to C)).$$

In diese setzen wir $A\,(a)$ für A, $B\,(a)$ für B, $C\,(a)$ für C ein und erhalten nach Anwendung der Regel (δ):

$$(x)\,(B\,(x) \to C\,(x)) \to (x)\,((A\,(x) \to B\,(x)) \to (A\,(x) \to C\,(x))).$$

Andererseits liefert die Formel (11) durch Einsetzung:

$$(x)\,\big((A\,(x) \to B\,(x)) \to (A\,(x) \to C\,(x))\big) \to \big((x)\,(A\,(x) \to B\,(x)) \to (x)\,(A\,(x) \to C\,(x))\big);$$

und die beiden erhaltenen Formeln zusammen ergeben nach dem Kettenschluß die Formel (19). Ganz entsprechend verläuft die Ableitung von (20); nur hat man statt der obigen identischen Formel die andere

$$(B \to C) \to (A\,\&\,B \to A\,\&\,C)$$

zu nehmen und ferner anstatt der Formel (11) die Formel (12) anzuwenden. —

Der Reichtum an Formeln, der sich hier bietet, erfordert zu seiner Aufnahme keine besondere Belastung unseres Gedächtnisses. Denn diese Formeln besagen nichts anderes, als daß man mit den verallgemeinerten Konjunktionen und Disjunktionen, welche durch das Allzeichen und das Seinszeichen dargestellt werden, genau so verfahren kann wie mit gewöhnlichen Konjunktionen und Disjunktionen.

Dieses können wir uns dadurch besonders deutlich machen, daß wir die Formeln (1) bis (20) auf einen Individuenbereich anwenden, der *nur zwei Dinge enthält*, die als 1, 2 bezeichnet seien.

Statt $A\,(1)$, $A\,(2)$, $B\,(1)$, $B\,(2)$ usw. schreibe man

$$A_1,\ A_2,\ B_1,\ B_2,\ \ldots,$$

ebenso werde für $A\,(1,1)$, $A\,(1,2)$, $\ldots,$

$$A_{11},\ A_{12}\ldots$$

geschrieben. Dann gehen die Formeln (1) bis (20), wie man leicht verifiziert, in *identische Formeln* des Aussagenkalkuls über, worin A_1, A_2, B_1, B_2, A_{11}, $A_{12}\ldots$ die Rolle von *unabhängigen Formelvariablen* haben. Z. B. geht die Formel (2) über in die Formel:

$$\overline{A_1\,\&\,A_2} \sim \overline{A_1} \vee \overline{A_2},$$

welche einer Ersetzungsregel für die Negation entspricht, die Formel (5) in

$$A \vee B_1\,\&\,A \vee B_2 \ \sim\ A \vee (B_1\,\&\,B_2),$$

welche eine der Formeln für das distributive Gesetz ist; die Formel (7) geht über in

$$(A_1\,\&\,B_1)\,\&\,(A_2\,\&\,B_2) \sim (A_1\,\&\,A_2)\,\&\,(B_1\,\&\,B_2),$$

die Formel (11) in

$$(A_1 \to B_1)\,\&\,(A_2 \to B_2) \to (A_1\,\&\,A_2 \to B_1\,\&\,B_2)$$

und Formel (14) in

$$(A_{11}\,\&\,A_{12})\,\&\,(A_{21}\,\&\,A_{22}) \to (A_{11}\,\&\,A_{22}).$$

Diese Feststellung kann uns nicht überraschen. Denn wir haben ja beim Aufstellen des Systems unserer Grundregeln die Formeln und Schemata für das Allzeichen und das Seinszeichen gerade so gewählt, daß sie aus den Formeln und Regeln für die Konjunktion und Disjunktion durch den Übergang von einer endlichen Gliederzahl zu einer Erstreckung über einen beliebigen, endlichen oder unendlichen, Individuenbereich hervorgehen. Wenn wir daher die Formeln des Prädikatenkalkuls auf einen Individuenbereich mit einer bestimmten endlichen Individuenzahl anwenden, so machen wir den vollzogenen Grenzübergang wieder rückgängig, und wir müssen wieder auf die Formeln des Ausgangskalkuls zurückkommen.

Wir wollen diese Überlegung und ihr Ergebnis genauer fassen. Dazu führen wir den Begriff einer „$\mathfrak{k}$-*zahlig identischen*" Formel ein, der sich auf endliche, von 0 verschiedene Zahlen $\mathfrak{k}$ bezieht.

Eine Formel des Prädikatenkalkuls soll $\mathfrak{k}$-zahlig identisch genannt werden, wenn sie, angewandt auf einen Individuenbereich von $\mathfrak{k}$ Dingen, bei jeder Einsetzung für die eventuell vorkommenden freien Individuenvariablen in eine identische Formel des Aussagenkalkuls übergeht.

Die Anwendung auf den $\mathfrak{k}$-zahligen Individuenbereich, dessen Dinge mit den Ziffern

$$1,\,2,\,\ldots,\,\mathfrak{k}$$

bezeichnet seien, ist so zu verstehen, daß ein Ausdruck $(x)\,\mathfrak{A}(x)$ durch die Konjunktion

$$\mathfrak{A}(1)\ \&\ \mathfrak{A}(2)\ \&\ \ldots\ \&\ \mathfrak{A}(\mathfrak{k}),$$

$(E\,x)\,\mathfrak{A}(x)$ durch die Disjunktion

$$\mathfrak{A}(1)\ \vee\ \mathfrak{A}(2)\ \vee\ \ldots\ \vee\ \mathfrak{A}(\mathfrak{k})$$

ersetzt wird, und die entstehende Formel soll identisch sein in dem Sinne, daß die verschiedenen auftretenden Primformeln, etwa

$$A\,,\quad A\,(1)\,,\quad A\,(1,2)\,,\quad B\,(2,3)\,,$$

so wie unabhängige Formelvariablen angesehen werden. Zur Einsetzung für die freien Individuenvariablen kommen nur die Individuen

$$1,\,2,\,\ldots,\,\mathfrak{k}$$

in Betracht; im Falle, wo eine Formel nur gebundene Individuenvariablen enthält, ist keine Einsetzung nötig.

Nehmen wir als Beispiel die Formel:

$$(x)\,A\,(x)\ \vee\ \overline{A\,(a)}.$$

Diese ist einzahlig identisch, dagegen nicht zweizahlig identisch. Denn die Anwendung auf den einzahligen Individuenbereich ergibt die Formel

$$A\,(1)\ \vee\ \overline{A\,(1)}\,,$$

welche identisch wahr ist, während die Anwendung auf den zweizahligen Individuenbereich die beiden nicht identisch wahren Formeln

$$(A\,(1)\ \&\ A\,(2))\ \vee\ \overline{A\,(1)}\,,$$

$$(A\,(1)\ \&\ A\,(2))\ \vee\ \overline{A\,(2)}$$

liefert. Ebenso verifiziert man, daß die Formel

$$(x)\,A\,(x)\ \vee\ (x)\,\overline{(\overline{A\,(x)}\ \vee\ B\,(x))}\ \vee\ (x)\,(\overline{A\,(x)}\ \vee\ \overline{B\,(x)})$$

einzahlig und zweizahlig identisch, aber nicht dreizahlig identisch ist, und daß die Formel

$$(x)\,A\,(x)\vee(x)\,\overline{(\overline{A\,(x)}\vee B\,(x))}\vee(x)\,\overline{(\overline{A\,(x)}\vee\overline{B\,(x)}\vee C\,(x))}\vee(x)\,(\overline{A\,(x)}\vee\overline{B\,(x)}\vee\overline{C\,(x)})$$

einzahlig, zweizahlig und dreizahlig identisch, aber nicht vierzahlig identisch ist.

Nach dem Bildungsgesetz dieser Formeln kann man zu jeder vorgelegten Zahl $\mathfrak{k}$ eine Formel angeben, die für jede Anzahl $\mathfrak{l}$ bis zu $\mathfrak{k}$ hin $\mathfrak{k}$-zahlig identisch, aber nicht $(\mathfrak{k}+1)$-zahlig identisch ist.

Wir ersehen somit, daß es für jede Zahl $\mathfrak{k}$ solche Formeln gibt, die $\mathfrak{k}$-zahlig identisch, aber nicht $(\mathfrak{k}+1)$-zahlig identisch sind. Andererseits aber können wir leicht erkennen, daß jede $(\mathfrak{k}+1)$-zahlig identische Formel auch $\mathfrak{k}$-zahlig identisch ist. Denn die Formel $\mathfrak{A}'$, die sich durch Anwendung einer Formel $\mathfrak{A}$ auf den Individuenbereich

$$1,\,\ldots,\,\mathfrak{k}$$

ergibt, kann aus der Formel $\mathfrak{A}''$, welche durch Anwendung von $\mathfrak{A}$ auf den Individuenbereich

$$1, \ldots, \mathfrak{k} + 1$$

entsteht, dadurch erhalten werden, daß man überall das Argument $\mathfrak{k} + 1$ durch 1 ersetzt und hernach die mehrfach stehenden Konjunktions- oder Disjunktionsglieder nur je einmal beibehält. Ist nun $\mathfrak{A}$ eine $(\mathfrak{k} + 1)$-zahlig identische Formel, so ist $\mathfrak{A}''$ identisch wahr, sofern die verschiedenen Primformeln als unabhängige Formelvariablen betrachtet werden. Die Ersetzung des Arguments $\mathfrak{k} + 1$ durch 1, also z. B. von $A(\mathfrak{k} + 1)$ durch $A(1)$, von $B(2, \mathfrak{k} + 1)$ durch $B(2, 1)$, kommt also einer Reihe von Einsetzungen für Formelvariablen gleich. Durch diese Einsetzungen entsteht aus der identischen Formel $\mathfrak{A}''$ wieder eine identische Formel; und die Streichung mehrfacher Glieder ist eine zulässige Umformung. Hiernach ist auch die Formel $\mathfrak{A}'$ identisch wahr, und die Formel $\mathfrak{A}$ ist demnach $\mathfrak{k}$-zahlig identisch.

Es bilden somit die $(\mathfrak{k} + 1)$-zahlig identischen Formeln eine echte Teilgesamtheit der $\mathfrak{k}$-zahlig identischen Formeln.

Hat eine Formel für jede Zahl $\mathfrak{k}$ die Eigenschaft, $\mathfrak{k}$-zahlig identisch zu sein, so wollen wir sagen, daß sie „*im Endlichen identisch*" ist.

Man beachte, daß dieser Begriff der im Endlichen identischen Formel uns kein Kriterium an die Hand gibt, mit Hilfe dessen wir für eine beliebig gegebene Formel des Prädikatenkalkuls entscheiden können, ob sie im Endlichen identisch ist oder nicht.

Es gelten nun folgende Sätze:

1. Jede nach unseren Grundregeln ableitbare Formel des Prädikatenkalkuls ist im Endlichen identisch.

2. Die Gesamtheit der $\mathfrak{k}$-zahlig identischen Formeln ist „deduktiv abgeschlossen" in dem Sinne, daß bei der Hinzunahme von $\mathfrak{k}$-zahlig identischen Formeln zu den Ausgangsformeln des Prädikatenkalkuls wieder nur $\mathfrak{k}$-zahlig identische Formeln abgeleitet werden können[1].

Der Beweis ergibt sich aus der Betrachtung des Systems unserer Grundregeln, indem man folgendes feststellt:

a) Die identischen Formeln des Aussagenkalkuls sowie die Formeln (a), (b), also alle Ausgangsformeln des Prädikatenkalkuls sind im Endlichen identisch.

b) Durch eine Einsetzung, bei der keine Prädikaten- und Individuen-Symbole auftreten, erhält man aus einer $\mathfrak{k}$-zahlig identischen Formel wieder eine solche.

---

[1] Dieser Satz hat neuerdings eine wesentliche Ergänzung erhalten, indem M. WAJSBERG gezeigt hat, daß bei der Hinzunahme einer beliebigen $\mathfrak{k}$-zahlig aber nicht $(\mathfrak{k} + 1)$-zahlig identischen Formel zu den Ausgangsformeln des Prädikatenkalkuls bereits jede $\mathfrak{k}$-zahlig identische Formel ableitbar wird. [„Untersuchungen über den Funktionenkalkül für endliche Individuenbereiche". Math. Ann. Bd. 108 (1933) Heft 2].

c) Die Anwendung der Schemata (α), (β) auf eine ℓ-zahlig identische Formel liefert wieder eine solche Formel.

d) Sind $\mathfrak{S}$ und $\mathfrak{S} \rightarrow \mathfrak{T}$ beide ℓ-zahlig identisch, so ist auch $\mathfrak{T}$ ℓ-zahlig identisch.

Dabei ist zu beachten, daß die Feststellungen b), c), d), da sie für jede beliebige Zahl ℓ gelten, auch gültig bleiben, wenn man statt „ℓ-zahlig identisch" jeweils „im Endlichen identisch" setzt.

Als spezielle Folgerung aus den Sätzen 1, 2 ergibt sich, daß es *nicht möglich ist, mittels unserer Grundregeln zwei Formeln* $\mathfrak{A}$, $\overline{\mathfrak{A}}$ *abzuleiten*, von denen die eine die Negation der andern ist. Und zwar gilt dieses mit der Verschärfung, daß auch, wenn ℓ irgendeine feste endliche Zahl ist, bei der Hinzunahme von ℓ-zahlig identischen Formeln zu den Ausgangs-formeln nicht $\mathfrak{A}$, $\overline{\mathfrak{A}}$ beide ableitbar sein können. Denn es müßten ja sonst $\mathfrak{A}$ und $\overline{\mathfrak{A}}$ beide ℓ-zahlig identisch sein. Die Negation einer ℓ-zahlig identischen Formel liefert aber für einen ℓ-zahligen Individuenbereich eine identisch falsche Formel, kann also nicht auch ℓ-zahlig identisch sein.

Eine andere Folgerung betrifft diejenigen Formeln des Prädikaten-kalkuls, welche keine gebundene Variable enthalten, welche also mittels der Operationen des Aussagenkalkuls aus Formelvariablen ohne Argu-ment und solchen mit freien Individuenvariablen als Argumenten ge-bildet sind.

Die verschiedenen (d. h. gestaltlich verschiedenen) Primformeln, aus denen sich eine solche Formel zusammensetzt, mögen als die „Kom-ponenten" der Formel bezeichnet werden.

Ist nun eine Formel von dieser Art im Prädikatenkalkul ableitbar, so muß sie, für jede Anzahl ℓ, ℓ-zahlig identisch sein. Nehmen wir für ℓ die Anzahl der verschiedenen in $\mathfrak{A}$ vorkommenden Individuenvariablen, so folgt, daß die Formel $\mathfrak{A}$ in eine identische Formel übergeht, wenn darin zunächst die ℓ Individuenvariablen in irgendeiner Reihenfolge durch die Ziffern $1, \ldots, ℓ$ ersetzt werden und dann die verschiedenen so ent-stehenden Primformeln durch verschiedene Formelvariablen ersetzt werden.

Dieser Prozeß kommt aber darauf hinaus, daß jede der Komponenten von $\mathfrak{A}$ durch je eine Formelvariable (ohne Argument) ersetzt wird. Bei dieser Ersetzung muß also $\mathfrak{A}$ in eine identische Formel übergehen. Andererseits ist diese Bedingung auch hinreichend für die Ableitbarkeit von $\mathfrak{A}$; denn sie besagt ja, daß $\mathfrak{A}$ aus einer identischen Formel durch Einsetzung entsteht.

Wir finden demnach, daß eine Formel, welche aus freien Variablen und den logischen Symbolen des Aussagenkalkuls gebildet ist, dann und nur dann durch den Prädikatenkalkul ableitbar ist, wenn sie aus einer identischen Formel durch Einsetzung entsteht, und dieses wie-derum ist dann und nur dann der Fall, wenn die Formel bei der Ersetzung ihrer Komponenten durch lauter verschiedene Formelvariablen ohne Argument in eine identische Formel übergeht.

Wir wollen eine Formel der betrachteten Art, welche diese Eigenschaft besitzt, auch als *identisch wahre Formel* bezeichnen. —

Aus dem Satz 2 können wir noch entnehmen, daß die Gesamtheit der im Endlichen identischen Formeln deduktiv abgeschlossen ist. Man könnte denken, daß diese Gesamtheit zusammenfällt mit der Gesamtheit der ableitbaren Formeln, daß also nicht nur jede ableitbare Formel im Endlichen identisch, sondern auch jede im Endlichen identische Formel ableitbar ist.

Dieses trifft aber nur für einen Teilbereich des Prädikatenkalkuls zu, nämlich für den Bereich derjenigen Formeln, in denen die Primformeln sämtlich nicht mehr als ein Argument enthalten. Für diesen Teilbereich, welchen wir den *„einstelligen" Prädikatenkalkul* nennen wollen, werden wir in der Tat den Nachweis führen, daß jede im Endlichen identische Formel ableitbar ist[1].

Für den vollen Prädikatenkalkul gilt aber ein solcher Satz nicht. Das zeigt sich an der Betrachtung von Formeln, welche den Charakter einer *Endlichkeitsbedingung* für den Individuenbereich haben. Zu einer derartigen Formel werden wir geführt, indem wir zurückgreifen auf die im § 1 besprochenen Formeln[2]

$$(x)\ \overline{R(x,\,x)},$$

$$(x)(y)(z)\ \big(R(x,\,y)\ \&\ R(y,\,z) \to R(x,\,z)\big),$$

$$(x)\ (E\,y)\ R(x,\,y).$$

Von diesen fanden wir, daß sie sich für einen endlichen Individuenbereich auf keine Weise, durch Einsetzung eines bestimmten Prädikates (mit zwei Subjektstellen) für die Variable R, gemeinsam erfüllen lassen. Diese Feststellung besagt, daß die Formel $\mathfrak{F}$, die man durch die konjunktive Zusammenfassung der obigen drei Formeln erhält:

$$(x)\ \overline{R(x,\,x)}\ \&\ (x)(y)(z)\ (R(x,\,y)\ \&\ R(y,\,z) \to R(x,\,z))\ \&\ (x)\ (E\,y)\ R(x,\,y),$$

angewandt auf einen endlichen Individuenbereich, bei jeder Einsetzung eines bestimmten Prädikats für R den Wert „falsch" ergibt, oder mit andern Worten: daß die Negation $\overline{\mathfrak{F}}$ im Endlichen identisch ist.

Wäre nun jede im Endlichen identische Formel ableitbar, so müßte insbesondere die Formel $\overline{\mathfrak{F}}$ ableitbar sein.

Wir werden aber später zeigen, daß die Formel $\overline{\mathfrak{F}}$ nicht nach unseren Grundregeln abgeleitet werden kann. Dies wird das Ergebnis eines unserer ersten Beweise für Widerspruchsfreiheit sein[3]. Ganz ebenso wie

[1] Vgl. S. 189ff.
[2] Vgl. § 1, S. 14.
[3] Vgl. S. 209ff.

mit der Formel $\overline{\mathfrak{F}}$ verhält es sich mit derjenigen Formel $\mathfrak{G}$, zu der wir von dem gleichfalls im § 1 erwähnten Formelsystem

$$(E\,x)\,(y)\,\overline{S\,(y,\,x)}\,,$$

$$(x)\,(y)\,(u)\,(v)\,\big(S\,(x,\,u)\,\&\,S\,(y,\,u)\,\&\,S\,(v,\,x)\,\to\,S\,(v,\,y)\big)\,,$$

$$(x)\,(E\,y)\,S\,(x,\,y)$$

durch die konjunktive Zusammenfassung zu einer Formel $\mathfrak{G}$ und Bildung der Negation gelangen. Auch die Formel $\mathfrak{G}$ kann für einen endlichen Individuenbereich nicht durch Einsetzung eines Prädikats für die Variable S erfüllt werden, d. h. die Formel $\overline{\mathfrak{G}}$ ist im Endlichen identisch. Gleichwohl werden wir zeigen, daß diese Formel $\overline{\mathfrak{G}}$ nicht ableitbar ist[1].

Noch eine andere Formel, welche die betrachtete Eigenschaft der Formeln $\mathfrak{F}$ und $\mathfrak{G}$ besitzt, ist die Formel[2] $\mathfrak{H}$:

$$(x)\,\overline{A\,(x,\,x)}\,\&\,(x)\,(E\,y)\,(z)\,\big(A\,(x,\,y)\,\&\,\big(A\,(z,\,x)\,\to\,A\,(z,\,y)\big)\big)\,;$$

von dieser erkennt man wiederum, daß sie für einen endlichen Individuenbereich nicht durch ein für die Variable A einzusetzendes Prädikat erfüllt werden kann, so daß ihre Negation $\overline{\mathfrak{H}}$ im Endlichen identisch ist. Andererseits ist die Formel $\overline{\mathfrak{H}}$ im Prädikatenkalkul nicht ableitbar, und zwar kann diese Unableitbarkeit aus derjenigen der Formel $\overline{\mathfrak{F}}$ entnommen werden. Denn aus der Formel $\overline{\mathfrak{H}}$ läßt sich, wie wir später zeigen werden[3], die Formel $\overline{\mathfrak{F}}$ ableiten, und somit folgt aus der Unableitbarkeit von $\overline{\mathfrak{F}}$ diejenige von $\overline{\mathfrak{H}}$.

Man kann aber hier viel Weitergehendes feststellen: Wie M. WAJS-BERG zeigte[4], läßt sich eine unendliche Folge von Formeln des Prädikatenkalkuls angeben, die alle im Endlichen identisch sind, deren keine aber aus den übrigen mittels des Prädikatenkalkuls ableitbar ist.

Die Feststellungen über die Nichtumkehrbarkeit des Satzes 1 sind von besonderer Wichtigkeit im Hinblick auf die *Frage nach der Vollständigkeit des Prädikatenkalkuls.*

---

[1] Die Frage, ob die Formeln $\overline{\mathfrak{F}}$ und $\overline{\mathfrak{G}}$ innerhalb des Prädikatenkalkuls gegenseitig unabhängig sind, wurde von GISBERT HASENJAEGER entschieden, welcher bewiesen hat, daß weder $\overline{\mathfrak{F}}$ aus $\overline{\mathfrak{G}}$ noch $\overline{\mathfrak{G}}$ aus $\overline{\mathfrak{F}}$ nach unseren Grundregeln ableitbar ist. Vgl. die Abhandlung: ,,Über eine Art von Unvollständigkeit des Prädikatenkalkuls der ersten Stufe" Journ. Symb. Log., Vol. 15 (1950), p. 273 ff.

[2] Auf diese Eigenschaft der Formel $\mathfrak{H}$ hat KURT SCHÜTTE aufmerksam gemacht.

[3] Daß umgekehrt aus $\overline{\mathfrak{F}}$ die Formel $\overline{\mathfrak{G}}$ mittels einer Einsetzung für die Formelvariable A ableitbar ist, wurde in der obengenannten Abhandlung von HASENJAEGER gezeigt.

[4] Siehe M. WAJSBERG ,,Beitrag zur Metamathematik", Math. Ann. Bd. 109, 1933, S. 200—229.

Für den einstelligen Prädikatenkalkul wird durch den genannten noch zu beweisenden Satz, daß jede im Endlichen identische Formel ableitbar ist, die Frage der Vollständigkeit im bejahenden Sinne gelöst.

Dieser Satz bildet ein Analogon zu dem Vollständigkeitssatz der deduktiven Aussagenlogik, wonach jede identische Formel des Aussagenkalkuls aus dem System der Formeln I bis V ableitbar ist[1].

Freilich haben wir hier kein Analogon zu dem Satz, daß bei der Hinzunahme einer nicht ableitbaren Formel zu den Ausgangsformeln bereits jede beliebige Formel ableitbar wird[2]. Denn nehmen wir z. B. zu den Ausgangsformeln des einstelligen Prädikatenkalkuls irgendeine einzahlig identische Formel hinzu, so sind hiernach auch nur einzahlig identische Formeln, also nicht beliebige Formeln ableitbar.

Wenn wir nun aber den vollen Prädikatenkalkul in Betracht ziehen, so ist nach dem, was wir feststellten, der Begriff der im Endlichen identischen Formel zum Ansatz des Vollständigkeitsproblems nicht mehr ausreichend, da wir von vornherein wissen, daß der Bereich der ableitbaren Formeln enger ist als derjenige der im Endlichen identischen Formeln.

Es drängt sich hier nun, sowohl im Hinblick auf die Allgemeinheit der logischen Gesetze, die durch unseren Kalkul formalisiert werden sollen, wie auch durch die Analogie zum Aussagenkalkul, der Gedanke auf, die Auszeichnung des Endlichen, die im Begriffe der „im Endlichen identischen" Formel liegt, aufzuheben und den Begriff der identischen Formel von dem Aussagenkalkul auf den Prädikatenkalkul auszudehnen.

Die hiermit geforderte Verallgemeinerung des Begriffs der identischen Formel auf den Prädikatenkalkul ist nichts anderes als der bereits im § 1 eingeführte Begriff der „allgemeingültigen" Formel[3]. Wir haben aber schon dort auf die grundsätzlichen Schwierigkeiten hingewiesen, welche die Anwendung dieses Begriffes im Falle eines unendlichen Individuenbereichs bietet. Diese an das Unendliche sich knüpfenden Schwierigkeiten waren ja gerade der Grund, weshalb wir bei der Präzisierung unserer Problemstellung die Widerspruchsfreiheit der Mathematik nicht im positiven Sinne der „Erfüllbarkeit" der axiomatischen Systeme, sondern negativ als Unmöglichkeit eines deduktiv herstellbaren Widerspruchs charakterisiert haben.

Im Prädikatenkalkul haben wir die Problematik des Unendlichen dadurch vermieden, daß wir diesen Kalkul als deduktives System und nicht nach der Analogie zur Theorie der Wahrheitsfunktionen entwickelt haben.

Es ist aber auf jeden Fall wünschenswert, die an die Theorie der Wahrheitsfunktionen der Aussagenlogik anknüpfende Behandlung der Prädikatenlogik kennenzulernen. Diese Behandlungsweise der Prädikatenlogik, welche wegen ihrer nahen Beziehung zur Mengenlehre als die „mengentheoretische" bezeichnet werden möge, war lange Zeit

---

[1] Vgl. S. 65f.   [2] Vgl. S. 66f.   [3] Vgl. § 1, S. 8.

hindurch die allein herrschende. Sie genügt allerdings nicht den Anforderungen unseres finiten Standpunktes, da sie das „tertium non datur" nicht nur für die Dinge des Individuenbereiches (für welche es als Bedingung der Anwendung des Prädikatenkalkuls angesehen werden kann), sondern auch für die ganzen Zahlen und für die Prädikate benutzt sowie auch mitunter von dem Auswahlprinzip Gebrauch macht. Gleichwohl können wir die Betrachtungen dieser Theorie auch für unsere Untersuchungen über den Prädikatenkalkul *heuristisch*, als Wegweiser zur Auffindung von Sätzen und Beweisführungen, verwerten, da sich ihre Ergebnisse zumeist im finiten Sinne verschärfen lassen.

Es seien daher die *Grundgedanken der mengentheoretischen Prädikatenlogik* hier kurz dargelegt. Wie schon gesagt, handelt es sich um die Erweiterung der Theorie der Wahrheitsfunktionen. So wie hier die Wertbestimmung für die Formelvariablen

$$A, B, \ldots$$

durch einen der Werte „wahr", „falsch" gegeben ist, erfolgt nun die Wertbestimmung für eine Variable mit einem Argument

$$A\,(a)$$

durch eine „*logische Funktion*", d. h. durch eine Funktion, welche einem jeden Ding eines Individuenbereiches, auf den sich das Argument bezieht, einen der Werte „wahr", „falsch" zuordnet.

Entsprechend bestimmt sich ein Wert einer Formelvariablen mit mehreren Argumenten durch eine logische Funktion mit derselben Anzahl von Argumenten, die wiederum auf den Individuenbereich als ihren Wertbereich bezogen sind.

Die logischen Funktionen stehen in engstem Zusammenhang mit den *Mengen*: Einer logischen Funktion mit einem Argument entspricht die Menge derjenigen Dinge aus dem Individuenbereich, für welche die logische Funktion den Wert „wahr" hat, einer logischen Funktion von zwei Argumenten entspricht die Menge derjenigen geordneten Dingpaare aus dem Individuenbereich, für welche jene Funktion den Wert „wahr" hat, ebenso entspricht einer Funktion dreier Argumente eine Menge von geordneten Dingtripeln usw.

Durch die Anwendung der Wahrheitsfunktionen der Aussagenlogik gewinnen wir aus gegebenen logischen Funktionen weitere solche Funktionen, denen dann wiederum Mengen zugeordnet sind.

Ist z. B. $\Phi\,(a)$ eine logische Funktion eines Argumentes, so stellt $\overline{\Phi\,(a)}$ diejenige Funktion dar, welche den Wert „wahr" bzw. „falsch" für diejenigen Dinge hat, für welche $\Phi\,(a)$ den Wert „falsch" bzw. „wahr" hat. Die zu $\overline{\Phi\,(a)}$ gehörige Menge ist die *Komplementärmenge* der zu Φ gehörigen Menge.

Sind $\Phi\,(a)$, $\Psi\,(a)$ zwei logische Funktionen, so stellt $\Phi\,(a)\ \&\ \Psi\,(a)$ diejenige Funktion dar, welche den Wert „wahr" für die und nur die Dinge hat, für welche Φ, Ψ beide den Wert „wahr" haben. Die zugehörige Menge ist der „*Durchschnitt*", d. h. die Menge der gemein-samen Elemente der zu Φ und Ψ gehörigen Mengen. Ebenso gehört zu $\Phi(a) \vee \Psi(a)$ die *Vereinigungsmenge* der zu den Funktionen Φ und Ψ gehörigen Mengen.

Die Operationen des Allzeichens und des Seinszeichens werden im Sinne der über den Individuenbereich erstreckten Konjunktion und Disjunktion gedeutet. Es hat demnach für eine logische Funktion $\Phi(a)$

$$(x)\ \Phi(x)$$

den Wert „wahr" oder „falsch", je nachdem die zu Φ gehörige Menge mit dem gesamten Individuenbereich zusammenfällt oder nicht, und

$$(E\,x)\ \Phi(x)$$

hat den Wert „falsch" oder „wahr", je nachdem die zu Φ gehörige Menge leer ist oder nicht.

Gemäß dieser Interpretation erhält nun eine jede Formel des Prä-dikatenkalkuls, wenn wir darin für die Formelvariablen logische Funk-tionen mit der gleichen Anzahl von Argumenten setzen, einen der Werte „wahr", „falsch", sofern die Individuenvariablen sämtlich gebunden sind. Kommen freie Individuenvariablen vor, so ist der Wert der For-mel bei jeder Einsetzung von logischen Funktionen für die Formel-variablen wiederum eine logische Funktion.

Eine Formel ohne freie Variable stellt demnach eine Aussage dar, welche sich auf die logischen Funktionen bezieht, die zur Einsetzung für die Formelvariablen in Betracht kommen, oder auch auf die den Funktionen zugeordneten Mengen, und welche zutrifft oder nicht, je nachdem die eingesetzten logischen Funktionen, oder die entsprechenden Mengen, der Formel den Wert „wahr" oder den Wert „falsch" erteilen.

Nehmen wir z. B. die Formel

$$(x)\ (A(x) \to B(x)).$$

Diese erhält für ein Paar von logischen Funktionen $\Phi(a)$, $\Psi(a)$, denen die Mengen φ, ψ entsprechen mögen, den Wert „wahr" dann und nur dann, wenn für jedes Ding α des Individuenbereichs die Implikation $\Phi(\alpha) \to \Psi(\alpha)$ den Wert „wahr" hat, d. h. wenn für jedes Ding, für welches Φ den Wert „wahr" hat, auch Ψ den Wert „wahr" hat, oder, mit Hilfe der Mengen ausgedrückt, wenn jedes Ding der Menge φ auch ein Ding von ψ ist. Die Formel

$$(x)\ (\Phi(x) \to \Psi(x))$$

ist somit der Aussage gleichwertig, daß φ eine *Teilmenge* von ψ ist. Entsprechend besagt die Formel

$$(x)\ (\Phi(x) \sim \Psi(x)),$$

daß die Mengen φ, ψ identisch sind, und die Formel

$$(E\,x)\ (\Phi(x)\ \&\ \Psi(x))$$

besagt, daß die Mengen φ, ψ *nicht elementenfremd* sind.

Ein Beispiel anderer Art ist die Formel

$$(E\,y)\,R\,(a,\,y)\,.$$

Wird hierin für die Formelvariable die logische Funktion Φ mit zwei Argumenten eingesetzt und ist φ die zu dieser gehörende Menge von Paaren, so stellt die sich ergebende Formel

$$(E\,y)\,\Phi\,(a,\,y)$$

diejenige logische Funktion von a dar, welche für die und nur die Dinge den Wert „wahr" hat, die in mindestens einem Paar von φ als erstes Element vorkommen. Die zu dieser logischen Funktion gehörige Menge heißt der *Vorbereich* der Funktion Φ. Entsprechend heißt die zu der logischen Funktion $(E\,x)\,\Phi\,(x,\,a)$ gehörige Menge der *Nachbereich* von Φ, und die Vereinigungsmenge des Vorbereiches und des Nachbereiches von Φ heißt das *Feld* von Φ.

Wir können nun auch die Begriffe der *Allgemeingültigkeit* und der *Erfüllbarkeit* einer Formel einführen, die wir so wie im § 1,[1] nur noch etwas allgemeiner durch Einbeziehung der Formeln mit freien Individuenvariablen, definieren: Eine Formel des Prädikatenkalküls heißt allgemeingültig, wenn sie bei jeder Einsetzung von logischen Funktionen für die Formelvariablen und, falls freie Individuenvariablen vorkommen, von Dingen des Individuenbereiches für die freien Individuenvariablen den Wert „wahr" ergibt; sie heißt erfüllbar, wenn sie bei passender Wahl der Einsetzungen den Wert „wahr" ergibt.

Allgemeingültigkeit und Erfüllbarkeit stehen einander dual gegenüber; nämlich eine Formel ist dann und nur dann allgemeingültig, wenn ihre Negation unerfüllbar ist, und auf Grund der Voraussetzung des „tertium non datur" für die Prädikate gilt auch, daß eine Formel dann und nur dann erfüllbar ist, wenn ihre Negation nicht allgemeingültig ist.

Ferner ergibt sich, daß eine jede ableitbare Formel des Prädikatenkalküls allgemeingültig ist. Nämlich man erkennt leicht, daß die Ausgangsformeln des Prädikatenkalküls allgemeingültig sind, und daß durch die Einsetzungsregel sowie die Schemata aus allgemeingültigen Formeln stets wieder allgemeingültige Formeln gewonnen werden.

Nun stellt sich die Frage ein, ob auch die Umkehrung dieses Satzes gilt, d. h. ob jede allgemeingültige Formel des Prädikatenkalküls eine ableitbare Formel ist. Wir kommen damit zurück auf das Vollständigkeitsproblem des Prädikatenkalküls, durch welches wir auf die Betrachtung der mengentheoretischen Prädikatenlogik geführt worden sind. Diese Frage hat ihre Lösung durch folgenden von K. Gödel bewiesenen[2] Vollständigkeitssatz gefunden. Nennen wir eine Formel

---

[1] Vgl. S. 8.

[2] Der Beweis bildet den Hauptinhalt der Gödelschen Abhandlung „Die Vollständigkeit der Axiome des logischen Funktionenkalküls", Mh. Math. Phys. Bd. 37 (1930) Heft 2.

„widerlegbar", wenn ihre Negation ableitbar ist, so besteht die Alternative: Eine jede Formel des Prädikatenkalkuls ist entweder widerlegbar oder erfüllbar, und zwar für den Individuenbereich der ganzen Zahlen erfüllbar[1].

Hieraus ergibt sich als Folgerung, daß jede allgemeingültige Formel ableitbar ist. Denn sei $\mathfrak{A}$ eine allgemeingültige Formel, so ist ihre Negation $\overline{\mathfrak{A}}$ jedenfalls nicht erfüllbar, demnach ist auf Grund der genannten Alternative die Formel $\overline{\mathfrak{A}}$ widerlegbar, also $\mathfrak{A}$ ableitbar; und aus $\overline{\overline{\mathfrak{A}}}$ kann $\mathfrak{A}$ abgeleitet werden.

Der GÖDELsche Vollständigkeitssatz kann nun freilich in der vorliegenden Fassung nicht in die finite Beweistheorie übernommen werden; denn er stützt sich, wenn auch nicht auf höhere nichtfinite Hilfsmittel, so doch wesentlich auf das „tertium non datur" für ganze Zahlen. Es läßt sich aber aus dem GÖDELschen Beweisverfahren ein finiter Vollständigkeitssatz entnehmen, welcher besagt, daß für eine Formel, welche unwiderlegbar ist, stets eine formale Erfüllung im Rahmen der (mit Einschluß des „tertium non datur") formalisierten Zahlentheorie existiert sowie auch (was hier einstweilen nur angedeutet sei) eine Art von approximativer Erfüllung durch beliebig lang erstreckbare endliche Folgen von Prädikatensystemen, die für endliche Individuenbereiche definiert sind und deren jedes eine Fortsetzung des vorigen darstellt. Umgekehrt folgt, nach einem von J. HERBRAND gefundenen Satz[2], aus der Existenz einer solchen approximativen Erfüllung einer Formel ihre Unwiderlegbarkeit. Daß ferner eine Formel, die sich im Rahmen der formalisierten Zahlentheorie erfüllen läßt, nicht widerlegbar ist, folgt aus der noch zu beweisenden Widerspruchsfreiheit der formalisierten Zahlentheorie.

Wir werden diesen ganzen vorläufig nur skizzierten Tatsachenkomplex im späteren Teil unserer Untersuchungen ausführlich entwickeln.

---

[1] Derjenige Teil dieses GÖDELschen Ergebnisses, der sich auf die Erfüllbarkeit im Bereich der ganzen Zahlen bezieht, war schon früher von L. LÖWENHEIM gefunden worden, der als eines der verschiedenen bedeutsamen Theoreme aus seiner Abhandlung „Über Möglichkeiten im Relativkalkul" [Math. Ann. Bd. 76 (1915)] den Satz bewies, daß eine jede überhaupt erfüllbare Formel des Prädikatenkalkuls stets auch im Individuenbereich der ganzen Zahlen erfüllbar ist. Der LÖWENHEIMsche Beweis für diesen Satz wurde dann von TH. SKOLEM vereinfacht, der hernach auch zeigte, daß die Heranziehung des Auswahlprinzips, welches bei den ersten Beweisen wesentlich benutzt wurde, vermieden werden kann. Die einschlägigen SKOLEMschen Abhandlungen sind „Logisch-kombinatorische Untersuchungen über die Erfüllbarkeit oder Beweisbarkeit mathematischer Sätze nebst einem Theorem über dichte Mengen" (Vid.-Selsk. Skr. Kristiania, I. Mat. Nat. Kl. 1920, Nr. 4), „Einige Bemerkungen zur axiomatischen Begründung der Mengenlehre" (Math.-Kongr. i. Helsingfors 1922), „Über einige Grundlagenfragen der Mathematik" (Skr. norske Vid.-Akad., Oslo. I. Mat. Nat. Kl. 1929, Nr. 4).

[2] Von diesem Satz handelt das fünfte Kapitel in HERBRANDS Doktor-Dissertation „Recherches sur la théorie de la demonstration" (Paris 1930). Wir werden im zweiten Bande ausführlich auf diesen Satz zu sprechen kommen.

Hier wollen wir uns mit der Feststellung begnügen, daß in Hinsicht auf die Frage der Vollständigkeit die vermutete Analogie zwischen dem Aussagenkalkul und dem Prädikatenkalkul sich als bestehend erwiesen hat, wenn auch mit einer gewissen Einschränkung für den finiten Standpunkt.

Dagegen ist man in der Verfolgung einer anderen, in ähnlicher Richtung liegenden Analogie nicht zum Ziel gekommen, nämlich in betreff des *Entscheidungsproblems*. Dieses Problem, von dem wir ja schon im § 1 gesprochen haben[1], besteht darin, daß man das Entscheidungsverfahren des Aussagenkalkuls, durch welches festgestellt wird, ob eine Formel identisch wahr oder für gewisse Werte der Variablen falsch ist, auf den Prädikatenkalkul auszudehnen sucht.

Wir haben bei dem Entscheidungsproblem verschiedene Fragestellungen zu unterscheiden. In der mengentheoretischen Prädikatenlogik stellt es sich in zwei sachlich gleichbedeutenden, der Form nach zueinander dualen Problemen dar: den Problemen der Entscheidung über die Allgemeingültigkeit und der Entscheidung über die Erfüllbarkeit einer Formel. Zufolge der vorhin genannten Beziehungen, die zwischen Allgemeingültigkeit und Erfüllbarkeit bestehen, ist die Untersuchung der Allgemeingültigkeit einer Formel $\mathfrak{A}$ gleichbedeutend mit derjenigen der Erfüllbarkeit von $\overline{\mathfrak{A}}$. Hat man daher innerhalb eines Bereiches B von Formeln eine Methode zur Entscheidung über die Allgemeingültigkeit, so stellt diese zugleich eine Methode zur Entscheidung über die Erfüllbarkeit für die Formeln desjenigen Bereiches dar, den die Negationen der Formeln von B bilden, und auch umgekehrt. Für die Auffindung und Darstellung der Entscheidungsverfahren ist es im allgemeinen übersichtlicher, die Erfüllbarkeit von Formeln zu betrachten.

Vom Standpunkt der Beweistheorie tritt an Stelle der Entscheidung über die Allgemeingültigkeit die Entscheidung über die *Ableitbarkeit* einer Formel. So wie der Allgemeingültigkeit die Ableitbarkeit, entspricht der Erfüllbarkeit die *Unwiderlegbarkeit*.

Die Untersuchung der Unwiderlegbarkeit von Formeln hängt aufs engste zusammen mit der Prüfung der *Widerspruchsfreiheit von Axiomensystemen*. Es gilt nämlich folgender Satz: Gegeben sei ein System von Axiomen, die sich mittels unserer logischen Symbole, der gebundenen Individuenvariablen und gewisser Prädikaten- und Individuensymbole durch Formeln $\mathfrak{A}_1, \ldots, \mathfrak{A}_\mathfrak{f}$ darstellen lassen, die keine freien Variablen enthalten; die durch die Prädikatensymbole dargestellten Grundprädikate seien ausschließlich durch die Axiome charakterisiert. Dann fällt die Widerspruchsfreiheit des Axiomensystems — soweit nur die üblichen logischen Schlüsse in Frage kommen, die sich im Prädikatenkalkul formalisieren lassen — zusammen mit der Unwiderlegbarkeit einer solchen Formel, die aus

$$\mathfrak{A}_1 \,\&\, \ldots \,\&\, \mathfrak{A}_\mathfrak{f}$$

---

[1] Vgl. S. 8.

hervorgeht, indem wir an Stelle eines jeden Prädikatensymbols eine (jeweils neue) Formelvariable mit der gleichen Anzahl von Argumenten und an Stelle der Individuensymbole verschiedene freie Individuenvariablen setzen.

Durch diesen Satz, den wir aus einem allgemeineren Theorem folgern werden[1], kommt zum Ausdruck, daß die methodische Umstellung, die wir im § 1 vollzogen, nichts anderes ist als der Übergang von dem Problem der Erfüllbarkeit zu dem der Unwiderlegbarkeit. Zugleich werden wir durch die Anknüpfung an die Betrachtungen aus dem § 1 darauf aufmerksam gemacht, daß die Voraussetzungen einer völlig impliziten Charakterisierung aller in einem Axiomensystem auftretenden Grundprädikate bei den gebräuchlichen Axiomensystemen insofern nicht immer erfüllt ist, als hier zumeist die *Identität* als inhaltlich-logisch bestimmte Beziehung auftritt.

Diesem Umstande gegenüber können wir uns auf zwei Weisen verhalten: Es besteht einerseits bei den Axiomensystemen der betrachteten Art die Möglichkeit, die Sonderstellung der Identität aufzuheben, indem wir diese durch Hinzufügung von Axiomen charakterisieren; andererseits können wir die Auffassung der Identität als einer logisch bestimmten Beziehung durch eine Erweiterung der Prädikatenlogik (je nach dem Standpunkt inhaltlich oder formal) zur Geltung bringen und dementsprechend auch das Entscheidungsproblem für die durch die Einbeziehung der Identität erweiterte Prädikatenlogik[2] behandeln. Beide Methoden werden im folgenden dargelegt werden.

Neben der Entscheidung über Unwiderlegbarkeit ist für die Beweistheorie auch die Untersuchung der *Erfüllbarkeit* von Bedeutung, und zwar kommt Erfüllbarkeit in dreierlei Weise in Frage: als Erfüllbarkeit in einem endlichen Individuenbereich (kurz: „im Endlichen"), als Erfüllbarkeit durch ein Modell der finiten Zahlentheorie und als Erfüllbarkeit im Rahmen eines den Prädikatenkalkul umfassenden und als widerspruchsfrei nachgewiesenen Formalismus, welche darin besteht, daß sich für die Formelvariablen der zu untersuchenden Formel solche Einsetzungen angeben lassen, auf Grund deren die Formel innerhalb des Formalismus ableitbar wird. In jeder der drei Bedeutungen schließt die Erfüllbarkeit einer Formel ihre Unwiderlegbarkeit ein. Nämlich eine im Endlichen erfüllbare Formel $\mathfrak{A}$ kann nicht widerlegbar sein, weil ja sonst die Formel $\overline{\mathfrak{A}}$ als ableitbare Formel im Endlichen identisch wäre. Daß ferner eine durch ein Modell der finiten Zahlentheorie erfüllbare Formel nicht widerlegbar ist, ist zwar nicht — wie man zunächst glauben sollte — ohne weiteres zu ersehen, ergibt sich aber aus dem vorhin erwähnten Satz von HERBRAND, und beim Fall der Erfüllbarkeit einer Formel im Rahmen eines Formalismus würde ihre

---

[1] Siehe S. 155.
[2] Vgl. S. 163ff., 389f.

Widerlegbarkeit nicht mit der Widerspruchsfreiheit des Formalismus vereinbar. sein.

Soviel sei über den Ansatz und die Bedeutung des Entscheidungsproblems gesagt. Was nun die Ergebnisse betrifft, so ist bisher die Auffindung eines Entscheidungsverfahrens nur für den einstelligen Prädikatenkalkul sowie für einige weitere Spezialfälle gelungen, die im folgenden noch genauer angegeben werden[1]. Diese Fälle wurden zunächst unter dem Gesichtspunkt der Entscheidung über Allgemeingültigkeit bzw. Erfüllbarkeit von Formeln behandelt. Die hierfür erhaltenen Entscheidungsverfahren haben sich dann alle, teils auf direktem Wege, teils mit Hilfe des erwähnten HERBRANDschen Satzes[2] zu Methoden der Entscheidung über Ableitbarkeit bzw. Widerlegbarkeit von Formeln ausgestalten lassen. Diese Teillösungen des Entscheidungsproblems sind aber von sehr speziellem Charakter; die bei ihnen vorliegenden Entscheidungsmethoden sind wesentlich an die besonderen Voraussetzungen der betrachteten Spezialfälle gebunden.

Von einer allgemeinen Lösung des Entscheidungsproblems sind wir demnach weit entfernt[3]. In dieser Hinsicht haben wir also beim Prädikatenkalkul eine wesentlich andere Lage als beim Aussagenkalkul. Wir können hier nicht wie beim Aussagenkalkul das Ableiten von Formeln durch ein Entscheidungsverfahren ersetzen, vielmehr bleiben wir auf die deduktive Methode grundsätzlich angewiesen.

Trotzdem läßt sich die Handhabung des Prädikatenkalkuls derjenigen des Aussagenkalkuls dadurch angleichen, daß wir uns eine Reihe von *abgeleiteten Regeln* anmerken.

Es sollen einige solche Regeln, die für die Abkürzung der formalen Ableitungen besonders wichtig sind, hier besprochen werden. Diese Regeln betreffen größtenteils die *Umformung* von Ausdrücken, und wir werden sie insbesondere dazu verwenden, um für die Formeln des Prädikatenkalkuls durch Umformung eine gewisse *Normalform* herzustellen. Wir müssen zunächst klarlegen, was hier unter einer Umformung zu verstehen ist.

Im Aussagenkalkul erfolgen die Umformungen durch Anwendung der Ersetzungsregeln. Es wird bei einer solchen ein Ausdruck $\mathfrak{A}$ durch einen Ausdruck $\mathfrak{B}$ ersetzt, der dieselbe Wahrheitsfunktion darstellt; die Ersetzbarkeit von $\mathfrak{A}$ durch $\mathfrak{B}$ ist gleichbedeutend damit, daß die Äquivalenz

$$\mathfrak{A} \sim \mathfrak{B}$$

identisch wahr ist.

[1] Siehe S. 143.

[2] Von HERBRAND selbst sind mannigfache Anwendungen seines Satzes entwickelt worden und in seiner Abhandlung „Sur le probléme fondamental de la logique mathématique" (C. R. Soc. Sci. Varsovie, Bd. 24, Classe III, 1931).

[3] Daß tatsächlich eine solche allgemeine Lösung nicht möglich ist, wurde seitdem von ALONZO CHURCH gezeigt in der Abhandlung: „A note on the Entscheidungsproblem", Journ. Symb. Log., Vol. 1 (1936), p. 40—41, 101—102. Siehe hierüber Bd. II, Suppl. II (Hinweis 1 nach dem Inhaltsverzeichnis von Bd. II).

In der deduktiven Aussagenlogik tritt an die Stelle der *identischen Äquivalenz* die *ableitbare Äquivalenz*, welche sachlich mit der identischen Äquivalenz zusammenfällt.

Um für die begriffliche Unterscheidung eine deutliche Bezeichnung zu haben, wollen wir eine Formel $\mathfrak{A}$ „in $\mathfrak{B}$ überführbar" nennen, wenn die Äquivalenz

$$\mathfrak{A} \sim \mathfrak{B}$$

ableitbar ist.

Für den Prädikatenkalkul, so wie er sich aus dem System unserer Grundregeln ergibt, steht uns nur der Begriff der ableitbaren Äquivalenz zu Gebote, und es kann sich daher hier bei den Umformungen nur um solche im Sinne der *Überführbarkeit* handeln.

Die Berechtigung, den Übergang von $\mathfrak{A}$ zu $\mathfrak{B}$ im Falle der Überführbarkeit von $\mathfrak{A}$ in $\mathfrak{B}$ als Umformung zu bezeichnen, ergibt sich aus folgenden Tatsachen:

1. Ist $\mathfrak{A}$ in $\mathfrak{B}$ überführbar, so auch $\mathfrak{B}$ in $\mathfrak{A}$.

Ist $\mathfrak{A}$ in $\mathfrak{B}$ und $\mathfrak{B}$ in $\mathfrak{C}$ überführbar, so auch $\mathfrak{A}$ in $\mathfrak{C}$.

2. Ist $\mathfrak{A}$ in $\mathfrak{B}$ überführbar, so ist $\mathfrak{B}$ aus $\mathfrak{A}$ und $\mathfrak{A}$ aus $\mathfrak{B}$ mittels der Grundregeln ableitbar.

3. Ist $\mathfrak{A}$ Bestandteil einer Formel $\mathfrak{S}$ im Sinn der Zusammensetzungen des Aussagenkalkuls, geht ferner $\mathfrak{T}$ aus $\mathfrak{S}$ hervor, indem $\mathfrak{B}$ an die Stelle von $\mathfrak{A}$ gesetzt wird, und ist $\mathfrak{A}$ in $\mathfrak{B}$ überführbar, so ist auch $\mathfrak{S}$ in $\mathfrak{T}$ überführbar.

1. und 2. sind unmittelbar ersichtlich; 3. geht daraus hervor, daß aus einer Äquivalenz $\mathfrak{U} \sim \mathfrak{B}$

erstens $\mathfrak{U} \sim \mathfrak{B}$

und ferner für jeden Ausdruck $\mathfrak{C}$

$$\mathfrak{C}\,\&\,\mathfrak{U} \sim \mathfrak{C}\,\&\,\mathfrak{B}, \qquad \mathfrak{U}\,\&\,\mathfrak{C} \sim \mathfrak{B}\,\&\,\mathfrak{C}$$
$$\mathfrak{C}\,\vee\,\mathfrak{U} \sim \mathfrak{C}\,\vee\,\mathfrak{B}, \qquad \mathfrak{U}\,\vee\,\mathfrak{C} \sim \mathfrak{B}\,\vee\,\mathfrak{C}$$
$$(\mathfrak{C}\to\mathfrak{U}) \sim (\mathfrak{C}\to\mathfrak{B}), \qquad (\mathfrak{U}\to\mathfrak{C}) \sim (\mathfrak{B}\to\mathfrak{C})$$
$$(\mathfrak{C}\sim\mathfrak{U}) \sim (\mathfrak{C}\sim\mathfrak{B}), \qquad (\mathfrak{U}\sim\mathfrak{C}) \sim (\mathfrak{B}\sim\mathfrak{C})$$

ableitbar ist.

Es sei noch erwähnt, daß je zwei ableitbare Formeln ineinander überführbar sind.

Sind nämlich $\mathfrak{A}$ und $\mathfrak{B}$ beide ableitbar, so ist auch $\mathfrak{B} \to \mathfrak{A}$ sowie $\mathfrak{A} \to \mathfrak{B}$, mithin auch $\mathfrak{A} \sim \mathfrak{B}$ ableitbar, und somit ist $\mathfrak{A}$ in $\mathfrak{B}$ überführbar.

Wir gehen nun an die *Aufzählung der Regeln*. Da es sich hier um einfache Anwendungen der bereits abgeleiteten Formeln und Regeln handelt, so wird es genügen, die Erläuterung und Begründung an Hand von Beispielen zu geben, aus denen man das allgemeine Verfahren abstrahieren kann.

Regel (ε): Ist uns eine Formel (als Ausgangsformel oder abgeleitete Formel) gegeben, welche eine oder mehrere freie Variablen enthält, so können wir jede von diesen durch ein vor die Formel gesetztes Allzeichen oder Seinszeichen binden, wobei die Aufeinanderfolge der Quantoren beliebig vorgeschrieben werden kann.

(Selbstverständlich dürfen an Stelle der freien Variablen nur solche gebundenen Variablen genommen werden, die nicht sonst schon in der Ausgangsformel vorkommen.)

So können wir z. B. von einer Formel

$$\mathfrak{A}(a, b, c),$$

falls diese weder x noch y noch z enthält, zu

$$(x)\,(E\,y)\,(z)\,\mathfrak{A}(x, z, y)$$

folgendermaßen gelangen.

Wir setzen zuerst für a eine nicht in $\mathfrak{A}(a, b, c)$ vorkommende freie Variable, etwa d, ein, sodann setzen wir a für b ein; so erhalten wir

$$\mathfrak{A}(d, a, c).$$

Durch Anwendung der Regel (γ')[1] ergibt sich

$$(x)\,\mathfrak{A}(d, x, c)$$

und hieraus durch Umbenennung der Variablen x in z und Einsetzung von a für c:

$$(z)\,\mathfrak{A}(d, z, a).$$

Diese Formel zusammen mit der aus der Formel (b) durch Einsetzung hervorgehenden Formel

$$(z)\,\mathfrak{A}(d, z, a) \rightarrow (E\,x)\,(z)\,\mathfrak{A}(d, z, x)$$

liefert nach dem Schlußschema

$$(E\,x)\,(z)\,\mathfrak{A}(d, z, x).$$

Durch Umbenennung von x in y und Einsetzung von a für d ergibt sich

$$(E\,y)\,(z)\,\mathfrak{A}(a, z, y)$$

und hieraus nach der Regel (γ')

$$(x)\,(E\,y)\,(z)\,\mathfrak{A}(x, z, y).$$

Nach dieser Methode gewinnt man insbesondere aus den identischen Formeln des Aussagenkalkuls durch Einsetzung von Formelvariablen mit Argumenten und nachherige Bindung der freien Variablen weitere Formeln, z. B. aus

Formeln wie

$$A \vee \overline{A}$$

$$(x)\,\big(A(x) \vee \overline{A(x)}\big),$$

$$(x)\,(y)\,\big(A(x, y) \vee \overline{A(x, y)}\big),$$

aus

$$(E\,x)\,(y)\,\big(A(x, y) \vee \overline{A(x, y)}\big),$$

Formeln wie

$$A \rightarrow (\overline{A} \rightarrow B)$$

$$(E\,x)\,(y)\,(E\,z)\,\big(A(x, y) \rightarrow (\overline{A(x, y)} \rightarrow B(y, z))\big).$$

Regel (ε'): Ist uns eine Formel mit einem oder mehreren am Anfang stehenden und auf die ganze Formel sich erstreckenden Allzeichen gegeben, so können wir diese Allzeichen weglassen und die zugehörigen Variablen in beliebige freie Variablen umwandeln.

---

[1] Vgl. S. 108.

(Diese Regel bildet eine teilweise Umkehrung der vorigen.)
Haben wir z. B. die Formel

$$(y)\,(z)\,\mathfrak{A}\,(y,\,z)$$

und wollen wir daraus

$$\mathfrak{A}\,(a,\,b)$$

erhalten, so setzen wir zunächst, falls in $\mathfrak{A}\,(y,\,z)$ die Variable a vorkommt, für diese eine nicht vorkommende freie Variable, etwa c, ein;
falls die Variable x in $\mathfrak{A}\,(y,\,z)$ vorkommt, benennen wir diese in eine
sonst nicht vorkommende gebundene Variable, etwa u, um. Auf diese
Weise entsteht aus

$$(y)\,(z)\,\mathfrak{A}\,(y,\,z)$$

eine Formel

$$(y)\,(z)\,\mathfrak{A}'\,(y,\,z).$$

Nun benennen wir y in x um. Die entstehende Formel

$$(x)\,(z)\,\mathfrak{A}'\,(x,\,z),$$

zusammen mit der aus der Formel (a) durch Einsetzung entstehenden
Formel

$$(x)\,(z)\,\mathfrak{A}'\,(x,\,z)\to(z)\,\mathfrak{A}'\,(a,\,z),$$

ergibt nach dem Schlußschema

$$(z)\,\mathfrak{A}'\,(a,\,z).$$

Hier setzen wir für a eine nicht vorkommende Variable, etwa d, ein
und benennen z in x um. Aus der entstehenden Formel

$$(x)\,\mathfrak{A}'\,(d,\,x)$$

erhalten wir, wiederum durch Anwendung der Formel (a) und des
Schlußschemas,

$$\mathfrak{A}'\,(d,\,a)$$

und durch Einsetzung von b für a

$$\mathfrak{A}'\,(d,\,b).$$

Nun brauchen wir nur noch u wieder in x umzubenennen und a für c
sowie auch a für d einzusetzen, dann erhalten wir die gewünschte Formel

$$\mathfrak{A}\,(a,\,b).$$

Regel (ζ): Treten in einer Implikation oder in einer Äquivalenz
gewisse freie Variablen auf beiden Seiten auf, so können wir jede dieser
Variablen beiderseits durch gleiche Allzeichen oder Seinszeichen binden;
nur muß die Reihenfolge der Quantoren auf beiden Seiten die gleiche sein.
So können wir von einer Implikation

$$\mathfrak{A}\,(b,\,c)\to\mathfrak{B}\,(b,\,c),$$

falls darin die Variablen $x,\,y$ nicht vorkommen, zu

oder auch zu

$$(x)\,(y)\,\mathfrak{A}\,(x,\,y)\to(x)\,(y)\,\mathfrak{B}\,(x,\,y)$$

$$(x)\,(E\,y)\,\mathfrak{A}\,(x,\,y)\to(x)\,(E\,y)\,\mathfrak{B}\,(x,\,y),$$

ebenso von einer Äquivalenz

$$\mathfrak{A}\,(a,\,b,\,c)\sim\mathfrak{B}\,(a,\,b,\,c),$$

in der x, y, z nicht vorkommen, zu

$$(E\,x)\,(E\,y)\,(z)\,\mathfrak{A}(x,\,y,\,z) \sim (E\,x)\,(E\,y)\,(z)\,\mathfrak{B}(x,\,y,\,z)$$

übergehen.

Die Methode des Übergangs möge an dem speziellen Fall einer Formel

$$\mathfrak{A}(b,\,c) \to \mathfrak{B}(b,\,c)$$

dargelegt werden, von der wir voraussetzen wollen, daß sie die Variablen x und y nicht enthalte und aus der wir

$$(x)\,(E\,y)\,\mathfrak{A}(x,\,y) \to (x)\,(E\,y)\,\mathfrak{B}(x,\,y)$$

ableiten wollen.

Wir setzen zunächst, falls a in der Ausgangsformel auftritt, für a eine nicht vorkommende Variable, etwa d, ein; sodann setzen wir a für c ein. Aus der entstehenden Formel

$$\mathfrak{A}'(b,\,a) \to \mathfrak{B}'(b,\,a)$$

erhalten wir gemäß der Regel (δ)[1]

$$(E\,x)\,\mathfrak{A}'(b,\,x) \to (E\,x)\,\mathfrak{B}'(b,\,x).$$

Durch Umbenennung von x in y und Einsetzung von a für b ergibt sich

$$(E\,y)\,\mathfrak{A}'(a,\,y) \to (E\,y)\,\mathfrak{B}'(a,\,y)$$

und durch nochmalige Anwendung der Regel (δ)

$$(x)\,(E\,y)\,\mathfrak{A}'(x,\,y) \to (x)\,(E\,y)\,\mathfrak{B}'(x,\,y).$$

Wird nun wieder a für d eingesetzt, so gelangen wir zu der gewünschten Formel.

Im Fall, daß die Ausgangsformel nicht eine Implikation, sondern eine Äquivalenz ist, hat man statt der Regel (δ) die Regel (δ') zu benutzen.

Aus der Anwendung der Regel (ζ) auf die Äquivalenzen ergibt sich insbesondere die

Regel (η): Ist eine Formel gegeben, in der ein oder mehrere Quantoren voranstehen, so dürfen in dem auf diese Quantoren folgenden Ausdruck alle die Umformungen vorgenommen werden, wie sie zulässig sind, wenn an Stelle der durch die Quantoren gebundenen Variablen freie Variablen stehen, insbesondere also die Umformungen des Aussagenkalkuls.

Haben wir z. B. eine Formel

$$(E\,x)\,(y)\,\big(\mathfrak{A}(x) \to (\mathfrak{B}(x,\,y) \to \mathfrak{C}(x,\,y))\big),$$

so kann in dem Ausdruck

$$\mathfrak{A}(x) \to (\mathfrak{B}(x,\,y) \to \mathfrak{C}(x,\,y))$$

die Vertauschung der Vorderglieder vorgenommen werden, so daß wir zu

$$(E\,x)\,(y)\,\big(\mathfrak{B}(x,\,y) \to (\mathfrak{A}(x) \to \mathfrak{C}(x,\,y))\big)$$

---

[1] Vgl. S. 108.

gelangen. In der Tat erhalten wir aus der identischen Formel

durch Einsetzung $(A \to (B \to C)) \sim (B \to (A \to C))$

$$(\mathfrak{A}(c) \to (\mathfrak{B}(c, d) \to \mathfrak{C}(c, d))) \sim (\mathfrak{B}(c, d) \to (\mathfrak{A}(c) \to \mathfrak{C}(c, d))).$$

Dabei seien die Variablen c, d so gewählt, daß sie in $\mathfrak{A}(x)$, $\mathfrak{B}(x, y)$, $\mathfrak{C}(x, y)$ nicht vorkommen.

Nun liefert die Regel (ζ) die Formel

$$(E\,x)\,(y)\,(\mathfrak{A}(x) \to (\mathfrak{B}(x, y) \to \mathfrak{C}(x, y))) \sim (E\,x)\,(y)\,(\mathfrak{B}(x, y) \to (\mathfrak{A}(x) \to \mathfrak{C}(x, y))).$$

Die Ausgangsformel ist also in die Formel

überführbar. $(E\,x)\,(y)\,(\mathfrak{B}(x, y) \to (\mathfrak{A}(x) \to \mathfrak{C}(x, y)))$

Regel (ϑ): Besteht eine Formel aus einer Konjunktion mit einem oder mehreren voranstehenden Allzeichen und enthält jedes Konjunktionsglied die durch die Allzeichen gebundenen Variablen, so können die Allzeichen vor die einzelnen Glieder gesetzt werden. Das Entsprechende gilt für eine Disjunktion mit voranstehenden Seinszeichen. Der angegebene Prozeß ist auch im umgekehrten Sinne statthaft, er hat also den Charakter einer Umformung.

Diese Regel ergibt sich für den Fall, daß nur ein Allzeichen oder Seinszeichen voransteht, ohne weiteres aus der Anwendung der Formeln (7) und (9)[1], in Verbindung mit der Regel der Umbenennung der gebundenen Variablen.

Die Ausdehnung auf mehrere voranstehende Allzeichen bzw. Seinszeichen wollen wir an Hand einer Formel der Gestalt

$$(x)\,(y)\,(\mathfrak{A}(x, y)\,\&\,\mathfrak{B}(x, y))$$

erläutern; für diese besagt unsere Regel, daß sie in

$$(x)\,(y)\,\mathfrak{A}(x, y)\,\&\,(x)\,(y)\,\mathfrak{B}(x, y)$$

überführbar ist. Um dieses zu zeigen, nehmen wir zunächst eine in $\mathfrak{A}(x, y)$ und $\mathfrak{B}(x, y)$ nicht vorkommende freie Variable, etwa c. Da wir für den Fall von nur einem voranstehenden Allzeichen unsere Regel bereits anwenden können, so finden wir, daß

sich umformen läßt in $(y)\,(\mathfrak{A}(c, y)\,\&\,\mathfrak{B}(c, y))$

$$(y)\,\mathfrak{A}(c, y)\,\&\,(y)\,\mathfrak{B}(c, y).$$

Daraus folgt nach der Regel (η), daß

$$(x)\,(y)\,(\mathfrak{A}(x, y)\,\&\,\mathfrak{B}(x, y))$$

umgeformt werden kann in

$$(x)\,((y)\,\mathfrak{A}(x, y)\,\&\,(y)\,\mathfrak{B}(x, y));$$

---

[1] Vgl. S. 112f.

diese Formel ist aber gemäß unserer schon einmal angewendeten Regel
für nur ein voranstehendes Allzeichen überführbar in

$$(x)\ (y)\ \mathfrak{A}(x,\ y)\ \&\ (x)\ (y)\ \mathfrak{B}(x,\ y)\,.$$

In diese Formel ist daher auch die Formel

$$(x)\ (y)\ (\mathfrak{A}(x,\ y)\ \&\ \mathfrak{B}(x,\ y))$$

überführbar.

Man beachte, daß bei der Regel (ϑ) die Zusammengehörigkeit des
Allzeichens mit der Konjunktion, des Seinszeichens mit der Disjunktion
zum Ausdruck kommt. Beim Falle eines Allzeichens vor einer Disjunktion oder eines Seinszeichens vor einer Konjunktion ist die genannte
distributive Umformung nicht zulässig.

So ist z. B. die ableitbare Formel

$$(x)\ (A\ (x)\ \vee\ \overline{A\ (x)})$$

nicht etwa überführbar in

$$(x)\ A\ (x)\ \vee\ (x)\ \overline{A\ (x)}\,,$$

was man z. B. daraus ersieht, daß die letztere Formel nicht einmal
zweizahlig identisch ist.

Regel (ι): Stehen vor einer Konjunktion oder Disjunktion ein oder
mehrere Quantoren, Allzeichen oder Seinszeichen in beliebiger Aufeinanderfolge, und sind die zu diesen Quantoren gehörigen Variablen
derart auf die Glieder der Konjunktion bzw. Disjunktion verteilt, daß
keine von ihnen in zwei verschiedenen Gliedern zugleich vorkommt,
dann können die Quantoren so auf die einzelnen Glieder verteilt werden,
daß vor jedes Glied nur diejenigen Quantoren treten, deren zugehörige
Variablen in dem Gliede vorkommen. Die Reihenfolge der Quantoren
ist dabei einzuhalten. Dieser Prozeß hat den Charakter einer Umformung, ist also auch im umgekehrten Sinne zulässig.

Als Beispiel diene eine Formel von der Gestalt

$$(E\,x)\ (y)\ (E\,z)\ (\mathfrak{A}(x,\ y)\ \vee\ \mathfrak{B}\ \vee\ \mathfrak{C}(z))\,,$$

worin $\mathfrak{A}(x,\ y)$ nicht die Variable z, $\mathfrak{B}$ weder x noch y noch z, und
$\mathfrak{C}(z)$ weder x noch y enthalten soll. Die Regel (ι) besagt für eine solche
Formel, daß sie überführbar ist in

$$(E\,x)\ (y)\ \mathfrak{A}(x,\ y)\ \vee\ \mathfrak{B}\ \vee\ (E\,z)\ \mathfrak{C}(z)\,.$$

Die Umformung ergibt sich auf folgende Weise:

Wir nehmen zunächst irgend zwei freie Variablen, die in der Ausgangsformel nicht vorkommen, etwa $b,\ c$. Aus der Formel (8)[1] erhalten
wir durch Einsetzung und durch Umbenennung von x in z

$$(E\,z)\ ((\mathfrak{A}(b,\ c)\ \vee\ \mathfrak{B})\ \vee\ \mathfrak{C}(z))\ \sim\ (\mathfrak{A}(b,\ c)\ \vee\ \mathfrak{B})\ \vee\ (E\,z)\ \mathfrak{C}(z)\,.$$

---

[1] Vgl. S. 113.

Gemäß den Regeln (ζ) und (η) ergibt sich hieraus[1]

$$(E\,x)\,(y)\,(E\,z)\,(\mathfrak{A}(x,\,y)\,\lor\,\mathfrak{B}\,\lor\,\mathfrak{C}(z))\;\sim\;(E\,x)\,(y)\,(\mathfrak{A}(x,\,y)\,\lor\,\mathfrak{B}\,\lor\,(E\,z)\,\mathfrak{C}(z)).$$

Unsere Ausgangsformel ist somit überführbar in

$$(E\,x)\,(y)\,(\mathfrak{A}(x,\,y)\,\lor\,\mathfrak{B}\,\lor\,(E\,z)\,\mathfrak{C}(z)).$$

Hier können wir zunächst, gemäß der Regel (η), die Disjunktionsglieder umstellen, so daß wir

$$(E\,x)\,(y)\,(\mathfrak{B}\,\lor\,(E\,z)\,\mathfrak{C}(z)\,\lor\,\mathfrak{A}(x,\,y))$$

erhalten. Nun wenden wir die Formel (5)[2] an; aus dieser ergibt sich durch Einsetzung und Umbenennung von x in y

$$(y)\,((\mathfrak{B}\,\lor\,(E\,z)\,\mathfrak{C}(z))\,\lor\,\mathfrak{A}(b,\,y))\sim((\mathfrak{B}\,\lor\,(E\,z)\,\mathfrak{C}(z))\,\lor\,(y)\,\mathfrak{A}(b,\,y))$$

und daraus gemäß den Regeln (ζ) und (η):

$$(E\,x)\,(y)\,(\mathfrak{B}\,\lor\,(E\,z)\,\mathfrak{C}(z)\,\lor\,\mathfrak{A}(x,\,y))\sim(E\,x)\,(\mathfrak{B}\,\lor\,(E\,z)\,\mathfrak{C}(z)\,\lor\,(y)\,\mathfrak{A}(x,\,y)).$$

Hierzu nehmen wir noch die aus Formel (8) durch Einsetzung [und Anwendung der Regel (η)] hervorgehende Formel:

$$(E\,x)\,(\mathfrak{B}\,\lor\,(E\,z)\,\mathfrak{C}(z)\,\lor\,(y)\,\mathfrak{A}(x,\,y))\sim(\mathfrak{B}\,\lor\,(E\,z)\,\mathfrak{C}(z)\,\lor\,(E\,x)\,(y)\,\mathfrak{A}(x,\,y)).$$

Aus diesen beiden Äquivalenzen ergibt sich, daß die Formel

$$(E\,x)\,(y)\,(\mathfrak{B}\,\lor\,(E\,z)\,\mathfrak{C}(z)\,\lor\,\mathfrak{A}(x,\,y))$$

und somit auch die Ausgangsformel überführbar ist in die Formel

$$\mathfrak{B}\,\lor\,(E\,z)\,\mathfrak{C}(z)\,\lor\,(E\,x)\,(y)\,\mathfrak{A}(x,\,y),$$

aus welcher die gewünschte Formel durch Umstellen der Disjunktionsglieder hervorgeht.

Regel $(\varkappa)$: Aufeinanderfolgende Allzeichen und ebenso aufeinanderfolgende Seinszeichen, die sich auf denselben Ausdruck beziehen, können beliebig umgestellt werden.

Die Regel ergibt sich aus der Anwendung der Formeln (13), (13′)[3]. So ist z.B. eine Formel

$$(x)\,(y)\,(z)\,\mathfrak{A}(x,\,y,\,z)$$

überführbar in

$$(z)\,(y)\,(x)\,\mathfrak{A}(x,\,y,\,z).$$

Denn durch Einsetzung in die Formel (13) und Umbenennung der Variablen x, y in y, z auf beiden Seiten der Äquivalenz erhalten wir

$$(y)\,(z)\,A\,(a,\,y,\,z)\sim(z)\,(y)\,A\,(a,\,y,\,z),$$

hieraus gemäß der Regel (δ')

$$(x)\,(y)\,(z)\,A\,(x,\,y,\,z)\sim(x)\,(z)\,(y)\,A\,(x,\,y,\,z).$$

---

[1] Die Regel (η) wird hier zur Beseitigung von Klammern benutzt.
[2] Vgl. S. 110.   [3] Vgl. S. 115f.

Andererseits liefert die Formel (13) durch Umbenennung von y in z und durch Einsetzung von

$$(y)\, A\,(a,\, y,\, c)\ \text{für die Nennform}\ A\,(a,\, c)$$

die Formel $\quad (x)\,(z)\,(y)\, A\,(x,\, y,\, z) \sim (z)\,(x)\,(y)\, A\,(x,\, y,\, z)\,,$

und aus der vorigen Äquivalenz ergibt sich durch Einsetzung von $A\,(b,\, c,\, a)$ für die Nennform $A\,(a,\, b,\, c)$ und nachherige Umbenennung von x, y, z in z, x, y:

$$(z)\,(x)\,(y)\, A\,(x,\, y,\, z) \sim (z)\,(y)\,(x)\, A\,(x,\, y,\, z)\,.$$

Die drei erhaltenen Äquivalenzen ergeben zusammen die Formel

$$(x)\,(y)\,(z)\, A\,(x,\, y,\, z) \sim (z)\,(y)\,(x)\, A\,(x,\, y,\, z)\,,$$

aus welcher die behauptete Überführbarkeit hervorgeht.

Man beachte, daß, gemäß der Regel (η), die Vertauschung aufeinanderfolgender Allzeichen auch dann zulässig ist, wenn ihnen ein Seinszeichen vorhergeht, so daß z. B.

$$(u)\,(E\,x)\,(y)\,(z)\, \mathfrak{A}\,(x,\, y,\, z,\, u)$$

überführbar ist in $\quad (u)\,(E\,x)\,(z)\,(y)\, \mathfrak{A}\,(x,\, y,\, z,\, u)\,.$

Regel (λ): Von einer Formel mit voranstehenden Quantoren bildet man die Negation, indem man jedes der voranstehenden Allzeichen in ein Seinszeichen, jedes der Seinszeichen in ein Allzeichen umwandelt und den nachfolgenden Ausdruck durch seine Negation ersetzt.

So kann eine Formel $\quad \overline{(x)\,(E\,y)\, \mathfrak{A}\,(x,\, y)}$

umgeformt werden in $\quad (E\,x)\,(y)\, \overline{\mathfrak{A}\,(x,\, y)}\,.$

Denn aus der Formel (2)[1] erhalten wir durch Einsetzung

$$\overline{(x)\,(E\,y)\, \mathfrak{A}\,(x,\, y)} \sim (E\,x)\, \overline{(E\,y)\, \mathfrak{A}\,(x,\, y)}\,,$$

ferner aus der Formel (3′) durch Umbenennung von x in y und durch Einsetzung

$$\overline{(E\,y)\, \mathfrak{A}\,(a,\, y)} \sim (y)\, \overline{\mathfrak{A}\,(a,\, y)}\,.$$

Nun ergibt sich nach der Regel (δ')

$$(E\,x)\, \overline{(E\,y)\, \mathfrak{A}\,(x,\, y)} \sim (E\,x)\,(y)\, \overline{\mathfrak{A}\,(x,\, y)}$$

und aus der Vereinigung dieser Formel mit der zuerst erhaltenen

$$\overline{(x)\,(E\,y)\, \mathfrak{A}\,(x,\, y)} \sim (E\,x)\,(y)\, \overline{\mathfrak{A}\,(x,\, y)}\,,$$

woraus die behauptete Überführbarkeit hervorgeht.

Die Regeln der Umformung wollen wir nun zur Herstellung einer Art von *Normalform* verwenden. Es läßt sich nämlich jede Formel des Prädikatenkalkuls in eine solche Formel überführen, bei der die

---

[1] Vgl. S. 109.

Quantoren alle voranstehen, welche also aus einem Ausdruck des Aussagenkalkuls hervorgeht, indem Formelvariablen mit Argumenten versehen werden und freie Variablen durch Allzeichen oder Seinszeichen gebunden werden, die vor die ganze Formel treten.

Eine so beschaffene Formel wollen wir eine „pränexe" Formel nennen.

Die Methode der Überführung einer Formel in eine pränexe Formel möge an dem Beispiel

$$(x)\,(y)\,A\,(x,\,y) \rightarrow (x)\,(B\,(x) \rightarrow (E\,y)\,C\,(x,\,y))$$

dargelegt werden.

Hier können wir zunächst die beiden Implikationen mit Hilfe des Aussagenkalkuls, unter Hinzunahme der Regel (η), beseitigen; wir erhalten so

$$\overline{(x)}\,(y)\,A\,(x,\,y) \lor (x)\,(\overline{B\,(x)} \lor (E\,y)\,C\,(x,\,y))\,.$$

Gemäß der Regel (λ) können wir

überführen in

$$\overline{(x)}\,(y)\,A\,(x,\,y)$$
$$(E\,x)\,(E\,y)\,\overline{A\,(x,\,y)}\,;$$

ferner können wir

$$\overline{B\,(a)} \lor (E\,y)\,C\,(a,\,y)$$

nach der Regel (ι) umformen in

$$(E\,y)\,(\overline{B\,(a)} \lor C\,(a,\,y))\,;$$

mithin kann, auf Grund der Regel (η),

umgeformt werden in

$$(x)\,(\overline{B\,(x)} \lor (E\,y)\,C\,(x,\,y))$$
$$(x)\,(E\,y)\,(\overline{B\,(x)} \lor C\,(x,\,y))\,,$$

so daß wir im ganzen erhalten

$$(E\,x)\,(E\,y)\,\overline{A\,(x,\,y)} \lor (x)\,(E\,y)\,(\overline{B\,(x)} \lor C\,(x,\,y))\,.$$

Nun wenden wir auf das Disjunktionsglied

$$(x)\,(E\,y)\,(\overline{B\,(x)} \lor C\,(x,\,y))$$

die Regel der Umbenennung an, indem wir x, y in u, v umbenennen; so ergibt sich die Formel

$$(E\,x)\,(E\,y)\,\overline{A\,(x,\,y)} \lor (u)\,(E\,v)\,(\overline{B\,(u)} \lor C\,(u,\,v))\,,$$

und diese kann gemäß der Regel (ι) übergeführt werden in die pränexe Formel

$$(E\,x)\,(E\,y)\,(u)\,(E\,v)\,(\overline{A\,(x,\,y)} \lor \overline{B\,(u)} \lor C\,(u,\,v))\,.$$

Man beachte, daß hier die Reihenfolge der vorangestellten Quantoren gemäß der Regel (ι) auf verschiedene Arten gewählt werden kann. Z. B. ist auch die Reihenfolge

$$(E\,x)\ (u)\ (E\,y)\ (E\,v)$$

oder auch

$$(u)\ (E\,v)\ (E\,x)\ (E\,y)$$

zulässig. Nimmt man noch die Regel $(\varkappa)$ über die Vertauschbarkeit aufeinanderfolgender Seinszeichen hinzu, so erkennt man, daß die einzige Bedingung für die Reihenfolge darin besteht, daß (u) vor $(E\,v)$ stehen muß.

Aber nicht nur die Reihenfolge der Quantoren ist in weitgehendem Maße willkürlich, sondern auch ihre Anzahl kann durch Umformungen verändert werden. Insbesondere kann man in den meisten Fällen durch Anwendung der Regel (ϑ) die Anzahl der Quantoren vermindern. In unserem Beispiel gelingt das folgendermaßen: Wir wenden bei der Formel

$$(E\,x)\ (E\,y)\ \overline{A\,(x,\,y)}\ \vee\ (x)\ (E\,y)\ (\overline{B\,(x)}\ \vee\ C\,(x,\,y))$$

die Umbenennung in dem zweiten Disjunktionsglied nur auf dieVariable x an, so daß wir erhalten:

$$(E\,x)\ (E\,y)\ \overline{A\,(x,\,y)}\ \vee\ (u)\ (E\,y)\ (\overline{B\,(u)}\ \vee\ C\,(u,\,y)).$$

Die Anwendung der Regel (ι) führt zunächst zu der Formel

$$(u)\ (E\,x)\ ((E\,y)\ \overline{A\,(x,\,y)}\ \vee\ (E\,y)\ (\overline{B\,(u)}\ \vee\ C\,(u,\,y))),$$

die noch nicht pränex ist. Nun können wir den auf $(u)\ (E\,x)$ folgenden Ausdruck nach der Regel (ϑ), in Verbindung mit (η), umformen. So gelangen wir zu der Formel

$$(u)\ (E\,x)\ (E\,y)\ (\overline{A\,(x,\,y)}\ \vee\ \overline{B\,(u)}\ \vee\ C\,(u,\,y)),$$

welche pränex ist und in der nur drei Quantoren voranstehen.

Wir wollen das Verfahren der Überführung einer Formel in eine pränexe auch noch auf die im vorhergehenden erwähnte[1] Formel $\mathfrak{F}$ anwenden, welche durch die konjunktive Zusammenfassung der drei Formeln

$$(x)\ \overline{R\,(x,\,x)},$$

$$(x)\ (y)\ (z)\ (R\,(x,\,y)\ \&\ R\,(y,\,z)\ \to\ R\,(x,\,z)),$$

$$(x)\ (E\,y)\ R\,(x,\,y)$$

entsteht.

Wird hier zunächst in dem dritten Konjunktionsglied y in u umbenannt, so ergibt sich

$$(x)\ \overline{R\,(x,\,x)}\ \&\ (x)\ (y)\ (z)\ (R\,(x,\,y)\ \&\ R\,(y,\,z)\ \to\ R\,(x,\,z))\ \&\ (x)\ (E\,u)R\,(x,u).$$

---

[1] Vgl. S. 122.

Nach der Regel (ϑ) können wir das Allzeichen (x) gemeinsam vor die drei Konjunktionsglieder setzen, so daß wir erhalten

$$(x)\,\big(\overline{R(x,\,x)}\,\&\,(y)\,(z)\,(R(x,\,y)\,\&\,R(y,\,z)\rightarrow R(x,\,z))\,\&\,(E\,u)\,R(x,\,u)\big).$$

Formen wir nun den auf (x) folgenden Ausdruck gemäß der Regel (ι) um, so gelangen wir zu der pränexen Formel

$$(x)\,(y)\,(z)\,(E\,u)\,\big(\overline{R(x,\,x)}\,\&\,(R(x,\,y)\,\&\,R(y,\,z)\rightarrow R(x,\,z))\,\&\,R(x,\,u)\big).$$

Den Ausdruck hinter den Quantoren können wir noch durch Umformung des zweiten Konjunktionsgliedes [nach der Regel (η)] in eine konjunktive Normalform überführen; wir erhalten so:

$$(x)\,(y)\,(z)\,(E\,u)\,\big(\overline{R(x,\,x)}\,\&\,\overline{R(x,\,y)}\lor \overline{R(y,\,z)}\lor R(x,\,z)\,\&\,R(x,\,u)\big).$$

Das Verfahren dieser letzten Umformung ist ganz allgemein. In der Tat gestattet uns die Regel (η), bei einer pränexen Formel auf den Ausdruck, welcher hinter den Operatoren steht, die Umformungen des Aussagenkalkuls anzuwenden; insbesondere kann dieser Ausdruck also in eine konjunktive Normalform oder auch in eine disjunktive Normalform umgeformt werden.

Es sei noch für die Formel $\mathfrak{H}$, die wir im Zusammenhang mit der Formel $\mathfrak{F}$ erwähnt haben[1], das Ergebnis der Umformung in eine pränexe Formel mit einer auf die Quantoren folgenden konjunktiven Normalform angegeben; man erhält gemäß den Regeln (ϑ), (ι), (η) die Formel

$$(x)\,(E\,y)\,(z)\,\big(\overline{A(x,\,x)}\,\&\,A(x,\,y)\,\&\,\overline{A(z,\,x)}\lor A(z,\,y)\big).$$

Für solche pränexe Formeln, in denen auf die Quantoren eine konjunktive oder eine disjunktive Normalform folgt, gestaltet sich die Bildung der Negation besonders einfach: Man hat zunächst, gemäß der Regel (λ), jedes Allzeichen durch das entsprechende Seinszeichen, jedes Seinszeichen durch das entsprechende Allzeichen zu ersetzen und von dem hinter den Operatoren stehenden Ausdruck die Negation zu bilden. Die Negation einer konjunktiven oder disjunktiven Normalform ist aber, gemäß dem Aussagenkalkul, ersetzbar durch den Ausdruck, den man erhält, indem man $\&$ und $\lor$ miteinander und jede Primformel mit ihrer Negation vertauscht. Hierbei entsteht aus einer konjunktiven Normalform eine disjunktive, und umgekehrt.

Nach dieser Methode der Bildung der Negation gewinnen wir aus der Formel, in die wir die Formel $\mathfrak{F}$ übergeführt haben, für die Formel $\overline{\mathfrak{F}}$ sofort folgende Umformung:

$$(E\,x)\,(E\,y)\,(E\,z)\,(u)\,\big(R(x,\,x)\lor(R(x,\,y)\,\&\,R(y,\,z)\,\&\,\overline{R(x,\,z)})\lor \overline{R(x,\,u)}\big).$$

Die Überführung der Formeln in pränexe spielt insbesondere bei der Behandlung des *Entscheidungsproblems* eine Rolle. Da diese Um-

---

[1] Vgl. S. 123.

formung auf jede Formel des Prädikatenkalkuls anwendbar ist, so genügt es, das Entscheidungsproblem für pränexe Formeln zu lösen. An Hand der „pränexen Normalform" geschieht auch die Abgrenzung derjenigen Fälle, für welche *über den einstelligen Prädikatenkalkul hinaus* die Lösung des Entscheidungsproblems gelungen ist.

Zu jedem dieser Fälle gehört einerseits der Bereich derjenigen pränexen Formeln, für welche durch das betreffende Entscheidungsverfahren über die Allgemeingültigkeit oder auch über die Ableitbarkeit entschieden wird (kurz: der „Entscheidungsbereich für die Ableitbarkeit") und andererseits der zu jenem duale Bereich derjenigen pränexen Formeln, für die durch jenes Verfahren über die Widerlegbarkeit oder auch über die Erfüllbarkeit entschieden wird (kurz: der „Entscheidungsbereich für die Erfüllbarkeit"). Der zweite Bereich wird von den nach der Regel (λ) umgeformten Negationen der Formeln des ersten Bereiches gebildet.

Die zu nennenden Sonderfälle der Lösung des Entscheidungsproblems lassen sich nun einerseits durch die zugehörigen Entscheidungsbereiche für die Ableitbarkeit, andererseits durch diejenigen für die Erfüllbarkeit abgrenzen. Die Entscheidungsbereiche für die Ableitbarkeit sind durch folgende Beschaffenheiten der zu ihnen gehörenden Formeln bestimmt:

1. Die voranstehenden Quantoren sind entweder nur Allzeichen oder nur Seinszeichen, oder die Allzeichen gehen sämtlich den Seinszeichen voraus.

2. Unter den voranstehenden Quantoren sind höchstens zwei Seinszeichen, und zwar dann unmittelbar aufeinander folgend.

3. Der auf die voranstehenden Quantoren folgende Ausdruck hat die Gestalt einer nur aus einem Gliede bestehenden konjunktiven Normalform oder geht aus einer solchen durch Umformungen des Aussagenkalkuls hervor.

Aus diesen definierenden Bedingungen für die Entscheidungsbereiche der Ableitbarkeit erhält man die Bedingungen für die entsprechenden Entscheidungsbereiche der Erfüllbarkeit, indem man in den beiden ersten Fällen die Allzeichen mit den Seinszeichen ihre Rollen vertauschen läßt und im dritten Fall von einer disjunktiven Normalform statt von einer konjunktiven spricht.

Der spezielle Charakter dieser Teillösungen des Entscheidungsproblems macht sich dadurch geltend, daß jedesmal die Entscheidung an Hand eines bestimmten *endlichen* Individuenbereiches möglich ist. Nämlich in allen drei Fällen läßt sich, wie man zeigen kann, zu jeder Formel aus dem Entscheidungsbereich der Ableitbarkeit eine Anzahl f so bestimmen, daß die Formel jedenfalls ableitbar ist, falls sie f-zahlig identisch ist, und zu jeder Formel aus dem Entscheidungsbereich der Erfüllbarkeit eine Anzahl f so, daß die Formel f-zahlig erfüllbar oder widerlegbar ist[1]. Hiernach ergibt sich a fortiori, daß in den drei Fällen jede Formel des Entscheidungsbereichs der Ableitbarkeit, welche im Endlichen identisch ist, auch ableitbar ist und jede Formel des Entscheidungsbereichs der Erfüllbarkeit entweder im Endlichen erfüllbar oder widerlegbar ist.

Die Alternative zwischen Erfüllbarkeit im Endlichen und Widerlegbarkeit besteht hiernach insbesondere (gemäß dem zweiten Fall) für jede solche pränexe Formel, in der nicht mehr als zwei Allzeichen, und zwar dann unmittelbar hintereinander, auftreten. Daß im Falle, wo unter den voranstehenden Quantoren mehr als zwei Allzeichen oder zwei durch Seinszeichen getrennte Allzeichen vorkommen, jene Alternative nicht zu bestehen braucht, zeigen die Beispiele der Formeln

$$(x)\,(y)\,(z)\,(E\,u)\,(\overline{R(x,x)}\ \&\ \overline{R(x,y)}\ \lor\ \overline{R(y,z)}\ \lor\ R(x,z)\ \&\ R(x,u))$$

$$(x)\,(E\,y)\,(z)\,(\overline{A\,(x,x)}\ \&\ A\,(x,y)\ \&\ \overline{A\,(z,x)}\ \lor\ A\,(z,y)),$$

welche wir vorhin durch Umformungen aus den Formeln $\mathfrak{F}$, $\mathfrak{H}$ gewonnen haben. Denn die Formeln $\mathfrak{F}$ und $\mathfrak{H}$ sind einerseits, wie wir schon festgestellt haben[2], nicht im Endlichen erfüllbar, andererseits, wie wir im § 6 zeigen werden, nicht widerlegbar, und demnach sind auch die genannten durch Umformung von $\mathfrak{F}$ und $\mathfrak{H}$ erhaltenen Formeln weder im Endlichen erfüllbar noch widerlegbar.

Was nun die Behandlung der drei genannten Fälle des Entscheidungsproblems betrifft, so läßt sich der erste leicht erledigen; wir werden auf ihn im § 5 zu sprechen kommen. Für den zweiten Fall haben unabhängig voneinander K. Gödel, L. Kalmár und K. Schütte das Entscheidungsproblem gelöst[3]. Und zwar haben sie alle den Entscheidungsbereich der Erfüllbarkeit betrachtet und für die Formeln dieses Bereiches zu-

---

[1] Siehe jedoch in Bd. II (Hinweis 2 nach dem Inhaltsverzeichnis von Bd. II). (Anm. der 2. Aufl.).   [2] Vgl. S. 14, 122f.

[3] Siehe Gödels kurze Darstellung in den Erg. math. Kolloqu. Heft 2 (1932) sowie seine Abhandlung ,,Zum Entscheidungsproblem des logischen Funktionenkalküls", Mh. Math. Phys. Bd. 40 (1933), S. 433—443, ferner die Abhandlung von L. Kalmár: Über die Erfüllbarkeit derjenigen Zählausdrücke, welche in der Normalform zwei benachbarte Allzeichen enthalten, Math. Ann. Bd. 108 (1933) Heft 3, sowie K. Schütte ,,Untersuchungen zum Entscheidungsproblem der mathematischen Logik", Math. Ann. 109 (1934), 572—603 und ,,Über die Erfüllbarkeit einer Klasse von logischen Formeln", Math. Ann. 110 (1934), 161—194. — Das einfachste unter den Fall 2 gehörige und noch nicht durch den Fall 1 erledigte Entscheidungsproblem ist in der Abhandlung von P. Bernays und M. Schönfinkel ,,Zum Entscheidungsproblem der mathematischen Logik" [Math. Ann. Bd. 99 (1928) Heft 3] gelöst worden. — Für diejenigen pränexen Formeln, welche unter den voranstehenden Quantoren nur ein Allzeichen enthalten, haben unabhängig voneinander W. Ackermann und Th. Skolem das Problem der Erfüllbarkeit gelöst und die Alternative zwischen Widerlegbarkeit und Erfüllbarkeit im Endlichen bewiesen. Siehe W. Ackermann: Über die Erfüllbarkeit gewisser Zählausdrücke. Math. Ann. Bd. 100 (1928) Heft 4 und 5. — Th. Skolem: Über die mathematische Logik. Norsk mat. Tidsskr. Bd. 10 (1928).

nächst eine notwendige Bedingung ihrer Unwiderlegbarkeit gefunden. Für diejenigen Formeln, welche dieser Bedingung genügen, weisen GÖDEL und KALMÁR nach, daß sie durch ein Modell der finiten Zahlentheorie erfüllbar sind; SCHÜTTE hat darüber hinausgehend die Erfüllbarkeit in einem endlichen Individuenbereich (mit einer an Hand der jeweiligen Formel abschätzbaren Anzahl von Individuen) aufgezeigt. Für den dritten Fall hat HERBRAND das Entscheidungsverfahren als unmittelbare Anwendung seines im vorigen erwähnten allgemeinen Satzes[1] gefunden.

Die Prozesse, mit Hilfe deren wir eine gegebene Formel in eine pränexe Formel überführen, lassen sich auch in umgekehrter Richtung anwenden; man gelangt dann zu solchen Umformungen, bei denen die Quantoren möglichst weit nach innen gebracht, d. h. möglichst dicht an die Primformeln herangezogen werden.

Eine einfach charakterisierbare Normalform erhalten wir auf diese Weise im allgemeinen freilich nicht. Nur im Bereiche des *einstelligen* Prädikatenkalkuls ist dieses der Fall. Hier gelangen wir durch das Verfahren, die Quantoren nach innen zu ziehen, schließlich zu solchen Formeln, die sich mit Hilfe der Verknüpfungen des Aussagenkalkuls zusammensetzen aus *„Primärformeln"*, d. h. aus Formeln, die entweder Primformeln sind oder eine der folgenden beiden Gestalten haben:

$$(x) (\mathfrak{P}_1(x) \lor \ldots \lor \mathfrak{P}_{\mathfrak{f}}(x)),$$

$$(E\,x) (\mathfrak{P}_1(x) \mathbin{\&} \ldots \mathbin{\&} \mathfrak{P}_{\mathfrak{f}}(x)),$$

wobei

$$\mathfrak{P}_1(a),\ \mathfrak{P}_2(a),\ \ldots,\ \mathfrak{P}_{\mathfrak{f}}(a)$$

Primformeln oder Negationen von Primformeln mit dem Argument a bezeichnen. (Die Gliederzahl $\mathfrak{f}$ ist von Fall zu Fall eine andere.)

Die Feststellung, daß jede Formel des einstelligen Prädikatenkalkuls sich in eine solche aus Primärformeln zusammengesetzte Formel überführen, oder, wie wir hier kurz sagen wollen „in Primärformeln zerlegen" läßt, wurde von H. BEHMANN zum Ausgangspunkt seiner Untersuchung über den einstelligen Prädikatenkalkul gemacht, auf die wir späterhin näher zu sprechen kommen werden[2].

Die Möglichkeit der Zerlegung einer jeden Formel des einstelligen Prädikatenkalkuls in Primärformeln erkennen wir folgendermaßen:

Wir denken uns zunächst die Formel in eine pränexe Formel übergeführt und betrachten den zuletzt stehenden (innersten) Quantor. Durch eventuelle Umbenennung der Variablen können wir jedenfalls erreichen, daß die zugehörige gebundene Variable x ist. Der Quantor ist nun entweder (x) oder $(E\,x)$.

---

[1] Vgl. S. 128.

[2] Vgl. S. 199ff. Die BEHMANNsche Untersuchung „Beiträge zur Algebra der Logik, insbesondere zum Entscheidungsproblem" erschien in Math. Ann. Bd. 86 (1922) Heft 3, 4. Der Ausdruck „Primärformel" wird übrigens von BEHMANN nicht benutzt; er spricht mit Bezug auf das betrachtete Verfahren von „Hineintreibung der Operatoren" (vgl. in der zitierten Abh. § 9—10).

Im ersten Falle formen wir den auf (x) folgenden Ausdruck
$$\mathfrak{A}(x, \ldots, u)$$
in eine konjunktive Normalform um. Nun kann gemäß den Regeln
(ϑ), (ι), (η)[1] das Allzeichen (x) auf die einzelnen Konjunktionsglieder,
soweit sie die Variable x enthalten, verteilt werden, wobei die von x
freien Konjunktionsglieder ohne Allzeichen stehen bleiben.

Jedes der Konjunktionsglieder, vor die das Allzeichen (x) tritt,
ist nun seinerseits eine einfache Disjunktion, deren Glieder teils Primformeln, teils Negationen von Primformeln sind oder aus solchen
Formeln hervorgehen, indem eine freie Variable durch eine gebundene
ersetzt wird.

Hier können, nach den Regeln (ι), (η), diejenigen Disjunktionsglieder, welche von x frei sind, vor das Allzeichen gesetzt werden.
Nunmehr haben die Ausdrücke, vor denen das Allzeichen (x) steht,
die Gestalt
$$\mathfrak{P}_1(x) \lor \ldots \lor \mathfrak{P}_t(x);$$
die Variable x tritt also nur noch in Primärformeln auf. Da diese
außer x keine Individuenvariable enthalten, so können sie bei den
weiteren Umformungen als ungetrenntes Ganzes, wie eine Primformel
ohne Argument, behandelt werden.

Ganz das Entsprechende erreichen wir im Falle des Seinszeichens $(E\,x)$.
Nur haben wir dann anstatt der konjunktiven die disjunktive Normalform zu nehmen.

Entweder ist nun bereits eine Zerlegung in Primärformeln gewonnen oder andernfalls ist doch die Anzahl der voranstehenden
Quantoren um 1 vermindert. Wir können dann das beschriebene Verfahren für den jetzt zu innerst stehenden Quantor wiederholen, dessen
zugehörige Variable y ist oder in y umbenannt werden kann. Die
bereits erhaltenen Primärformeln bewirken dabei keine Änderung, da
sie, wie schon gesagt, geradeso wie Primformeln ohne Argument zu
behandeln sind.

Nun treten neue Primärformeln auf von der Gestalt
$$(y)\,(\mathfrak{P}_1(y) \lor \ldots \lor \mathfrak{P}_t(y))$$
bzw.
$$(E\,y)\,(\mathfrak{P}_1(y) \,\&\, \ldots \,\&\, \mathfrak{P}_t(y)).$$
In diesen kann die Variable y in x umbenannt werden.

Nun sind wir am Ziel, oder die Anzahl der voranstehenden Quantoren
ist wieder um 1 vermindert, und im übrigen ist die Struktur der Formel
dieselbe geblieben, nur sind einige Primärformeln hinzugekommen.

In dieser Weise kann man fortfahren, bis überhaupt kein Quantor
mehr vorsteht. Die resultierende Formel ist dann aus Primärformeln zusammengesetzt.

Das Verfahren vereinfacht sich im allgemeinen dadurch, daß man
bei den Umformungen des Aussagenkalkuls diejenigen Formelbestand-

---

[1] Vgl. S. 135 ff.

teile, welche bereits in Primärformeln zerlegt sind, ungeändert beisammen lassen kann.

Als Beispiel für die Methode der Zerlegung in Primärformeln wollen wir die Formel

$$(E\,x)\,(y)\,\{(B(x)\,\&\,\overline{C} \rightarrow A\,(y))\,\&\,(C \rightarrow \overline{B\,(x)}\,\&\,(A\,(y) \rightarrow B\,(y)))\}$$

behandeln. Wir benennen zunächst x, y in y, x um und bringen den Ausdruck hinter $(E\,y)\,(x)$ in eine konjunktive Normalform; so erhalten wir

$$(E\,y)\,(x)\,\{\overline{B\,(y)} \vee C \vee A\,(x)\,\&\,\overline{C} \vee \overline{B\,(y)}\,\&\,\overline{C} \vee \overline{A\,(x)} \vee B\,(x)\}.$$

Nun verteilen wir das Allzeichen (x) auf die einzelnen Konjunktionsglieder, wobei zu beachten ist, daß nur das erste und das dritte Glied die Variable x enthält. Es ergibt sich

$$(E\,y)\,\{(x)\,(\overline{B\,(y)} \vee C \vee A\,(x))\,\&\,\overline{C} \vee \overline{B\,(y)}\,\&\,(x)\,(\overline{C} \vee \overline{A\,(x)} \vee B\,(x))\}.$$

Indem wir nun bei den Disjunktionen mit voranstehendem (x) die von x freien Glieder vor das Allzeichen nehmen, erhalten wir

$$(E\,y)\,\{\overline{B\,(y)} \vee C \vee (x)\,A\,(x)\,\&\,\overline{C} \vee \overline{B\,(y)}\,\&\,\overline{C} \vee (x)\,(\overline{A\,(x)} \vee B\,(x))\}.$$

Von dem Ausdruck hinter $(E\,y)$ können wir das letzte Glied

$$\overline{C} \vee (x)\,(\overline{A\,(x)} \vee B\,(x)),$$

welches schon in Primärformeln zerlegt ist, ungeändert beibehalten.

Den Ausdruck

$$\overline{B\,(y)} \vee C \vee (x)\,A\,(x)\,\&\,\overline{C} \vee \overline{B\,(y)}$$

können wir zunächst umformen in

$$\overline{B\,(y)} \vee (C \vee (x)\,A\,(x)\,\&\,\overline{C})$$

und diesen wiederum in die disjunktive Normalform

$$\overline{B\,(y)} \vee ((x)\,A\,(x)\,\&\,\overline{C}).$$

So gelangen wir zu der Formel

$$(E\,y)\,\{\overline{B\,(y)} \vee ((x)\,A\,(x)\,\&\,\overline{C})\,\&\,\overline{C} \vee (x)\,(\overline{A\,(x)} \vee B\,(x))\}.$$

Hier können wir, gemäß der Regel (ι), zunächst das von y freie Konjunktionsglied

$$\overline{C} \vee (x)\,(\overline{A\,(x)} \vee B\,(x))$$

und hernach auch das von y freie Disjunktionsglied

$$(x)\,A\,(x)\,\&\,\overline{C}$$

von dem Seinszeichen $(E\,y)$ loslösen, so daß wir erhalten

$$(E\,y)\,\overline{B\,(y)} \vee ((x)\,A\,(x)\,\&\,\overline{C})\,\&\,\overline{C} \vee (x)\,(\overline{A\,(x)} \vee B\,(x)).$$

Nun kann auch y in x umbenannt werden.

Damit haben wir die Ausgangsformel in Primärformeln zerlegt. Die gewonnene Zerlegung läßt sich noch durch Anwendung des Aussagenkalkuls und der Formel (2) des Prädikatenkalkuls zu folgender übersichtlicheren Formel umformen:

$$((x)\,B\,(x) \rightarrow (x)\,A\,(x))\,\&\,(C \rightarrow (E\,x)\,\overline{B\,(x)}\,\&\,(x)\,(A\,(x) \rightarrow B\,(x))).$$

Mit den beiden betrachteten Normalformen, der pränexen Normalform und der Zerlegung in Primärformeln (letztere speziell für den einstelligen Prädikatenkalkul), gewinnen wir bereits eine gewisse Übersicht über den Formalismus des Prädikatenkalkuls. Einen weitergehenden Überblick liefern uns einige Theoreme allgemeineren Charakters, die wir nun darlegen wollen. Diese knüpfen sich an den Begriff der *„Deduktionsgleichheit"*.

Eine Formel $\mathfrak{A}$ soll einer Formel $\mathfrak{B}$ „deduktionsgleich" heißen, wenn nach den Regeln des Prädikatenkalkuls aus $\mathfrak{A}$ die Formel $\mathfrak{B}$ und aus $\mathfrak{B}$ auch $\mathfrak{A}$ ableitbar ist. Auf den ersten Blick könnte es scheinen, als ob dieser Begriff sachlich zusammenfiele mit dem der Überführbarkeit. Jedoch ist die Forderung der Überführbarkeit von $\mathfrak{A}$ in $\mathfrak{B}$, d. h. der Ableitbarkeit von

$$\mathfrak{A} \sim \mathfrak{B}$$

schärfer als die der Deduktionsgleichheit von $\mathfrak{A}$ und $\mathfrak{B}$. Aus der Überführbarkeit folgt die Deduktionsgleichheit; denn mit Hilfe der Formel

$$\mathfrak{A} \sim \mathfrak{B}$$

kann aus $\mathfrak{A}$ die Formel $\mathfrak{B}$ und aus $\mathfrak{B}$ auch $\mathfrak{A}$ abgeleitet werden. Es gilt aber nicht die Umkehrung: das heißt aus der Deduktionsgleichheit folgt noch nicht die Überführbarkeit.

Wir wollen uns das an zwei typischen Beispielen klarmachen:

1. Die Formel

$$A$$

(A als alleinstehende Formelvariable) ist deduktionsgleich der Formel $\overline{A}$. Denn $\overline{A}$ wird aus A durch Einsetzung erhalten, und andererseits erhalten wir aus $\overline{A}$ durch Einsetzung $\overline{\overline{A}}$ und durch Anwendung der identischen Formel

$$\overline{\overline{A}} \to A$$

die Formel A.

Dagegen ist A nicht in $\overline{A}$ überführbar; denn wäre die Formel

$$A \sim \overline{A}$$

aus dem Prädikatenkalkul ableitbar, so wäre überhaupt jede Formel durch den Prädikatenkalkul ableitbar, was, wie wir gezeigt haben, nicht der Fall ist.

2. Die Formel

$$A\,(a)$$

ist deduktionsgleich der Formel

$$(x)\,A\,(x).$$

Von der ersten gelangt man nach der Regel (γ')[1] zu der zweiten und von dieser durch Anwendung der Formel (a) wieder zu der ersten.

---

[1] Vgl. S. 108.

Dagegen sind die Formeln nicht ineinander überführbar. Denn wäre die Formel

$$A\,(a) \sim (x)\,A\,(x)$$

ableitbar, so wäre auch

$$A\,(a) \rightarrow (x)\,A\,(x)$$

ableitbar. Das ist aber nicht der Fall, was man daran erkennt, daß diese Formel nicht einmal zweizahlig identisch ist.

Jedes dieser beiden betrachteten Beispiele repräsentiert eine Klasse von Fällen, in denen Deduktionsgleichheit, aber im allgemeinen nicht Überführbarkeit vorliegt.

Nämlich das Beispiel 1 ist ein Spezialfall des folgenden Satzes: Je zwei *nicht identisch wahre* Formeln des Aussagenkalkuls sind deduktionsgleich. Dieser Satz ergibt sich auf Grund unserer früheren Feststellung[1], daß, wenn im Formelbereich des Aussagenkalkuls zu den identischen Formeln noch eine nicht identisch wahre Formel als Ausgangsformel hinzugenommen wird, dann mit Hilfe von Einsetzungen und des Schlußschemas jede beliebige Formel abgeleitet werden kann.

Das Beispiel 2 läßt sich zu folgendem Satz verallgemeinern: Eine Formel $\mathfrak{A}$, die eine oder mehrere freie Individuenvariablen enthält, ist deduktionsgleich mit derjenigen Formel, welche aus ihr entsteht, indem diese Variablen alle, oder einige von ihnen, durch vorgesetzte Allzeichen gebunden werden. Diesen Satz entnimmt man aus den Regeln (ε) und (ε'). Aus ihm folgt insbesondere, daß bei der formalen Darstellung von Behauptungen die freien Individuenvariablen stets vermieden werden können.

Der Unterschied zwischen der Überführbarkeit und der Deduktionsgleichheit läßt sich kurz so kennzeichnen: aus der Deduktionsgleichheit von $\mathfrak{A}$ mit $\mathfrak{B}$ folgt, daß die Formel $\mathfrak{A}$ in einer Ableitung stets durch $\mathfrak{B}$ vertreten werden kann, aus der Überführbarkeit aber folgt darüber hinaus noch, daß $\mathfrak{A}$ nicht nur als ganze Formel, sondern auch als *Bestandteil* einer Formel durch $\mathfrak{B}$ vertreten werden kann.

Der Grund dieses Unterschiedes liegt in der Rolle, welche die freien Variablen bei der Einsetzungsregel und bei der Anwendung der Schemata (α), (β) spielen. Auf diesen Regeln des Operierens mit freien Variablen beruht es, daß im Falle der Ableitbarkeit einer Formel $\mathfrak{B}$ aus einer Formel $\mathfrak{A}$ noch keineswegs die Ableitbarkeit der Formel

$$\mathfrak{A} \rightarrow \mathfrak{B}$$

garantiert ist. Der Schluß von der Ableitbarkeit der Formel $\mathfrak{B}$ aus der Formel $\mathfrak{A}$ auf die Ableitbarkeit der Formel $\mathfrak{A} \rightarrow \mathfrak{B}$ ist nämlich im allgemeinen dann unzulässig, wenn bei der Ableitung von $\mathfrak{B}$ aus $\mathfrak{A}$ die

---

[1] Vgl. § 3, S. 65—66.

eben genannten Regeln des Operierens mit freien Variablen auf mindestens eine in $\mathfrak{A}$ vorkommende freie Variable angewendet werden.

Dagegen gilt tatsächlich folgender Satz: Wenn eine Formel $\mathfrak{B}$ aus einer Formel $\mathfrak{A}$ in solcher Weise ableitbar ist, daß die in der Formel $\mathfrak{A}$ vorkommenden freien Variablen innerhalb der Ableitung (als Parameter) festgehalten werden, dann ist die Formel

$$\mathfrak{A} \to \mathfrak{B}$$

ohne Benutzung der Formel $\mathfrak{A}$ ableitbar.

Die Behauptung dieses Satzes bezieht sich nicht nur auf Formeln des reinen Prädikatenkalkuls, sondern auch auf solche Formeln, in denen Prädikatensymbole (und eventuell auch Individuensymbole) vorkommen; und zwar ist die Behauptung im finiten Sinne zu verstehen. Das heißt, wir werden ein Verfahren angeben, um aus einer vorgelegten Ableitung der Formel $\mathfrak{B}$, in der die Formel $\mathfrak{A}$ als Ausgangsformel benutzt wird, unter der genannten Voraussetzung eine Ableitung der Formel

$$\mathfrak{A} \to \mathfrak{B}$$

zu gewinnen.

Wir machen zunächst über die vorgelegte Ableitung eine verstärkte Voraussetzung; nämlich wir nehmen vorerst an, daß in der Formel $\mathfrak{A}$ weder die [in den Schemata (α), (β) ausgezeichnete] Variable a vorkommt noch auch eine solche Variable, für welche in der Ableitung von $\mathfrak{B}$ eine Einsetzung erfolgt.

Unser Verfahren besteht nun darin, daß wir in jeder Formel des Beweises von $\mathfrak{B}$ die Formel $\mathfrak{A}$ als Implikationsvorderglied voranstellen. Hierdurch erhalten wir an Stelle der Endformel $\mathfrak{B}$ die gewünschte Formel $\mathfrak{A} \to \mathfrak{B}$, und an die Stelle der Ausgangsformel $\mathfrak{A}$ tritt die Formel $\mathfrak{A} \to \mathfrak{A}$, welche durch Einsetzung aus der identischen Formel

$$A \to A$$

entsteht.

Somit würden wir am Ziele sein, wenn die erhaltene Formelfolge den Charakter eines Beweises hätte. Dieses ist freilich im allgemeinen nicht der Fall, denn durch das Vorsetzen des Vordergliedes $\mathfrak{A}$ können die charakteristischen Eigenschaften einer Ableitung verlorengehen. Jedoch lassen sich diese überall durch Hinzufügen von Formeln wiederherstellen.

Dieses wollen wir jetzt zeigen, indem wir die verschiedenen Bestandteile der Ableitung betrachten: die Ausgangsformeln (die direkt, ohne Anschluß an vorausgehende Formeln eingeführten Formeln), die Einsetzungen, die Umbenennung gebundener Variablen und die Anwendungen der Schemata.

Was die Ausgangsformeln betrifft, so sei $\mathfrak{C}$ eine in der ursprünglichen Ableitung von $\mathfrak{B}$ vorkommende Ausgangsformel; an ihre Stelle tritt dann

$$\mathfrak{A} \to \mathfrak{C}.$$

Diese Formel hat im allgemeinen nicht die erforderliche Beschaffenheit einer Ausgangsformel, wir können sie jedoch aus der Formel $\mathfrak{C}$ mit Hilfe der identischen Formel

$$A \rightarrow (B \rightarrow A)$$

ableiten. Fügen wir bei jeder der modifizierten Ausgangsformeln diese Ableitung hinzu, so ist in bezug auf die Ausgangsformeln, mit Ausnahme der Formel $\mathfrak{A}$, welche ja jetzt nicht mehr als Ausgangsformel auftritt, die ursprüngliche Beschaffenheit der Beweisfigur wiederhergestellt.

Die Einsetzungen werden durch das Voranstellen des Vordergliedes $\mathfrak{A}$ nicht gestört, da ja nach unserer Voraussetzung die Variablen, für welche eine Einsetzung stattfindet, nicht in $\mathfrak{A}$ vorkommen. Auch die Umbenennungen gebundener Variablen werden durch das Voranstellen von $\mathfrak{A}$ als Vorderglied nicht berührt.

Ein Schlußschema

$$\frac{\mathfrak{S}}{\mathfrak{S} \rightarrow \mathfrak{T}}$$

geht über in die Formelfolge

$$\frac{\mathfrak{A} \rightarrow \mathfrak{S}}{\mathfrak{A} \rightarrow (\mathfrak{S} \rightarrow \mathfrak{T})}$$
$$\mathfrak{A} \rightarrow \mathfrak{T}.$$

An die Stelle dieser Aufeinanderfolge können wir jedesmal die Ableitung der Formel

$$\mathfrak{A} \rightarrow \mathfrak{T}$$

aus den Formeln

$$\mathfrak{A} \rightarrow \mathfrak{S}, \quad \mathfrak{A} \rightarrow (\mathfrak{S} \rightarrow \mathfrak{T})$$

setzen, welche sich aus der Anwendung der identischen Formel

$$(A \rightarrow B) \rightarrow ((A \rightarrow (B \rightarrow C)) \rightarrow (A \rightarrow C))$$

ergibt.

Ebenso einfach erledigen sich auch die Schemata (α), (β): an Stelle eines Übergangs von

$$\mathfrak{U} \rightarrow \mathfrak{B}(a)$$

zu

$$\mathfrak{U} \rightarrow (x)\,\mathfrak{B}(x),$$

gemäß dem Schema (α), erhalten wir die Aufeinanderfolge

$$\mathfrak{A} \rightarrow (\mathfrak{U} \rightarrow \mathfrak{B}(a))$$
$$\mathfrak{A} \rightarrow (\mathfrak{U} \rightarrow (x)\,\mathfrak{B}(x)).$$

Hier ist aber, auf Grund unserer Voraussetzung, daß $\mathfrak{A}$ die Variable a nicht enthält, der Übergang von der ersten zur zweiten Formel gemäß der Regel (γ) ausführbar. Und an Stelle eines Übergangs nach dem Schema (β):

$$\mathfrak{B}(a) \to \mathfrak{U},$$
$$(E\,x)\,\mathfrak{B}(x) \to \mathfrak{U}$$

erhalten wir die Aufeinanderfolge

$$\mathfrak{A} \to (\mathfrak{B}(a) \to \mathfrak{U}),$$
$$\mathfrak{A} \to ((E\,x)\,\mathfrak{B}(x) \to \mathfrak{U}),$$

die wir dadurch zu einer unsern Regeln entsprechenden Formelfolge ergänzen können, daß wir zunächst durch Anwendung des Aussagenkalkuls in der Formel
$$\mathfrak{A} \to (\mathfrak{B}(a) \to \mathfrak{U})$$

die Implikationsvorderglieder vertauschen, auf die so erhaltene Formel

$$\mathfrak{B}(a) \to (\mathfrak{A} \to \mathfrak{U})$$

dann das Schema (β) anwenden, was gemäß unserer Voraussetzung über $\mathfrak{A}$ möglich ist, und schließlich in der Formel

$$(E\,x)\,\mathfrak{B}(x) \to (\mathfrak{A} \to \mathfrak{U})$$

wiederum die Implikationsvorderglieder vertauschen.

So gelangen wir in der Tat zu einer Ableitung der Formel $\mathfrak{A} \to \mathfrak{B}$, bei welcher die Formel $\mathfrak{A}$ nicht mehr als Ausgangsformel gebraucht wird.

Damit ist der Nachweis unter der verstärkten Voraussetzung geführt, daß die Formel $\mathfrak{A}$ keine von den Variablen, für die etwas eingesetzt wird, noch auch die Variable a enthält. Nun wollen wir aber, entsprechend dem Wortlaut unseres Satzes, nur voraussetzen, daß die freien Variablen in der Formel $\mathfrak{A}$ bei der Ableitung von $\mathfrak{B}$ festgehalten werden. Das schließt nicht aus, daß eine Einsetzung für eine Variable erfolgt, die mit einer Variablen in $\mathfrak{A}$ gleichlautet, oder daß die Variable a einerseits als Variable des Schemas (α) bzw. (β) auftritt, andererseits auch in $\mathfrak{A}$ vorkommt. Nur kann dann die zur Einsetzung oder für das Schema benutzte Variable nicht mit der gleichlautenden Variablen in $\mathfrak{A}$ derart in Zusammenhang stehen, daß sie sich bei der rückläufigen Verfolgung des deduktiven Zusammenhanges bis in die Formel $\mathfrak{A}$ zurückverfolgen läßt.

Wird z. B. die Formel $A(a)$ aus der Formel $(x)(A(x)\ \&\ B(x))$ abgeleitet durch die Formelreihe

$$(x)\,A(x) \to A(a),$$
$$(x)\,(A(x)\ \&\ B(x)) \to A(a)\ \&\ B(a),$$
$$\underline{(x)\,(A(x)\ \&\ B(x)),}$$
$$A(a)\ \&\ B(a),$$
$$A\ \&\ B \to A,$$
$$A(a)\ \&\ B(a) \to A(a),$$
$$\underline{A(a)\ \&\ B(a),}$$
$$A(a),$$

so wird in dieser Ableitung zwar für die Formelvariable A mit einem Argument gleich zu Anfang eine Einsetzung ausgeführt; dennoch wird die gleiche Formelvariable in der dritten Formel (x) $(A(x) \& B(x))$ festgehalten. Denn diese Formel wird als Ausgangsformel erst eingeführt, nachdem jene Einsetzung stattgefunden hat.

Wir können nun, ohne den Zusammenhang der Ableitung zu stören, so verfahren, daß wir jede Variable in $\mathfrak{A}$, bei welcher ein solcher Fall vorliegt, durch je eine sonst nicht vorkommende Variable (der gleichen Art) ersetzen und diese Ersetzung überall da eintragen, wo die betreffende Variable, im Sinne der Einsetzung oder der Wiederholung, aus $\mathfrak{A}$ direkt oder mittelbar *übernommen* ist.

In dem obigen Beispiel würde das Verfahren darin bestehen, daß man in allen Formeln, mit Ausnahme der ersten Formel $(x) A(x) \rightarrow A(a)$, die Formelvariable A mit einem Argument durch eine in der Ableitung nicht vorkommende Formelvariable, etwa C mit einem Argument, ersetzt. (Die Formelvariable A ohne Argument wird von dieser Ersetzung nicht betroffen.) Man sieht hier, daß der Beweiszusammenhang durch die Ersetzung nicht gestört wird.

Der Erfolg des Ersetzungsverfahrens besteht nun darin, daß wir auf den vorher betrachteten Fall der verstärkten Voraussetzung zurückgeführt werden. Dabei sind an die Stelle der Formeln $\mathfrak{A}$, $\mathfrak{B}$ auf Grund der Ersetzungen gewisse Formeln $\mathfrak{A}^*$, $\mathfrak{B}^*$ getreten. Nun ergibt sich aus unserer vorherigen Überlegung die Ableitbarkeit der Formel

$$\mathfrak{A}^* \rightarrow \mathfrak{B}^*.$$

In dieser ableitbaren Formel können aber die ausgeführten Ersetzungen durch *Einsetzungen* rückgängig gemacht werden, und wir gelangen so zu der Formel
$$\mathfrak{A} \rightarrow \mathfrak{B};$$

diese ist daher gleichfalls ableitbar.

Den hiermit bewiesenen Satz können wir noch durch einen Zusatz ergänzen, welcher sich auf den Fall bezieht, daß in der Formel

$$\mathfrak{A} \rightarrow \mathfrak{B}$$

Prädikatensymbole oder Individuensymbole auftreten: Wenn eine Formel, in der Prädikaten- oder Individuensymbole vorkommen, durch den Prädikatenkalkul ohne weitere Ausgangsformeln ableitbar ist, so geht sie aus einer ableitbaren Formel des Prädikatenkalkuls[1] durch Einsetzung hervor.

In der Tat können ja Prädikaten- und Individuensymbole in die Ableitung der betreffenden Formel nur durch Einsetzung hinein-

---

[1] Betreffs der hier benutzten Unterscheidung zwischen „Formeln, die durch den Prädikatenkalkul ableitbar sind" und „ableitbaren Formeln des Prädikatenkalkuls" vgl. S. 104.

kommen. Ersetzen wir nun jedes durch eine Einsetzung eingeführte Prädikatsymbol durch eine sonst in der Ableitung nicht vorkommende Formelvariable und entsprechend jedes eingeführte Individuensymbol durch eine sonst nicht vorkommende freie Individuenvariable, so bleibt der Zusammenhang der Ableitung ungestört, und statt der Endformel erhalten wir eine Formel, die sich von jener nur dadurch unterscheidet, daß jedes Prädikatsymbol durch eine Formelvariable, jedes Individuensymbol durch eine freie Individuenvariable ersetzt ist, und zwar sind die zur Ersetzung zu nehmenden Variablen verschieden voneinander und von den in der ursprünglichen Endformel auftretenden Variablen. Die neue Endformel ist nun eine ableitbare Formel des Prädikatenkalkuls, und wir können aus ihr die ursprüngliche Endformel durch Einsetzungen zurückgewinnen.

Auf Grund dieser verschiedenen ergänzenden Überlegungen gelangen wir nunmehr zu folgender Fassung unseres Satzes, den wir in dieser Form als das „*Deduktionstheorem*" bezeichnen wollen:

Wenn eine Formel $\mathfrak{B}$ aus einer Formel $\mathfrak{A}$ derart ableitbar ist, daß die (evtl.) in $\mathfrak{A}$ auftretenden freien Variablen innerhalb der Ableitung festgehalten werden, so ist die Formel

$$\mathfrak{A} \rightarrow \mathfrak{B}$$

entweder selbst eine ableitbare Formel des Prädikatenkalkuls, oder sie geht aus einer solchen durch Einsetzung hervor.

Man beachte, daß die über die Ableitung von $\mathfrak{B}$ gemachte Voraussetzung jedenfalls dann erfüllt ist, wenn die Formel $\mathfrak{A}$ *überhaupt keine freie Variable enthält*.

Unser Theorem findet eine wichtige Anwendung bei der logischen Untersuchung der *Axiomensysteme*. Betrachten wir ein Axiomensystem „der *ersten Stufe*", d. h. ein System von solchen Axiomen, die sich mit Hilfe der logischen Symbolik durch Formeln darstellen, welche keine Formelvariable enthalten. Wir können dann die Axiome stets auch so darstellen, daß überhaupt keine freien Variablen vorkommen, indem wir in jeder der darstellenden Formeln, welche zunächst eine oder mehrere freie Individuenvariablen enthält, diese durch vorangestellte Allzeichen binden, wodurch die Formel in eine ihr deduktionsgleiche Formel übergeht. Sei nun eine solche Darstellung des Axiomensystems ohne freie Variablen durch die Formeln

$$\mathfrak{A}_1, \ldots, \mathfrak{A}_\mathfrak{k}$$

gegeben, und sei $\mathfrak{S}$ die Formel für einen aus den Axiomen beweisbaren Satz. Der Beweis dieses Satzes möge allein durch die elementaren logischen Schlüsse erfolgen, welche sich durch den Prädikatenkalkul formalisieren lassen (wobei als Symbole zu denen des Prädikatenkalkuls die Prädikatsymbole für die Grundprädikate des Axiomensystems sowie auch eventuell noch Individuensymbole hinzutreten). Die Formalisierung besteht dann in einer Ableitung der Formel $\mathfrak{S}$ aus den Formeln $\mathfrak{A}_1, \ldots, \mathfrak{A}_t$ durch den Prädikatenkalkul. Aus dieser Ableitung gewinnen wir sofort eine Ableitung von $\mathfrak{S}$ aus der einen Formel $\mathfrak{A}_1 \& \ldots \& \mathfrak{A}_t$. Da nun diese Formel, gemäß unserer Annahme über $\mathfrak{A}_1, \ldots, \mathfrak{A}_t$, nur gebundene Variablen enthält, so können wir das Deduktionstheorem anwenden, und es ergibt sich daraus, daß die Formel

$$\mathfrak{A}_1 \& \ldots \& \mathfrak{A}_t \to \mathfrak{S}$$

aus einer ableitbaren Formel des Prädikatenkalkuls durch Einsetzungen erhalten wird.

Wenden wir dieses Ergebnis auf den Fall an, daß das betrachtete Axiomensystem zu einem Widerspruch führt. Es ist dann aus den Formeln $\mathfrak{A}_1, \ldots, \mathfrak{A}_t$ eine Formel $\mathfrak{B}$ sowie auch ihre Negation, mithin auch die Formel $\mathfrak{B} \& \overline{\mathfrak{B}}$ ableitbar. Setzen wir diese Formel an Stelle von $\mathfrak{S}$, so folgt, daß die Formel

$$\mathfrak{A}_1 \& \ldots \& \mathfrak{A}_t \to \mathfrak{B} \& \overline{\mathfrak{B}}$$

aus einer ableitbaren Formel des Prädikatenkalkuls durch Einsetzungen hervorgeht. Die genannte Formel läßt sich aber gemäß dem Aussagenkalkul umformen in die Negation der Formel

$$\mathfrak{A}_1 \& \ldots \& \mathfrak{A}_t.$$

Es muß demnach, falls die Axiome zu einem Widerspruch führen, eine jede Formel, die aus der Formel $\mathfrak{A}_1 \& \ldots \& \mathfrak{A}_t$ bei Ersetzung der Prädikatensymbole durch Formelvariablen mit jeweils den gleichen Argumenten und der Individuensymbole durch freie Individuenvariablen entsteht, im Prädikatenkalkul *widerlegbar* sein. Hieraus geht die Gültigkeit des Satzes hervor, den wir bei der Erörterung des Entscheidungsproblems über den Zusammenhang zwischen der Widerspruchsfreiheit von Axiomensystemen und der Unwiderlegbarkeit logischer Formeln ausgesprochen haben[1].

Kehren wir nun zu unserem Deduktionstheorem zurück. Wir wollen aus diesem noch eine weitere Folgerung entnehmen. Es sei wiederum eine Formel $\mathfrak{B}$ aus einer Formel $\mathfrak{A}$ ableitbar. Von dieser Ableitung wollen wir aber jetzt nicht voraussetzen, daß alle freien Variablen in der Formel $\mathfrak{A}$ festgehalten werden, sondern nur, daß die *Formelvariablen* in $\mathfrak{A}$ festgehalten werden. Wir können dann folgendes behaupten: Geht die Formel $\mathfrak{A}'$ aus $\mathfrak{A}$ dadurch hervor, daß die freien Individuenvariablen in $\mathfrak{A}$ durch Allzeichen gebunden werden, die an den Anfang der Formel gestellt werden, so ist die Formel $\mathfrak{A}' \to \mathfrak{B}$ (ohne Benutzung von $\mathfrak{A}$) ableitbar.

Denn gemäß der Regel (ε')[2] ist aus $\mathfrak{A}'$ die Formel $\mathfrak{A}$ ableitbar, und es werden bei dieser Ableitung *die Formelvariablen in $\mathfrak{A}'$ festgehalten.*

---

[1] Vgl. S. 129—130.   [2] Vgl. S. 133.

Aus $\mathfrak{A}$ ist aber nach Voraussetzung die Formel $\mathfrak{B}$ unter Festhaltung der Formelvariablen ableitbar. Somit erhalten wir eine Ableitung der Formel $\mathfrak{B}$ aus $\mathfrak{A}'$, bei welcher die Formelvariablen in $\mathfrak{A}'$ festgehalten werden. $\mathfrak{A}'$ enthält nun keine anderen freien Variablen als Formelvariablen. Also ist das Deduktionstheorem anwendbar, und es ergibt sich daraus, daß die Formel

$$\mathfrak{A}' \to \mathfrak{B}$$

ableitbar ist.

Dieses Ergebnis können wir insbesondere dazu verwenden, um uns die Ableitung von Formeln zu ersparen. Z. B. haben wir festgestellt[1] [Regel (ζ)], daß aus

$$A(a, b) \to B(a, b)$$

die Formel

$$(x)\,(y)\,A\,(x, y) \to (x)\,(y)\,B\,(x, y)$$

abgeleitet werden kann, und diese Ableitung vollzieht sich unter Festhaltung der beiden Formelvariablen A, B (mit je zwei Argumenten). Hieraus folgt nun nach unserm eben bewiesenen Satz ohne weiteres die Ableitbarkeit der Formel

$$(x)\,(y)\,(A\,(x, y) \to B\,(x, y)) \to ((x)\,(y)\,A\,(x, y) \to (x)\,(y)\,B\,(x, y)).$$

Auf ganz dieselbe Weise erkennen wir die Ableitbarkeit analog gebildeter komplizierterer Formeln, wie z. B.

$$(x)\,(y)\,(A\,(x, y) \to B\,(x, y)) \to ((x)\,(E\,y)\,A\,(x, y) \to (x)\,(E\,y)\,B\,(x, y)),$$

$$(x)\,(y)\,(z)\,(A\,(x, y, z) \to B\,(x, y, z)) \to ((E\,x)\,(y)\,(E\,z)\,A\,(x, y, z) \to (E\,x)\,(y)\,(E\,z)\,B\,(x, y, z)),$$

$$(x)\,(y)\,(z)\,(A\,(x, y, z) \to B\,(x, y, z)) \to ((x)\,(E\,y)\,(z)\,A\,(x, y, z) \to (x)\,(E\,y)\,(z)\,B\,(x, y, z)).$$

Mit Hilfe des Deduktionstheorems können wir uns auch sehr einfach eine Einsicht verschaffen betreffs der im inhaltlichen Denken gebräuchlichen Schlußweise, welche darin besteht, daß man auf Grund eines bewiesenen Existenzsatzes von der Form „es gibt ein Ding von der Eigenschaft $\mathfrak{A}$" ein Individuensymbol, etwa α, einführt und dann weiter argumentiert: „sei nun α ein Ding von der Eigenschaft $\mathfrak{A}$; . . ." Wir wollen uns klarmachen, daß diese Schlußweise nichts anderes liefert, als was wir ohnehin mittels des Prädikatenkalkuls erhalten,. vorausgesetzt, daß außer dieser Schlußweise nur solche Überlegungen angewandt werden, die durch den Prädikatenkalkul formalisierbar sind, und daß ferner nur solche Ergebnisse in Betracht gezogen werden, welche nicht das eingeführte Symbol α enthalten.

Dazu stellen wir uns zunächst den als vorliegend angenommenen Beweisgang in formaler Weise dar. Wir haben dann zuerst eine Ableitung einer Formel von der Gestalt

$$(E\,x)\,\mathfrak{A}(x),$$

welche keine freie Variable enthält. Im Anschluß daran wird das

---

[1] Vgl. S. 134.

Symbol α eingeführt und die Formel $\mathfrak{A}(\alpha)$ als neue Ausgangsformel genommen. Mit Benutzung der Formel $\mathfrak{A}(\alpha)$ wird dann eine Formel $\mathfrak{B}$ abgeleitet, in der das Symbol α nicht auftritt und von der wir auch, ohne Beschränkung der Allgemeinheit, annehmen können, daß sie keine freie Individuenvariable enthält.

Wir zeigen nun, daß die Formel $\mathfrak{B}$ auch direkt aus der Formel $(E\,x)\,\mathfrak{A}\,(x)$ abgeleitet werden kann. Nämlich aus der Ableitung von $\mathfrak{B}$ mit Hilfe von $\mathfrak{A}(\alpha)$ erhalten wir gemäß dem Deduktionstheorem — da $\mathfrak{A}(\alpha)$ keine freie Variable enthält — eine Ableitung der Formel

$$\mathfrak{A}(\alpha) \to \mathfrak{B},$$

welche ohne Benutzung von $\mathfrak{A}(\alpha)$ durch den Prädikatenkalkul erfolgt. In dieser Ableitung kann, ohne Störung des deduktiven Zusammenhanges, für das Symbol α allenthalben eine vorher nicht auftretende freie Individuenvariable, etwa c, gesetzt werden, und wir erhalten so eine Ableitung der Formel

$$\mathfrak{A}(c) \to \mathfrak{B}.$$

Da hierin die Variable a nicht auftritt — $\mathfrak{A}(\alpha)$ und $\mathfrak{B}$ enthalten ja nach Annahme keine freie Individuenvariable —, so ergibt sich durch Einsetzung von a für c die Formel

$$\mathfrak{A}(a) \to \mathfrak{B}$$

und aus dieser gemäß dem Schema (β)

$$(E\,x)\,\mathfrak{A}(x) \to \mathfrak{B}.$$

Diese Formel ist also durch den Prädikatenkalkul ableitbar und sie liefert in Verbindung mit $(E\,x)\,\mathfrak{A}(x)$ die Formel $\mathfrak{B}$.

Es liegt die Frage nahe, ob die hier angestellte Überlegung sich nicht auch auf solche Fälle ausdehnen läßt, wo ein Existenzsatz von der Form vorliegt: „zu $a, b, \ldots, k$ gibt es stets ein l, so daß $\mathfrak{A}(a, b, \ldots, k, l)$", und wo man ein Symbol nicht für ein Individuum, sondern für eine Funktion einzuführen hat. Dieses ist tatsächlich der Fall. Doch wollen wir hier den Nachweis noch nicht erbringen; er wird später durch ein allgemeines Theorem geliefert werden[1].

Wir kommen nun zu einem anderen allgemeinen Satze des Prädikatenkalkuls, welcher die pränexe Normalform betrifft. Wie wir wissen, kann jede Formel des Prädikatenkalkuls in eine pränexe Normalform übergeführt werden. Hier handelt es sich um eine Umformung im Sinne der Überführbarkeit. Sofern es uns nur auf Deduktionsgleichheit ankommt, können wir an die Aufeinanderfolge der vorangestellten All- und Seinszeichen noch eine besondere Anforderung stellen. Hierauf bezieht sich ein Satz, den wir als den SKOLEMschen bezeichnen wollen, da er aus einer Feststellung, die SKOLEM zum Problem der Entscheidung

---

[1] Vgl. Bd. II (Hinweis 3 nach dem Inhaltsverzeichnis von Bd. II).

über die Erfüllbarkeit von Formeln gemacht hat[1], durch den Übergang von der Frage nach der Erfüllbarkeit zur Frage nach der Ableitbarkeit gewonnen wird. Dieser Satz besagt folgendes: Eine jede Formel des Prädikatenkalkuls ist einer solchen pränexen Normalform deduktionsgleich, bei welcher jedes Seinszeichen jedem Allzeichen vorangeht („SKOLEMsche Normalform").

Wir führen den Beweis so, daß wir zugleich ein schärferes Resultat gewinnen. Wir zeigen nämlich, daß jede Formel des Prädikatenkalkuls deduktionsgleich ist einer Disjunktion, deren Glieder solche pränexe Formeln sind, worin unter den voranstehenden Quantoren höchstens ein Allzeichen vorhanden ist und, falls ein solches auftritt, dieses der letzte von den voranstehenden Quantoren ist.

Aus diesem Satz ergibt sich der SKOLEMsche Satz in einfacher Weise. Denn eine Disjunktion aus pränexen Formeln von der verlangten Beschaffenheit — wir wollen eine solche kurz als eine „*Normaldisjunktion*" bezeichnen — ist stets *überführbar* in eine SKOLEMsche Normalform. Haben wir z. B. die Normaldisjunktion

$$(E\,x)\,(E\,y)\,(z)\,\mathfrak{A}(x,y,z) \lor (E\,y)\,(E\,u)\,\mathfrak{B}(y,u) \lor (E\,z)\,(x)\,\mathfrak{C}(x,z),$$

worin $\mathfrak{A}(x,y,z)$, $\mathfrak{B}(y,u)$, $\mathfrak{C}(y,z)$ keine Quantoren mehr enthalten, so können wir diese zunächst durch Umbenennungen überführen in die Formel

$$(E\,x)\,(E\,y)\,(z)\,\mathfrak{A}(x,y,z) \lor (E\,x)\,(E\,y)\,\mathfrak{B}(x,y) \lor (E\,x)\,(u)\,\mathfrak{C}(u,x),$$

und diese läßt sich durch Anwendung der Regeln (ϑ) und (ι) überführen in

$$(E\,x)\,(E\,y)\,(z)\,(u)\,(\mathfrak{A}(x,y,z) \lor \mathfrak{B}(x,y) \lor \mathfrak{C}(u,x)),$$

womit wir in der Tat zu einer SKOLEMschen Normalform gelangen.

Die an diesem Beispiel dargelegte Methode ist ganz allgemein anwendbar, und es genügt daher zum Beweise des SKOLEMschen Satzes, wenn wir nachweisen, daß jede Formel des Prädikatenkalkuls einer Normaldisjunktion deduktionsgleich ist. Wir geben den Nachweis an Hand eines Beispiels, und zwar können wir die zu betrachtende

---

[1] Vgl. die schon erwähnte SKOLEMsche Abhandlung: Logisch-kombinatorische Untersuchungen ... Vidensk. Skrifter I. Mat.-nat. Kl. 1920 Nr. 4. SKOLEM zeigt hier, daß in Hinsicht auf die Erfüllbarkeit eine jede Formel des Prädikatenkalkuls einer solchen pränexen Formel gleichwertig ist, in der die Allzeichen sämtlich den Seinszeichen vorausgehen. An dieser Überlegung läßt sich der Übergang von dem Problem der Erfüllbarkeit zum Problem der Ableitbarkeit vollziehen, wobei im Ergebnis die Rolle der Allzeichen mit derjenigen der Seinszeichen vertauscht wird. Auf diese Weise gelangt man zu dem im Text formulierten Satz und seinem Beweis. — Die beweistheoretische Wendung der Betrachtung findet sich auch schon in der GÖDELschen Abhandlung: Die Vollständigkeit der Axiome des logischen Funktionenkalkuls. Mh. Math. Phys. Bd. 37 (1930) Heft 2. Satz IV. Einen Beweis des ursprünglichen SKOLEMschen Satzes über die Erfüllbarkeit findet der Leser im Bd. II (Hinweis 4 nach dem Inhaltsverzeichnis von Bd. II). Es mag sich empfehlen, ihn schon hier zu Vergleich heranziehen.

Formel von vornherein in der Gestalt einer pränexen Normalform annehmen. Sie möge lauten:

$$((1)) \qquad (x)\,(E\,y)\,(z)\,(E\,u)\,\mathfrak{A}\,(x,y,z,u)\,,$$

wobei $\mathfrak{A}(x,y,z,u)$ kein Allzeichen und kein Seinszeichen mehr enthalten soll. Zu dieser Formel finden wir eine ihr deduktionsgleiche auf folgendem Wege: Wir nehmen drei in der gegebenen Formel nicht vorkommende Formelvariablen, B mit drei Argumenten, C mit zwei Argumenten und D mit einem Argument, und gehen aus von den Formeln

$$(x)(y)(z)(A(x,y,z)\to B(x,y,z))\to((x)(Ey)(z)A(x,y,z)\to(x)(Ey)(z)B(x,y,z))\,,$$

$$(x)\,(y)\,(A\,(x,y)\to C\,(x,y))\to((x)\,(E\,y)\,A\,(x,y)\to(x)\,(E\,y)\,C\,(x,y))\,,$$

deren Ableitbarkeit wir vor kurzem festgestellt haben, und der Formel (11)[1]

$$(x)\,(A\,(x)\to B\,(x))\to((x)\,A\,(x)\to(x)\,B\,(x))\,.$$

Indem wir in der ersten Formel für die Nennform $A\,(a,b,c)$ einsetzen $(E\,u)\,\mathfrak{A}\,(a,b,c,u)$, in der zweiten für $A\,(a,b)$ einsetzen $(z)\,B\,(a,b,z)$ und in der dritten für $A\,(a)$ einsetzen $(E\,y)\,C\,(a,y)$ und für $B\,(a)$ einsetzen $D\,(a)$, erhalten wir folgende drei Formeln:

$$x)(y)(z)((Eu)\mathfrak{A}(x,y,z,u)\to B(x,y,z))\to((x)(Ey)(z)(Eu)\mathfrak{A}(x,y,z,u)\to(x)(Ey)(z)B(x,y,z))\,,$$

$$(x)\,(y)\,((z)\,B\,(x,y,z)\to C\,(x,y))\to((x)\,(E\,y)\,(z)\,B\,(x,y,z)\to(x)\,(E\,y)\,C\,(x,y))\,,$$

$$(x)\,((E\,y)\,C\,(x,y)\to D\,(x))\to((x)\,(E\,y)\,C\,(x,y)\to(x)\,D\,(x))\,.$$

Nehmen wir nun unsere gegebene Formel

$$(x)\,(E\,y)\,(z)\,(E\,u)\,\mathfrak{A}\,(x,y,z,u)$$

hinzu, so können wir mit Hilfe des Aussagenkalkuls in der ersten der drei vorstehenden Formeln das zweite Vorderglied (durch Vertauschung der Vorderglieder und Anwendung des Schlußschemas) entfernen, so daß wir erhalten:

$$(x)\,(y)\,(z)\,((E\,u)\,\mathfrak{A}(x,y,z,u)\to B\,(x,y,z))\to(x)\,(E\,y)\,(z)\,B\,(x,y,z)\,.$$

Diese Formel ergibt nun, zusammen mit der zweiten und der dritten von den vorstehenden Formeln, auf Grund des Aussagenkalkuls, d. h. durch Anwendung der identischen Formel

$$(A\to U)\to\big\{(B\to(U\to V))\to((C\to(V\to W))\to(A\,\&\,B\,\&\,C\to W))\big\}\,,$$

die Formel

$$((2))\quad \left\{ \begin{array}{l} (x)\,(y)\,(z)\,((E\,u)\,\mathfrak{A}\,(x,y,z,u)\to B\,(x,y,z))\;\&\\ \&\,(x)\,(y)\,((z)B\,(x,y,z)\to C\,(x,y))\;\&\,(x)\,((E\,y)\,C\,(x,y)\to D\,(x))\to(x)\,D\,(x)\,. \end{array} \right.$$

Diese ist somit aus unserer gegebenen Formel

$$(x)\,(E\,y)\,(z)\,(E\,u)\,\mathfrak{A}\,(x,y,z,u)$$

---

[1] Vgl. S. 114.

ableitbar. Es besteht aber auch die Ableitbarkeit im umgekehrten Sinne. Werden nämlich in der vorigen Formel für $B(a,b,c)$, $C(a,b)$, $D(a)$ bzw. die Formeln $(Eu)\,\mathfrak{A}(a,b,c,u)$, $(z)\,(Eu)\,\mathfrak{A}(a,b,z,u)$, $(Ey)\,(z)\,(Eu)\,\mathfrak{A}(a,y,z,u)$ eingesetzt, so ergibt sich, da nach unserer Annahme die Variablen B, C, D nicht in $\mathfrak{A}(x,y,z,u)$ vorkommen, die Formel

$$(x)(y)(z)\,((Eu)\mathfrak{A}(x,y,z,u)\to(Eu)\mathfrak{A}(x,y,z,u))\,\&\,(x)(y)((z)(Eu)\mathfrak{A}(x,y,z,u)\to(z)(Eu)\mathfrak{A}(x,y,z,u))$$

$$\&\,(x)\,((Ey)(z)(Eu)\,\mathfrak{A}(x,y,z,u)\to(Ey)(z)(Eu)\,\mathfrak{A}(x,y,z,u))\to(x)(Ey)(z)(Eu)\,\mathfrak{A}(x,y,z,u)\,.$$

Hierin steht im Vorderglied eine Konjunktion, deren Glieder ableitbare Formeln sind. Diese Konjunktion ist daher ebenfalls ableitbar, und wir erhalten durch das Schlußschema

$$(x)\,(Ey)\,(z)\,(Eu)\,\mathfrak{A}(x,\,y,\,z,\,u)\,,$$

d. h. unsere gegebene Formel. Somit ist (unter der gemachten Voraussetzung über die Formelvariablen) die gegebene Formel ((1)) deduktionsgleich mit der Formel ((2)).

Man kann sich diese Deduktionsgleichheit dadurch näherbringen, daß man sich vom Standpunkt der inhaltlichen Interpretation der Formeln den entsprechenden Sachverhalt überlegt. In der Tat erkennt man leicht, daß die Allgemeingültigkeit der Formel ((1)) gleichbedeutend ist mit der Allgemeingültigkeit der Formel ((2)). Diese Feststellung erhält durch den Nachweis der Deduktionsgleichheit der Formeln ((1)), ((2)) ihre Verschärfung im Sinne der Beweistheorie.

Die Formel ((2)) kann nun in eine Normaldisjunktion übergeführt werden. Nämlich zunächst kann sie nach den Regeln des Aussagenkalkuls umgeformt werden in

$$\overline{(x)}\,(y)(z)\,((Eu)\,\mathfrak{A}(x,y,z,u)\to B(x,y,z))\vee\overline{(x)}\,(y)\,((z)\,B(x,y,z)\to C(x,y))$$

$$\vee\,\overline{(x)}\,((Ey)\,C(x,y)\to D(x))\vee(x)\,D(x)\,;$$

gemäß der Regel (λ)[1] kann

$$\overline{(x)}\,(y)\,(z)\,((Eu)\,\mathfrak{A}(x,\,y,\,z,\,u)\to B(x,\,y,\,z))$$

umgeformt werden in

$$(Ex)\,(Ey)\,(Ez)\,\overline{((Eu)\,\mathfrak{A}\,(x,\,y,\,z,\,u)\to B(x,\,y,\,z))}\,,$$

weiter gemäß dem Aussagenkalkul und der Regel (η)[2] in

$$(Ex)\,(Ey)\,(Ez)\,((Eu)\,\mathfrak{A}(x,\,y,\,z,\,u)\,\&\,\overline{B(x,\,y,\,z)})$$

und nach den Regeln (ι), (η) in

$$(Ex)\,(Ey)\,(Ez)\,(Eu)\,(\mathfrak{A}(x,\,y,\,z,\,u)\,\&\,\overline{B(x,\,y,\,z)})\,.$$

---

[1] Vgl. S. 139.   [2] Vgl. S. 135.

In ganz entsprechender Weise kann

in
$$\overline{(x)}\,(y)\,((z)\,B\,(x,\,y,\,z) \to C\,(x,\,y))$$

und
$$(E\,x)\,(E\,y)\,(z)\,(B\,(x,\,y,\,z)\,\&\,\overline{C\,(x,\,y)})$$

in
$$\overline{(x)}\,((E\,y)\,C\,(x,\,y) \to D\,(x))$$

$$(E\,x)\,(E\,y)\,(C\,(x,\,y)\,\&\,\overline{D\,(x)})$$

umgeformt werden, so daß wir im ganzen die Formel erhalten

$$(E\,x)\,(E\,y)\,(E\,z)\,(E\,u)\,(\mathfrak{A}\,(x,\,y,\,z,\,u)\,\&\,\overline{B\,(x,\,y,\,z)})\,\vee$$
$$(E\,x)\,(E\,y)\,(z)\,(B\,(x,y,z)\,\&\,\overline{C\,(x,\,y)})\,\vee\,(E\,x)(Ey)(C\,(x,\,y)\,\&\,\overline{D\,(x)})\,\vee\,(x)\,D\,(x).$$

Diese Formel hat nun die gewünschte Gestalt einer Normaldisjunktion, und sie ist deduktionsgleich der gegebenen Formel

$$(x)\,(E\,y)\,(z)\,(E\,u)\,\mathfrak{A}\,(x,\,y,\,z,\,u),$$

denn wir haben sie ja durch Umformung aus einer dieser Formel deduktionsgleichen Formel erhalten. Aus der Behandlung dieses Beispiels ist ohne weiteres die allgemeine Methode zu entnehmen, nach der man zu einer gegebenen Formel eine ihr deduktionsgleiche Normaldisjunktion erhält, und zugleich ist damit der Nachweis für den SKOLEMschen Satz geliefert.

Zusatz 1: Die Betrachtung des ausgeführten Nachweises zeigt ohne weiteres, daß der SKOLEMsche Satz sowie der schärfere Satz über die Normaldisjunktion auch dann gültig bleibt, wenn es sich um Formeln handelt, in denen außer den logischen Zeichen und den Variablen auch Prädikatensymbole und evtl. auch Individuensymbole auftreten.

Zusatz 2: Wir haben hier das Verfahren des Überganges von einer gegebenen pränexen Formel zu einer Normaldisjunktion in der Weise durchgeführt, wie es sich wohl am leichtesten einprägt; nämlich wir haben den einzelnen Allzeichen und Seinszeichen, welche in der pränexen Formel voranstehen, mit Umkehrung ihrer Reihenfolge und mit Ausnahme des ersten von diesen Zeichen, je eine Formelvariable entsprechen lassen.

Bei unserem Beispiel der Formel

$$(x)\,(E\,y)\,(z)\,(E\,u)\,\mathfrak{A}\,(x,\,y,\,z,\,u)$$

wurde dem Seinszeichen $(E\,u)$ die Formelvariable B mit drei Argumenten, dem Allzeichen (z) die Variable C mit zwei Argumenten und dem Seinszeichen $(E\,y)$ die Variable D mit einem Argument zugeordnet.

---

11 Hilbert-Bernays, Grundlagen der Mathematik I, 2. Aufl.

Im allgemeinen kommt man aber mit weniger Formelvariablen aus; denn man kann, ohne im übrigen das Verfahren zu ändern, die Aufeinanderfolgen von Seinszeichen mit einem Allzeichen dahinter ungetrennt zusammenlassen und braucht einer solchen Aufeinanderfolge im ganzen nur eine Formelvariable zuzuordnen.

So können wir in unserem Beispiel

$$(x)\,(E\,y)\,(z)\,(E\,u)\,\mathfrak{A}\,(x,\,y,\,z,\,u)$$

eine Formelvariable sparen, indem wir der Aufeinanderfolge $(E\,y)\,(z)$ nur eine Formelvariable zuordnen. D. h. wir können als deduktionsgleiche Formel mit der gegebenen die Formel nehmen:

$$(x)(y)(z)\,((E\,u)\,\mathfrak{A}(x,y,z,u) \to B(x,y,z))\ \&\ (x)((E\,y)(z)\,B(x,y,z) \to C\,(x)) \to (\bar{x})\,C(x),$$

deren Umformung die Normaldisjunktion

$$(Ex)(Ey)(Ez)(Eu)(\mathfrak{A}(x,y,z,u)\ \&\ \overline{B(x,y,z)}) \lor (Ex)(Ey)(z)(B(x,y,z)\ \&\ \overline{C(x)}) \lor (x)\,C(x)$$

ergibt. Nach dem gleichen Verfahren erhält man zu einer Formel

$$(E\,x)\,(y).(E\,z)\,(u)\,(v)\,\mathfrak{A}\,(x,\,y,\,z,\,u,\,v),$$

in welcher die Formelvariablen B, C (mit Argumenten) nicht auftreten, die ihr deduktionsgleiche Formel

$$(x)\,(y)\,(z)\,(u)\,((v)\,\mathfrak{A}(x,y,z,u,v) \to B\,(x,y,z,u))$$
$$\&\ (x)\,(y)\,((E\,z)\,(u)\,B(x,y,z,u) \to C(x,y)) \to (E\,x)\,(y)\,C\,(x,v),$$

welche sich in die Normaldisjunktion

$$(E\,x)\,(E\,y)\,(E\,z)\,(E\,u)\,(v)\,(\mathfrak{A}(x,y,z,u,v)\ \&\ \overline{B(x,y,z,u)})$$
$$\lor (E\,x)\,(E\,y)\,(E\,z)\,(u)\,(B(x,y,z,u)\ \&\ \overline{C(x,y)}) \lor (E\,x)\,(y)\,C\,(x,y)$$

überführen läßt.

Sofern man nicht auf eine Normaldisjunktion, sondern auf eine SKOLEMsche Normalform ausgeht, kann man eine noch weitergehende Kürzung erreichen; es kann dann jede Aufeinanderfolge von Seinszeichen mit auch *mehreren* nachfolgenden Allzeichen ungetrennt gelassen werden.

So können wir z. B. bei der eben betrachteten Formel

$$(E\,x)\,(y)\,(E\,z)\,(u)\,(v)\,\mathfrak{A}\,(x,\,y,\,z,\,u,\,v)$$

die Aufeinanderfolge $(E\,z)\,(u)\,(v)$ ungetrennt lassen, d. h. wir brauchen ihr nur eine Formelvariable zuzuordnen. In der Tat ist die genannte Formel deduktionsgleich der Formel

$$(x)\,(y)\,((E\,z)\,(u)\,(v)\,\mathfrak{A}(x,y,z,u,v) \to B\,(x,y)) \to (E\,x)\,(y)\,B\,(x,y);$$

die aus dieser durch Umformung sich ergebende Formel

$$(E\,x)\,(E\,y)\,(E\,z)\,(u)\,(v)\,(\mathfrak{A}(x,\,y,\,z,\,u,\,v)\ \&\ \overline{B\,(x,\,y)})\ \vee\ (E\,x)\,(y)\,B\,(x,\,y)$$

ist zwar keine Normaldisjunktion (wegen des Auftretens von zwei Allzeichen im ersten Disjunktionsglied), wohl aber ist sie überführbar in
eine Skolemsche Normalform, nämlich in die Formel

$$(E\,x)\,(E\,y)\,(E\,z)\,(u)\,(v)\,(w)\,((\mathfrak{A}(x,\,y,\,z,\,u,\,v)\ \&\ \overline{B\,(x,\,y)})\ \vee\ B\,(x,\,w)).$$

In methodischer Hinsicht sei hervorgehoben, daß für den Skolemschen Satz die Verwendung der *Formelvariablen* wesentlich ist.

Hiermit wollen wir die formalen Betrachtungen über den Prädikatenkalkul vorläufig abschließen. Es stehen jetzt zunächst zwei angekündigte
Nachweise aus: der erste dafür, daß jede Formel des einstelligen Prädikatenkalkuls, die im Endlichen identisch ist, auch ableitbar ist; zweitens
der Nachweis dafür, daß die Formeln $\overline{\mathfrak{F}}$, $\mathfrak{G}$, $\mathfrak{H}$,[1] von denen wir festgestellt
haben, daß sie im Endlichen identisch sind, dennoch nicht ableitbar
sind. Im Anschluß an den Satz über den einstelligen Prädikatenkalkul
wollen wir für diesen auch das Entscheidungsproblem behandeln.

Zuvor aber empfiehlt es sich, daß wir die Formalisierung des
Schließens nach zwei Richtungen ergänzen, nämlich in Hinsicht auf
den *Begriff der Identität* und auf die Zulassung mathematischer *Funktionszeichen*[2] neben den Prädikatensymbolen.

§ 5. Hinzunahme der Identität. Vollständigkeit des einstelligen Prädikatenkalkuls.

Die *Identität*, welche wir sprachlich in Sätzen wie „*a* ist dasselbe
Ding wie *b*" zum Ausdruck bringen, hat äußerlich betrachtet die Form
eines Prädikates mit zwei Subjekten.

Inhaltlich aber betrifft sie etwas, das — jedenfalls von dem Standpunkt, den wir in den axiomatischen Theorien und auch in der mengentheoretischen Prädikatenlogik einnehmen — einer jeden prädikativen
Bestimmung gleichsam vorhergeht, nämlich die Sonderung der Dinge
des Individuenbereichs.

In jeder axiomatischen Theorie werden die Grundverknüpfungen
bezogen auf ein oder mehrere *Systeme von Dingen*, innerhalb deren
man die Sonderung der Individuen als bestehend voraussetzt. Dieser
Auffassung entspricht es auch, daß in diesen Theorien (im allgemeinen)
die Identität bzw. ihr Gegenteil, die Verschiedenheit, nicht mit unter
den implizite durch die Axiome zu charakterisierenden Grundbeziehungen — wie z. B. in der Geometrie den Beziehungen der Inzidenz, des
Zwischenliegens, der Kongruenz — aufgeführt, sondern als ein Begriff
der inhaltlichen Logik benutzt wird.

---

[1] Vgl. S. 122f. [2] Vgl. S. 186.

Um nun einerseits der sprachlichen Form der Identitätsaussage, andererseits ihrem besonderen inhaltlichen Charakter Rechnung zu tragen, werden wir im Formalismus die Identität als ein für die Logik ausgezeichnetes Grundprädikat behandeln.

Eine gewisse Formalisierung der Identität haben wir bereits zur Verfügung durch die Möglichkeit, *Variablen zu identifizieren*. So wird z. B. durch die Formel

$$\overline{< (a, a)}$$

zur Darstellung gebracht, daß die Beziehung „<" nicht zwischen a und *demselben Ding* besteht. Aber hiermit kommen wir nicht aus, wenn wir z. B. den Satz wiedergeben wollen: „Wenn a nicht kleiner als b und b nicht kleiner als a ist, so ist a dasselbe Ding wie b."

Wir führen nun ein Prädikatensymbol für die Identität ein. Und zwar nehmen wir als solches, da wir keinen Anlaß haben, die Identität von der arithmetischen „Gleichheit" zu unterscheiden, das gewöhnliche Gleichheitszeichen

$$a = b \qquad (\text{„}a \text{ gleich } b\text{"}).$$

Auf dieses Symbol ist zunächst die Einsetzungsregel anwendbar, d. h. es kann

$$a = b$$

eingesetzt werden für eine Formelvariable mit den Argumenten a, b. Im übrigen erhält das Gleichheitszeichen im Formalismus seine Rolle durch die beiden „Gleichheitsaxiome"

$$(J_1) \quad a = a,$$

$$(J_2) \quad a = b \rightarrow (A\,(a) \rightarrow A\,(b)),$$

welche als Ausgangsformeln in den Ableitungen benutzt werden können.

Die Negation der Gleichheit ist die „Ungleichheit". Wir wollen das übliche Ungleichheitszeichen verwenden, dieses aber nur als eine *Abkürzung* für die Negation der Gleichheit gebrauchen[1]. Wir setzen also fest, daß anstatt

$$\overline{a = b}$$

stets auch

$$a \neq b$$

geschrieben werden kann, und umgekehrt.

In engem Zusammenhang mit dem Begriff der Gleichheit und der Verschiedenheit (Ungleichheit) stehen die elementaren *Anzahlbegriffe*, und diese erhalten auch durch die Einführung des Gleichheitszeichens ihre formale Darstellung. Insbesondere lassen sich mit Hilfe des Gleichheitszeichens *Anzahlbedingungen für einen Individuenbereich* formulieren, auf den sich gebundene Individuenvariablen beziehen. So entspricht die Formel

$$(x)\,(y)\,(x = y)$$

---

[1] Diese Vereinbarung haben wir auch schon im § 1 getroffen, vgl. S. 4.

der Aussage, daß es nur ein Ding im Individuenbereich gibt. Ebenso besagt (im Sinne der inhaltlichen Deutung) die Formel

$$(x)\,(y)\,(z)\,(x = y \lor x = z \lor y = z)\,,$$

daß es *höchstens zwei* Dinge, und die Formel

$$(E\,x)\,(E\,y)\,(x \neq y)\,,$$

daß es *mindestens zwei* Dinge im Individuenbereich gibt.

In analoger Weise läßt sich jede bestimmte endliche Höchstzahl oder Mindestzahl der Dinge des Individuenbereiches durch eine Formel ausdrücken, die keine Formelvariable enthält und in der als einziges Prädikatensymbol das Gleichheitszeichen auftritt.

Diese Formeln sind einfacher und elementarer als die Formeln, welche von FREGE und RUSSELL zur logischen Definition der bestimmten endlichen Anzahlen benutzt worden sind, d. h. diejenigen Formeln, welche die Einzahligkeit, Zweizahligkeit usw. von einstelligen *Prädikaten* zum Ausdruck bringen[1].

Die Einzahligkeit eines einstelligen Prädikates $P(a)$ drückt sich aus durch die Formel

$$(E\,x)\,(y)\,(P(y) \sim x = y)\,.$$

(„Es gibt ein Ding x, so daß P auf y dann und nur dann zutrifft, wenn x dasselbe Ding ist wie y.")

Die Zweizahligkeit von $P(a)$ stellt sich dar durch die Formel

$$(E\,x)\,(E\,y)\,\{x \neq y\ \&\ (z)\,(P(z) \sim z = x \lor z = y)\}\,.$$

Zu dem Begriff der Einzahligkeit stehen in enger Beziehung die Begriffe der *Eindeutigkeit* und der *umkehrbaren Eindeutigkeit*. Auch diese werden mit Hilfe des Gleichheitszeichens formalisiert. So bringt die Formel

$$(x)\,(E\,y)\,R(x, y)\ \&\ (x)\,(y)\,(z)\,(R(x, y)\ \&\ R(x, z)\ \rightarrow\ y = z)$$

die Eigenschaft einer Beziehung $R(a, b)$ (eines Prädikates mit zwei Subjekten) zum Ausdruck, daß es zu jedem Ding a ein und nur ein Ding b gibt, für welches $R(a, b)$ zutrifft. Und die Formel

$$(x)\,((E\,y)\,R(x, y)\ \&\ (E\,y)\,R(y, x))$$
$$\&\ (x)\,(y)\,(z)\,((R(x, y)\ \&\ R(x, z) \rightarrow y = z)\ \&\ (R(x, z)\ \&\ R(y, z) \rightarrow x = y))$$

bringt zum Ausdruck, daß durch die Beziehung $R(a, b)$ der Individuenbereich umkehrbar eindeutig auf sich abgebildet wird.

Die angeführten Beispiele zeigen uns die mannigfachen Darstellungsmöglichkeiten, die wir durch die Einführung des Gleichheitszeichens

---

[1] Daß FREGE und RUSSELL jene einfacheren Formeln nicht zur Definition der Anzahlen benutzen konnten, lag daran, daß sie ihrer Theorie die Annahme eines *universellen Individuenbereiches* zugrunde legten, für welchen die Anzahl der zu ihm gehörigen Dinge nicht als variabel betrachtet werden konnte.

gewinnen. Betrachten wir nun die Gleichheitsaxiome und ihre deduktive Verwendung.

In bezug auf diese Axiome ist zunächst zu bemerken, daß man von den Formeln (J_1), (J_2) leicht zu den entsprechenden Formeln mit gebundenen Variablen übergehen kann. In der Tat sind ja die Formeln (J_1), (J_2) den Formeln

$$(x) \, (x = x) \,,$$

$$(x) \, (y) \, (x = y \; \rightarrow \; (A \, (x) \rightarrow A \, (y)))$$

deduktionsgleich — wie man unmittelbar aus einem unserer ersten Sätze über die Deduktionsgleichheit entnimmt.

Inhaltlich kann die Formel (J_1) als Formalisierung des „Satzes der Identität" angesprochen werden, und der Formel (J_2) entspricht der Satz, daß Gleiches für Gleiches gesetzt werden kann.

Wir gehen nun an die Ableitung einiger Formeln aus den Gleichheitsaxiomen. Und zwar beginnen wir mit denjenigen Formeln, welche die bekannten formalen Eigenschaften der Identität zum Ausdruck bringen. Zu diesen gelangen wir folgendermaßen: Setzen wir zunächst in der Formel (J_2) für $A \, (d)$ die Formel $d = c$ ein, so erhalten wir

1)) $a = b \rightarrow (a = c \rightarrow b = c)$.

Setzen wir hierin a für c ein und vertauschen die beiden Vorderglieder, so ergibt sich

$$a = a \rightarrow (a = b \rightarrow b = a) \,,$$

und diese Formel, zusammen mit (J_1), liefert nach dem Schlußschema

2)) $a = b \rightarrow b = a$.

Diese Formel kann auch ohne Verwendung von (J_1) gewonnen werden. Setzen wir nämlich in (J_2) für $A \, (d)$ die Formel $a = d \rightarrow d = a$ ein, so erhalten wir

$$a = b \rightarrow ((a = a \rightarrow a = a) \rightarrow (a = b \rightarrow b = a)) \,.$$

Hier können wieder die beiden Vorderglieder vertauscht werden, und da $a = a \rightarrow a = a$ durch Einsetzung aus der identischen Formel $C \rightarrow C$ entsteht, so erhalten wir durch das Schlußschema

$$a = b \rightarrow (a = b \rightarrow b = a)$$

und hieraus mittels des Aussagenkalkuls die Formel 2)). Durch Kontraposition und Einsetzung ergibt sich aus dieser Formel noch

2a)) $a \neq b \rightarrow b \neq a$.

Ferner erhalten wir aus 1)) durch Einsetzungen

$$b = a \rightarrow (b = c \rightarrow a = c) \,,$$

und diese Formel, zusammen mit 2)), liefert gemäß dem Kettenschluß

3)) $a = b \rightarrow (b = c \rightarrow a = c)$.

Die Formel 2)) bringt die Symmetrie-Eigenschaft der Identität, Formel 3)) die Eigenschaft der „Transitivität" zum Ausdruck; (J_1) drückt die Eigenschaft der „Reflexivität" aus.

Allgemein sagen wir von einem Prädikat $\Re(a, b)$, daß es reflexiv ist, wenn

$$\Re(a, a)$$

gilt, daß es symmetrisch ist, wenn

$$\Re(a, b) \rightarrow \Re(b, a)$$

gilt, und daß es transitiv ist, wenn

$$\Re(a, b) \rightarrow (\Re(b, c) \rightarrow \Re(a, c))$$

gilt.

Diese drei Eigenschaften der Reflexivität, der Symmetrie und Transitivität zusammen werden oft als charakterisierende Eigenschaften der Gleichheitsbeziehung genannt. Dabei handelt es sich aber nicht um die Gleichheit speziell im Sinne der Identität, sondern vielmehr nur um *irgendeine Art von Übereinstimmung*[1].

In der Tat hat jede Beziehung zwischen zwei Dingen, welcher die Bedeutung irgendeiner Übereinstimmung zukommt, wie z. B. in der Geometrie die Ähnlichkeit von Figuren, die Richtungsgleichheit von Geraden, die Längengleichheit, die topologische Gleichheit von Gebilden, die genannten drei Eigenschaften.

Unter allen solchen Beziehungen der Übereinstimmung ist die Identität dadurch ausgezeichnet, daß sie nicht nur Übereinstimmung in irgendeiner Hinsicht, sondern *Übereinstimmung in jeder Hinsicht* bedeutet — wenigstens soweit Merkmale in Frage kommen, die durch die Grundprädikate der zu behandelnden Theorie ausdrückbar sind. Diese völlige Übereinstimmung wird durch das zweite Gleichheitsaxiom zum Ausdruck gebracht.

Aus der obigen Ableitung der Formeln 2)) und 3)) aus den Formeln 1)) und (J_1) geht hervor, daß man zum Nachweis der drei genannten Eigenschaften für eine Beziehung $\Re(a, b)$ stets nur nötig hat, die zwei Formeln

$$\Re(a, a)$$

und

$$\Re(a, b) \rightarrow (\Re(a, c) \rightarrow \Re(b, c))$$

abzuleiten. Umgekehrt ergibt sich die zweite dieser beiden Formeln aus den Formeln für die Symmetrie und die Transitivität durch den Kettenschluß, so daß das System der drei Formeln für Reflexivität, Symmetrie und Transitivität mit dem System der zwei letzten Formeln gleichwertig ist.

Aus den Formeln 2)) und 3)) können wir auch noch die Formel

4)) $$a = c \rightarrow (b = c \rightarrow a = b)$$

ableiten, welche dem Satz entspricht, daß, wenn zwei Dinge einem dritten gleich sind, sie auch einander gleich sind.

Aus 4)) erhalten wir nach der Regel der Kontraposition

$$a = c \rightarrow (a \neq b \rightarrow b \neq c)$$

---

[1] Hierfür ist heute der Terminus „Äquivalenzrelation" gebräuchlich.

und hieraus durch Vertauschung der Vorderglieder und Anwendung der Ersetzungsregel für die Implikation die Formel

5)) $a \neq b \to a \neq c \lor b \neq c.$

Aus der Formel (J_2) erhalten wir durch Einsetzung für die Formelvariable $A(c)$

$$a = b \to (\overline{A(a)} \to \overline{A(b)})$$

und daraus durch Anwendung der Kontraposition

$$a = b \to (A(b) \to A(a)).$$

Eine weitere Anwendung der Formeln (J_1) (J_2) besteht darin, daß man mit ihrer Hilfe diejenigen Umformungen bewirken kann, denen inhaltlich die Auffassung eines Einzelurteils als Spezialfall einerseits von einem allgemeinen, andererseits von einem existentialen Urteil entspricht.

Die beiden Äquivalenzen, auf denen dieseUmformungen beruhen, lauten

6a)) $A(a) \sim (x)(x = a \to A(x)),$

6b)) $A(a) \sim (E\,x)(x = a \,\&\, A(x)).$

Die Ableitung der Formel 6a)) spaltet sich gemäß dem Schema der Äquivalenz in die Ableitungen der beiden Implikationen

$$A(a) \to (x)(x = a \to A(x)),$$

$$(x)(x = a \to A(x)) \to A(a).$$

Zu der ersten von diesen gelangt man, indem man ausgeht von der [vorhin aus (J_2) abgeleiteten] Formel

$$a = b \to (A(b) \to A(a)),$$

welche durch Vertauschung der Vorderglieder

$$A(b) \to (a = b \to A(a))$$

ergibt, sodann die Regel (α) anwendet und dann a für b einsetzt. Die umgekehrte Implikation

$$(x)(x = a \to A(x)) \to A(a)$$

ergibt sich so: Aus der Formel (a) erhält man durch Einsetzung

$$(x)(x = a \to A(x)) \to (a = a \to A(a)).$$

Diese Formel liefert durch Umstellung der Vorderglieder und Anwendung des Schlußschemas auf Grund von (J_1) die gewünschte Formel.

Von 6a)) gelangt man zu 6b)) am einfachsten, indem man von beiden Seiten der Äquivalenz die Negation bildet, hernach $\overline{A(c)}$ für $A(c)$ einsetzt und die doppelten Negationen wegläßt.

Wird auf den rechten Seiten der Formeln 6a)) und 6b)) die Gleichung $x = a$ durch $x \neq a$ ersetzt, so lassen die entstehenden Ausdrücke

$$(x)(x \neq a \to A(x)),$$

$$(E\,x)(x \neq a \,\&\, A(x))$$

nicht mehr eine so einfache Umformung zu, durch welche die Identität und die gebundenen Variablen eliminiert werden; wohl aber können sie übergeführt werden in Ausdrücke, welche sich mit Hilfe der Aussagenverknüpfungen zusammensetzen aus der Primformel $A(a)$ und aus solchen Formeln, in denen a nicht auftritt und welche Aussagen über die Mindestzahl von Individuen der Eigenschaft A oder die Höchstzahl von Individuen der Eigenschaft $\overline{A}$ entsprechen.

Denn es gelten die Äquivalenzen

a)) $(x)\,(x \neq a \to A(x)) \sim \{(x)\,A(x) \lor (\overline{A(a)}\, \&\, (x)\,(y)\,(x \neq y \to A(x) \lor A(y)))\}$,

b)) $(E\,x)\,(x \neq a\, \&\, A(x)) \sim \{(E\,x)\,A(x)\, \&\, (A(a) \to (E\,x)\,(E\,y)\,(x \neq y\, \&\, A(x)\, \&\, A(y)))\}$,

und in diesen haben die rechten Seiten in der Tat die angegebene Beschaffenheit; nämlich die Formeln

$$(x)\,A(x),\ (x)\,(y)\,(x \neq y\ \to\ A(x) \lor A(y)),$$
$$(E\,x)\,A(x),\ (E\,x)\,(E\,y)\,(x \neq y\, \&\, A(x)\, \&\, A(y))$$

entsprechen den Aussagen:

„Es gibt kein Ding der Eigenschaft $\overline{A}$."

„Es gibt höchstens ein Ding der Eigenschaft $\overline{A}$."

„Es gibt mindestens ein Ding der Eigenschaft A."

„Es gibt mindestens zwei Dinge der Eigenschaft A."

Was die Ableitung der beiden Formeln betrifft, so ergibt sich 7b)) aus 7a)) auf ganz entsprechende Weise wie 6b)) aus 6a)), durch beiderseitige Bildung der Negation und Einsetzung von $\overline{A(c)}$ für $A(c)$. Wir brauchen also nur 7a)) abzuleiten. Der Gang dieser etwas langwierigen Ableitung soll hier nur in den Hauptzügen angegeben werden.

Die Formel 7a)) hat die Gestalt

$$\mathfrak{A} \sim \{\mathfrak{B} \lor (\overline{\mathfrak{C} \,\&\, \mathfrak{D}})\}.$$

Indem wir diese Äquivalenz in zwei Implikationen spalten, ferner die Schemata der Konjunktion und Disjunktion sowie das distributive Gesetz anwenden, erkennen wir, daß es genügt, folgende vier Formeln abzuleiten:

$$\mathfrak{A} \to \mathfrak{B} \lor \overline{\mathfrak{C}},$$
$$\mathfrak{A} \to \mathfrak{B} \lor \mathfrak{D},$$
$$\mathfrak{B} \to \mathfrak{A},$$
$$\overline{\mathfrak{C}} \,\&\, \mathfrak{D} \to \mathfrak{A}.$$

Die erste von diesen kann umgeformt werden in

$$\mathfrak{C} \,\&\, \mathfrak{A} \to \mathfrak{B},$$

die zweite ist ableitbar aus $\quad \mathfrak{A} \to \mathfrak{D},$

die vierte läßt sich umformen in

$$\mathfrak{D} \to \mathfrak{A} \lor \mathfrak{C}.$$

Somit reduziert sich die Aufgabe auf die Ableitung folgender vier Formeln:

$$\mathfrak{C} \,\&\, \mathfrak{A} \to \mathfrak{B},$$

$$\mathfrak{A} \to \mathfrak{D},$$

$$\mathfrak{B} \to \mathfrak{A},$$

d. h. ausgeschrieben:
$$\mathfrak{D} \to \mathfrak{A} \vee \mathfrak{C},$$

$$A(a) \,\&\, (x)\,(x \neq a \to A(x)) \to (x)\,A(x),$$

$$(x)\,(x \neq a \to A(x)) \to (x)\,(y)\,(x \neq y \to A(x) \vee A(y)),$$

$$(x)\,A(x) \to (x)\,(x \neq a \to A(x)),$$

$$(x)\,(y)\,(x \neq y \to A(x) \vee A(y)) \to (x)\,(x \neq a \to A(x)) \vee A(a).$$

Von diesen Formeln sind die beiden letzten ohne weiteres aus dem Prädikatenkalkul zu entnehmen. Denn die dritte geht durch Einsetzung hervor aus der leicht ableitbaren Formel

$$(x)\,A(x) \to (x)\,(B(x) \to A(x)),$$

und die vierte kann durch Anwendung der Regel (ι)[1] und der identischen Formel

$$(A \to B) \vee C \sim (A \to B \vee C)$$

[in Verbindung mit der Regel (η)[2]] umgeformt werden in die Formel

$$(x)\,(y)\,(x \neq y \to A(x) \vee A(y)) \to (x)\,(x \neq a \to A(x) \vee A(a)),$$

welche aus der ableitbaren Formel

$$(x)\,(y)\,B(x, y) \to (x)\,B(x, a)$$

durch Einsetzung hervorgeht.

Mit wesentlicher Benutzung der Formeln für die Identität geschieht die Ableitung der beiden ersten Formeln.

Die erste ist mit Hilfe der Formel 6a)) überführbar in die Formel

$$(x)\,(x = a \to A(x)) \,\&\, (x)\,(x \neq a \to A(x)) \to (x)\,A(x);$$

diese aber entsteht durch Einsetzung aus der im Prädikatenkalkul ableitbaren Formel

$$(x)\,(B(x) \to A(x)) \,\&\, (x)\,(\overline{B(x)} \to A(x)) \to (x)\,A(x).$$

Die zweite Formel

$$(x)\,(x \neq a \to A(x)) \to (x)\,(y)\,(x \neq y \to A(x) \vee A(y))$$

kann nach den Regeln des Prädikatenkalkuls abgeleitet werden aus der Formel

$$(b \neq a \to A(b)) \,\&\, (c \neq a \to A(c)) \to (b \neq c \to A(b) \vee A(c)),$$

---

[1] Vgl. S. 137.   [2] Vgl. S. 135.

und nach den Methoden des Aussagenkalkuls reduziert sich die Ableitung dieser Formel auf die der Formel

$$b \neq c \rightarrow b \neq a \vee c \neq a;$$

diese aber geht aus der Formel 5)) durch Einsetzungen hervor.

Aus den Formeln 7a)), 7b)) können wir noch ein weiteres Paar von bemerkenswerten Formeln gewinnen.

Wenn wir in der Formel 7a)) die Variable y in z und x in y umbenennen und dann die Regel (δ') für das Seinszeichen in Verbindung mit der Regel (ι) anwenden, so gelangen wir zu der Formel

$$(Ex)(y)(y \neq x \rightarrow A(y)) \sim \{(y)A(y) \vee ((Ex)\overline{A(x)} \& (y)(z)(y \neq z \rightarrow A(y) \vee A(z)))\}.$$

Auf der rechten Seite dieser Äquivalenz können wir wieder y in x, z in y umbenennen; außerdem können wir $(Ex)\,\overline{A(x)}$ umformen in $\overline{(x)\,A(x)}$. Die so entstehende Formel können wir mit Anwendung der vorhin benutzten Abkürzungen $\mathfrak{B}$, $\mathfrak{D}$ angeben durch:

$$(Ex)(y)(y \neq x \rightarrow A(y)) \sim (\mathfrak{B} \vee (\overline{\mathfrak{B}} \& \mathfrak{D})).$$

Gemäß dem Aussagenkalkul ist nun

ersetzbar durch
$$\mathfrak{B} \vee (\overline{\mathfrak{B}} \& \mathfrak{D})$$
$$\mathfrak{B} \vee \mathfrak{D}.$$

Da ferner, wie wir festgestellt haben,

$$\mathfrak{B} \rightarrow \mathfrak{A} \text{ sowie } \mathfrak{A} \rightarrow \mathfrak{D}$$

ableitbare Formeln sind, und somit auch $\mathfrak{B} \rightarrow \mathfrak{D}$ ableitbar ist, so ist $\mathfrak{B} \vee \mathfrak{D}$ überführbar in $\mathfrak{D}$, und wir erhalten somit die Formel

d. h.
$$(Ex)(y)(y \neq x \rightarrow A(y)) \sim \mathfrak{D},$$

8a)) $(Ex)(y)(y \neq x \rightarrow A(y)) \sim (x)(y)(x \neq y \rightarrow A(x) \vee A(y)).$

Aus dieser Formel erhalten wir durch denselben Übergang wie von 7a)) zu 7b)) die Formel

8b)) $(x)(Ey)(y \neq x \& A(y)) \sim (Ex)(Ey)(x \neq y \& A(x) \& A(y)).$

Die Bedeutung dieser Formeln liegt darin, daß durch sie verschiedene Darstellungen von Anzahlbedingungen ineinander übergeführt werden. In der Tat entsprechen beide Seiten der Äquivalenz 8a)) der Aussage, daß es höchstens ein Ding von der Eigenschaft $\overline{A}$ gibt, beide Seiten von 8b)) der Aussage, daß es mindestens zwei Dinge von der Eigenschaft A gibt.

Ganz die entsprechenden Umformungen bestehen auch für höhere Anzahlen. Das Schema der Formeln, welche die Verallgemeinerung der Formeln 8a)), 8b)) für größere Anzahlen bilden, ist folgendes:

$$9\,\text{a)}) \quad \begin{cases} (E\,x)\,(E\,y) \ldots (E\,v)\,(w)\,(w \neq x \,\&\, w \neq y \,\&\, \ldots \,\&\, w \neq v \rightarrow A\,(w)) \\ \sim (x)\,(y) \ldots (v)\,(w)\,(x \neq y \,\&\, x \neq z \,\&\, \ldots \,\&\, v \neq w \rightarrow A\,(x) \lor A\,(y) \lor \ldots \lor A\,(w)), \end{cases}$$

$$9\,\text{b)}) \quad \begin{cases} (x)\,(y) \ldots (v)\,(E\,w)\,(w \neq x \,\&\, w \neq y \,\&\, \ldots \,\&\, w \neq v \,\&\, A\,(w)) \\ \sim (E\,x)(E\,y) \ldots (E\,v)(E\,w)\,(x \neq y \,\&\, x \neq z \,\&\, \ldots \,\&\, v \neq w \,\&\, A\,(x) \,\&\, A\,(y) \,\&\, \ldots \,\&\, A\,(w)) \end{cases}$$

Hier stehen in den Vordergliedern der Äquivalenzen an Stelle der einen, in den Formeln 8a)), 8b)) auftretenden Variablen x — welche in 8a)) durch ein Seinszeichen, in 8b)) durch ein Allzeichen gebunden ist — die Variablen

$$x, y, \ldots, v,$$

die in 9a)) sämtlich durch Seinszeichen, in 9b)) sämtlich durch Allzeichen gebunden sind und über welche sich die Konjunktion

$$w \neq x \,\&\, \ldots \,\&\, w \neq v$$

erstreckt. In den Hintergliedern der Äquivalenz stehen an Stelle der zwei in den Formeln 8a)), 8b)) auftretenden Variablen x, y die Variablen

$$x, y, \ldots, v, w,$$

welche in 9a)) sämtlich durch Allzeichen, in 9b)) durch Seinszeichen gebunden sind; über diese Variablen erstreckt sich in 9a)) die Disjunktion

$$A\,(x) \lor A\,(y) \ldots \lor A\,(v) \lor A\,(w),$$

in 9b)) die Konjunktion

$$A\,(x) \,\&\, A\,(y) \,\&\, \ldots \,\&\, A\,(v) \,\&\, A\,(w);$$

und die Konjunktion

$$x \neq y \,\&\, x \neq z \,\&\, \ldots \,\&\, v \neq w$$

erstreckt sich in 9a)) und 9b)) über die Paare, die sich aus je zwei verschiedenen der $x, y, \ldots, v, w$ bilden lassen. In den Formeln 9a)) können wir noch die Implikationen in Disjunktionen umwandeln; wir erhalten dann

$$(E\,x)\,(E\,y) \ldots (E\,v)\,(w)\,(w = x \lor w = y \lor \ldots \lor w = v \lor A\,(w))$$
$$\sim (x)\,(y) \ldots (v)\,(w)\,(x = y \lor x = z \lor \ldots \lor v = w \lor$$
$$A\,(x) \lor A\,(y) \lor \ldots \lor A\,(w)),$$

und diese Formeln sind genau dual zu den entsprechenden Formeln 9b)).

Wir wollen für die Hinterglieder dieser Äquivalenzen eine abkürzende Bezeichnung einführen. Es werde allgemein, wenn $\mathfrak{m}$ die

Anzahl der Variablen $x, y, \ldots, w$

ist, mit $(E_{\mathfrak{m}}x)\,\mathfrak{A}(x)$

der Ausdruck

$(E\,x) \ldots (E\,w)\,(x \neq y\, \&\, x \neq z\, \&\, \ldots\, \&\, v \neq w\, \&\, \mathfrak{A}(x)\, \&\, \mathfrak{A}(y)\, \&\, \ldots\, \&\, \mathfrak{A}(w))$

und entsprechend mit $(_{\mathfrak{m}}x)\,\mathfrak{A}(x)$

der Ausdruck

$(x) \ldots (w)\,(x = y \lor x = z \lor \ldots \lor v = w \lor \mathfrak{A}(x) \lor \ldots \lor \mathfrak{A}(w))$

bezeichnet. Die Bezeichnung gilt für

$$\mathfrak{m} = 2, 3, \ldots.$$

Im Sinne der inhaltlichen Deutung besagt die Formel

$$(E_{\mathfrak{m}}x)\,\mathfrak{A}(x),$$

daß es mindestens $\mathfrak{m}$ Dinge gibt, auf welche $\mathfrak{A}(x)$ zutrifft, und $(_{\mathfrak{m}}x)\,\mathfrak{A}(x)$ besagt, daß es höchstens $\mathfrak{m}-1$ Dinge gibt, auf welche $\mathfrak{A}(x)$ nicht zutrifft, daß also auf alle Dinge mit höchstens $\mathfrak{m}-1$ Ausnahmen $\mathfrak{A}(x)$ zutrifft.

Gemäß der Regel (λ) für die Bildung der Negation[1] ergeben sich die Äquivalenzen

$$\overline{(_{\mathfrak{m}}x)\,A\,(x)} \sim (E_{\mathfrak{m}}x)\,\overline{A\,(x)},$$

$$\overline{(E_{\mathfrak{m}}x)\,A\,(x)} \sim (_{\mathfrak{m}}x)\,\overline{A\,(x)},$$

$$(\mathfrak{m} = 2, 3, \ldots).$$

Ferner leitet man leicht (für eine gegebene Anzahl $\mathfrak{m}$) die Formeln

$$(_{\mathfrak{m}}x)\,A\,(x) \to (_{\mathfrak{m}+1}x)\,A\,(x),$$

$$(E_{\mathfrak{m}+1}x)\,A\,(x) \to (E_{\mathfrak{m}}x)\,A\,(x),$$

sowie auch die Formeln $(x)\,A\,(x) \to (_2x)\,A\,(x),$

$$(E_2x)\,A\,(x) \to (E\,x)\,A\,(x)$$

ab. Für alle diese Formeln ist auch vom Standpunkt der inhaltlichen Deutung die Gültigkeit leicht zu ersehen.

Mit den eingeführten Abkürzungen schreiben sich die Formeln 9a)), 9b)) folgendermaßen:

$$(E\,x)\,(E\,y) \ldots (E\,v)\,(w)\,(w = x \lor \ldots \lor w = v \lor A\,(w)) \sim (_{\mathfrak{k}+1}x)\,A\,(x),$$

$$(x)\,(y) \ldots (v)\,(E\,w)\,(w \neq x\, \&\, \ldots\, \&\, w \neq v\, \&\, A\,(w)) \sim (E_{\mathfrak{k}+1}x)\,A\,(x);$$

dabei ist $\mathfrak{k}$ die Anzahl der Variablen $x, y \ldots v$.

---

[1] Vgl. S. 139.

Die Ableitung der Formeln 9a)), 9b)) wollen wir hier nicht durchführen, da sie ziemlich umständlich ist, ohne etwas grundsätzlich neues zu bieten.

In entsprechender Weise, wie die Formeln 8a)), 8b)) in den Formeln 9a)), 9b)) ihre Verallgemeinerung erhalten, lassen sich auch die Formeln 7a)), 7b)) verallgemeinern. Die Äquivalenzen, welche diese Verallgemeinerung bilden, liefern eine Umformung von Formeln der Gestalt

$$(x) (x \neq a \,\&\, x \neq b \,\&\, \ldots \,\&\, x \neq r \to A(x)),$$

und
$$(E x) (x \neq a \,\&\, x \neq b \,\&\, \ldots \,\&\, x \neq r \,\&\, A(x)),$$

wobei also an die Stelle der Ungleichung $x \neq a$ in den Formeln 7a)), 7b)) hier eine Konjunktion aus mehreren solchen Ungleichungen tritt und an Stelle der einen freien Variablen a mehrere solche Variablen

auftreten.
$$a, b, \ldots, r$$

Wir wollen die Formeln für den Fall der drei freien Variablen a, b, c angeben. Die zu 7a)) analoge Formel lautet, bei Anwendung der eingeführten Abkürzungen:

$$(x) (x \neq a \,\&\, x \neq b \,\&\, x \neq c \to A(x)) \sim \{(x) A(x) \vee [\overline{A(a)} \vee \overline{A(b)} \vee \overline{A(c)}) \,\&\, (_2 x) A(x)]$$
$$\vee [(\overline{A(a)} \,\&\, \overline{A(b)} \,\&\, a \neq b) \vee (\overline{A(a)} \,\&\, \overline{A(c)} \,\&\, a \neq c) \vee (\overline{A(b)} \,\&\, \overline{A(c)} \,\&\, b \neq c) \,\&\, (_3 x) A(x)]$$
$$\vee [\overline{A(a)} \,\&\, \overline{A(b)} \,\&\, \overline{A(c)} \,\&\, a \neq b \,\&\, a \neq c \,\&\, b \neq c \,\&\, (_4 x) A(x)]\},$$

und die zu 7b)) analoge Formel lautet:

$$(E x) (x \neq a \,\&\, x \neq b \,\&\, x \neq c \,\&\, A(x)) \sim \{(E x) A(x) \,\&\, [A(a) \vee A(b) \vee A(c) \to (E_2 x) A(x)]$$
$$\&\, [(A(a) \,\&\, A(b) \,\&\, a \neq b) \vee (A(a) \,\&\, A(c) \,\&\, a \neq c) \vee (A(b) \,\&\, A(c) \,\&\, b \neq c) \to (E_3 x) A(x)]$$
$$\&\, [A(a) \,\&\, A(b) \,\&\, A(c) \,\&\, a \neq b \,\&\, a \neq c \,\&\, b \neq c \to (E_4 x) A(x)]\}.$$

Wenn man in diesen Formeln die vorkommenden Implikationen durch die Disjunktion und die Negation ausdrückt und die Regel für die Bildung der Negation anwendet, so erhält man folgende Äquivalenzen:

$$(x) (x = a \vee x = b \vee x = c \vee A(x)) \sim \{(x) A(x) \vee [(\overline{A(a)} \vee \overline{A(b)} \vee \overline{A(c)}) \,\&\, (_2 x) A(x)]$$
$$\vee [(\overline{A(a)} \,\&\, \overline{A(b)} \,\&\, a \neq b) \vee (\overline{A(a)} \,\&\, \overline{A(c)} \,\&\, a \neq c) \vee (\overline{A(b)} \,\&\, \overline{A(c)} \,\&\, b \neq c) \,\&\, (_3 x) A(x)]$$
$$\vee [\overline{A(a)} \,\&\, \overline{A(b)} \,\&\, \overline{A(c)} \,\&\, a \neq b \,\&\, a \neq c \,\&\, b \neq c \,\&\, (_4 x) A(x)]\},$$

$$(E x) (x \neq a \,\&\, x \neq b \,\&\, x \neq c \,\&\, A(x)) \sim \{(E x) A(x) \,\&\, [(\overline{A(a)} \,\&\, \overline{A(b)} \,\&\, \overline{A(c)}) \vee (E_2 x) A(x)]$$
$$\&\, [(\overline{A(a)} \vee \overline{A(b)} \vee a = b \,\&\, \overline{A(a)} \vee \overline{A(c)} \vee a = c \,\&\, \overline{A(b)} \vee \overline{A(c)} \vee b = c) \vee (E_3 x) A(x)]$$
$$\&\, [\overline{A(a)} \vee \overline{A(b)} \vee \overline{A(c)} \vee a = b \vee a = c \vee b = c \vee (E_4 x) A(x)]\}.$$

Man erkennt sofort, daß diese beiden Formeln zueinander dual sind.

Aus der Gestalt dieser Formeln entnimmt man leicht die Gestalt der entsprechenden Äquivalenzen für eine beliebige, an Stelle der drei Variablen a, b, c tretende Reihe von Variablen, z. B. $a, b, \ldots, r$.

Diese Äquivalenzen wollen wir mit 10a)), 10b)) numerieren. Wir machen von ihnen zunächst eine spezielle Anwendung: wir nehmen irgendeine von den Formeln 10a)) und setzen darin für die Nennform $A(s)$ die Formel

$$A(s) \,\&\, \overline{A(s)}$$

ein. Die dadurch entstehende Formel läßt sich nun wesentlich vereinfachen.

Es werde dieses an dem angegebenen Spezialfall von 10a)) dargelegt. Hier tritt auf der linken Seite (nach erfolgter Einsetzung)

$$A(x) \,\&\, \overline{A(x)}$$

als Disjunktionsglied auf. Dieses Disjunktionsglied kann aber nach den Regeln des Aussagenkalkuls [in Verbindung mit der Regel (η)[1]] weggelassen werden. Auf der rechten Seite erhalten wir an Stelle von $(x)\, A(x)$ den Ausdruck

$$(x)\, (A(x) \,\&\, \overline{A(x)}),$$

welcher sich in die Negation der ableitbaren Formel

$$(E\,x)\, (\overline{A(x)} \lor A(x))$$

umformen läßt und daher als Disjunktionsglied mit Hilfe des Schlußschemas beseitigt werden kann.

An Stelle von

$$\overline{A(a)},\ \overline{A(b)},\ \overline{A(c)}$$

treten auf Grund der Einsetzung die ableitbaren Formeln

$$\overline{A(a)} \lor A(a),\ \overline{A(b)} \lor A(b),\ \overline{A(c)} \lor A(c),$$

die wiederum als Konjunktionsglieder weggelassen werden können.

Ferner gehen auch in den Ausdrücken

$$(_2x)\, A(x),\ (_3x)\, A(x),\ (_4x)\, A(x)$$

die Disjunktionsglieder, welche die Formelvariable A enthalten, durch die Einsetzung in solche Glieder über, welche gemäß dem Aussagenkalkul und der Regel (η) entfernt werden können; es bleiben daher an Stelle jener Ausdrücke nur die Formeln

$$(x)\, (y)\, (x = y),\ (x)\, (y)\, (z)\, (x = y \lor x = z \lor y = z),$$
$$(x)\, (y)\, (z)\, (u)\, (x = y \lor x = z \lor x = u \lor y = z \lor y = u \lor z = u).$$

Wir wollen für Formeln dieser Art auch eine abgekürzte Bezeichnung einführen.

Es bedeute

$$(x_\mathfrak{k}y)\, (x = y) \qquad \text{(für } \mathfrak{k} = 2, 3, \ldots)$$

---

[1] Vgl. S. 135.

eine Formel, in welcher $\mathfrak{k}$ Allzeichen voranstehen und auf diese eine Disjunktion folgt, gebildet aus den Gleichungen zwischen den $\dfrac{\mathfrak{k} \cdot (\mathfrak{k}-1)}{2}$ Paaren von den Variablen, die zu den Allzeichen gehören.

Die Formel ist hierdurch, abgesehen von der Benennung der gebundenen Variablen bestimmt. Sie besagt, inhaltlich gedeutet, daß es höchstens $\mathfrak{k}-1$ Dinge im Individuenbereich gibt.

Mit Anwendung der neuen Bezeichnung erhält unsere betrachtete Äquivalenz nach der erfolgten Einsetzung nebst der Ausführung der angegebenen Umformungen folgende einfache Gestalt:

$$(x)\,(x = a \lor x = b \lor x = c) \sim \{(x_2\,y)\,(x = y) \lor (a \neq b \lor a \neq c \lor b \neq c \,\&\, (x_3\,y)\,(x = y))$$
$$\lor (a \neq b \,\&\, a \neq c \,\&\, b \neq c \,\&\, (x_4\,y)\,(x = y))\}.$$

Die hierzu duale Formel lautet, wenn allgemein die Bezeichnung

$$(E\,x_{\mathfrak{k}}\,y)\,(x \neq y)$$

eingeführt wird für diejenige Formel, die man aus

$$(x_{\mathfrak{k}}\,y)\,(x = y)$$

durch die Bildung der Negation [gemäß der Regel (λ)] erhält:

$$(E\,x)\,(x \neq a \,\&\, x \neq b \,\&\, x \neq c) \sim \{(E\,x_2\,y)\,(x \neq y) \,\&\, (a = b \,\&\, a = c \,\&\, b = c) \lor (E\,x_3\,y)\,(x \neq y)$$
$$\&\, a = b \lor a = c \lor b = c \lor (E\,x_4\,y)\,(x \neq y)\}.$$

Die beiden erhaltenen Formeln lassen sich durch Anwendung der Umformungen des Aussagenkalkuls und mit Benutzung der für jede gegebene Anzahl $\mathfrak{k}$ leicht ableitbaren Formeln

$$(x_{\mathfrak{k}}\,y)\,(x = y) \rightarrow (x_{\mathfrak{k}+1}\,y)\,(x = y)$$

in folgende für die inhaltliche Deutung vorteilhaftere Gestalt überführen:

$$(x)(x = a \lor x = b \lor x = c) \sim \{(x_4\,y)(x = y) \,\&\, (a = b \lor a = c \lor b = c \rightarrow (x_3\,y)(x = y))$$
$$\&\, (a = b \,\&\, a = c \,\&\, b = c \rightarrow (x_2\,y)\,(x = y))\},$$

$$(E\,x)\,(x \neq a \,\&\, x \neq b \,\&\, x \neq c) \sim \{(E\,x_2\,y)\,(x \neq y) \,\&\, (a \neq b \lor a \neq c \lor b \neq c \rightarrow (E\,x_3\,y)\,(x \neq y))$$
$$\&\, (a \neq b \,\&\, a \neq c \,\&\, b \neq c \rightarrow (E\,x_4\,y)\,(x \neq y))\}.$$

Das formal Bemerkenswerte an diesen Äquivalenzen ist die durch sie dargestellte Überführbarkeit der Formeln

$$(x)\,(x = a \lor x = b \lor x = c),$$
$$(E\,x)\,(x \neq a \,\&\, x \neq b \,\&\, x \neq c)$$

in solche Formeln, die sich durch die Operationen des Aussagenkalkuls zusammensetzen aus den Gleichungen

und den Formeln $\qquad a = b, \quad a = c, \quad b = c$

bzw. $\qquad (x_2 y) \, (x = y), \quad (x_3 y) \, (x = y), \quad (x_4 y) \, (x = y)$

$$(E \, x_2 \, y) \, (x \neq y), \quad (E \, x_3 \, y) \, (x \neq y), \quad (E \, x_4 \, y) \, (x \neq y).$$

Man beachte, daß in diesen letztgenannten Formeln die freien Variablen a, b, c nicht mehr auftreten.

Allgemein ergibt sich in dieser Weise aus den Formeln 10a)), 10b)) durch die Einsetzung von $A\,(s) \,\&\, \overline{A\,(s)}$ für die Nennform $A\,(s)$ nebst vereinfachenden Umformungen gemäß dem Prädikatenkalkul, welche die Ausschaltung der Formelvariablen A bewirken, die Überführbarkeit einer Formel

$$(x) \, (x = a \lor x = b \lor \ldots \lor x = r)$$

bzw. einer Formel

$$(E \, x) \, (x \neq a \,\&\, x \neq b \,\&\, \ldots \,\&\, x \neq r)$$

in eine solche Formel, welche sich durch die Operationen des Aussagenkalkuls zusammensetzt aus den Gleichungen zwischen den Paaren von freien Variablen und den Formeln

bzw. $\qquad (x_2 y) \, (x = y), \quad (x_3 y) \, (x = y), \quad \ldots, \quad (x_{\mathfrak{f}+1} y) \, (x = y)$

$$(E \, x_2 \, y) \, (x \neq y), \quad (E \, x_3 \, y) \, (x \neq y), \quad \ldots, \quad (E \, x_{\mathfrak{f}+1} \, y) \, (x \neq y),$$

wobei $\mathfrak{f}$ die Anzahl der Variablen $a, b, \ldots, r$ bedeutet.

Es sei noch darauf hingewiesen, daß die Formel

$$(E \, x_{\mathfrak{f}} \, y) \, (x \neq y)$$

im Sinne der inhaltlichen Deutung besagt, daß der Individuenbereich mindestens $\mathfrak{f}$ Dinge enthält. Während also die Formel $(x_{\mathfrak{f}} y) \, (x = y)$, inhaltlich gedeutet, eine *Höchstzahl* für die Dinge des Individuenbereichs angibt, gibt die Formel $(E \, x_{\mathfrak{f}} \, y) \, (x \neq y)$ eine *Mindestzahl* an.

Wir wollen die Formeln der Gestalt

$$(x_{\mathfrak{f}} y) \, (x = y), \, (E \, x_{\mathfrak{f}} \, y) \, (x \neq y)$$

gemeinsam als „*Anzahlformeln*" bezeichnen.

Die erhaltenen Umformungen haben wir aus den Äquivalenzen 10a)), 10b)) mit Hilfe einer speziellen Einsetzung für die Formelvariable entnommen.

Betrachten wir anstatt dieser besonderen Einsetzung eine beliebige Einsetzung einer Formel $\mathfrak{A}\,(s)$ für $A\,(s)$, so ergibt sich aus den Äquivalenzen 10a)), 10b)) unmittelbar die Überführbarkeit einer Formel

$$(x) (x = a \vee x = b \vee \ldots \vee x = r \vee \mathfrak{A}(x))$$

bzw. einer Formel

$$(E\,x) (x \neq a \,\&\, x \neq b \,\&\, \ldots \,\&\, x \neq r \,\&\, \mathfrak{A}(x))$$

in eine Formel, die sich durch die Operationen des Aussagenkalkuls zusammensetzt aus den Formeln

$$\mathfrak{A}(a),\ \mathfrak{A}(b),\ \ldots,\ \mathfrak{A}(r),$$

ferner den Gleichungen zwischen den $\dfrac{\mathfrak{k} \cdot (\mathfrak{k} - 1)}{2}$ Paaren, gebildet aus den $\mathfrak{k}$ freien Variablen $a, b, \ldots, r$, und drittens den Formeln

bzw.
$$(x)\,\mathfrak{A}(x),\quad (_2 x)\,\mathfrak{A}(x),\quad \ldots,\quad (_{\mathfrak{k}+1} x)\,\mathfrak{A}(x)$$
$$(E\,x)\,\mathfrak{A}(x),\quad (E_2 x)\,\mathfrak{A}(x),\quad \ldots,\quad (E_{\mathfrak{k}+1} x)\,\mathfrak{A}(x).$$

Die Wirkung dieser Umformung ist, bei einer Formel $\mathfrak{A}(s)$, welche keine der Variablen $a, b, \ldots, r$ enthält, daß diese freien Variablen nicht mehr im Bereiche eines Allzeichens oder Seinszeichens auftreten. Wenn insbesondere $\mathfrak{A}(s)$ außer s überhaupt keine freie Individuenvariable enthält, so tritt in den Ausdrücken

$$(x)\,\mathfrak{A}(x),\ \ldots,\ (_{\mathfrak{k}+1} x)\,\mathfrak{A}(x),\ (E\,x)\,\mathfrak{A}(x),\ \ldots,\ (E_{\mathfrak{k}+1} x)\,\mathfrak{A}(x)$$

überhaupt keine freie Individuenvariable auf.

Diese Umformungsmöglichkeiten führen zur Herstellung einer Normalform für die Formeln des „*erweiterten einstelligen Prädikatenkalkuls*", d. h. desjenigen Formalismus, der aus dem einstelligen Prädikatenkalkul durch die Hinzunahme des Gleichheitszeichens und der Gleichheitsaxiome erhalten wird. Eine jede Formel dieses Kalkuls läßt sich, auf Grund seiner Regeln, in analoger Weise wie eine Formel des einstelligen Prädikatenkalkuls in „Primärformeln" (jetzt in einem weiteren Sinne) zerlegen; dabei ist unter der *Zerlegung in Primärformeln* die Überführung in eine solche Formel zu verstehen, die sich mit Hilfe der Operationen des Aussagenkalkuls aus Bestandteilen folgender Art zusammensetzt:

1. Formelvariablen ohne Argument;
2. Formelvariablen mit einer freien Individuenvariablen als Argument;
3. Gleichungen zwischen freien Individuenvariablen;
4. Formeln der Gestalt

$$(x)\,\mathfrak{D}(x)\ \text{oder}\ (E\,x)\,\mathfrak{K}(x),$$

wobei $\mathfrak{D}(x)$ eine Disjunktion, $\mathfrak{K}(x)$ eine Konjunktion bedeutet, deren Glieder Formelvariablen mit dem Argument x oder Negationen von Formelvariablen mit dem Argument x sind.

5. Formeln der Gestalt

$$({}_m x)\, \mathfrak{D}\,(x) \text{ oder } (E_m\, x)\, \mathfrak{K}\,(x)\,,$$

wobei $\mathfrak{D}\,(x)$ und $\mathfrak{K}\,(x)$ wiederum die unter 4. angegebene Beschaffenheit haben.

6. Anzahlformeln, d. h. Formeln der Gestalt

$$(x\,{}_m y)\,(x = y) \text{ oder } (E\,x\,{}_m y)\,(x \neq y)\,.$$

Der Unterschied gegenüber dem bloßen einstelligen Prädikatenkalkul liegt hier in dem Hinzutreten der Fälle 3, 5 und 6.

Das Verfahren, durch das wir zur Zerlegung einer vorgelegten Formel des erweiterten einstelligen Prädikatenkalkuls in Primärformeln gelangen, ist analog dem Verfahren für die Zerlegung im bloßen einstelligen Prädikatenkalkul: Falls die gegebene Formel keine gebundene Variable enthält, so hat sie bereits die verlangte Gestalt. Es braucht also nur der Fall betrachtet zu werden, daß gebundene Variablen vorkommen. Wir führen dann zunächst die gegebene Formel in eine pränexe Formel über. Durch Umbenennung von gebundenen Variablen können wir jedenfalls erreichen, daß von den voranstehenden Quantoren der letzte zu der Variablen x gehört, also (x) oder $(E x)$ lautet. Die andern, evtl. noch voranstehenden Quantoren mögen zu den Variablen

$$y, z, \ldots, u$$

gehören.

Der hinter dem Zeichen (x) bzw. $(E x)$ stehende Ausdruck enthält außer den gebundenen Variablen $y, z, \ldots, u$ im allgemeinen noch freie Variablen.

Auf diesen Ausdruck können wir, gemäß der Regel (η)[1], die Umformungen des Aussagenkalkuls anwenden. Wir formen ihn, je nachdem (x) oder $(E x)$ voransteht, in eine konjunktive oder eine disjunktive Normalform um und verlegen das Allzeichen (x) bzw. das Seinszeichen $(E x)$, gemäß der Regel (ϑ)[2], auf die einzelnen Konjunktions- bzw. Disjunktionsglieder.

Es steht dann hinter jedem Allzeichen (x) (d. h. im Bereiche dieses Allzeichens) eine Disjunktion, bzw. hinter jedem Seinszeichen $(E x)$ eine Konjunktion, und gemäß der Regel (ι)[3] können wir jedes von x freie Glied der Disjunktion oder Konjunktion vor das betreffende Zeichen (x) bzw. $(E x)$ ziehen.

Die ganze Formel erhält nun folgende Gestalt: Voran stehen die zu den Variablen

$$y, z, \ldots, u$$

gehörenden All- und Seinszeichen; und es folgt dann ein Ausdruck, der sich durch die Operationen des Aussagenkalkuls zusammensetzt aus Bestandteilen folgender Art:

---

[1] Vgl. S. 135. [2] Vgl. S. 136. [3] Vgl. S. 137.

1) Formelvariablen ohne Argument (also Formeln der Art 1.);
2) Formelvariablen mit einer von x verschiedenen Variablen als Argument;
3) Gleichungen zwischen zwei von x verschiedenen Variablen;
4) Ausdrücken von der Gestalt

$$(x)\ (\mathfrak{P}_1(x) \vee \ldots \vee \mathfrak{P}_t(x))$$

oder

$$(E\,x)\ (\mathfrak{P}_1(x)\ \&\ \ldots\ \&\ \mathfrak{P}_t(x)),$$

wobei jedes der Glieder

$$\mathfrak{P}_1(x),\ \ldots,\ \mathfrak{P}_t(x)$$

entweder eine die Variable x enthaltende Gleichung oder Ungleichung oder eine Formelvariable mit dem Argument x, oder die Negation einer solchen ist.

Im Falle, daß außer x keine gebundene Variable vorkommt, setzt sich die gesamte Formel aus Bestandteilen der Arten 1)—4) mittels der Operationen des Aussagenkalkuls zusammen, ohne daß noch Allzeichen oder Seinszeichen davortreten.

Es kommt nun darauf an, die Bestandteile der Art 4) umzuformen. Wir können zunächst Glieder von der Form

$$x = x \text{ oder } x \neq x$$

ausschalten durch Anwendung der Formeln

$$(x)\,(x = x) \sim A \vee \overline{A}\,,$$

$$(x)\,(x \neq x) \sim A\ \&\ \overline{A}\,,$$

$$(E\,x)\,(x = x) \sim A \vee \overline{A}\,,$$

$$(E\,x)\,(x \neq x) \sim A\ \&\ \overline{A}\,,$$

$$(x)\,(x = x \vee A\,(x)) \sim A \vee \overline{A}\,,$$

$$(x)\,(x \neq x \vee A\,(x)) \sim (x)\,A\,(x)\,,$$

$$(E\,x)\,(x = x\ \&\ A\,(x)) \sim (E\,x)\,A\,(x)\,,$$

$$(E\,x)\,(x \neq x\ \&\ A\,(x)) \sim A\ \&\ \overline{A}\,,$$

die alle mit Hilfe der Formel (J_1) ableitbar sind. Ferner können wir erreichen, daß in jeder der Gleichungen und Ungleichungen, welche die Variable x enthalten, x auf der linken Seite steht; dieses ergibt sich aus der Anwendung der Formel 2))

$$a = b \ \rightarrow \ b = a\,.$$

Drittens können wir bewirken, daß in den Bestandteilen

$$(x)\ (\mathfrak{P}_1(x) \vee \ldots \vee \mathfrak{P}_t(x))$$

keines der Disjunktionsglieder eine Ungleichung, und in den Bestandteilen
$$(E\,x)\,(\mathfrak{P}_1(x)\,\&\,\ldots\,\&\,\mathfrak{P}_\mathfrak{t}(x))$$
keines der Konjunktionsglieder eine Gleichung ist.

Denn ist z. B. in
$$(x)\,(\mathfrak{P}_1(x)\,\vee\,\ldots\,\vee\,\mathfrak{P}_\mathfrak{t}(x))$$
das Glied $\mathfrak{P}_1(x)$ eine Ungleichung $x \neq c$, so läßt sich der Ausdruck,
welcher ja die Gestalt
$$(x)\,(x \neq c \,\vee\, \mathfrak{A}(x))$$
hat, zunächst umformen in
$$(x)\,(x = c \,\rightarrow\, \mathfrak{A}(x))$$
und weiter, durch Anwendung der Formel 6a)) in
$$\mathfrak{A}(c),$$
d. h. in einen Ausdruck, welcher sich aus Bestandteilen der Arten 2)
und 3) durch die Operationen des Aussagenkalkuls zusammensetzt.

In einen solchen Ausdruck läßt sich auch ein Ausdruck
$$(E\,x)\,(\mathfrak{P}_1(x)\,\&\,\ldots\,\&\,\mathfrak{P}_\mathfrak{t}(x)),$$
in welchem eines der Konjunktionsglieder eine Gleichung, wie $x = c$,
ist, mit Hilfe der Formel 6b))[1] umformen.

Dieses Verfahren ist allerdings nicht anwendbar, wenn die Disjunktion
$$\mathfrak{P}_1(x)\,\vee\,\ldots\,\vee\,\mathfrak{P}_\mathfrak{t}(x)$$
bzw. die Konjunktion
$$\mathfrak{P}_1(x)\,\&\,\ldots\,\&\,\mathfrak{P}_\mathfrak{t}(x)$$
eingliedrig ist. In diesem Falle aber können wir die aus der Formel (J_1)
ableitbaren Äquivalenzen
$$(x)\,(x \neq a)\,\sim\,A\,\&\,\overline{A},$$
$$(E\,x)\,(x = a)\,\sim\,A\,\vee\,\overline{A}$$
zur Anwendung bringen.

Es bleiben nun von Bestandteilen der Art 4) nur noch solche übrig,
welche — abgesehen von der Benennung der Variablen und evtl. der
Ersetzung von freien Variablen durch gebundene Variablen — eine
der folgenden sechs Formen besitzen:
$$(x)\,(x = a \,\vee\, x = b \,\vee\, \ldots \,\vee\, x = r)\,,$$
$$(E\,x)\,(x \neq a \,\&\, x \neq b \,\&\, \ldots \,\&\, x \neq r)\,,$$
$$(x)\,\mathfrak{D}(x)\,,\ (E\,x)\,\mathfrak{K}(x)\,,$$
$$(x)\,(x = a \,\vee\, x = b \,\vee\, \ldots \,\vee\, x = r \,\vee\, \mathfrak{D}(x))\,,$$
$$(E\,x)\,(x \neq a \,\&\, x \neq b \,\&\, \ldots \,\&\, x \neq r \,\&\, \mathfrak{K}(x))\,,$$

---

[1] Vgl. S. 168.

wobei $\mathfrak{D}(x)$ eine Disjunktion, $\mathfrak{K}(x)$ eine Konjunktion bedeutet, in der jedes Glied eine Formelvariable mit dem Argument x oder die Negation einer solchen ist.

Von diesen sechserlei Ausdrücken sind

$$(x)\,\mathfrak{D}(x),\ (E\,x)\,\mathfrak{K}(x)$$

solche, die wir in unserm zu beweisenden Satz als Formeln der Art 4. genannt haben. Und die übrigen lassen sich durch Anwendung der Formeln 10a)), 10b))[1] in solche Ausdrücke überführen, die sich durch die Operationen des Aussagenkalkuls aus Bestandteilen der Arten 2) und 3) und aus Formeln von den Arten 5. und 6. zusammensetzen.

Somit setzt sich nun der ganze Ausdruck, der auf die voranstehenden, zu den Variablen

$$y,z,\ldots,u$$

gehörenden Quantoren folgt, aus Bestandteilen von den Arten 1., 4., 5., 6., 2), 3) zusammen.

Im Falle daß kein All- oder Seinszeichen mehr voransteht, können die Bestandteile der Arten 2), 3) keine gebundenen, sondern nur freie Individuenvariablen enthalten; sie sind also Formeln der Arten 2. und 3. Die ganze Formel ist dann aus Formeln der Arten 1., 2., 3., 4., 5., 6. mit Hilfe der Operationen des Aussagenkalkuls zusammengesetzt, und wir sind damit bereits am Ziel.

Falls aber noch gebundene Variablen

$$y,z,\ldots,u$$

und zu ihnen gehörige voranstehende Zeichen vorhanden sind, so können wir unser vorheriges Verfahren wiederholen. Allerdings ist die Situation gegenüber der anfänglichen jetzt dadurch verändert, daß im Bereiche der voranstehenden Quantoren die Bestandteile von den Arten 4., 5., 6. vorkommen, welche gebundene Variablen enthalten, die von

$$y,z,\ldots,u$$

verschieden sind. Dieser Umstand ändert jedoch nichts Wesentliches an dem Gang unseres Verfahrens. Denn da die Bestandteile der Arten 4., 5., 6. keine von den Variablen $y,z,\ldots,u$ enthalten, so können wir sie ebenso behandeln wie die Formelvariablen ohne Argument, d. h. es kann zunächst wieder der Ausdruck hinter den voranstehenden Quantoren in eine konjunktive bzw. disjunktive Normalform übergeführt werden, wobei jeder der Bestandteile von den Arten 4., 5., 6. als ungetrenntes Ganzes (so wie eine Primformel) beisammen gelassen wird. Wenden wir dann auf den letzten der voranstehenden Quantoren wie vordem die Regeln (ϑ) und (ι) an, so treten die Bestandteile der Arten 4., 5., 6. aus dem Bereiche jenes Quantors heraus. Die nunmehr sich ergebende Gesamtformel läßt sich analog

---

[1] Vgl. S. 174 f.

charakterisieren wie die Formel, die wir an der entsprechenden Stelle unseres erstmaligen Verfahrens erhalten. Ein Unterschied besteht nur darin, daß wir bei der Aufzählung der Möglichkeiten 1), 2), 3), 4) zu den Bestandteilen der Kategorie 1), außer den Formelvariablen ohne Argument auch die Formeln von den Arten 4., 5., 6. zu rechnen haben. Der weitere Verlauf des Verfahrens, bei dem es sich ja nur um die Umformung der Formeln von der Art 4) handelt, ist dann ganz der entsprechende wie beim erstenmal.

Entweder sind wir hiernach am Ziel, wenn nämlich von den voranstehenden Quantoren keiner mehr übrig ist, d. h. wenn alle gebundenen Variablen in die Bestandteile der Arten 4., 5., 6. hineingezogen sind; oder wir können unser Verfahren nochmals zur Anwendung bringen. Bei jeder Anwendung dieses Verfahrens wird die Anzahl der voranstehenden Quantoren um eins verringert. Somit führt, wenn n die Anzahl der anfangs in der pränexen Normalform voranstehenden Quantoren ist, die n-malige Anwendung unseres Verfahrens zu einer Formel von der gewünschten Beschaffenheit, d. h. einer solchen, die sich mittels der Operationen des Aussagenkalkuls aus Bestandteilen der Arten 1., 2., 3., 4., 5., 6. zusammensetzt. Die ursprünglich gegebene Formel ist damit in Primärformeln zerlegt.

Man beachte, daß bei dieser Methode der Zerlegung in Primärformeln keine neue freie Individuenvariable eingeführt wird. Falls also die Ausgangsformel keine freie Individuenvariable enthält, so kann auch nach der erfolgten Zerlegung in Primärformeln keine solche Variable auftreten. Es können somit keine Bestandteile der Arten 2. und 3. vorkommen, vielmehr müssen alle Primärformeln den Arten 1., 4., 5., 6. angehören.

Ferner sei noch darauf hingewiesen, daß man bei der Zerlegung in Primärformeln Vorsorge treffen kann, daß in den Bestandteilen von der Gestalt

$$(x) \, \mathfrak{D}(x), \ (_{\mathfrak{m}} x) \, \mathfrak{D}(x), \ (E \, x) \, \mathfrak{K}(x), \ (E_{\mathfrak{m}} x) \, \mathfrak{K}(x)$$

die Disjunktion $\mathfrak{D}(x)$ bzw. die Konjunktion $\mathfrak{K}(x)$ jede in ihr vorkommende Formelvariable *nur einmal* enthält. Denn erstens können Wiederholungen von Gliedern in einer Disjunktion sowie in einer Konjunktion weggelassen werden. Es könnte nun noch die gleiche Formelvariable in einer Disjunktion oder Konjunktion einmal ohne Negation und einmal mit Negation als Glied auftreten. Dann aber sind die Äquivalenzen anwendbar:

$$(x) \, (A \, (x) \lor \overline{A \, (x)}) \sim A \lor \overline{A}, \ (x) \, (A \, (x) \lor \overline{A \, (x)} \lor B \, (x)) \sim A \lor A,$$

$$(E \, x) \, (A \, (x) \, \& \, \overline{A \, (x)}) \sim A \, \& \, \overline{A}, \ (E \, x) \, (A \, (x) \, \& \, \overline{A \, (x)} \, \& \, B \, (x)) \sim A \, \& \, A.$$

Nachdem wir uns durch die ausgeführten formalen Betrachtungen mit der Anwendungsweise der Axiome $(J_1) \, (J_2)$ vertraut gemacht haben, wenden wir uns zu der Frage der *Widerspruchsfreiheit*. Wir haben zu zeigen, daß bei der Hinzunahme des Gleichheitszeichens und der Gleichheitsaxiome zu dem Prädikatenkalkul kein Widerspruch zustande kommt, daß also nicht etwa zwei Formeln $\mathfrak{A}$, $\overline{\mathfrak{A}}$ ableitbar werden.

Diesen Beweis können wir nach der im § 4 angewendeten Methode[1] führen, indem wir den Begriff „$\mathfrak{k}$-zahlig identisch" über den Bereich des Prädikatenkalkuls hinaus auf solche Formeln ausdehnen, in denen das Gleichheitszeichen auftritt. Wir nennen eine solche Formel $\mathfrak{k}$-zahlig identisch — ($\mathfrak{k}$ bedeutet eine endliche, von 0 verschiedene Anzahl) —, falls sie, angewandt auf einen $\mathfrak{k}$-zahligen Individuenbereich bei jeder Einsetzung von logischen Funktionen[2] für die Formelvariablen und von Individuen für die vorkommenden freien Individuenvariablen den Wert „wahr" liefert, sofern einer jeden als Primformel auftretenden Gleichung

$$\mathfrak{s} = \mathfrak{t},$$

ihrer inhaltlichen Deutung entsprechend, der Wert „wahr" oder „falsch" beigelegt wird, je nachdem $\mathfrak{s}$ mit $\mathfrak{t}$ übereinstimmt oder nicht.

Es sei hier auch der zu dem Begriff „$\mathfrak{k}$-zahlig identisch" duale Begriff „$\mathfrak{k}$-zahlig erfüllbar" gegenübergestellt: Eine Formel unseres betrachteten Formalismus heißt $\mathfrak{k}$-zahlig erfüllbar, falls sie, angewandt auf einen $\mathfrak{k}$-zahligen Individuenbereich, bei passender Einsetzung von logischen Funktionen für die Formelvariablen und von Individuen für die freien Individuenvariablen den Wert „wahr" liefert, sofern den Gleichungen die ihrer inhaltlichen Deutung entsprechenden Wahrheitswerte beigelegt werden.

Diese Begriffsbestimmungen decken sich, abgesehen von der Einbeziehung der freien Individuenvariablen, mit den im § 1 gegebenen Definitionen der Allgemeingültigkeit und der Erfüllbarkeit für einen $\mathfrak{k}$-zahligen Individuenbereich[3].

Von einer gegebenen Formel läßt sich stets durch Probieren entscheiden, ob sie $\mathfrak{k}$-zahlig identisch bzw. $\mathfrak{k}$-zahlig erfüllbar ist[4]. Und eine Formel ist dann und nur dann $\mathfrak{k}$-zahlig identisch, wenn ihre Negation nicht $\mathfrak{k}$-zahlig erfüllbar ist.

Eine Formel, die für jede Anzahl $\mathfrak{k}$ die Eigenschaft hat, $\mathfrak{k}$-zahlig identisch zu sein, nennen wir entsprechend wie bisher „im Endlichen identisch", und eine Formel, die für gewisse Anzahlen $\mathfrak{k}$ die Eigenschaft der $\mathfrak{k}$-zahligen Erfüllbarkeit hat, nennen wir „im Endlichen erfüllbar".

Wir stellen nun fest, daß die Formeln (J_1), (J_2) beide im Endlichen identisch sind. Für die Formel (J_1) ist dieses ohne weiteres klar. Bei (J_2) ergibt die Anwendung auf einen $\mathfrak{k}$-zahligen Individuenbereich und die Einsetzung für die Formelvariable und die Individuenvariablen eine Formel

$$\mathfrak{s} = \mathfrak{t} \rightarrow (\mathfrak{A}(\mathfrak{s}) \rightarrow \mathfrak{A}(\mathfrak{t})).$$

---

[1] Vgl. § 4, S. 120—121. [2] Vgl. § 4, S. 125. [3] Vgl. § 1, S. 8—9.
[4] Vgl. die Überlegungen auf S. 9 ff.

Wenn nun ʒ mit t übereinstimmt, so stimmt auch 𝔄(ʒ) mit 𝔄(t) überein, daher erhält

$$\mathfrak{A}(\mathfrak{z}) \to \mathfrak{A}(t)$$

den Wert „wahr", und somit auch die ganze Formel; ist aber ʒ von t verschieden, so erhält

$$\mathfrak{z} = t$$

den Wert falsch, und somit die ganze Formel wiederum den Wert „wahr".

Hieraus folgt nun nach der im § 4 angestellten Überlegung[1], daß alle aus dem Prädikatenkalkul unter Hinzunahme der Gleichheitsaxiome ableitbaren Formeln im Endlichen identisch sind. Ferner folgt, daß, wenn außer den Gleichheitsaxiomen noch irgendwelche ℓ-zahlig identischen Formeln (für irgendein bestimmtes ℓ) hinzugenommen werden, alle dadurch ableitbaren Formeln wieder ℓ-zahlig identisch sind. Bei der Hinzunahme einer oder mehrerer im Endlichen identischen Formeln sind demnach auch alle ableitbaren Formeln im Endlichen identisch.

An diese Feststellungen können wir insbesondere die Bemerkung knüpfen, daß auch bei der Hinzufügung der Identität und ihrer Axiome zu dem Prädikatenkalkul keine Vollständigkeit in dem Sinne besteht, daß etwa jede Formel entweder ableitbar wäre, oder aber, als Ausgangsformel hinzugenommen, einen Widerspruch ergäbe.

Denn wir wissen ja[2], daß es bereits unter den Formeln des Prädikatenkalkuls für jede Zahl ℓ solche Formeln gibt, die ℓ-zahlig, aber nicht (ℓ + 1)-zahlig identisch sind. Eine solche Formel kann, nach dem eben Bewiesenen, auch bei der Hinzunahme des Gleichheitszeichens und der Formeln (J_1), (J_2) nicht ableitbar werden [da sie nicht (ℓ + 1)-zahlig identisch ist]. Wird andererseits eine solche Formel als Ausgangsformel hinzugenommen, so entsteht doch kein Widerspruch, vielmehr sind auch dann nur solche Formeln ableitbar, welche ℓ-zahlig identisch sind.

Die Mannigfaltigkeit solcher Formeln, welche ℓ-zahlig, aber nicht (ℓ + 1)-zahlig identisch sind, wird durch das Hinzutreten des Gleichheitszeichens beträchtlich erweitert. Auch wird hierdurch der Satz hinfällig, daß jede (ℓ + 1)-zahlig identische Formel zugleich ℓ-zahlig identisch ist, oder was dasselbe besagt, daß jede ℓ-zahlig erfüllbare Formel zugleich (ℓ + 1)-zahlig erfüllbar ist. Denn mit Hilfe des Gleichheitszeichens können wir ja für jede endliche Zahl ℓ die ℓ-Zahligkeit des Individuenbereichs durch eine Formel ausdrücken.

Wenn nun auch in dem genannten Sinne der Prädikatenkalkul mit Hinzufügung des Gleichheitszeichens und der Gleichheitsaxiome

---

[1] Vgl. § 4, S. 120—121.   [2] Vgl. S. 119.

nicht die Eigenschaft der Vollständigkeit besitzt, so ist doch die Charakterisierung der Identität durch die beiden Formeln (J_1), (J_2) in folgendem Sinne eindeutig: Wird außer dem Gleichheitszeichen noch ein anderes Prädikatensymbol

$$a \equiv b$$

eingeführt und werden für dieses die den Formeln (J_1), (J_2) entsprechenden Formeln

$$a \equiv a$$

$$a \equiv b \rightarrow (A(a) \rightarrow A(b))$$

als Axiome aufgestellt, so kann die Formel

$$a = b \sim a \equiv b$$

abgeleitet werden.

Um uns hiervon zu überzeugen, genügt es aus Symmetriegründen, die Ableitung der Formel

$$a = b \rightarrow a \equiv b$$

anzugeben. In der Formel (J_2) werde für die Nennform $A(c)$ eingesetzt $a \equiv c$. Dadurch erhalten wir

$$a = b \rightarrow (a \equiv a \rightarrow a \equiv b).$$

Durch Vertauschung der Vorderglieder ergibt sich

$$a \equiv a \rightarrow (a = b \rightarrow a \equiv b),$$

und diese Formel zusammen mit der Formel

$$a \equiv a$$

liefert nach dem Schlußschema die gewünschte Formel.

Zu beachten ist, daß diese Ableitung wesentlich darauf beruht, daß die Prädikate

$$a = b, \ a \equiv b$$

beide in einem Formalismus vereinigt werden. —

Hiermit wollen wir einstweilen die Betrachtung der Identität und ihrer Axiome beenden, und es soll nun anschließend an die Erweiterung unseres Formalismus durch die Hinzunahme der Gleichheitsaxiome noch eine andere Art der Erweiterung besprochen werden. Diese besteht in der Zulassung von *Symbolen für mathematische Funktionen.*

Wir haben bisher außer den Variablen und den logischen Zeichen nur Prädikatensymbole und Individuensymbole im Formalismus zugelassen. Ein Prädikatensymbol kann eingesetzt werden für eine Formelvariable mit der gleichen Zahl von Argumenten, ein Individuensymbol für eine freie Individuenvariable.

Es sollen nun die mathematischen Funktionszeichen — wir sagen schlechtweg „*Funktionszeichen*" — als eine neue Art von Symbolen eingeführt werden. Als Funktionszeichen nehmen wir im allgemeinen,

d. h. wofern nicht irgendein spezielles gebräuchliches Symbol angewandt wird, kleine griechische Buchstaben. Die Funktionszeichen sind gegenüber den Prädikatensymbolen im Formalismus dadurch unterschieden, daß ein mit Argumenten versehenes Prädikatensymbol eine *Formel* (und zwar eine Primformel) bildet, dagegen ein mit Argumenten versehenes Funktionszeichen einen „*Term*" bildet, wobei „Term" von jetzt ab die gemeinsame Bezeichnung für solche Ausdrücke sein soll, die für eine freie Individuenvariable eingesetzt werden können.

Die Einsetzungsregel für die freien Individuenvariablen[1] erhält also jetzt eine Erweiterung. Es werden als Terme, d. h. zur Einsetzung für die freien Individuenvariablen, zugelassen:

1. Freie Individuenvariablen;

2. Individuensymbole;

3. Funktionszeichen, deren Argumentstellen jede entweder durch eine freie Individuenvariable oder durch ein Individuensymbol ausgefüllt ist;

4. Ausdrücke, die man erhält, indem man, ausgehend von einem Ausdruck der dritten Art (mit mindestens einer darin vorkommenden freien Variablen) einmal oder wiederholt den Prozeß der Ersetzung einer freien Individuenvariablen durch einen Ausdruck der dritten Art anwendet.

So ist z. B., wenn φ als Funktionszeichen mit einem Argument, ψ als Funktionszeichen mit zwei Argumenten, und 1 als Individuensymbol eingeführt ist, der Ausdruck

$$\varphi(\psi(a, 1))$$

sowie auch

ein Term.

$$\psi(\varphi(a), \psi(b, \varphi(1)))$$

Dagegen sind Ausdrücke wie $\varphi(x)$, $\psi(x, a)$, in denen gebundene Variablen auftreten, keine Terme, obwohl natürlich solche als Bestandteile von Formeln vorkommen; z. B. ist

$$(E\,x)\,(\varphi(x) = \varphi(a))$$

eine Formel; denn es gilt ja nach wie vor die Regel, daß aus einer Formel stets wieder eine Formel entsteht, wenn eine in jener auftretende freie Variable in eine gebundene Variable, mit Vorsetzen des gleichnamigen Allzeichens oder Seinszeichens, umgewandelt wird.

Es möge die Wirkung der Erweiterung unserer Einsetzungsregel an der Ableitung einiger Formeln erläutert werden. Dabei nehmen wir wieder φ als ein Funktionszeichen mit einem Argument, ψ als ein solches mit zwei Argumenten.

Wir gehen aus von der Grundformel (a)

$$(x)\,A(x) \rightarrow A(a)$$

---

[1] Vgl. S. 89, 95.

des Prädikatenkalkuls und setzen hier für a den Term $\varphi(a)$ ein; so erhalten wir

$$(x)\, A\,(x) \to A\,(\varphi\,(a))\,.$$

Hier können wir nun das Schema (α) anwenden und erhalten

$$(x)\, A\,(x) \to (x)\, A\,(\varphi(x))\,.$$

Setzen wir in der Ausgangsformel (a) anstatt $\varphi(a)$ ein $\psi(b, a)$ und wenden dann wieder das Schema (α) an, so ergibt sich

$$(x)\, A\,(x) \to (x)\, A\,(\psi(b, x))\,.$$

Hier können wir im Hinterglied die Variable x in y umbenennen und für b die Variable a einsetzen, so daß wir erhalten

$$(x)\, A\,(x) \to (y)\, A\,(\psi(a, y))\,.$$

Nun ergibt die nochmalige Anwendung des Schemas (α) die Formel

$$(x)\, A\,(x) \to (x)\,(y)\, A\,(\psi(x, y))\,.$$

Diese Ableitungen beruhen wesentlich darauf, daß in der Formel (a) eine Formelvariable mit Argument auftritt. Zu entsprechenden Ableitungen führt die Formel (b) zusammen mit dem Schema (β).

Noch eine andere Ausgangsformel, welche eine Formelvariable mit Argument enthält, ist das zweite Gleichheitsaxiom

$$a = b \to (A\,(a) \to A\,(b))\,.$$

Setzen wir hierin für die Nennform $A\,(c)$ die Formel

$$\varphi(a) = \varphi(c)$$

ein, so ergibt sich die Formel

$$a = b \to (\varphi(a) = \varphi(a) \to \varphi(a) = \varphi(b))$$

und aus dieser durch Vertauschung der Vorderglieder

$$\varphi(a) = \varphi(a) \to (a = b \to \varphi(a) = \varphi(b))\,.$$

Nehmen wir hierzu die Formel

$$\varphi(a) = \varphi(a)\,,$$

welche aus der Formel (J_1) durch Einsetzung erhalten wird, so ergibt sich durch Anwendung des Schlußschemas die Formel

$$a = b \to \varphi(a) = \varphi(b)\,.$$

In ganz entsprechender Weise lassen sich auch die beiden Formeln

$$a = b \to \psi(a, c) = \psi(b, c)\,,$$
$$a = b \to \psi(c, a) = \psi(c, b)$$

ableiten; aus der zweiten von diesen erhält man durch Einsetzungen

$$c = d \rightarrow \psi\,(b, c) = \psi\,(b, d),$$

und aus der Formel

$$a = b \rightarrow (b = c \rightarrow a = c)$$

ergibt sich durch Einsetzungen:

$$\psi\,(a, c) = \psi\,(b, c) \rightarrow \{\psi\,(b, c) = \psi\,(b, d) \rightarrow \psi\,(a, c) = \psi\,(b, d)\}.$$

Diese Formel zusammen mit den beiden vorherigen

$$a = b \rightarrow \psi\,(a, c) = \psi\,(b, c),$$
$$c = d \rightarrow \psi\,(b, c) = \psi\,(b, d)$$

ergibt, durch Anwendung des Aussagenkalkuls, die Formel

$$a = b \,\&\, c = d \rightarrow \psi\,(a, c) = \psi\,(b, d).$$

Ebenso wie die Formel $a = b \rightarrow \varphi\,(a) = \varphi\,(b)$ läßt sich allgemein eine jede Formel

$$a = b \rightarrow \mathfrak{t}\,(a) = \mathfrak{t}\,(b)$$

herleiten, worin $\mathfrak{t}\,(a)$ bzw. $\mathfrak{t}\,(b)$ aus einem Term $\mathfrak{t}\,(c)$, der die Variable c enthält, hervorgehen, indem diese Variable allenthalben durch a bzw. b ersetzt wird. In einer solchen Formel $a = b \rightarrow \mathfrak{t}\,(a) = \mathfrak{t}\,(b)$ können für a und b irgendwelche Terme eingesetzt werden, und somit erhält man aus der Ableitung einer Gleichung $\mathfrak{a} = \mathfrak{b}$ eine Ableitung der Gleichung $\mathfrak{t}\,(\mathfrak{a}) = \mathfrak{t}\,(\mathfrak{b})$.

Eine andere generelle Bemerkung über Terme ist, daß aus einer Formel $\mathfrak{t} = a$, worin $\mathfrak{t}$ irgendein Term ist, mittels des zweiten Gleichheitsaxioms (J_2) die Formel $a = a$ herleitbar ist. In der Tat erhält man ja, wie früher erwähnt[1], durch Anwendung von (J_2) die Formel

$$a = b \rightarrow (a = c \rightarrow b = c)$$

und hieraus durch Einsetzungen

$$\mathfrak{t} = a \rightarrow (\mathfrak{t} = a \rightarrow a = a),$$

so daß man mittels der Formel $\mathfrak{t} = a$ durch zweimalige Anwendung des Schlußschemas die Formel $a = a$ gewinnt. Hat man demnach in einer formalen Theorie ein Axiom der Gestalt $\mathfrak{t} = a$ (oder auch $\mathfrak{t} = \mathfrak{v}$ mit irgendeiner Variablen $\mathfrak{v}$) und das Gleichheitsaxiom (J_2) zur Verfügung, so ist das Gleichheitsaxiom (J_1) entbehrlich. —

So viel über das Formale in der Einführung der Funktionszeichen. Vom Standpunkt der inhaltlichen Deutung ist zu sagen, daß den Funktionszeichen inhaltlich die *mathematischen Funktionen* entsprechen. Diese unterscheiden sich von den logischen Funktionen, d. h. den Prädikaten, dadurch, daß ihre *Werte wieder Dinge des Individuenbereiches* sind, während ja der Wert einer logischen Funktion stets einer der beiden Wahrheitswerte „wahr", „falsch" ist. —

Nach diesen zur Ergänzung unseres Formalismus angebrachten Einschaltungen kehren wir nunmehr zu unseren leitenden Gedankengängen zurück. Wir hatten uns zur Aufgabe gestellt, nachzuweisen, daß *jede im Endlichen identische Formel des einstelligen Prädikatenkalkuls*

---

[1] Vgl. S. 166.

auch durch den Prädikatenkalkul *ableitbar* ist[1]. Auch sollte das Entscheidungsproblem für den einstelligen Prädikatenkalkul gelöst werden.

Hierzu verfahren wir nun in der Weise, daß wir die Betrachtung der Formeln des einstelligen Prädikatenkalkuls auf diejenige von Formeln der speziellen Gestalt

$$(y)\,(z)\ldots(u)\,(E\,x)\,\mathfrak{A}\,(x,\,y,\,z,\,\ldots,\,u)$$

zurückführen, worin $\mathfrak{A}(x,\,y,\,z,\,\ldots,\,u)$ einen von Quantoren freien Ausdruck bedeutet und $(E\,x)$ das einzige vorkommende Seinszeichen ist.

Es soll zunächst für die Formeln von dieser Gestalt die Frage der Ableitbarkeit behandelt werden. Diese Überlegung ist auch an sich von Interesse, zumal da sie sich nicht nur auf den einstelligen, sondern auf den *gesamten* Prädikatenkalkul bezieht.

Wir beweisen zuerst folgenden Satz: Wenn eine Formel von der Gestalt

$$(E\,x)\,\mathfrak{A}\,(x),$$

welche außer dem voranstehenden Seinszeichen $(E\,x)$ keinen Quantor enthält und in der nicht mehr als $\mathfrak{k}$ freie Individuenvariablen vorkommen, $\mathfrak{k}$-zahlig identisch ist, so ist sie ableitbar.

Betrachten wir zunächst den Fall, daß $\mathfrak{A}(x)$ keine freie Individuenvariable enthält. Für diesen besagt unsere Behauptung, daß die Formel $(E\,x)\,\mathfrak{A}(x)$, falls sie einzahlig identisch ist, auch ableitbar ist. Dieses trifft in der Tat zu. Denn wenn die Formel einzahlig identisch ist, so muß die Formel $\mathfrak{A}(1)$ durch Einsetzung aus einer identischen Formel des Aussagenkalkuls hervorgehen. Ändern wir diese Einsetzung dadurch ab, daß wir die Ziffer 1 überall, wo sie (als Argument einer Formelvariablen) auftritt, durch die Variable a ersetzen, so erhalten wir eine Einsetzung, welche die Formel $\mathfrak{A}(a)$ liefert. Die Formel $\mathfrak{A}(a)$ geht somit gleichfalls aus einer identischen Formel durch Einsetzung hervor; sie ist also ableitbar. Aus ihr aber wird die Formel $(E\,x)\,\mathfrak{A}(x)$ mittels des Schemas (β) erhalten.

Nehmen wir nun an, daß in $\mathfrak{A}(x)$ freie Individuenvariablen vorkommen; es seien $a,\,b,\,\ldots,\,r$ diese Variablen und $\mathfrak{n}$ ihre Anzahl. Nach Voraussetzung ist $\mathfrak{n} \leqq \mathfrak{k}$, und da die Formel $(E\,x)\,\mathfrak{A}(x)$ $\mathfrak{k}$-zahlig identisch ist, ist sie auch $\mathfrak{n}$-zahlig identisch. Die Anwendung der Formel $(E\,x)\,\mathfrak{A}(x)$ auf den Individuenbereich der Ziffern $1,\ldots,\mathfrak{n}$ ergibt die Disjunktion

$$\mathfrak{A}(1)\lor\mathfrak{A}(2)\lor\ldots\lor\mathfrak{A}(\mathfrak{n}),$$

und wenn wir hierin für die Variablen

$$a,\,b,\,\ldots,\,r$$

der Reihe nach die Ziffern

$$1,\,2,\,\ldots,\,\mathfrak{n}$$

einsetzen, wodurch $\mathfrak{A}(x)$ in $\mathfrak{A}^*(x)$ übergehe, so erhalten wir

$$\mathfrak{A}^*(1)\lor\mathfrak{A}^*(2)\lor\ldots\lor\mathfrak{A}^*(\mathfrak{n})$$

---

[1] Vgl. S. 122.

Diese Formel muß also (gemäß der Definition der $\mathfrak{n}$-zahlig identischen Formel) aus einer identischen Formel des Aussagenkalkuls durch Einsetzung hervorgehen. Ändern wir nun die Einsetzung ab, indem wir jeweils die Ziffer 1, wo sie als Argument in einer einzusetzenden Primformel vorkommt, durch a, ebenso 2 durch $b, \ldots$, $\mathfrak{n}$ durch r ersetzen, so entsteht durch die veränderte Einsetzung die Formel

$$\mathfrak{A}(a) \vee \mathfrak{A}(b) \vee \ldots \vee \mathfrak{A}(r).$$

Diese geht also durch Einsetzung aus einer identischen Formel des Aussagenkalkuls hervor, ist also ableitbar. Von ihr aber gelangt man zu der Formel

$$(E\,x)\,\mathfrak{A}(x)$$

mit Hilfe der ableitbaren Formel

$$A(a) \vee A(b) \vee \ldots \vee A(r) \to (E\,x)\,A(x).$$

Der hiermit bewiesene Satz gestattet nun sofort folgende Verallgemeinerung: Wenn eine Formel von der Gestalt

$$(y)\,(z) \ldots (u)\,(E\,x)\,\mathfrak{A}(x, y, z, \ldots, u),$$

in welcher außer den angegebenen Quantoren kein weiterer vorkommt, $\mathfrak{k}$-zahlig identisch ($\mathfrak{k} \geqq 1$) ist und wenn die Anzahl der voranstehenden Allzeichen vermehrt um die Anzahl der vorkommenden Individuenvariablen — (jede der beiden Anzahlen kann evtl. 0 sein) — nicht mehr als $\mathfrak{k}$ beträgt, so ist die Formel ableitbar.

Denn seien

$$b, c, \ldots, s$$

freie Variable, die in der Formel nicht vorkommen, und zwar seien es ebenso viele wie die gebundenen Variablen

$$y, z, \ldots, u,$$

so ist aus der betrachteten $\mathfrak{k}$-zahlig identischen Formel gemäß der Regel (ε') die Formel

$$(E\,x)\,\mathfrak{A}(x, b, c, \ldots, s)$$

ableitbar. Diese Formel ist also gleichfalls $\mathfrak{k}$-zahlig identisch, da ja der Bereich der $\mathfrak{k}$-zahlig identischen Formeln, wie im § 4 gezeigt wurde, deduktiv abgeschlossen ist. Ferner ist die Anzahl der freien Individuenvariablen in dieser Formel nicht größer als $\mathfrak{k}$.

Hieraus folgt aber nach dem eben bewiesenen Satz, daß die Formel

$$(E\,x)\,\mathfrak{A}(x, b, c, \ldots, s)$$

direkt, d. h. ohne Benutzung der Formel

$$(y) \ldots (u)\,(E\,x)\,\mathfrak{A}(x, y, \ldots, u),$$

durch den Prädikatenkalkul ableitbar ist. Von der Formel

$$(E\,x)\,\mathfrak{A}(x, b, c, \ldots, s)$$

gelangen wir aber gemäß der Regel (ε) wieder zu der Formel

$$(y) \ldots (u)\,(E\,x)\,\mathfrak{A}(x, y, \ldots, u),$$

diese ist somit ebenfalls durch den Prädikatenkalkul ableitbar.

Für den erhaltenen Satz ist übrigens die Voraussetzung, daß in der betrachteten Formel gerade ein Seinszeichen auftritt, nicht wesentlich, vielmehr gilt er gleichermaßen, wenn entweder überhaupt kein Seins-

zeichen auftritt oder an Stelle des einen Seinszeichens mehrere aufeinanderfolgende Seinszeichen stehen, d. h. bei pränexen Formeln von der
Gestalt $(x_1) \ldots (x_\mathfrak{r}) (E y_1) \ldots (E y_\mathfrak{s}) \mathfrak{A} (x_1, \ldots, x_\mathfrak{r}, y_1, \ldots, y_\mathfrak{s})$,
in denen jedes Allzeichen jedem Seinszeichen vorangeht.

Zum Beweise kann man wieder zurückgehen auf den Fall, daß keine
Allzeichen auftreten. Hier läßt sich die Überlegung ganz entsprechend
wie bei den Formeln mit nur einem Seinszeichen durchführen.

Nehmen wir beispielsweise den Fall einer Formel von der Gestalt
$$(E x) (E y) \mathfrak{A} (x, y),$$
in welcher $\mathfrak{A} (x, y)$ keinen Quantor enthält und in der a, b die einzigen
vorkommenden freien Individuenvariablen sind. Für eine solche Formel
besagt unser Satz, daß sie ableitbar ist, falls sie zweizahlig identisch
ist. Dieses kann, nach Analogie zu dem vorhin geführten Beweis, so
gezeigt werden: Aus der Voraussetzung, daß die Formel zweizahlig
identisch ist, entnehmen wir, daß die Formel
$$\mathfrak{A} (a, a) \vee \mathfrak{A} (a, b) \vee \mathfrak{A} (b, a) \vee \mathfrak{A} (b, b)$$
aus einer identischen Formel des Aussagenkalkuls durch Einsetzung
entsteht und somit ableitbar ist. Von dieser Formel aber gelangt man
zu der Formel $(E x) (E y) \mathfrak{A} (x, y)$
mit Hilfe der ableitbaren Formel
$$A (a, a) \vee A (a, b) \vee A (b, a) \vee A (b, b) \rightarrow (Ex) (Ey) A (x, y).$$
Durch den hiermit gewonnenen Satz wird für alle diejenigen pränexen
Formeln, in denen jedes Allzeichen jedem Seinszeichen vorangeht, ein
Verfahren zur Entscheidung über ihre Ableitbarkeit geliefert. Denn wir
finden nach diesem Satz zu jeder Formel der genannten Art eine Zahl $\mathfrak{k}$
von der Eigenschaft, daß die Formel jedenfalls dann ableitbar ist, wenn
sie $\mathfrak{k}$-zahlig identisch ist. Andrerseits muß die Formel, wenn sie ableitbar
ist, auch $\mathfrak{k}$-zahlig identisch sein. Somit brauchen wir zur Entscheidung
über die Ableitbarkeit der Formel nur festzustellen, ob sie $\mathfrak{k}$-zahlig
identisch ist. Das aber läßt sich durch Ausprobieren entscheiden.

Wir haben hier einen Fall der Lösung des Entscheidungsproblems
vor uns, und zwar ist dieser der erste von den drei im § 4 erwähnten[1]
Sonderfälle, für welche die Lösung gelingt.

Als unmittelbare Folgerung aus unserem erhaltenen Satz ergibt sich
ferner, daß eine jede im Endlichen identische pränexe Formel, in der
jedes Allzeichen jedem Seinszeichen vorangeht, eine ableitbare Formel
ist. —

Wenden wir uns nun wieder zum einstelligen Prädikatenkalkul, so
gelingt jetzt ohne Mühe der Nachweis, daß eine jede im Endlichen
identische Formel dieses Kalkuls eine ableitbare Formel ist.

Wir zeigen zunächst, daß eine Formel $\mathfrak{B}$ des einstelligen Prädikatenkalkuls sich stets überführen läßt in eine Konjunktion aus Gliedern von

---

[1] Vgl. § 4, S. 143.

der Form
$$(y)\,(z)\,\ldots\,(u)\,(E x)\,\mathfrak{A}(x,\,y,\,z,\,\ldots,\,u),$$
worin $\mathfrak{A}(x,\,y,\,z,\,\ldots,\,u)$ keinen Quantor enthält.

Eine solche Umformung erhalten wir auf folgendem Wege. Wir wenden zuerst auf die Formel $\mathfrak{B}$ die im § 4 beschriebene[1] Zerlegung in Primärformeln an. Durch diese wird die Formel $\mathfrak{B}$ umgeformt in eine solche Formel $\mathfrak{B}^*$, welche sich im Sinne des Aussagenkalkuls zusammensetzt aus Bestandteilen von folgender Art:

1. Primformeln (Formelvariablen mit oder ohne Argument);
2. Formeln von der Gestalt $(x)\,\mathfrak{A}(x)$;
3. Formeln von der Gestalt $(E x)\,\mathfrak{A}(x)$;

wobei die Ausdrücke $\mathfrak{A}(x)$ außer x keine gebundene Variable enthalten. (Die genauere Kenntnis der Struktur der Ausdrücke $\mathfrak{A}(x)$ gebrauchen wir hier gar nicht.)

Die Zusammensetzung der Formel $\mathfrak{B}^*$ aus den angegebenen Bestandteilen bringen wir in die Gestalt einer konjunktiven Normalform; zugleich formen wir die Negationen von den Ausdrücken $(x)\,\mathfrak{A}(x)$, $(E x)\,\mathfrak{A}(x)$ gemäß der Regel (λ) um, wodurch ein Ausdruck mit voranstehendem Allzeichen in einen solchen mit voranstehendem Seinszeichen, und umgekehrt, übergeht.

Betrachten wir nun von der so entstehenden konjunktiven Normalform ein einzelnes Konjunktionsglied. Dieses hat die Form
$$(x)\,\mathfrak{A}_1(x)\,\vee\ldots\vee\,(x)\,\mathfrak{A}_m(x)\,\vee\,(E x)\,\mathfrak{C}_1(x)\,\vee\ldots\vee\,(E x)\,\mathfrak{C}_n(x)\,\vee\,\mathfrak{D},$$
worin außer den angegebenen Quantoren kein weiterer auftritt, insbesondere also $\mathfrak{D}$ überhaupt keine gebundene Variable enthält. — Es kann sein, daß überhaupt kein Disjunktionsglied der Form $(E x)\,\mathfrak{C}_r(x)$ auftritt; dann aber können wir ein solches Glied einführen, indem wir
$$(E x)\,(A(x)\,\&\,\overline{A(x)})$$
disjunktiv einfügen, was eine erlaubte Umformung ist. — Eine Formel von der angegebenen Gestalt kann nun gemäß der Regel (ϑ)[2] in
$$(x)\,\mathfrak{A}_1(x)\,\vee\ldots\vee\,(x)\,\mathfrak{A}_m(x)\,\vee\,(E x)\,(\mathfrak{C}_1(x)\,\vee\ldots\vee\mathfrak{C}_n(x))\,\vee\,\mathfrak{D}$$
und weiter durch Umbenennung der gebundenen Variablen und Anwendung der Regel (ι)[3] in
$$(y)\,(z)\,\ldots\,(u)\,(E x)\,(\mathfrak{A}_1(y)\,\vee\,\mathfrak{A}_2(z)\,\vee\ldots\vee\,\mathfrak{A}_m(u)\,\vee\,\mathfrak{C}_1(x)\,\vee\ldots\vee\,\mathfrak{C}_n(x)\,\vee\,\mathfrak{D})$$
übergeführt werden, also in eine Formel von der Gestalt
$$(y)\,(z)\,\ldots\,(u)\,(E x)\,\mathfrak{A}(x,\,y,\,z,\,\ldots,\,u),$$
worin außer den angegebenen Quantoren kein weiterer vorkommt. Damit ist aber schon die gewünschte Umformung vollzogen.

Nunmehr ergibt sich ohne weiteres der zu beweisende Satz. Denn sei $\mathfrak{B}$ eine im Endlichen identische Formel des einstelligen Prädikatenkalkuls und $\mathfrak{K}$ die Konjunktion, die wir durch den eben angegebenen Umformungsprozeß aus $\mathfrak{B}$ erhalten; dann ist — da der Bereich der im Endlichen identischen Formeln deduktiv abgeschlossen ist — auch die

---

[1] Vgl. § 4, S. 145—147.　　[2] Vgl. S. 136.　　[3] Vgl. S. 137.

Formel $\mathfrak{K}$ im Endlichen identisch; und das gleiche gilt daher für jedes Glied dieser Konjunktion, wie man unmittelbar aus der Definition der im Endlichen identischen Formel entnimmt. Jedes Konjunktionsglied von $\mathfrak{K}$ hat aber die Gestalt

$$(y) \ldots (u) (E x) \mathfrak{A} (x, y, \ldots, u),$$

wobei $\mathfrak{A}(x, y, \ldots, u)$ keinen Quantor enthält. Und für eine solche Formel haben wir bewiesen, daß sie ableitbar ist, falls sie im Endlichen identisch ist. $\mathfrak{K}$ ist somit eine Konjunktion aus ableitbaren Formeln, also selbst ableitbar, und da $\mathfrak{K}$ eine Umformung von $\mathfrak{B}$ ist, so ist auch $\mathfrak{B}$ ableitbar. Es gilt also in der Tat, daß jede im Endlichen identische Formel des einstelligen Prädikatenkalkuls ableitbar ist.

Die zu diesem Beweis verwendete Methode der Umformung liefert uns zugleich ein Verfahren, um von einer beliebig gegebenen Formel des einstelligen Prädikatenkalkuls zu entscheiden, ob sie ableitbar ist oder nicht. Denn die Umformung führt uns ja auf eine Konjunktion, bestehend aus solchen Gliedern, über deren Ableitbarkeit wir (nach dem zuvor Ausgeführten) entscheiden können; und eine Konjunktion ist dann und nur dann ableitbar, wenn jedes ihrer Glieder ableitbar ist.

Wir können nun zu einem Verfahren der Entscheidung über die Ableitbarkeit von Formeln des einstelligen Prädikatenkalkuls sowie auch zu dem über diesen Kalkul eben bewiesenen Satz noch auf einem anderen Wege gelangen, auf den wir durch eine Betrachtung der mengentheoretischen Prädikatenlogik geführt werden.

Vom Standpunkt der mengentheoretischen Prädikatenlogik ergibt sich die Möglichkeit der Entscheidung über die Allgemeingültigkeit einer Formel des einstelligen Prädikatenkalkuls am einfachsten aus folgendem Satze: Eine Formel des einstelligen Prädikatenkalkuls, in der nicht mehr als $\mathfrak{k}$ verschiedene Formelvariablen mit Argument auftreten, ist allgemeingültig, falls sie $2^{\mathfrak{k}}$-zahlig identisch ist; oder, was auf dasselbe hinauskommt: wenn eine Formel des einstelligen Prädikatenkalkuls, in der nicht mehr als $\mathfrak{k}$ verschiedene Formelvariablen mit Argument auftreten, überhaupt erfüllbar ist, so ist sie bereits für einen $2^{\mathfrak{k}}$-zahligen Individuenbereich erfüllbar.

Der Satz wird in der zweiten Fassung so bewiesen: Sei $\mathfrak{A}$ die betreffende erfüllbare Formel, so ergibt diese den Wert „wahr" bei einer gewissen Wertbestimmung für die freien Variablen, welche gebildet wird durch

1. bestimmte Wahrheitswerte („wahr" bzw. „falsch"), die den Formelvariablen ohne Argument beigelegt werden,

2. bestimmte logische Funktionen eines Argumentes

$$\Phi_1, \Phi_2, \ldots, \Phi_{\mathfrak{f}},$$

bezogen auf einen bestimmten Individuenbereich J, welche für die Formelvariablen mit Argument gesetzt werden — wir können annehmen, daß diese genau in der Anzahl $\mathfrak{k}$ vorhanden sind —,

3. Eigennamen von Individuen aus J, welche für die freien Individuenvariablen gesetzt werden.

Wir können dann die Dinge aus J in der Weise in Klassen einteilen, daß wir zwei Dinge, etwa α, β, dann und nur dann zur selben Klasse rechnen, falls die Reihe der $\mathfrak{k}$ Funktionswerte

$$\Phi_1(\alpha), \ldots, \Phi_{\mathfrak{k}}(\alpha)$$

übereinstimmt mit der Reihe der Werte

$$\Phi_1(\beta), \ldots, \Phi_{\mathfrak{k}}(\beta).$$

Da als Werte der Funktionen $\Phi_1, \ldots, \Phi_{\mathfrak{k}}$ nur die beiden Werte „wahr“, „falsch“ in Betracht kommen, so kann es im Sinn der definierten Einteilung höchstens $2^{\mathfrak{k}}$ verschiedene Klassen geben. $\mathfrak{n}$ sei die Anzahl dieser Klassen und J^* der von den Klassen gebildete Individuenbereich.

Jeder der Funktionen Φ_ν entspricht eindeutig eine bestimmte Funktion Φ_ν^*, welche auf den Individuenbereich J^* bezogen ist und für jede der $\mathfrak{n}$ Klassen denjenigen eindeutig bestimmten Wert hat, den Φ_ν für die Dinge aus dieser Klasse hat.

Man überlegt sich nun leicht — entweder mit Hilfe der pränexen Normalform oder an Hand der Zerlegung in Elementarformeln —, daß die Formel $\mathfrak{A}$ auch dann den Wert „wahr“ liefern muß, wenn wir die betrachtete Einsetzung dadurch modifizieren, daß wir

1. an Stelle des Individuenbereiches J den $\mathfrak{n}$-zahligen Bereich J^*,

2. an Stelle der Funktionen

$$\Phi_1, \ldots, \Phi_{\mathfrak{k}}$$

die Funktionen

$$\Phi_1^*, \ldots, \Phi_{\mathfrak{k}}^*,$$

3. an Stelle eines Eigennamens für ein Ding aus J ein Zeichen für die Klasse des Dinges treten lassen.

Dieses besagt aber, daß die Formel $\mathfrak{A}$ durch einen $\mathfrak{n}$-zahligen Individuenbereich erfüllbar ist, daß also die Formel $\overline{\mathfrak{A}}$ jedenfalls nicht $\mathfrak{n}$-zahlig identisch ist. $\mathfrak{n}$ ist aber $\leqq 2^{\mathfrak{k}}$, und wir haben früher gezeigt, daß eine $(\mathfrak{m}+1)$-zahlige identische Formel auch $\mathfrak{m}$-zahlig identisch ist. Es folgt daher, weil die Formel $\overline{\mathfrak{A}}$ nicht $\mathfrak{n}$-zahlig identisch ist, daß sie auch nicht $2^{\mathfrak{k}}$-zahlig identisch sein kann. Das heißt, die Formel $\mathfrak{A}$ ist für einen $2^{\mathfrak{k}}$-zahligen Individuenbereich erfüllbar.

Diese Betrachtung genügt freilich nicht unseren methodischen Anforderungen. Wir können sie aber zu einer finiten, beweistheoretischen Überlegung verschärfen.

In der Tat gestattet der eben nicht-finit formulierte und begründete Satz folgende schärfere Fassung: Wenn eine Formel des einstelligen Prädikatenkalkuls, die höchstens $\mathfrak{k}$ Formelvariablen mit Argument enthält, $2^{\mathfrak{k}}$-zahlig identisch ist, so ist sie ableitbar.

Allerdings ist das Beweisverfahren für diesen Satz, das sich aus der beweistheoretischen Umdeutung der vorangegangenen Betrachtung ergibt, etwas mühsam, und wir wollen es daher hier nur an dem einfachsten Fall $\mathfrak{k} = 1$ darlegen.

Wir können uns bei diesem Beweise ohne Einbuße an Allgemeinheit auf die Betrachtung solcher Formeln beschränken, die keine freien Individuenvariablen enthalten. Denn eine Formel mit freien Individuenvariablen ist ja stets derjenigen Formel deduktionsgleich, die man aus ihr erhält, indem man, im Sinne der Regel (ε)[1], jede der freien Individuenvariablen durch ein vor die Formel gesetztes Allzeichen bindet.

Führen wir nun die Spezialisierung $\mathfrak{k} = 1$ ein, so haben wir es zu tun mit einer 2^1-zahlig, d. h. zweizahlig identischen Formel des einstelligen Prädikatenkalkuls, in der nur eine Formelvariable mit Argument vorkommt. Sei P diese Formelvariable, so setzt sich die zu betrachtende Formel, nach der Ausführung der Zerlegung in Primärformeln (nebst der Ausschaltung von solchen Primärformeln, welche die Variable P mehrfach enthalten[2]), zusammen aus den Primärformeln

$$(x)\ P(x),\ (x)\ \overline{P(x)},\ (E\,x)\ P(x),\ (E\,x)\ \overline{P(x)}$$

und sonst noch aus Formelvariablen ohne Argument.

Wir wollen diese Formel mit $\mathfrak{A}(P)$ bezeichnen; $\mathfrak{A}^*(P, a)$ bezeichne die Formel, welche aus $\mathfrak{A}(P)$ entsteht, indem

$$(x)\ P(x)\ \text{sowie}\ (E\,x)\ P(x)\ \text{durch}\ P(a),$$
$$(x)\ \overline{P(x)}\ \text{sowie}\ (E\,x)\ \overline{P(x)}\ \text{durch}\ \overline{P(a)}$$

ersetzt wird, und $\mathfrak{A}^{**}(P, a, b)$ bezeichne diejenige Formel, welche aus $\mathfrak{A}(P)$ entsteht, indem

$$(x)\ P(x)\ \text{durch}\ P(a)\ \&\ P(b),$$
$$(x)\ \overline{P(x)}\ \text{durch}\ \overline{P(a)}\ \&\ \overline{P(b)},$$
$$(E\,x)\ P(x)\ \text{durch}\ P(a)\ \vee\ P(b),$$
$$(E\,x)\ \overline{P(x)}\ \text{durch}\ \overline{P(a)}\ \vee\ \overline{P(b)}$$

ersetzt wird.

Unsere Voraussetzung, daß die Formel $\mathfrak{A}(P)$ zweizahlig identisch, und somit auch einzahlig identisch ist, besagt, daß die Formeln

$$\mathfrak{A}^*(P, a)\ \quad\text{und}\quad\ \mathfrak{A}^{**}(P, a, b)$$

durch Einsetzung aus identischen Formeln des Aussagenkalkuls hervorgehen. Und wir haben zu beweisen, daß unter dieser Voraussetzung die Formel $\mathfrak{A}(P)$ ableitbar ist.

---

[1] Vgl. S. 132.　　　[2] Vgl. S. 183.

Es handelt sich also darum, die Formel $\mathfrak{A}(P)$ aus $\mathfrak{A}^*(P, a)$ und $\mathfrak{A}^{**}(P, a, b)$ abzuleiten. Dieses gelingt folgendermaßen.

Wie man leicht erkennt, sind die Formeln

$$(x)\,(P(x) \sim P(a)) \to (\mathfrak{A}(P) \sim \mathfrak{A}^*(P, a)),$$

$$(x)\,\{(P(x) \sim P(a)) \lor (P(x) \sim P(b))\} \to (\mathfrak{A}(P) \sim \mathfrak{A}^{**}\,(P, a, b))$$

beide ableitbar. Aus der ersten in Verbindung mit $\mathfrak{A}^*(P, a)$ erhält man

$$(x)\,(P(x) \sim P(a)) \to \mathfrak{A}(P);$$

aus der zweiten in Verbindung mit $\mathfrak{A}^{**}\,(P, a, b)$ erhält man

$$(x)\,\{(P(x) \sim P(a)) \lor (P(x) \sim P(b))\} \to \mathfrak{A}(P).$$

Aus
$$(x)\,(P(x) \sim P(a)) \to \mathfrak{A}(P)$$

erhalten wir durch Benutzung der ableitbaren Formeln

$$(x)\,P(x) \to (x)\,(P(x) \sim P(a)),$$

$$(x)\,\overline{P(x)} \to (x)\,(P(x) \sim P(a))$$

mit Anwendung des Kettenschlusses die Formeln:

$$(x)\,P(x) \to \mathfrak{A}(P),$$

$$(x)\,\overline{P(x)} \to \mathfrak{A}(P).$$

Ferner gewinnen wir aus der Formel

$$(x)\,\{(P(x) \sim P(a)) \lor (P(x) \sim P(b))\} \to \mathfrak{A}(P)$$

mit Hilfe der ableitbaren Formel

$$P(a) \,\&\, \overline{P(b)} \to (x)\,\{(P(x) \sim P(a)) \lor (P(x) \sim P(b))\}$$

die Formel
$$P(a) \,\&\, \overline{P(b)} \to \mathfrak{A}(P),$$

daraus weiter durch Umformung

$$P(a) \to (\overline{P(b)} \to \mathfrak{A}(P))$$

und hieraus durch zweimalige Anwendung des Schemas (β) nebst elementaren Umformungen

$$(E\,x)\,P(x) \,\&\, (E\,x)\,\overline{P(x)} \to \mathfrak{A}(P).$$

Damit sind wir aber sogleich am Ziel; denn diese letzte Formel, zusammen mit den beiden vorher erhaltenen

$$(x)\,P(x) \to \mathfrak{A}(P),$$

$$(x)\,\overline{P(x)} \to \mathfrak{A}(P),$$

ergibt
$$(x)\,P(x) \lor (x)\,\overline{P(x)} \lor ((E\,x)\,P(x) \,\&\, (E\,x)\,\overline{P(x)}) \to \mathfrak{A}(P),$$

und hierin ist das Vorderglied der Implikation eine beweisbare Formel, so daß wir durch das Schlußschema

$$\mathfrak{A}(P)$$

erhalten.

Bei dieser Ableitung kommt der Gedanke des vorigen inhaltlichen Beweises in der Verwendung der Formel

$$P(a) \,\&\, \overline{P(b)} \to (x)\{(P(x) \sim P(a)) \lor (P(x) \sim P(b))\}$$

zur Geltung. Diese besagt nämlich, inhaltlich gedeutet, daß es im Sinne der obigen Klasseneinteilung höchstens zwei Klassen gibt, sofern nur eine einzige logische Funktion in Betracht kommt.

Beim Falle $\mathfrak{k} = 2$ tritt an Stelle dieser Formel die Formel

$$P(a) \,\&\, Q(a) \,\&\, P(b) \,\&\, \overline{Q(b)} \,\&\, \overline{P(c)} \,\&\, Q(c) \,\&\, \overline{P(d)} \,\&\, \overline{Q(d)}$$

$$\to (x)\{((P(x) \sim P(a)) \,\&\, (Q(x) \sim Q(a))) \lor ((P(x) \sim P(b)) \,\&\, (Q(x) \sim Q(b)))$$

$$\lor ((P(x) \sim P(c)) \,\&\, (Q(x) \sim Q(c))) \lor ((P(x) \sim P(d)) \,\&\, (Q(x) \sim Q(d)))\}.$$

Hier haben wir statt der zwei Variablen a, b die vier Variablen a, b, c, d. Im allgemeinen Falle hat man entsprechend $2^{\mathfrak{k}}$ freie Individuenvariablen einzuführen.

Der so sich ergebende Satz, daß eine Formel des einstelligen Prädikatenkalkuls, die höchstens $\mathfrak{k}$ Formelvariablen mit Argument enthält, stets dann ableitbar ist, wenn sie $2^{\mathfrak{k}}$-zahlig identisch ist, liefert uns wiederum ein Verfahren zur Entscheidung über die Ableitbarkeit einer gegebenen Formel des einstelligen Prädikatenkalkuls. Ferner ergibt sich aus ihm als unmittelbare Folgerung, daß jede im Endlichen identische Formel des einstelligen Prädikatenkalkuls auch ableitbar ist.

Auch erhalten wir den Satz, daß *jede Formel des einstelligen Prädikatenkalkuls entweder im Endlichen erfüllbar oder widerlegbar* ist. Denn sei $\mathfrak{A}$ irgendeine Formel des einstelligen Prädikatenkalkuls und $\mathfrak{k}$ die Anzahl der verschiedenen in $\mathfrak{A}$ vorkommenden Formelvariablen; dann ist entweder $\mathfrak{A}$ eine $2^{\mathfrak{k}}$-zahlig erfüllbare oder $\mathfrak{A}$ eine $2^{\mathfrak{k}}$-zahlig identische Formel. Im ersten Fall ist $\mathfrak{A}$ im Endlichen erfüllbar, im zweiten ist $\mathfrak{A}$ ableitbar, also $\mathfrak{A}$ widerlegbar.

Die für den einstelligen Prädikatenkalkul erhaltenen Vollständigkeitssätze lassen sich nun auch auf den *erweiterten einstelligen Prädikatenkalkul* ausdehnen. Auch für diesen Formelbereich gilt, daß eine jede Formel, welche im Endlichen identisch ist, nach den Regeln des Formalismus abgeleitet werden kann, und daß jede Formel entweder im Endlichen erfüllbar oder widerlegbar ist. Auch ist für diesen Formalismus das Entscheidungsproblem vollkommen lösbar. Diese Ergebnisse gewinnen wir aus folgendem Satz:

Jede Formel des erweiterten einstelligen Prädikatenkalkuls ist deduktionsgleich einer Formel, die entweder selbst eine *Anzahlformel* ist oder sich aus Anzahlformeln mittels der Operationen des Aussagenkalkuls zusammensetzt.

Dieser Satz, welcher die Theorie des erweiterten einstelligen Prädikatenkalkuls auf ganz elementare Betrachtungen zurückführt, wurde zuerst von Löwenheim gefunden, dann auf einfacherem Wege von Skolem bewiesen. Unabhängig von den Löwenheimschen und Skolemschen Untersuchungen ist Behmann zu dem gleichen Ergebnis gelangt[1].

Wir schließen uns hier der Beweismethode von Behmann an[2]. Als wesentliches Hilfsmittel dafür benutzen wir den früher bewiesenen Satz über die Zerlegung einer Formel des erweiterten einstelligen Prädikatenkalkuls in Primärformeln. Ferner benutzen wir den Satz aus § 4, der besagt, daß eine Formel in eine ihr deduktionsgleiche Formel übergeht, wenn man eine oder mehrere in ihr vorkommende freie Individuenvariablen durch gebundene Variablen ersetzt und die zugehörigen Allzeichen vor die ganze Formel stellt oder wenn man umgekehrt ein oder mehrere der ganzen Formel voranstehende Allzeichen wegstreicht und die zugehörigen Variablen je durch eine vorher noch nicht vorkommende freie Individuenvariable ersetzt[3].

Wir wollen diesen Prozeß des Überganges von freien Variablen zu gebundenen und umgekehrt kurz als „Austausch" der freien Variablen gegen gebundene bzw. der gebundenen Variablen gegen freie bezeichnen.

Es sei nun eine Formel des erweiterten einstelligen Prädikatenkalkuls vorgelegt. Wie wir gezeigt haben[4], können wir diese durch eine Reihe von Umformungen überführen in eine Formel, die sich mittels der Operationen des Aussagenkalkuls zusammensetzt aus Formeln folgender sechs Arten:

1. Formelvariablen ohne Argument; 2. Formelvariablen mit einer freien Variablen als Argument; 3. Gleichungen zwischen freien Variablen;

4. Formeln von der Gestalt

$$(x) \, \mathfrak{D}(x), \qquad (E \, x) \, \mathfrak{K}(x),$$

wobei $\mathfrak{D}(x)$ eine Disjunktion, $\mathfrak{K}(x)$ eine Konjunktion bedeutet, deren Glieder Formelvariablen mit x als Argument oder Negationen von solchen sind, und worin jede vorkommende Formelvariable in nur einem Gliede auftritt;

5. Formeln der Gestalt

$$(_m x) \, \mathfrak{D}(x), \qquad (E_m x) \, \mathfrak{K}(x),$$

---

[1] L. Löwenheim „Über Möglichkeiten im Relativkalkul" Math. Ann. Bd. 76 (1915). — Th. Skolem „Untersuchungen über die Axiome des Klassenkalkuls und über Produktations- und Summationsprobleme, welche gewisse Klassen von Aussagen betreffen" Videnskapsselskapets Skrifter I. Math.-Nat. Kl. 1919 Nr. 3. § 4. — H. Behmann „Beiträge zur Algebra der Logik, insbesondere zum Entscheidungsproblem" Math. Ann. Bd. 86 (1922) Heft 3/4.
[2] Vgl. § 20 und 21 der eben zitierten Behmannschen Abhandlung.
[3] Vgl. § 4, S. 149.   [4] Vgl. S. 178—183.

wobei die Ausdrücke $\mathfrak{D}(x)$, $\mathfrak{K}(x)$ die unter 4. angegebene Struktur haben;

6. Anzahlformeln, d. h. Formeln der Gestalt

$$(x_{\,\mathfrak{m}}y)\ (x = y)\,, \qquad (E\,x_{\,\mathfrak{m}}y)\ (x \neq y)\,.$$

Wir können auch, nach den Regeln des Aussagenkalkuls, die Zusammensetzung der erhaltenen Formel aus den Bestandteilen der Arten 1. bis 6. in eine konjunktive Normalform, gebildet aus solchen Bestandteilen, überführen.

Bisher sind alle Umformungen solche im Sinne der *Überführbarkeit*. Wir gehen nun darauf aus, *die Formelvariablen mit Argument schrittweise auszuschalten.* Dazu werden wir Umformungen im Sinne der *Deduktionsgleichheit* anwenden. Wir machen dabei Gebrauch von der Tatsache, daß eine Konjunktion in eine ihr deduktionsgleiche übergeht, wenn jedes Konjunktionsglied durch ein ihm deduktionsgleiches Glied ersetzt wird. Man überzeugt sich hiervon so: Seien die Formeln

den Formeln
$$\mathfrak{A}_1, \ldots, \mathfrak{A}_n$$
$$\mathfrak{B}_1, \ldots, \mathfrak{B}_n$$

deduktionsgleich, so können aus der Formel

$$\mathfrak{A}_1 \,\&\, \ldots \,\&\, \mathfrak{A}_n\,,$$

aus welcher ja die Formeln
$$\mathfrak{A}_1, \ldots, \mathfrak{A}_n$$

ableitbar sind, auch die Formeln

und somit auch
$$\mathfrak{B}_1, \ldots, \mathfrak{B}_n$$
$$\mathfrak{B}_1 \,\&\, \ldots \,\&\, \mathfrak{B}_n$$

abgeleitet werden, und ebenso kann aus dieser Formel auch die Formel

abgeleitet werden.
$$\mathfrak{A}_1 \,\&\, \ldots \,\&\, \mathfrak{A}_n$$

Aus dieser Bemerkung folgt, daß wir in der hergestellten konjunktiven Normalform jedes Konjunktionsglied für sich behandeln können. Ein solches hat die Gestalt einer Disjunktion, deren Glieder Formeln von den Arten 1. bis 6. oder Negationen solcher Formeln sind. Hier können zunächst die Negationen von Formeln der Arten 4., 5. in Formeln der gleichen Art, welche nicht negiert sind, übergeführt werden. Denn die Negationen von Formeln der Gestalten

$$(x)\,\mathfrak{D}(x)\,, \qquad (E\,x)\,\mathfrak{K}(x)\,, \qquad (_{\mathfrak{m}}x)\,\mathfrak{D}(x)\,, \qquad (E\,_{\mathfrak{m}}x)\,\mathfrak{K}(x)$$

sind ja in Formeln der Gestalten

$$(E\,x)\,\mathfrak{K}(x)\,, \qquad (x)\,\mathfrak{D}(x)\,, \qquad (E\,_{\mathfrak{m}}x)\,\mathfrak{K}(x)\,, \qquad (_{\mathfrak{m}}x)\,\mathfrak{D}(x)$$

überführbar.

Wir denken uns nun die vorkommenden Formelvariablen mit Argument zwecks ihrer Ausschaltung in eine Reihenfolge gebracht. Sei etwa die Variable B mit Argument — wir nehmen als Nennform für sie $B(s)$ — die erste in dieser Reihenfolge.

Diese kann nur in Bestandteilen der Arten 2., 4., 5. auftreten. Bei den Bestandteilen

$$(x)\,\mathfrak{D}(x)\,, \qquad (_\mathfrak{m}x)\,\mathfrak{D}(x)\,,$$

welche die Formelvariable $B(s)$ enthalten, bringen wir die voranstehenden Allzeichen gemäß der Regel $(\iota)^1$, nach Ausführung der evtl. erforderlichen Umbenennungen, an den Anfang unserer gesamten Disjunktion und tauschen dann die zugehörigen gebundenen Variablen gegen freie Variablen aus.

Auf die Bestandteile

$$(E\,_\mathfrak{m}x)\,\mathfrak{K}(x)\,,$$

welche die Formelvariable $B(s)$ enthalten, wenden wir die Äquivalenzen 9b))^2 an; gemäß diesen ist eine Formel

überführbar in eine Formel $\quad (E\,_\mathfrak{m}x)\,\mathfrak{K}(x) \qquad\qquad (\mathfrak{m} = 2, 3, \ldots)$

$$(x)\,(y)\ldots(v)\,(E\,w)\,(w \neq x \,\&\ldots\& \,w \neq v\,\&\,\mathfrak{K}(w))\,,$$

wobei die Anzahl der Allzeichen $(x),\ldots,(v)$ um eins kleiner ist als $\mathfrak{m}$. Die voranstehenden Allzeichen einer solchen Formel können wieder gemäß der Regel (ι), nach Ausführung der evtl. erforderlichen Umbenennungen, an den Anfang unserer Gesamtdisjunktion gebracht und dann ihre zugehörigen gebundenen Variablen gegen freie Variablen ausgetauscht werden. Hernach möge noch die zu dem Seinszeichen gehörende Variable w in x umbenannt werden. So erhalten wir an Stelle des Bestandteils $(E\,_\mathfrak{m}x)\,\mathfrak{K}(x)$ eine Formel von der Gestalt

$$(E\,x)\,(x \neq a \,\&\ldots\& \,x \neq r\,\&\,\mathfrak{K}(x))$$

(wobei natürlich statt $a,\ldots,r$ auch andere freie Variablen stehen können).

Nachdem alles dieses ausgeführt ist, kommt die Formelvariable $B(s)$ nur noch in solchen Disjunktionsgliedern vor, die entweder Formeln der Art 2. oder Negationen von solchen sind oder eine der Formen

$$(E\,x)\,B(x)\,, \qquad (E\,x)\,(B(x)\,\&\,\mathfrak{C})$$
$$(E\,x)\,\overline{B(x)}\,, \qquad (E\,x)\,(\overline{B(x)}\,\&\,\mathfrak{C})$$

besitzen, wobei $\mathfrak{C}$ ein Ausdruck ist, der die Formelvariable $B(s)$ nicht enthält.

Wir können nun alle diese Disjunktionsglieder in solche von der Form

$$(E\,x)\,(B(x)\,\&\,\mathfrak{C}) \quad\text{oder von der Form}\quad (E\,x)\,(\overline{B(x)}\,\&\,\mathfrak{C})$$

---

^{1} Vgl. S. 137. ^{2} Vgl. S. 172.

überführen; denn für die Formeln der Art 2. und deren Negationen haben wir die Äquivalenzen

$$B(a) \sim (E\,x)\,(x = a \,\&\, B(x)),$$

$$\overline{B(a)} \sim (E\,x)\,(x = a \,\&\, \overline{B(x)})$$

zur Verfügung, die man aus der Formel 6b))[1] durch Einsetzung erhält; und die Formeln

$$(E\,x)\,B\,(x),\qquad (E\,x)\,\overline{B\,(x)}$$

sind überführbar in die Formeln

$$(E\,x)\,(B(x) \,\&\, x = x),\qquad (E\,x)\,(\overline{B(x)} \,\&\, x = x).$$

Nachdem diese Umformungen ausgeführt sind, erhält unsere gesamte Disjunktion, nach passender Umstellung der Glieder, die Gestalt

$$\mathfrak{A} \vee (E\,x)\,(B(x) \,\&\, \mathfrak{C}_1^{(1)}(x)) \vee \ldots \vee (E\,x)\,(B(x) \,\&\, \mathfrak{C}_{\mathfrak{k}}^{(1)}(x))$$

$$\vee (E\,x)\,(\overline{B(x)} \,\&\, \mathfrak{C}_1^{(2)}(x)) \vee \ldots \vee (E\,x)\,(\overline{B(x)} \,\&\, \mathfrak{C}_{\mathfrak{l}}^{(2)}(x)),$$

wobei die Ausdrücke $\mathfrak{A}, \mathfrak{C}_1^{(1)}(x), \ldots, \mathfrak{C}_{\mathfrak{k}}^{(1)}(x), \mathfrak{C}_1^{(2)}(x), \ldots, \mathfrak{C}_{\mathfrak{l}}^{(2)}(x)$ die Formalvariable $B(s)$ nicht enthalten.

Diese Formel kann zunächst gemäß der Regel (ϑ)[2] übergeführt werden in

$$\mathfrak{A} \vee (E\,x)\,\{(B(x) \,\&\, \mathfrak{C}_1^{(1)}(x)) \vee \ldots \vee (B(x) \,\&\, \mathfrak{C}_{\mathfrak{k}}^{(1)}(x))$$

$$\vee (\overline{B(x)} \,\&\, \mathfrak{C}_1^{(2)}(x)) \vee \ldots \vee (\overline{B(x)} \,\&\, \mathfrak{C}_{\mathfrak{l}}^{(2)}(x))\}$$

und weiter durch Anwendung des einen distributiven Gesetzes in Verbindung mit der Regel (η)[3] in die Formel

$$\mathfrak{A} \vee (E\,x)\,\{(B(x) \,\&\, (\mathfrak{C}_1^{(1)}(x) \vee \ldots \vee \mathfrak{C}_{\mathfrak{k}}^{(1)}(x))) \vee (\overline{B(x)} \,\&\, (\mathfrak{C}_1^{(2)}(x) \vee \ldots \vee \mathfrak{C}_{\mathfrak{l}}^{(2)}(x)))\},$$

also in eine Formel von der Gestalt

$$\mathfrak{A} \vee (E\,x)\,\{(B(x) \,\&\, \mathfrak{C}^{(1)}(x)) \vee (\overline{B(x)} \,\&\, \mathfrak{C}^{(2)}(x))\},$$

wobei wiederum die Ausdrücke $\mathfrak{A}, \mathfrak{C}^{(1)}(x), \mathfrak{C}^{(2)}(x)$ die Formelvariable $B(s)$ nicht enthalten[4].

Diese Formel ist nun *deduktionsgleich* der Formel

$$\mathfrak{A} \vee (E\,x)\,(\mathfrak{C}^{(2)}(x) \,\&\, \mathfrak{C}^{(1)}(x)).$$

Setzt man nämlich in der vorigen Formel für die Formelvariable $B(s)$ die Formel $\mathfrak{C}^{(2)}(s)$ ein, so erhält man

$$\mathfrak{A} \vee (E\,x)\,((\mathfrak{C}^{(2)}(x) \,\&\, \mathfrak{C}^{(1)}(x)) \vee (\overline{\mathfrak{C}^{(2)}(x)} \,\&\, \mathfrak{C}^{(2)}(x)))$$

und daraus — weil

$$\overline{\mathfrak{C}^{(2)}(x)} \,\&\, \mathfrak{C}^{(2)}(x)$$

als Disjunktionsglied weggelassen werden kann — die eben genannte Formel

$$\mathfrak{A} \vee (E\,x)\,(\mathfrak{C}^{(2)}(x) \,\&\, \mathfrak{C}^{(1)}(x));$$

---

[1] Vgl. S. 168.   [2] Vgl. S. 137.   [3] Vgl. S. 135.

[4] Im Falle, daß eine der Anzahlen $\mathfrak{k}, \mathfrak{l}$ null ist, ergibt sich sofort (mittels passender Einsetzung für $B(s)$), daß die Formel deduktionsgleich der Formel $\mathfrak{A}$ ist.

von dieser gelangt man andererseits, durch Anwendung der identischen
Formel
$$C \mathbin{\&} D \to (A \mathbin{\&} D) \lor (\overline{A} \mathbin{\&} C),$$
aus der sich durch Einsetzung
$$\mathfrak{C}^{(2)}(a) \mathbin{\&} \mathfrak{C}^{(1)}(a) \to (B(a) \mathbin{\&} \mathfrak{C}^{(1)}(a)) \lor (\overline{B(a)} \mathbin{\&} \mathfrak{C}^{(2)}(a))$$
ergibt[1], und mit Benutzung der Regel (δ)[2] sowie der identischen Formel
zu der Formel
$$(C \to D) \to (A \lor C \to A \lor D)$$
zurück.
$$\mathfrak{A} \lor (E\,x) \left\{ (B(x) \mathbin{\&} \mathfrak{C}^{(1)}(x)) \lor (\overline{B(x)} \mathbin{\&} \mathfrak{C}^{(2)}(x)) \right\}$$

Mit dem Übergang zu der Formel
$$\mathfrak{A} \lor (E\,x)\, (\mathfrak{C}^{(2)}(x) \mathbin{\&} \mathfrak{C}^{(1)}(x))$$
ist nun die Ausschaltung der Formelvariablen $B(s)$ erreicht.

Von der erhaltenen Formel können wir allerdings nicht behaupten,
daß sie aus Primärformeln zusammengesetzt ist; wohl aber können
wir die Zerlegung in Primärformeln nachträglich wieder ausführen,
und die so entstehende Formel können wir dann in eine konjunktive
Normalform umformen, deren Konjunktionsglieder wiederum einzeln für
sich behandelt werden können. Wesentlich ist, daß bei diesem Verfahren
keine neue Formelvariable mit Argument hinzutritt, so daß im ganzen
eine Verminderung der Anzahl der auszuschaltenden Formelvariablen
mit Argument bewirkt ist.

Indem wir nun in der gleichen Weise fortfahren, gelangen wir
schließlich dazu, daß alle Formelvariablen mit Argument ausgeschaltet
sind.

Wenn wir dieses bewirkt haben, so sammeln wir zunächst alle die
Konjunktionsglieder, in welche unsere ursprüngliche Formel schrittweise
gespalten wurde; — bei jeder Elimination einer Formelvariablen mit
Argument findet ja eine weitere Aufspaltung in Konjunktionsglieder
statt, und für jedes Glied einzeln muß die Elimination durchgeführt
werden.

Ferner tauschen wir sämtliche nun vorkommenden freien Individuenvariablen gegen gebundene Variablen aus. Sodann wenden wir das
Verfahren der Zerlegung in Primärformeln an. Da jetzt keine freie
Individuenvariable und keine Formelvariable mit Argument mehr vorhanden ist, so können die Bestandteile, aus denen sich die Formel (nach
der erfolgten Zerlegung in Primärformeln) zusammensetzt, nur von
den Arten 1. und 6., d. h. nur Formelvariablen ohne Argument und
Anzahlformeln sein. Wir bringen die Zusammensetzung wieder in die
Gestalt einer konjunktiven Normalform.

---

[1] Falls in $\mathfrak{C}^{(1)}(x)$ oder in $\mathfrak{C}^{(2)}(x)$ die Variable a vorkommt, hat man statt a in
der angegebenen Formel eine andere freie Individuenvariable zu nehmen.

[2] Vgl. S. 108.

Hier können wir nun auch die Formelvariablen ohne Argument ausschalten. Denn erstens können Wiederholungen von Disjunktionsgliedern weggelassen werden. Wenn ferner in einem Konjunktionsglied der konjunktiven Normalform eine Formelvariable zugleich mit ihrer Negation als Disjunktionsglied auftritt, so kann nach den Regeln des Aussagenkalkuls das ganze Konjunktionsglied weggestrichen werden. Wenn bei *jedem* Konjunktionsglied der Normalform dieser Fall vorliegt, so ist *die gesamte Formel ableitbar*. Sie kann dann auch in eine Formel übergeführt werden, die sich allein aus Anzahlformeln zusammensetzt, z. B. in die Formel

$$(x_2 y)\,(x = y) \lor \overline{(x_2 y)\,(x = y)}.$$

Es bleibt jetzt nur noch der Fall zu betrachten, daß eine jede der in der Formel vorkommenden Formelvariablen innerhalb eines einzelnen Konjunktionsgliedes höchstens einmal (ohne Negation oder mit Negation) auftritt. Die Ausschaltung der Formelvariablen erfolgt nun wieder in der Weise, daß wir jedes Konjunktionsglied einzeln im Sinne der Deduktionsgleichheit umformen. Sei etwa C die Variable, die zuerst ausgeschaltet werden soll. Ein Konjunktionsglied, welches diese Variable enthält, hat (evtl. nach Umstellung von Disjunktionsgliedern) eine der beiden Formen

$$\mathfrak{A} \lor C, \qquad \mathfrak{A} \lor \overline{C},$$

wobei in $\mathfrak{A}$ die Variable C nicht vorkommt.

Nun ist aber $\mathfrak{A} \lor C$ deduktionsgleich mit $\mathfrak{A}$. Denn aus $\mathfrak{A} \lor C$ erhält man $\mathfrak{A}$, indem man für C die Formel $C \,\&\, \overline{C}$ einsetzt, welche als Disjunktionsglied weggestrichen werden kann; und von der Formel $\mathfrak{A}$ gelangt man durch den Aussagenkalkul unmittelbar zurück zu $\mathfrak{A} \lor C$. Desgleichen ist $\mathfrak{A} \lor \overline{C}$ deduktionsgleich mit $\mathfrak{A}$, da man ja durch Einsetzung von $\overline{C} \lor C$ für C und Anwendung der Regel für die Bildung der Negation an Stelle von $\overline{C}$ wiederum das Disjunktionsglied $C \,\&\, \overline{C}$ erhält, welches weggestrichen werden kann.

Auf diese Weise lassen sich nacheinander alle Formelvariablen ausschalten, und wir gelangen damit zu einer Formel, welche sich als eine konjunktive Normalform, gebildet aus *Anzahlformeln*, darstellt und welche unserer ursprünglich gegebenen Formel deduktionsgleich ist.

Hiermit ist nun unser behaupteter Satz bewiesen, daß *eine jede Formel des erweiterten einstelligen Prädikatenkalkuls einer allein aus Anzahlformeln zusammengesetzten Formel deduktionsgleich ist*, und zwar ist der Nachweis, dem finiten Standpunkt gemäß, so erfolgt, daß er uns zugleich ein Verfahren bietet, um zu einer gegebenen Formel des erweiterten einstelligen Prädikatenkalkuls eine ihr deduktionsgleiche aus Anzahlformeln zusammengesetzte Formel zu gewinnen. Das angegebene

Verfahren ist auch nicht nur grundsätzlich anwendbar, sondern auch zur praktischen Handhabung geeignet, wobei sich natürlich im einzelnen noch Vereinfachungen anbringen lassen.

Mit Hilfe des erhaltenen Satzes gelangen wir nun leicht zum Beweise unserer aufgestellten Vollständigkeitssätze und zur Lösung des Entscheidungsproblems für den erweiterten einstelligen Prädikatenkalkul[1].

Wir zeigen zuerst, daß eine im Endlichen identische Formel des erweiterten einstelligen Prädikatenkalkuls stets auch ableitbar ist. Sei $\mathfrak{A}$ eine Formel dieses Kalkuls, welche im Endlichen identisch ist. Wir stellen dann nach der angegebenen Methode eine der Formel $\mathfrak{A}$ deduktionsgleiche, aus Anzahlformeln zusammengesetzte Formel $\mathfrak{B}$ her. Diese muß, gemäß dem früher Bewiesenen, gleichfalls im Endlichen identisch sein. Wir können $\mathfrak{B}$ in der Gestalt einer konjunktiven Normalform annehmen, und es ergibt sich dann, daß auch jedes einzelne Konjunktionsglied im Endlichen identisch sein muß. Ein solches Konjunktionsglied hat nun die Form einer Disjunktion aus Anzahlformeln

$$(x_{\mathfrak{m}} y) \, (x = y), \qquad (E x_{\mathfrak{m}} y) \, (x \neq y)$$

und Negationen von solchen. Hier lassen sich zunächst die Negationen auf Grund der Äquivalenz

$$\overline{(x_{\mathfrak{m}} y) \, (x = y)} \sim (E x_{\mathfrak{m}} y) \, (x \neq y)$$

beseitigen. Des weiteren können wir die Disjunktionen in solche von höchstens zwei Gliedern überführen; denn aus den ableitbaren Formeln

$$(x_{\mathfrak{m}} y) \, (x = y) \rightarrow (x_{\mathfrak{m}+1} y) \, (x = y),$$

$$(E x_{\mathfrak{m}+1} y) \, (x \neq y) \rightarrow (E x_{\mathfrak{m}} y) \, (x \neq y)$$

ergeben sich für jedes Anzahlenpaar $\mathfrak{m}, \mathfrak{n}$, wo $\mathfrak{m}$ größer als $\mathfrak{n}$ oder gleich $\mathfrak{n}$ ist, die Äquivalenzen

$$(x_{\mathfrak{m}} y) \, (x = y) \sim (x_{\mathfrak{m}} y) \, (x = y) \vee (x_{\mathfrak{n}} y) \, (x = y),$$

$$(E x_{\mathfrak{n}} y) \, (x \neq y) \sim (E x_{\mathfrak{m}} y) \, (x \neq y) \vee (E x_{\mathfrak{n}} y) \, (x \neq y),$$

und mit Hilfe dieser Äquivalenzen können wir die Anzahl der Disjunktionsglieder von der Form $(x_{\mathfrak{k}} y) \, (x = y)$ sowie auch derjenigen von der Form $(E x_{\mathfrak{k}} y) \, (x \neq y)$ schrittweise vermindern, bis wir nur noch höchstens eines von jeder Art übrigbehalten. Es ergibt sich dann entweder eine Formel

$$(x_{\mathfrak{k}} y) \, (x = y)$$

oder eine Formel

$$(E x_{\mathfrak{k}} y) \, (x \neq y)$$

oder aber eine Formel

$$(x_{\mathfrak{k}} y) \, (x = y) \vee (E x_{\mathfrak{l}} y) \, (x \neq y);$$

dabei sind $\mathfrak{k}$ und $\mathfrak{l}$ mindestens gleich 2.

---

[1] Vgl. S. 198.

Nun muß diese Formel, als Umformung eines Konjunktionsgliedes von $\mathfrak{B}$, im Endlichen identisch sein. Man erkennt aber sofort, daß die Formel

$$(x_\mathfrak{k}\, y)\ (x = y)$$

nicht $\mathfrak{k}$-zahlig identisch und die Formel

$$(E\, x_\mathfrak{k}\, y)\ (x \neq y)$$

nicht $(\mathfrak{k} - 1)$-zahlig identisch ist.

Es kommt also nur der Fall einer Formel

$$(x_\mathfrak{k}\, y)\ (x = y)\ \vee\ (E\, x_\mathfrak{k}\, y)\ (x \neq y)$$

in Betracht.

Damit diese Formel im Endlichen identisch ist, muß sie insbesondere $\mathfrak{k}$-zahlig identisch sein. Das ist aber, wie man sich leicht überlegt, nur dann der Fall, wenn $\mathfrak{k}$ gleich $\mathfrak{l}$ oder größer als $\mathfrak{l}$ ist.

Diese Bedingung muß also erfüllt sein. Ist dieses aber der Fall, dann ergibt sich sogleich die Ableitbarkeit der Formel, auf Grund der Ableitbarkeit der beiden Formeln

$$(x_\mathfrak{k}\, y)\ (x = y) \sim \overline{(E\, x_\mathfrak{k}\, y)\ (x \neq y)}\,,$$
$$(E\, x_\mathfrak{k}\, y)\ (x \neq y) \rightarrow (E\, x_\mathfrak{l}\, y)\ (x \neq y)\,.$$

Somit folgt, daß jedes Konjunktionsglied der konjunktiven Normalform $\mathfrak{B}$ eine ableitbare Formel ist, und daß also auch $\mathfrak{B}$ selbst ableitbar ist. $\mathfrak{B}$ und $\mathfrak{A}$ sind aber deduktionsgleich, folglich ist auch $\mathfrak{A}$ eine ableitbare Formel, was wir ja zeigen wollten.

Die Methode des eben geführten Beweises liefert uns zugleich ein Verfahren zur Entscheidung über die Ableitbarkeit einer Formel des erweiterten einstelligen Prädikatenkalkuls. Gehen wir nämlich von einer beliebigen Formel dieses Kalkuls aus, so erhalten wir zu ihr nach unserem allgemeinen Verfahren zunächst eine ihr deduktionsgleiche, aus Anzahlformeln gebildete konjunktive Normalform. Auf diese können wir dann wieder die vereinfachenden Umformungen anwenden, wie wir sie eben bei der Formel $\mathfrak{B}$ ausgeführt haben. So erhalten wir eine Formel $\mathfrak{C}$, welche sich konjunktiv zusammensetzt aus Gliedern von einer der drei Formen:

$$(x_\mathfrak{k}\, y)\ (x = y)\,, \qquad (E\, x_\mathfrak{k}\, y)\ (x \neq y)\,,$$
$$(x_\mathfrak{k}\, y)\ (x = y)\ \vee\ (E\, x_\mathfrak{l}\, y)\ (x \neq y)\,.$$

Aus dieser Formel $\mathfrak{C}$ läßt sich nun sofort die Bedingung dafür entnehmen, daß unsere Ausgangsformel im Endlichen identisch und somit ableitbar ist. Diese besteht darin, daß in der Formel nur Konjunktionsglieder von der dritten Form auftreten, und zwar nur solche, in denen die Anzahl $\mathfrak{k}$ mindestens so groß ist wie $\mathfrak{l}$.

Wir können jedoch hier das Entscheidungsproblem noch in einem weitergehenden Sinne lösen, nämlich im Sinn der Aufgabe, von einer vorgelegten Formel zu bestimmen, für welche endlichen (von 0 verschiedenen) Anzahlen $\mathfrak{m}$ die Formel $\mathfrak{m}$-zahlig identisch sowie auch für welche Anzahlen sie $\mathfrak{m}$-zahlig erfüllbar ist.

Diese beiden zueinander dualen Fragestellungen lassen sich aufeinander zurückführen, da ja eine Formel dann und nur dann $\mathfrak{m}$-zahlig erfüllbar ist, wenn ihre Negation nicht $\mathfrak{m}$-zahlig identisch ist. Die Diskussion gestaltet sich etwas übersichtlicher für die Frage der Erfüllbarkeit.

Sei $\mathfrak{A}$ die zu untersuchende Formel. Zu ihrer Negation $\overline{\mathfrak{A}}$ können wir eine ihr deduktionsgleiche, aus Anzahlformeln gebildete konjunktive Normalform $\mathfrak{C}^*$ bestimmen, in der jedes Konjunktionsglied eine der drei Formen hat

$$\left.\begin{array}{ll} (x_{\mathfrak{k}}y)\,(x = y), & (E\,x_{\mathfrak{l}}\,y)\,(x \neq y) \\ (x_{\mathfrak{k}}y)\,(x = y) \lor (E\,x_{\mathfrak{l}}\,y)\,(x \neq y) \end{array}\right\} (\mathfrak{k}, \mathfrak{l} > 1).$$

Diese Formel $\mathfrak{C}^*$ ist dann und nur dann $\mathfrak{m}$-zahlig identisch, wenn $\overline{\mathfrak{A}}$ es ist. Demnach ist die Formel $\mathfrak{A}$ dann und nur dann $\mathfrak{m}$-zahlig erfüllbar, wenn die Negation von $\mathfrak{C}^*$ es ist. Diese läßt sich umformen in eine Disjunktion $\mathfrak{D}$, gebildet aus Gliedern von einer der drei Formen

$$\left.\begin{array}{ll} (E\,x_{\mathfrak{k}}y)\,(x \neq y), & (x_{\mathfrak{l}}y)\,(x = y) \\ (E\,x_{\mathfrak{k}}y)\,(x \neq y)\,\&\,(x_{\mathfrak{l}}y)\,(x = y) \end{array}\right\} (\mathfrak{k}, \mathfrak{l} > 1).$$

Damit die Disjunktion $\mathfrak{D}$ eine $\mathfrak{m}$-zahlig erfüllbare Formel sei, ist notwendig und hinreichend, daß eines ihrer Glieder $\mathfrak{m}$-zahlig erfüllbar ist.

Nun besteht die (notwendige und hinreichende) Bedingung der $\mathfrak{m}$-zahligen Erfüllbarkeit

für ein Glied $(E\,x_{\mathfrak{k}}y)\,(x \neq y)$ darin, daß $\mathfrak{k} \leqq \mathfrak{m}$,

,, ,, ,, $(x_{\mathfrak{l}}y)\,(x = y)$,,   ,, $\mathfrak{m} < \mathfrak{l}$,

,, ,, ,, $(E\,x_{\mathfrak{k}}y)\,(x \neq y)\,\&\,(x_{\mathfrak{l}}y)\,(x = y)$,,   ,, $\mathfrak{k} \leqq \mathfrak{m} < \mathfrak{l}$;

dabei ist die Bedingung $\mathfrak{m} < \mathfrak{l}$ gleichbedeutend mit $1 \leqq \mathfrak{m} < \mathfrak{l}$.

Ferner ist noch folgendes zu beachten: wenn die Formel $\mathfrak{A}$ für keine Anzahl $\mathfrak{m}$ die Eigenschaft der $\mathfrak{m}$-zahligen Erfüllbarkeit besitzt, so ist $\overline{\mathfrak{A}}$ im Endlichen identisch, also auch ableitbar; die Formel $\mathfrak{A}$ ist also dann widerlegbar.

Es sind demnach nur folgende drei Möglichkeiten vorhanden:

1. die Formel $\mathfrak{A}$ hat für keine Zahl $\mathfrak{m}$ die Eigenschaft der $\mathfrak{m}$-zahligen Erfüllbarkeit, und sie ist dann widerlegbar;

2. die Formel $\mathfrak{A}$ hat für jede Zahl $\mathfrak{m}$ die Eigenschaft der $\mathfrak{m}$-zahligen Erfüllbarkeit;

3. die Formel $\mathfrak{A}$ hat für diejenigen Zahlen $\mathfrak{m}$ (und auch nur für diese) die Eigenschaft der $\mathfrak{m}$-zahligen Erfüllbarkeit, welche gewissen endlich vielen Intervallen

$$\mathfrak{k} \leqq \mathfrak{m} < \mathfrak{l} \quad (\mathfrak{k} < \mathfrak{l})$$

angehören.

$$\mathfrak{k} \leqq \mathfrak{m} \quad (\mathfrak{k} > 1)$$

Welcher der drei Fälle vorliegt, können wir aus der Formel $\mathfrak{D}$ ersehen, und aus ihr entnehmen wir im dritten Fall auch die Intervalle, in denen die Zahlen $\mathfrak{m}$ liegen, für welche die $\mathfrak{m}$-zahlige Erfüllbarkeit von $\mathfrak{A}$ besteht.

In diesem Ergebnis ist zugleich auch der Satz enthalten, daß jede Formel des erweiterten einstelligen Prädikatenkalkuls entweder im Endlichen erfüllbar oder widerlegbar ist.

Der einfache und übersichtliche Sachverhalt, den wir hier vorfinden, beruht wesentlich auf der Besonderheit des *einstelligen* Prädikatenkalkuls. Wie schon erwähnt, trifft für den mehrstelligen Prädikatenkalkul der Satz, daß jede im Endlichen identische Formel ableitbar ist, keineswegs zu, und erst recht also nicht die Alternative, daß jede Formel im Endlichen erfüllbar oder widerlegbar ist. Hierfür den Nachweis zu erbringen, ist unsere nächste Aufgabe. Den Ansatz der dazu erforderlichen Überlegung haben wir bereits gemacht[1].

§ 6. Widerspruchsfreiheit unendlicher Individuenbereiche. Anfänge der Zahlentheorie.

Wir haben im § 4 drei Formeln $\mathfrak{F}$, $\mathfrak{G}$, $\mathfrak{H}$ angeführt, von folgender Beschaffenheit. Keine von ihnen ist im Endlichen erfüllbar. Die Negationen

$$\overline{\mathfrak{F}}, \overline{\mathfrak{G}}, \overline{\mathfrak{H}}$$

sind also im Endlichen identisch. Andererseits sind die Formeln $\mathfrak{F}$, $\mathfrak{G}$, $\mathfrak{H}$ im Sinne der Zahlentheorie erfüllbar, so daß wir zu erwarten haben, daß ihre Negationen nicht ableitbar sind. Wir wollen uns die zahlentheoretische Erfüllung der Formeln $\mathfrak{F}$, $\mathfrak{G}$, $\mathfrak{H}$ kurz vergegenwärtigen.

Die Formel $\mathfrak{F}$ setzt sich konjunktiv zusammen aus den Formeln

$$(\mathfrak{F}) \quad \begin{cases} (x)\,\overline{R(x,x)}, \\ (x)\,(y)\,(z)\,(R(x,y)\,\&\,R(y,z) \to R(x,z)), \\ (x)\,(E\,y)\,R(x,y), \end{cases}$$

$\mathfrak{G}$ aus den Formeln

$$(\mathfrak{G}) \quad \begin{cases} (x)\,(E\,y)\,S(x,y), \\ (E\,x)\,(y)\,\overline{S(y,x)}, \\ (x)\,(y)\,(u)\,(v)\,(S(x,u)\,\&\,S(y,u)\,\&\,S(v,x) \to S(v,y)), \end{cases}$$

---

[1] Vgl. S. 122f.

$\mathfrak{H}$ aus den Formeln

$$(\mathfrak{H}) \quad \left\{ \begin{array}{l} (x)\ \overline{A\,(x,\,x)}, \\ (x)\ (E\,y)\ (z)\ \{A\,(x,\,y)\ \&\ (A\,(z,\,x) \to A\,(z,\,y))\}. \end{array} \right.$$

Beziehen wir in diesen Formelsystemen die Individuenvariablen auf die Gattung der Ziffern, so werden die Formeln ($\mathfrak{F}$) und die Formeln ($\mathfrak{H}$) erfüllt, wenn wir für $R\,(a,\,b)$ sowie für $A\,(a,\,b)$ das Prädikat $a < b$ („a ist kleiner als b") setzen[1], und die Formeln ($\mathfrak{G}$) werden erfüllt, wenn wir für $S\,(a,\,b)$ die Beziehung einer Zahl zu der nächstfolgenden („a hat als Nachfolger b") setzen. Und zwar ist die Erfüllung eine solche im Sinne der finiten Zahlentheorie. Denn wir können hier die All- und Seinszeichen im finiten Sinne interpretieren derart, daß $(x)\mathfrak{A}(x)$ die Gültigkeit von $\mathfrak{A}(\mathfrak{z})$ für jede vorgelegte Ziffer $\mathfrak{z}$ und $(E\,x)\,\mathfrak{A}(x)$ die Gültigkeit von $\mathfrak{A}(\mathfrak{z})$ für eine angebbare Ziffer $\mathfrak{z}$ ausdrückt.

So besteht z. B. die genannte Erfüllung für die zweite der Formeln $\mathfrak{G}$ darin, daß es eine Ziffer, nämlich 1, gibt derart, daß, wie auch die Ziffer $\mathfrak{y}$ gewählt wird, 1 nicht Nachfolger von $\mathfrak{y}$ ist. Und die Erfüllung für die zweite der Formeln $\mathfrak{H}$ besteht darin, daß es zu jeder vorgelegten Ziffer $\mathfrak{x}$ eine solche Ziffer, nämlich $\mathfrak{x} + 1$, gibt derart, daß, wie auch die Ziffer $\mathfrak{z}$ gewählt wird, erstens $\mathfrak{x} < \mathfrak{x} + 1$ und, sofern $\mathfrak{z} < \mathfrak{x}$ ist, auch $\mathfrak{z} < \mathfrak{x} + 1$ ist.

Diese Art der Erfüllung, welche wir für die Formelsysteme ($\mathfrak{F}$), ($\mathfrak{G}$), ($\mathfrak{H}$) erhalten, liefert uns auch sofort, durch die konjunktive Zusammenfassung der Formeln eines jeden Systems, eine Erfüllung für die Formeln $\mathfrak{F}$, $\mathfrak{G}$, $\mathfrak{H}$ im Rahmen der finiten Zahlentheorie.

Aus dieser Erfüllung läßt sich noch nicht ohne weiteres die Unwiderlegbarkeit dieser Formeln, also die Unableitbarkeit ihrer Negationen, entnehmen. Wir wissen zwar, daß eine im Endlichen erfüllbare Formel unwiderlegbar ist, da ja ihre Negation nicht im Endlichen identisch ist. Daß aber auch jede im Rahmen der finiten Zahlentheorie erfüllbare Formel unwiderlegbar ist, folgt aus unseren bisherigen Sätzen nicht. Wir werden später erkennen, daß dieses tatsächlich zutrifft[2]. Hier aber wollen wir den Nachweis für die Unwiderlegbarkeit der Formeln $\mathfrak{F}$, $\mathfrak{G}$, $\mathfrak{H}$ auf einem direkteren Wege führen.

Für eine jede dieser Formeln ist die Unwiderlegbarkeit gleichbedeutend mit der Widerspruchsfreiheit eines gewissen Axiomensystems. Es werde dieses am Fall der Formel $\mathfrak{F}$ dargelegt. Wir bezeichnen mit $\mathfrak{F}_0$ die Formel, die aus $\mathfrak{F}$ hervorgeht, indem für die Formelvariable mit der Nennform $R\,(a,\,b)$ die Formel $a < b$ eingesetzt wird. Durch die gleiche Einsetzung entsteht aus dem Formelsystem ($\mathfrak{F}$) das System

---

[1] Wir wollen von jetzt ab das in der Mathematik übliche Symbol $a < b$ anstatt des vorher gebrauchten Symbols $<(a, b)$ verwenden.

[2] Vgl. die frühere Erwähnung dieser Tatsache im § 4, S. 130.

der Formeln

$$(\mathfrak{F}_0) \quad \left\{ \begin{array}{c} (x)\, \overline{x < x}, \\ (x)\, (y)\, (z)\, (x < y \,\&\, y < z \to x < z), \\ (x)\, (E\,y)\, (x < y). \end{array} \right.$$

Die Formeln $(\mathfrak{F}_0)$ stellen ein Axiomensystem dar, und zwar ein solches, das sich nicht mit einem endlichen Individuenbereich erfüllen läßt. Wenn es gelingt zu zeigen, daß bei der Hinzunahme der Formeln $(\mathfrak{F}_0)$ (als Ausgangsformeln) zu dem Prädikatenkalkul nicht zwei solche Formeln ableitbar werden, von denen eine die Negation der anderen ist, so ist damit, im Rahmen der durch den Prädikatenkalkul formalisierten Schlußweisen, die *Widerspruchsfreiheit eines unendlichen Individuenbereiches* nachgewiesen.

Es fällt nun die Widerspruchsfreiheit des Systems $(\mathfrak{F}_0)$ zusammen mit der Unwiderlegbarkeit der Formel $\mathfrak{F}$. Denn[1] nehmen wir an, das System $(\mathfrak{F}_0)$ führe auf einen Widerspruch, so müßte das gleiche von der einen Formel $\mathfrak{F}_0$ gelten; es würde dann aus $\mathfrak{F}_0$ mit Hilfe des Prädikatenkalkuls eine jede mit den Variablen und Symbolen des Prädikatenkalkuls nebst dem Symbol $<$ gebildete Formel, insbesondere also auch $\overline{\mathfrak{F}_0}$ ableitbar sein. Gemäß dem Deduktionstheorem müßte daher, weil ja $\mathfrak{F}_0$ keine freie Variable enthält, die Formel

$$\mathfrak{F}_0 \to \overline{\mathfrak{F}_0}$$

durch den Prädikatenkalkul ableitbar sein; aus dieser aber erhält man mittels des Aussagenkalkuls $\overline{\mathfrak{F}_0}$. Somit würden wir eine Ableitung von $\overline{\mathfrak{F}_0}$ durch den Prädikatenkalkul haben. In einer solchen Ableitung könnten wir aber allenthalben, ohne Störung des deduktiven Zusammenhanges, das Prädikatensymbol $<$ mit seinen beiden Argumenten durch die Formelvariable R mit jeweils den gleichen beiden Argumenten ersetzen. Dadurch würden wir zu einer Ableitung der Formel $\overline{\mathfrak{F}}$ gelangen, und die Formel $\mathfrak{F}$ würde also dann widerlegbar sein.

Angenommen andrerseits, daß $\mathfrak{F}$ widerlegbar sei, daß also eine Ableitung von $\overline{\mathfrak{F}}$ vorliege, so würden wir, indem wir in $\overline{\mathfrak{F}}$ für die Formelvariable mit der Nennform $R\,(a, b)$ die Formel $a < b$ einsetzen, eine Ableitung von $\overline{\mathfrak{F}_0}$ durch den Prädikatenkalkul erhalten. Bei der Hinzunahme der Formeln $(\mathfrak{F}_0)$ zum Prädikatenkalkul würden daher die beiden Formeln $\mathfrak{F}_0, \overline{\mathfrak{F}_0}$ ableitbar sein, d. h. die Formeln $(\mathfrak{F}_0)$ würden mittels des Prädikatenkalkuls auf einen Widerspruch führen.

Die Aufgabe des Nachweises für die Unwiderlegbarkeit der Formel $\mathfrak{F}$ ist somit in der Tat gleichbedeutend mit der des Nachweises für die Widerspruchsfreiheit des Systems $(\mathfrak{F}_0)$.

---

[1] Wir stellen bei dem vorliegenden Fall noch einmal (in unwesentlich modifizierter Form) die Überlegung an, die wir allgemein im § 4 als Anwendung des Deduktionstheorems ausgeführt haben (vgl. S. 155).

In ganz entsprechender Weise kommt bei den Formeln $\mathfrak{G}$ und $\mathfrak{H}$ der Nachweis für die Unableitbarkeit ihrer Negationen $\overline{\mathfrak{G}}$, $\overline{\mathfrak{H}}$ dem Nachweis für die Widerspruchsfreiheit gewisser Formelsysteme $(\mathfrak{G}_0)$, $(\mathfrak{H}_0)$ gleich.

Für die Formel $\overline{\mathfrak{H}}$ folgt übrigens, wie schon in § 4 bemerkt wurde[1], die Unableitbarkeit direkt aus derjenigen von $\overline{\mathfrak{F}}$, da die Formel $\overline{\mathfrak{F}}$ aus $\overline{\mathfrak{H}}$ ableitbar ist. Um diese behauptete Ableitbarkeit zu erweisen, genügt es, aus derjenigen Formel $\mathfrak{F}^*$, die aus $\mathfrak{F}$ entsteht, indem für die Formelvariable R mit zwei Argumenten die Variable A mit jeweils den gleichen Argumenten gesetzt wird, die Formel $\mathfrak{H}$ in solcher Weise abzuleiten, daß dabei die Formelvariable A der Formel $\mathfrak{F}^*$ festgehalten wird. Denn aus einer solchen Ableitung von $\mathfrak{H}$ aus $\mathfrak{F}^*$ ergibt sich ja gemäß dem Deduktionstheorem die Ableitbarkeit der Formel

$$\mathfrak{F}^* \rightarrow \mathfrak{H}$$

durch den Prädikatenkalkul. Aus dieser Formel aber erhalten wir durch Kontraposition die Formel

$$\overline{\mathfrak{H}} \rightarrow \overline{\mathfrak{F}^*}$$

und damit eine Ableitung von $\overline{\mathfrak{F}^*}$ aus $\overline{\mathfrak{H}}$. Und aus der Formel $\overline{\mathfrak{F}^*}$ geht $\overline{\mathfrak{F}}$ durch Einsetzung hervor.

Beachten wir nun, daß es zur Gewinnung der gewünschten Ableitung von $\mathfrak{H}$ aus $\mathfrak{F}^*$ ausreichend ist, die Formeln $(\mathfrak{H})$ aus den Formeln $(\mathfrak{F}^*)$, welche die konjunktiven Bestandteile von $\mathfrak{F}^*$ bilden, unter Festhaltung der in den Formeln $\mathfrak{F}^*$ auftretenden Formelvariablen A abzuleiten, und daß ferner die erste der Formeln $(\mathfrak{H})$ mit der ersten der Formeln $(\mathfrak{F}^*)$ übereinstimmt, so sehen wir, daß es nur noch darauf ankommt, aus den Formeln

$$(x)\,(y)\,(z)\,(A\,(x,y)\,\&\,A\,(y,z) \rightarrow A\,(x,z)),$$

$$(x)\,(E\,y)\,A\,(x,y),$$

unter Festhaltung der in ihnen auftretenden Formelvariablen, die Formel

$$(x)\,(E\,y)\,(z)\,\{A\,(x,y)\,\&\,(A\,(z,x) \rightarrow A\,(z,y))\}$$

abzuleiten.

Dieses geschieht folgendermaßen:

Aus der Formel

$$(x)\,(y)\,(z)\,(A\,(x,y)\,\&\,A\,(y,z) \rightarrow A\,(x,z))$$

erhalten wir gemäß der Regel (ε')[2]

$$A\,(a,b)\,\&\,A\,(b,c) \rightarrow A\,(a,c)$$

und daraus nach den Umformungsregeln des Aussagenkalkuls

$$A\,(b,c) \rightarrow (A\,(a,b) \rightarrow A\,(a,c)).$$

Durch Anwendung des Schemas (α) und Umbenennung von x in z ergibt sich

$$A\,(b,c) \rightarrow (z)\,(A\,(z,b) \rightarrow A\,(z,c))$$

---

[1] Vgl. S. 123.   [2] Vgl. S. 133.

und hieraus durch Anwendung der identischen Formel
$$(B \to C) \to (B \to B \;\&\; C)$$
die Formel
$$A(b, c) \to A(b, c) \;\&\; (z)\,(A(z, b) \to A(z, c)),$$
welche gemäß der Regel (ι)[1] in die Formel
$$A(b, c) \to (z)\,\{A(b, c) \;\&\; (A(z, b) \to A(z, c))\}$$
umgeformt werden kann.

Nun liefert die Anwendung der Regel (ζ)[2] die Formel
$$(x)\,(E\,y)\,A(x, y) \to (x)\,(E\,y)\,(z)\,\{A(x, y) \;\&\; (A(z, x) \to A(z, y))\},$$
welche zusammen mit der Formel
$$(x)\,(E\,y)\,A(x, y),$$
die wir ja als Ausgangsformel zur Verfügung haben, nach dem Schluß-schema die gewünschte Formel

ergibt.
$$(x)\,{\cdot}(E\,y)\,(z)\,\{A(x, y) \;\&\; (A(z, x) \to A(z, y))\}$$

Es empfiehlt sich nun, den Nachweis für die Widerspruchsfreiheit des Formelsystems $(\mathfrak{F}_0)$, und ebenso des zu der Formel $\mathfrak{G}$ gehörigen Formelsystems $(\mathfrak{G}_0)$, so zu führen, daß wir gleich *die Identität nebst den Axiomen* (J_1), (J_2) einbeziehen, daß wir also die Widerspruchsfreiheit nicht nur bei Zugrundelegung des Prädikatenkalkuls beweisen, sondern auch für den erweiterten Kalkul, der durch die Hinzunahme der Gleich-heitsaxiome erhalten wird. Hierdurch gewinnen wir zugleich die Mög-lichkeit, neben der Charakterisierung der Unendlichkeit eines Individuen-bereiches durch die Erfüllung einer der Formeln $\mathfrak{F}$, $\mathfrak{G}$, $\mathfrak{H}$ diejenige Unendlichkeitsbedingung in Betracht zu ziehen, welche DEDEKIND zur Definition des Unendlichen genommen hat[3].

Nach DEDEKIND heißt ein System von Dingen — wir sagen: ein Individuenbereich — unendlich, wenn es sich umkehrbar eindeutig auf ein echtes (d. h. nicht alle Dinge des Systems enthaltendes) Teil-system abbilden läßt.

Diese Unendlichkeitsbedingung ist wiederum gleichbedeutend mit der Forderung der Erfüllung eines gewissen Systems von Formeln. Denn zu jeder Abbildung gehört ein Prädikat mit zwei Subjekten: „b ist Bild von a"; damit andererseits ein Prädikat $P(a, b)$ in diesem Sinne zu einer umkehrbar eindeutigen Abbildung eines Individuenbereichs auf einen echten Teilbereich gehöre, ist notwendig und hinreichend, daß es den durch die folgenden vier Formeln dargestellten Bedingungen genügt:

$$(\mathfrak{D}) \quad \left\{ \begin{array}{l} (x)\,(E\,y)\,P(x, y), \\[4pt] (E\,x)\,(y)\,\overline{P(y, x)}, \\[4pt] (x)\,(y)\,(z)\,(P(x, y) \;\&\; P(x, z) \to y = z), \\[4pt] (x)\,(y)\,(z)\,(P(x, z) \;\&\; P(y, z) \to x = y). \end{array} \right.$$

---

[1] Vgl. S. 137.   [2] Vgl. S. 134.

[3] R. DEDEKIND: Was sind und was sollen die Zahlen? (Braunschweig 1887).

Von diesen Formeln ($\mathfrak{D}$) besagt die erste, daß es zu jedem Ding des Individuenbereiches ein Bild gibt, die zweite, daß mindestens ein Ding nicht als Bild auftritt, die dritte besagt, daß die Abbildung eindeutig ist und die vierte, daß die Umkehrung der Abbildung eindeutig ist. Die Existenz einer umkehrbar eindeutigen Abbildung des Individuenbereiches auf einen echten Teilbereich ist somit gleichbedeutend mit der Existenz eines den vier Formeln ($\mathfrak{D}$) genügenden Prädikates P.

Durch konjunktive Zusammenfassung dieser vier Formeln erhalten wir eine Formel $\mathfrak{D}$. Die Erfüllbarkeit dieser Formel ist dasjenige, worin nach DEDEKIND die Unendlichkeit eines Individuenbereiches besteht.

Diese Erfüllbarkeit läßt sich im Sinne der finiten Zahlentheorie feststellen, indem wir für $P(a, b)$ die Beziehung einer Zahl zur nächsten („a hat als Nachfolger b") setzen. Vom Standpunkt der Beweistheorie besteht aber hier entsprechend wie bei den Formeln $\mathfrak{F}$ und $\mathfrak{G}$ noch die Aufgabe, zu zeigen, daß die Negation $\overline{\mathfrak{D}}$ der Formel $\mathfrak{D}$ unableitbar ist.

Hier bietet sich nun die Vereinfachung, daß mit dem Beweis der Unableitbarkeit der Formel $\overline{\mathfrak{D}}$ zugleich die Unableitbarkeit von $\overline{\mathfrak{G}}$ erwiesen wird. Dieses nämlich ergibt sich, auf Grund der entsprechenden Überlegung, wie wir sie vorhin für die Formeln $\mathfrak{F}$, $\mathfrak{H}$ angestellt haben — (es muß nur jetzt überall, wo es sich um Ableitbarkeit handelt, die Einbeziehung der Gleichheitsaxiome berücksichtigt werden) —, sofern wir feststellen können, daß aus den Formeln ($\mathfrak{D}$), unter Festhaltung der in ihnen auftretenden Formelvariablen, diejenigen Formeln ($\mathfrak{G}^*$) ableitbar sind, die aus den Formeln ($\mathfrak{G}$) entstehen, indem für die Formelvariable S mit zwei Argumenten überall die Variable P mit jeweils den gleichen Argumenten gesetzt wird.

Das ist nun tatsächlich der Fall. Sogar schon aus dreien von den Formeln ($\mathfrak{D}$) sind die Formeln ($\mathfrak{G}^*$) ableitbar. Nämlich die beiden ersten der Formeln ($\mathfrak{D}$) stimmen mit den beiden ersten der Formeln ($\mathfrak{G}^*$) überein. Und von der vierten der Formeln ($\mathfrak{D}$)

$$(x)\,(y)\,(z)\,(P(x, z)\,\&\,P(y, z)\;\rightarrow\;x = y)$$

gelangt man zu der dritten von den Formeln ($\mathfrak{G}^*$), d. h. der Formel

$$(x)\,(y)\,(u)\,(v)\,(P(x, u)\,\&\,P(y, u)\,\&\,P(v, x) \rightarrow P(v, y))$$

auf folgendem Wege. Zunächst erhält man aus

$$(x)\,(y)\,(z)\,(P(x, z)\,\&\,P(y, z)\;\rightarrow\;x = y)$$

gemäß der Regel (ε') die Formel

$$P(a, c)\,\&\,P(b, c)\;\rightarrow\;a = b;$$

ferner ergibt sich aus dem zweiten Gleichheitsaxiom durch Einsetzung:

$$a = b \rightarrow (P(d, a) \rightarrow P(d, b)).$$

Die beiden erhaltenen Formeln liefern zusammen durch Anwendung des Kettenschlusses:

$$P(a, c)\ \&\ P(b, c) \rightarrow (P(d, a) \rightarrow P(d, b)).$$

Hieraus ergibt sich durch elementare Umformung [Anwendung der Regel der Importation und Weglassen unnötiger Klammern] die Formel

$$P(a, c)\ \&\ P(b, c)\ \&\ P(d, a) \rightarrow P(d, b),$$

und aus dieser wird die gewünschte Formel

$$(x)\ (y)\ (u)\ (v)\ (P(x, u)\ \&\ P(y, u)\ \&\ P(v, x) \rightarrow P(v, y))$$

durch Anwendung der Regel (ε) erhalten.

Somit können wir die Formel $\mathfrak{G}$ entsprechend wie die Formel $\mathfrak{H}$ aus unserer Betrachtung ausschalten, und unsere Aufgabe reduziert sich damit auf den Nachweis für die Unableitbarkeit der beiden Formeln $\overline{\mathfrak{F}}$, $\overline{\mathfrak{D}}$, wobei sich diese Unableitbarkeit auf den Bereich des „*erweiterten Prädikatenkalkuls*" bezieht, d. h. auf den Prädikatenkalkul mit Hinzunahme der Gleichheitsaxiome. Diese Erweiterung ist jetzt unumgänglich, da ja in der Formel $\mathfrak{D}$ das Gleichheitszeichen auftritt.

Ebenso nun, wie es zum Nachweis der Unableitbarkeit von $\overline{\mathfrak{F}}$ genügt, die Formeln $(\mathfrak{F}_0)$ als widerspruchsfrei zu erkennen, ist es zum Nachweis der Unableitbarkeit von $\overline{\mathfrak{D}}$ hinreichend, die Widerspruchsfreiheit eines Systems von Formeln einzusehen, welches man aus den Formeln $(\mathfrak{D})$ erhält, indem man die Formelvariable $P(a, b)$ durch ein Prädikatensymbol ersetzt. Es empfiehlt sich aber hier, noch eine Modifikation anzubringen, welche durch die inhaltliche zahlentheoretische Erfüllung der Formeln $(\mathfrak{D})$ nahegelegt wird. Bei dieser Erfüllung tritt ja an die Stelle der Formelvariablen $P(a, b)$ die Beziehung „a hat b als Nachfolger" oder, was dasselbe besagt, „b ist der Nachfolger von a". Anstatt nun diese Beziehung einer Zahl zur nächsten durch ein Prädikatensymbol mit zwei Argumenten zu formalisieren, können wir auch die *mathematische Funktion*, welche einer Zahl a die nächstfolgende Zahl zuordnet, durch ein *Funktionszeichen* mit einem Argument formalisieren.

Wir nehmen dafür das *Strichsymbol*, welches im Unterschiede zu den sonstigen Funktionszeichen, die man voranstellt, an das Argument oben rechts angehängt wird. Mit Anwendung des Gleichheitszeichens können wir nun die Beziehung „b ist der Nachfolger von a" formalisieren durch die Gleichung

$$a' = b.$$

Diese Gleichung setzen wir an die Stelle der Formelvariablen $P(a, b)$ in den Formeln $(\mathfrak{D})$. Auf diese Weise erhalten wir folgende vier Formeln:

$$(\mathfrak{D}_0) \quad \begin{cases} (x)\ (E\,y)\ (x' = y), \\ (E\,x)\ (y)\ (y' \neq x), \\ (x)\ (y)\ (z)\ (x' = y\ \&\ x' = z \rightarrow y = z), \\ (x)\ (y)\ (z)\ (x' = z\ \&\ y' = z \rightarrow x = y). \end{cases}$$

Es gilt wiederum, daß mit dem Nachweise der Widerspruchsfreiheit dieser Formeln (bei Zugrundelegung des erweiterten Prädikatenkalkuls) auch die Unableitbarkeit der Formel $\overline{\mathfrak{D}}$ (im erweiterten Prädikatenkalkul) erwiesen ist.

Nun zeigt sich hier die Vereinfachung, die wir durch unser Verfahren gewinnen, darin, daß die erste und die dritte der Formeln aus den Gleichheitsaxiomen ableitbar sind.

Nämlich aus der Formel
$$a = a$$
erhalten wir durch Einsetzung
$$a' = a',$$
hieraus durch Anwendung der Grundformel (b) und des Schlußschemas:
$$(E\,x)\,(a' = x)$$
und daraus durch Umbenennung von x in y und Anwendung der Regel (γ')[1] die Formel
$$(x)\,(E\,y)\,(x' = y),$$
welche die erste der Formeln $(\mathfrak{D}_0)$ ist.

Ferner erhalten wir aus dem zweiten Gleichheitsaxiom durch Einsetzungen die Formel
$$a' = b \to (a' = c \to b = c),$$
aus dieser nach der Regel der Importation
$$a' = b \,\&\, a' = c \to b = c$$
und daraus gemäß der Regel (ε)[2] die dritte der Formeln $(\mathfrak{D}_0)$
$$(x)\,(y)\,(z)\,(x' = y \,\&\, x' = z \to y = z).$$

Somit brauchen wir von den Formeln $(\mathfrak{D}_0)$ nur noch die zweite und vierte zu betrachten, so daß wir im ganzen nur noch für das System der fünf Formeln
$$(x)\,\overline{x < x},$$
$$(x)\,(y)\,(z)\,(x < y \,\&\, y < z \to x < z),$$
$$(x)\,(E\,y)\,(x < y),$$
$$(E\,x)\,(y)\,(y' \neq x),$$
$$(x)\,(y)\,(z)\,(x' = z \,\&\, y' = z \to x = y)$$
den Nachweis der Widerspruchsfreiheit unter Zugrundelegung des erweiterten Prädikatenkalkuls zu führen haben. Bei diesem Formelsystem wollen wir aber nicht stehen bleiben, vielmehr es auf ein solches Formelsystem zurückführen, in welchem keine *gebundene Variable* vorkommt.

Wir können zunächst in den Formeln, in denen Allzeichen voranstehen, die zu diesen Allzeichen gehörenden gebundenen Variablen x, y, z gegen die freien Variablen a, b, c austauschen; dadurch gehen unsere

[1] Vgl. S. 108.　　[2] Vgl. S. 132.

betrachteten fünf Formeln in folgende ihnen *deduktionsgleiche* Formeln über:

$$\overline{a < a},$$

$$a < b \,\&\, b < c \to a < c,$$

$$(E\,y)\,(a < y),$$

$$(E\,x)\,(y)\,(y' \neq x),$$

$$a' = c \,\&\, b' = c \to a = b.$$

Hier sei gleich noch an der letzten Formel eine Vereinfachung angebracht. Aus dieser Formel erhalten wir durch Einsetzung von b' für c, Vertauschung der Konjunktionsglieder und Exportation

$$b' = b' \to (a' = b' \to a = b),$$

und hieraus, da $b' = b'$ durch Einsetzung aus (J_1) entsteht:

$$a' = b' \to a = b.$$

Andrerseits können wir aus dieser Formel jene letzte Formel zurückgewinnen; denn aus den Gleichheitsaxiomen ist ja, wie früher gezeigt[1], die Formel 4))

$$a = c \to (b = c \to a = b)$$

ableitbar, aus welcher durch Importation und Einsetzungen die Formel

$$a' = c \,\&\, b' = c \to a' = b'$$

hervorgeht; und diese zusammen mit

$$a' = b' \to a = b$$

liefert durch den Kettenschluß die Formel

$$a' = c \,\&\, b' = c \to a = b.$$

Somit ist diese Formel auf Grund der Gleichheitsaxiome mit der Formel

$$a' = b' \to a = b$$

gleichwertig.

Nunmehr treten noch gebundene Variable in den Formeln

$$(E\,y)\,(a < y),$$

$$(E\,x)\,(y)\,(y' \neq x)$$

auf. Diesen Aussagen entsprechen im Sinne der inhaltlichen Deutung *Existenzaussagen*. Um die existentiale Form auszuschalten, verschärfen wir diese Aussagen zu näher bestimmten Aussagen durch die explizite Angabe dessen, wovon die Existenz behauptet ist; und zwar handelt es sich bei der ersten Formel um die Angabe einer Funktion von a, bei der zweiten um die Angabe eines Einzeldings.

Die formale Durchführung dieser Verschärfung geschieht für die Formel

$$(E\,y)\,(a < y)$$

dadurch, daß wir an ihre Stelle die Formel

$$a < a'$$

setzen, aus der jene durch Anwendung der Grundformel (b) ableitbar ist. Um für die Formel

$$(E\,x)\,(y)\,(y' \neq x)$$

---

[1] Vgl. S. 167.

eine entsprechende Verschärfung zu gewinnen, führen wir das *Individuensymbol* 0 ein. Nun können wir an die Stelle der betrachteten Formel zunächst die Formel

$$(y) \, (y' \, \neq \, 0)$$

setzen, aus der jene, wiederum durch Anwendung der Grundformel (b) erhalten wird. Die Formel

$$(y) \, (y' \, \neq \, 0)$$

ist aber deduktionsgleich der Formel

$$a' \, \neq \, 0 .$$

An Stelle der beiden Formeln

$$(E \, y) \, (a < y), \quad (E \, x) \, (y) \, (y' \, \neq \, x)$$

haben wir also jetzt die Formeln

$$a < a', \quad a' \, \neq \, 0,$$

aus denen jene abgeleitet werden können.

Damit sind nun alle gebundenen Variablen entfernt, und wir gelangen zu dem System der fünf Formeln

$$\overline{a < a},$$
$$a < b \, \& \, b < c \rightarrow a < c,$$
$$a < a',$$
$$a' \, \neq \, 0,$$
$$a' = b' \, \rightarrow \, a = b.$$

Es handelt sich nun darum, das System dieser Formeln unter Zugrundelegung des erweiterten Prädikatenkalkuls als widerspruchsfrei zu erweisen, das heißt: unter Zugrundelegung nur des Prädikatenkalkuls das System der fünf Formeln nebst den beiden Gleichheitsaxiomen als widerspruchsfrei zu erweisen.

Betrachten wir zunächst diesen Formalismus etwas näher. Wir haben als außerlogische Symbole eingeführt: die Prädikatensymbole $=$ und $<$, das Individuensymbol 0 und das Strichsymbol als Funktionszeichen. Die Anwendung des Strichsymbols läßt sich wiederholen, und man erhält so, ausgehend von einer Variablen, z. B. a, Ausdrücke wie

$$a'', a''', a'''''',$$

ebenso, ausgehend von dem Symbol 0, Ausdrücke wie

$$0', 0''', 0''''.$$

Alle diese Ausdrücke sind gemäß unseren Festsetzungen[1] *Terme*, d. h. sie können für freie Individuenvariablen eingesetzt werden.

Die Ausdrücke, die man, ausgehend von dem Symbol 0, durch einmalige oder wiederholte Anwendung des Strichsymbols gewinnt, sollen

---

[1] Vgl. § 5, S. 187.

— unter Abänderung unserer in § 2 angewandten Bezeichnungsweise[1] — „Ziffern" genannt werden. Daß wir diese Figuren anstatt der früher als Ziffern bezeichneten Figuren

$$1, 11, 111$$

einführen, hat zunächst den Vorteil, daß wir den Prozeß des Fortschreitens, der sich als Anhängen einer 1 darstellt, jetzt deutlicher von dem Ausgangsding unterscheiden[2]. Dieser Vorteil würde freilich auch erreicht sein, wenn wir die Zeichen

$$1, 1', 1''$$

nähmen, doch empfiehlt es sich im Hinblick auf den weiteren Ausbau des Formalismus, sofern wir die übliche Gestalt der Formeln erhalten wollen, mit 0 anstatt 1 zu beginnen. Es sei besonders bemerkt, daß sich mit der Null nicht etwa die Vorstellung eines Nichts verbindet; vielmehr wird durch das Symbol 0 lediglich ein bestimmtes Ausgangsding formal repräsentiert. Soviel zur Erläuterung unserer Symbolik.

Über die eingeführten Axiome sei folgendes bemerkt. Die drei Axiome für das Symbol $<$ — sie mögen als $(<_1)$, $(<_2)$, $(<_3)$ angegeben werden — charakterisieren die Beziehung $a < b$ als eine *Ordnungsbeziehung*, welche insbesondere zwischen a und a' besteht.

Die beiden letzten Formeln

$$a' \neq 0,$$

$$a' = b' \rightarrow a = b,$$

entsprechen zwei Axiomen aus dem System der fünf Axiome, durch welche PEANO die Zahlenreihe charakterisiert hat[3]. Von diesen fünf Axiomen, welche PEANO in logischer Symbolik darstellt, formuliert eines das Prinzip der vollständigen Induktion, auf das wir später zu sprechen kommen werden[4]. Die übrigen lauten:

Null ist eine Zahl.

Wenn a eine Zahl ist, so ist a' eine Zahl.

Aus $a' = b'$ folgt $a = b$.

Für jede Zahl a ist $a' \neq 0$.

---

[1] Vgl. S. 21.

[2] Der Fortschreitungsprozeß pflegt in der Mathematik durch „+1" angegeben zu werden. Diese Bezeichnungsweise hat jedoch den Mangel, daß der begriffliche Unterschied zwischen der Auffassung von „$a+1$" als der auf a folgenden Zahl und andererseits als der Summe von a und 1 nicht zur Darstellung gelangt.

[3] G. PEANO: Formulario Mathematico (Ed. V. Torino 1908, II, § 1, S. 27). In der ersten Fassung des Axiomensystems, wie sie sich in PEANOS Schrift „Arithmetices principia nova methodo exposita" (Torino 1889) findet, sind die Gleichheitsaxiome, in zahlentheoretischer Spezialisierung, in das Axiomensystem einbezogen. Dieses Verfahren beruht auf der Möglichkeit, die Gleichheitsaxiome (J_1), (J_2) für die Zahlentheorie durch speziellere Axiome zu ersetzen. Wir werden diese Möglichkeit später (im § 7) aus einem allgemeinen Satz über die Vertretbarkeit der Gleichheitsaxiome durch speziellere Axiome entnehmen.

[4] Vgl. S. 264.

Man bemerkt, daß in diesem Axiomensystem der Begriff „Zahl" zusammenfällt mit dem Begriff „Ding des Individuenbereiches", so daß wir nicht nötig haben, ein besonderes Grundprädikat „Zahl sein" einzuführen; vielmehr wird die Formalisierung der beiden Axiome

Null ist eine Zahl,

wenn a eine Zahl ist, so ist a' eine Zahl

bereits durch die Einführung der 0 und des Strichsymbols in Verbindung mit der Einsetzungsregel für die Individuenvariablen geleistet. Die beiden anderen Axiome erhalten ihre Formalisierung durch unsere Formeln

$$a' \neq 0,$$

$$a' = b' \;\rightarrow\; a = b,$$

die wir, als Peanosche Axiome, mit (P_1), (P_2) bezeichnen wollen.

Von der Formel (P_2) gelangt man durch Kontraposition zu der Formel

$$a \neq b \;\rightarrow\; a' \neq b'.$$

Die zu (P_2) inverse Implikation

$$a = b \;\rightarrow\; a' = b'$$

ergibt sich nach der allgemeinen Methode der Anwendung der Gleichheitsaxiome auf die Funktionszeichen, wie wir sie anläßlich der allgemeinen Erörterung über die Funktionszeichen dargelegt haben[1].

Stellen wir uns das System unserer Axiome noch einmal zusammen:

(J_1) $$a = a,$$

(J_2) $$a = b \rightarrow (A(a) \rightarrow A(b)),$$

$(<_1)$ $$\overline{a < a},$$

$(<_2)$ $$a < b \,\&\, b < c \;\rightarrow\; a < c,$$

$(<_3)$ $$a < a',$$

(P_1) $$a' \neq 0,$$

(P_2) $$a' = b' \;\rightarrow\; a = b.$$

Dieses System gilt es als widerspruchsfrei zu erweisen. Um der Aufgabe eine engere Fassung zu geben, erinnern wir an die zum Schluß des § 3 gemachte Bemerkung. Wir stellten da fest, daß es zum Nachweis der Widerspruchsfreiheit eines Formalismus genügt, eine bestimmte Formel als unableitbar aus diesem Formalismus zu erkennen. Andererseits ist klar, daß die Negation einer ableitbaren Formel unableitbar sein muß, sofern Widerspruchsfreiheit bestehen soll. So muß insbesondere die Formel

$$0 \neq 0,$$

---

[1] Vgl. § 5, S. 188.

als Negation der aus (J_1) ableitbaren Formel

$$0 = 0,$$

unableitbar sein. Der verlangte Nachweis der Widerspruchsfreiheit reduziert sich also darauf, zu zeigen, daß die Formel

$$0 \neq 0$$

aus unserem Formalismus nicht ableitbar ist. Nennen wir die Ableitung einer Formel aus gewissen Axiomen (mit Hilfe des logischen Kalkuls) einen „Beweis", so kommt unsere Aufgabe darauf hinaus, einen Beweis der Formel

$$0 \neq 0$$

aus unseren zusammengestellten Axiomen als unmöglich zu erkennen.

Wir teilen die Überlegung in zwei Abschnitte, indem wir zunächst zeigen, daß ein Beweis der Formel

$$0 \neq 0$$

aus unseren Axiomen jedenfalls nicht *ohne Anwendung von gebundenen Variablen* geführt werden kann, und hernach erst den allgemeinen Fall behandeln. Nehmen wir also zunächst an, es liege ein Beweis der Formel

$$0 \neq 0$$

mit Hilfe unserer Axiome vor, in welchem keine gebundene Variable auftritt. Es kommen dann als Ausgangsformeln nur die identischen Formeln des Aussagenkalkuls und die Formeln

$$(J_1),\ (J_2),\ (<_1),\ (<_2),\ (<_3),\ (P_1),\ (P_2)$$

und als einziges Schema das Schlußschema in Betracht. Somit besteht ein solcher Beweis aus einer Aufeinanderfolge von Formeln, innerhalb deren für jede Formel einer der folgenden drei Fälle vorliegt:

1. Sie ist eine identische Formel des Aussagenkalkuls oder eines unserer Axiome.

2. Sie stimmt mit einer (in der Aufeinanderfolge der Formeln) früheren Formel überein oder geht aus einer solchen durch Einsetzung hervor.

3. Sie ist die Endformel eines Schlußschemas.

Eine solche Beweisfigur mit der Endformel $0 \neq 0$ denken wir uns nun als vorliegend. An dieser lassen sich dann nacheinander zwei Prozesse vornehmen, die wir als *Auflösung* der Beweisfigur in „*Beweisfäden*" und als *Ausschaltung der freien Variablen* bezeichnen.

Die Auflösung in Beweisfäden geschieht folgendermaßen: Wir gehen den Beweis rücklaufend durch, indem wir mit der Endformel $\mathfrak{E}$ beginnen. Diese sehen wir uns daraufhin an, welche von den drei obengenannten Möglichkeiten für sie vorliegt. Die erste Möglichkeit, daß sie eine identische Formel oder ein Axiom ist, kommt nicht in Betracht.

Auch können wir von der Möglichkeit absehen, daß sie die Wiederholung einer früheren Formel ist, da wir ja sonst den Beweis schon früher abschließen könnten. Es kann aber sein, daß sie durch Einsetzung aus einer früheren Formel erhalten ist und auch, daß sie die Endformel eines Schlusses ist. In dem ersten dieser beiden Fälle setzen wir die betreffende Formel $\mathfrak{A}$, aus der $\mathfrak{C}$ durch Einsetzung hervorgeht, vor die Formel $\mathfrak{C}$, in der Form

$$\mathfrak{A} \atop | \atop \mathfrak{C}.$$

Im zweiten Falle setzen wir die beiden Prämissen $\mathfrak{S}$, $\mathfrak{S} \to \mathfrak{C}$ des Schlusses mit der Endformel $\mathfrak{C}$ links und rechts vor die Formel in der Form

Nun betrachten wir die Formel $\mathfrak{A}$ bzw. eine jede der Formeln $\mathfrak{S}$ und $\mathfrak{S} \to \mathfrak{C}$ in Hinsicht auf die obige Alternative. Ist die Formel eine identische Formel oder ein Axiom, so machen wir bei ihr halt; geht die Formel aus einer früheren durch Einsetzung hervor oder ist sie die Endformel eines Schlusses, so verfahren wir entsprechend wie bei der Endformel $\mathfrak{C}$. Der Fall der Übereinstimmung mit einer früheren Formel ist ebenso wie der Fall der Einsetzung zu behandeln.

Mit den nunmehr hinzugetretenen Formeln verfahren wir in der gleichen Weise. So setzen wir diesen Rückgang fort, bis er an allen Stellen in eine Ausgangsformel, d. h. eine identische Formel oder ein Axiom, mündet. Diese Situation muß einmal erreicht werden, da wir bei jedem Schritt des Rückgangs von einer Formel des Beweises zu einer *früheren* bzw. zu zwei früheren Formeln geführt werden und daher die Anzahl solcher Schritte durch die vorliegende Beweisfigur begrenzt ist.

Sollten bei diesem Prozeß einige Formeln des Beweises unbenutzt geblieben sein, so schalten wir diese für die weitere Betrachtung gänzlich aus.

Um uns das hiermit beschriebene Verfahren an Hand eines Beispiels zu verdeutlichen, müssen wir die Ableitung einer tatsächlich aus unseren Axiomen beweisbaren Formel betrachten. Wir nehmen eine Ableitung der Formel

$$\overline{0'' < 0'}.$$

Zur Ausführung dieser Ableitung sei bemerkt, daß wir hier wie auch sonst bei den vorkommenden Schlußschematen die Reihenfolge der Prämissen beliebig lassen wollen, also beide Reihenfolgen

$$\mathfrak{S} \atop \mathfrak{S} \to \mathfrak{T} \qquad\qquad \mathfrak{S} \to \mathfrak{T} \atop \mathfrak{S}$$

zulassen. Hierdurch werden unnötige Wiederholungen erspart, und bei der Auflösung in Beweisfäden fällt der Unterschied ohnehin weg, da wir in jedem Falle die Formel $\mathfrak{S}$ links, die Formel $\mathfrak{S} \to \mathfrak{T}$ rechts vor die Endformel des Schlusses setzen wollen. — Die Anwendung des Schlußschemas soll jedesmal durch einen wagerechten Strich zwischen den Prämissen und der Endformel hervorgehoben werden, und die Gewinnung einer Formel aus einer früheren durch Einsetzung oder Wiederholung soll durch einen Verbindungspfeil, von der früheren Formel nach der späteren hin, angegeben werden.

Die Formeln des folgenden Beweises numerieren wir durchlaufend, um dann bei der Auflösung in Beweisfäden jede Formel durch ihre Nummer angeben zu können.

$$1) \qquad a < b \,\&\, b < c \;\to\; a < c$$

$$2) \qquad (A \,\&\, B \to C) \to (A \to (\overline{C} \to \overline{B}))$$

$$3) \quad (a < \overline{a'} \,\&\, a' < a \;\to\; a < a) \to (a < a' \to (\overline{a < a \to a' < a}))$$

$$4) \qquad a < a' \,\&\, a' < a \;\to\; a < a$$

$$\rule{7cm}{0.4pt}$$

$$5) \qquad a < a' \to (\overline{a < a \to a' < a})$$

$$6) \qquad a < a'$$

$$\rule{5cm}{0.4pt}$$

$$7) \qquad \overline{a < a \to a' < a}$$

$$8) \qquad a < a$$

$$\rule{4cm}{0.4pt}$$

$$9) \qquad \overline{a' < a}$$

$$10) \qquad \overline{0'' < 0'}.$$

Die Auflösung dieses Beweises in Beweisfäden wird durch folgende Figur dargestellt:

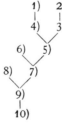

Wir wollen an dieser Figur zunächst erläutern, wie der Ausdruck „Auflösung in Beweisfäden" gemeint ist. Unter einem Beweisfaden verstehen wir eine Reihe von Formeln, die sich in der Auflösungsfigur rückläufig aneinander schließen, beginnend mit der Endformel des Beweises und abschließend mit einer Ausgangsformel, bei welcher der Faden mündet.

Bei jedem Schlußschema scheiden sich zwei Beweisfäden, und zwei solche einmal voneinander getrennte Beweisfäden kommen auch nicht wieder zusammen. Es gibt daher gerade so viele Beweisfäden, wie es verschiedene Mündungsstellen in der Auflösungsfigur gibt.

An den Mündungsstellen befinden sich die Ausgangsformeln des Beweises. In der angegebenen Figur haben wir vier solche Stellen, an denen sich die Formeln 1), 2), 6), 8) befinden. 2) ist eine identische Formel des Aussagenkalkuls, und 8), 1), 6) sind unsere drei Axiome $(<_1)$, $(<_2)$, $(<_3)$. Den vier Mündungsstellen entsprechen die folgenden vier Beweisfäden:

$$10),\ \ 9),\ \ 7),\ \ 5),\ \ 4),\ \ 1),$$

$$10),\ \ 9),\ \ 7),\ \ 5),\ \ 3),\ \ 2),$$

$$10),\ \ 9),\ \ 7),\ \ 6),$$

$$10),\ \ 9),\ \ 8).$$

Während die Auflösung eines gegebenen Beweises in Beweisfäden zu einer eindeutig bestimmten Auflösungsfigur führt, gehören zu einer und derselben Auflösungsfigur im allgemeinen mehrere Beweise, die sich allerdings nur unerheblich voneinander unterscheiden, nämlich so, daß von je zweien der eine aus dem anderen durch Umstellen und Wiederholen von Formeln bzw. Weglassen von mehrfach vorkommenden Formeln hervorgeht.

So ergibt z. B. der Beweis, der aus der Aufeinanderfolge der Formeln

$$2),\ 3),\ 1),\ 4),\ 3),\ 4),\ 5),\ 6),\ 5),\ 7),\ 8),\ 7),\ 9),\ 10)$$

besteht, dieselbe Auflösung in Fäden wie der angegebene aus der Aufeinanderfolge

$$1),\ 2),\ 3),\ 4),\ 5),\ 6),\ 7),\ 8),\ 9),\ 10)$$

bestehende Beweis.

Wir wollen die Auflösungsfigur eines Beweises auch kurz als einen „aufgelösten Beweis" bezeichnen.

Eine solche Figur ist durch folgende Eigenschaften gekennzeichnet: Sie besteht aus Beweisfäden, d. h. aus Formelfolgen die — wir rechnen von unten an — alle mit derselben Formel beginnen. Je zwei verschiedene Beweisfäden trennen sich bei einer Formel, welche die Endformel eines Schlusses ist, für den die nächstfolgenden Formeln der beiden Fäden die Prämissen bilden, und in allen Beweisfäden, welche durch eine Stelle der Figur hindurchführen, wo die Endformel eines Schlußschemas steht, folgt hier auf diese Formel eine der beiden Prämissen. Eine Formel, bei der sich keine zwei Beweisfäden trennen, steht mit der auf sie folgenden Formel (in jedem Beweisfaden, der sie enthält) in der Beziehung, daß sie entweder mit dieser übereinstimmt oder aus ihr durch Einsetzung hervorgeht. Jeder Faden endet mit einer Formel, die entweder eine identische Formel oder ein Axiom ist.

Wir hatten die Auflösung in Fäden als den ersten von zwei Prozessen genannt, den wir an einem Beweis der Formel

$$0 \neq 0,$$

wenn er vorläge, ausführen könnten. Der zweite Prozeß, der sich an diesen anschließt, ist die Ausschaltung der freien Variablen. Um diese zu bewirken, *verlegen wir die sämtlichen Einsetzungen*, die im Beweise stattfinden, *in die Ausgangsformeln*, was in folgender Weise geschieht: Wir gehen in jedem Beweisfaden, von der Endformel beginnend, so weit, bis wir zu zwei in dem Faden aufeinanderfolgenden Formeln $\mathfrak{A}, \mathfrak{B}$ kommen, von denen die erste aus der zweiten durch Einsetzung entsteht. Wir tragen dann die Einsetzung auch in die Formel $\mathfrak{B}$ ein, so daß wir an Stelle von $\mathfrak{B}$ die Wiederholung der Formel $\mathfrak{A}$ erhalten.

Ist nun $\mathfrak{B}$ eine Ausgangsformel, so ist auf diese Weise die betreffende Einsetzung in die Ausgangsformel verlegt. Andernfalls wurde $\mathfrak{B}$ entweder durch Einsetzung aus einer Formel $\mathfrak{C}$ bzw. durch Wiederholung oder als Endformel eines Schlusses

erhalten. Im ersten Falle setzen wir an Stelle von $\mathfrak{C}$ wiederum die Formel $\mathfrak{A}$, so daß in $\mathfrak{C}$ die von $\mathfrak{C}$ zu $\mathfrak{B}$ und die von $\mathfrak{B}$ zu $\mathfrak{A}$ führenden Einsetzungen beide zugleich eingetragen sind. (Beim Fall der Wiederholung ist nur eine Einsetzung einzutragen.)

Im Falle des Schlußschemas tragen wir die Einsetzung, welche von $\mathfrak{B}$ zu $\mathfrak{A}$ führt, in die Formeln $\mathfrak{C}$ und $\mathfrak{C} \rightarrow \mathfrak{B}$ ein; dabei wird die Formel $\mathfrak{C}$ dann und nur dann verändert, wenn sie diejenige Variable enthält, für welche die Einsetzung beim Übergang von $\mathfrak{B}$ zu $\mathfrak{A}$ erfolgt. Jedenfalls tritt an die Stelle des anfänglichen Schlußschemas mit der Endformel $\mathfrak{B}$ ein Schlußschema

In dieser Weise können wir fortfahren, bis wir in jedem Faden zu der Ausgangsformel gelangen. Wenn dieses Verfahren seinen Abschluß erreicht hat, so ist an die Stelle einer jeden Einsetzung eine Wiederholung, an Stelle eines jeden Schlußschemas wieder ein Schlußschema getreten, und an den Ausgangsformeln sind gewisse Einsetzungen vorgenommen.

Wenden wir das Verfahren auf unser voriges Beispiel an, so haben wir zunächst an Stelle der Formel 9) die Wiederholung der Formel 10)

$$\overline{0'' < 0'}$$

zu setzen. Diese Formel geht aus 9) hervor, indem $0'$ für a eingesetzt wird. Dieselbe Einsetzung haben wir nun in die drei rückläufig sich anreihenden Schlußschemata einzutragen, d. h. wir haben in den Formeln

8), 7), 6), 5), 4), 3)

überall $0'$ für a einzusetzen. Schließlich haben wir an Stelle der Formel 2) die aus 3) durch die Einsetzung erhaltene Formel und an Stelle der Formel 1) die aus 4) durch die Einsetzung erhaltene Formel zu setzen.

Im ganzen erhalten wir durch diese Ersetzungen an Stelle des ursprünglichen Beweises folgende Formelreihe:

$$0' < 0'' \,\&\, 0'' < 0' \to 0' < 0'$$

$$(0' < 0'' \,\&\, 0'' < 0' \to 0' < 0') \to (0' < 0'' \to (\overline{0' < 0'} \to \overline{0'' < 0'}))$$

$$(0' < 0'' \,\&\, 0'' < 0' \to 0' < 0') \to (0' < 0'' \to (\overline{0' < 0'} \to \overline{0'' < 0'}))$$

$$0' < 0'' \,\&\, 0'' < 0' \to 0' < 0'$$

$$\overline{\qquad\qquad\qquad\qquad\qquad\qquad\qquad\qquad\qquad\qquad\qquad}$$

$$0' < 0'' \to (\overline{0' < 0'} \to \overline{0'' < 0'})$$

$$0' < 0''$$

$$\overline{\qquad\qquad\qquad\qquad\qquad\qquad}$$

$$\overline{0' < 0'} \to \overline{0'' < 0'}$$

$$\overline{0' < 0'}$$

$$\overline{\qquad\qquad\qquad}$$

$$\overline{0'' < 0'}$$

$$\overline{0'' < 0'}.$$

Dieses Beispiel hat insofern einen speziellen Charakter, als es hier gelingt, jeder Formel des ursprünglichen Beweises *eindeutig* eine nach dem Verfahren der Rückverlegung der Einsetzungen veränderte Formel zuzuordnen. Dieses ist im allgemeinen nicht möglich, weil bei der Auflösung des Beweises in Fäden ein und dieselbe Formel des Beweises an mehreren Stellen der Auflösungsfigur auftreten kann.

Als Beispiel hierfür sei folgender Beweis der Formel

$$0'''' \neq 0''$$

angeführt:

1) $(A \to B) \to (\overline{B} \to \overline{A})$

2) $(a' = b' \to a = b) \to (a \neq b \to a' \neq b')$

3) $a' = b' \to a = b$

$$\overline{\qquad\qquad\qquad\qquad\qquad\qquad}$$

4) $a \neq b \to a' \neq b'$

5) $a' \neq 0 \to a'' \neq 0'$

6) $a' \neq 0$

$$\overline{\qquad\qquad\qquad}$$

7) $a'' \neq 0'$

8) $a'' \neq 0' \to a''' \neq 0''$

$$\overline{\qquad\qquad\qquad\qquad\qquad\qquad}$$

9) $a''' \neq 0''$

10) $0'''' \neq 0''$.

Dieser Beweis ergibt, aufgelöst in Beweisfäden, folgende Auflösungsfigur:

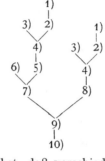

Hier bemerkt man zunächst, daß verschiedene Formeln des Beweises
an mehreren Stellen der Auflösungsfigur auftreten. Dieses würde
zwar an und für sich noch nicht ausschließen, daß bei der Anwendung
des Verfahrens der Rückverlegung der Einsetzungen ein und dieselbe
Formel des Beweises auch jedesmal dieselbe Veränderung erführe.
Tatsächlich ist das aber nicht der Fall. Denn führen wir die Rückverlegung der Einsetzungen aus, so ist zunächst die Formel 9) durch 10)
zu ersetzen, es wird also in 9) für a eingesetzt $0'$. Diese Einsetzung
muß nun auch in die rückläufig sich anreihenden Schlußschemata
eingetragen werden, und ferner muß in den Beweisfäden

$$10), \ 9), \ 8), \ 4), \ 2), \ 1),$$

$$10), \ 9), \ 8), \ 4), \ 3)$$

an Stelle von 4) diejenige Formel treten, die wir an Stelle von 8) erhalten, und in den Beweisfäden

$$10), \ 9), \ 7), \ 5), \ 4), \ 2), \ 1),$$

$$10), \ 9), \ 7), \ 5), \ 4), \ 3)$$

muß an Stelle von 4) diejenige Formel treten, die wir an Stelle von 5)
erhalten.

Gemäß der rückläufigen Eintragung der Einsetzung von $0'$ für a
erhalten wir aber an Stelle von 8) die Formel

$$0''' \neq 0' \rightarrow 0'''' \neq 0''$$

und an Stelle von 5) die Formel

$$0'' \neq 0 \rightarrow 0''' \neq 0'.$$

Diese beiden Formeln sind voneinander verschieden, und es wird somit
durch unser Verfahren die Formel 4) an den beiden Stellen, wo sie in
der Auflösungsfigur vorkommt, in verschiedener Weise verändert.

Es besteht also bei der Rückverlegung der Einsetzungen im allgemeinen keine eindeutige Zuordnung der durch dieses Verfahren

erhaltenen Formeln zu denen des ursprünglichen Beweises, sondern nur eine eindeutige Zuordnung zu den Formeln, wie sie in der Auflösungsfigur auftreten.

In den beiden behandelten Beispielen werden durch die Rückverlegung der Einsetzungen bereits alle Variablen ausgeschaltet. Dieses braucht jedoch nicht der Fall zu sein, und zwar auch nicht bei der Anwendung, die wir hier von dem Verfahren der Rückverlegung der Einsetzungen auf den als vorliegend angenommenen Beweis der Formel $0 \neq 0$ machen wollen, — obwohl ja die Endformel dieses Beweises keine Variable enthält. Vielmehr können auch nach der Rückverlegung der Einsetzungen noch Variablen übrigbleiben.

Wenn nun dieses der Fall ist, so entfernen wir die übriggebliebenen Variablen in der Weise, daß wir eine jede von ihnen durch einen für sie einsetzbaren, von Variablen freien Ausdruck ersetzen. Um diese Ersetzungen zu normieren, wollen wir vorschreiben, daß für eine *Formelvariable* ohne Argument die Formel

$$0 = 0,$$

für eine Formelvariable mit dem Argument $\mathfrak{a}$ die Gleichung

$$\mathfrak{a} = \mathfrak{a},$$

für eine Formelvariable mit mehreren Argumenten $\mathfrak{a}, \ldots, \mathfrak{k}$ die Formel

$$\mathfrak{a} = \mathfrak{a} \,\&\, \ldots \,\&\, \mathfrak{k} = \mathfrak{k}$$

und für jede Individuenvariable die Ziffer 0 gesetzt werden soll.

Bei diesen Ersetzungen bleibt jede vorher bestehende Wiederholung von Formeln erhalten, und jedes Schlußschema geht wieder in ein Schlußschema über.

Nachdem hiermit die Ausschaltung der Variablen restlos durchgeführt ist, besteht für jede Formel der Figur, die wir an Stelle des aufgelösten Beweises für die Formel $0 \neq 0$ erhalten, folgende Alternative: Entweder sie entsteht aus einer identischen Formel bzw. einem Axiom durch Einsetzung, oder sie ist die Wiederholung einer ihr im Beweisfaden (d. h. genauer in jedem sie enthaltenden Beweisfaden) folgenden Formel, oder sie ist die Endformel eines Schlusses. (Man beachte, daß bei der Ausschaltung der Variablen jede Ausgangsformel des Beweises mindestens eine Einsetzung erfährt, da ja jede identische Formel sowie jedes unserer Axiome mindestens eine Variable enthält.)

Auf Grund dieser Alternative können wir die erhaltene Figur *in einem erweiterten Sinne als aufgelösten Beweis* ansprechen, nämlich sofern wir als Ausgangsformeln außer den identischen Formeln und den Axiomen auch solche Formeln zulassen, die aus jenen durch Einsetzung hervorgehen.

Ferner aber hat unsere Figur noch die wesentliche Eigenschaft, daß sämtliche Formeln „*numerische Formeln*" sind.

Unter einer numerischen Formel wollen wir eine solche Formel verstehen, die sich im Sinne des Aussagenkalkuls zusammensetzt aus Formeln von der Gestalt

$$\mathfrak{s} = \mathfrak{t} \quad (\text{„Gleichungen"}),$$

$$\mathfrak{s} < \mathfrak{t} \quad (\text{„Ungleichungen"}),$$

wobei $\mathfrak{s}$ und $\mathfrak{t}$ Ziffern sind. Für diese numerischen Formeln definieren wir nun eine Einteilung in „*wahre*" und „*falsche*" Formeln, indem wir die anschaulichen Eigenschaften der Ziffern benutzen.

Für die numerischen Gleichungen haben wir bereits „wahr" und „falsch" definiert. Für die numerischen Ungleichungen können wir die Definition von „wahr" ganz entsprechend geben, wie wir früher, im § 2, in bezug auf Figuren wie

$$1, \; 11, \; 111$$

anschaulich den Begriff „kleiner" definiert haben[1]: Von zwei verschiedenen Ziffern $\mathfrak{s}, \mathfrak{t}$ — (wir meinen jetzt Figuren wie 0, 0″, 0‴) — ist eine ein Bestandteil der anderen in dem Sinne, daß ihre Bildung auf dem Wege über die Bildung jener ersten stattfindet. Wir erklären nun die Ungleichung

$$\mathfrak{s} < \mathfrak{t}$$

als „wahr", falls die Ziffer $\mathfrak{s}$ von der Ziffer $\mathfrak{t}$ verschieden und ein Bestandteil von $\mathfrak{t}$ ist; andernfalls soll die Formel „falsch" heißen.

Aus den so definierten Wahrheitswerten für die Gleichungen und Ungleichungen erhalten wir eine Wertbestimmung für die aus diesen Primformeln mit Hilfe der Aussagenverknüpfungen zusammengesetzten numerischen Formeln, indem wir die Definitionen von

$$\&, \; \vee, \; \rightarrow, \; \sim, \; ^{-}$$

als Wahrheitsfunktionen anwenden.

Es zeigt sich nun, daß im Sinne dieser Wertbestimmung die sämtlichen Formeln·unserer (durch die Ausschaltung der Variablen) modifizierten Auflösungsfigur den Wert „wahr" haben oder, wie wir kurz dafür sagen, *wahr sein* müssen. Nämlich erstens sind die Formeln, die an die Stelle der Ausgangsformeln getreten sind, alle wahr. Für die Formeln, die durch Einsetzung aus einer identischen Formel erhalten sind, ergibt sich dieses unmittelbar aus dem Begriff der „identisch wahren Formel".

Ebenso erkennt man ohne weiteres, daß die aus den Axiomen (J_1), $(<_1)$, $(<_3)$, (P_1) hervorgehenden Formeln wahr sind.

---

[1] Vgl. S. 22.

Was ferner das Axiom $(<_2)$ betrifft, so hat eine aus diesem durch Einsetzung entstehende Formel die Gestalt

$$\mathfrak{x} < \mathfrak{y} \,\&\, \mathfrak{y} < \mathfrak{z} \to \mathfrak{x} < \mathfrak{z},$$

wobei $\mathfrak{x}, \mathfrak{y}, \mathfrak{z}$ Ziffern sind. Wenn in dieser Implikation das Vorderglied wahr ist, so ist auch das Hinterglied wahr; denn wenn die Bildung von $\mathfrak{y}$ über $\mathfrak{x}$, die von $\mathfrak{z}$ über $\mathfrak{y}$ führt, so führt die Bildung von $\mathfrak{z}$ über $\mathfrak{x}$. Somit ist jede Formel von dieser Gestalt wahr. Dasselbe gilt von den aus dem Axiom (P_2) hervorgehenden numerischen Formeln, welche ja die Gestalt

$$\mathfrak{z}' = t' \to \mathfrak{z} = t$$

haben; denn eine solche Formel ist einerseits wahr, wenn $\mathfrak{z}$ mit t übereinstimmt, weil dann $\mathfrak{z} = t$ wahr ist, andererseits auch, wenn $\mathfrak{z}$ von t verschieden ist, weil ja dann $\mathfrak{z}'$ von t' verschieden und somit $\mathfrak{z}' = t'$ falsch ist.

Durch die gleiche Alternative erkennen wir auch bei den aus (J_2) durch Einsetzung entstehenden numerischen Formeln

$$\mathfrak{z} = t \to (\mathfrak{A}(\mathfrak{z}) \to \mathfrak{A}(t)),$$

daß sie stets den Wert „wahr" haben. Die Überlegung ist hier ganz die gleiche, wie wir sie schon im § 5 angestellt haben[1], um zu zeigen, daß die Formel (J_2) im Endlichen identisch ist.

Nachdem wir so alle Ausgangsformeln unserer modifizierten Auflösungsfigur als wahr erkannt haben, folgt leicht, daß auch alle weiteren darin auftretenden Formeln den Wert „wahr" haben. Denn zu diesen gelangen wir ja von den Ausgangsformeln durch Wiederholungen und Schlüsse, und bei einem Schluß überträgt sich, auf Grund der charakteristischen Eigenschaft der Implikation als Wahrheitsfunktion, der Wert „wahr" von den Prämissen $\mathfrak{S}$, $\mathfrak{S} \to \mathfrak{T}$ auf die Formel $\mathfrak{T}$. Somit ergibt sich in der Tat, daß alle Formeln unserer Figur wahr sein müssen.

Diese Konsequenz steht aber im Widerspruch damit, daß die Endformel unseres betrachteten Beweises

$$0 \neq 0$$

lauten soll. Denn diese wird ja, da sie keine Variablen enthält, von dem Verfahren der Ausschaltung der Variablen nicht berührt; sie müßte also in der modifizierten Auflösungsfigur als Endformel erhalten bleiben und daher, so wie alle Formeln dieser Figur, eine wahre Formel sein, während sie tatsächlich eine falsche Formel ist.

Hiermit ist der Beweis der Unmöglichkeit einer Ableitung der Formel

$$0 \neq 0$$

aus unseren Axiomen für den Fall, daß keine gebundenen Variablen zugelassen werden, geführt. Die Überlegung beruht auf demselben

---

[1] Vgl. § 5, S. 185.

Prinzip, nach welchem wir uns früher klargemacht haben, daß durch
den Prädikatenkalkul sowie auch durch den erweiterten Prädikaten-
kalkul nicht zwei Formeln $\mathfrak{A}$, $\overline{\mathfrak{A}}$ abgeleitet werden können. An die
Stelle des dort (im § 4 und im § 5) benutzten Begriffes „im Endlichen
identisch" tritt hier die Definition von „wahr" und „falsch", die sich
aber nur auf numerische Formeln erstreckt. Wegen dieser Beschränkung
mußten wir erst dem als vorliegend angenommenen Beweise eine aus
numerischen Formeln gebildete Figur zuordnen, was durch die Auflösung in Beweisfäden und die daran sich schließende Ausschaltung
der Variablen geschah.

Wir können das Ergebnis dieser Betrachtung auch positiv wenden,
indem wir aus ihr folgende Verschärfung unserer Unmöglichkeitsbehauptung entnehmen: Jede aus unseren Axiomen ohne Benutzung
von gebundenen Variablen ableitbare numerische Formel ist wahr.

Es kommt nun darauf an, aus diesem Satz die beschränkende Voraussetzung über die Vermeidung der gebundenen Variablen zu entfernen,
also zu zeigen, daß auch bei der Zulassung von gebundenen Variablen
jede aus unseren Axiomen ableitbare numerische Formel wahr ist.

Denken wir uns den Beweis einer numerischen Formel vorgelegt.
Wir können dann wieder, genau wie vordem, die Beweisfigur in Beweisfäden auflösen und die Einsetzungen in die Ausgangsformeln zurückverlegen. Hierbei bedarf es allerdings mit Rücksicht auf die Schemata
(α), (β) einer besonderen Maßregel. Diese Schemata

$$\frac{\mathfrak{A} \to \mathfrak{B}(a)}{\mathfrak{A} \to (x)\,\mathfrak{B}(x)} \qquad\qquad \frac{\mathfrak{B}(a) \to \mathfrak{A}}{(E\,x)\,\mathfrak{B}(x) \to \mathfrak{A}}$$

sind ja nur unter der Voraussetzung anwendbar, daß die Variable a
nur an der angegebenen Argumentstelle vorkommt. Wir müssen dafür
sorgen, daß, wenn anfangs diese Bedingung erfüllt ist, sie auch nach
der Rückverlegung der Einsetzungen erfüllt bleibt. Dazu wenden wir
folgende Maßregel an: Wir gehen die aufgelöste Beweisfigur, von der
Endformel beginnend, durch, und überall, wo wir zwei Formeln

$$\mathfrak{A} \to (x)\,\mathfrak{B}(x), \qquad\qquad \mathfrak{A} \to \mathfrak{B}(a)$$

bzw.

$$(E\,x)\,\mathfrak{B}(x) \to \mathfrak{A}, \qquad\qquad \mathfrak{B}(a) \to \mathfrak{A}$$

antreffen, die sich gemäß dem Schema (α) bzw. (β) rückläufig aneinander-
schließen, setzen wir in der zweiten Formel (d. h. der ersten Formel
des Schemas) für a eine vorher in dem Beweisfaden (von der Endformel
gerechnet) nicht auftretende freie Variable, und diese Variable behalten
wir in der rückläufigen Fortsetzung des Beweisfadens sowie den von
ihm abzweigenden Beweisfäden so lange bei, wie vordem die Variable a
von der betrachteten Stelle des Beweisfadens an zurück zu verfolgen war.

Zur Erläuterung dieser Anweisung möge die Betrachtung des folgenden Beweisstückes dienen:

$$1) \qquad a < b \,\&\, b < c \;\rightarrow\; a < c$$

$$2) \qquad d < b \,\&\, b < c \;\rightarrow\; d < c$$

$$3) \qquad \frac{d < a \,\&\, a < c \;\rightarrow\; d < c}{}$$

$$4) \qquad \overline{(E\,x)\,(d < x \,\&\, x < c) \;\rightarrow\; d < c}$$

$$5) \qquad (E\,x)\,(a < x \,\&\, x < c) \;\rightarrow\; a < c$$

Schema (β)

An diese Formeln mögen sich noch weitere schließen, die zu einer Endformel $\mathfrak{E}$ führen.

Wir wollen den Beweisfaden betrachten, der zunächst von der Endformel $\mathfrak{E}$ zu der Formel 5) führt und dann durch die Formeln

$$5), \; 4), \; 3), \; 2), \; 1)$$

geht.

Hierfür besagt unsere Vorschrift folgendes: In der Formel 3), die mit 4) nach dem Schema (β) zusammenhängt, müssen wir für die Variable a, die ja bereits in 5) vorkommt, eine in dem ganzen Faden (von $\mathfrak{E}$ an) noch nicht auftretende Variable, etwa r, setzen. Weiter ist diese Eintragung innerhalb des betrachteten Beweisfadens nicht zu führen, da in der Formel 2) die Variable a bereits nicht mehr auftritt.

Hierdurch erhalten wir an Stelle der in dem Beweisfaden aufeinanderfolgenden Formeln $\quad 1), \; 2), \; 3), \; 4), \; 5)$

folgende geänderte Formelreihe:

$$a < b \,\&\, b < c \;\rightarrow\; a < c,$$

$$d < b \,\&\, b < c \;\rightarrow\; d < c,$$

$$d < r \,\&\, r < c \;\rightarrow\; d < c,$$

$$(E\,x)\,(d < x \,\&\, x < c) \;\rightarrow\; d < c,$$

$$(E\,x)\,(a < x \,\&\, x < c) \;\rightarrow\; a < c.$$

Der Zusammenhang des Beweises bleibt bei diesem Verfahren ganz ungestört; nur tritt dann bei den Schemata (α), (β) an Stelle der vorher ausgezeichneten Variablen a jeweils eine andere Variable auf (im vorliegenden Falle ist es r).

An dem vorliegenden Beispiel können wir uns auch die Notwendigkeit unserer Maßnahmen verdeutlichen. Nehmen wir (zur Fixierung der Vorstellung) an, daß in der Fortsetzung des Beweises von 5) bis zur Endformel $\mathfrak{E}$ die in der Formel 5) auftretenden Variablen a, c nicht durch Einsetzung, sondern durch Anwendung der Formeln (a), (b) und der Schemata (α), (β) [etwa im Sinne der Regel (δ)[1]] eliminiert werden, dann bleibt bei dem Verfahren der Rückverlegung der Einsetzungen die Formel 5) unverändert.

---

[1] Vgl. S. 108.

Gehen wir von der Formel 5) an in dem betrachteten Beweisfaden weiter und wenden das Verfahren der Rückverlegung der Einsetzungen an, so würde dieses, wenn wir es auf die ursprünglichen Formeln des aufgelösten Beweises ausübten, an Stelle der Formeln 3), 4) die Formeln

$$3') \qquad a < a \,\&\, a < c \,\rightarrow\, a < c,$$

$$4') \qquad (E\,x)\,(a < x \,\&\, x < c) \,\rightarrow\, a < c$$

liefern, und es würde hiermit der Zusammenhang des Beweises zerstört sein, da ja die Vorbedingung für die Anwendung des Schemas (β) zum Übergang von 3') zu 4') nicht mehr erfüllt wäre.

Wenden wir dagegen die Rückverlegung der Einsetzungen auf die gemäß unserer Vorschrift modifizierten Formeln an, so erhalten wir an Stelle der ursprünglichen Formeln 3), 4) nunmehr

$$3^*) \qquad a < r \,\&\, r < c \,\rightarrow\, a < c,$$

$$4^*) \qquad (E\,x)\,(a < x \,\&\, x < c) \,\rightarrow\, a < c;$$

hierbei bleibt der Beweiszusammenhang bestehen; es wird nur die in dem Schema (β) ausgezeichnete Variable a in $3^*)$ durch r ersetzt.

Indem wir nun die dargelegte Maßnahme bei den Schematen (α), (β) anwenden, können wir die Rückverlegung der Einsetzungen in die Ausgangsformeln, unbeschadet des Beweiszusammenhanges, so wie früher durchführen, sofern wir die Schemata (α), (β) in dem erweiterten Sinne zulassen, daß die Rolle der in ihnen ausgezeichneten Variablen a auch durch eine andere freie Individuenvariable übernommen werden kann. Nach der Rückverlegung der Einsetzungen können auch, in der früher angegebenen Weise, *die etwa noch verbleibenden Formelvariablen ausgeschaltet werden.*

Dagegen ist die Ausschaltung der freien Individuenvariablen in der bisherigen Weise nicht möglich, wegen des Auftretens der freien Variablen in den Schematen (α), (β). Die Auflösungsfigur, zu der wir gelangen, besteht also nicht nur aus numerischen Formeln, sondern es treten in den Formeln sowohl freie wie auch gebundene Variablen auf, und die Aneinanderreihung der Formeln findet nicht nur durch Wiederholungen und Schlußschemata, sondern auch mittels der Schemata (α), (β) und der Umbenennungen von gebundenen Variablen statt. Als Ausgangsformeln kommen zu den identischen Formeln des Aussagenkalküls und unseren Axiomen noch die Grundformeln (a), (b) des Prädikatenkalküls hinzu.

Wir gehen nun darauf aus, unser vorheriges Verfahren dadurch zu verallgemeinern, daß wir an Stelle der Eigenschaft „wahr" einer numerischen Formel eine allgemeinere Eigenschaft betrachten, welche nicht auf numerische Formeln beschränkt ist, und welche sich dann von allen Formeln unserer vorgelegten Beweisfigur feststellen läßt.

Dieses gelingt nach einer Methode, welche unabhängig voneinander J. HERBRAND und M. PRESBURGER[1] ausgebildet haben. Diese Methode besteht darin, daß man den Formeln, welche gebundene Variablen enthalten, „Reduzierte" zuordnet, in denen keine gebundenen Variablen mehr auftreten und welche im Sinne der inhaltlichen Deutung jenen Formeln gleichwertig sind.

Wir können uns das Verfahren dadurch vereinfachen, daß wir zunächst die Allzeichen ganz aus dem Beweis entfernen. Ersetzen wir nämlich in dem ursprünglich vorgelegten Beweis jeden Ausdruck $(x)\,\mathfrak{A}(x)$ durch den entsprechenden Ausdruck $\overline{(E\,x)\,\overline{\mathfrak{A}(x)}}$, so geht die Grundformel (a)

$$(x)\,A\,(x) \to A\,(a)$$

über in die Formel

$$\overline{(E\,x)\,\overline{A\,(x)}} \to A\,(a),$$

welche durch Einsetzung und Kontraposition aus der Grundformel (b) erhalten wird. Und das Schema (α)

$$\frac{\mathfrak{A} \to \mathfrak{B}\,(a)}{\mathfrak{A} \to (x)\,\mathfrak{B}\,(x)}$$

geht über in das Schema

$$\frac{\mathfrak{A} \to \mathfrak{B}\,(a)}{\mathfrak{A} \to \overline{(E\,x)\,\overline{\mathfrak{B}\,(x)}}},$$

an dessen Stelle die Ableitung der Formel

$$\mathfrak{A} \to \overline{(E\,x)\,\overline{\mathfrak{B}\,(x)}}$$

aus der Formel

$$\mathfrak{A} \to \mathfrak{B}\,(a)$$

gesetzt werden kann, die man vollzieht, indem man zunächst durch Anwendung der Kontraposition

$$\overline{\mathfrak{B}\,(a)} \to \overline{\mathfrak{A}}$$

dann durch Anwendung des Schemas (β)

$$(E\,x)\,\overline{\mathfrak{B}\,(x)} \to \overline{\mathfrak{A}}$$

und durch nochmalige Kontraposition die gewünschte Formel

$$\mathfrak{A} \to \overline{(E\,x)\,\overline{\mathfrak{B}\,(x)}}$$

gewinnt.

Somit können wir in der Tat bei der Ableitung einer Formel, welche nicht selbst das Allzeichen enthält, insbesondere also einer numerischen

---

[1] J. HERBRAND: Recherches sur la theorie de la démonstration (Dissertation Paris 1930), Chap. IV. — M. PRESBURGER: Über die Vollständigkeit eines gewissen Systems der Arithmetik ganzer Zahlen, in welchen die Addition als einzige Operation hervortritt. Comptes Rend. du premier congrès des Math. des Pays Slaves, Warschau 1930.

Formel, die Anwendung des Allzeichens ganz umgehen, indem wir sie auf eine entsprechende Anwendung des Seinszeichens zurückführen.

Denken wir uns dieses Verfahren auf unseren vorgelegten Beweis angewandt, so haben wir es bei den Formeln, denen wir „Reduzierte" zuordnen wollen, nur mit solchen gebundenen Variablen zu tun, die durch *Seinszeichen* gebunden sind.

Es handelt sich nun darum, den Prozeß anzugeben, durch welchen wir einer Formel eine *Reduzierte* zuordnen. Dieser vollzieht sich in mehreren Schritten.

Wir suchen in der betrachteten Formel zunächst einen der zu innerst stehenden Bestandteile der Form

$$(E\,x)\,\mathfrak{A}(x)$$

auf, d. h. einen solchen Bestandteil $(E\,x)\,\mathfrak{A}(x)$, bei welchem $\mathfrak{A}(x)$ nicht wiederum Bestandteile von dieser Form enthält. Die Variable x soll hierbei nicht gegenüber anderen gebundenen Variablen bevorzugt sein. Sie ist hier nur beispielshalber fixiert. Der Ausdruck $(E\,x)\,\mathfrak{A}(x)$ wird im allgemeinen außer x noch andere gebundene Variablen enthalten, welche zu weiter außen stehenden Seinszeichen gehören. Jedenfalls setzt sich $\mathfrak{A}(x)$ mittels der Operationen des Aussagenkalkuls zusammen aus Gleichungen und Ungleichungen

$$\mathfrak{a} = \mathfrak{b},\ \mathfrak{a} < \mathfrak{b},$$

worin $\mathfrak{a}, \mathfrak{b}$ entweder Ziffern sind oder Individuenvariablen, für sich stehend oder mit angehängten Strichen, und zwar können es freie wie auch gebundene Individuenvariablen sein.

Um eine Anzahl von angehängten Strichsymbolen bezeichnen zu können, wollen wir mit

$$\mathfrak{a}^{(t)}$$

den Ausdruck angeben, der aus $\mathfrak{a}$ durch Anhängen von t Strichen entsteht. $\mathfrak{a}^{(0)}$ möge den Ausdruck $\mathfrak{a}$ selbst bedeuten.

Wir führen nun an dem Ausdruck $\mathfrak{A}(x)$ verschiedene Veränderungen aus.

1. Zuerst formen wir ihn in eine disjunktive Normalform

$$\mathfrak{A}_1 \vee \ldots \vee \mathfrak{A}_{\mathfrak{f}}$$

um, worin die Glieder $\mathfrak{A}_1, \ldots, \mathfrak{A}_{\mathfrak{f}}$ sich konjunktiv zusammensetzen aus Gleichungen und Ungleichungen sowie aus Negationen von solchen.

2. Sodann schalten wir die hier auftretenden Negationen aus, indem wir jedes vorkommende Konjunktionsglied

$$\mathfrak{a} \neq \mathfrak{b}$$

durch

$$\mathfrak{a} < \mathfrak{b} \vee \mathfrak{b} < \mathfrak{a}$$

und jedes Konjunktionsglied

durch
$$\overline{\mathfrak{a} < \mathfrak{b}}$$

$$\mathfrak{a} = \mathfrak{b} \lor \mathfrak{b} < \mathfrak{a}$$

ersetzen. Bei dieser Ersetzung wird im allgemeinen die disjunktive Normalform zerstört. Wir stellen sie dann nachträglich wieder her, indem wir gemäß dem distributiven Gesetz der Aussagenlogik verfahren. Auf diese Weise erhalten wir an Stelle des Ausdrucks $\mathfrak{A}(x)$ eine solche disjunktive Normalform

$$\mathfrak{B}_1 \lor \ldots \lor \mathfrak{B}_n,$$

worin $\mathfrak{B}_1, \ldots, \mathfrak{B}_n$ konjunktiv zusammengesetzt sind aus Gleichungen und Ungleichungen.

3. In denjenigen Gleichungen und Ungleichungen, welche auf beiden Seiten die Variable x enthalten, ersetzen wir x durch 0, d. h. wir ersetzen eine jede vorkommende Gleichung

durch
$$x^{(\mathfrak{k})} = x^{(\mathfrak{l})}$$

$$0^{(\mathfrak{k})} = 0^{(\mathfrak{l})},$$

und ebenso eine Ungleichung

durch
$$x^{(\mathfrak{k})} < x^{(\mathfrak{l})}$$

$$0^{(\mathfrak{k})} < 0^{(\mathfrak{l})}.$$

Hierdurch bewirken wir, daß in jeder Gleichung und jeder Ungleichung die Variable x höchstens auf einer der beiden Seiten auftritt; bei den Gleichungen, welche x auf der rechten Seite enthalten, vertauschen wir noch die beiden Seiten.

4. In der nun erhaltenen Formel suchen wir die höchste Anzahl $\mathfrak{t}$ der an die Variable x angehängten Strichsymbole auf und fügen in jeder Gleichung bzw. Ungleichung, worin x mit einer kleineren Anzahl $\mathfrak{k}$ von angehängten Strichen auftritt — die Anzahl kann eventuell auch Null sein —, an die beiden Ausdrücke, welche links und rechts von dem Symbol $=$ bzw. $<$ stehen, $\mathfrak{t} - \mathfrak{k}$ Striche an. Dadurch wird erreicht, daß in allen den Primformeln, welche die Variable x enthalten, diese Variable mit der gleichen Anzahl $\mathfrak{t}$ von Strichen versehen ist. Endlich bringen wir noch die Disjunktionsglieder der disjunktiven Normalform in eine solche Reihenfolge, daß die von x freien Glieder zuletzt stehen.

Durch die ausgeführten Prozesse 1—4 tritt an die Stelle von $\mathfrak{A}(x)$ ein Ausdruck von folgender Beschaffenheit:

Er hat die Gestalt einer disjunktiven Normalform, gebildet aus Gleichungen und Ungleichungen, welche, soweit sie die Variable x enthalten, alle eine der drei Formen

$$x^{(\mathfrak{t})} = \mathfrak{a}, \quad x^{(\mathfrak{t})} < \mathfrak{a}, \quad \mathfrak{a} < x^{(\mathfrak{t})}$$

besitzen, worin t jedesmal dieselbe Strichzahl (eventuell auch die Strichzahl Null) ist und $\mathfrak{a}$ die Variable x nicht enthält; die Disjunktionsglieder, in denen x vorkommt, stehen voran. Unsere Disjunktion
hat also die Gestalt

$$\mathfrak{C}_1(x^{(t)}) \lor \ldots \lor \mathfrak{C}_\mathfrak{m}(x^{(t)}) \lor \mathfrak{C}_{\mathfrak{m}+1} \lor \ldots \lor \mathfrak{C}_\mathfrak{n},$$

wobei die Variable x nur an den angegebenen Stellen auftritt.

Wir ersetzen nunmehr den Ausdruck $(E\,x)\,\mathfrak{A}(x)$ durch die Disjunktion

$$(E\,x)\,\mathfrak{C}_1(x^{(t)}) \lor \ldots \lor (E\,x)\,\mathfrak{C}_\mathfrak{m}(x^{(t)}) \lor \mathfrak{C}_{\mathfrak{m}+1} \lor \ldots \lor \mathfrak{C}_\mathfrak{n}.$$

Für jedes Glied $\qquad\qquad (E\,x)\,\mathfrak{C}_\mathfrak{r}(x^{(t)}) \qquad\qquad (\mathfrak{r} = 1, \ldots, \mathfrak{m})$

bestehen zwei Möglichkeiten:

Entweder kommt in $\mathfrak{C}_\mathfrak{r}(x^{(t)})$ eine Gleichung

$$x^{(t)} = \mathfrak{a}$$

vor, oder $x^{(t)}$ tritt nur in Ungleichungen auf.

Im ersten Fall hat $(E\,x)\,\mathfrak{C}_\mathfrak{r}(x^{(t)})$ die Gestalt

$$(E\,x)\,(x^{(t)} = \mathfrak{a}\ \&\ \mathfrak{C}_\mathfrak{r}^*(x^{(t)}))$$

(wobei auch der Fall zugelassen ist, daß $x^{(t)}$ in $\mathfrak{C}_\mathfrak{r}^*(x^{(t)})$ gar nicht vorkommt) oder auch einfach die Gestalt

$$(E\,x)\,(x^{(t)} = \mathfrak{a}).$$

Wir ersetzen jedes Glied der Gestalt

$$(E\,x)\,(x^{(t)} = \mathfrak{a}\ \&\ \mathfrak{C}_\mathfrak{r}^*(x^{(t)}))$$

durch den von x freien Ausdruck

$$0^{(t)} = \mathfrak{a} \lor 0^{(t)} < \mathfrak{a}\ \&\ \mathfrak{C}_\mathfrak{r}^*(\mathfrak{a}),$$

und ein Glied $\qquad\qquad (E\,x)\,(x^{(t)} = \mathfrak{a})$

ersetzen wir entsprechend durch

$$0^{(t)} = \mathfrak{a} \lor 0^{(t)} < \mathfrak{a}.$$

Im zweiten Fall ziehen wir zunächst die von $x^{(t)}$ freien Konjunktionsglieder vor das Seinszeichen. Es bleibt dann unter dem Seinszeichen
eine Konjunktion $\mathfrak{K}(x^{(t)})$ von Ungleichungen der Form $\mathfrak{a} < x^{(t)}$ bzw.
$x^{(t)} < \mathfrak{a}$. Die allgemeine Form der Konjunktion $\mathfrak{K}(x^{(t)})$ ist also

$$\mathfrak{a}_1 < x^{(t)}\ \&\ \ldots\ \&\ \mathfrak{a}_\mathfrak{t} < x^{(t)}\ \&\ x^{(t)} < \mathfrak{b}_1\ \&\ \ldots\ \&\ x^{(t)} < \mathfrak{b}_\mathfrak{s}.$$

Wir ersetzen nun $(E\,x)\,\mathfrak{K}(x^{(t)})$ durch die von x freie Konjunktion

$$0^{(t)} < \mathfrak{b}_1\ \&\ \ldots\ \&\ 0^{(t)} < \mathfrak{b}_\mathfrak{s}$$
$$\&\ \mathfrak{a}_1' < \mathfrak{b}_1\ \&\ \ldots\ \&\ \mathfrak{a}_1' < \mathfrak{b}_\mathfrak{s}$$
$$\&\ \ldots$$
$$\vdots$$
$$\&\ \mathfrak{a}_\mathfrak{t}' < \mathfrak{b}_1\ \&\ \ldots\ \&\ \mathfrak{a}_\mathfrak{t}' < \mathfrak{b}_\mathfrak{s}.$$

Im Falle, daß in $\Re(x^{(t)})$ kein Glied der Form $\mathfrak{a} < x^{(t)}$ auftritt, hat man nur die Konjunktion

$$0^{(t)} < \mathfrak{b}_1 \& \ldots \& 0^{(t)} < \mathfrak{b}_{\mathfrak{F}}$$

zu nehmen; falls kein Glied der Form $x^{(t)} < \mathfrak{b}$ auftritt, so ist $(E\,x)\,\Re(x^{(t)})$ durch

$$0 = 0$$

zu ersetzen.

Indem wir dieses Ersetzungsverfahren auf alle Ausdrücke

$$(E\,x)\,\mathfrak{C}_{\mathfrak{r}}(x^{(t)})$$

anwenden, erhalten wir an Stelle des ursprünglichen Bestandteils $(E\,x)\,\mathfrak{A}(x)$ unserer betrachteten Formel einen von der Variablen x freien Ausdruck, der also nur noch solche gebundenen Variablen enthält, die zu weiter außen stehenden Seinszeichen gehören. Falls in diesem Ausdruck nicht mehr alle diejenigen von x verschiedenen freien und gebundenen Variablen auftreten, welche in $\mathfrak{A}(x)$ vorkommen, so fügen wir ihm für jede solche fehlende Variable, z. B. a oder y, die betreffende Gleichung $a = a$ bzw. $y = y$ als Konjunktionsglied an, so daß der entstehende Ausdruck *genau dieselben Variablen enthält wie* $\mathfrak{A}(x)$, *mit Ausnahme der Variablen* x. Tragen wir diesen Ausdruck in unsere betrachtete Formel an Stelle des Bestandteils $(E\,x)\,\mathfrak{A}(x)$ ein, so wird dadurch die Anzahl der Seinszeichen der Formel um eins vermindert.

Nun können wir das gleiche Verfahren wieder auf einen zu innerst stehenden Bestandteil $(E\,x)\,\mathfrak{B}(x)$ anwenden. Indem wir so fortfahren, werden der Reihe nach alle Seinszeichen entfernt und wir gelangen zu einer Formel, welche überhaupt keine gebundenen Variablen mehr enthält. In dieser treten übrigens dieselben freien Variablen auf wie in der ursprünglichen Formel. Eine so gewonnene Formel wollen wir als eine zu der anfänglichen Formel gehörige „*Reduzierte*" und das Verfahren ihrer Gewinnung als „Reduktion" bezeichnen.

Mit Hilfe dieser Begriffsbildung gelangen wir nun zu der gewünschten Verallgemeinerung des Begriffs der „wahren" Formel, der ja nur für numerische Formeln definiert ist. Diese Verallgemeinerung geschieht durch die Einführung des Terminus „*verifizierbar*", den wir — vorläufig noch unter Beschränkung auf Formeln ohne Allzeichen — in folgender Weise erklären:

1. Eine numerische Formel heiße verifizierbar, wenn sie wahr ist.

2. Eine Formel, die eine oder mehrere freie Individuenvariablen, aber sonst keine Variablen enthält, heiße verifizierbar, wenn sich zeigen läßt, daß sie bei jeder Ersetzung der Variablen durch Ziffern[1] wahr wird.

---

[1] Eine solche Ersetzung läßt sich auch als eine Einsetzung auffassen. Wir gebrauchen hier und in den nachfolgenden Ausführungen dieses Paragraphen den Ausdruck „Ersetzung" im Hinblick auf gewisse noch zu betrachtende Verallgemeinerungen des Begriffes „verifizierbar", bei denen wir es mit Ersetzungen der freien Variablen durch solche Ausdrücke zu tun haben, die nicht dem deduktiven Formalismus angehören.

3. Eine Formel mit gebundenen Variablen aber ohne Formelvariablen und ohne Allzeichen heiße verifizierbar, wenn die Anwendung des Verfahrens der Reduktion zu einer verifizierbaren Formel (im Sinne der Erklärungen 1, 2) führt.

Hier bedarf der letzte Teil dieser Erklärung, welcher sich auf die Formeln mit gebundenen Variablen bezieht, insofern einer Rechtfertigung, als das Verfahren der Reduktion nicht völlig eindeutig ist. Es besteht in der Tat bei der Herstellung der disjunktiven Normalform eine gewisse Willkür. Damit also unsere Definition der Verifizierbarkeit für Formeln mit gebundenen Variablen einen eindeutigen Sinn ergibt, ist erforderlich, daß jene Willkür in dem Reduktionsverfahren von keinem Einfluß ist auf die Verifizierbarkeit der sich ergebenden Reduzierten. Dieses können wir nun in der Tat nachweisen, und zwar auf Grund des folgenden etwas schärferen Satzes:

Sind $\mathfrak{A}$ und $\mathfrak{B}$ Reduzierte derselben Formel $\mathfrak{F}$, so sind bei jeder Ersetzung der freien Variablen durch Ziffern beide Formeln wahr oder beide falsch[1].

Aus diesem Eindeutigkeitssatz ergibt sich sofort die Folgerung: Sind $\mathfrak{A}$ und $\mathfrak{B}$ Reduzierte derselben Formel und ist eine von ihnen verifizierbar, so ist auch die andere verifizierbar.

Es kommt also nun darauf an, diesen Eindeutigkeitssatz als gültig nachzuweisen[2]. Er gilt zunächst jedenfalls dann, wenn die Formel $\mathfrak{F}$, deren Reduzierte $\mathfrak{A}, \mathfrak{B}$ betrachtet werden, keine gebundene Variable enthält, denn dann ist ja $\mathfrak{F}$ selbst die einzige Reduzierte. Gilt ferner unser Satz für die Formeln $\mathfrak{F}_1, \ldots, \mathfrak{F}_t$, so auch für jede aus ihnen mittels der Operationen des Aussagenkalkuls zusammengesetzten Formel, denn in der gleichen Weise, wie sich $\mathfrak{F}$ aus $\mathfrak{F}_1, \ldots, \mathfrak{F}_t$ durch die Operationen des Aussagenkalkuls zusammensetzt, setzt sich auch eine jede Reduzierte von $\mathfrak{F}$ aus Reduzierten von $\mathfrak{F}_1, \ldots, \mathfrak{F}_t$ zusammen, da ja die Reduktion nur in der sukzessiven Ausschaltung der Seinszeichen von innen her besteht, wobei die Zusammensetzung durch die Operationen des Aussagenkalkuls, soweit sie sich nicht im Bereich eines Seinszeichens vollziehen, unverändert bleibt.

Nun machen wir uns ferner folgendes klar: Die Reduktion einer Formel $(E\,x)\,\mathfrak{G}(x)$ geschieht in der Weise, daß zunächst die im Innern von $\mathfrak{G}(x)$ stehenden Seinszeichen beseitigt werden. Bei diesem Verfahren wird die Variable x noch ganz so behandelt wie eine freie Variable. Bedeutet daher $\mathfrak{R}(x)$ einen Ausdruck, in welchen $\mathfrak{G}(x)$ bei der Ausschaltung der inneren Seinszeichen übergeht, und setzen wir an Stelle von x eine in $\mathfrak{G}(x)$ (und also auch in $\mathfrak{R}(x)$) nicht vorkommende freie

---

[1] Man beachte, daß in $\mathfrak{A}$ dieselben freien Variablen auftreten wie in $\mathfrak{B}$.

[2] Die Überlegungen, die wir hierfür anstellen, dienen uns zugleich als Hilfsmittel für den Nachweis der Widerspruchsfreiheit unseres betrachteten Axiomensystems.

Variable, etwa c, so ist $\mathfrak{R}(c)$ eine Reduzierte von $\mathfrak{G}(c)$, und jede Reduzierte von $(E\,x)\,\mathfrak{G}(x)$, die wir durch Fortsetzung des Reduktionsverfahrens erhalten, ist eine Reduzierte von $(E\,x)\,\mathfrak{R}(x)$.

Es ergibt sich also: Wenn die Variable c in $\mathfrak{G}(x)$ nicht vorkommt, so ist jede Reduzierte von $(E\,x)\,\mathfrak{G}(x)$ zugleich Reduzierte einer solchen Formel $(E\,x)\,\mathfrak{R}(x)$, bei welcher $\mathfrak{R}(c)$ eine Reduzierte von $\mathfrak{G}(c)$ ist.

Auf Grund dieser Tatsache und der vorhergehenden Feststellung erkennen wir nun leicht, daß es zum Nachweis für unseren Eindeutigkeitssatz genügt, folgendes zu zeigen: Gilt unser Eindeutigkeitssatz für die Formel $\mathfrak{F}(c)$ und tritt c nicht in $\mathfrak{F}(x)$ auf, so gilt er auch für $(E\,x)\,\mathfrak{F}(x)$.

Der Nachweis hierfür stützt sich auf folgende beiden Hilfssätze:

1. Ist $\mathfrak{R}$ eine Reduzierte von $\mathfrak{F}$ und entstehen aus $\mathfrak{F}$ und $\mathfrak{R}$ die Formeln $\mathfrak{F}'$ und $\mathfrak{R}'$, indem die freien Variablen, welche ja in $\mathfrak{F}$ dieselben sind wie in $\mathfrak{R}$, durch gewisse Ziffern ersetzt werden, so ist auch $\mathfrak{R}'$ eine Reduzierte von $\mathfrak{F}'$.

In der Tat werden ja bei der Reduktion die freien Variablen ganz ebenso behandelt wie die Ziffern.

2. Die Formel $\mathfrak{A}(c)$ enthalte außer c keine Variable, und $\mathfrak{R}$ sei eine Reduzierte von $(E\,x)\,\mathfrak{A}(x)$. Wenn dann für eine Ziffer $\mathfrak{z}$ die numerische Formel $\mathfrak{A}(\mathfrak{z})$ wahr ist, so ist $\mathfrak{R}$ wahr, und umgekehrt: wenn $\mathfrak{R}$ wahr ist, so finden wir an Hand der Reduktion eine Ziffer $\mathfrak{z}$, für welche $\mathfrak{A}(\mathfrak{z})$ wahr ist.

Die Begründung dieses Satzes erfordert eine genauere Diskussion des Reduktionsverfahrens, die wir erst nachträglich geben wollen, um hier unsern Gedankengang nicht zu unterbrechen.

Mit Benutzung dieser beiden Hilfssätze können wir nun aus der Annahme, daß für die Formel $\mathfrak{F}(c)$ unser Eindeutigkeitssatz bereits gelte, seine Gültigkeit für $(E\,x)\,\mathfrak{F}(x)$ folgendermaßen erkennen. $\mathfrak{A}$ und $\mathfrak{B}$ seien zwei Reduzierte von $(E\,x)\,\mathfrak{F}(x)$; es ist dann, nach dem vorhin bewiesenen Satz, $\mathfrak{A}$ die Reduzierte einer Formel $(E\,x)\,\mathfrak{R}(x)$ und $\mathfrak{B}$ die Reduzierte einer Formel $(E\,x)\,\mathfrak{S}(x)$, wobei $\mathfrak{R}(c)$ und $\mathfrak{S}(c)$ Reduzierte von $\mathfrak{F}(c)$ sind [man beachte, daß $(E\,x)\,\mathfrak{F}(x)$ die Variable c nicht enthält]. In $\mathfrak{A}$ und $\mathfrak{B}$ treten dieselben freien Variablen auf wie in $\mathfrak{F}(x)$ sowie auch in $\mathfrak{R}(x)$ und in $\mathfrak{S}(x)$. Ersetzen wir diese Variablen durch Ziffern, so erhalten wir an Stelle von $\mathfrak{A}$, $\mathfrak{B}$, $\mathfrak{F}(x)$, $\mathfrak{R}(x)$, $\mathfrak{S}(x)$ bzw. $\mathfrak{A}'$, $\mathfrak{B}'$, $\mathfrak{F}'(x)$, $\mathfrak{R}'(x)$, $\mathfrak{S}'(x)$. Nach dem ersten Hilfssatz ist $\mathfrak{A}'$ eine Reduzierte von $(E\,x)\,\mathfrak{R}'(x)$ und $\mathfrak{B}'$ eine Reduzierte von $(E\,x)\,\mathfrak{S}'(x)$. $\mathfrak{R}'(c)$ und $\mathfrak{S}'(c)$ enthalten außer c keine Variablen, da sie ja aus den Reduzierten $\mathfrak{R}(c)$, $\mathfrak{S}(c)$ mittels einer Ersetzung aller von c verschiedenen freien Variablen durch Ziffern erhalten werden; die Formeln $\mathfrak{A}'$, $\mathfrak{B}'$ sind numerisch.

Sei nun $\mathfrak{A}'$ wahr; wir finden dann gemäß dem zweiten Hilfssatz aus dem Verfahren der zu der Formel $\mathfrak{A}'$ führenden Reduktion der Formel $(E\,x)\,\mathfrak{R}'(x)$ eine Ziffer $\mathfrak{z}$, so daß $\mathfrak{R}'(\mathfrak{z})$ wahr ist. $\mathfrak{R}'(\mathfrak{z})$ geht aus $\mathfrak{R}(c)$ mittels einer Ersetzung der freien Variablen durch Ziffern hervor.

Dieselbe Ersetzung führt die Formel $\mathfrak{S}(c)$ in $\mathfrak{S}'(\mathfrak{z})$ über. Da $\mathfrak{R}(c)$ und $\mathfrak{S}(c)$ beide Reduzierte der Formel $\mathfrak{F}(c)$ sind, für welche unser Eindeutigkeitssatz schon gelten soll, so folgt aus der Wahrheit von $\mathfrak{R}'(\mathfrak{z})$ auch die von $\mathfrak{S}'(\mathfrak{z})$. Da nun $\mathfrak{B}'$ eine Reduzierte von $(E\,x)\,\mathfrak{S}'(x)$ ist, so folgt, wiederum auf Grund des zweiten Hilfssatzes, aus der Wahrheit von $\mathfrak{S}'(\mathfrak{z})$ die Wahrheit von $\mathfrak{B}'$. Ganz ebenso aber, wie wir aus der Wahrheit von $\mathfrak{A}'$ die von $\mathfrak{B}'$ gefolgert haben, können wir aus der Annahme der Wahrheit von $\mathfrak{B}'$ die Wahrheit von $\mathfrak{A}'$ folgern. Die Formeln $\mathfrak{A}'$, $\mathfrak{B}'$, welche ja numerisch sind, können also nur beide wahr oder beide falsch sein. Somit gilt unser Eindeutigkeitssatz auch für die Formel $(E\,x)\,\mathfrak{F}(x)$.

Hiermit ist nun der Nachweis für unseren Eindeutigkeitssatz bis auf die nachzutragende Begründung des zweiten Hilfssatzes erbracht.

Was nun diese Begründung betrifft, so geschieht sie durch eine Verfolgung unseres Reduktionsverfahrens, welches gerade so eingerichtet ist, daß die Behauptungen unseres zweiten Hilfssatzes zutreffen[1]. Wir haben erstens zu zeigen:

Wenn $\mathfrak{A}(c)$ außer c keine Variable enthält, und wenn für eine Ziffer $\mathfrak{z}$ die numerische Formel $\mathfrak{A}(\mathfrak{z})$ wahr ist, so ist eine jede Reduzierte von $(E\,x)\,\mathfrak{A}(x)$ wahr.

Dieses erkennt man in der Tat, indem man die einzelnen Schritte des Reduktionsverfahrens durchgeht und dabei die Überlegungen der anschaulichen elementaren Zahlenlehre zur Anwendung bringt. Insbesondere werden dabei folgende anschaulich erkennbaren Tatsachen benutzt.

a) Der Wahrheitswert einer numerischen Formel wird durch elementare Umformungen des Aussagenkalkuls nicht verändert.

b) Von zwei verschiedenen Ziffern ist eine ein Bestandteil der anderen, und es ist daher, wenn $\mathfrak{a}, \mathfrak{b}$ Ziffern sind, von den Formeln

$$\mathfrak{a} = \mathfrak{b}, \quad \mathfrak{a} < \mathfrak{b}, \quad \mathfrak{b} < \mathfrak{a}$$

stets eine (und auch nur eine) wahr.

c) Wenn (für eine Ziffer $\mathfrak{z}$) $\mathfrak{z}^{(\mathfrak{k})}$ mit $\mathfrak{z}^{(\mathfrak{l})}$ übereinstimmt, so muß die Strichzahl $\mathfrak{k}$ dieselbe sein wie $\mathfrak{l}$. Es sind daher die Gleichungen

$$\mathfrak{z}^{(\mathfrak{k})} = \mathfrak{z}^{(\mathfrak{l})}, \quad 0^{(\mathfrak{k})} = 0^{(\mathfrak{l})}$$

entweder beide wahr oder beide falsch. Damit $\mathfrak{z}^{(\mathfrak{k})}$ von $\mathfrak{z}^{(\mathfrak{l})}$ verschieden und Bestandteil von $\mathfrak{z}^{(\mathfrak{l})}$ ist, ist notwendig und hinreichend, daß die Strichzahl $\mathfrak{k}$ kleiner ist als $\mathfrak{l}$, somit sind die Ungleichungen

$$\mathfrak{z}^{(\mathfrak{k})} < \mathfrak{z}^{(\mathfrak{l})}, \quad 0^{(\mathfrak{k})} < 0^{(\mathfrak{l})}$$

entweder beide wahr oder beide falsch.

---

[1] Der Leser, der diese genauere Diskussion überschlagen will, kann gleich zu S. 243 übergehen.

d) Die Übereinstimmung zweier Ziffern bleibt erhalten, wenn man an beide gleich viele Striche anhängt oder von beiden gleich viele (vorhandene) Striche abhängt. Ebenso bleibt, wenn eine Ziffer $\mathfrak{a}$ ein Bestandteil einer Ziffer $\mathfrak{b}$ ist, diese Beziehung erhalten, wenn an $\mathfrak{a}$ und an $\mathfrak{b}$ gleich viele Striche angehängt oder von beiden gleich viele abgehängt werden.

e) Eine Disjunktion aus numerischen Formeln ist dann und nur dann wahr, wenn ein Disjunktionsglied wahr ist, eine Konjunktion aus numerischen Formeln ist dann und nur dann wahr, wenn jedes Konjunktionsglied wahr ist.

f) Für jede Ziffer $\mathfrak{z}$ stimmt $0^{(t)}$ entweder mit $\mathfrak{z}^{(t)}$ überein oder ist ein Bestandteil von $\mathfrak{z}^{(t)}$. Hiernach ist jedenfalls die Formel

$$0^{(t)} = \mathfrak{z}^{(t)} \vee 0^{(t)} < \mathfrak{z}^{(t)}$$

wahr; und wenn für eine Ziffer $\mathfrak{b}$ die Formel $\mathfrak{z}^{(t)} < \mathfrak{b}$ wahr ist, so ist auch $0^{(t)} < \mathfrak{b}$ wahr.

g) Wenn für die Ziffern $\mathfrak{a}$, $\mathfrak{b}$, $\mathfrak{c}$ die Formeln

$$\mathfrak{a} < \mathfrak{b}, \quad \mathfrak{b} < \mathfrak{c}$$

wahr sind, so ist die Formel $\mathfrak{a} < \mathfrak{c}$ und auch $\mathfrak{a}' < \mathfrak{c}$ wahr.

Auf Grund dieser aufgezählten Tatsachen ergibt sich die erste Behauptung unseres betrachteten Hilfssatzes. Nun bleibt noch die zweite Behauptung zu begründen:

Wenn die Formel $(E\,x)\,\mathfrak{A}(x)$ außer x keine Variablen enthält und wenn eine Reduzierte von ihr wahr ist, so finden wir an Hand des Reduktionsverfahrens eine Ziffer $\mathfrak{z}$, für welche $\mathfrak{A}(\mathfrak{z})$ wahr ist.

Wir geben hier direkt das Verfahren an, nach welchem man für eine gegebene Reduktion der Formel $(E\,x)\,\mathfrak{A}(x)$, welche zu einer wahren (numerischen) Reduzierten führt, eine Ziffer $\mathfrak{z}$ bestimmt, für welche $\mathfrak{A}(\mathfrak{z})$ wahr ist.

Die Reduzierte von $(E\,x)\,\mathfrak{A}(x)$ ist eine Disjunktion, welche aus einer Formel

$$(E\,x)\,\mathfrak{C}_1(x^{(t)}) \vee \ldots \vee (E\,x)\,\mathfrak{C}_m(x^{(t)}) \vee \mathfrak{C}_{m+1} \vee \ldots \vee \mathfrak{C}_n$$

hervorgeht, indem die ersten $\mathfrak{m}$ Glieder durch gewisse andere von x freie ersetzt werden. Wir haben nun mehrere Möglichkeiten zu unterscheiden.

Es kann zunächst eines der Glieder $\mathfrak{C}_{m+1}, \ldots, \mathfrak{C}_n$ wahr sein. Dann nehmen wir $\mathfrak{z} = 0$.

Es liege nicht der erste Fall vor, es sei aber ein wahres Disjunktionsglied von der Gestalt

$$0^{(t)} = \mathfrak{a} \vee 0^{(t)} < \mathfrak{a} \,\&\, \mathfrak{C}_r^*(\mathfrak{a})$$

bzw.

$$0^{(t)} = \mathfrak{a} \vee 0^{(t)} < \mathfrak{a}$$

vorhanden, welches also aus einem Gliede

$$(E\,x)\,(x^{(t)} = \mathfrak{a}\ \&\ \mathfrak{C}^{*}_{\mathfrak{r}}(x^{(t)}))$$

bzw.

$$(E\,x)\,(x^{(t)} = \mathfrak{a})$$

hervorgeht. Hierbei ist $\mathfrak{a}$ eine Ziffer, und zwar muß zufolge der Wahrheit der Formel

$$0^{(t)} = \mathfrak{a} \lor 0^{(t)} < \mathfrak{a}$$

diese Ziffer die Gestalt $\mathfrak{c}^{(t)}$ haben. Wir nehmen dann für $\mathfrak{z}$ die Ziffer $\mathfrak{c}$.

Wenn keiner der beiden genannten Fälle vorliegt, so bleibt nur die Möglichkeit, daß aus einem der Glieder $(E\,x)\,\mathfrak{C}_{\mathfrak{r}}(x^{(t)})$, in denen $\mathfrak{C}_{\mathfrak{r}}(x^{(t)})$ keine Gleichung als Bestandteil enthält, bei der Reduktion eine wahre Formel hervorgegangen ist. Es sind dann folgende drei Fälle zu betrachten:

1) $\mathfrak{C}_{\mathfrak{r}}(x^{(t)})$ hat die Gestalt

$$\mathfrak{a}_1 < x^{(t)}\ \&\ \ldots\ \&\ \mathfrak{a}_{\mathfrak{f}} < x^{(t)}.$$

$(E\,x)\,\mathfrak{C}_{\mathfrak{r}}(x^{(t)})$ ist dann nach unserer Reduktionsvorschrift durch $0 = 0$ ersetzt worden. Unter den Ziffern $\mathfrak{a}_1, \ldots, \mathfrak{a}_{\mathfrak{f}}$ ist jedenfalls eine, welche alle anderen (soweit sie von ihr verschieden sind) als Bestandteil enthält. Sei $\mathfrak{a}$ diese größte unter jenen Ziffern, so nehmen wir für $\mathfrak{z}$ die Ziffer $\mathfrak{a}'$.

2) $\mathfrak{C}_{\mathfrak{r}}(x^{(t)})$ hat die Gestalt

$$x^{(t)} < \mathfrak{b}_1\ \&\ \ldots\ \&\ x^{(t)} < \mathfrak{b}_{\mathfrak{s}},$$

und gemäß der Reduktionsvorschrift ist für $(E\,x)\,\mathfrak{C}_{\mathfrak{r}}(x^{(t)})$ gesetzt worden

$$0^{(t)} < \mathfrak{b}_1\ \&\ \ldots\ \&\ 0^{(t)} < \mathfrak{b}_{\mathfrak{s}}.$$

Wir nehmen dann für $\mathfrak{z}$ die Ziffer 0.

3) $\mathfrak{C}_{\mathfrak{r}}(x^{(t)})$ hat die Gestalt

$$\mathfrak{a}_1 < x^{(t)}\ \&\ \ldots\ \&\ \mathfrak{a}_{\mathfrak{f}} < x^{(t)}\ \&\ x^{(t)} < \mathfrak{b}_1\ \&\ \ldots\ \&\ x^{(t)} < \mathfrak{b}_{\mathfrak{s}}.$$

Dann ist nach der Reduktionsvorschrift für $(E\,x)\,\mathfrak{C}_{\mathfrak{r}}(x^{(t)})$ gesetzt

$$0^{(t)} < \mathfrak{b}_1\ \&\ \ldots\ \&\ 0^{(t)} < \mathfrak{b}_{\mathfrak{s}}$$
$$\&\ \mathfrak{a}'_1 < \mathfrak{b}_1\ \&\ \ldots\ \&\ \mathfrak{a}'_1 < \mathfrak{b}_{\mathfrak{s}}$$
$$\&\ \ldots$$
$$\vdots$$
$$\&\ \mathfrak{a}'_{\mathfrak{f}} < \mathfrak{b}_1\ \&\ \ldots\ \&\ \mathfrak{a}'_{\mathfrak{f}} < \mathfrak{b}_{\mathfrak{s}}.$$

Unter den Ziffern $\mathfrak{b}_1, \ldots, \mathfrak{b}_{\mathfrak{s}}$ ist jedenfalls eine, welche von allen anderen (soweit diese von ihr verschieden sind) ein Bestandteil ist. Sei $\mathfrak{b}$ diese kleinste von jenen Ziffern, so muß diese wegen der Wahrheit der Formel $0^{(t)} < \mathfrak{b}$ die Gestalt $\mathfrak{c}^{(t+1)}$ haben. Wir nehmen nun für $\mathfrak{z}$ die Ziffer $\mathfrak{c}$.

Daß in jedem der aufgezählten möglichen Fälle die angegebene Ziffer $\mathfrak{z}$ das Gewünschte leistet, d. h. daß für sie die Formel $\mathfrak{A}(\mathfrak{z})$ wahr

wird, erkennt man bei der rückläufigen Verfolgung des Reduktionsverfahrens unter Berücksichtigung der unter a) bis g) angeführten
anschaulichen Tatsachen.

Hiermit ist nun der Nachweis für den zweiten Hilfssatz erbracht
und zugleich damit der Nachweis für unseren Eindeutigkeitssatz abgeschlossen. Die Vereinigung dieser beiden Sätze führt uns nun noch
zu folgendem Ergebnis.

$\Re(a)$ sei eine Reduzierte von $\mathfrak{A}(a)$ und $\mathfrak{S}$ eine Reduzierte von
$(E\,x)\,\mathfrak{A}(x)$ [a komme in $\mathfrak{A}(x)$ nicht mehr vor]; ferner mögen die Formeln
$\Re'(a)$, $\mathfrak{S}'$ aus $\Re(a)$, $\mathfrak{S}$ hervorgehen, indem die gemeinsam in $\mathfrak{A}(x)$, $\Re(x)$
und $\mathfrak{S}$ auftretenden freien Variablen durch gewisse Ziffern ersetzt
werden. Wenn dann für eine Ziffer $\mathfrak{z}$ die numerische Formel $\Re'(\mathfrak{z})$ wahr
ist, so ist auch $\mathfrak{S}'$ wahr, und umgekehrt: wenn $\mathfrak{S}'$ wahr ist, so findet
man an Hand der Reduktion der Formel $(E\,x)\,\Re'(x)$ eine Ziffer $\mathfrak{z}$, für
welche $\Re'(\mathfrak{z})$ wahr ist.

Nämlich eine jede Reduzierte der Formel $(E\,x)\,\Re(x)$ ist zugleich
eine Reduzierte von $(E\,x)\,\mathfrak{A}(x)$, und auf Grund unseres ersten Hilfssatzes folgt weiter, daß eine Reduzierte von $(E\,x)\,\Re'(x)$ auch Reduzierte
derjenigen Formel $(E\,x)\,\mathfrak{A}'(x)$ ist, welche aus $(E\,x)\,\mathfrak{A}(x)$ durch dieselbe
Ziffernersetzung für die freien Variablen hervorgeht, durch die wir
$\Re'(x)$ aus $\Re(x)$ und $\mathfrak{S}'$ aus $\mathfrak{S}$ erhalten. Zugleich folgt aus diesem Hilfssatz, daß auch $\mathfrak{S}'$ eine Reduzierte von $(E\,x)\,\mathfrak{A}'(x)$ ist. Ist also $\Re^*$
eine Reduzierte von $(E\,x)\,\Re'(x)$, so ist gemäß dem Eindeutigkeitssatz
$\Re^*$ dann und nur dann wahr, wenn $\mathfrak{S}'$ wahr ist. Andererseits folgt aus
der Anwendung des zweiten Hilfssatzes auf die Formel $\Re'(a)$ (welche
ja außer a keine Variable enthält), daß, wenn für eine Ziffer $\mathfrak{z}$ die Formel
$\Re'(\mathfrak{z})$ wahr ist, auch $\Re^*$ wahr ist, und daß wir im Falle der Wahrheit
von $\Re^*$ an Hand der Reduktion von $(E\,x)\,\Re'(x)$ eine Ziffer $\mathfrak{z}$ finden,
für die $\Re'(\mathfrak{z})$ wahr ist. Nehmen wir die beiden Folgerungen zusammen,
so erhalten wir unmittelbar unseren behaupteten Satz.

Dieser Satz, welchen wir, um einen kurzen Namen zu haben, als
den „Satz von der partiellen Reduktion" bezeichnen wollen, verhilft
uns nun dazu, den Nachweis der Widerspruchsfreiheit für unser betrachtetes Axiomensystem auf dem geplanten Wege durchzuführen.

Unser Leitgedanke war ja[1], durch die Einführung des Begriffs
„verifizierbar" die Überlegung zu verallgemeinern, die wir in dem
speziellen Fall, wo die gebundenen Variablen ausgeschlossen waren,
mit Hilfe des Begriffes „wahr" ausgeführt hatten, der nur für numerische
Formeln definiert wurde[2]. Diese Verallgemeinerung gelingt nun tatsächlich: Entsprechend, wie wir für jenen speziellen Fall zeigen konnten,
daß in der Beweisfigur, die wir aus dem vorgelegten Beweise einer
numerischen Formel durch die Auflösung in Beweisfäden und die Ausschaltung der freien Variablen gewinnen, jede Formel eine wahre Formel

---

[1] Vgl. S. 232f.   [2] Vgl. S. 232, 237.

sein muß und somit insbesondere die Endformel nicht $0 \neq 0$ lauten kann, werden wir jetzt bei der Zulassung der gebundenen Variablen zeigen, daß in der Beweisfigur, die wir, ausgehend wiederum von einem vorgelegten Beweise einer numerischen Formel, durch die Prozesse der Ausschaltung der Allzeichen, der Auflösung in Beweisfäden und der Rückverlegung aller Einsetzungen in die Ausgangsformeln nebst der Ausschaltung aller verbleibenden Formelvariablen gewinnen, eine jede Formel *verifizierbar* sein muß. Daraus folgt dann, daß die numerische Endformel eine wahre Formel ist, weil ja für numerische Formeln „verifizierbar" mit „wahr" zusammenfällt, und daß sie jedenfalls nicht die Formel $0 \neq 0$ sein kann.

Um nun diesen Nachweis zu führen, daß jede Formel unserer aufgelösten, von Allzeichen, Einsetzungen und Formelvariablen befreiten Beweisfigur verifizierbar ist, machen wir uns noch einmal folgende Eigenschaften dieser Beweisfigur klar. Jede ihrer Ausgangsformeln entsteht durch Einsetzung aus einer identischen Formel des Aussagenkalkuls oder aus der Grundformel (b) des Prädikatenkalkuls oder aus einem unserer Axiome

$$(J_1), \ (J_2), \ (<_1), \ (<_2), \ (<_3), \ (P_1), \ (P_2).$$

Die Aneinanderreihung der Formeln findet statt durch Wiederholungen, durch Umbenennung von gebundenen Variablen, durch Schlußschemata und durch das Schema (β) für das Seinszeichen.

Unsere Behauptung, daß jede Formel der Beweisfigur verifizierbar ist, wird somit erwiesen sein, wenn wir folgendes zeigen können:

1)) Jede aus unseren Axiomen durch Einsetzung entstehende (von Formelvariablen und von Allzeichen freie) Formel ist verifizierbar.

2)) Jede aus einer identischen Formel des Aussagenkalkuls durch Einsetzung entstehende (von Formelvariablen und von Allzeichen freie) Formel ist verifizierbar.

3)) Sind die Formeln $\mathfrak{S}$ und $\mathfrak{S} \rightarrow \mathfrak{T}$ verifizierbar, so ist auch $\mathfrak{T}$ verifizierbar.

4)) An der Verifizierbarkeit einer Formel wird durch eine Umbenennung einer gebundenen Variablen nichts geändert.

5)) Jede Formel von der Gestalt $\mathfrak{A}(a) \rightarrow (Ex) \, \mathfrak{A}(x)$, welche keine Formelvariable und kein Allzeichen enthält, ist verifizierbar.

6)) Ist eine Formel $\mathfrak{A}(a) \rightarrow \mathfrak{B}$ (bei welcher a nur an der angegebenen Argumentstelle auftritt) verifizierbar, so ist auch die Formel $(Ex) \, \mathfrak{A}(x) \rightarrow \mathfrak{B}$ verifizierbar.

Die Begründung von 1)) haben wir in betreff der Formeln

$$(J_1), \ (<_1), \ (<_2), \ (<_3), \ (P_1), \ (P_2)$$

bereits in dem ersten Teil unserer Beweisführung (wo wir noch die gebundenen Variablen ausschlossen) gegeben, indem wir uns klarmachten, daß jede dieser Formeln bei einer Ersetzung der vorkommenden freien Variablen durch Ziffern eine *wahre* numerische Formel ergibt.

Eine besondere Behandlung erfordert noch das zweite Gleichheitsaxiom (J_2). Eine aus diesem durch Einsetzung entstehende Formel hat die Gestalt

$$\mathfrak{a} = \mathfrak{b} \to (\mathfrak{A}(\mathfrak{a}) \to \mathfrak{A}(\mathfrak{b})),$$

und zwar haben wir hier noch die Bedingung, daß in $\mathfrak{A}(\mathfrak{a})$, $\mathfrak{A}(\mathfrak{b})$ keine Formelvariable und kein Allzeichen auftritt. Um zu zeigen, daß eine solche Formel verifizierbar ist, genügt es (gemäß dem Eindeutigkeitssatz), für ein bestimmtes Verfahren der Reduktion dieser Formel die Verifizierbarkeit der Reduzierten nachzuweisen. Wir können die Reduktion jedenfalls so ausführen, daß — nach Wahl einer in $\mathfrak{A}(x)$ nicht vorkommenden freien Variablen, etwa r — die Reduzierten von $\mathfrak{A}(\mathfrak{a})$ und $\mathfrak{A}(\mathfrak{b})$ aus einer Reduzierten von $\mathfrak{A}(r)$ durch Einsetzung von $\mathfrak{a}$ bzw. $\mathfrak{b}$ für r entstehen, so daß, wenn $\mathfrak{B}(r)$ jene Reduzierte von $\mathfrak{A}(r)$ ist, die Reduzierte der ganzen Formel lautet

$$\mathfrak{a} = \mathfrak{b} \to (\mathfrak{B}(\mathfrak{a}) \to \mathfrak{B}(\mathfrak{b})).$$

Diese Formel, in der nun keine gebundene Variable mehr vorkommt, hat aber, wie wir uns schon an früherer Stelle klargemacht haben, die Eigenschaft, bei einer beliebigen Ersetzung der vorkommenden freien Variablen durch Ziffern eine wahre Formel zu ergeben, sie ist somit verifizierbar.

Zum Nachweis von 2)) brauchen wir nur an die Tatsache zu erinnern, daß eine Reduzierte einer Formel $\mathfrak{F}$, welche sich durch die Operationen des Aussagenkalkuls aus gewissen Formeln $\mathfrak{F}_1, \ldots, \mathfrak{F}_t$ zusammensetzt, in der gleichen Weise zusammengesetzt ist aus Reduzierten der Formeln $\mathfrak{F}_1, \ldots, \mathfrak{F}_t$.

Aus dieser Tatsache ergibt sich zufolge des Eindeutigkeitssatzes zugleich die Gültigkeit von 3)), indem wir die im ersten Teil unserer Beweisführung für das Schlußschema angestellte Überlegung hinzunehmen.

4)) ist ohne weiteres ersichtlich, da ja die Benennung der gebundenen Variablen auf das Ergebnis der Reduktion einer Formel keinen Einfluß hat.

Die Begründung von 5)) und 6)) gewinnen wir aus dem Satz von der partiellen Reduktion.

Betrachten wir zum Nachweis von 5)) eine Formel der Gestalt

$$\mathfrak{A}(a) \to (E\,x)\,\mathfrak{A}(x),$$

in der keine Formelvariable und kein Allzeichen vorkommen soll. Sei $\mathfrak{R}(a)$ eine Reduzierte von $\mathfrak{A}(a)$ und $\mathfrak{S}$ eine Reduzierte von $(E\,x)\,\mathfrak{A}(x)$, dann ist

$$\mathfrak{R}(a) \to \mathfrak{S}$$

eine Reduzierte der betrachteten Formel. Wir haben zu zeigen, daß eine jede aus der Formel

$$\mathfrak{R}(a) \to \mathfrak{S}$$

bei Ersetzung der freien Variablen durch Ziffern hervorgehende numerische Formel

$$\mathfrak{R}'(\mathfrak{z}) \to \mathfrak{S}'$$

wahr ist. Dieses folgt aber unmittelbar aus dem Satz von der partiellen Reduktion, denn gemäß diesem ist ja, sofern $\mathfrak{R}'(\mathfrak{z})$ wahr ist, auch $\mathfrak{S}'$ wahr.

Ebenso leicht erhalten wir die Begründung von 6)); wir haben hier die Voraussetzung, daß die Formel

$$\mathfrak{A}(a) \to \mathfrak{B},$$

in welcher a nur an der angegebenen Argumentstelle auftritt, verifizierbar sei. Es soll gezeigt werden, daß dann auch

$$(E x)\, \mathfrak{A}(x) \to \mathfrak{B}$$

verifizierbar ist. Es sei $\mathfrak{R}(a)$ eine Reduzierte von $\mathfrak{A}(a)$, $\mathfrak{S}$ eine Reduzierte von $(E x)\, \mathfrak{A}(x)$ und $\mathfrak{T}$ eine Reduzierte von $\mathfrak{B}$. Dann ist

$$\mathfrak{R}(a) \to \mathfrak{T}$$

eine Reduzierte von

$$\mathfrak{A}(a) \to \mathfrak{B}$$

und

$$\mathfrak{S} \to \mathfrak{T}$$

eine Reduzierte von

$$(E x)\, \mathfrak{A}(x) \to \mathfrak{B}.$$

Die Formel

$$\mathfrak{S} \to \mathfrak{T}$$

ist als verifizierbar erkannt, wenn wir zeigen können, daß bei jeder Ersetzung der freien Variablen durch Ziffern die entstehende numerische Formel

$$\mathfrak{S}' \to \mathfrak{T}'$$

wahr ist, daß also für jede Ersetzung, bei der $\mathfrak{S}'$ wahr ist, auch $\mathfrak{T}'$ wahr ist. Dieses ergibt sich nun so:

Die von der Formel $\mathfrak{S}$ zu $\mathfrak{S}'$ führende Ziffernersetzung führe die Formel $\mathfrak{R}(a)$ in $\mathfrak{R}'(a)$ über [man beachte, daß gemäß unserer Voraussetzung die Variable a nicht in $\mathfrak{A}(x)$ und daher auch nicht in $\mathfrak{S}$ auftritt]; gemäß dem Satz von der partiellen Reduktion liefert dann im Falle der Wahrheit von $\mathfrak{S}'$ das Verfahren der Reduktion von $(E x)\, \mathfrak{R}'(x)$ eine Ziffer $\mathfrak{z}$, für welche $\mathfrak{R}'(\mathfrak{z})$ wahr ist. Zufolge unserer Voraussetzung, daß

$$\mathfrak{A}(a) \to \mathfrak{B}$$

verifizierbar ist, muß aber die Formel

$$\mathfrak{R}(a) \to \mathfrak{T}$$

verifizierbar sein, d. h. bei jeder Ziffernersetzung eine wahre numerische Formel liefern, somit muß auch die Formel

$$\Re'(\mathfrak{z}) \to \mathfrak{T}'$$

wahr sein; und da $\Re'(\mathfrak{z})$ wahr ist, so ist auch $\mathfrak{T}'$ wahr.

Hiermit ist nun der Nachweis der Widerspruchsfreiheit für unser betrachtetes Axiomensystem in allen Teilen zu Ende geführt. Zugleich entnehmen wir aus diesem Nachweis folgenden schärferen Satz:

Jede aus unseren Axiomen ableitbare, von Formelvariablen und von Allzeichen freie Formel ist verifizierbar.

Was die beiden hier genannten Einschränkungen betrifft, so läßt sich zunächst die auf die Allzeichen bezügliche Beschränkung dadurch aufheben, daß wir den Prozeß, durch den die Allzeichen ausgeschaltet werden, nämlich die Ersetzung eines jeden Ausdrucks von der Form $(x)\,\mathfrak{A}(x)$ durch $\overline{(E\,x)\,\overline{\mathfrak{A}(x)}}$ (und entsprechend für eine andere gebundene Variable statt x), mit zu dem Verfahren der Reduktion einer Formel rechnen. Dadurch wird der Begriff einer Reduzierten und damit auch der *Begriff „verifizierbar" auf die Formeln mit Allzeichen ausgedehnt.* Der Satz, daß *jede ableitbare Formel verifizierbar* ist, gilt hiernach *im Bereiche aller der Formeln, welche keine Formelvariablen enthalten.*

Von den ableitbaren Formeln, welche eine oder mehrere Formelvariablen enthalten, gilt, daß eine jede aus ihnen durch Einsetzung hervorgehende Formel, welche von Formelvariablen frei ist, auch verifizierbar ist. (Man beachte hierbei, daß es sich bei dieser Behauptung nur um solche Einsetzungen handelt, bei denen die einzusetzenden Formeln aus unseren eingeführten Symbolen aufgebaut sind.)

Als ein weiteres Ergebnis entnehmen wir aus unserer Überlegung, daß wir *bei der Ableitung von Formeln, welche keine Formelvariablen enthalten, überhaupt die Formelvariablen entbehrlich* machen können, indem wir diejenigen Ausgangsformeln, in denen Formelvariablen auftreten — es sind die identischen Formeln des Aussagenkalkuls, die Grundformeln (a), (b) und die Formel (J_2) — durch entsprechende *„Axiomenschemata"* ersetzen. Ein solches Axiomenschema besteht in der Festsetzung, daß eine Formel von gewisser angegebener Gestalt als Ausgangsformel genommen werden kann. So entspricht z. B. der identischen Formel

$$A \vee \overline{A}$$

die Festsetzung, daß eine jede Formel

$$\mathfrak{A} \vee \overline{\mathfrak{A}}$$

als Ausgangsformel genommen werden kann, und der Formel

$$(x)\,A\,(x) \to A\,(a)$$

entspricht die Festsetzung. daß eine jede Formel der Gestalt

$$(x) \, \mathfrak{A}(x) \to \mathfrak{A}(a)$$

als Ausgangsformel genommen werden kann. Dabei wird dann der Begriff „Formel" so eingeschränkt, daß eine Formelvariable mit oder ohne Argument nicht mehr als Primformel gilt und somit das Auftreten der Formelvariablen ganz vermieden wird.

Dieses Verfahren ist in der Tat für die formale Deduktion — sofern es uns nicht darauf ankommt, die logischen Sätze selbst durch Formeln darzustellen, sondern nur die Logik als Verfahren des Schließens zu formalisieren — dem von uns angewandten Verfahren (der Benutzung von Ausgangsformeln mit Formelvariablen) gleichwertig. Das zeigt uns direkt die Methode der Rückverlegung aller Einsetzungen in die Ausgangsformeln nebst der Ausschaltung der verbleibenden Formelvariablen[1]. Denn durch diese werden wir ja zu einer Auflösungsfigur geführt, in welcher an Stelle derjenigen Ausgangsformeln, welche Formelvariablen enthalten, entsprechend gebaute, aber von Formelvariablen freie Ausgangsformeln stehen, die aus jenen durch Einsetzung hervorgehen[2]. Wir wollen uns die hiermit festgestellte Tatsache der Vermeidbarkeit der Formelvariablen für später gegenwärtig halten.

Kehren wir nun zu unserem Hauptergebnis zurück, welches besagt: Eine jede aus unseren eingeführten Symbolen aufgebaute, von Formelvariablen freie Formel, welche mit Hilfe des Prädikatenkalkuls aus den Axiomen[3]

$$(J_1), \; (J_2), \; (<_1), \; (<_2), \; (<_3), \; (P_1), \; (P_2)$$

ableitbar ist, ist auch verifizierbar.

Dieses Ergebnis legt uns die Frage nahe, ob nicht auch der umgekehrte Satz besteht, daß eine aus unseren Symbolen aufgebaute verifizierbare Formel mit Hilfe des Prädikatenkalkuls aus den genannten Axiomen ableitbar ist.

Diese Frage ist in verneinendem Sinne zu beantworten: Es lassen sich verschiedene aus unseren Symbolen gebildete Formeln angeben, die zwar verifizierbar, aber nicht ableitbar sind. So ist z. B. die Formel

$$a < b \; \to \; a' = b \lor a' < b$$

einerseits, wie man sofort erkennt, verifizierbar, andererseits aber kann sie nicht aus unseren Axiomen abgeleitet werden. Der Nachweis hierfür gelingt mittels einer Modifikation der Methode, durch welche wir die Widerspruchsfreiheit unseres betrachteten Axiomensystems erkannt haben.

---

[1] Vgl. S. 224—227.

[2] Die Methode der Einführung von Axiomenschematen zur Vermeidung der Formelvariablen wurde zuerst von J. v. Neumann in seiner Abhandlung „Zur Hilbertschen Beweistheorie" [Math. Z. Bd. 26 (1927) Heft 1] angewandt.

[3] Vgl. S. 219.

Wir erweitern den Begriff der Ziffer, indem wir das Symbol α sowie diejenigen Figuren $\alpha^{(t)}$, die aus α durch ein- oder mehrmalige Anwendung des Strichsymbols entstehen, als eine neue Art von Ziffern einführen, die wir im Unterschied von den Ziffern im gewöhnlichen Sinn (den „Ziffern erster Art") als „Ziffern zweiter Art" bezeichnen. Diese Einführung und Bezeichnung erfolgt nur im Rahmen des hier auszuführenden Nachweises. Auch sollen die Ziffern zweiter Art und die mit ihnen gebildeten Formeln nicht im deduktiven Formalismus zur Einsetzung zugelassen sein, vielmehr werden sie nur zu einer veränderten Bestimmung des Begriffes „verifizierbar" benutzt. Diese Änderung unserer Definition der Verifizierbarkeit erhalten wir aus einer Erweiterung der Definitionen für die Termini „numerisch", „wahr", „falsch" und aus einer Änderung des Reduktionsverfahrens.

Wir nennen eine Formel numerisch, wenn sie eine Gleichung oder Ungleichung zwischen Ziffern (erster oder zweiter Art) ist, oder wenn sie aus solchen Formeln durch die Operationen des Aussagenkalkuls gewonnen wird.

Die Definition von „wahr" und „falsch" bleibt für numerische Gleichungen dieselbe wie vordem, ebenso auch für Ungleichungen zwischen zwei Ziffern erster Art und solche zwischen zwei Ziffern zweiter Art; hiernach ist eine Ungleichung $\alpha^{(t)} < \alpha^{(l)}$ wahr, wenn $\alpha^{(t)}$ von $\alpha^{(l)}$ verschieden und ein Bestandteil von $\alpha^{(l)}$ ist, und sonst ist sie falsch. Für Ungleichungen zwischen einer Ziffer erster Art und einer Ziffer zweiter Art gelten folgende Festsetzungen: Für jede Ziffer zweiter Art $\mathfrak{n}$ ist

$$0 < \mathfrak{n}$$

wahr und

$$\mathfrak{n} < 0$$

falsch. Für jede von 0 verschiedene Ziffer erster Art $\mathfrak{z}$ und jede Ziffer zweiter Art $\mathfrak{n}$ ist

$$\mathfrak{n} < \mathfrak{z}$$

wahr und

$$\mathfrak{z} < \mathfrak{n}$$

falsch. Aus der Definition von „wahr" und „falsch" für Gleichungen und Ungleichungen ergibt sich ganz wie früher die Definition für beliebige numerische Formeln.

Für diese erweiterten Definitionen von „wahr" und „falsch" läßt sich nun unser Reduktionsverfahren derart abändern, daß wiederum der Eindeutigkeitssatz und der Satz von der partiellen Reduktion gültig ist. Um nämlich dieser Anforderung zu genügen, haben wir nur nötig, den Prozeß 4 des Reduktionsverfahrens[1] sowie die Ersetzungen für die Ausdrücke

$$(E\,x)\,\mathfrak{C}_{\mathfrak{r}}(x^{(t)}),$$

---

[1] Vgl. S. 235.

welche bei unserem ursprünglichen Reduktionsverfahren entsprechend der gewöhnlichen inhaltlichen Deutung der Formeln erfolgten, der veränderten Deutung durch die Hinzunahme der Ziffern zweiter Art anzupassen. Die veränderte Deutung macht sich dadurch geltend, daß wir bei einer Gleichung

$$x^{(\mathfrak{l})} = \mathfrak{a}$$

und bei einer Ungleichung

$$x^{(\mathfrak{l})} < \mathfrak{a} \quad \text{bzw.} \quad \mathfrak{a} < x^{(\mathfrak{l})}$$

die Fälle zu unterscheiden haben, daß an die Stelle von x bzw. $\mathfrak{a}$ eine Ziffer erster Art oder eine Ziffer zweiter Art tritt. Diese Unterscheidung können wir aber formalisieren, da die Eigenschaften, Ziffer erster Art bzw. Ziffer zweiter Art zu sein, sich formal darstellen lassen, nämlich durch die Formeln

$$0' < a''$$

bzw.

$$a' < 0';$$

und zwar besteht die Darstellung in dem Sinne, daß bei jeder Ersetzung von a durch eine Ziffer erster Art die erste Formel in eine wahre, die zweite in eine falsche numerische Formel übergeht, und bei jeder Ersetzung von a durch eine Ziffer zweiter Art die erste Formel in eine· falsche, die zweite in eine wahre Formel übergeht.

Auf Grund hiervon gelangen wir zu folgenden Änderungen des Reduktionsverfahrens:

Bei dem Prozeß 4, wo es sich darum handelt, die Variable x überall mit der höchsten vorkommenden Anzahl $\mathfrak{t}$ von Strichen zu versehen, wird eine Ungleichung

$$x^{(\mathfrak{r})} < \mathfrak{a} \,,$$

worin die Strichzahl $\mathfrak{r}$ kleiner als $\mathfrak{t}$ ist, anstatt in

$$x^{(\mathfrak{t})} < \mathfrak{a}^{(\mathfrak{s})}$$

— wobei $\mathfrak{s}$ durch die Bedingung $\mathfrak{r} + \mathfrak{s} = \mathfrak{t}$ bestimmt ist — in den Ausdruck

$$(0' < \mathfrak{a}' \,\&\, x^{(\mathfrak{t})} < \mathfrak{a}^{(\mathfrak{s})}) \lor (\mathfrak{a}' < 0' \,\&\, x^{(\mathfrak{t})} = 0^{(\mathfrak{s})} \lor x^{(\mathfrak{t})} < \mathfrak{a}^{(\mathfrak{s})})$$

umgewandelt, und eine Ungleichung

$$\mathfrak{a} < x^{(\mathfrak{r})}$$

wird, wenn $\mathfrak{r} < \mathfrak{t}$ und $\mathfrak{r} + \mathfrak{s} = \mathfrak{t}$ ist, anstatt in

$$\mathfrak{a}^{(\mathfrak{s})} < x^{(\mathfrak{t})}$$

in den Ausdruck

$$(0^{(\mathfrak{s})} < x^{(\mathfrak{t})} \,\&\, \mathfrak{a}^{(\mathfrak{s})} < x^{(\mathfrak{t})}) \lor (x^{(\mathfrak{t})} < 0' \,\&\, \mathfrak{a} = 0 \lor \mathfrak{a}^{(\mathfrak{s})} < x^{(\mathfrak{t})})$$

umgewandelt.

Bei der Ersetzung für

$$(E\,x)\,(x^{(\mathfrak{t})} = \mathfrak{a}) \quad \text{bzw.} \quad (E\,x)\,(x^{(\mathfrak{t})} = \mathfrak{a} \,\&\, \mathfrak{C}_{\mathfrak{r}}^{*}(x))$$

tritt an die Stelle von
$$0^{(t)} = \mathfrak{a} \lor 0^{(t)} < \mathfrak{a}$$
der Ausdruck
$$0^{(t)} = \mathfrak{a} \lor 0^{(t)} < \mathfrak{a} \lor (\mathfrak{a} < 0' \,\&\, \alpha^{(t)} = \mathfrak{a} \lor \alpha^{(t)} < \mathfrak{a});$$
und bei der Ersetzung für
$$(E\,x)\,(\mathfrak{a}_1 < x^{(t)} \,\&\, \ldots \&\, \mathfrak{a}_\mathfrak{f} < x^{(t)} \,\&\, x^{(t)} < \mathfrak{b}_1 \,\&\, \ldots \&\, x^{(t)} < \mathfrak{b}_\mathfrak{\hat s})$$
tritt an die Stelle von
$$0^{(t)} < \mathfrak{b}_1 \,\&\, \ldots \&\, 0^{(t)} < \mathfrak{b}_\mathfrak{\hat s}$$
der Ausdruck
$$(0^{(t)} < \mathfrak{b}_1 \,\&\, \ldots \&\, 0^{(t)} < \mathfrak{b}_\mathfrak{\hat s}) \lor (\mathfrak{a}_1 < 0' \,\&\, \ldots \&\, \mathfrak{a}_\mathfrak{f} < 0' \,\&\, \alpha^{(t)} < \mathfrak{b}_1 \,\&\, \ldots \&\, \alpha^{(t)} < \mathfrak{b}_\mathfrak{\hat s})$$
sowie ferner an die Stelle eines jeden von den Konjunktionsgliedern
$$\mathfrak{a}'_\mathfrak{p} < \mathfrak{b}_\mathfrak{q} \qquad (\mathfrak{p} = 1, \ldots, \mathfrak{f};\; \mathfrak{q} = 1, \ldots, \mathfrak{\hat s})$$
der Ausdruck
$$\mathfrak{a}'_\mathfrak{p} < \mathfrak{b}_\mathfrak{q} \lor (\mathfrak{a}_\mathfrak{p} = 0 \,\&\, \alpha < \mathfrak{b}_\mathfrak{q}).$$

Nunmehr kann die Definition des Begriffes „verifizierbar" mit dem früheren Wortlaut[1], im Sinne der geänderten Bedeutung der vorkommenden Termini, übernommen werden. Wir können dann zunächst wieder feststellen, daß die Formeln (J_1), $(<_1)$, $(<_2)$, $(<_3)$, (P_1), (P_2) sowie auch diejenigen Formeln ohne Formelvariablen, welche aus der Formel (J_2) durch Einsetzung hervorgehen, verifizierbar sind; und weiter ergibt sich auf Grund der Sätze über die Reduktion (deren Gültigkeit wir ja durch die Änderung unseres Reduktionsverfahrens aufrechterhalten haben), daß eine jede aus unseren betrachteten Axiomen ableitbare Formel verifizierbar ist.

Hieraus folgt nun, daß die Formel
$$a < b \;\rightarrow\; a' = b \lor a' < b$$
aus unseren Axiomen nicht ableitbar ist; denn im Sinne unserer geänderten Begriffsbestimmung ist diese Formel nicht verifizierbar; ersetzen wir nämlich in ihr die Variable a durch die Ziffer 0, b durch α, so erhalten wir die Formel
$$0 < \alpha \;\rightarrow\; 0' = \alpha \lor 0' < \alpha,$$
welche falsch ist.

Der hiermit erwiesene Sachverhalt ist insofern nicht überraschend, als ja in dem System unserer Axiome und Regeln nur vier von den fünf PEANOschen Axiomen der Zahlentheorie ihre Formalisierung erfahren, während das Axiom der vollständigen Induktion weggelassen ist.

Es ist nun bemerkenswert, daß wir zur Vervollständigung unseres Axiomensystems nicht nötig haben, das Axiom der vollständigen Induktion selbst, sei es nun als Formel oder als Schema, hinzuzunehmen,

---

[1] Vgl. S. 237 f., 247.

daß vielmehr an dessen Stelle gewisse elementare Axiome genügen, um zu bewirken, daß eine jede verifizierbare Formel auch ableitbar ist.

Den Wegweiser zu einer solchen Ergänzung unseres Axiomensystems liefert uns unser Reduktionsverfahren. Um nämlich zu erreichen, daß jede verifizierbare Formel ableitbar ist, brauchen wir nur dafür zu sorgen, daß eine *jede Formel ohne Formelvariable ihren Reduzierten deduktionsgleich* wird. In der Tat: Sei diese Bedingung auf Grund der Hinzunahme gewisser (aus unseren Symbolen gebildeten) Axiome erfüllt, dann ergibt sich, daß jede verifizierbare Formel auch ableitbar ist. Um dieses zu zeigen, schicken wir folgenden Satz voraus: Jede wahre numerische Formel ist aus unseren Axiomen ableitbar. Nämlich:

1. Eine wahre numerische Gleichung hat die Gestalt

$$\mathfrak{z} = \mathfrak{z}$$

und geht durch Einsetzung aus der Formel (J_1) hervor.

2. Die Negation einer numerischen Gleichung hat, wenn sie wahr ist, die Gestalt

$$0^{(t)} \neq 0^{(t+f)}$$

bzw.

$$0^{(t+f)} \neq 0^{(t)},$$

wobei t von 0 verschieden ist. Eine solche Formel wird durch Anwendung der Axiome (P_1), (P_2) und des Aussagenkalkuls abgeleitet.

3. Eine wahre numerische Ungleichung hat die Gestalt

$$\mathfrak{z} < \mathfrak{z}^{(t)},$$

wobei t von 0 verschieden ist. Sie wird durch Anwendung der Axiome $(<_2)$, $(<_3)$ und des Aussagenkalkuls abgeleitet.

4. Die Negation einer numerischen Ungleichung hat, wenn sie wahr ist, die Gestalt

$$\overline{\mathfrak{z}^{(t)} < \mathfrak{z}},$$

wobei hier t auch 0 sein kann. Eine solche Formel wird durch Anwendung der Axiome $(<_1)$, $(<_2)$, $(<_3)$ und des Aussagenkalkuls abgeleitet.

Aus der Erledigung dieser vier Sonderfälle ergibt sich nun die Ableitbarkeit einer jeden wahren numerischen Formel folgendermaßen: Wir können zunächst die numerische Formel mit Hilfe der Umformungen des Aussagenkalkuls in eine konjunktive Normalform überführen. Jedes Konjunktionsglied dieser Normalform ist seinerseits eine wahre numerische Formel und hat die Gestalt einer Disjunktion, worin jedes Glied eine Gleichung oder Ungleichung oder die Negation einer solchen ist. Da diese Disjunktion wahr ist, so muß sie mindestens ein wahres Disjunktionsglied enthalten. Für dieses liegt aber dann einer der vier behandelten Sonderfälle vor und es ist daher ableitbar. Damit ist dann auch die ganze Disjunktion (gemäß dem Aussagenkalkul) ableitbar. Da dieses für jede als Konjunktionsglied auftretende Disjunktion gilt, so ist die ganze konjunktive Normalform und somit auch die vorgelegte wahre numerische Formel ableitbar.

Auf Grund des hiermit bewiesenen Satzes können wir nun den Nachweis für unsere Behauptung führen, daß, wenn durch eine Hinzufügung von Axiomen — es soll sich nur um solche Axiome handeln, in denen keine Formelvariable und kein neues Symbol auftritt — jede Formel ohne Formelvariable ihren Reduzierten deduktionsgleich wird, dann auch jede verifizierbare Formel ableitbar wird.

Denken wir uns unseren Formalismus auf die genannte Art durch neue Axiome erweitert, so daß jede Formel ohne Formelvariable ihren Reduzierten deduktionsgleich wird. Sei nun $\mathfrak{A}$ eine verifizierbare Formel und nehmen wir zunächst an, diese enthalte keine freie Individuenvariable; $\mathfrak{R}$ sei eine Reduzierte von $\mathfrak{A}$. Dann ist nach der Definition von „verifizierbar" $\mathfrak{R}$ eine wahre numerische Formel. Eine solche Formel ist aber, wie wir erkannt haben, ableitbar. Andererseits ist gemäß unserer Voraussetzung die Formel $\mathfrak{A}$ ihrer Reduzierten $\mathfrak{R}$ deduktionsgleich. Es kann also $\mathfrak{A}$ aus $\mathfrak{R}$ abgeleitet werden. Somit ist $\mathfrak{A}$ eine ableitbare Formel.

Betrachten wir nun den Fall, daß die verifizierbare Formel freie Variablen enthält. Seien $a, b, \ldots, r$ diese freien Variablen, und die Formel $\mathfrak{A}$ werde demgemäß ausführlicher durch

$$\mathfrak{B}(a, b, \ldots, r)$$

angegeben. Die Voraussetzung der Verifizierbarkeit von $\mathfrak{A}$ besagt, daß eine jede Reduzierte von $\mathfrak{B}(a, b, \ldots, r)$ bei beliebiger Ersetzung der Variablen $a, b, \ldots, r$ durch Ziffern in eine wahre numerische Formel übergeht. Wir bilden nun aus $\mathfrak{B}(a, b, \ldots, r)$ die Formel

$$(E\,x)\,(E\,y) \ldots (E\,u)\,\overline{\mathfrak{B}(x, y, \ldots, u)}.$$

[Die Benennung der Variablen sei so gewählt, daß $x, y, \ldots, u$ nicht in $\mathfrak{B}(a, b, \ldots, r)$ vorkommen.] Jede Reduzierte dieser Formel ist numerisch, also jedenfalls entweder wahr oder falsch. Wir können aber leicht erkennen, daß sie nicht wahr sein kann. Wäre nämlich eine Reduzierte der Formel

$$(E\,x)\,(E\,y) \ldots (E\,u)\overline{\mathfrak{B}(x, y, \ldots, u)}$$

wahr, so würde nach dem Satz von der partiellen Reduktion für eine gewisse Ziffer $\mathfrak{z}_1$, die man an Hand des Reduktionsverfahrens findet, auch die Formel

$$(E\,y) \ldots (E\,u)\,\overline{\mathfrak{B}(\mathfrak{z}_1, y, \ldots, u)}$$

eine wahre Reduzierte haben. Aus der Feststellung der Wahrheit dieser Reduzierten würde sich wiederum eine Ziffer $\mathfrak{z}_2$ ergeben, für welche die Reduzierte der Formel

$$(E\,z) \ldots (E\,u)\,\overline{\mathfrak{B}(\mathfrak{z}_1, \mathfrak{z}_2, z, \ldots, u)}$$

wahr ist. Ist $\mathfrak{k}$ die Anzahl der Variablen $x, y, z, \ldots, u$, so würden wir durch $\mathfrak{k}$-malige Anwendung der gleichen Überlegung zu dem Ergebnis gelangen, daß für gewisse Ziffern

die Formel
$$\frac{\mathfrak{z}_1, \ldots, \mathfrak{z}_{\mathfrak{k}}}{\mathfrak{B}(\mathfrak{z}_1, \ldots, \mathfrak{z}_{\mathfrak{k}})}$$

eine wahre Reduzierte hat, im Widerspruch zu der Tatsache, daß jede Reduzierte der Formel $\mathfrak{B}(a, b, \ldots, r)$ bei jeder Ersetzung der Variablen durch Ziffern in eine wahre Formel übergeht.

Somit müssen die Reduzierten der Formel

$$(E\,x)\,(E\,y) \ldots (E\,u)\,\overline{\mathfrak{B}(x, y, \ldots, u)}$$

falsch sein, und daher sind die Reduzierten der Formel

$$\overline{(E\,x)}\,(E\,y) \ldots (E\,u)\,\overline{\mathfrak{B}(x, y, \ldots, u)}$$

wahr. Diese Formel ist also eine verifizierbare Formel ohne freie Variablen. Von einer solchen wissen wir aber, daß sie ableitbar ist. Wir erhalten ferner aus der Formel

$$\overline{(E\,x)}\,(E\,y) \ldots (E\,u)\,\overline{\mathfrak{B}(x, y, \ldots, u)}$$

durch den Prädikatenkalkul (gemäß der Regel (λ)[1]) die Formel

$$(x)\,(y) \ldots (u)\,\mathfrak{B}(x, y, \ldots, u)$$

und aus dieser (gemäß der Regel (ε')[2]) die Formel

$$\mathfrak{B}(a, b, \ldots, r),$$

d. h. die Formel $\mathfrak{A}$. Somit ist auch die Formel $\mathfrak{A}$ ableitbar.

Hiermit ist nun in der Tat gezeigt, daß unter der gemachten Voraussetzung eine jede verifizierbare Formel auch ableitbar ist. Sind andererseits die zur Erfüllung jener Voraussetzung hinzugefügten Axiome alle verifizierbar, so bleibt der Satz erhalten, daß jede ableitbare Formel, welche keine Formelvariablen enthält, verifizierbar ist, so daß dann im Bereiche der Formeln ohne Formelvariablen Verifizierbarkeit und Ableitbarkeit sich decken.

Wir müssen nun zusehen, ob wir jene Voraussetzung, unter der sich dieser übersichtliche Sachverhalt ergibt, auch wirklich erfüllen können, d. h. ob wir durch Hinzunahme geeigneter Formeln zu unserem Axiomensystem bewirken können, daß jede Formel, die keine Formelvariable enthält, jeder ihrer Reduzierten deduktionsgleich wird.

Dieses ist in der Tat möglich; es läßt sich sogar die schärfere Forderung erfüllen, daß eine jede Formel $\mathfrak{A}$, die keine Formelvariable enthält, in jede Reduzierte $\mathfrak{R}$ von ihr *überführbar* ist, so daß also die Formel

$$\mathfrak{A} \sim \mathfrak{R}$$

mit Hilfe des erweiterten Axiomensystems ableitbar ist.

---

[1] Vgl. S. 139   [2] Vgl. S. 133.

Damit nämlich dieses der Fall sei, ist es ja ausreichend, daß einer jeden Umformung, die wir bei dem Reduktionsverfahren zu vollziehen haben, eine ableitbare Äquivalenz entspricht. Gehen wir nun im Hinblick hierauf unser Reduktionsverfahren noch einmal durch[1], indem wir nachsehen, was für Formeln ableitbar sein müssen, damit bei jedem Schritt des Reduktionsverfahrens die vorherige Formel in die nachherige überführbar ist, so erkennen wir, daß außer den ableitbaren Äquivalenzen des Prädikatenkalkuls (in welchem ja der Aussagenkalkul inbegriffen ist), nur noch folgende Äquivalenzen erfordert werden[2]:

$((1))$ $\quad a \neq b \sim a < b \lor b < a$,

$((2))$ $\quad \overline{a < b} \sim a = b \lor b < a$,

$((3))$ $\quad a^{(\mathfrak{k})} = a^{(\mathfrak{l})} \sim 0^{(\mathfrak{k})} = 0^{(\mathfrak{l})} \Big\}$

$((4))$ $\quad a^{(\mathfrak{k})} < a^{(\mathfrak{l})} \sim 0^{(\mathfrak{k})} < 0^{(\mathfrak{l})} \Big\}$ (für beliebige Strichzahlen $\mathfrak{k}, \mathfrak{l}$),

$((5))$ $\quad a = b \sim b = a$,

$((6))$ $\quad a = b \sim a' = b'$,

$((7))$ $\quad a < b \sim a' < b'$,

$((8))$ $\quad (E\,x)\,(x^{(\mathfrak{t})} = a) \sim 0^{(\mathfrak{t})} = a \lor 0^{(\mathfrak{t})} < a$,

$((9))$ $\quad (E\,x)\,(x^{(\mathfrak{t})} = a\ \&\ A\,(x^{(\mathfrak{t})})) \sim (0^{(\mathfrak{t})} = a \lor 0^{(\mathfrak{t})} < a)\ \&\ A\,(a)$,

$$((10))\ \left\{ \begin{array}{l} (E\,x)\,(a_1 < x^{(\mathfrak{t})}\ \&\ \ldots\ \&\ a_{\mathfrak{k}} < x^{(\mathfrak{t})}\ \&\ x^{(\mathfrak{t})} < b_1\ \&\ \ldots\ \&\ x^{(\mathfrak{t})} < b_{\mathfrak{s}}) \\ \sim 0^{(\mathfrak{t})} < b_1\ \&\ \ldots\ \&\ 0^{(\mathfrak{t})} < b_{\mathfrak{s}}\ \&\ a'_1 < b_1\ \&\ \ldots\ \&\ a'_1 < b_{\mathfrak{s}} \\ \&\ \ldots\ \&\ a'_{\mathfrak{k}} < b_1\ \&\ \ldots\ \&\ a'_{\mathfrak{k}} < b_{\mathfrak{s}}. \end{array} \right.$$

$[a_1, \ldots, a_{\mathfrak{k}}, b_1, \ldots, b_{\mathfrak{s}}$ sind hier freie Variablen. Die Strichzahl $\mathfrak{t}$ ist in $((8))$, $((9))$ und $((10))$ beliebig.]

Von diesen Äquivalenzen sind zunächst $((3))$, $((4))$, $((5))$, $((6))$ aus unseren bisherigen Axiomen ableitbar. Nämlich $((5))$ erhalten wir aus den Gleichheitsaxiomen, $((6))$ aus der Formel (P_2) nebst den Gleichheitsaxiomen, $((3))$ aus den Gleichheitsaxiomen und $(<_1)$, $(<_2)$, $(<_3)$.[3]

Zerlegen wir die Aquivalenzen $((1))$, $((2))$, $((7))$ gemäß dem Schema der Äquivalenz in Implikationen, so sind zunächst die Implikationen

$$a < b \lor b < a\ \rightarrow\ a \neq b,$$
$$a = b \lor b < a\ \rightarrow\ \overline{a < b}$$

aus den Axiomen $(<_1)$, $(<_2)$ und dem zweiten Gleichheitsaxiom ableitbar. Von den nun aus $((1))$, $((2))$, $((7))$ verbleibenden vier Implikationen

---

[1] Vgl. S. 234—237.

[2] Der Leser kann, wenn er die hier folgenden Ableitungen übergehen will, bei der Angabe des Axiomensystems (A) auf S. 262 fortfahren.

[3] Auf ein Versehen, das hier im Text der ersten Auflage vorlag, wurde von A. Raggio hingewiesen.

$$a \neq b \;\rightarrow\; a < b \vee b < a,$$

$$\overline{a < b} \;\rightarrow\; a = b \vee b < a,$$

$$a < b \;\rightarrow\; a' < b',$$

$$a' < b' \;\rightarrow\; a < b$$

kann die vierte aus der zweiten und dritten, unter Hinzuziehung der Gleichheitsaxiome und der Formeln $(<_1)$, $(<_2)$, abgeleitet werden. Ferner entsteht die zweite Implikation aus der ersten durch elementare Umformung.

Somit genügt zur Ableitung der Äquivalenzen ((1)) bis ((7)) die Hinzunahme der beiden Formeln

$$a \neq b \;\rightarrow\; a < b \vee b < a,$$

$$a < b \;\rightarrow\; a' < b'$$

zu unseren Axiomen.

Betrachten wir nun die Äquivalenzen ((8)). Eine jede solche läßt sich zunächst leicht (mittels des Prädikatenkalkuls) auf folgende zwei Formeln zurückführen

$$c^{(t)} = a \;\rightarrow\; 0^{(t)} = a \vee 0^{(t)} < a,$$

$$0^{(t)} < a \;\rightarrow\; (E\,x)\,(x^{(t)} = a).$$

Die erste von diesen beiden Formeln ist im Falle, daß die Strichzahl t gleich 0 ist, deduktionsgleich der Formel

$$0 = a \vee 0 < a.$$

Andererseits kann aus dieser die Formel

$$c^{(t)} = a \;\rightarrow\; 0^{(t)} = a \vee 0^{(t)} < a$$

für eine beliebige Strichzahl t erhalten werden, indem man aus der Formel

$$0 = c \vee 0 < c$$

durch Anwendung der Formel

$$a = b \;\rightarrow\; a' = b'$$

und der neu hinzugenommenen

$$a < b \;\rightarrow\; a' < b'$$

die Formel

$$0^{(t)} = c^{(t)} \vee 0^{(t)} < c^{(t)}$$

ableitet, aus welcher man die gewünschte Formel ohne weiteres mittels des zweiten Gleichheitsaxioms gewinnt.

Die Formel

$$0^{(t)} < a \;\rightarrow\; (E\,x)\,(x^{(t)} = a)$$

ergibt sich im Falle der Strichzahl 0, wo sie lautet:

$$0 < a \rightarrow (E\,x)\,(x = a),$$

bereits aus der Formel

$$a = a.$$

Im Falle der Strichzahl 1 lautet sie

$$0' < a \rightarrow (E\,x)\,(x' = a).$$

Nehmen wir diese Formel zu unseren Axiomen hinzu, so können wir von dieser schrittweise zu den weiteren Formeln (mit größeren Strichzahlen t) gelangen. Sei nämlich die Formel

$$0^{(t)} < a \rightarrow (E\,x)\,(x^{(t)} = a)$$

bereits abgeleitet, so erhalten wir die Formel

$$0^{(t+1)} < a \rightarrow (E\,x)\,(x^{(t+1)} = a)$$

folgendermaßen: Aus $(<_2)$, $(<_3)$ ergibt sich zunächst

$$0^{(t+1)} < a \rightarrow 0' < a,$$

aus dieser Formel in Verbindung mit der neu hinzugenommenen Formel

$$0' < a \rightarrow (E\,x)\,(x' = a)$$

und dem zweiten Gleichheitsaxiom ergibt sich

$$0^{(t+1)} < a \rightarrow (E\,x)\,(x' = a \,\&\, 0^{(t+1)} < x')$$

und hieraus mit Benutzung der Formel

$$a' < b' \rightarrow a < b,$$

die ja aus den hinzugefügten Axiomen ableitbar ist, die Formel

$$0^{(t+1)} < a \rightarrow (E\,x)\,(x' = a \,\&\, 0^{(t)} < x).$$

Andererseits erhalten wir aus der Formel

$$0^{(t)} < a \rightarrow (E\,x)\,(x^{(t)} = a),$$

die wir ja als bereits abgeleitet annehmen, die Formel

$$0^{(t)} < b \,\&\, b' = a \rightarrow (E\,x)\,(x^{(t)} = b \,\&\, b' = a)$$

und daraus mit Hilfe der Gleichheitsaxiome die Formel

$$0^{(t)} < b \,\&\, b' = a \rightarrow (E\,x)\,(x^{(t+1)} = a),$$

aus der sich weiter die Formel

$$(E\,x)\,(x' = a \,\&\, 0^{(t)} < x) \rightarrow (E\,x)\,(x^{(t+1)} = a)$$

ergibt. Diese zusammen mit der obigen Formel

$$0^{(t+1)} < a \rightarrow (E\,x)\,(x' = a \,\&\, 0^{(t)} < x)$$

liefert die gewünschte Formel

$$0^{(t+1)} < a \rightarrow (E\,x)\,(x^{(t+1)} = a).$$

Somit können die Formeln ((8)) sämtlich abgeleitet werden, wenn wir die Formeln

$$0 = a \lor 0 < a,$$

$$0' < a \;\rightarrow\; (E\,x)\,(x' = a)$$

zu den vorher schon hinzugefügten Axiomen hinzunehmen.

Von jeder der Formeln ((8)) gelangen wir zu der entsprechenden Formel ((9)) durch Anwendung der Gleichheitsaxiome.

Nun bleiben noch die Äquivalenzen ((10)) zu betrachten. Diese lassen sich mit Hilfe der Formel

$$a \neq b \;\rightarrow\; a < b \lor b < a$$

bzw. der aus ihr durch Umformung entstehenden Disjunktion

$$a = b \lor a < b \lor b < a,$$

worin man für a, b jedes Paar der Variablen $a_1, \ldots, a_{\mathfrak{f}}$ sowie auch jedes Paar der Variablen $b_1, \ldots, b_{\mathfrak{z}}$ einzusetzen hat, mittels wiederholter Anwendung des Schemas der Disjunktion, sowie der Formeln (J_2) und $(<_2)$ auf die einfacheren Äquivalenzen

$$(E\,x)\,(a < x^{(t)} \,\&\, x^{(t)} < b) \;\sim\; 0^{(t)} < b \,\&\, a' < b$$

zurückführen.

Wir zerlegen jede dieser Äquivalenzen wieder in zwei Implikationen:

$$0^{(t)} < b \,\&\, a' < b \;\rightarrow\; (E\,x)\,(a < x^{(t)} \,\&\, x^{(t)} < b),$$

$$(E\,x)\,(a < x^{(t)} \,\&\, x^{(t)} < b) \;\rightarrow\; 0^{(t)} < b \,\&\, a' < b.$$

Die Ableitung der ersten von diesen beiden Formeln läßt sich durch Anwendung der Disjunktion

$$a' = 0^{(t)} \lor a' < 0^{(t)} \lor 0^{(t)} < a'$$

zurückführen auf die Ableitung der beiden Formeln

$$a' = 0^{(t)} \lor a' < 0^{(t)} \,\&\, 0^{(t)} < b \;\rightarrow\; (E\,x)\,(a < x^{(t)} \,\&\, x^{(t)} < b),$$

$$0^{(t)} < a' \,\&\, a' < b \;\rightarrow\; (E\,x)\,(a < x^{(t)} \,\&\, x^{(t)} < b),$$

von denen die erste durch Anwendung der Formeln $(<_2)$, $(<_3)$ und des zweiten Gleichheitsaxioms, die zweite durch Anwendung der bereits abgeleiteten Formel

$$0^{(t)} < a \;\rightarrow\; (E\,x)\,(x^{(t)} = a)$$

nebst dem zweiten Gleichheitsaxiom und $(<_3)$ erhalten wird.

Die andere Formel

$$(E\,x)\,(a < x^{(t)} \,\&\, x^{(t)} < b) \;\rightarrow\; 0^{(t)} < b \,\&\, a' < b$$

läßt sich umformen in die Konjunktion aus den beiden Formeln

$$(E\,x)\,(a < x^{(t)} \,\&\, x^{(t)} < b) \;\rightarrow\; 0^{(t)} < b,$$

$$(E\,x)\,(a < x^{(t)} \,\&\, x^{(t)} < b) \;\rightarrow\; a' < b.$$

Von diesen ergibt sich die eine aus der Formel

$$0^{(t)} = c^{(t)} \lor 0^{(t)} < c^{(t)}$$

mit Hilfe des Axioms $(<_2)$ und des zweiten Gleichheitsaxioms. Die andere erhält man aus der Formel

$$a < c \,\&\, c < b \;\rightarrow\; a' < b,$$

welche der Formel für die Strichzahl 0

$$(E\,x)\,(a < x \,\&\, x < b) \;\rightarrow\; a' < b$$

deduktionsgleich ist. Durch Hinzunahme der Formel

$$a < c \,\&\, c < b \;\rightarrow\; a' < b$$

zu den Axiomen werden somit die Formeln ((10)) ableitbar.

Das Ergebnis unserer Diskussion ist, daß es zur Ableitung der Äquivalenzen ((1)) bis ((10)) genügt, folgende Formeln zu unseren Axiomen hinzuzufügen:

$$a \neq b \;\rightarrow\; a < b \lor b < a,$$

$$a < b \;\rightarrow\; a' < b',$$

$$0 = a \lor 0 < a,$$

$$0' < a \;\rightarrow\; (E\,x)\,(x' = a),$$

$$a < c \,\&\, c < b \;\rightarrow\; a' < b.$$

Das so entstehende Axiomensystem läßt sich aber wesentlich vereinfachen.

Zunächst einmal sind jetzt die Formeln (P_1), (P_2) entbehrlich. Nämlich aus dem zweiten Gleichheitsaxiom (J_2) und der Formel $(<_1)$ erhalten wir — was in den vorausgegangenen Ableitungen schon mehrfach benutzt wurde — die Formeln

$$a < b \;\rightarrow\; a \neq b,$$

$$a < b \;\rightarrow\; b \neq a;$$

aus diesen und den Formeln

$$a \neq b \;\rightarrow\; a < b \lor b < a,$$

$$a < b \;\rightarrow\; a' < b'$$

ergibt sich

$$a \neq b \;\rightarrow\; a' \neq b'$$

und daraus

$$a' = b' \;\rightarrow\; a = b.$$

Und die Formel

$$0 = a \lor 0 < a$$

ergibt in Verbindung mit (J_2), $(<_2)$, $(<_3)$ die Formel

$$0 < a',$$

welche zusammen mit

$$a < b \; \to \; b \neq a$$

die Formel

$$a' \neq 0$$

liefert.

Des weiteren kann die Formel

$$a < b \; \to \; a' < b'$$

aus $(<_3)$ und der Formel

$$a < c \,\&\, c < b \; \to \; a' < b$$

abgeleitet werden, welche ja durch Einsetzung die Formeln

$$b < b',$$

$$a < b \,\&\, b < b' \to a' < b'$$

ergeben.

Auch können wir die Formel (J_1) aus $(<_1)$ und der Formel

$$a \neq b \; \to \; a < b \lor b < a$$

ableiten.

Wir können somit aus der Reihe unserer Axiome vier Formeln streichen, so daß nur noch die folgenden Formeln übrigbleiben:

$$(J_2), \; (<_1), \; (<_2), \; (<_3),$$

$$a \neq b \; \to \; a < b \lor b < a,$$

$$0 = a \lor 0 < a,$$

$$0' < a \; \to \; (E\,x)\,(x' = a),$$

$$a < c \,\&\, c < b \; \to \; a' < b.$$

Dieses Formelsystem kann nun noch weiter vereinfacht werden. Nämlich die Formel

$$0 = a \lor 0 < a$$

ist auf Grund der Formeln

$$a = b \; \to \; \overline{b < a},$$

$$a < b \; \to \; \overline{b < a}$$

[welche aus (J_2), $(<_1)$, $(<_2)$ ableitbar sind] und der Formel

$$a \neq b \; \to \; a < b \lor b < a$$

deduktionsgleich der einfacheren Formel

$$\overline{a < 0}.$$

Betrachten wir ferner die Formel

$$a < c \,\&\, c < b \; \to \; a' < b.$$

Aus dieser erhalten wir durch Einsetzungen

$$a < b \,\&\, b < a' \; \to \; a' < a'$$

und hieraus durch Anwendung von

$$\overline{a < a}$$

die Formel

$$a < b \;\rightarrow\; \overline{b < a'}.$$

Aus dieser Formel kann umgekehrt auch die Formel

$$a < c \,\&\, c < b \;\rightarrow\; a' < b$$

gewonnen werden. Denn die Formel

$$a < b \;\rightarrow\; \overline{b < a'}$$

in Verbindung mit der aus

$$a \neq b \;\rightarrow\; a < b \lor b < a$$

ableitbaren Formel

$$\overline{b < a'} \;\rightarrow\; a' = b \lor a' < b$$

ergibt zunächst

$$a < b \;\rightarrow\; a' = b \lor a' < b.$$

Nachdem man hierin c für b eingesetzt hat, gelangt man durch Anwendung der Formeln (J_2) und $(<_2)$ zu der Formel

$$a < c \,\&\, c < b \;\rightarrow\; a' < b.$$

Somit können wir diese Formel ersetzen durch die einfachere Formel

$$a < b \;\rightarrow\; \overline{b < a'}.$$

Des weiteren ist die Formel

$$0' < a \;\rightarrow\; (E\,x)\,(x' = a)$$

mit Hilfe unserer übrigen Formeln überführbar in

$$a \neq 0 \;\rightarrow\; (E\,x)\,(x' = a).$$

Denn zunächst ist die Formel

$$0' < a \;\rightarrow\; (E\,x)\,(x' = a)$$

überführbar in die Formel

$$0' = a \lor 0' < a \;\rightarrow\; (E\,x)\,(x' = a).$$

Die behauptete Überführbarkeit wird also festgestellt, wenn wir

$$0' = a \lor 0' < a$$

in

$$a \neq 0$$

überführen oder, was auf dasselbe hinauskommt, die beiden Implikationen

$$0' = a \lor 0' < a \;\rightarrow\; a \neq 0,$$
$$a \neq 0 \;\rightarrow\; 0' = a \lor 0' < a$$

ableiten können. Dieses ist aber der Fall, denn die erste dieser beiden Formeln ergibt sich durch Anwendung der Formeln

$$(J_2), \ 0' \neq 0, \ \overline{a < 0},$$

und die zweite erhalten wir durch Anwendung der Formeln

$$a \neq b \ \rightarrow \ a < b \lor b < a,$$

$$\overline{a < 0},$$

$$a < b \ \rightarrow \ a' = b \lor a' < b.$$

Schließlich kann die Formel $(<_1)$ aus der Formel $(<_3)$ und der Formel

$$a < b \ \rightarrow \ \overline{b < a'}$$

abgeleitet werden; denn die letzte liefert durch Einsetzung und Kontraposition

$$a < a' \rightarrow \overline{a < a}.$$

Wir gelangen auf diese Weise zu folgendem, aus sieben Formeln bestehenden Axiomensystem:

(A) $$\begin{cases} a = b \rightarrow (A\,(a) \rightarrow A\,(b)), \\[4pt] a < b \,\&\, b < c \ \rightarrow \ a < c, \\[4pt] a \neq b \ \rightarrow \ a < b \lor b < a, \\[4pt] a < a', \\[4pt] a < b \rightarrow \overline{b < a'}, \\[4pt] \overline{a < 0}, \\[4pt] a \neq 0 \ \rightarrow \ (E\,x)\,(x' = a). \end{cases}$$

Daß diese Axiome voneinander unabhängig sind, werden wir hernach noch zeigen[1].

Unsere Betrachtung lehrt, daß bei Zugrundelegung dieses Axiomensystems (A) jede Formel, die keine Formelvariable enthält, ihren Reduzierten deduktionsgleich ist und daß infolgedessen *jede verifizierbare Formel auch ableitbar* ist.

Wir müssen uns nun noch davon überzeugen, daß für unser neues Axiomensystem auch der Satz gültig bleibt, daß eine jede ableitbare Formel, sofern sie keine Formelvariable enthält, auch verifizierbar ist. Hierzu ist, wie schon erwähnt, nur nötig, festzustellen, daß die neu hinzugenommenen Axiome alle verifizierbar sind. Für die Formeln

$$a \neq b \ \rightarrow \ a < b \lor b < a$$

$$a < b \rightarrow \overline{b < a'}$$

$$\overline{a < 0}$$

----

[1] Siehe S. 277—283.

ist die Verifizierbarkeit ohne weiteres ersichtlich, und für die Formel

$$a \neq 0 \to (E\,x)\,(x' = a)$$

ergibt sie sich daraus, daß die Reduzierte dieser Formel

$$a \neq 0 \to 0' = a \lor 0' < a$$

lautet.

Wir erkennen demnach, daß bei Zugrundelegung des Axiomensystems (A) der *Bereich der ableitbaren Formeln ohne Formelvariablen übereinstimmt mit dem der verifizierbaren Formeln.*

Machen wir uns die Konsequenzen dieses Sachverhaltes klar. Es ergibt sich zunächst folgender *Vollständigkeitssatz*: Für jede aus unseren Symbolen gebildete Formel $\mathfrak{A}$, die keine Formelvariable und auch keine freie Individuenvariable enthält, besteht die Alternative, daß entweder $\mathfrak{A}$ oder $\overline{\mathfrak{A}}$ aus unseren Axiomen (A) mit Hilfe des Prädikatenkalkuls ableitbar ist, und wir können auch stets entscheiden, welcher von beiden Fällen vorliegt. Nämlich die Reduzierte $\mathfrak{R}$ einer solchen Formel $\mathfrak{A}$ ist eine numerische Formel und daher entweder wahr oder falsch. Somit ist entweder $\mathfrak{A}$ oder $\overline{\mathfrak{A}}$ verifizierbar. Wir finden ferner die Formel $\mathfrak{R}$ aus der gegebenen Formel $\mathfrak{A}$ durch unser Reduktionsverfahren. Diejenige von den Formeln $\mathfrak{R}$, $\overline{\mathfrak{R}}$, welche wahr ist, ist auch ableitbar. Ferner entspricht jedem Schritt bei dem Reduktionsverfahren eine Überführbarkeit mit Hilfe unserer Axiome (A), und wir erhalten auf diese Weise eine Ableitung der Formel $\mathfrak{A}$ aus $\mathfrak{R}$ bzw. der Formel $\overline{\mathfrak{A}}$ aus $\overline{\mathfrak{R}}$.

Eine andere Folgerung ist: Wenn für jede Ziffer $\mathfrak{z}$ die Formel $\mathfrak{A}(\mathfrak{z})$, welche keine Formelvariablen enthält, ableitbar ist, so ist auch die Formel $\mathfrak{A}(a)$ und mithin auch die Formel $(x)\,\mathfrak{A}(x)$ ableitbar. Denn sei $\mathfrak{R}(a)$ eine Reduzierte von $\mathfrak{A}(a)$, so ist für jede Ziffer $\mathfrak{z}$ auch $\mathfrak{R}(\mathfrak{z})$ eine Reduzierte von $\mathfrak{A}(\mathfrak{z})$. Da die Formel $\mathfrak{A}(\mathfrak{z})$ nach Voraussetzung ableitbar ist, so ist sie verifizierbar, d. h. die Formel $\mathfrak{R}(\mathfrak{z})$ geht bei jeder Ersetzung der evtl. in ihr auftretenden freien Individuenvariablen durch Ziffern in eine wahre Formel über. Da dieses für jede Ziffer $\mathfrak{z}$ gilt, so ist die Formel $\mathfrak{R}(a)$ und daher auch $\mathfrak{A}(a)$ verifizierbar, folglich ist die Formel $\mathfrak{A}(a)$ auch ableitbar.

Aus diesem Satz folgt — da ja Ableitbarkeit mit Verifizierbarkeit zusammenfällt —, daß eine Formel $(x)\,\mathfrak{A}(x)$, die keine Formelvariablen enthält, dann und nur dann verifizierbar ist, wenn für jede Ziffer $\mathfrak{z}$ die Formel $\mathfrak{A}(\mathfrak{z})$ verifizierbar ist.

Die entsprechende Tatsache für die Formeln $(E\,x)\,\mathfrak{A}(x)$, bei Beschränkung auf Formeln ohne freie Variablen, stellt sich als spezieller Fall des Satzes von der partiellen Reduktion dar. Dieser besagt ja für eine Formel $(E\,x)\,\mathfrak{A}(x)$, welche keine Formelvariable und auch keine freie Individuenvariable enthält, daß diese Formel dann und nur dann verifizierbar ist, wenn für eine gewisse Ziffer $\mathfrak{z}$ die Formel $\mathfrak{A}(\mathfrak{z})$

verifizierbar ist, wobei die Auffindung von $\mathfrak{z}$ im Falle der Verifizierbarkeit von $(E\,x)\,\mathfrak{A}(x)$ an Hand der Reduktion dieser Formel erfolgt.

Indem wir nun diese beiden Feststellungen über die Formeln $(x)\,\mathfrak{A}(x)$ und $(E\,x)\,\mathfrak{A}(x)$ vereinigen und das Zusammenfallen von Ableitbarkeit und Verifizierbarkeit, berücksichtigen, gelangen wir zu dem Ergebnis, daß für die Formeln, welche keine freien Variablen enthalten und welche die pränexe Normalform besitzen, *die Ableitbarkeit zusammenfällt mit der inhaltlich finiten Interpretierbarkeit* derart, daß z. B. eine Formel

$$(x)\,(E\,y)\,(z)\,(E\,u)\,\mathfrak{A}(x,\,y,\,z,\,u),$$

in welcher $\mathfrak{A}(x,\,y,\,z,\,u)$ keine Variablen außer $x,\,y,\,z,\,u$ enthält, dann und nur dann ableitbar ist, wenn wir zu jeder gegebenen Ziffer $\mathfrak{z}_1$ eine solche Ziffer $\mathfrak{z}_2$ bestimmen können, daß zu jeder Ziffer $\mathfrak{z}_3$ eine Ziffer $\mathfrak{z}_4$ bestimmt werden kann, für welche die numerische Formel

$$\mathfrak{A}(\mathfrak{z}_1,\,\mathfrak{z}_2,\,\mathfrak{z}_3,\,\mathfrak{z}_4)$$

wahr ist.

In diesem Sachverhalt kommt deutlich zum Ausdruck, daß in dem durch die Axiome (A) festgelegten Bereich zwischen dem Formalismus und der inhaltlichen Auffassung ein vollkommenes Entsprechen stattfindet.

Eine bemerkenswerte Konsequenz aus den erhaltenen Ergebnissen ist auch, daß die Hinzufügung des *Schlußprinzips der vollständigen Induktion* den Bereich der ableitbaren Formeln, insoweit *nur Formeln ohne Formelvariablen in Betracht gezogen werden, nicht erweitern* kann.

Das Prinzip der vollständigen Induktion haben wir bereits in der finiten Zahlentheorie als Hilfsmittel für die Überlegungen kennengelernt[1]. In der Anpassung an unseren neuen Begriff der Ziffer besagt es, daß eine Aussage finiten Charakters, die auf 0 zutrifft und welche, falls sie auf eine Ziffer $\mathfrak{n}$ zutrifft, auch auf $\mathfrak{n}'$ zutrifft, auf jede Ziffer zutrifft.

An Stelle dieses einsichtigen Prinzips, welches auf dem anschaulichen Aufbau der Ziffern beruht, tritt bei der axiomatischen Behandlung der Zahlentheorie ein Axiom, welches sich durch den analogen Satz ausspricht wie jenes Prinzip, nur daß dieser nicht von Ziffern, sondern von Dingen eines Individuenbereiches und nicht von finiten Aussagen, sondern von Aussagen der Theorie handelt.

Von der axiomatischen Fassung des Prinzips können wir nun auch zur Formalisierung übergehen; diese kann einerseits durch eine Formel, andererseits durch ein Schema erfolgen. Die Formel, das „*Induktionsaxiom*", lautet:

$$A\,(0)\,\&\,(x)\,(A\,(x)\,\rightarrow A\,(x'))\,\rightarrow A\,(a)\,.$$

Das „*Induktionsschema*" hat die Gestalt

$$\mathfrak{A}\,(0)$$
$$\mathfrak{A}\,(a)\,\rightarrow\,\mathfrak{A}\,(a')$$
$$\overline{\qquad\mathfrak{A}\,(a)\,.\qquad}$$

---

[1] Vgl. § 2, S. 23—24.

Dieses Schema unterliegt (entsprechend wie unsere Schemata im Prädikatenkalkul) der Beschränkung, daß die Variable a in $\mathfrak{A}(a)$ nur an der angegebenen Argumentstelle auftreten darf.

Daß diese Beschränkung erforderlich ist, kann man sich an einfachen Beispielen klarmachen. Setzen wir beispielsweise für $\mathfrak{A}(c)$ die Formel

$$c = 0 \lor a' = c,$$

so sind die Formeln

$$\mathfrak{A}(0), \mathfrak{A}(a) \to \mathfrak{A}(a'),$$

d. h.

$$0 = 0 \lor a' = 0,$$

$$a = 0 \lor a' = a \to a' = 0 \lor a' = a',$$

beide, wie man leicht erkennt, ableitbar. Würde nun die Anwendung des Induktionsschemas auf diese Formel zugelassen, so ergäbe sich dadurch die Formel

$$a = 0 \lor a' = a$$

und daraus durch Einsetzung die Formel

$$0' = 0 \lor 0'' = 0',$$

welche in Verbindung mit den ableitbaren Formeln

$$0' \neq 0, 0'' \neq 0'$$

zum Widerspruch führt.

Die beiden Arten der Formalisierung des Prinzips der vollständigen Induktion sind in dem Sinne *gleichwertig*, daß aus dem Induktionsaxiom das Induktionsschema als abgeleitete Regel gewonnen werden kann, während andererseits auch das Induktionsaxiom mit Hilfe des Induktionsschemas ableitbar ist.

Nämlich aus dem Induktionsaxiom erhalten wir durch Einsetzung einer Formel $\mathfrak{A}(c)$ für die Nennform $A(c)$ die Formel

$$\mathfrak{A}(0) \,\&\, (x) \,(\mathfrak{A}(x) \to \mathfrak{A}(x')) \to \mathfrak{A}(a).$$

Ist nun die Formel $\mathfrak{A}(a)$ so beschaffen, daß darin a nur an der angegebenen Argumentstelle auftritt [so daß also in $\mathfrak{A}(c)$ die Variable a nicht vorkommt], so erhalten wir aus der Formel

$$\mathfrak{A}(a) \to \mathfrak{A}(a')$$

gemäß der Regel (γ')[1] die Formel

$$(x) \,(\mathfrak{A}(x) \to \mathfrak{A}(x'));$$

diese Formel zusammen mit

$$\mathfrak{A}(0)$$

ergibt gemäß dem Aussagenkalkul die Formel

$$\mathfrak{A}(0) \,\&\, (x) \,(\mathfrak{A}(x) \to \mathfrak{A}(x')),$$

---

[1] Vgl. S. 108.

und diese in Verbindung mit der Formel

$$\mathfrak{A}(0) \,\&\, (x)\, (\mathfrak{A}(x) \rightarrow \mathfrak{A}(x')) \rightarrow \mathfrak{A}(a)$$

liefert die Formel $\mathfrak{A}(a)$.

Wir gelangen also von den Formeln

$$\mathfrak{A}(0),\, \mathfrak{A}(a) \rightarrow \mathfrak{A}(a')$$

mit Hilfe des Induktionsaxioms zu der Formel

$$\mathfrak{A}(a).$$

Nehmen wir umgekehrt das Induktionsschema als Regel, so wird die Formel

$$A\,(0) \,\&\, (x)\, (A\,(x) \rightarrow A\,(x')) \rightarrow A\,(a)$$

ableitbar. Bezeichnen wir nämlich diese Formel zur Abkürzung mit $\mathfrak{A}(a)$, so genügt es ja, auf Grund des Induktionsschemas, zur Ableitung von $\mathfrak{A}(a)$, daß wir die beiden Formeln

d. h. $\mathfrak{A}(0),\, \mathfrak{A}(a) \rightarrow \mathfrak{A}(a')$,

und $A\,(0) \,\&\, (x)\, (A\,(x) \rightarrow A\,(x')) \rightarrow A\,(0)$

$$\{A(0) \,\&\, (x)\, (A\,(x) \rightarrow A\,(x')) \rightarrow A\,(a)\} \rightarrow \{A(0) \,\&\, (x)\, (A(x) \rightarrow A(x')) \rightarrow A\,(a')\}$$

ableiten. Die erste von diesen beiden Formeln ergibt sich direkt durch Einsetzung aus der identischen Formel

$$A \,\&\, B \rightarrow A\,;$$

die zweite wird aus der Formel

$$(x)\, (A\,(x) \rightarrow A\,(x')) \rightarrow (A\,(a) \rightarrow A\,(a')),$$

welche ja durch Einsetzung aus der Grundformel (a) des Prädikatenkalkuls hervorgeht, durch Anwendung der identischen Formel

$$(A \rightarrow (B \rightarrow C)) \rightarrow ((D \,\&\, A \rightarrow B) \rightarrow (D \,\&\, A \rightarrow C))$$

erhalten.

Wir zeigen nunmehr, daß bei der Hinzufügung des Induktionsschemas zu unserem Axiomensystem (A) der Bereich derjenigen ableitbaren Formeln, welche keine Formelvariablen enthalten, nicht erweitert wird, daß also eine Formel, die keine Formelvariablen enthält, sofern sie nicht verifizierbar ist, auch nach der Hinzunahme des Induktionsschemas nicht ableitbar wird.

Denken wir uns eine Ableitung einer Formel $\mathfrak{F}$ vorgelegt, welche unter Zugrundelegung des Prädikatenkalkuls mit Hilfe der Axiome (A) und unter Hinzuziehung des Induktionsschemas erfolge. Die Formel $\mathfrak{F}$ enthalte keine Formelvariable. Wir können dann diesen Beweis nach unserem früheren Verfahren in Beweisfäden auflösen, wobei wir das

Induktionsschema entsprechend behandeln wie das Schlußschema, d. h. so, daß wir einem jeden solchen Schema eine Figur

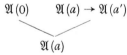

zuordnen. Dabei ist zu beachten, daß die Variable a in der dritten Formel des Schemas mit der Variablen a in der zweiten Formel dieses Schemas *nicht* in Zusammenhang steht; es ist nur eine willkürliche und an sich nicht erforderliche Abmachung, daß wir für diese beiden Formeln des Induktionsschemas die Variable a nehmen.

Durch die untere (dritte) Formel eines Induktionsschemas wird also eine neue freie Individuenvariable eingeführt, während sonst ja nach unseren Regeln freie Variablen nur durch Ausgangsformeln eingeführt werden. Das hat zur Folge, daß bei einer Beweisfigur, in welcher Induktionsschemata auftreten, die Rückverlegung der Einsetzungen nicht allenthalben in Ausgangsformeln führt, sondern eventuell auch in die unteren Formeln von Induktionsschematen. Eine solche Formel $\mathfrak{A}(\mathfrak{a})$ geht dann über in $\mathfrak{A}(\mathfrak{t})$ mit irgendeinem Term $\mathfrak{t}$.

Um nun für die betrachtete Ableitung der Formel $\mathfrak{F}$ die Rückverlegung der Einsetzungen durchzuführen, müssen wir zunächst im Hinblick auf die Schemata (α), (β) des Prädikatenkalkuls die früher besprochene[1] Vorkehrung treffen, welche darin besteht, daß bei jedem solchen Schema die Variable a durch je eine neue Variable ersetzt wird, welche vorher in der Auflösungsfigur nicht vorkam. Die Reihenfolge dieser Ersetzungen ist im Sinne der rückwärtigen Durchlaufung der Auflösungsfigur zu wählen, und die Ersetzung der in einem solchen Schema auftretenden Variablen a ist auch so weit rückläufig fortzuführen, wie sich die betreffende Variable im Sinne des Beweiszusammenhanges zurückverfolgen läßt.

Die Notwendigkeit dieser Maßnahme ergibt sich aus der beschränkenden Bedingung, welcher die Anwendung der Schemata (α), (β) unterliegt. Die entsprechende beschränkende Bedingung besteht nun auch für die Anwendung des Induktionsschemas, und wir müssen daher auch für dieses die genannte Maßnahme zur Ausführung bringen, indem wir bei jedem solchen Schema die Variable a der Formel

$$\mathfrak{A}(a) \to \mathfrak{A}(a')$$

durch je eine neue vorher noch nicht auftretende Variable ersetzen und diese Ersetzung rückläufig weiterführen.

Im übrigen verlegen wir ganz wie früher die Einsetzungen zurück und schalten dann die etwa noch verbleibenden Formelvariablen aus. Durch alle diese Prozesse wird die Endformel $\mathfrak{F}$ nicht verändert, da sie ja keine Formelvariable enthält.

---

[1] Vgl. S. 230—232.

Betrachten wir nun in der so erhaltenen Auflösungsfigur eines von denjenigen Induktionsschematen (bzw. den aus ihnen durch die vorgenommenen Veränderungen entstandenen Figuren), denen in der Durchlaufung der Beweisfäden *von den Ausgangsformeln* aus (also im Sinne der Fortschreitungsrichtung des Beweises) kein Induktionsschema vorhergeht. Die Formeln dieses Schemas mögen in dem ursprünglichen Beweise gelautet haben

$$\mathfrak{B}(0), \quad \mathfrak{B}(a) \to \mathfrak{B}(a'), \quad \mathfrak{B}(a),$$

und durch die von uns ausgeführten Prozesse mögen an deren Stelle die Formeln

$$\mathfrak{B}^*(0), \quad \mathfrak{B}^*(r) \to \mathfrak{B}^*(r'), \quad \mathfrak{B}^*(\mathfrak{k})$$

getreten sein. Dabei ist $\mathfrak{k}$ irgendein Term, und betreffs der Variablen r sind wir (auf Grund unserer getroffenen Maßnahmen) sicher, daß sie in $\mathfrak{B}^*(r)$ nur an der angegebenen Argumentstelle vorkommt. Außerdem wissen wir, daß $\mathfrak{B}^*(r)$ keine Formelvariable enthält.

Die Beweisfäden, welche von den Ausgangsformeln zu den Formeln

$$\mathfrak{B}^*(0), \quad \mathfrak{B}^*(r) \to \mathfrak{B}^*(r')$$

führen, enthalten kein Induktionsschema, sie ergeben daher eine Ableitung dieser beiden Formeln, welche nur die Axiome (A), aber nicht das Induktionsschema erfordert. Sei nun $\mathfrak{z}$ irgendeine Ziffer, so können wir aus den Formeln

$$\mathfrak{B}^*(0), \mathfrak{B}^*(r) \to \mathfrak{B}^*(r')$$

durch Einsetzungen und wiederholte Anwendung des Schlußschemas

$$\mathfrak{B}^*(\mathfrak{z})$$

ableiten. Somit ist für jede Ziffer $\mathfrak{z}$ die Formel $\mathfrak{B}^*(\mathfrak{z})$ aus dem Axiomensystem (A) ableitbar. Diese Formel enthält ferner keine Formelvariable. Folglich ist, nach dem einen von unseren allgemeinen Sätzen über das Axiomensystem (A),[1] auch die Formel

$$(x)\,\mathfrak{B}^*(x)$$

und daher auch

$$\mathfrak{B}^*(\mathfrak{k})$$

aus dem Axiomensystem (A) ohne Benutzung des Induktionsschemas ableitbar.

Führen wir nun für eine solche Ableitung der Formel $\mathfrak{B}^*(\mathfrak{k})$ die Auflösung in Beweisfäden, die Rückverlegung der Einsetzungen und die Ausschaltung der Formelvariablen durch, so können wir die auf diese Weise gewonnene, von Induktionsschematen freie Auflösungsfigur mit der Endformel $\mathfrak{B}^*(\mathfrak{k})$ an die Stelle aller derjenigen Fäden unserer vorherigen Auflösungsfigur setzen, welche von den Ausgangsformeln in die Formel $\mathfrak{B}^*(\mathfrak{k})$ mündeten. Auf diese Weise ergibt sich im ganzen ein neuer in Fäden aufgelöster Beweis für die Formel $\mathfrak{F}$, in dessen Auflösungsfigur das Induktionsschema einmal weniger auftritt als in der ursprünglichen Auflösungsfigur.

---

[1] Vgl. S. 263.

Wir können nun das angewandte Verfahren wiederholen und dadurch nacheinander alle Induktionsschemata wegschaffen, so daß wir schließlich zu einem Beweis der Formel $\mathfrak{F}$ gelangen, der ohne Benutzung des Induktionsschemas, mit Hilfe der Axiome (A) allein, geführt ist.

Hiermit ist nun tatsächlich gezeigt, daß durch die Hinzunahme des Induktionsschemas zu dem Axiomensystem (A) keine anderen, von Formelvariablen freien Formeln ableitbar werden, als wir ohne dieses schon ableiten konnten. Die gleiche Feststellung gilt ohne weiteres auch in betreff des Induktionsaxioms, da dieses ja mit Hilfe des Induktionsschemas ableitbar ist, also nicht mehr liefern kann als dieses.

Aus diesem Ergebnis entnehmen wir insbesondere die Widerspruchsfreiheit desjenigen Systems, welches wir durch die Hinzufügung des Induktionsaxioms bzw. des Induktionsschemas zu dem System (A) erhalten.

Bei der Betrachtung dieses Systems bemerken wir, daß die Formeln
$$\overline{a < 0},$$
$$a \neq 0 \rightarrow (E\,x)\,(x' = a)$$
entbehrlich sind. Nämlich aus der Formel
$$a < b \rightarrow \overline{b < a'}$$
erhalten wir durch Kontraposition und Einsetzung
$$0 < a' \rightarrow \overline{a < 0}.$$
Um also zu der Formel
$$\overline{a < 0}$$
zu gelangen, genügt es, die Formel
$$0 < a'$$
abzuleiten. Dieses gelingt aber ohne weiteres mit Hilfe des Induktionsschemas unter Benutzung der Formeln
$$a < a'$$
und
$$a < b \,\&\, b < c \rightarrow a < c.$$
Bei dieser Ableitung wird von der Formel
$$a \neq 0 \rightarrow (E\,x)\,(x' = a)$$
kein Gebrauch gemacht. Wir können daher zur Ableitung dieser Formel die Formel
$$\overline{a < 0}$$
und somit auch
$$\overline{0 < 0}$$
benutzen. Aus dieser Formel in Verbindung mit
$$a \neq b \rightarrow a < b \lor b < a$$
erhalten wir zunächst
$$0 = 0$$

und daraus durch den Aussagenkalkul

$$0 \neq 0 \rightarrow (E\,x)\,(x' = 0).$$

Wird also zur Abkürzung die zu beweisende Formel

$$a \neq 0 \rightarrow (E\,x)\,(x' = a)$$

mit $\mathfrak{A}(a)$ bezeichnet, so haben wir $\mathfrak{A}(0)$ bereits erhalten. Es genügt daher auf Grund des Induktionsschemas zur Ableitung von $\mathfrak{A}(a)$, daß wir noch die Formel

$$\mathfrak{A}(a) \rightarrow \mathfrak{A}(a')$$

ableiten, und hierzu wiederum ist es ausreichend, die Formel $\mathfrak{A}(a')$, d. h.

$$a' \neq 0 \rightarrow (E\,x)\,(x' = a')$$

abzuleiten. Diese aber ergibt sich mittels des Prädikatenkalkuls aus der Formel

$$a = a,$$

die ja aus den Formeln

$$a < a',$$

$$a < b \rightarrow \overline{b < a'},$$

$$a \neq b \rightarrow a < b \lor b < a$$

ableitbar ist. Somit werden in der Tat durch die Hinzunahme des Induktionsaxioms die beiden Formeln

$$\overline{a < 0}, \qquad a \neq 0 \rightarrow (E\,x)\,(x' = a)$$

entbehrlich.

Des weiteren bestehen noch folgende Ableitbarkeitsbeziehungen. Wie wir wissen, kann aus den Formeln

$$a \neq b \rightarrow a < b \lor b < a,$$

$$a < b \rightarrow \overline{b < a'}$$

die Formel

$$a < b \rightarrow a' = b \lor a' < b$$

abgeleitet werden. Umgekehrt kann aus dieser letzten Formel in Verbindung mit dem Gleichheitsaxiom (J_2) und den Formeln $(<_1)$, $(<_2)$ wieder die Formel

$$a < b \rightarrow \overline{b < a'}$$

erhalten werden. Außerdem besteht aber jetzt die Möglichkeit, durch Benutzung des Induktionsaxioms bzw. des Induktionsschemas die Formel

$$a \neq b \rightarrow a < b \lor b < a$$

aus den Formeln (J_2), $(<_2)$, $(<_3)$ und den Formeln

$$0 = 0, \qquad a < b \rightarrow a' = b \lor a' < b$$

abzuleiten. Nämlich die betrachtete Formel gestattet zunächst die elementare Umformung in

$$a = b \lor a < b \lor b < a.$$

Um diese Formel, welche mit $\mathfrak{A}(a)$ bezeichnet werde, mittels des Induktionsschemas abzuleiten, genügt es, wenn wir $\mathfrak{A}(0)$ und $\mathfrak{A}(a) \to \mathfrak{A}(a')$ ableiten können. Die Formel $\mathfrak{A}(0)$, d. h.

$$0 = b \vee 0 < b \vee b < 0$$

gewinnt man aus der Formel

$$0 = a \vee 0 < a,$$

die ihrerseits mit Hilfe des Induktionsschemas aus den Formeln

$$0 = 0, \quad (<_2), (<_3)$$

(auf dem Weg über die schon erwähnte Ableitung von $0 < a'$) erhalten wird. Und die Formel $\mathfrak{A}(a) \to \mathfrak{A}(a')$ ergibt sich aus den Formeln

$$a < b \to a' = b \vee a' < b,$$

$$a = b \to b < a',$$

$$b < a \to b < a',$$

von denen die erste ja zur Verwendung genommen werden sollte und die beiden andern aus den Formeln

$$a < a',$$

$$a = b \to (A(a) \to A(b)),$$

$$a < b \,\&\, b < c \to a < c$$

erhalten werden. Alle diese Herleitungen erfolgen übrigens ohne Verwendung von gebundenen Variablen.

Auf Grund der hiermit festgestellten Beziehungen der Ableitbarkeit können wir in dem durch Hinzunahme des Induktionsaxioms erweiterten System (A) zunächst die beiden als entbehrlich erkannten Formeln weglassen und können ferner die Formeln

$$a \neq b \to a < b \vee b < a,$$

$$a < b \to \overline{b < a'}$$

durch die Formeln

$$0 = 0,$$

$$\overline{a < a},$$

$$a < b \to a' = b \vee a' < b$$

ersetzen, welche zwar der Zahl nach mehr sind, aber doch eine geringere Voraussetzung darstellen, insofern als der Übergang von den früheren beiden Formeln zu diesen drei mit Hilfe der Formel $(<_3)$ direkt durch Einsetzungen und den Aussagenkalkul möglich ist, während bei dem umgekehrten Übergang zur Ableitung von

$$a \neq b \to a < b \vee b < a$$

außer den Formeln $(J_2), (<_2), (<_3)$ noch wesentlich die Benutzung des Induktionsaxioms (bzw. -schemas) erfordert wird.

Hier liegt es nahe, sich zu fragen, ob nicht noch etwas erspart werden kann, wenn man anstatt der Formel $0 = 0$ wieder (J_1) als Axiom nimmt. Man hat dann zunächst als Axiome die Formeln $(<_1), (<_2), (<_3)$, die Gleichheitsaxiome $(J_1), (J_2)$, die Formel

$$a < b \rightarrow a' = b \lor a' < b,$$

und das Induktionsaxiom.

Nun läßt sich, wie zuerst GISBERT HASENJAEGER gefunden hat[1], die hier als vorletztes Axiom angegebene Formel aus den übrigen Axiomen herleiten. Diese Herleitung verläuft folgendermaßen.

Mit $\mathfrak{K}(b)$ werde die Formel

$$(x)(x < b \rightarrow x' = b \lor x' < b)$$

bezeichnet. Diese ist der zu gewinnenden Formel deduktionsgleich. $\mathfrak{K}(0)$ erhält man aus der Formel $\overline{a < 0}$, welche mittels des Induktionsschemas aus den Formeln $(<_1)$, $(<_2)$, $(<_3)$ ableitbar ist. Es genügt daher, um durch Anwendung des Induktionsschemas $\mathfrak{K}(b)$ zu erhalten, wenn wir

$$\mathfrak{K}(b) \rightarrow \mathfrak{K}(b') \qquad \text{(und damit auch } \mathfrak{K}(a) \rightarrow \mathfrak{K}(a'))$$

herleiten können.

Hierzu leiten wir zunächst die Formel

$$\mathfrak{K}(b) \rightarrow (a < b' \rightarrow a = b \lor a < b),$$

deren rechte Seite zur Abkürzung mit $\mathfrak{L}(a, b)$ bezeichnet werde, mit Anwendung des Induktionsschemas ab. Wir erhalten

$$\mathfrak{K}(b) \rightarrow \mathfrak{L}(0, b)$$

aus der (mittels Induktion aus $0 = 0$ und $0 < a'$ ableitbaren) Formel

$$0 = b \lor 0 < b.$$

$\left(0 < a'\right.$ wird durch Induktion mittels $(<_3)$ und $(<_2)$ gewonnen$\left.\right)$. Und

$$\left(\mathfrak{K}(b) \rightarrow \mathfrak{L}(a, b)\right) \rightarrow \left(\mathfrak{K}(b) \rightarrow \mathfrak{L}(a', b)\right)$$

ergibt sich auf folgende Weise: Mittels $(<_3)$, $(<_2)$ gewinnt man:

$$a' < b' \rightarrow a < b',$$

mittels (J_2), $(<_1)$:

$$a' < b' \rightarrow a \neq b.$$

Die beiden erhaltenen Formeln zusammen liefern

$$a' < b' \,\&\, (a < b' \rightarrow a = b \lor a < b) \rightarrow a < b,$$

d.h.

$$a' < b' \,\&\, \mathfrak{L}(a, b) \rightarrow a < b.$$

Ferner ergibt sich unmittelbar durch den Prädikatenkalkul:

$$\mathfrak{K}(b) \rightarrow (a < b \rightarrow a' = b \lor a' < b).$$

---

[1] „Ein Beitrag zur Ordnungstheorie", Archiv für mathematische Logik und Grundlagenforschung 1/1, 1950, S. 30—31. — In der ersten Auflage des vorliegenden Buches wurde die Frage der Ableitbarkeit der Formel $a < b \rightarrow a' = b \lor a' < b$ aus den übrigen hier genannten Axiomen nur aufgeworfen, aber nicht entschieden.

Die beiden erhaltenen Formeln zusammen ergeben

$$\Re(b) \,\&\, \Re(a, b) \,\&\, a' < b' \to a' = b \lor a' < b,$$

also mittels des Aussagenkalkuls:

$$\big(\Re(b) \to \Re(a, b)\big) \,\&\, \Re(b) \to (a' < b' \to a' = b \lor a' < b),$$

und somit

$$\big(\Re(b) \to \Re(a, b)\big) \to \big(\Re(b) \to \Re(a', b)\big).$$

So haben wir nun die Formel

$$\Re(b) \to \Re(a, b),$$

d.h.

[1] $$\Re(b) \to (a < b' \to a = b \lor a < b)$$

zur Verfügung. Andrerseits gewinnen wir aus der bereits benutzten Formel

$$\Re(b) \to (a < b \to a' = b \lor a' < b)$$

mittels (J_2), $(<_2)$, $(<_3)$ die Formel

[2] $$\Re(b) \to (a < b \to a' < b').$$

Die Formeln [1], [2], zusammen mit der aus (J_2), (J_1) sich ergebenden Formel

$$a = b \to a' = b'$$

liefern mit Hilfe des Aussagenkalkuls

$$\Re(b) \to (a < b' \to a' = b' \lor a' < b')$$

und weiter, da die Variable a in $\Re(b)$ nicht auftritt:

$$\Re(b) \to (x) \, (x < b' \to x' = b' \lor x' < b'),$$

d.h.

$$\Re(b) \to \Re(b').$$

Somit ergibt sich durch das Induktionsschema die Formel $\Re(b)$ und damit auch die herzuleitende Formel $a < b \to a' = b \lor a' < b$. —

Im ganzen erweist sich das aus dem System (A) durch Hinzunahme des Induktionsaxioms hervorgehende Axiomensystem als gleichwertig dem folgenden Axiomensystem

(B)
$$\begin{cases} a = a, \\ a = b \to \big(A(a) \to A(b)\big), \\ \overline{a < a}, \\ a < b \,\&\, b < c \to a < c, \\ a < a', \\ A(0) \,\&\, (x) \, \big(A(x) \to A(x')\big) \to \big(A(a)\big). \end{cases}$$

Auf dieses Axiomensystem übertragen sich ohne weiteres unsere zuvor bewiesenen allgemeinen Sätze[1]. Es gilt also wiederum, daß eine aus unseren Symbolen gebildete, von Formelvariablen freie Formel dann und nur dann aus (B) ableitbar ist, wenn sie verifizierbar ist, und daß infolgedessen jede Formel, die gar keine freie Variable enthält, entweder ableitbar oder die Negation einer ableitbaren Formel ist.

Bei diesen Feststellungen handelt es sich immer um Formeln, welche keine Formelvariablen enthalten. Für den Bereich dieser Formeln sind, wie wir gezeigt haben, die Systeme (A) und (B) in Hinsicht auf die Möglichkeit der Ableitung von Formeln gleichwertig. Eine solche Gleichwertigkeit besteht aber nicht mehr, sobald wir auch Formeln in Betracht ziehen, in denen Formelvariablen auftreten. Denn das *Induktionsaxiom* ist *nicht durch das System* (A) *ableitbar*.

Um dieses zu zeigen, erweitern wir zunächst das System (A) durch die Hinzufügung des Prädikatensymbols $Z(a)$ und der Axiome

$$Z(0),$$

$$Z(a) \to Z(a').$$

Das so erweiterte System heiße (A*). Angenommen, es wäre durch das System (A) das Induktionsaxiom ableitbar, so müßte durch das System (A*) die Formel

$$Z(a)$$

ableitbar sein, da diese ja aus den Formeln

$$Z(0),\ Z(a) \to Z(a')$$

durch das Induktionsschema, und somit auch durch das Induktionsaxiom erhalten wird. Wir zeigen jedoch, daß die Formel $Z(a)$ durch das System (A*) nicht abgeleitet werden kann.

Dieses geschieht nach der schon einmal angewandten Methode der Abänderung des Begriffes der Verifizierbarkeit mittels einer Erweiterung der Begriffe „numerisch", „wahr", „falsch" und einer Modifikation des Reduktionsverfahrens.

Wir führen zur Erweiterung des Ziffernbereiches zunächst das Symbol ω sowie die Figuren ein, die aus ω durch Anfügen eines oder mehrerer rechts unten anzubringender Sterne entstehen, wie z. B. ω_*, ω_{***}. Für eine Anzahl $\mathfrak{p}$ bezeichne $\omega_{\mathfrak{p}}$ diejenige Figur, die aus ω durch Anfügen von $\mathfrak{p}$ Sternen erhalten wird; ω_0 bedeute ω. Als „Ziffern zweiter Art" nehmen wir nun die Figuren $\omega_{\mathfrak{p}}$ sowie diejenigen Figuren $\omega_{\mathfrak{p}}^{(\dagger)}$, die aus ihnen durch einmalige oder mehrmalige Anwendung des Strichsymbols hervorgehen; und als „numerisch" erklären wir solche Formeln, die entweder Gleichungen oder Ungleichungen zwischen Ziffern oder Formeln der Gestalt $Z(\mathfrak{a})$ mit einer Ziffer $\mathfrak{a}$ sind oder sich aus Formeln der genannten Art durch die Operationen des Aussagenkalkuls zusammensetzen. Zu den bisherigen Festsetzungen über „wahr"

---

und „falsch" fügen wir folgende neuen Festsetzungen hinzu: Eine
Formel
$$0^{(\mathfrak{k})} < \omega_{\mathfrak{p}}^{(\mathfrak{l})}$$
ist stets wahr. Formeln der Gestalt
$$\omega_{\mathfrak{p}}^{(\mathfrak{k})} < 0^{(\mathfrak{l})}, \qquad 0^{(\mathfrak{k})} = \omega_{\mathfrak{p}}^{(\mathfrak{l})}, \qquad \omega_{\mathfrak{p}}^{(\mathfrak{k})} = 0^{(\mathfrak{l})}$$
sind falsch.
$$\omega_{\mathfrak{p}}^{(\mathfrak{k})} = \omega_{\mathfrak{q}}^{(\mathfrak{l})}$$
ist wahr, wenn die Anzahl $\mathfrak{k} + \mathfrak{q}$ mit $\mathfrak{l} + \mathfrak{p}$ übereinstimmt, und sonst
falsch.
$$\omega_{\mathfrak{p}}^{(\mathfrak{k})} < \omega_{\mathfrak{q}}^{(\mathfrak{l})}$$
ist wahr, wenn die Anzahl $\mathfrak{k} + \mathfrak{q}$ kleiner ist als die Anzahl $\mathfrak{l} + \mathfrak{p}$, und
sonst falsch.
$$Z(0^{(\mathfrak{k})})$$
ist stets wahr,
$$Z(\omega_{\mathfrak{p}}^{(\mathfrak{k})})$$
stets falsch. Aus diesen und den früheren Festsetzungen ergeben sich
die Wahrheitswerte für beliebige numerische Formeln.

Als eine Konsequenz dieser Bestimmung der Wahrheitswerte sei
hervorgehoben, daß zu einer Ziffer zweiter Art $\omega_{\mathfrak{p}}^{(\mathfrak{k})}$ und einer beliebigen
Anzahl $\mathfrak{t}$ stets eine Ziffer zweiter Art $\mathfrak{a}$ bestimmt werden kann, für
welche die Gleichung
$$\mathfrak{a}^{(\mathfrak{t})} = \omega_{\mathfrak{p}}^{(\mathfrak{k})}$$
wahr ist; nämlich $\omega_{\mathfrak{p}+\mathfrak{t}}^{(\mathfrak{k})}$ ist ja eine solche Ziffer.

Um nun das Verfahren der Gewinnung einer „Reduzierten" zu
einer Formel ohne Formelvariablen den getroffenen Festsetzungen über
die Wahrheitswerte der numerischen Formeln anzupassen, brauchen
wir an dem gewöhnlichen Verfahren der Reduktion[1] nur folgendes zu
modifizieren:

1. Bei dem vierten von den Veränderungsprozessen, denen wir
einen Ausdruck $\mathfrak{A}(x)$ [zwecks Elimination des Seinszeichens bei einem
zu innerst stehenden Bestandteil $(E\,x)\,\mathfrak{A}(x)$] unterwerfen, ersetzen wir
jedes vorkommende Glied $Z(x^{(\mathfrak{k})})$, worin $\mathfrak{k}$ kleiner ist als die maximale
Zahl $\mathfrak{t}$ der an x angehängten Strichsymbole, durch $Z(x^{(\mathfrak{t})})$ und demgemäß auch $\overline{Z(x^{(\mathfrak{k})})}$ durch $\overline{Z(x^{(\mathfrak{t})})}$. Falls hierdurch mehrere Glieder einer
Konjunktion oder Disjunktion gleichlautend werden, so streichen wir
die Wiederholungen weg.

2. Bei der Behandlung der Glieder
$$(E\,x)\,\mathfrak{C}_{\mathfrak{r}}(x^{(\mathfrak{t})}),$$
in welchen $\mathfrak{C}_{\mathfrak{r}}(x^{(\mathfrak{t})})$ keine Gleichung
$$x^{(\mathfrak{t})} = \mathfrak{a}$$
als Konjunktionsglied enthält, haben wir, nach dem Herausziehen der

---

[1] Vgl. S. 234.

von x freien Glieder aus dem Bereich des Seinszeichens, für den verbleibenden Ausdruck

$$(E\,x)\ \Re\,(x^{(t)})$$

folgende Fälle zu unterscheiden:

a) Es kommen in der Konjunktion $\Re\,(x^{(t)})$ nur Ungleichungen vor; dann verfahren wir wie früher.

b) Es kommt sowohl $Z\,(x^{(t)})$ wie auch $\overline{Z\,(x^{(t)})}$ als Konjunktionsglied vor; dann ersetzen wir den Ausdruck $(E\,x)\ \Re\,(x^{(t)})$ durch $0 \neq 0$.

c) Der Ausdruck $(E\,x)\ \Re\,(x^{(t)})$ hat die Gestalt

$$(E\,x)\ Z\,(x^{(t)})\quad \text{bzw.}\quad (E\,x)\ \overline{Z\,(x^{(t)})}\,;$$

dann ersetzen wir ihn durch $0 = 0$.

d) $\Re\,(x^{(t)})$ hat eine der beiden Gestalten

$$Z\,(x^{(t)})\ \&\ \Re^*\,(x^{(t)}),$$

$$\overline{Z\,(x^{(t)})}\ \&\ \Re^*\,(x^{(t)}),$$

wobei $\Re^*\,(x^{(t)})$ eine Konjunktion aus Ungleichungen

$$\mathfrak{a}_1 < x^{(t)}\ \&\ \ldots\ \&\ \mathfrak{a}_\mathfrak{f} < x^{(t)}\ \&\ x^{(t)} < \mathfrak{b}_1\ \&\ \ldots\ \&\ x^{(t)} < \mathfrak{b}_\mathfrak{g}$$

ist. Wir ersetzen dann zunächst

$$(E\,x)\ (Z\,(x^{(t)})\ \&\ \Re^*\,(x^{(t)}))$$

durch

$$Z\,(\mathfrak{a}_1)\ \&\ \ldots\ \&\ Z\,(\mathfrak{a}_\mathfrak{f})\ \&\ (E\,x)\ \Re^*\,(x^{(t)})$$

bzw.

$$(E\,x)\ (\overline{Z\,(x^{(t)})}\ \&\ \Re^*\,(x^{(t)}))$$

durch

$$\overline{Z\,(\mathfrak{b}_1)}\ \&\ \ldots\ \&\ \overline{Z\,(\mathfrak{b}_\mathfrak{g})}\ \&\ (E\,x)\ \Re^*\,(x^{(t)})$$

und führen hernach für $(E\,x)\ \Re^*\,(x^{(t)})$ die Ersetzung wie früher aus, wobei in dem letztgenannten Falle des Konjunktionsgliedes $\overline{Z\,(x^{(t)})}$ die Glieder

$$0^{(t)} < \mathfrak{b}_1\ \&\ \ldots\ \&\ 0^{(t)} < \mathfrak{b}_\mathfrak{g}$$

wegbleiben können.

Für dieses Reduktionsverfahren lassen sich wieder unsere früheren beiden Hilfssätze und durch diese auch der Eindeutigkeitssatz und der Satz von der partiellen Reduktion[1] beweisen. Auch können wir unsere frühere Definition des Begriffes „verifizierbar“ wörtlich übernehmen, wobei unter „Ziffern“ jetzt Ziffern beider Arten zu verstehen sind.

Gemäß dieser Definition sind nun, wie man mittels elementarer Überlegungen der Anzahlenlehre erkennt, die Axiome des Systems (A*) abgesehen von (J_2) verifizierbare Formeln. Auch läßt sich für das Axiom (J_2) entsprechend wie früher[2] zeigen, daß jede aus ihm durch Einsetzung hervorgehende Formel, die keine Formelvariable enthält, verifizierbar ist. Ein Unterschied gegenüber der früheren Überlegung besteht hierbei — wie übrigens auch schon bei den Beweisen der Sätze über die Reduktion — insofern, als man hier nicht aus der Wahrheit einer numerischen Gleichung $\mathfrak{a} = \mathfrak{b}$ auf die Übereinstimmung von $\mathfrak{a}$

¹ Vgl. S. 243.   ² Vgl. S. 245.

mit $\mathfrak{b}$ schließen kann, sondern statt dessen den Satz benutzen muß, daß, wenn $\mathfrak{a}$, $\mathfrak{b}$ Ziffern sind, für welche $\mathfrak{a} = \mathfrak{b}$ wahr ist, und $\mathfrak{c}$ eine beliebige Ziffer ist, dann die Formeln

$$\mathfrak{a} = \mathfrak{c}, \quad \mathfrak{c} = \mathfrak{a}, \quad \mathfrak{a} < \mathfrak{c}, \quad \mathfrak{c} < \mathfrak{a}$$

beziehungsweise dieselben Wahrheitswerte haben wie die Formeln

$$\mathfrak{b} = \mathfrak{c}, \quad \mathfrak{c} = \mathfrak{b}, \quad \mathfrak{b} < \mathfrak{c}, \quad \mathfrak{c} < \mathfrak{b}.$$

Auf Grund der Feststellungen über die Axiome ergibt sich mit Hilfe des Satzes von der partiellen Reduktion, daß jede durch das System (A*) ableitbare Formel, welche keine Formelvariable enthält, verifizierbar ist[1].

Hieraus folgt aber, daß die Formel $Z(a)$ nicht aus dem System (A*) abgeleitet werden kann. In der Tat ist diese Formel nicht verifizierbar. Denn ersetzen wir in ihr die Variable a durch die Ziffer ω, so geht sie in die falsche Formel $Z(\omega)$ über.

Damit ist die Unableitbarkeit des Induktionsaxioms aus dem System (A) erwiesen.

Als Folgerung können wir hieraus auch die Unabhängigkeit des Induktionsaxioms von den übrigen Axiomen des Systems (B) entnehmen; denn diese übrigen Axiome sind ja alle aus dem System (A) ableitbar.

Wir wollen anschließend hieran *für die beiden Systeme* (A), (B) den *Nachweis der Unabhängigkeit ihrer Axiome* erbringen. Die meisten der hierfür erforderlichen Unabhängigkeitsbeweise gelingen durch ein sehr einfaches Substitutionsverfahren, das auf folgender Überlegung beruht.

Es sei im Rahmen unseres Formalismus eine Ableitung einer Formel $\mathfrak{A}$ aus gewissen Axiomen $\mathfrak{A}_1, \ldots, \mathfrak{A}_f$ vorgelegt, welche mittels des Prädikatenkalkuls erfolgt. Sei ferner $\mathfrak{C}(a, b)$ eine Formel unseres Formalismus, welche a, b als einzige Variablen enthält. Ersetzen wir in der Ableitung jede Gleichung $\mathfrak{a} = \mathfrak{b}$ bzw. durch $\mathfrak{C}(\mathfrak{a}, \mathfrak{b})$ und sind $\mathfrak{A}_1^*, \ldots, \mathfrak{A}_f^*$, $\mathfrak{A}^*$ diejenigen Formeln, die durch die Ersetzung aus $\mathfrak{A}_1, \ldots, \mathfrak{A}_f$, $\mathfrak{A}$ hervorgehen, so erhalten wir eine Ableitung von $\mathfrak{A}^*$ aus den Formeln $\mathfrak{A}_1^*, \ldots, \mathfrak{A}_f^*$.

Denn bei Zugrundelegung des Prädikatenkalkuls wird ja das Gleichheitszeichen nicht anders angewendet als mittels der Einsetzungsregel und der Axiome. Die Möglichkeit der Einsetzung ist aber für die Formel $\mathfrak{C}(a, b)$ dieselbe wie für die Formel $a = b$, und in den Axiomen ist ja die Ersetzung des Gleichheitszeichens mit den jeweiligen Argumenten $\mathfrak{a}$, $\mathfrak{b}$ durch den entsprechenden Ausdruck $\mathfrak{C}(\mathfrak{a}, \mathfrak{b})$ ausgeführt. Die gleiche Überlegung gilt auch, wenn die Ersetzungen anstatt für die Gleichungen $\mathfrak{a} = \mathfrak{b}$ für die Ungleichungen $\mathfrak{a} < \mathfrak{b}$ ausgeführt werden.

Aus diesem Sachverhalt entnehmen wir nun folgende Methode der Feststellung von Unabhängigkeiten: Um nachzuweisen, daß innerhalb unseres betrachteten Formelbereiches eine Formel $\mathfrak{A}$ aus gewissen

---

[1] Vgl. S. 238, 243.

Axiomen $\mathfrak{A}_1, \ldots, \mathfrak{A}_\mathfrak{k}$ nicht ableitbar ist, genügt es, eine Formel $\mathfrak{C}(a, b)$, in der a, b die einzigen vorkommenden Variablen sind, so anzugeben, daß bei der Ersetzung einer jeden Gleichung $\mathfrak{a} = \mathfrak{b}$, oder auch einer jeden Ungleichung $\mathfrak{a} < \mathfrak{b}$ durch den entsprechenden Ausdruck $\mathfrak{C}(\mathfrak{a}, \mathfrak{b})$ aus den Formeln $\mathfrak{A}, \mathfrak{A}_1, \ldots, \mathfrak{A}_\mathfrak{k}$ solche Formeln $\mathfrak{A}^*, \mathfrak{A}_1^*, \ldots, \mathfrak{A}_\mathfrak{k}^*$ entstehen, für welche die Unableitbarkeit von $\mathfrak{A}^*$ aus $\mathfrak{A}_1^*, \ldots, \mathfrak{A}_\mathfrak{k}^*$ bereits feststeht.

Nach dieser Methode können wir für die sämtlichen Axiome des Systems (B) außer dem Induktionsaxiom, dessen Unabhängigkeit ja schon erwiesen ist, den Nachweis ihrer Unabhängigkeit von den übrigen Axiomen erbringen. Ferner können wir auch von dem System (A) einige Axiome auf diese Art als unabhängig von den übrigen erkennen.

1. Für das Gleichheitsaxiom (J_2) zeigen wir, daß es sogar von allen übrigen Formeln der Systeme (A), (B) zusammengenommen unabhängig ist. Nämlich: wäre es aus diesen ableitbar, so müßte auch die aus (J_2) durch Einsetzung hervorgehende Formel

$$a' = a \rightarrow (a < a' \rightarrow a < a)$$

aus ihnen ableitbar sein. Setzen wir nun überall für eine Gleichung $\mathfrak{a} = \mathfrak{b}$ den Ausdruck

$$\mathfrak{a} = \mathfrak{b} \vee \mathfrak{a} \neq \mathfrak{b},$$

so geht die eben genannte Formel über in

$$a' = a \vee a' \neq a \rightarrow (a < a' \rightarrow a < a),$$

und die Axiome der Systeme (A), (B) mit Ausnahme von (J_2) gehen, soweit sie das Gleichheitszeichen enthalten, in solche Formeln über, die durch den Prädikatenkalkul ableitbar sind, während die übrigen unverändert bleiben. Aus allen diesen Axiomen erhalten wir also durch die Ersetzung solche Formeln, die aus dem System (B) ableitbar sind. Es müßte demnach auch die Formel

$$a' = a \vee a' \neq a \rightarrow (a < a' \rightarrow a < a)$$

aus dem System (B) ableitbar und somit, nach dem, was wir über das System (B) bewiesen haben, eine verifizierbare Formel sein. Das ist aber nicht der Fall, wie man durch Einsetzen von 0 für a feststellt.

2. Die Unabhängigkeit des Axioms $(<_1)$ von den übrigen Formeln des Systems (B) ergibt sich durch die Ersetzung

$$\mathfrak{a} < \mathfrak{b}: \quad \mathfrak{a} = \mathfrak{b} \vee \mathfrak{a} \neq \mathfrak{b}.$$

Durch diese nämlich gehen die Formeln des Systems (B) mit Ausnahme von $(<_1)$, soweit sie überhaupt verändert werden, in solche Formeln über, die durch den Prädikatenkalkul ableitbar sind, während die Formel $(<_1)$ in

$$\overline{a = a \vee a \neq a}$$

übergeht. Diese Formel müßte daher, wenn das Axiom $(<_1)$ aus den übrigen Axiomen des Systems (B) ableitbar wäre, ebenfalls aus dem System (B) (ja sogar aus den Gleichheitsaxiomen und dem Induktionsaxiom) ableitbar sein, während sie doch nicht verifizierbar ist.

3. Mittels der Ersetzung
$$\mathfrak{a} < \mathfrak{b}: \quad \mathfrak{a} = \mathfrak{b} \,\&\, \mathfrak{a} \neq \mathfrak{b}$$
ergibt sich: Wenn das Axiom $(<_3)$ aus den übrigen Axiomen der Systeme (A), (B) ableitbar wäre, dann müßte die Formel
$$a = a' \,\&\, a \neq a'$$
aus den Axiomen
$$(J_1), (J_2), \quad a \neq 0 \;\rightarrow\; (E\,x)\,(x' = a),$$
dem Induktionsaxiom und der Formel
$$a \neq b \;\rightarrow\; (a = b \,\&\, a \neq b) \lor (b = a \,\&\, b \neq a)$$
(mit Benutzung des Strichsymbols) ableitbar sein. Diese liefern aber, wie man leicht erkennt, nur solche Formeln, die, bezogen auf den Individuenbereich, der nur das Symbol 0 enthält (und für welchen 0 auch als Wert von $0'$ definiert ist), bei Ersetzung der vorkommenden Formelvariablen durch logische Funktionen und der freien Individuenvariablen durch 0 stets den Wert „wahr" ergeben, während die Formel
$$a = a' \,\&\, a \neq a'$$
den Wert „falsch" ergibt. Somit ist das Axiom $(<_3)$ von allen anderen Axiomen der Systeme (A), (B) unabhängig.

4. Mittels der Ersetzung
$$\mathfrak{a} < \mathfrak{b}: \quad \mathfrak{a} \neq \mathfrak{b}$$
erweist sich die Unabhängigkeit des Axioms $(<_2)$ von den übrigen Axiomen des Systems (B).

5. Mittels der Ersetzung
$$\mathfrak{a} = \mathfrak{b}: \quad \mathfrak{a} = \mathfrak{b} \,\&\, \mathfrak{a} \neq 0$$
erweist sich die Unabhängigkeit der Formel $a = a$ von den übrigen Axiomen des Systems (B).

6. Mittels der Ersetzung
$$\mathfrak{a} < \mathfrak{b}: \quad \mathfrak{a} = 0 \lor \mathfrak{a} \neq 0 \,\&\, \mathfrak{b} \neq 0$$
erweist sich die Unabhängigkeit der Formel
$$a < b \;\rightarrow\; \overline{b < a'}$$
von den übrigen Axiomen des Systems (A).

Hiermit sind für das System (B) bereits alle Unabhängigkeitsbeweise geführt. Beim System (A) fehlen noch die Nachweise der Unabhängigkeit für die Formeln
$$a \neq 0 \rightarrow (E\,x)\,(x' = a)$$
$$a < b \,\&\, b < c \;\rightarrow\; a < c$$
$$\overline{a < 0}$$
$$a \neq b \;\rightarrow\; a < b \lor b < a\,.$$
Um diese zu erbringen, verwenden wir die Methode, durch Einführung von „Ziffern zweiter Art" den Bereich der numerischen Formeln zu erweitern und sodann durch Festsetzungen über die Wahrheitswerte der numerischen Formeln und durch eine diesen Festsetzungen angepaßte

Abänderung des Verfahrens der Reduktion den Begriff „verifizierbar" unter Beibehaltung des ursprünglichen Wortlautes seiner Definition[1] so zu bestimmen, daß jede aus den zu benutzenden Axiomen ableitbare Formel, sofern sie keine Formelvariable enthält, im Sinne dieser Begriffsbestimmung verifizierbar ist, dagegen die als unabhängig zu erweisende Formel nicht verifizierbar ist, womit dann die Unabhängigkeit der Formel von jenen Axiomen erwiesen wird.

Für die Angabe der nach dieser Methode erfolgenden Unabhängigkeitsbeweise können wir uns den Umstand zunutze machen, daß die Abänderung des Reduktionsverfahrens jeweils durch die Festsetzungen über die Wahrheitswerte der numerischen Formeln bereits vorgezeichnet ist.

Nämlich bei den vorbereitenden Prozessen 1—4 des Reduktionsverfahrens[2], insoweit diese nicht in Umformungen des Aussagenkalkuls bestehen, handelt es sich darum, negierte Gleichungen und Ungleichungen, ferner solche Gleichungen und Ungleichungen, in denen x beiderseits auftritt, und drittens solche, in denen x mit einer kleineren als der höchsten überhaupt vorkommenden Anzahl von Strichen auftritt, auszuschalten. Und zwar muß dieses, damit die Sätze über die Reduktion beweisbar werden, durch solche Umwandlungen geschehen, bei denen jeweils der an Stelle eines Ausdruckes $\mathfrak{A}$ tretende Ausdruck $\mathfrak{B}$ für jede Ersetzung der in $\mathfrak{A}, \mathfrak{B}$ vorkommenden Variablen durch Ziffern den gleichen Wahrheitswert ergibt wie der Ausdruck $\mathfrak{A}$.

Bei dem letzten Schritt des Reduktionsverfahrens, der Behandlung der Ausdrücke $(E\,x)\mathfrak{C}_\mathfrak{r}(x^{(\mathfrak{t})})$, kommt es darauf an, zu einem jeden solchen Ausdruck einen von der Variablen x freien Ausdruck $\mathfrak{G}_\mathfrak{r}$ zu finden, der die übrigen in $\mathfrak{C}_\mathfrak{r}(x^{(\mathfrak{t})})$ vorkommenden Variablen, sonst aber keine weiteren enthält und der bei jeder Ersetzung dieser Variablen durch Ziffern in eine wahre oder eine falsche Formel übergeht, je nachdem sich eine Ziffer $\mathfrak{z}$ so bestimmen läßt, daß der Ausdruck $\mathfrak{C}_\mathfrak{r}(\mathfrak{z}^{(\mathfrak{t})})$ bei der gleichen Ersetzung der Variablen in eine wahre Formel übergeht, oder eine solche Bestimmung unmöglich ist — womit dann zugleich der finite Charakter dieser Alternative festgestellt wird.

Daß diese Aufgaben sich für jede der zu betrachtenden Erweiterungen des Ziffernbereiches, in Verbindung mit den zugehörigen Festsetzungen über die Wahrheitswerte der numerischen Formeln, lösen lassen, ist wesentlich dadurch bedingt, daß die Eigenschaften, Ziffer erster Art bzw. Ziffer zweiter Art zu sein, in den Fällen, wo die Unterscheidung der beiden Arten von Ziffern für die Reduktion gebraucht wird, durch Formeln $\mathfrak{Z}_1(a)$, $\mathfrak{Z}_2(a)$ ausdrückbar sind in dem Sinne, daß für eine Ziffer $\mathfrak{a}$ von erster Art $\mathfrak{Z}_1(\mathfrak{a})$ wahr, $\mathfrak{Z}_2(\mathfrak{a})$ falsch und für eine Ziffer $\mathfrak{a}$ von zweiter Art $\mathfrak{Z}_1(\mathfrak{a})$ falsch und $\mathfrak{Z}_2(\mathfrak{a})$ wahr ist. Für jedes der zu betrachtenden Systeme von Ziffern und Wahrheitswerten gelangt man an

---

[1] Vgl. S. 237f., 247.   [2] Vgl. S. 234ff.

Hand der durch die jeweiligen Festsetzungen bestimmten Deutung der Formeln zur Lösung der genannten Aufgaben auf einem im wesentlichen (d. h. abgesehen von unerheblichen Willkürlichkeiten) zwangsläufig vorgezeichneten Wege.

Wir können uns daher zur Angabe der vier Unabhängigkeitsbeweise darauf beschränken, jeweils die Ziffern zweiter Art und die zu den gewöhnlichen Festsetzungen über „wahr" und „falsch" neu hinzukommenden Festsetzungen über die Wahrheitswerte numerischer Gleichungen und Ungleichungen — anderweitige Primformeln treten ja nicht auf — einzuführen und für die Unabhängigkeitsbeweise, in denen bei der Reduktion die Unterscheidung der Ziffern erster und zweiter Art gebraucht wird, die Formeln $\mathfrak{Z}_1(a)$, $\mathfrak{Z}_2(a)$ aufzustellen. Der Deutlichkeit halber soll noch in den Fällen, wo auf Grund der Festsetzungen über die Wahrheitswerte eine Änderung eines oder mehrerer der vorbereitenden Prozesse 2, 3, 4 des Reduktionsverfahrens erforderlich ist, ausdrücklich darauf hingewiesen werden. (Die jedesmal beim letzten Schritt der Reduktion erforderliche Änderung soll nicht eigens erwähnt werden.)

Für die als unabhängig zu erweisende Formel geben wir jedesmal eine Ersetzung ihrer freien Variablen durch Ziffern an, durch welche sie im Sinne der betreffenden Festsetzungen als nicht verifizierbar erkannt wird.

Der Nachweis, daß jede aus den übrigen Axiomen des Systems (A) ableitbare Formel verifizierbar ist, erfolgt in entsprechender Weise wie für das gewöhnliche Reduktionsverfahren durch den Beweis des Satzes von der partiellen Reduktion und des Eindeutigkeitssatzes[1]. Es kommen dabei insbesondere folgende gemeinsamen Eigenschaften der Systeme von Ziffern und Wahrheitswerten zur Geltung:

Eine Ziffer $\mathfrak{a}^{(\mathfrak{t})}$ ist dann und nur dann von erster Art, wenn $\mathfrak{a}$ von erster Art ist.

Für eine Ziffer $\mathfrak{a}$ ist stets die Gleichung $\mathfrak{a} = \mathfrak{a}$ wahr. Für beliebige Ziffern $\mathfrak{a}, \mathfrak{b}$ hat $\mathfrak{a} = \mathfrak{b}$ stets denselben Wahrheitswert wie $\mathfrak{b} = \mathfrak{a}$.

Wenn für die Ziffern $\mathfrak{a}, \mathfrak{b}$ die Gleichung $\mathfrak{a} = \mathfrak{b}$ wahr ist, so haben für jede Ziffer $\mathfrak{c}$ die Formeln

$$\mathfrak{a} = \mathfrak{c}, \quad \mathfrak{a} < \mathfrak{c}, \quad \mathfrak{c} < \mathfrak{a}$$

beziehungsweise dieselben Wahrheitswerte wie die Formeln

$$\mathfrak{b} = \mathfrak{c}, \quad \mathfrak{b} < \mathfrak{c}, \quad \mathfrak{c} < \mathfrak{b}.$$

Für Gleichungen und Ungleichungen zwischen Ziffern erster Art sowie für die Wahrheitsfunktionen des Aussagenkalkuls gelten die gewöhnlichen Festsetzungen über die Wahrheitswerte.

Auf Grund dieser Vorbemerkungen stellen sich nun die vier Unabhängigkeitsbeweise in der angekündigten kurzen Form der Angabe folgendermaßen dar.

1. Unabhängigkeit der Formel

$$a \neq 0 \rightarrow (E\,x)\,(x' = a).$$

Ziffern zweiter Art sind die Figuren $\omega^{(\mathfrak{t})}$.

---

[1] Vgl. S. 238, 243.

Für die Gleichungen zwischen beliebigen Ziffern und für die Ungleichungen zwischen Ziffern derselben Art ist die Definition von „wahr" und „falsch" die gewöhnliche. Ist $\mathfrak{a}$ eine Ziffer erster Art, $\mathfrak{b}$ eine Ziffer zweiter Art, so ist $\mathfrak{a} < \mathfrak{b}$ wahr, $\mathfrak{b} < \mathfrak{a}$ falsch.

Die Formeln $\mathfrak{Z}_1(a)$, $\mathfrak{Z}_2(a)$ lauten

$$a < \omega, \quad \omega < a'.$$

Die Formel

$$a \neq 0 \rightarrow (E\,x)\,(x' = a)$$

hat als Reduzierte

$$a \neq 0 \quad \rightarrow \quad (a < \omega \,\&\, 0' = a \lor 0' < a) \lor (\omega < a' \,\&\, \omega' = a \lor \omega' < a);$$

diese ergibt bei der Ersetzung von a durch ω eine falsche Formel, da $\omega \neq 0$ wahr, $\omega < \omega$ falsch und $\omega' = \omega \lor \omega' < \omega$ falsch ist.

2. Unabhängigkeit der Formel

$$a < b \,\&\, b < c \;\rightarrow\; a < c.$$

Ziffern zweiter Art sind die Figuren $\omega^{(\mathfrak{f})}$.

Die Gleichung $\omega^{(\mathfrak{f})} = \omega^{(\mathfrak{l})}$ ist wahr und die Ungleichung $\omega^{(\mathfrak{f})} < \omega^{(\mathfrak{l})}$ falsch, wenn die Strichzahlen $\mathfrak{f}, \mathfrak{l}$ übereinstimmen oder sich um eine gerade Anzahl unterscheiden; andernfalls ist die Gleichung falsch und die Ungleichung wahr.

Ist $\mathfrak{a}$ eine Ziffer erster Art, $\mathfrak{b}$ eine Ziffer zweiter Art, so ist $\mathfrak{a} < \mathfrak{b}$ wahr und $\mathfrak{a} = \mathfrak{b}$, $\mathfrak{b} = \mathfrak{a}$, $\mathfrak{b} < \mathfrak{a}$ falsch.

Die Formeln $\mathfrak{Z}_1(a)$, $\mathfrak{Z}_2(a)$ lauten

$$a < \omega \,\&\, a < \omega', \quad a = \omega \lor a = \omega'.$$

Bei dem Reduktionsverfahren muß der Prozeß $\mathfrak{Z}$ abgeändert werden.

Die Formel

$$a < b \,\&\, b < c \;\rightarrow\; a < c$$

geht bei der Ersetzung der Variablen a, b, c durch die Ziffern ω, ω', ω in eine falsche Formel über.

3. Unabhängigkeit der Formel

$$\overline{a < 0}.$$

Ziffern zweiter Art sind die Figuren $(-0^{(\mathfrak{p})})^{(\mathfrak{f})}$.

Die Gleichungen

$$(-0^{(\mathfrak{p})})^{(\mathfrak{f})} = 0^{(\mathfrak{l})}, \quad 0^{(\mathfrak{l})} = (-0^{(\mathfrak{p})})^{(\mathfrak{f})}$$

sind wahr oder falsch, je nachdem die Anzahl $\mathfrak{f}$ mit der Anzahl $\mathfrak{l} + \mathfrak{p}$ übereinstimmt oder nicht.

Von den Ungleichungen

$$(-0^{(\mathfrak{p})})^{(\mathfrak{f})} < 0^{(\mathfrak{l})}, \quad 0^{(\mathfrak{l})} < (-0^{(\mathfrak{p})})^{(\mathfrak{f})}$$

ist die erste wahr und die zweite falsch, wenn die Anzahl $\mathfrak{f}$ kleiner ist als $\mathfrak{l} + \mathfrak{p}$, die zweite ist wahr und die erste falsch, wenn die Anzahl $\mathfrak{f}$

größer ist als $\mathfrak{l} + \mathfrak{p}$; beide sind falsch, wenn die Anzahl $\mathfrak{f}$ mit $\mathfrak{l} + \mathfrak{p}$ übereinstimmt.

Die Gleichung
$$(-0^{(\mathfrak{p})})^{(\mathfrak{f})} = (-0^{(\mathfrak{q})})^{(\mathfrak{l})}$$

ist wahr, wenn die Anzahl $\mathfrak{f} + \mathfrak{q}$ mit $\mathfrak{l} + \mathfrak{p}$ übereinstimmt, und sonst falsch. Die Ungleichung
$$(-0^{(\mathfrak{p})})^{(\mathfrak{f})} < (-0^{(\mathfrak{q})})^{(\mathfrak{l})}$$

ist wahr, wenn die Anzahl $\mathfrak{f} + \mathfrak{q}$ kleiner ist als $\mathfrak{l} + \mathfrak{p}$, und sonst falsch.

Bei der Reduktion tritt die Unterscheidung zwischen Ziffern erster und zweiter Art gar nicht auf.

Die Formel
$$\overline{a < 0}$$

ergibt bei der Ersetzung von a durch die Ziffer $-0'$ eine falsche Formel.

4. Unabhängigkeit der Formel
$$a \neq b \;\rightarrow\; a < b \vee b < a.$$

Ziffern zweiter Art sind die Figuren $\alpha_{\mathfrak{p}}^{(\mathfrak{f})}$, wobei α_0 das Symbol α und $\alpha_{\mathfrak{p}}$ für eine von 0 verschiedene Anzahl $\mathfrak{p}$ die Figur bedeutet, die aus α entsteht, indem rechts unten $\mathfrak{p}$ Sterne angefügt werden.

Die Gleichung
$$\alpha_{\mathfrak{p}}^{(\mathfrak{f})} = \alpha_{\mathfrak{q}}^{(\mathfrak{l})}$$

ist wahr, wenn die Anzahl $\mathfrak{f} + \mathfrak{q}$ mit $\mathfrak{l} + \mathfrak{p}$ übereinstimmt, und sonst falsch. Die Ungleichung
$$\alpha_{\mathfrak{p}}^{(\mathfrak{f})} < \alpha_{\mathfrak{q}}^{(\mathfrak{l})}$$

ist wahr, wenn die Anzahl $\mathfrak{f} + \mathfrak{q}$ kleiner ist als $\mathfrak{l} + \mathfrak{p}$, und sonst falsch.

Ist $\mathfrak{a}$ eine Ziffer erster Art, $\mathfrak{b}$ eine Ziffer zweiter Art, so ist stets $\mathfrak{a} = \mathfrak{b}$, $\mathfrak{b} = \mathfrak{a}$ falsch und auch $\mathfrak{a} < \mathfrak{b}$, $\mathfrak{b} < 0$ falsch; dagegen, wenn $\mathfrak{a}$ von 0 verschieden ist, $\mathfrak{b} < \mathfrak{a}$ wahr.

Die Formeln $3_1(a)$, $3_2(a)$ lauten
$$0 < a', \quad a' < 0'.$$

Bei dem Reduktionsverfahren müssen die Prozesse 2 und 4 abgeändert werden.

Die Formel
$$a \neq b \;\rightarrow\; a < b \vee b < a$$

ergibt bei der Ersetzung der Variablen a, b durch die Ziffern 0, α eine falsche Formel.

Hiermit ist nun für das System (A) sowie für das System (B) die Unabhängigkeit eines jeden der Axiome von den übrigen festgestellt.

Zur Charakterisierung des Systems (B) sei hier noch die Ableitung vorgeführt, durch die man aus diesem System die Formel
$$A(a) \rightarrow (E\,x)\,\big(A(x)\,\&\,(y)\,(A(y)\;\rightarrow\; x = y \vee x < y)\big)$$

gewinnt, welche das *Prinzip der kleinsten Zahl* ausdrückt, d. h. den Satz, daß es zu jeder Aussage, welche überhaupt auf eine Zahl zutrifft, stets eine kleinste Zahl gibt, auf die sie zutrifft.

Wir benutzen zu dieser Ableitung außer dem Prädikatenkalkul die Axiome

$$(J_2), \quad a < a',$$

die ableitbaren Formeln

$$\overline{a < 0}, \quad a < b' \rightarrow a < b \lor a = b, \quad \overline{b < a} \rightarrow a = b \lor a < b$$

und das Induktionsschema, welches ja, wie wir wissen, dem Induktionsaxiom gleichwertig ist. Das Induktionsschema wird angewendet auf die Formel

$$(E\,x)\,(A\,(x)\,\&\,x < a) \rightarrow (E\,x)\,(A\,(x)\,\&\,(y)\,(A\,(y) \rightarrow x = y \lor x < y)).$$

Bezeichnen wir zur Abkürzung das Vorderglied dieser Formel mit $\mathfrak{B}(a)$ und das Hinterglied mit $\mathfrak{C}$, so soll also die Anwendung des Induktionsschemas lauten:

$$\mathfrak{B}(0) \rightarrow \mathfrak{C}$$

$$\frac{(\mathfrak{B}(a) \rightarrow \mathfrak{C}) \rightarrow (\mathfrak{B}(a') \rightarrow \mathfrak{C})}{\mathfrak{B}(a) \rightarrow \mathfrak{C}.}$$

Hierzu ist die Ableitung der beiden Formeln

$$\mathfrak{B}(0) \rightarrow \mathfrak{C}$$

$$(\mathfrak{B}(a) \rightarrow \mathfrak{C}) \rightarrow (\mathfrak{B}(a') \rightarrow \mathfrak{C})$$

erforderlich. Die erste ergibt sich aus der Formel $\overline{\mathfrak{B}(0)}$, d. h.

$$\overline{(E\,x)\,(A\,(x)\,\&\,x < 0)},$$

welche man mittels der Formel

$$\overline{a < 0}$$

erhält. Um die zweite Formel zu gewinnen, leiten wir zunächst mittels der Formel

$$a < b' \rightarrow a < b \lor a = b$$

die Formel

$$(E\,x)\,(A\,(x)\,\&\,x < a') \rightarrow (E\,x)\,(A\,(x)\,\&\,x < a) \lor (E\,x)\,(A\,(x)\,\&\,x = a)$$

ab, welche abgekürzt durch

$$\mathfrak{B}(a') \rightarrow \mathfrak{B}(a) \lor (E\,x)\,(A\,(x)\,\&\,x = a)$$

anzugeben ist. Aus dem Axiom (J_2) erhalten wir weiter

$$(E\,x)\,(A\,(x)\,\&\,x = a) \rightarrow A\,(a)$$

und hieraus in Verbindung mit der vorigen Formel

$$\mathfrak{B}(a') \rightarrow \mathfrak{B}(a) \lor A\,(a).$$

Nun ist

$$\mathfrak{B}(a) \lor A\,(a)$$

gemäß dem Aussagenkalkul überführbar in

$$\mathfrak{B}(a) \vee (A(a) \& \overline{\mathfrak{B}(a)});$$

ferner ist die Formel $\overline{\mathfrak{B}(a)}$, d. h.

$$\overline{(E\,x)\,(A\,(x)\, \& \,x < a)}$$

überführbar in

$$(y)\,(A\,(y) \rightarrow \overline{y < a}),$$

und wir erhalten daher mit Benutzung der Formel

$$\overline{b < a} \rightarrow a = b \vee a < b$$

die Formel

$$\overline{\mathfrak{B}(a)} \rightarrow (y)\,(A\,(y) \rightarrow a = y \vee a < y).$$

Somit ergibt sich im ganzen

$$\mathfrak{B}(a') \rightarrow \mathfrak{B}(a) \vee (A\,(a) \& (y)\,(A\,(y) \rightarrow a = y \vee a < y)).$$

Nun geht aber die Formel

$$A\,(a) \& (y)\,(A\,(y) \rightarrow a = y \vee a < y) \rightarrow \mathfrak{C}$$

durch Einsetzung aus der Grundformel (b) hervor. Wir gelangen daher zu der Formel

$$\mathfrak{B}(a') \rightarrow \mathfrak{B}(a) \vee \mathfrak{C},$$

und aus dieser ergibt sich die Formel

$$(\mathfrak{B}(a) \rightarrow \mathfrak{C}) \rightarrow (\mathfrak{B}(a') \rightarrow \mathfrak{C})$$

mittels des Aussagenkalkuls.

Hiernach sind wir in der Lage, das Induktionsschema in der gewünschten Weise anzuwenden, und erhalten dadurch die Formel

$$\mathfrak{B}(a) \rightarrow \mathfrak{C}.$$

Von dieser können wir leicht zu der abzuleitenden Formel übergehen. Nämlich diese Formel lautet ja

$$A\,(a) \rightarrow \mathfrak{C},$$

und aus der erhaltenen Formel ergibt sich, wenn wir a' für a einsetzen, die Formel

$$\mathfrak{B}(a') \rightarrow \mathfrak{C}.$$

Es genügt somit, wenn wir die Formel

$$A\,(a) \rightarrow \mathfrak{B}(a'),$$

d. h.

$$A\,(a) \rightarrow (E\,x)\,(A\,(x) \& x < a')$$

ableiten können. Diese aber ergibt sich aus der Anwendung der Formel $a < a'$ und der Grundformel (b).

Damit ist die Ableitung der Formel

$$A\,(a) \rightarrow (E\,x)\,(A\,(x) \& (y)\,(A\,(y) \rightarrow x = y \vee x < y))$$

vollzogen.

Es sei noch bemerkt, daß umgekehrt aus dieser Formel in Verbindung mit den Formeln

$$(J_2), \quad a' \neq a, \quad \overline{a' < a}, \quad a \neq 0 \rightarrow (E\,x)\,(x' = a)$$

das Induktionsaxiom ableitbar ist. Man hat hierzu in die Formel des Prinzips der kleinsten Zahl für die Nennform $A\,(c)$ der Formelvariablen einzusetzen $\overline{A\,(c)}$ und hernach auf die im Bereich des Allzeichens (y) stehende Implikation die Kontraposition anzuwenden. Mit Benutzung der aufgezählten Formeln und der mit Hilfe des zweiten Gleichheitsaxioms ableitbaren Formel

$$A(0) \;\rightarrow\; \{(E\,x)\,(\overline{A\,(x)}\,\&\,B\,(x)) \;\rightarrow\; (E\,x)\,(\overline{A\,(x)}\,\&\,B\,(x)\,\&\,x \neq 0)\}$$

ergibt sich dann die Formel

$$\overline{A\,(a)}\,\&\,A\,(0) \;\rightarrow\; (E\,x)\,(\overline{A\,(x')}\,\&\,A\,(x)),$$

aus welcher das Induktionsaxiom durch einfache Umformungen hervorgeht.

§ 7. Die rekursiven Definitionen.

In dem System (B)[1] erhalten die sämtlichen fünf PEANOschen Axiome der Zahlentheorie[2] ihre Formalisierung, nämlich zwei von ihnen durch die Einführung des Symbols 0 und des Strichsymbols, weitere zwei durch die Ableitbarkeit der Formeln (P_1), (P_2)[3], endlich das Axiom der vollständigen Induktion durch das formale Induktionsaxiom.

Man könnte hiernach meinen, daß mit den genannten Sätzen über das System (B) bereits die Fragen der Widerspruchsfreiheit und der Vollständigkeit der Zahlentheorie abschließend erledigt seien.

Sehen wir aber näher zu, so werden wir gewahr, daß unser Formalismus keineswegs ausreicht, um die üblichen Begriffsbildungen der Zahlentheorie zur Darstellung zu bringen.

Auch in PEANOS Entwicklung der Zahlentheorie[4] entsteht der Anschein, daß die genannten fünf Axiome zum Aufbau der Theorie genügen, lediglich dadurch, daß er die Rekursionsgleichungen, durch welche die elementaren Funktionen eingeführt werden, so insbesondere diejenigen für die Summe $a + b$ und das Produkt $a \cdot b$:

$$a + 0 = a,$$
$$a + n' = (a + n)',$$
$$a \cdot 0 = 0,$$
$$a \cdot n' = (a \cdot n) + a,$$

in Anlehnung an die landläufige Ausdrucksweise als *Definitionen* bezeichnet. Diese übliche Ausdrucksweise entspricht dem Standpunkt der *anschaulichen, finiten Zahlentheorie*.

---

[1] Vgl. S. 273.

[2] Vgl. S. 218, 264.

[3] Vgl. S. 219.

[4] G. PEANO: Formulario Mathematico. (5. Ausgabe 1908, II. § 1 u. folg.)

Erinnern wir uns daran, wie wir bei der Betrachtung der finiten Zahlentheorie die rekursiven Definitionen aufgefaßt haben[1]. Sie dienen hier zur abgekürzten Mitteilung eines Verfahrens, durch welches aus einer oder mehreren vorgelegten Ziffern wieder eine Ziffer bestimmt wird.

Dieses Verfahren können wir auch im Formalismus nachbilden, indem wir allgemein die Einführung von Funktionszeichen in Verbindung mit Rekursionsgleichungen zulassen.

Dabei erfolgt, entsprechend wie in der finiten Zahlentheorie, die Aufstellung von Rekursionen in einer *Reihenfolge*, gemäß welcher für jede Rekursion die Reihe der ihr vorausgehenden Rekursionen gegeben ist. In der Wahl dieser Reihenfolge besteht eine weitgehende Willkür, die jedoch erheblich eingeschränkt wird, wenn wir darauf sehen, unnötige Rekursionen zu ersparen.

Die Einführung eines Funktionszeichens durch eine Rekursion möge kurz als „rekursive Einführung" bezeichnet werden. Ferner soll ein Term „unabhängig" von einem rekursiv eingeführten Funktionszeichen $\mathfrak{f}$ heißen, wenn er nur solche Funktionszeichen enthält, welche vor der Aufstellung der Rekursion für $\mathfrak{f}$ bereits eingeführt sind.

Wir wollen hier zunächst nur den einfachsten Typus von Rekursionsgleichungen oder, wie wir auch sagen, das einfachste *Schema der Rekursion* betrachten und auf dieses vorerst auch den Begriff der Rekursion einschränken. Dieses Schema der Rekursion lautet, wenn das einzuführende Funktionszeichen nur ein Argument hat:

$$\mathfrak{f}(0) = \mathfrak{a},$$

$$\mathfrak{f}(n') = \mathfrak{b}(n, \mathfrak{f}(n)).$$

Hierin ist für $\mathfrak{f}$ ein im Formalismus vorher noch nicht benutztes Funktionszeichen mit einer Argumentstelle zu setzen. Als solches nehmen wir — abgesehen von vereinzelten Fällen, in denen wir ein gebräuchliches mathematisches Symbol verwenden — einen kleinen griechischen Buchstaben. Ferner ist $\mathfrak{a}$ in dem Schema ein Term ohne Variable, der von dem Funktionszeichen $\mathfrak{f}(\cdot)$ unabhängig ist, und $\mathfrak{b}(n, \mathfrak{f}(n))$ entsteht aus einem ebenfalls von $\mathfrak{f}(\cdot)$ unabhängigen Term $\mathfrak{b}(n, m)$, der keine von n und m verschiedene Variable enthält, indem $\mathfrak{f}(n)$ für m gesetzt wird. (Es ist nicht erforderlich, daß die Variablen n, m wirklich in $\mathfrak{b}(n, m)$ auftreten.)

Das entsprechende Schema der Rekursion zur Einführung eines Funktionszeichens $\mathfrak{f}(a, n)$ mit zwei Argumenten lautet:

$$\mathfrak{f}(a, 0) = \mathfrak{a}(a),$$

$$\mathfrak{f}(a, n') = \mathfrak{b}(a, n, \mathfrak{f}(a, n)).$$

Hier sind wiederum $\mathfrak{a}(a)$ und $\mathfrak{b}(a, n, m)$ Terme, welche von dem einzuführenden Funktionszeichen unabhängig sind, und die Bezeichnung ist

---

[1] Vgl. S. 25f.

wieder so zu verstehen, daß in $\mathfrak{a}(a)$ außer a und in $\mathfrak{b}(a, n, m)$ außer a, n, m keine Variable auftritt, aber auch diese Variablen nicht notwendig aufzutreten brauchen.

Bei der Rekursion für $\mathfrak{f}(a, n)$ ist n die in der Rekursion ausgezeichnete Variable, während a nur als „*Parameter*" auftritt. Indem man anstatt eines Parameters in der Rekursion auch mehrere Parameter zuläßt, erhält man das Rekursionsschema für eine Funktion mit mehr als zwei Argumenten $\mathfrak{f}(a, \ldots, k, n)$:

$$\mathfrak{f}(a, \ldots, k, 0) = \mathfrak{a}(a, \ldots, k),$$
$$\mathfrak{f}(a, \ldots, k, n') = \mathfrak{b}(a, \ldots, k, n, \mathfrak{f}(a, \ldots, k, n)).$$

Aus den Festsetzungen über das Schema der Rekursion ergibt sich insbesondere, daß in jeder Rekursionsgleichung auf der rechten Seite nur solche Variablen auftreten, die auf der linken Seite als Argumente stehen; es brauchen jedoch nicht alle linksstehenden Argumente auch auf der rechten Seite vorzukommen.

Die Rekursionsgleichungen für die Summe $a + b$ und das Produkt $a \cdot b$ ergeben sich als spezielle Fälle des Rekursionsschemas für ein Funktionszeichen mit zwei Argumenten, nur mit dem unwesentlichen Unterschied, daß wir anstatt des vorangestellten griechischen Buchstabens hier die übliche Schreibweise verwenden.

Die Ausdrücke $\mathfrak{a}(a)$, $\mathfrak{b}(a, n, m)$ lauten bei der Rekursion für die Summe

$$a, m',$$

bei der Rekursion für das Produkt

$$0, m + a.$$

Wir sehen hier, daß die Reihenfolge der Rekursionen für Summe und Produkt so gewählt werden muß, daß die Rekursion für die Summe vorangeht, damit in der Rekursion für das Produkt der Term $m + a$ die Bedingung der Unabhängigkeit von dem einzuführenden Funktionszeichen erfüllt.

Die Formalisierung des anschaulichen Verfahrens der rekursiven Definition durch das Rekursionsschema beruht nun darauf, daß wir für ein rekursiv eingeführtes Funktionszeichen $\mathfrak{f}(a, \ldots, k, n)$, zu jeder Ziffer $\mathfrak{z}$ eine mit Hilfe der Rekursionsgleichungen und der Gleichheitsaxiome *ableitbare Gleichung*

$$\mathfrak{f}(a, \ldots, k, \mathfrak{z}) = \mathfrak{t}(a, \ldots, k)$$

erhalten, worin $\mathfrak{t}(a, \ldots, k)$ ein von dem Funktionszeichen $\mathfrak{f}(\ldots)$ unabhängiger Term ist.

Betrachten wir dieses beim Fall eines Funktionszeichens mit zwei Argumenten. Sei das Funktionszeichen $\varphi(a, n)$ durch die Rekursionsgleichungen

$$\varphi(a, 0) = \mathfrak{a}(a),$$
$$\varphi(a, n') = \mathfrak{b}(a, n, \varphi(a, n))$$

eingeführt, und nehmen wir für $\mathfrak{z}$ die Ziffer $0''$. Es kommt dann darauf an, eine Gleichung

$$\varphi(a, 0'') = \mathfrak{t}(a)$$

abzuleiten, worin $\mathfrak{t}(a)$ von dem Funktionszeichen $\varphi(.,.)$ unabhängig ist. Hierzu setzen wir in die zweite von den betrachteten Rekursionsgleichungen für die Variable n einmal 0 und einmal $0'$ ein. Dadurch erhalten wir die Formeln

$$\varphi(a, 0') = \mathfrak{b}(a, 0, \varphi(a, 0)),$$
$$\varphi(a, 0'') = \mathfrak{b}(a, 0', \varphi(a, 0')).$$

Nun können wir ferner mit Hilfe der Gleichheitsaxiome die Formel

$$r = s \;\rightarrow\; \mathfrak{b}(a, c, r) = \mathfrak{b}(a, c, s)$$

ableiten. Diese Formel verwenden wir zu zwei verschiedenen Einsetzungen; wir setzen einmal $\varphi(a, 0)$ für r, $\mathfrak{a}(a)$ für s und 0 für c, das zweitemal $\varphi(a, 0')$ für r, $\mathfrak{b}(a, 0, \mathfrak{a}(a))$ für s und $0'$ für c ein. Dadurch ergeben sich die beiden Formeln:

$$\varphi(a, 0) = \mathfrak{a}(a) \;\rightarrow\; \mathfrak{b}(a, 0, \varphi(a, 0)) = \mathfrak{b}(a, 0, \mathfrak{a}(a)),$$
$$\varphi(a, 0') = \mathfrak{b}(a, 0, \mathfrak{a}(a)) \;\rightarrow\; \mathfrak{b}(a, 0', \varphi(a, 0')) = \mathfrak{b}(a, 0', \mathfrak{b}(a, 0, \mathfrak{a}(a))).$$

Die erste von diesen ergibt, zusammen mit der Rekursionsgleichung

$$\varphi(a, 0) = \mathfrak{a}(a),$$

die Formel

$$\mathfrak{b}(a, 0, \varphi(a, 0)) = \mathfrak{b}(a, 0, \mathfrak{a}(a)),$$

welche in Verbindung mit

$$\varphi(a, 0') = \mathfrak{b}(a, 0, \varphi(a, 0))$$

durch Anwendung des zweiten Gleichheitsaxioms die Formel

$$\varphi(a, 0') = \mathfrak{b}(a, 0, \mathfrak{a}(a))$$

liefert.

Nehmen wir diese zusammen mit der zweiten von jenen beiden Formeln, so erhalten wir durch das Schlußschema

$$\mathfrak{b}(a, 0', \varphi(a, 0')) = \mathfrak{b}(a, 0', \mathfrak{b}(a, 0, \mathfrak{a}(a))).$$

Und diese Formel, in Verbindung mit der vorher aus der zweiten Rekursionsgleichung erhaltenen

$$\varphi(a, 0'') = \mathfrak{b}(a, 0', \varphi(a, 0')),$$

ergibt durch Anwendung des zweiten Gleichheitsaxioms

$$\varphi(a, 0'') = \mathfrak{b}(a, 0', \mathfrak{b}(a, 0, \mathfrak{a}(a))),$$

womit wir zu der gewünschten Gleichung gelangt sind, auf deren rechter Seite ein von dem Funktionszeichen $\varphi(.,.)$ unabhängiger Term steht, der außer a keine Variable enthält.

Nach diesem Verfahren können wir z. B. für jede Ziffer $\mathfrak{z}$ die Gleichung

$$a + \mathfrak{z} = a^{(\mathfrak{z})}$$

mit Hilfe der Rekursionsgleichungen für die Summe und der Gleichheitsaxiome ableiten. Entsprechend ist durch die Rekursionsgleichungen für das Produkt für jede von 0 verschiedene Ziffer $\mathfrak{z}'$ eine Gleichung

$$a \cdot \mathfrak{z}' = \mathfrak{r}(a)$$

ableitbar, worin $\mathfrak{r}(a)$ den Ausdruck bedeutet, den man, ausgehend von der Variablen a, durch $\mathfrak{z}$-maliges Anhängen von $+a$ (nebst Einklammerung) erhält.

Allgemein gelingt es auf diese Weise, für ein rekursiv eingeführtes Funktionszeichen $\mathfrak{f}(\ldots)$ und eine gegebene Ziffer $\mathfrak{z}$, welche für die in der Rekursion ausgezeichnete Variable eingesetzt wird, eine Gleichung

$$\mathfrak{f}(a, \ldots, k, \mathfrak{z}) = \mathfrak{t}$$

abzuleiten, worin der auf der rechten Seite stehende Term von dem Funktionszeichen $\mathfrak{f}(\ldots)$ unabhängig ist und keine von $a, \ldots, k$ verschiedene Variable enthält.

Setzen wir in dieser Gleichung für die Parameter $a, \ldots, k$ Ziffern $\mathfrak{a}, \ldots, \mathfrak{k}$ ein, so erhalten wir eine Gleichung

$$\mathfrak{f}(\mathfrak{a}, \ldots, \mathfrak{k}, \mathfrak{z}) = \mathfrak{c},$$

in welcher rechts ein Term ohne Variablen steht, der wiederum von dem Funktionszeichen $\mathfrak{f}(\ldots)$ unabhängig ist, also nur solche Funktionszeichen enthalten kann, die vor $\mathfrak{f}(\ldots)$ eingeführt sind, und in welchem die Argumente der zuinnerst stehenden Funktionszeichen Ziffern sind. Dieser Ausdruck $\mathfrak{c}$ ist kein anderer als derjenige, den wir bei dem gewöhnlichen Verfahren der Berechnung des Wertes von $\mathfrak{f}(\mathfrak{a}, \ldots, \mathfrak{k}, \mathfrak{z})$ zunächst erhalten, indem wir durch wiederholte Anwendung der Rekursionsgleichungen für $\mathfrak{f}(\ldots)$ dieses Funktionszeichen ausschalten.

Ist $\mathfrak{c}$ eine Ziffer, so wird durch die Ableitung der Gleichung

$$\mathfrak{f}(\mathfrak{a}, \ldots, \mathfrak{k}, \mathfrak{z}) = \mathfrak{c}$$

die Berechnung des Wertes von $\mathfrak{f}(\mathfrak{a}, \ldots, \mathfrak{k}, \mathfrak{z})$ bereits vollständig formalisiert. Wir zeigen nun, daß auch im Falle, wo $\mathfrak{c}$ noch rekursiv eingeführte Funktionszeichen enthält, die Fortsetzung des Berechnungsverfahrens sich formalisieren läßt, so daß wir, wenn $\mathfrak{l}$ der durch die Berechnung sich ergebende Ziffernwert von $\mathfrak{f}(\mathfrak{a}, \ldots, \mathfrak{k}, \mathfrak{z})$ ist, zur Ableitung der Gleichung

$$\mathfrak{f}(\mathfrak{a}, \ldots, \mathfrak{k}, \mathfrak{z}) = \mathfrak{l}$$

gelangen.

Dazu überlegen wir uns zunächst folgendes: Angenommen, wir seien imstande, für jedes der vor $\mathfrak{f}(\ldots)$ eingeführten Funktionszeichen, wenn darin die Argumentstellen durch Ziffern ausgefüllt sind, die Gleichung abzuleiten, auf deren linker Seite dieses Funktionszeichen mit den Ziffernargumenten und rechts diejenige Ziffer steht, die sich durch das gewöhnliche Berechnungsverfahren als Funktionswert ergibt, so können wir auch die Gleichung

$$\mathfrak{c} = \mathfrak{l}$$

und somit auch

$$\mathfrak{f}(\mathfrak{a}, \ldots, \mathfrak{k}, \mathfrak{z}) = \mathfrak{l}$$

ableiten.

In der Tat gewinnen wir eine Ableitung der Gleichung $\mathfrak{c} = \mathfrak{l}$ auf ganz entsprechende Art, wie wir bei dem gewöhnlichen Berechnungsverfahren von dem Ausdruck $\mathfrak{c}$ zu dem Ziffernwert $\mathfrak{l}$ gelangen. Das geschieht ja in der Weise, daß wir zunächst für jedes der zu innerst stehenden Funktionszeichen mit Ziffernargumenten seinen Wert setzen, welcher eine Ziffer ist, dann mit dem so entstehenden Ausdruck in gleicher Weise verfahren und so schrittweise alle Funktionszeichen ausschalten — ein Prozeß, der jedenfalls zum Abschluß kommt, da in dem Ausdruck $\mathfrak{c}$ nur eine begrenzte Anzahl von Übereinanderschaltungen von Funktionszeichen vorliegt. Diese schrittweise zu vollziehende Ausschaltung der Funktionszeichen aus dem Ausdruck $\mathfrak{c}$ können wir nun in unserm deduktiven Formalismus vollkommen nachbilden. Denn jedes der bei dem Verfahren auftretenden Funktionszeichen ist ja vor dem Funktionszeichen $\mathfrak{f}(\ldots)$ eingeführt; daher ist nach unserer Annahme, wenn $\mathfrak{g}(\mathfrak{m}, \ldots, \mathfrak{r})$ eines dieser Funktionszeichen mit Ziffernargumenten und $\mathfrak{s}$ sein Wert ist, die Gleichung

$$\mathfrak{g}(\mathfrak{m}, \ldots, \mathfrak{r}) = \mathfrak{s}$$

ableitbar. Und um diese Gleichung zur Ersetzung des Ausdrucks $\mathfrak{g}(\mathfrak{m}, \ldots, \mathfrak{r})$ durch die Ziffer $\mathfrak{s}$ zu verwerten, bedarf es nur noch der Formalisierung des Prinzips, daß man Gleiches für Gleiches setzen kann. Diese wird aber durch die Gleichheitsaxiome geliefert. Mit deren Hilfe läßt sich ja — wie im § 5 vermerkt wurde[1] — für einen jeden (mit Funktionszeichen, Variablen und Ziffern gebildeten) Term $\mathfrak{t}(c)$ die Formel

$$a = b \rightarrow \mathfrak{t}(a) = \mathfrak{t}(b)$$

und somit aus einer erhaltenen Gleichung $\mathfrak{a} = \mathfrak{b}$ die Gleichung

$$\mathfrak{t}(\mathfrak{a}) = \mathfrak{t}(\mathfrak{b})$$

herleiten.

Auf diese Weise wird die Ableitung der Gleichung

$$\mathfrak{f}(\mathfrak{a}, \ldots, \mathfrak{k}, \mathfrak{z}) = \mathfrak{l},$$

falls sie nicht schon direkt mittels der Rekursionsgleichungen für $\mathfrak{f}(\ldots)$ gewonnen wird, durch ein eindeutig vorgeschriebenes Verfahren zurück-

---

[1] Vgl. S. 189.

geführt auf die Ableitung gewisser endlich vieler Gleichungen von der Form

$$\mathfrak{g}(\mathfrak{m}, \ldots, \mathfrak{r}) = \mathfrak{z},$$

worin $\mathfrak{g}$ ein schon vor $\mathfrak{f}(\ldots)$ rekursiv eingeführtes Funktionszeichen und $\mathfrak{z}$ der Wert des Ausdrucks $\mathfrak{g}(\mathfrak{m}, \ldots, \mathfrak{r})$ mit den Ziffernargumenten $\mathfrak{m}, \ldots, \mathfrak{r}$ ist, den man durch die rekursive Berechnung erhält.

Dieses Verfahren der Zurückführung läßt sich erforderlichenfalls wiederholen, und man gelangt damit — wenn $\mathfrak{q}$ die Anzahl der vor $\mathfrak{f}(\ldots)$ rekursiv eingeführten Funktionszeichen ist — spätestens nach $\mathfrak{q}$-maliger Anwendung zur Ableitung der Gleichung

$$\mathfrak{f}(\mathfrak{a}, \ldots, \mathfrak{k}, \mathfrak{z}) = \mathfrak{l}.$$

Somit können wir das rekursive Berechnungsverfahren der finiten Zahlentheorie in unserem Formalismus durch die deduktive Anwendung der Rekursionsgleichungen vollkommen nachbilden. In Anbetracht dieses Sachverhaltes hat es seine Berechtigung, wenn wir von jetzt ab die Einführung eines Funktionszeichens durch Rekursionsgleichungen als eine *rekursive Definition* bezeichnen und von der durch die Rekursion definierten „Funktion" sprechen. Wir müssen uns aber darüber klar sein, daß es sich hierbei nicht um eine Definition im Sinne einer bloßen Zeichenerklärung handelt, d. h. um die Einführung eines abkürzenden Symbols für einen zusammengesetzten Ausdruck.

Eine solche Definition im engeren Sinne wollen wir eine *explizite Definition* nennen. Durch eine explizite Definition kann ein neues Individuensymbol, ein Prädikatensymbol oder ein mathematisches Funktionszeichen eingeführt werden. Die Einführung in den Formalismus erfolgt durch ein Axiom, welches beim Falle eines Individuensymbols oder eines mathematischen Funktionszeichen die Gestalt einer *Gleichung*, im Falle eines Prädikatensymbols die einer *Äquivalenz* hat, wobei auf der linken Seite das einzuführende Symbol steht, dessen Argumentstellen (falls solche vorhanden sind) mit verschiedenen freien Variablen ausgefüllt sind, und auf der rechten Seite ein von dem einzuführenden Symbol freier, d. h. aus den vorher eingeführten Zeichen gebildeter Ausdruck steht, in welchem die auftretenden freien Variablen die gleichen sind wie auf der linken Seite und der im Falle der Gleichung die Beschaffenheit eines *Terms*, im Falle der Äquivalenz die Beschaffenheit einer *Formel* besitzt. So können wir z. B. die *üblichen Ziffernsymbole* durch explizite Definitionen wie

$$1 = 0'$$

$$2 = 0''$$

$$3 = 0'''$$

einführen. Ferner können die in der Mathematik üblichen Symbole
$\leqq, >, \geqq$ durch die expliziten Definitionen

$$a \leqq b \sim a = b \vee a < b,$$

$$a > b \sim b < a,$$

$$a \geqq b \sim a = b \vee b < a$$

eingeführt werden. Beispiele für die Einführung von mathematischen
Funktionszeichen durch explizite Definitionen werden uns im folgenden
mehrfach begegnen[1].

Bei solchen expliziten Definitionen läßt sich die Widerspruchsfreiheit ihrer Hinzunahme unmittelbar erkennen, da man ja das betreffende neue Symbol überall, wo es vorkommt, durch den definierenden
Ausdruck ersetzen kann, wobei die definierende Gleichung oder Äquivalenz in eine ableitbare Formel der Gestalt

$$\mathfrak{a} = \mathfrak{a} \quad \text{bzw.} \quad \mathfrak{A} \sim \mathfrak{A}$$

übergeht. Zugleich ergibt sich damit, daß man aus einem jeden Beweis
einer Formel $\mathfrak{F}$, welche das neue Symbol nicht enthält, dieses Symbol,
sofern es vorkommt, *eliminieren* kann. Diese Möglichkeit der Elimination
ergibt sich hier ganz direkt mittels der Ersetzung des neuen Symbols
durch den definierenden Ausdruck.

Vergleichen wir nun die rekursiven Definitionen mit den expliziten
Definitionen, so finden wir eine Übereinstimmung darin, daß die rekursiven Definitionen uns mit Hilfe des formalisierbaren Berechnungsverfahrens eine Ersetzung für einen jeden der Terme liefern, die sich aus
einer rekursiv definierten Funktion durch Besetzung ihrer Argumentstellen mit *Ziffern* ergeben, nämlich die Ersetzung durch eben die Ziffer,
die wir durch die Berechnung des Funktionswertes finden. Darüber
hinaus liefert uns das Berechnungsverfahren auch schon dann einen
ersetzenden Term, wenn nur die in der Rekursion *ausgezeichnete*
Argumentstelle durch eine Ziffer besetzt ist. So erhalten wir für $a + 0''$
als ersetzenden Term a'', für $a \cdot 0'''$ als ersetzenden Term $(a + a) + a$.
Diese Ersetzung hat auch die Eigenschaft, daß durch sie die Rekursions-

---

[1] Beiläufig sei bemerkt, daß sich im Rahmen unseres Formalismus eine
explizite Definition für ein Funktionszeichen stets in die Form einer Rekursion
bringen läßt. Lautet z. B. die explizite Definition

$$\varphi(a, n) = \mathfrak{t}(a, n),$$

so können wir statt deren die Rekursionsgleichungen

$$\varphi(a, 0) = \mathfrak{t}(a, 0)$$

$$\varphi(a, n') = \mathfrak{t}(a, n')$$

einführen, welche aus der genannten Definitionsgleichung durch Einsetzungen
hervorgehen und aus denen umgekehrt jene Gleichung mittels des Induktionsschemas ableitbar ist.

gleichungen, wenn darin an Stelle der ausgezeichneten Variablen n eine Ziffer steht, in Gleichungen von der Gestalt

$$\mathfrak{z} = \mathfrak{z}$$

übergehen. Denn sei $\varphi(a, \ldots, k, n)$ die rekursiv definierte Funktion, so haben die Rekursionsgleichungen nach der Ersetzung von n durch eine Ziffer $\mathfrak{z}$ die Gestalt

$$\varphi(a, \ldots, k, 0) = \mathfrak{a}(a, \ldots, k),$$

$$\varphi(a, \ldots, k, \mathfrak{z}') = \mathfrak{b}(a, \ldots, k, \mathfrak{z}, \varphi(a, \ldots, k, \mathfrak{z})).$$

Diese Gleichungen liefern für $\varphi(a, \ldots, k, 0)$ direkt $\mathfrak{a}(a, \ldots, k)$ als ersetzenden Term, und die Bestimmung des ersetzenden Terms für $\varphi(a, \ldots, k, \mathfrak{z}')$ erfolgt so, daß zunächst $\varphi(a, \ldots, k, \mathfrak{z}')$ durch $\mathfrak{b}(a, \ldots, k, \mathfrak{z}, \varphi(a, \ldots, k, \mathfrak{z}))$ ersetzt wird. Hierdurch gehen bereits die beiden Rekursionsgleichungen in Gleichungen von der Gestalt

$$\mathfrak{z} = \mathfrak{z}$$

über, und die weiteren Ersetzungsschritte können an dieser Gestalt der Gleichungen nichts mehr ändern.

Bei dem eben betrachteten Ersetzungsverfahren bleiben die Parameterargumente $a, \ldots, k$ in der Rekursion Variable. Werden für diese Variablen auch Ziffern gesetzt, so kann das Berechnungsverfahren weitergeführt werden, bis alle auftretenden rekursiv eingeführten Funktionszeichen ausgeschaltet sind. Bei dieser vollständigen Auswertung müssen nun die beiden betrachteten Rekursionsgleichungen, die ja schon nach dem erstmaligen Ersetzungsverfahren die Gestalt

$$\mathfrak{z} = \mathfrak{z}$$

erhalten haben, in numerische Gleichungen der Form

$$\mathfrak{z} = \mathfrak{z}$$

übergehen.

Diese Art der Ersetzung, wie sie sich aus der Anwendung der Rekursionsgleichungen ergibt, liefert uns jedoch keinen ersetzenden Ausdruck für das rekursiv eingeführte Funktionszeichen mit einer *Variablen an der ausgezeichneten Argumentstelle*.

Hierin liegt der wesentliche Unterschied gegenüber den expliziten Definitionen, und hierauf beruht es auch, daß wir mit Hilfe des Ersetzungsverfahrens den *Nachweis der Widerspruchsfreiheit* für die Hinzunahme der rekursiven Definitionen zu den im § 6 betrachteten Axiomensystemen *nur unter Ausschluß der gebundenen Variablen* führen können.

Wir wollen diesen Nachweis hier gleich erbringen. Die verschiedenen in Betracht kommenden Axiomensysteme sind: erstens das System der Axiome[1]

$$(J_1), (J_2), (<_1), (<_2), (<_3), (P_1), (P_2),$$

---

[1] Vgl. S. 219.

zweitens das System (A)[1] und drittens das System (B)[2], wobei wir die-jenigen Axiome, welche gebundene Variablen enthalten, auszuschließen haben, also von dem System (A) die Formel

$$a \neq 0 \rightarrow (E\,x)\,(x' = a).$$

von (B) das Induktionsaxiom.

Die genannten drei Formelsysteme haben alle die folgende Be-schaffenheit: sie enthalten außer dem zweiten Gleichheitsaxiom (J_2) nur solche Formeln, in denen keine anderen Variablen als freie Indi-viduenvariablen auftreten und welche *verifizierbar* sind.

Was ferner den logischen Kalkul betrifft, den wir beim Ausschluß der gebundenen Variablen von dem Prädikatenkalkul übrigbehalten, so besteht dieser lediglich aus der Zulassung der identischen Formeln des Aussagenkalkuls als Ausgangsformeln, den Einsetzungen für die Formelvariablen und die freien Individuenvariablen und der Anwendung des Schlußschemas. Dieser beschränkte Kalkul möge kurz als der *„elementare Kalkul mit freien Variablen"* bezeichnet werden.

Der gewünschte Nachweis für die Widerspruchsfreiheit der Hinzu-nahme rekursiver Definitionen zu den drei genannten Axiomensystemen bei Ausschluß der gebundenen Variablen wird nun geliefert, indem wir gleich folgenden allgemeineren Satz beweisen: Man habe ein Axiomen-system, bestehend aus der Formel (J_2), d. h.

$$a = b \rightarrow (A\,(a) \rightarrow A\,(b)),$$

und außerdem noch gewissen Formeln

$$\mathfrak{A}_1, \ldots, \mathfrak{A}_{\mathfrak{f}},$$

welche keine anderen Variablen als freie Individuenvariablen und außer den logischen Symbolen nur die Symbole $=$, $<$, 0 und das Strich-symbol enthalten und welche ferner *verifizierbar* sind, d. h. also bei jeder Einsetzung von Ziffern für die Variablen in wahre Formeln über-gehen. Fügen wir zu diesen Formeln noch rekursive Definitionen von Funktionen hinzu, lassen also die durch sie eingeführten Funktions-zeichen (mit ausgefüllten Argumentstellen) als Terme und die Rekur-sionsgleichungen als Ausgangsformeln (Axiome) zu, so ist auch mit dieser Hinzunahme die Formel $0 \neq 0$ nicht durch den elementaren Kalkul mit freien Variablen ableitbar, vielmehr ist auch dann jede ableitbare numerische Formel eine wahre Formel.

Dieses ergibt sich in einfacher Weise durch die Methode der Aus-schaltung der Variablen. Sei nämlich $\mathfrak{C}$ eine numerische Formel, für welche eine durch den elementaren Kalkul mit freien Variablen voll-zogene Ableitung aus den Formeln

$$(J_2),\, \mathfrak{A}_1,\, \ldots,\, \mathfrak{A}_{\mathfrak{f}}$$

---

und gewissen hinzugenommenen Rekursionsgleichungen vorgelegt sei. Wir können dann wiederum diesen Beweis in Fäden auflösen[1] und die Variablen ausschalten. In der so entstehenden aufgelösten Beweisfigur ohne Variablen, in welcher der Zusammenhang der Formeln nur durch Wiederholungen und Schlußschemata stattfindet, brauchen nun freilich die Formeln nicht alle numerisch zu sein. Denn es können ja die durch die Rekursionen eingeführten Funktionszeichen auftreten. Diese Funktionszeichen lassen sich jedoch mit Hilfe der Ersetzungen, wie sie sich an Hand der Rekursionsgleichungen ergeben, sämtlich beseitigen. Denn die zu innerst stehenden Funktionszeichen haben in ihren Argumentstellen nur Ziffern, da ja die Variablen ausgeschaltet sind; und der Wert, den wir für ein solches Funktionszeichen mit Ziffernargumenten durch das Berechnungsverfahren erhalten, ist wiederum eine Ziffer. So gelangen wir dazu, alle vorkommenden rekursiv eingeführten Funktionszeichen schrittweise zu eliminieren, indem wir jedes mit Ziffernargumenten versehene Funktionszeichen gemäß dem Berechnungsverfahren durch eine Ziffer ersetzen.

Auf diese Weise werden alle Formeln numerisch, und zwar gehen dabei alle Ausgangsformeln in wahre numerische Formeln über. Nämlich für die Rekursionsgleichungen haben wir uns vorhin überlegt, daß sie, wenn an Stelle der Variablen Ziffern treten, vermittels des Berechnungsverfahrens in Gleichungen der Form

$$\mathfrak{z} = \mathfrak{z}$$

übergehen. Die Formeln $\mathfrak{A}_1, \ldots, \mathfrak{A}_f$ sind nach Voraussetzung verifizierbar, und die Terme, welche an die Stelle der in diesen Formeln vorkommenden Variablen treten, nachdem die Prozesse der Rückverlegung der Einsetzungen, der Wegschaffung der Variablen und der Ausschaltung der rekursiv eingeführten Funktionszeichen vollzogen sind, können nur Ziffern sein. Somit gehen auch diese Formeln in wahre numerische Formeln über. Nun bleibt noch das Axiom (J_2) zu betrachten. Eine aus diesem durch Einsetzung und durch Wegschaffung der Variablen hervorgehende Formel hat die Gestalt

$$\mathfrak{a} = \mathfrak{b} \to (\mathfrak{A}(\mathfrak{a}) \to \mathfrak{A}(\mathfrak{b})).$$

Hierin können auf mannigfache Weise rekursiv eingeführte Funktionszeichen auftreten, insbesondere kann in der Formel $\mathfrak{A}(\mathfrak{a})$ der Term $\mathfrak{a}$, bzw. in $\mathfrak{A}(\mathfrak{b})$ der Term $\mathfrak{b}$ Argument eines solchen Funktionszeichens sein. Jedenfalls aber besteht betreffs der Veränderung, welche die Formel durch die Ausschaltung der rekursiv eingeführten Funktionszeichen erfährt, folgende Alternative: entweder erhält der Term $\mathfrak{a}$ die gleiche Ersetzung wie $\mathfrak{b}$; dann ergibt sich auch für die Formel $\mathfrak{A}(\mathfrak{a})$ dieselbe Ersetzung wie für $\mathfrak{A}(\mathfrak{b})$; oder $\mathfrak{a}$ erhält eine andere Ersetzung als $\mathfrak{b}$. Somit hat die entstehende numerische Formel entweder die Gestalt

$$\mathfrak{z} = \mathfrak{z} \to (\mathfrak{B} \to \mathfrak{B})$$

---

[1] Vgl. S. 220 ff.

oder die Gestalt $\qquad \mathfrak{z} = \mathfrak{t} \to (\mathfrak{B} \to \mathfrak{C})$,

wobei $\mathfrak{z}$ und $\mathfrak{t}$ verschiedene Ziffern sind. In beiden Fällen ist also die entstehende numerische Formel eine wahre Formel.

Somit werden tatsächlich durch die ausgeführten Prozesse die sämtlichen Ausgangsformeln unserer Beweisfigur in wahre numerische Formeln übergeführt. Die übrigen Formeln aber leiten sich aus diesen Ausgangsformeln durch Wiederholungen und Schlußschemata ab, und die Endformel $\mathfrak{C}$ hat bei den ausgeführten Prozessen keine Veränderung erfahren, da sie ja von vornherein numerisch ist. Es ergibt sich daher (ganz wie bei dem früheren Beweis, den wir durch Ausschaltung der Variablen geführt haben), daß die Formel $\mathfrak{C}$ wahr ist.

Damit ist gezeigt, daß auch bei der Zulassung von rekursiven Definitionen jede aus den Axiomen

$$(J_2),\ \mathfrak{A}_1,\ \ldots,\ \mathfrak{A}_\mathfrak{f}$$

durch den elementaren Kalkul mit freien Variablen ableitbare numerische Formel eine wahre Formel ist.

Unsere Beweismethode liefert aber noch ein allgemeineres Ergebnis. Betrachten wir eine beliebige mit den genannten Mitteln ableitbare Formel $\mathfrak{A}$, von der nicht vorausgesetzt werden soll, daß sie numerisch ist, sondern vielmehr nur, daß sie keine Formelvariable enthält. Es werde für die darin auftretenden freien Individuenvariablen eine Zifferneinsetzung gemacht, und es entstehe dadurch die Formel $\mathfrak{A}^*$. Diese Formel, welche nun überhaupt keine Variable mehr enthält, ist dann gleichfalls mit den zugelassenen Mitteln ableitbar. Auf diese Ableitung können wir wiederum unser Verfahren der Ausschaltung der Variablen und der rekursiv eingeführten Funktionszeichen zur Anwendung bringen. Der einzige Unterschied gegenüber der vorherigen Überlegung besteht darin, daß die Endformel evtl. bei der Ausschaltung der Funktionszeichen eine Veränderung erfährt. Jedenfalls folgt, daß die Formel $\mathfrak{A}^*$ entweder schon selbst eine wahre numerische Formel ist oder durch das Verfahren der Ausschaltung der Funktionszeichen (d. h. durch die Ausrechnung der rekursiv bestimmten Funktionswerte) in eine wahre numerische Formel übergeht.

Die Formel $\mathfrak{A}$ hat somit die Eigenschaft, daß sie bei jeder Einsetzung von Ziffern für die freien Individuenvariablen und nachfolgender Ausrechnung der Funktionswerte (für die evtl. auftretenden rekursiv definierten Funktionen) eine wahre numerische Formel ergibt.

Es erscheint als naturgemäß, auch eine Formel von dieser Beschaffenheit, mit Erweiterung unserer bisherigen Terminologie, als *verifizierbar* zu bezeichnen. Der *Begriff der Verifizierbarkeit* wird damit auf solche Formeln *ausgedehnt*, in denen rekursiv eingeführte Funktionszeichen, dagegen keine Formelvariablen und auch keine gebundenen Variablen auftreten.

Mit dieser Bezeichnung können wir unser Ergebnis dahin aussprechen, daß jede mit den vorher genannten Hilfsmitteln ableitbare Formel, welche keine Formelvariable enthält, eine verifizierbare Formel ist.

Eine andere Erweiterung unseres Resultates, die sich unmittelbar aus unserer Betrachtung ergibt, besteht darin, daß wir bei den Formeln $\mathfrak{A}_1, \ldots, \mathfrak{A}_f$ das Vorkommen von rekursiv eingeführten Funktionszeichen zulassen können, sofern nur diese Formeln in dem jetzt verallgemeinerten Sinne verifizierbar sind. Denn unter dieser Voraussetzung sind wir ja auch sicher, daß nach der Ausführung der verschiedenen Prozesse, welche die Formeln eines (in Fäden aufgelösten) Beweises von der betrachteten Art in numerische Formeln verwandeln, an die Stelle derjenigen von den Formeln $\mathfrak{A}_1, \ldots, \mathfrak{A}_f$, welche als Ausgangsformeln benutzt sind, wahre numerische Formeln treten.

Somit gelangen wir zu folgender Feststellung: Wird der elementare Kalkul mit freien Variablen durch die Hinzunahme von rekursiven Definitionen, von verifizierbaren (jedoch keine gebundene Variable enthaltenden) Axiomen $\mathfrak{A}_1, \ldots, \mathfrak{A}_f$ und des Gleichheitsaxioms (J_2) erweitert, so ist eine jede in dem so entstehenden Formalismus ableitbare Formel, welche keine Formelvariable enthält, eine verifizierbare Formel.

Diese Fassung des Ergebnisses gestattet uns, ohne Mühe das *Induktionsschema* in die Betrachtung einzubeziehen und zu zeigen, daß auch bei der Hinzunahme dieses Schemas die ableitbaren Formeln, welche keine Formelvariablen enthalten, verifizierbar sind.

Man beachte, daß auf Grund des generellen Ausschlusses der gebundenen Variablen bei der vorliegenden Betrachtung auch die Anwendung des Induktionsschemas auf solche Formeln beschränkt ist, in denen keine gebundene Variable auftritt.

Denken wir uns einen Beweis einer Formel $\mathfrak{E}$ vorgelegt, welche keine Formelvariable enthält. Der Beweis sei durch den elementaren Kalkul mit freien Variablen unter Hinzunahme rekursiver Definitionen, verifizierbarer Axiome $\mathfrak{A}_1, \ldots, \mathfrak{A}_f$ (die keine gebundene Variable enthalten) sowie des Axioms (J_2) und außerdem noch mit Benutzung des Induktionsschemas geführt. Wir können dann zunächst, wie im § 6 gezeigt wurde, mit Hilfe der Auflösung des Beweises in Fäden und der Rückverlegung der Einsetzungen die *Formelvariablen* wegschaffen, wobei es, wie wir erkannten[1], zur Verhütung einer Zerstörung der Form des Induktionsschemas nötig ist, die Variable a in der zweiten Formel

$$\mathfrak{A}(a) \to \mathfrak{A}(a'),$$

des Schemas jeweils durch andere freie Variablen zu ersetzen.

Betrachten wir nun eines von denjenigen Induktionsschematen, denen in der progressiven, d. h. von den Ausgangsformeln des Beweises beginnenden Verfolgung der Beweisfäden kein Induktionsschema voraus-

---

[1] Vgl. S. 267.

geht. Die Formeln dieses Schemas mögen (nach den bereits vollzogenen Prozessen) die Gestalt haben

$$\mathfrak{B}(0), \mathfrak{B}(r) \rightarrow \mathfrak{B}(r'), \mathfrak{B}(\mathfrak{k}).$$

Für die beiden ersten von diesen Formeln liefert unsere Beweisfigur eine Ableitung ohne Benutzung des Induktionsschemas.

Nun kann aber, wenn $\mathfrak{z}$ irgendeine Ziffer ist, die Formel $\mathfrak{B}(\mathfrak{z})$ aus den beiden Formeln

$$\mathfrak{B}(0), \mathfrak{B}(r) \rightarrow \mathfrak{B}(r')$$

durch Einsetzungen und wiederholte Anwendung des Schlußschemas abgeleitet werden. Diese Formel ist somit gleichfalls ohne Benutzung des Induktionsschemas (mit den aufgezählten Hilfsmitteln) ableitbar. Gemäß unserem vorhin formulierten Ergebnis ist sie also verifizierbar, d. h. bei jeder Zifferneinsetzung für die auftretenden Individuenvariablen (Formelvariablen kommen ja nicht vor) und nachfolgender Ausrechnung der Funktionswerte geht sie in eine wahre numerische Formel über. Da dieses nun für jede Ziffer $\mathfrak{z}$ gilt, so ist auch die Formel $\mathfrak{B}(r)$ verifizierbar.

Wir verfahren nun so, daß wir das System der Axiome $\mathfrak{A}_1, \ldots, \mathfrak{A}_\mathfrak{k}$ durch Hinzufügung der Formel $\mathfrak{B}(r)$ erweitern. Wir können dann die Formel $\mathfrak{B}(\mathfrak{k})$ anstatt durch das Induktionsschema direkt durch Einsetzung erhalten. Dieses Verfahren können wir nun der Reihe nach auf alle vorkommenden Induktionsschemata anwenden. Es ergibt sich dadurch, daß die Anwendung des Induktionsschemas für die Ableitung der Formel $\mathfrak{E}$ vermieden werden kann, wenn wir zu den Axiomen $\mathfrak{A}_1, \ldots, \mathfrak{A}_\mathfrak{k}$ gewisse verifizierbare Formeln — sie mögen mit $\mathfrak{B}_1, \ldots, \mathfrak{B}_\mathfrak{l}$ bezeichnet werden — hinzunehmen. Die Formel $\mathfrak{E}$ ist somit durch den elementaren Kalkul mit Hinzufügung rekursiver Definitionen, der Axiome $\mathfrak{A}_1, \ldots, \mathfrak{A}_\mathfrak{k}, \mathfrak{B}_1, \ldots, \mathfrak{B}_\mathfrak{l}$ nebst dem Axiom (J_2) ableitbar. Dabei sind die Axiome $\mathfrak{A}_1, \ldots, \mathfrak{A}_\mathfrak{k}, \mathfrak{B}_1, \ldots, \mathfrak{B}_\mathfrak{l}$ sämtlich Formeln, welche keine Formelvariablen (und natürlich auch keine gebundenen Variablen) enthalten und welche verifizierbar sind. Hieraus folgt aber gemäß unserem vorherigen Ergebnis, daß die Formel $\mathfrak{E}$ verifizierbar ist.

Aus dem hiermit bewiesenen Satze folgt insbesondere, daß bei Zugrundelegung des elementaren Kalkuls mit freien Variablen die rekursiven Definitionen in Verbindung mit den Gleichheitsaxiomen, dem Induktionsschema und sonst noch verifizierbaren Axiomen nicht zu einem Widerspruch führen können.

Betrachten wir dieses Ergebnis sowie auch die vorherigen in betreff der Widerspruchsfreiheit der rekursiven Definitionen geführten Nachweise im Hinblick auf den Vergleich der rekursiven Definitionen mit den eigentlichen expliziten Definitionen, so bemerken wir hier bereits folgenden wesentlichen Unterschied: die Hinzunahme von expliziten Definitionen zu einem Axiomensystem ist jedenfalls dann widerspruchsfrei, wenn das Axiomensystem für sich (d. h. vor der Hinzunahme jener Definitionen) widerspruchsfrei ist. Dagegen haben wir die Widerspruchsfreiheit der Hinzunahme von rekursiven Definitionen zu einem Axiomensystem nur unter der schärferen Voraussetzung der *Verifizierbarkeit* der Axiome $\mathfrak{A}_1, \ldots, \mathfrak{A}_t$ nachgewiesen. Diese Voraussetzung ist in der Tat auch wesentlich und kann nicht durch diejenige der Widerspruchsfreiheit jener Axiome ersetzt werden.

Das läßt sich an folgendem einfachen Beispiel erkennen. Wir gehen aus von dem elementaren Kalkul mit freien Variablen. Zu den logischen Symbolen des Aussagenkalkuls nehmen wir die Symbole $=$, 0 und das Strichsymbol (dagegen nicht das Symbol $<$). Als Axiome nehmen wir die beiden Gleichheitsaxiome

$$a = a\,,$$

$$a = b \;\rightarrow\; (A(a) \rightarrow A(b))$$

und ferner die beiden Formeln

$$0' \neq 0\,,$$

$$a'' = a\,.$$

Dieses Axiomensystem können wir an Hand eines zweizahligen Individuenbereiches als widerspruchsfrei erweisen. Als Individuen nehmen wir die Dinge 0 und 1. Die Gleichungen $0 = 0$, $1 = 1$ sollen „wahr", dagegen $0 = 1$ und $1 = 0$ „falsch" heißen. Die Strichfunktion definieren wir so, daß $0'$ den Wert 1, $1'$ den Wert 0 hat. Durch diese Festsetzungen ergibt sich auf Grund der üblichen Definitionen der Wahrheitsfunktionen des Aussagenkalkuls eine Definition von „wahr" und „falsch" für alle diejenigen Formeln, welche sich aus Gleichungen von der Gestalt

$$0^{(t)} = 0^{(l)}$$

durch die Operationen des Aussagenkalkuls bilden lassen, und wir können nun wiederum durch die Methode der Ausschaltung der Variablen zeigen, daß jede mit den genannten Mitteln ableitbare Formel, welche keine Variable enthält, eine im Sinne der hier gegebenen Definition wahre Formel ist. Daraus folgt insbesondere, daß die Formel $0 \neq 0$, welche ja nach den getroffenen Festsetzungen, als Negation der wahren Gleichung $0 = 0$, falsch ist, nicht aus den genannten Axiomen abgeleitet werden kann, und daß diese also widerspruchsfrei sind.

Fügen wir nun zu diesem Axiomensystem die Rekursionsgleichungen

$$\delta(0) \;= 0\,,$$

$$\delta(n') = n$$

hinzu, so geht die Widerspruchsfreiheit verloren. Nämlich aus der zweiten von diesen Rekursionsgleichungen ergibt sich durch Einsetzung

$$\delta(0'') = 0'\,,$$

und aus dem Axiom

$$a'' = a$$

erhalten wir durch Einsetzung

$$0'' = 0.$$

Ferner liefert die Anwendung der Gleichheitsaxiome die Formel

$$0'' = 0 \;\rightarrow\; \delta(0'') = \delta(0),$$

so daß wir mit Hilfe des Schlußschemas

$$\delta(0'') = \delta(0)$$

erhalten. Diese Formel, zusammen mit

$$\delta(0'') = 0'$$

und

$$\delta(0) = 0,$$

ergibt durch Anwendung des zweiten Gleichheitsaxioms

$$0' = 0,$$

während wir andererseits die Formel

$$0' \neq 0$$

als Axiom haben.

Den hier vorgefundenen Sachverhalt können wir uns auch vom inhaltlichen Standpunkt zurechtlegen. Ein System von zwei Gleichungen der Gestalt

$$\mathfrak{f}(0) = \mathfrak{a},$$

$$\mathfrak{f}(n') = \mathfrak{b}(n, \mathfrak{f}(n))$$

stellt eine Anforderung an die Funktion $\mathfrak{f}(n)$ dar, deren Erfüllbarkeit nicht aus der Struktur der Rekursionsgleichungen an und für sich hervorgeht, sondern *auf den charakteristischen Eigenschaften der Strichfunktion beruht*, nämlich daß diese Funktion niemals zu dem Werte 0 führt, und daß zwei verschiedenen Argumentwerten auch stets verschiedene Werte der Strichfunktion entsprechen.

Die Forderung der Zulassung von rekursiven Definitionen ist also gleichbedeutend mit einer *impliziten Charakterisierung der Strichfunktion*. Und zwar betrifft diese Charakterisierung gerade die beiden Eigenschaften der Strichfunktion, auf Grund deren sie eine Abbildung im Sinne der DEDEKINDschen Unendlichkeitsdefinition liefert und deren Formalisierung uns zu den Axiomen (P_1), (P_2) geführt hat[1].

Diese Erwägung macht es uns verständlich, daß die Einführung rekursiver Definitionen nicht mit einem beliebigen widerspruchsfreien Axiomensystem vereinbar ist. Zugleich legt sie die Vermutung nahe, daß die PEANOschen Axiome (P_1), (P_2) mit Hilfe von rekursiven

---

[1] Vgl. S. 218 f.

Definitionen abgeleitet werden können. Eine solche Ableitung ist in der Tat möglich, und zwar brauchen wir dazu lediglich die Gleichheitsaxiome und die numerische Formel

$$0' \neq 0$$

zugrunde zu legen.
Die Ableitung der Formel (P_1)

$$a' \neq 0$$

gelingt durch Einführung der Rekursionsgleichungen

$$\alpha(0) = 0,$$

$$\alpha(n') = 0'.$$

Nämlich aus der zweiten von diesen ergibt sich durch Einsetzung

$$\alpha(a') = 0'.$$

Ferner erhalten wir mit Hilfe der Gleichheitsaxiome die Formel

$$a' = 0 \;\rightarrow\; \alpha(a') = \alpha(0),$$

welche in Verbindung mit den Formeln

$$\alpha(a') = 0', \quad \alpha(0) = 0$$

durch Benutzung des zweiten Gleichheitsaxioms die Formel

$$a' = 0 \;\rightarrow\; 0' = 0$$

ergibt. Die hieraus durch Kontraposition sich ergebende Formel

$$0' \neq 0 \;\rightarrow\; a' \neq 0$$

liefert zusammen mit der als Axiom genommenen Formel

$$0' \neq 0$$

durch das Schlußschema die gewünschte Formel

$$a' \neq 0.$$

Zur Ableitung der Formel (P_2)

$$a' = b' \;\rightarrow\; a = b$$

nehmen wir die vorhin aufgestellten Rekursionsgleichungen

$$\delta(0) = 0,$$

$$\delta(n') = n.$$

Von diesen liefert die zweite durch Einsetzungen die Formeln

$$\delta(a') = a, \quad \delta(b') = b.$$

Aus diesen und der mit Hilfe der Gleichheitsaxiome sich ergebenden Formel

$$a' = b' \;\rightarrow\; \delta(a') = \delta(b')$$

erhalten wir, wiederum mittels des zweiten Gleichheitsaxioms, die gewünschte Formel

$$a' = b' \to a = b.$$

Auf diese Weise werden durch die Zulassung rekursiver Definitionen die Axiome (P_1), (P_2) entbehrlich.

Die Formel (P_1) kann übrigens bei Verwendung des Induktionsschemas, anstatt mittels der Funktion $\alpha(n)$, mit Hilfe der Rekursionsgleichungen für $\delta(n)$ abgeleitet werden. Nämlich auf Grund des Induktionsschemas und der Formel $0' \neq 0$ genügt es, die Formel

$$a' \neq 0 \to a'' \neq 0$$

zu gewinnen. Diese aber wird durch Kontraposition aus der Formel

$$a'' = 0 \to a' = 0$$

erhalten, welche sich aus der (durch die Gleichheitsaxiome ableitbaren)[1] Formel

$$a'' = 0 \to \delta(a'') = \delta(0)$$

mittels der Rekursionsgleichungen für $\delta(n)$ und des Gleichheitsaxioms (J_2) ergibt.

Beiläufig sei auch daran erinnert, daß (nach der Bemerkung im § 5)[1] aus der Gleichung $\delta(n') = n$ mittels des Axioms (J_2) die Formel (J_1) ableitbar ist. —

Eine weitere durch die Hinzunahme der rekursiven Definitionen eröffnete Möglichkeit besteht darin, daß wir das Symbol $<$ nicht als Grundzeichen zu nehmen brauchen, sondern es definitorisch einführen können. Nämlich wir führen zunächst, mit Benutzung der obigen rekursiven Definition von $\delta(n)$, ein Funktionszeichen $\delta(a, b)$ ein durch die Rekursionsgleichungen

$$\delta(a, 0) = a,$$

$$\delta(a, n') = \delta(\delta(a, n))$$

(worin auf der rechten Seite der zweiten Gleichung die Funktion δ mit einem Argument auftritt). Und nun definieren wir die Formel $a < b$ explizite durch die Äquivalenz:

$$a < b \sim \delta(b, a) \neq 0.$$

Durch Anwendung dieser Äquivalenz lassen sich die Formeln

$$(<_1), (<_2), (<_3)$$

überführen in die Formeln:

$$\delta(a, a) = 0, \quad \delta(b, a) \neq 0 \,\&\, \delta(c, b) \neq 0 \to \delta(c, a) \neq 0, \quad \delta(a', a) \neq 0.$$

---

[1] Vgl. S. 189.

Diese Formeln können nun durch Anwendung des Induktionsschemas abgeleitet werden.

Die Methode der hierzu auszuführenden Ableitungen ist dem Mathematiker wohl vertraut, und der logische Formalismus spielt dabei nur eine untergeordnete Rolle. Es wird daher hier genügen, den Gang der Ableitungen im großen anzugeben.

Für diese Ableitungen findet die Bemerkung aus § 5 betreffend die Ableitbarkeit von (J_1) Anwendung[1]. In der Tat haben wir ja hier die Gleichung $\delta(n') = n$ zur Verfügung. Die Anwendung der Gleichheitsaxiome reduziert sich demnach auf diejenige des Gleichheitsaxioms (J_2) und der zweiten Rekursionsgleichung für $\delta(n)$. Es mag daraufhin im folgenden öfters einfach von „dem Gleichheitsaxiom" gesprochen werden, wenn (J_2) gemeint ist.

Wir schicken noch eine Bemerkung betreffs der Anwendung des Induktionsschemas voraus. Aus dem Induktionsschema gewinnen wir als abgeleitetes Schema die Verallgemeinerung

$$\frac{\mathfrak{A}(0),\ \mathfrak{A}(\mathfrak{v}) \to \mathfrak{A}(\mathfrak{v}')}{\mathfrak{A}(\mathfrak{v})}$$

worin $\mathfrak{v}$ irgendeine freie, nicht in $\mathfrak{A}(0)$ vorkommende Individuenvariable ist. Die Ableitbarkeit dieses Schemas ergibt sich so: Falls $\mathfrak{v}$ die Variable $\mathfrak{a}$ ist, braucht nichts gezeigt zu werden. Sei also $\mathfrak{v}$ eine von a verschiedene Variable und nehmen wir zunächst an, daß die Variable a überhaupt nicht in $\mathfrak{A}(\mathfrak{v})$ vorkomme. Dann erhalten wir aus der Formel $\mathfrak{A}(\mathfrak{v}) \to \mathfrak{A}(\mathfrak{v}')$ durch Einsetzung die Formel $\mathfrak{A}(a) \to \mathfrak{A}(a')$, welche zusammen mit $\mathfrak{A}(0)$ gemäß dem Induktionsschema die Formel $\mathfrak{A}(a)$ liefert, aus der wir wiederum durch Einsetzung $\mathfrak{A}(\mathfrak{v})$ erhalten. Im Falle, daß $\mathfrak{A}(\mathfrak{v})$ die Variable a enthält, setzen wir in den Formeln $\mathfrak{A}(0)$, $\mathfrak{A}(\mathfrak{v}) \to \mathfrak{A}(\mathfrak{v}')$ für a eine nicht in $\mathfrak{A}(\mathfrak{v})$ auftretende freie Variable ein. Aus den dadurch entstehenden Formeln $\mathfrak{A}^*(0)$, $\mathfrak{A}^*(\mathfrak{v}) \to \mathfrak{A}^*(\mathfrak{v}')$ (in denen die Variable a nicht mehr vorkommt) erhalten wir, wie soeben gezeigt, die Formel $\mathfrak{A}^*(\mathfrak{v})$, und aus dieser wiederum durch Einsetzung $\mathfrak{A}(\mathfrak{v})$.

Die Anwendung des genannten verallgemeinerten Induktionsschemas bezeichnen wir kurz als „Induktion nach $\mathfrak{v}$". Zum Beispiel können wir die Formel

$$\delta(a', b') = \delta(a, b)$$

durch Induktion nach b aus den beiden Formeln

$$\delta(a', 0') = \delta(a, 0)$$
$$\delta(a', b') = \delta(a, b) \to \delta(a', b'') = \delta(a, b')$$

gewinnen, welche sich durch Anwendung der Rekursionsgleichungen für $\delta(a, b)$ und $\delta(n)$ sowie des Gleichheitsaxioms ergeben.

---

[1] Vgl. S. 189.

Ausgehend nun von dieser speziellen, durch Induktion nach b gewonnenen Gleichung

$$\delta(a', b') = \delta(a, b)$$

können wir zunächst die Formeln

$$\delta(a, a) = 0, \qquad \delta(a', a) = 0'$$

mittels des Induktionsschemas unter Benutzung des Gleichheitsaxioms ableiten. Zugleich auch erhalten wir, mit Anwendung der Formel $0' \neq 0$

$$\delta(a', a) \neq 0.$$

Damit sind bereits zwei der abzuleitenden Formeln gewonnen, und wir haben also nur noch die Herleitung der Formel

$$\delta(b, a) \neq 0 \,\&\, \delta(c, b) \neq 0 \rightarrow \delta(c, a) \neq 0$$

auszuführen. Diese Herleitung soll durch Induktion nach b erfolgen, und die Formel werde hierfür kurz mit $\mathfrak{A}(b)$ angegeben.

$\mathfrak{A}(0)$ erhalten wir aus der (durch das Induktionsschema zu gewinnenden) Formel $\delta(0, a) = 0$ mittels des Aussagenkalkuls.

Es bleibt die Formel $\mathfrak{A}(b) \rightarrow \mathfrak{A}(b')$ abzuleiten. Wir können dabei im Sinne der Unterscheidung der beiden Fälle $\delta(b, a) \neq 0$, $\delta(b, a) = 0$ verfahren. Formal bedeutet dieses, daß wir die Formel $\mathfrak{A}(b) \rightarrow \mathfrak{A}(b')$ mittels des Aussagenkalkuls aus den beiden Formeln

$$\delta(b, a) \neq 0 \rightarrow \big(\mathfrak{A}(b) \rightarrow \mathfrak{A}(b')\big), \qquad \delta(b, a) = 0 \rightarrow \big(\mathfrak{A}(b) \rightarrow \mathfrak{A}(b')\big)$$

gewinnen. Die erste von diesen ergibt sich mit Hilfe des Aussagenkalkuls aus der Formel

$$\delta(c, b') \neq 0 \rightarrow \delta(c, b) \neq 0.$$

Diese wird durch Kontraposition aus der Formel

$$\delta(c, b) = 0 \rightarrow \delta(c, b') = 0$$

erhalten, welche sich aus den Gleichungen

$$\delta(c, b') = \delta\big(\delta(c, b)\big), \qquad \delta(0) = 0$$

mit Anwendung des Gleichheitsaxioms ergibt.

Zur Ableitung der zweiten Formel

$$\delta(b, a) = 0 \rightarrow \big(\mathfrak{A}(b) \rightarrow \mathfrak{A}(b')\big)$$

brauchen wir das Vorderglied $\mathfrak{A}(b)$ gar nicht zu benutzen, sondern können bereits

$$\delta(b, a) = 0 \rightarrow \mathfrak{A}(b')$$

ableiten. Nämlich diese Formel, welche ja lautet

$$\delta(b, a) = 0 \rightarrow \big(\delta(b', a) \neq 0 \,\&\, \delta(c, b') \neq 0 \;\rightarrow\; \delta(c, a) \neq 0\big),$$

ergibt sich mittels der bereits erhaltenen Formel

$$\delta(c, b') \neq 0 \to \delta(c, b) \neq 0$$

und des Aussagenkalkuls aus der Formel

$$\delta(b, a) = 0 \,\&\, \delta(b', a) \neq 0 \to \big(\delta(c, b) \neq 0 \to \delta(c, a) \neq 0\big),$$

welche wir durch Kettenschluß aus den Formeln

$$b = a \to \big(\delta(c, b) \neq 0 \to \delta(c, a) \neq 0\big),$$
$$\delta(b, a) = 0 \,\&\, \delta(b', a) \neq 0 \to b = a$$

erhalten. Von diesen geht die erste durch eine Einsetzung aus dem Axiom (J_2) hervor; es kommt also nur noch auf die Ableitung der zweiten Formel an. Hierfür verwenden wir zunächst die Formeln

$$\delta(a, b) = \delta(a', b'), \qquad \delta(a, b') = \delta\big(\delta(a, b)\big),$$

aus denen wir durch Einsetzungen und Anwendung des Gleichheitsaxioms erhalten: $\qquad \delta(b, a) = \delta\big(\delta(b', a)\big).$

Ferner verwenden wir die Hilfsformel

$$\delta(a) = 0 \,\&\, a \neq 0 \to a = 0',$$

welche sich aus der durch das Induktionsschema herleitbaren Formel

$$a \neq 0 \to \delta(a)' = a$$

mittels des Gleichheitsaxioms ergibt. Aus der genannten Hilfsformel gewinnen wir durch Einsetzung und Anwendung der zuvor erhaltenen Formel sowie des Axioms (J_2):

$$\delta(b, a) = 0 \,\&\, \delta(b', a) \neq 0 \to \delta(b', a) = 0'.$$

Somit kommt es jetzt nur noch auf die Herleitung der Formel[1]

$$\delta(b', a) \neq 0 \,\&\, \delta(b', a) = 0' \to b = a$$

an. Diese gelingt mit Hilfe der Formel

$$\delta(b', a) \neq 0 \to \delta\big(b', \delta(b', a)\big) = a.$$

Bezeichnen wir diese abgekürzt mit $\mathfrak{B}(b, a)$, so ergibt sich $\mathfrak{B}(b, 0)$, indem man $\delta\big(b', \delta(b', 0)\big) = 0$ durch formalisierte Berechnung (mittels der Formeln $\delta(b', 0) = b'$, $\delta(b', b') = 0$ und des Gleichheitsaxioms) erhält. Können wir nun noch $\mathfrak{B}(b, a) \to \mathfrak{B}(b, a')$ herleiten, so gewinnen wir mittels des Induktionsschemas die gewünschte Formel $\mathfrak{B}(b, a)$.

---

[1] Die in dieser Formel an sich entbehrliche Einfügung des Vordergliedes $\delta(b', a) \neq 0$ geschieht im Hinblick auf die folgenden Herleitungen, um einen wiederholten Rückgang auf diese Ungleichung zu ersparen.

Die Herleitung von $\mathfrak{B}(b, a) \to \mathfrak{B}(b, a')$ erfolgt durch die Unterscheidung der beiden Fälle $a = 0$, $a \neq 0$. Nämlich einerseits erhalten wir

$$a = 0 \to \mathfrak{B}(b, a')$$

durch Anwendung des Gleichheitsaxioms nebst dem Aussagenkalkul aus der Formel $\mathfrak{B}(b, 0')$, die sich durch formalisierte Berechnung von $\delta(b', \delta(b', 0'))$ (mit Anwendung der Formeln

$$\delta(b', 0') = \delta(b, 0), \qquad \delta(b, 0) = b, \qquad \delta(b', b) = 0')$$

ergibt; andrerseits erhält man

$$a \neq 0 \to \big(\mathfrak{B}(b, a) \to \mathfrak{B}(b, a')\big),$$

d.h. (mit geringer Umformung):

$$a \neq 0 \,\&\, \big(\delta(b', a) \neq 0 \to \delta(b', \delta(b', a)) = a\big) \to$$
$$\to \big(\delta(b', a') \neq 0 \to \delta(b', \delta(b', a')) = a'\big),$$

indem man zunächst mittels der Formeln

$$\delta(b', a') = \delta\big(\delta(b', a)\big), \qquad \delta(c) \neq 0 \to c \neq 0,$$

in deren zweiter man für c einzusetzen hat $\delta(b', a)$, die Formel

$$\delta(b', a') \neq 0 \to \delta(b', a) \neq 0$$

gewinnt, wonach, auf Grund des Aussagenkalkuls, nur noch die Formel

$$a \neq 0 \,\&\, \delta(b', a) \neq 0 \,\&\, \delta\big(b', \delta(b', a)\big) = a \;\to\; \delta\big(b', \delta(b', a')\big) = a'$$

abgeleitet zu werden braucht.

Diese erhält man auf dem Wege über die Formeln

$$\delta(b', a) \neq 0 \to \delta\big(b', \delta(b', a)\big) = \delta\big(\delta(b', \delta(b', a'))\big),$$
$$a \neq 0 \,\&\, \delta\big(\delta(b', \delta(b', a'))\big) = a \;\to\; \delta\big(b', \delta(b', a')\big) = a',$$

von denen die erste mit Hilfe der Formeln

$$a \neq 0 \to \delta(a)' = a, \qquad \delta(b', c') = \delta\big(\delta(b', c)\big),$$

die zweite mit Hilfe der Formel

$$a \neq 0 \,\&\, \delta(c) = a \;\to\; c = a'$$

gewonnen wird. Die beiden erhaltenen Formeln zusammen ergeben mittels des Gleichheitsaxioms und des Aussagenkalkuls die gewünschte Formel.

Nachdem nunmehr die Herleitung der Formel $\mathfrak{B}(b, a)$, d.h.

$$\delta(b', a) \neq 0 \to \delta\big(b', \delta(b', a)\big) = a$$

durch Induktion nach a vollzogen ist, erhalten wir (mit Anwendung des Gleichheitsaxioms und des Aussagenkalkuls)

$$\delta(b', a) \neq 0 \;\&\; \delta(b', a) = 0' \to \delta(b', 0') = a$$

und daraus, auf Grund von $\delta(b', 0') = b$:

$$\delta(b', a) \neq 0 \;\&\; \delta(b', a) = 0' \to b = a.$$

Das ist aber die Formel, die wir nur noch nötig hatten für die Herleitung der Formel

$$\delta(b, a) \neq 0 \;\&\; \delta(c, b) \neq 0 \to \delta(c, a) \neq 0,$$

welche auf Grund der Definition von $a < b$ übergeht in die Formel $(<_2)$. Vermerkt sei übrigens, daß aus der Formel $\mathfrak{B}(b, a)$ auch, mit Hilfe der Formeln

$$\delta(0, a) = 0, \qquad b \neq 0 \to b = \delta(b)', \qquad (J_2),$$

durch Unterscheidung der Fälle $b = 0$, $b \neq 0$ ohne Mühe die Formel

$$\delta(b, a) \neq 0 \to \delta\big(b, \delta(b, a)\big) = a$$

erhalten wird.

Auf dem Wege unserer obigen Herleitung von $\mathfrak{B}(b, a)$ haben wir zugleich die Formel

$$\delta(b, a) = 0 \;\&\; \delta(b', a) \neq 0 \to b = a$$

gewonnen[1]; diese liefert durch Einsetzung von a' für a und mit Benutzung von $\delta(b', a') = \delta(b, a)$ und $b = a' \to a' = b$, nebst dem Aussagenkalkul, die Formel

$$\delta(b, a) \neq 0 \;\to\; a' = b \lor \delta(b, a') \neq 0,$$

welche vermöge der Definition von $a < b$ in die Formel

$$a < b \to a' = b \lor a' < b$$

übergeht, und welche andrerseits die Formel

$$\delta(b, a) = 0' \to a' = b$$

liefert.

Aus den nun abgeleiteten Formeln $(<_1)$, $(<_2)$, $(<_3)$ nebst der zu vorletzt genannten Formel sind auch, wie wir im § 6 festgestellt haben[2], mit Hilfe der Gleichheitsaxiome und des Induktionsschemas die Formeln

$$\overline{a < 0}, \qquad a < b \to \overline{b < a'}, \qquad a \neq b \to a < b \lor b < a$$

ohne Verwendung gebundener Variablen ableitbar.

Somit lassen sich die sämtlichen Formeln der Axiomensysteme (A), (B), soweit sie keine gebundene Variable enthalten, durch den elementaren Kalkul mit freien Variablen unter Hinzunahme des Induktionsschemas ableiten aus dem Gleichheitsaxiom (J_2), der Formel $0' \neq 0$ und den Rekursionsgleichungen für die Funktionen $\delta(a)$ und $\delta(a, b)$, nebst der expliziten Definition von $a < b$.

---

[1] Die Herleitung dieser Formel und damit auch diejenige der Formel $(<_2)$ erfolgte in der ersten Auflage unter Hinzuziehung der rekursiven Definition der Summe $a + b$, welche zur Ableitung der Formel

$$\delta(b, a) = 0' \to a' = b$$

benutzt wurde. Daß diese Verwendung der Summe entbehrlich ist, wurde von G. Kreisel bemerkt, an dessen briefliche Mitteilung (Februar 1962) die obige Herleitung sich anschließt.

[2] Vgl. S. 269—271.

Bei diesem Verfahren werden die zahlentheoretischen Axiome, welche die Strichfunktion und das Prädikat $a < b$ betreffen, ersetzt durch Rekursionsgleichungen, zu denen nur noch die numerische Formel $0' \neq 0$ tritt.

Noch viel weitergehend aber zeigt sich die Leistungsfähigkeit der rekursiven Definitionen an Hand der systematischen Ausgestaltung des Formalismus, der sich unter Zugrundelegung des elementaren Kalkuls mit freien Variablen, der Gleichheitsaxiome und der Formel $0' \neq 0$ durch die allgemeine Anwendung der rekursiven Definitionen, nebst den expliziten Definitionen, und des Induktionsschemas ergibt. Mittels dieses Formalismus kann man die Begriffsbildungen der elementaren Zahlentheorie zur Darstellung bringen und ihre Sätze, z. B. die Sätze über den größten gemeinsamen Teiler und über die eindeutige Zerlegung der Zahlen in Primfaktoren, formal ableiten.

Diese Art der Behandlung der Zahlentheorie ist von SKOLEM in seiner Abhandlung „Begründung der elementaren Arithmetik durch die rekurrierende Denkweise ohne Anwendung scheinbarer Veränderlichen mit unendlichem Ausdehnungsbereich" dargelegt worden[1].

Wir wollen hier einige markante Ergebnisse dieser Betrachtungen vorführen. Zunächst sei eine Übersicht über die Rechengesetze für Summe und Produkt und für $\delta(a, b)$ nebst einigen daran anschließenden Formeln mit kurzer Angabe der Ableitungen vorausgeschickt.

Für die Summe $a + b$ können zunächst, mittels der Rekursionsgleichungen, durch Anwendungen des Induktionsschemas die Formeln

$$0 + a = a$$
$$a' + b = a + b'$$

abgeleitet werden. Mit Hilfe dieser beiden Formeln erhält man durch vollständige Induktion das kommutative Gesetz

$$a + b = b + a.$$

Das assoziative Gesetz

$$a + (b + c) = (a + b) + c$$

wird, wie auch schon erwähnt, durch Induktion nach c abgeleitet. Für das Produkt $a \cdot b$ erhalten wir zunächst durch vollständige Induktion

$$0 \cdot a = 0.$$

Ferner ergibt sich mit Benutzung des assoziativen Gesetzes für die Summe sowie der Formel

$$a + b' = b + a',$$

welche aus der Formel

$$a' + b = a + b'$$

in Verbindung mit dem kommutativen Gesetz für die Summe erhalten wird, die Formel

$$a' \cdot b = (a \cdot b) + b$$

[1] Videnskapsselskapets Skrifter. I. Mat.-Naturv. Kl. 1923 Nr. 6.

durch vollständige Induktion nach b.

Diese Formel schreiben wir auch ohne Klammer, indem wir von nun an die in der Mathematik übliche Vereinbarung benutzen, daß ein Produkt $a \cdot b$ als Glied einer Summe nicht in Klammern gesetzt zu werden braucht.

Durch Anwendung dieser Formel und der Formel

$$0 \cdot a = 0$$

ergibt sich das kommutative Gesetz für das Produkt

$$a \cdot b = b \cdot a$$

durch vollständige Induktion nach einer der Variablen.

Das rechtsseitige distributive Gesetz

$$a \cdot (b + c) = a \cdot b + a \cdot c$$

wird durch vollständige Induktion nach c, unter Anwendung des assoziativen Gesetzes der Summe, erhalten.

Aus dem rechtsseitigen distributiven Gesetz und dem kommutativen Gesetz des Produktes ergibt sich das linksseitige distributive Gesetz

$$(b + c) \cdot a = b \cdot a + c \cdot a.$$

Mit Hilfe des rechtsseitigen distributiven Gesetzes erhalten wir schließlich das assoziative Gesetz für das Produkt

$$a \cdot (b \cdot c) = (a \cdot b) \cdot c$$

durch vollständige Induktion nach c.

Zufolge des assoziativen Gesetzes für die Summe und das Produkt empfiehlt sich das in der Mathematik übliche Verfahren, bei mehrgliedrigen Summen und Produkten die Klammern wegzulassen.

Für $\delta(a, b)$ wurden bereits die Formeln

$$\delta(0, a) = 0, \quad \delta(a, a) = 0,$$

$$\delta(a', b') = \delta(a, b)$$

als ableitbar festgestellt. Mit Hilfe der letzteren erhalten wir

$$\delta(a + c, b + c) = \delta(a, b)$$

durch Induktion nach c. Indem wir in diese Formel 0 für b und dann b für c einsetzen, gelangen wir mit Benutzung von

$$0 + a = a$$

zu der Formel

$$\delta(a + b, b) = a.$$

Ferner erhalten wir

$$\delta(a, b + c) = \delta(\delta(a, b), c)$$

durch Induktion nach c, und hieraus insbesondere

$$\delta(a, a + b) = 0.$$

Außerdem ist noch die Formel

$$\delta(a \cdot c, b \cdot c) = \delta(a, b) \cdot c$$

durch Induktion nach b ableitbar. Hierzu hat man die Formeln

$$0 \cdot a = 0,$$

$$a' \cdot b = a \cdot b + b$$

anzuwenden, ferner die eben genannte Formel

$$\delta(a, b + c) = \delta(\delta(a, b), c),$$

sowie noch die Formel

$$\delta(a \cdot c, c) = \delta(a) \cdot c,$$

welche durch Induktion nach a, mit Benutzung der Gleichung

erhalten wird. $\qquad \delta(a + b, b) = a,$

Aus den Formeln

$$\delta(a + b, b) = a, \quad \delta(0, a) = 0$$

ergibt sich

$$a + b = 0 \;\rightarrow\; a = 0$$

und hieraus in Verbindung mit dem kommutativen Gesetz der Summe:

$$a + b = 0 \;\rightarrow\; a = 0 \,\&\, b = 0,$$

und somit auch

$$a + b = 0 \;\sim\; a = 0 \,\&\, b = 0.$$

Die entsprechende Formel für das Produkt lautet

$$a \cdot b = 0 \;\sim\; a = 0 \lor b = 0.$$

Diese ergibt sich aus der Formel

$$b \neq 0 \;\rightarrow\; (a \cdot b = 0 \rightarrow a = 0),$$

welche man mit Hilfe der bereits als ableitbar erwähnten Formel

$$a \neq 0 \;\rightarrow\; a = \delta(a)'$$

und der Formel

$$a + b = 0 \;\rightarrow\; b = 0$$

erhält.

Für die Beziehung $a < b$ ergeben sich auf Grund der Definition

$$a < b \;\sim\; \delta(b, a) \neq 0$$

außer den früher schon genannten Formeln[1] mit Hilfe der abgeleiteten Rechengesetze für $\delta(a, b)$ noch die Formeln

$$a < b \;\sim\; a + c < b + c,$$

$$c \neq 0 \;\rightarrow\; (a < b \;\sim\; a \cdot c < b \cdot c).$$

Die erste von diesen erhält man aus der Gleichung

$$\delta(a + c, b + c) = \delta(a, b),$$

---

[1] Vgl. S. 303, 308.

die zweite aus der Gleichung

$$\delta(a \cdot c, b \cdot c) = \delta(a, b) \cdot c,$$

in Verbindung mit der Formel

$$a \cdot b = 0 \sim a = 0 \vee b = 0.$$

Wie wir vor kurzem festgestellt haben[1], ist mittels der Rekursionsgleichungen für $\delta(n)$, $\delta(a, b)$ die Formel

$$a \neq b \rightarrow a < b \vee b < a$$

ableitbar. Diese ergibt, wenn die Definition von $a < b$ eingetragen wird, nach elementarer Umformung die Formel

$$\delta(a, b) = 0 \,\&\, \delta(b, a) = 0 \rightarrow a = b,$$

aus der wir weiter

$$\delta(a, b) + \delta(b, a) = 0 \rightarrow a = b$$

und auch

$$a = b \sim \delta(a, b) + \delta(b, a) = 0$$

erhalten.

Aus der Formel

$$\delta(a, b) = 0 \,\&\, \delta(b, a) = 0 \rightarrow a = b$$

zusammen mit der Definition von $a < b$ sowie derjenigen[2] von $a \leqq b$ folgt noch

$$\delta(a, b) = 0 \rightarrow a \leqq b.$$

Andrerseits ergibt sich

$$a \leqq b \rightarrow \delta(a, b) = 0$$

aus $\delta(a, a) = 0$, (J_2), $a < b \rightarrow \overline{b < a}$ und der Definition von $a < b$. Somit erhalten wir

$$a \leqq b \sim \delta(a, b) = 0.$$

Hiernach ergeben sich als ableitbare Formeln ohne Mühe noch:

$$a \leqq b \vee b < a$$

$$a \leqq b \,\&\, b \leqq a \rightarrow a = b$$

$$a \leqq a + b$$

$$a \leqq 0 \rightarrow a = 0.$$

Direkt aus der ursprünglichen Definition von $a \leqq b$ ergibt sich, auf Grund von $(<_2)$ und des Gleichheitsaxioms:

$$a \leqq b \,\&\, b \leqq c \rightarrow a \leqq c.$$

---

[1] Vgl. S. 308.
[2] Vgl. S. 293.

Vermerkt sei auch, daß wir aus der früher abgeleiteten Formel[1]

$$\delta(b, a) = 0 \,\&\, \delta(b', a) \neq 0 \rightarrow b = a$$

durch Einsetzungen und Benutzung von $\delta(a, b) = \delta(a', b')$ die Formel

$$\delta(a, b') = 0 \,\&\, \delta(a, b) \neq 0 \rightarrow a = b'$$

erhalten, aus der sich, auf Grund der Äquivalenz $\delta(a, b) = 0 \sim a \leq b$, die Formel

$$a \leq b' \rightarrow a \leq b \lor a = b'$$

ergibt, die wir im folgenden, zusammen mit der Formel $a \leq 0 \rightarrow a = 0$ für Induktionen zu verwenden haben werden.

Schließlich sei als ableitbar noch die Formel

$$a < b \;\rightarrow\; a + \delta(b, a) = b$$

erwähnt, die man durch Induktion nach a unter Verwendung der Formeln

$$0 + b = b, \quad a' < b \rightarrow a < b, \quad a' + b = a + b', \quad a \neq 0 \rightarrow a = \delta(a)'$$

erhält.

Nach diesen Vorbemerkungen gehen wir nunmehr über zum Beweise des folgenden Satzes: Jede Formel unseres Formalismus, die keine Formelvariable enthält, ist überführbar in eine Gleichung der Form

$$\mathfrak{t} = 0.$$

Nämlich eine jede der zu betrachtenden Formeln ist entweder selbst eine Gleichung oder durch die Operationen des Aussagenkalküls aus Gleichungen gebildet, oder sie ist vermittels expliziter Definitionen in eine Gleichung bzw. eine aus Gleichungen gebildete Formel überführbar. Ferner läßt sich jede der Operationen des Aussagenkalküls im Sinne der Überführbarkeit zusammensetzen aus den beiden Operationen der Negation und der Disjunktion. Somit genügt es zum Nachweis für unseren Satz, wenn wir dreierlei zeigen:

1. Jede Gleichung
$$\mathfrak{a} = \mathfrak{b}$$
ist in eine Gleichung
$$\mathfrak{t} = 0$$
überführbar.

2. Ist eine Formel $\mathfrak{A}$ in eine Gleichung der Gestalt

$$\mathfrak{t} = 0$$

überführbar, so ist auch $\overline{\mathfrak{A}}$ in eine solche Gleichung überführbar.

3. Sind die Formeln $\mathfrak{A}, \mathfrak{B}$ beide in Gleichungen der Gestalt

$$\mathfrak{t} = 0$$

---

[1] Vgl. S. 306.

überführbar, so ist auch $\mathfrak{A} \vee \mathfrak{B}$ in eine solche Gleichung überführbar.

Die drei Behauptungen werden nun auf folgende einfache Weise als zutreffend erkannt:

1. Es besteht, wie eben erwähnt, die ableitbare Äquivalenz

$$a = b \;\sim\; \delta(a, b) + \delta(b, a) = 0;$$

in diese kann $\mathfrak{a}$ für a, $\mathfrak{b}$ für b eingesetzt werden; somit ist die Gleichung

überführbar in
$$\mathfrak{a} = \mathfrak{b}$$
$$\delta(\mathfrak{a}, \mathfrak{b}) + \delta(\mathfrak{b}, \mathfrak{a}) = 0.$$

2. Man führe die Funktion $\beta(n)$ ein durch die Rekursionsgleichungen

$$\beta(0) = 0',$$

$$\beta(n') = 0.$$

Aus diesen leitet man mit Hilfe der Formel

$$a \neq 0 \;\rightarrow\; a = \delta(a)'$$

die Äquivalenz

$$a \neq 0 \;\sim\; \beta(a) = 0$$

ab. Sei nun die Formel $\mathfrak{A}$ in die Gleichung

$$\mathfrak{t} = 0$$

überführbar, d. h. es bestehe die ableitbare Äquivalenz

$$\mathfrak{A} \;\sim\; \mathfrak{t} = 0,$$

so ergibt sich aus dieser

$$\overline{\mathfrak{A}} \;\sim\; \mathfrak{t} \neq 0;$$

andererseits erhalten wir aus der vorigen Äquivalenz für die Funktion $\beta(n)$ durch Einsetzung

$$\mathfrak{t} \neq 0 \;\sim\; \beta(\mathfrak{t}) = 0,$$

und es ergibt sich somit

$$\overline{\mathfrak{A}} \;\sim\; \beta(\mathfrak{t}) = 0.$$

3. Man habe die Äquivalenzen

$$\mathfrak{A} \;\sim\; \mathfrak{s} = 0,$$

$$\mathfrak{B} \;\sim\; \mathfrak{t} = 0;$$

aus diesen erhalten wir zunächst

$$\mathfrak{A} \vee \mathfrak{B} \;\sim\; \mathfrak{s} = 0 \vee \mathfrak{t} = 0.$$

Nun wenden wir die als ableitbar erkannte Äquivalenz

$$a = 0 \vee b = 0 \;\sim\; a \cdot b = 0$$

an. Setzt man darin $\mathfrak{z}$ für a, $\mathfrak{t}$ für b ein, so ergibt sich, in Verbindung mit der vorherigen Äquivalenz:

$$\mathfrak{A} \vee \mathfrak{B} \;\sim\; \mathfrak{z} \cdot \mathfrak{t} = 0.$$

Hiermit ist der behauptete Satz bewiesen. Anschließend bemerken wir noch, daß aus zwei Äquivalenzen

$$\mathfrak{A} \;\sim\; \mathfrak{z} = 0,$$
$$\mathfrak{B} \;\sim\; \mathfrak{t} = 0$$

mittels der ableitbaren Formel

$$a = 0 \,\&\, b = 0 \;\sim\; a + b = 0$$

auch die Äquivalenz
$$\mathfrak{A} \,\&\, \mathfrak{B} \;\sim\; \mathfrak{z} + \mathfrak{t} = 0$$
ableitbar ist.

Bei der Überführung der Formeln in Gleichungen von der Form

$$\mathfrak{t} = 0$$

entspricht also der Konjunktion die Summe, der Disjunktion das Produkt der gleich 0 zu setzenden Terme.

Ist daher die Formel $\mathfrak{A}(a)$ überführbar in die Formel

$$\mathfrak{t}(a) = 0,$$

so ist für eine jede Ziffer $\mathfrak{z}$ die $(\mathfrak{z} + 1)$-gliedrige Konjunktion

$$\mathfrak{A}(0) \,\&\, \mathfrak{A}(0') \,\&\, \ldots \,\&\, \mathfrak{A}(\mathfrak{z})$$

überführbar in die Gleichung

$$\mathfrak{t}(0) + \mathfrak{t}(0') + \cdots + \mathfrak{t}(\mathfrak{z}) = 0,$$

und die $(\mathfrak{z} + 1)$-gliedrige Disjunktion

$$\mathfrak{A}(0) \vee \mathfrak{A}(0') \vee \ldots \vee \mathfrak{A}(\mathfrak{z})$$

ist überführbar in die Gleichung

$$\mathfrak{t}(0) \cdot \mathfrak{t}(0') \cdot \ldots \cdot \mathfrak{t}(\mathfrak{z}) = 0.$$

Nun können wir bei den Summen und Produkten mit Hilfe rekursiver Definitionen von der festen Gliederzahl zu einer *variablen Gliederzahl* übergehen. Mit Benutzung der in der Arithmetik üblichen Summen- und Produktzeichen schreiben sich die hierzu einzuführenden Rekursionsgleichungen so:

$$\sum_{x \leqq 0} \mathfrak{t}(x) = \mathfrak{t}(0),$$

$$\sum_{x \leqq n'} \mathfrak{t}(x) = \left(\sum_{x \leqq n} \mathfrak{t}(x) \right) + \mathfrak{t}(n'),$$

$$\prod_{x \leqq 0} \mathfrak{t}(x) = \mathfrak{t}(0),$$

$$\prod_{x \leqq n'} \mathfrak{t}(x) = \left(\prod_{x \leqq n} \mathfrak{t}(x) \right) \cdot \mathfrak{t}(n').$$

$\sum\limits_{x\,\leqq\,n} \mathfrak{t}(x)$ und $\prod\limits_{x\,\leqq\,n} \mathfrak{t}(x)$ sind hiermit rekursiv eingeführt als Funktionen von n und der sonst noch in $\mathfrak{t}(n)$ auftretenden Variablen. Die Schreibweise mit dem Summen- und Produktzeichen läßt sich, wenn man es will, vermeiden, indem man in jedem besonderen Falle ein eigenes Funktionszeichen nimmt.

In der Symbolik der Summen- und Produktzeichen hat der Buchstabe x die Rolle einer gebundenen Variablen, bezüglich deren die gleichen Verabredungen getroffen werden sollen, wie wir sie sonst für die gebundenen Variablen haben: Diese Buchstaben sind äußerlich von den freien Variablen verschieden. Es gilt die Regel der Umbenennung, und es besteht die Forderung der Vermeidung von Kollisionen. Diese Festsetzungen ergeben sich als naturgemäß, wenn wir bedenken, daß wir auf die Regel für die gebundenen Variablen im Prädikatenkalkul gerade durch die Analogie mit den Erfordernissen im üblichen Gebrauch der Summationsbuchstaben geführt worden sind[1].

Auf Grund der Äquivalenz

$$\mathfrak{A}(a) \;\sim\; \mathfrak{t}(a) = 0$$

entspricht nun die Formel

$$\sum\limits_{x\,\leqq\,n} \mathfrak{t}(x) = 0$$

der inhaltlichen Aussage, daß für alle Zahlen a von 0 bis n (einschließlich) das Prädikat $\mathfrak{A}(a)$ zutrifft, und ebenso entspricht die Formel

$$\prod\limits_{x\,\leqq\,n} \mathfrak{t}(x) = 0$$

der Aussage, daß für mindestens eine Zahl a unter den Zahlen von 0 bis n das Prädikat $\mathfrak{A}(a)$ zutrifft[2]. Dieses Entsprechen besteht auch in dem Sinne, daß die Gleichungen

$$\sum\limits_{x\,\leqq\,n} \mathfrak{t}(x) = 0, \qquad \prod\limits_{x\,\leqq\,n} \mathfrak{t}(x) = 0$$

in unserm Formalismus die gleiche Rolle haben, wie sie bei Anwendung der Quantoren im Sinne des Prädikatenkalkuls den Formeln

$$(x)\,(x \leqq n \;\rightarrow\; \mathfrak{A}(x))$$

und

$$(E\,x)\,(x \leqq n \;\&\; \mathfrak{A}(x))$$

---

[1] Vgl. S. 96.

[2] Wir gebrauchen hier wie im folgenden bei denjenigen sprachlichen Formulierungen, die wir mit den Ausdrücken unseres symbolischen Formalismus konfrontieren oder zur heuristischen Einführung bzw. Mitteilung rekursiver Definitionen verwenden, anstatt der deutschen Buchstaben, die wir sonst zur Bezeichnung von Ziffern benutzen, lateinische Buchstaben; auch sprechen wir an diesen Stellen in Anlehnung an die übliche mathematische Ausdrucksweise von „Zahlen" anstatt von „Ziffern".

zukommt. Nämlich die Anwendung der Grundformeln (a), (b) auf diese beiden Formeln ergibt:

$$(x)\ (x \leq n \to \mathfrak{A}(x)) \to (a \leq n \to \mathfrak{A}(a)),$$

$$a \leq n\ \&\ \mathfrak{A}(a) \to (E\,x)\ (x \leq n\ \&\ \mathfrak{A}(x))$$

und die Schemata (α), (β) lauten in Anwendung auf diese Formeln:

$$\frac{\mathfrak{B} \to (a \leq n \to \mathfrak{A}(a))}{\mathfrak{B} \to (x)\ (x \leq n \to \mathfrak{A}(x));}$$

$$\frac{a \leq n\ \&\ \mathfrak{A}(a) \to \mathfrak{B}}{(E\,x)\ (x \leq n\ \&\ \mathfrak{A}(x)) \to \mathfrak{B}.}$$

Dabei bedeutet $\mathfrak{B}$ eine Formel, welche die Variable a nicht enthält, wohl aber die Variable n enthalten kann.

Ersetzen wir nun die Formel

$$(x)\ (x \leq n \to \mathfrak{A}(x))$$

durch die Gleichung

$$\sum_{x \leq n} \mathsf{t}(x) = 0$$

und die Formel

$$(E\,x)\ (x \leq n\ \&\ \mathfrak{A}(x))$$

durch

$$\prod_{x \leq n} \mathsf{t}(x) = 0,$$

so gehen die beiden aus (a), (b) durch Einsetzung erhaltenen Formeln über in die Formeln

$$\sum_{x \leq n} \mathsf{t}(x) = 0 \to (a \leq n \to \mathfrak{A}(a)),$$

$$a \leq n\ \&\ \mathfrak{A}(a) \to \prod_{x \leq n} \mathsf{t}(x) = 0,$$

welche beide, mit Hilfe der Äquivalenz

$$\mathfrak{A}(a) \sim \mathsf{t}(a) = 0,$$

durch Induktion nach n ableitbar sind; und an Stelle der Anwendungen der Schemata (α), (β) erhalten wir den Übergang von der Formel

$$\mathfrak{B} \to (a \leq n \to \mathfrak{A}(a))$$

zu der Formel

$$\mathfrak{B} \to \sum_{x \leq n} \mathsf{t}(x) = 0$$

sowie von der Formel

$$a \leq n\ \&\ \mathfrak{A}(a) \to \mathfrak{B}$$

zu der Formel

$$\prod_{x \leq n} \mathsf{t}(x) = 0 \to \mathfrak{B};$$

und diese beiden Übergänge sind wiederum *mit Hilfe des Induktionsschemas* in unserm Formalismus *vollziehbar*. Nämlich aus der Formel

$$\mathfrak{B} \to (a \leqq n \to \mathfrak{A}(a))$$

kann zunächst die Formel

$$m \leqq n \to \left(\mathfrak{B} \to \sum_{x \leqq m} \mathfrak{t}(x) = 0\right)$$

durch Induktion nach m, mit Benutzung der Äquivalenz

$$\mathfrak{A}(a) \sim \mathfrak{t}(a) = 0,$$

abgeleitet werden. Setzt man hierin für m die Variable n ein, so kann das Vorderglied $n \leqq n$ als ableitbare Formel weggelassen werden, und man erhält

$$\mathfrak{B} \to \sum_{x \leqq n} \mathfrak{t}(x) = 0.$$

Ganz entsprechend erhält man aus

$$a \leqq n \,\&\, \mathfrak{A}(a) \to \mathfrak{B}$$

zunächst die Formel

$$m \leqq n \to \left(\prod_{x \leqq m} \mathfrak{t}(x) = 0 \to \mathfrak{B}\right)$$

durch Induktion nach m, mit Benutzung der Formeln

$$\mathfrak{A}(a) \sim \mathfrak{t}(a) = 0, \quad a \cdot b = 0 \to a = 0 \lor b = 0,$$

und gelangt dann durch Einsetzung von n für m und Anwendung des Schlußschemas zu der Formel

$$\prod_{x \leqq n} \mathfrak{t}(x) = 0 \to \mathfrak{B}.$$

Wir sind somit in der Lage, Aussagen von der Form „für alle Zahlen a, welche $\leqq n$ sind, trifft $\mathfrak{A}(a)$ zu", oder auch „es gibt eine Zahl a, die $\leqq n$ ist und für die $\mathfrak{A}(a)$ zutrifft" in unserm Formalismus darzustellen, sofern $\mathfrak{A}(a)$ dem Formalismus angehört[1].

Will man an Stelle der Bedingung $a \leqq n$ die Bedingung $a < n$ haben, also ausdrücken, daß eine Aussage für alle Zahlen $< n$ bzw. für mindestens eine Zahl $< n$ zutrifft, so braucht man nur an Stelle der Funktionen $\sum\limits_{x \leqq n} \mathfrak{t}(x)$, $\prod\limits_{x \leqq n} \mathfrak{t}(x)$ die Funktionen

$$\sum_{x < n} \mathfrak{t}(x), \quad \prod_{x < n} \mathfrak{t}(x)$$

---

[1] Bei Hinzunahme der Quantoren sind die Formeln

$$(x)\left(x \leqq n \to \mathfrak{A}(x)\right) \sim \sum_{x \leqq n} \mathfrak{t}(x) = 0$$

$$(E\,x)\left(x \leqq n \,\&\, \mathfrak{A}(x)\right) \sim \prod_{x \leqq n} \mathfrak{t}(x) = 0$$

ableitbar.

zu nehmen, deren Rekursionsgleichungen lauten:

$$\sum_{x<0} \mathfrak{t}(x) = 0, \qquad \prod_{x<0} \mathfrak{t}(x) = 0',$$

$$\sum_{x<n'} \mathfrak{t}(x) = \left(\sum_{x<n} \mathfrak{t}(x)\right) + \mathfrak{t}(n), \qquad \prod_{x<n'} \mathfrak{t}(x) = \left(\prod_{x<n} \mathfrak{t}(x)\right) \cdot \mathfrak{t}(n).$$

Will man andrerseits die Summen und Produkte anstatt von Null bis n, von 1 bis n erstrecken, so definiere man

$$\sum_{1\leq x\leq n} \mathfrak{t}(x) = \sum_{x<n} \mathfrak{t}(x'), \qquad \prod_{1\leq x\leq n} \mathfrak{t}(x) = \prod_{x<n} \mathfrak{t}(x').$$

Rekursiv können wir auch das Maximum von $\mathfrak{t}(0)$, $\mathfrak{t}(1)$, ..., $\mathfrak{t}(n)$ definieren. Zunächst kann das Maximum von a, b explizite definiert werden durch die Gleichung

$$\max(a, b) = a + \delta(b, a),$$

aus welcher sich zunächst[1] die Formeln

$$a \leq \max(a, b)$$
$$b \leq a \to \max(a, b) = a$$
$$a < b \to \max(a, b) = b$$

ergeben, aus denen man weiter, auf Grund der Alternative

$$a < b \vee b \leq a$$

die Formeln

$$\max(a, b) = a \vee \max(a, b) = b,$$
$$\max(a, b) = \max(b, a)$$

gewinnt, so daß wir im ganzen die folgende formale Charakterisierung von $\max(a, b)$ erhalten:

$$a \leq b \to \max(a, b) = b, \qquad b \leq a \to \max(a, b) = a$$
$$a \leq \max(a, b), \qquad b \leq \max(a, b),$$
$$a \leq c \;\&\; b \leq c \to \max(a, b) \leq c.$$

Das Maximum von a, b, c wird definiert durch

$$\max(a, b, c) = \max\big(\max(a, b), c\big).$$

Entsprechend erhält man die Darstellung des Maximums von mehreren Zahlen.

Um nun für einen Term $\mathfrak{t}(c)$ das Maximum von $\mathfrak{t}(0)$, $\mathfrak{t}(1)$, ..., $\mathfrak{t}(n)$ (mit variablem n) durch Rekursion zu definieren, nehmen wir als Symbol den Ausdruck $\max_{x\leq n} \mathfrak{t}(x)$, worin der Buchstabe x wiederum

[1] Vgl. hierzu S. 312.

die Rolle einer gebundenen Variablen hat, und welcher ein Term mit dem Argument n ist. Die Rekursionsgleichungen sind:

$$\max_{x \leq 0} t(x) = t(0),$$

$$\max_{x \leq n'} t(x) = \max\left(\max_{x \leq n} t(x), t(n')\right).$$

Mittels dieser Rekursionsgleichungen sind die Formeln

$$a \leq n \;\rightarrow\; t(a) \leq \max_{x \leq n} t(x)$$

$$\sum_{x \leq n} \delta(t(x), c) = 0 \;\rightarrow\; \max_{x \leq n} t(x) \leq c$$

durch Induktion nach n ableitbar; durch diese wird der Wert von $\max_{x \leq n} t(x)$ gekennzeichnet als die kleinste Zahl, welche größer oder gleich jedem der Werte $t(0), t(1), \ldots, t(n)$ ist.

Entsprechend wie das Maximum von $t(0), t(1), \ldots, t(n)$ können wir auch das Minimum dieser Terme rekursiv definieren. Die Ausgangsfunktion $\min(a, b)$ wird gegeben durch die explizite Definition

$$\min(a, b) = \delta\big(a, \delta(a, b)\big),$$

aus der sich

$$a \leq b \rightarrow \min(a, b) = a,$$

sowie auf Grund der früher[1] abgeleiteten Formel

$$\delta(b, a) \neq 0 \rightarrow \delta\big(b, \delta(b, a)\big) = a$$

(nach Vertauschung von b mit a)

$$b < a \rightarrow \min(a, b) = b$$

ergibt.

Es gelingt nun auch, zu jeder Formel $\mathfrak{A}(a)$ mit Hilfe von Rekursionsgleichungen eine Funktion zu definieren, welche im Falle, daß eine der Zahlen von 1 bis k die Eigenschaft $\mathfrak{A}(a)$ besitzt, gleich der *kleinsten von diesen Zahlen* und sonst gleich 0 ist. Diese Funktion von k, welche mit $\underset{0 < x \leq k}{\mathrm{Min}}\, \mathfrak{A}(x)$ bezeichnet werde, gewinnt man wiederum mit Hilfe der Überführung der Formel $\mathfrak{A}(a)$ in eine Gleichung

$$t(a) = 0.$$

Die Rekursionsgleichungen lauten:

$$\underset{0 < x \leq 0}{\mathrm{Min}}\, \mathfrak{A}(x) = 0,$$

$$\underset{0 < x \leq n'}{\mathrm{Min}}\, \mathfrak{A}(x) = \underset{0 < x \leq n}{\mathrm{Min}}\, \mathfrak{A}(x) + n' \cdot \beta\big(\underset{0 < x \leq n}{\mathrm{Min}}\, \mathfrak{A}(x) + t(n')\big).$$

Man beachte, daß in der Funktion

$$\underset{0 < x \leq n}{\mathrm{Min}}\, \mathfrak{A}(x)$$

---

[1] Vgl. S. 306.

neben der in der Rekursion ausgezeichneten Variablen n noch Parameter auftreten können.

Die charakteristische Eigenschaft dieser Funktion stellt sich formal durch folgende beiden mit Hilfe des Induktionsschemas ableitbaren Formeln dar:

$$\underset{0 < x \leq k}{\mathrm{Min}\, \mathfrak{A}(x)} = 0 \;\to\; (0 < a \,\&\, a \leq k \;\to\; \overline{\mathfrak{A}(a)}),$$

$$0 < a \,\&\, a \leq k \,\&\, \mathfrak{A}(a) \;\to\; \underset{0 < x \leq k}{\mathrm{Min}\, \mathfrak{A}(x)} \leq a \,\&\, \mathfrak{A}(\underset{0 < x \leq k}{\mathrm{Min}\, \mathfrak{A}(x)}).$$

Der Term

$$\delta\big(k, \underset{0 < x \leq k}{\mathrm{Min}\, \mathfrak{A}(\delta(k, x))}\big)$$

stellt im Falle, daß es unter den Zahlen, die $< k$ sind, eine von der Eigenschaft $\mathfrak{A}(a)$ gibt, die *größte unter diesen Zahlen* und sonst die Zahl k dar. Ferner erhalten wir, mit Benutzung der rekursiv definierten[1] Funktion $\alpha(n)$, die Funktion

$$\underset{x \leq k}{\mathrm{Min}\, \mathfrak{A}(x)} = \underset{0 < x \leq k}{\mathrm{Min}\, \mathfrak{A}(x)} \cdot \alpha(\mathfrak{t}(0)),$$

welche im Falle, daß es unter den Zahlen von 0 bis k eine solche von der Eigenschaft $\mathfrak{A}(a)$ gibt, gleich der kleinsten von diesen Zahlen und sonst gleich 0 ist.

Die hiermit gewonnenen Möglichkeiten der formalen Darstellung und der Ableitung gestatten uns nun, die Begriffsbildungen und Beweisführungen ·der elementaren Zahlentheorie ohne Schwierigkeit in unsern Formalismus zu übersetzen. Es werde dieses an einigen Beispielen dargelegt.

Wir beginnen mit dem Begriff der *Teilbarkeit*. Die Aussage ,,a ist durch b teilbar'' oder ,,b geht in a auf'' soll besagen: ,,es gibt eine Zahl c, welche $\leq a$ ist und für welche die Gleichung

$$a = b \cdot c$$

besteht''. Aus der Form dieser Aussage erkennen wir ohne weiteres, daß sie in unserem Formalismus durch eine Gleichung

$$\mathfrak{t} = 0$$

darstellbar ist, worin der Term $\mathfrak{t}$ aus rekursiv definierten Funktionen aufgebaut ist.

Wir wollen einen so gebildeten Term kurz einen ,,*rekursiven Term*'' und eine Gleichung

$$\mathfrak{t} = 0$$

oder auch

$$\mathfrak{s} = \mathfrak{t},$$

---

worin $\mathfrak{s}$ und $\mathfrak{t}$ rekursive Terme sind, als „*rekursive Formel*" bezeichnen. Desgleichen soll auch eine rekursiv eingeführte Funktion oder eine aus solchen Funktionen zusammengesetzte Funktion kurz als „*rekursive Funktion*" bezeichnet werden[1].

Für den Begriff der Teilbarkeit können wir die Darstellung durch eine rekursive Formel noch sehr einfach direkt gewinnen, indem wir die *Division mit Rest* durch die rekursive Einführung zweier Funktionen $\varrho(a, b)$, $\pi(a, b)$ formalisieren. Zur Aufstellung der Rekursionsgleichungen für diese Funktionen führen wir zunächst die expliziten Definitionen:

$$\alpha(a, b) = \alpha(\delta(a, b) + \delta(b, a)),$$
$$\beta(a, b) = \beta(\delta(a, b) + \delta(b, a))$$

ein, worin $\alpha(n)$, $\beta(n)$ die bereits früher, durch die Rekursionsgleichungen

$$\alpha(0) = 0, \qquad \beta(0) = 0',$$
$$\alpha(n') = 0', \qquad \beta(n') = 0$$

eingeführten Funktionen sind.

Für die Funktionen $\alpha(a, b)$, $\beta(a, b)$ sind die Formeln

$$a = b \;\rightarrow\; \alpha(a, b) = 0 \;\&\; \beta(a, b) = 0',$$
$$a \neq b \;\rightarrow\; \alpha(a, b) = 0' \;\&\; \beta(a, b) = 0$$

ableitbar.

Nun stellen wir für $\varrho(a, b)$ und $\pi(a, b)$ die Rekursionsgleichungen auf:

$$\varrho(0, b) = 0,$$
$$\varrho(n', b) = \varrho(n, b)' \cdot \alpha(b, \varrho(n, b)');$$
$$\pi(0, b) = 0,$$
$$\pi(n', b) = \pi(n, b) + \beta(b, \varrho(n, b)').$$

Aus diesen Rekursionsgleichungen leitet man durch Induktion nach a die Formeln

$$a = b \cdot \pi(a, b) + \varrho(a, b),$$

ab und weiter daraus: $\quad b \neq 0 \;\rightarrow\; \varrho(a, b) < b$

$$a = b \cdot c + r \;\&\; r < b \;\rightarrow\; c = \pi(a, b) \;\&\; r = \varrho(a, b).$$

$\varrho(a, b)$ stellt den „Rest" von a bei der Division durch b dar. Demnach wird die Teilbarkeit der Zahl a durch b dargestellt durch die Gleichung

$$\varrho(a, b) = 0.$$

Die Gleichung

$$\varrho(a, k) = \varrho(b, k)$$

---

[1] In der heutigen Terminologie wird die Bezeichnung „rekursiv" meist im Sinne von „allgemein-rekursiv" (gemäß der im Bd. II angegebenen Definition. Vgl. Hinweis 5 nach dem Inhaltsverzeichnis von Bd. II) angewandt, während die nach der hier gegebenen Definition rekursiven Terme und Formeln „primitiv rekursiv" genannt werden.

bringt zum Ausdruck, daß a und b bei der Division durch k den gleichen Rest haben. Hierfür ist in der Zahlentheorie die Schreibweise

$$a \equiv b \ (\mathrm{mod}\ k)$$

üblich. Wir können somit diese Schreibweise durch die explizite Definition einführen:

$$a \equiv b \ (\mathrm{mod}\ k) \ \sim \ \varrho(a, k) = \varrho(b, k).$$

Vom Begriff der Teilbarkeit kommen wir zu dem Begriff der *Primzahl*. „n ist eine Primzahl" soll besagen: „n ist von 0 und 1 verschieden, und für jede Zahl a aus der Reihe der Zahlen von 1 bis n besteht die Alternative

$$a = 1 \lor a = n \lor \varrho(n, a) \neq 0.\text{"}$$

Dieser Aussage sieht man wiederum unmittelbar an, daß sie durch eine rekursive Formel

$$\mathfrak{p}(n) = 0$$

darstellbar ist. Es muß nun gezeigt werden, daß jede Zahl, von 2 an, mindestens eine Primzahl als Teiler hat und daß es zu jeder Zahl n solche Primzahlen gibt, die $> n$ sind.

Hierzu stellen wir zunächst die Definition auf für die „kleinste unter den Zahlen von 0 bis n, welche Teiler von n und, falls $n \neq 1$, von 1 verschieden sind".

Diese Begriffsbildung stellt sich wieder durch eine rekursive Funktion $\mathfrak{q}(n)$ dar. Für diese ergeben sich aus der Definition, mit Benutzung der Gleichung $\varrho(n, n) = 0$, die Formeln

$$\mathfrak{q}(n) \leqq n,$$

$$\varrho(n, \mathfrak{q}(n)) = 0 \,;$$

außerdem leitet man ab:

$$n > 1 \ \rightarrow \ \mathfrak{p}(\mathfrak{q}(n)) = 0.$$

Die beiden letzten Formeln besagen, daß $\mathfrak{q}(n)$ für $n > 1$ eine Primzahl und zugleich Teiler von n ist. Aus diesen Formeln ergibt sich auch noch:

$$n > 1 \ \rightarrow \ (\mathfrak{p}(n) = 0 \ \sim \ \mathfrak{q}(n) = n)$$

Nun führt man ferner die Funktion $n!$ ein durch die Rekursionsgleichungen

$$0! = 1,$$

$$(n')! = (n!) \cdot n'.$$

Aus diesen sind die Formeln

$$n! + 1 > 1,$$

$$1 < a \ \& \ a \leqq n \ \rightarrow \ \varrho(n! + 1, a) \neq 0$$

ableitbar, welche in Verbindung mit den angegebenen Formeln für $\mathfrak{q}(n)$ die Formeln liefern:

$$\mathfrak{q}(n! + 1) \leqq n! + 1,$$

$$n < \mathfrak{q}(n! + 1),$$

$$\mathfrak{p}(\mathfrak{q}(n! + 1)) = 0.$$

Diese Formeln bringen zur Darstellung, daß $\mathfrak{q}(n! + 1)$ eine Primzahl ist welche $> n$ und $\leqq n! + 1$ ist.

Nunmehr können wir auch die „kleinste unter den Zahlen von 1 bis $n! + 1$, welche $> n$ und zugleich Primzahl ist", durch einen rekursiven Term $\mathfrak{u}(n)$ darstellen. Mit Hilfe dieses Terms definieren wir die *Reihe der Primzahlen* durch folgende Rekursion:

$$\wp_0 = 2$$

$$\wp_{n'} = \mathfrak{u}(\wp_n).$$

$\wp_n$ stellt für $n \neq 0$ die „n-te ungerade Primzahl" dar. Man beweist formal, daß es „zu jeder Zahl $m > 2$, welche eine Primzahl ist, eine Zahl k aus der Reihe der Zahlen von 1 bis m gibt, für welche

$$m = \wp_k$$

ist".

Um die *Zerlegung der Zahlen in Primfaktoren* zu erhalten, führen wir zunächst die „*Potenz*" a^b durch die übliche Rekursion:

$$a^0 = 1,$$

$$a^{n'} = a^n \cdot a$$

ein. Aus dieser ergeben sich die Rechengesetze

$$a^b \cdot a^c = a^{b+c}$$

$$a^c \cdot b^c = (a \cdot b)^c,$$

beide durch Induktion nach c; ferner erhält man die Formel

$$a > 1 \;\rightarrow\; b < a^b$$

durch Induktion nach b.

Hierauf definieren wir die Funktion $v(n, k)$, welche im Falle, daß es unter den Zahlen $< n$ eine Zahl a gibt, für welche $\wp_k{}^a$ ein Teiler von n ist — (dieses ist für $n \neq 0$ stets der Fall) — die größte von diesen Zahlen und sonst den Wert n darstellt. Diese Definition läßt sich (gemäß unseren vorherigen Ausführungen) wieder durch Rekursionsgleichungen formalisieren, und es ergeben sich aus diesen Rekursionsgleichungen und der Formel

$$a > 1 \;\rightarrow\; b < a^b$$

die Formeln

$$\varrho(n, \wp_k{}^{v(n,\,k)}) = 0,$$

$$n \neq 0 \;\rightarrow\; \varrho(n, \wp_k{}^{v(n,\,k)+1}) \neq 0,$$

welche zum Ausdruck bringen, daß (für $n \neq 0$) die höchste in n aufgehende Potenz von $\wp_k$ die $\nu(n, k)$-te Potenz ist. [Wenn $\wp_k$ nicht in n aufgeht, so ist $\nu(n, k) = 0$.]

Die Möglichkeit der Primfaktorenzerlegung für eine beliebige, von 0 verschiedene Zahl m kommt nun zur Darstellung durch die ableitbare Formel

$$m \neq 0 \;\to\; m = \prod_{x < m} \wp_x^{\nu(m, x)},$$

und die Eindeutigkeit der Zerlegung stellt sich dar durch die Formeln

$$\nu(\wp_k^a, k) = a,$$

$$k \neq l \;\to\; \nu(\wp_k^a, l) = 0,$$

$$a \cdot b \neq 0 \;\to\; \nu(a \cdot b, k) = \nu(a, k) + \nu(b, k).$$

Als wesentliche Hilfsformel zur Ableitung der genannten Formeln braucht man die Formel

$$\mathfrak{p}(p) = 0 \,\&\, \varrho(a \cdot b, p) = 0 \;\to\; \varrho(a, p) = 0 \lor \varrho(b, p) = 0.$$

Diese entspricht dem Satz, daß, wenn ein Produkt $a \cdot b$ durch eine Primzahl teilbar ist, dann mindestens einer der Faktoren durch die Primzahl teilbar ist. Zur Ableitung der Formel hat man den inhaltlichen Beweis dieses Satzes zu formalisieren, welcher darauf hinauskommt zu zeigen: falls a nicht durch die Primzahl p teilbar ist, so ist jede Zahl c, für welche $a \cdot c$ durch p teilbar ist, durch die kleinste so beschaffene unter den Zahlen von 1 bis p teilbar.

Die Nummer des größten Primteilers von n (für $n > 1$) ist rekursiv zu definieren als „diejenige Zahl, welche im Falle, daß es unter den Zahlen $< n$ eine Zahl k gibt, für die $\nu(n, k) > 0$ ist, die größte unter diesen Zahlen ist, sonst aber gleich n ist". Sei $\lambda(n)$ diese Funktion von n, so erhalten wir

$$n > 1 \;\to\; \nu(n, \lambda(n)) \neq 0,$$

$$\lambda(n) < k \;\to\; \nu(n, k) = 0.$$

Die Funktion $\nu(n, k)$ vermittelt eine *umkehrbar eindeutige Beziehung zwischen den Zahlen > 1 und den endlichen Folgen* (beliebiger Länge) *von Zahlen*, worin jeweils die letzte Zahl von 0 verschieden ist. Die Beziehung besteht, inhaltlich gefaßt, in folgendem: einer jeden Zahl $m > 1$ entspricht eindeutig die Folge der Werte der Funktion $\nu(m, k)$ für $k \leqq \lambda(m)$, von denen der letzte, $\nu(m, \lambda(m))$, verschieden von 0 ist, und umgekehrt bestimmt jede Folge von Zahlen $a_0, \ldots, a_l$, worin $a_l \neq 0$ ist, eindeutig die Zahl

$$m = \prod_{x \leqq l} \wp_x^{a_x},$$

für welche

$$\lambda(m) = l \text{ und } \nu(m, k) = a_k \text{ für } k \leqq l \text{ ist.}$$

Diese Abbildung ist in Hinsicht auf die Definition der abbildenden Funktion arithmetisch eleganter als diejenigen Abbildungen, mit denen man in der Mengenlehre gewöhnlich die Abzählbarkeit der Menge aller endlichen Folgen von ganzen Zahlen beweist.

Wir wollen hier anschließend an diese Abbildung, welche eine Numerierung der endlichen Folgen von Zahlen liefert, auch die *Numerierung der Zahlenpaare* betrachten. Die Aufgabe, eine Numerierung der Zahlenpaare, d. h. eine umkehrbar eindeutige Beziehung zwischen den Zahlenpaaren und den Zahlen durch eine rekursive Funktion darzustellen, ist verhältnismäßig leicht, und es bestehen dafür verschiedene Möglichkeiten. Die natürlichste Art der Numerierung ist diejenige, welche der Reihenfolge

00	31
01	23
10	32
11	33
02	04
20	40
12	14
21	41
22	24
03	42
30	34
13	usw.

entspricht. Für diese Reihenfolge stellt sich die Nummer des Paares a, b dar durch die explizit definierte Funktion

$$\sigma(a, b) = \beta(\delta(a, b)) \cdot (b^2 + 2a) + \alpha(\delta(a, b)) \cdot (a^2 + 2b + 1),$$

und die beiden Umkehrungsfunktionen $\sigma_1(n)$, $\sigma_2(n)$ von $\sigma(a, b)$, welche a und b als Funktionen von $\sigma(a, b)$ darstellen, werden folgendermaßen definiert: Man stellt zunächst die rekursive Definition auf für die Funktion $[\sqrt{n}\,]$, deren Wert gleich der größten von den Zahlen ist, deren Quadrat $\leq n$ ist. Diese Definition wird gegeben durch die Gleichungen

$$[\sqrt{0}\,] = 0,$$

$$[\sqrt{n'}\,] = [\sqrt{n}\,] + \beta(([\sqrt{n}\,] + 1)^2, n').$$

Mit Hilfe der Funktion $[\sqrt{n}\,]$ ergeben sich nun für $\sigma_1(n)$, $\sigma_2(n)$ die expliziten Definitionen[1]

$$\sigma_1(n) = [\sqrt{n}\,] \cdot \varrho(\delta(n, [\sqrt{n}\,]^2), 2) + \pi(\delta(n, [\sqrt{n}\,]^2), 2) \cdot \beta(\varrho(\delta(n, [\sqrt{n}\,]^2), 2)),$$

$$\sigma_2(n) = \pi(\delta(n, [\sqrt{n}\,]^2), 2) \cdot \varrho(\delta(n, [\sqrt{n}\,]^2), 2) + [\sqrt{n}\,] \cdot \beta(\varrho(\delta(n, [\sqrt{n}\,]^2), 2)).$$

---

[1] Die Definition von $\sigma_1(n)$, $\sigma_2(n)$ durch eine simultane Rekursion siehe S. 333.

Auf Grund dieser Definitionen sind die Formeln ableitbar:

$$\sigma(\sigma_1(n), \sigma_2(n)) = n,$$

$$\sigma_1(\sigma(a, b)) = a, \qquad \sigma_2(\sigma(a, b)) = b.$$

Mit Hilfe der Funktion $\sigma(a, b)$ kann man jede andere Funktion unseres Formalismus, die zwei oder auch mehrere Argumente hat, durch eine Funktion von nur einem Argument ausdrücken.

Sei $\varphi(a, b)$ die betreffende Funktion, so setzt man, nach Wahl eines Funktionszeichens mit einem Argument, etwa ψ:

dann ergibt sich
$$\psi(s) = \varphi(\sigma_1(s), \sigma_2(s));$$

$$\psi(\sigma(a, b)) = \varphi(a, b).$$

Um $\varphi(a, b, c)$ durch eine Funktion eines Arguments und durch die Funktion $\sigma(a, b)$ auszudrücken, setzen wir

$$\chi(r) = \varphi(\sigma_1(\sigma_1(r)), \sigma_2(\sigma_1(r)), \sigma_2(r)),$$

dann ergibt sich
$$\chi(\sigma(\sigma(a, b), c)) = \varphi(a, b, c).$$

In derselben Weise können die Funktionen $\sigma(a, b)$, $\sigma_1(n)$, $\sigma_2(n)$ auch dazu benutzt werden, um *Rekursionen mit mehreren Parametern auf solche mit nur einem Parameter und auf explizite Definitionen zurückzuführen*. Haben wir z. B. eine Rekursion

$$\varphi(a, b, c, 0) = \mathfrak{a}(a, b, c)$$

$$\varphi(a, b, c, n') = \mathfrak{b}(a, b, c, n, \varphi(a, b, c, n))$$

mit drei Parametern, so kann diese auf eine Rekursion mit nur zwei Parametern dadurch zurückgeführt werden, daß man zunächst eine Funktion $\psi(a, b, n)$ durch die Rekursionsgleichungen

$$\psi(a, b, 0) = \mathfrak{a}(a, \sigma_1(b), \sigma_2(b)),$$

$$\psi(a, b, n') = \mathfrak{b}(a, \sigma_1(b), \sigma_2(b), n, \psi(a, b, n))$$

einführt und dann die explizite Definition

$$\varphi(a, b, c, n) = \psi(a, \sigma(b, c), n)$$

anschließt. In der Tat ergeben sich auf Grund dieser Definition die obigen Rekursionsgleichungen für $\varphi(a, b, c, n)$ als ableitbare Formeln, indem man in den Rekursionsgleichungen von $\psi(a, b, n)$ für b den Term $\sigma(b, c)$ einsetzt und die Gleichungen

$$\sigma_1(\sigma(b, c)) = b, \qquad \sigma_2(\sigma(b, c)) = c,$$

benutzt.

Auf diese Art kann man allgemein eine Rekursion mit mehreren Parametern durch eine solche mit einer um eins geringeren Parameterzahl ersetzen, und die wiederholte Anwendung dieses Verfahrens gestattet daher, eine beliebige Rekursion mit mehreren Parametern auf eine solche mit nur einem Parameter und auf explizite Definitionen zurückzuführen.

Die dabei verwendeten Funktionen $\sigma(a, b)$, $\sigma_1(n)$, $\sigma_2(n)$ erfordern zu ihrer Definition auch nur Rekursionen mit höchstens einem Parameter, nämlich diejenigen für die Funktionen

$$a + b, \; a \cdot b, \; \delta(n), \; \delta(a, b), \; \varrho(a, b), \; \pi(a, b), \; [\sqrt{n}].$$

[Die in den Definitionen von $\sigma(a, b)$, $o_1(n)$, $\sigma_2(n)$ und $[\sqrt{n}]$ auftretenden Funktionen $\alpha(n)$, $\beta(n)$, $\beta(a, b)$ können mit Hilfe von $\delta(a, b)$ explizite definiert werden durch die Gleichungen:

$$\beta(n) = \delta(1, n), \quad \alpha(n) = \delta(1, \delta(1, n)), \quad \beta(a, b) = \beta(\delta(a, b) + \delta(b, a)).]$$

Eine andere einfache Numerierung der Zahlenpaare als die durch die Funktion $\sigma(a, b)$ gelieferte stellt sich mit Hilfe der Funktion $\binom{n}{2}$, welche man mittels der Rekursionsgleichungen

$$\binom{0}{2} = 0,$$

$$\binom{n'}{2} = \binom{n}{2} + n$$

einführt, durch die Funktion

dar. $$\tau(a, b) = \binom{a + b + 1}{2} + a$$

Nun sei noch kurz die Theorie des *größten gemeinsamen Teilers* besprochen. Der Begriff des größten gemeinsamen Teilers zweier Zahlen a, b (welche nicht beide gleich 0 sind), führt unmittelbar auf eine rekursive Definition. Um jedoch möglichst einfach zu den wesentlichen Eigenschaften des größten gemeinsamen Teilers zu gelangen, empfiehlt es sich, von einer anderen Definition auszugehen. Wir betrachten, für $a \cdot b \neq 0$, unter den Zahlen von 1 bis $a \cdot b$ diejenigen Zahlen c, für welche es eine Zahl $k \leqq b$ und eine Zahl $l \leqq a$ gibt, so daß

$$\delta(k \cdot a, l \cdot b) = c.$$

Eine solche Zahl c ist unter der Bedingung $a \cdot b \neq 0$ jedenfalls vorhanden, nämlich die Zahl a ist schon eine solche Zahl. Wir bilden denjenigen rekursiven Term, welcher für $a \cdot b \neq 0$ die kleinste unter jenen Zahlen c und sonst die Zahl 0 darstellt. Durch Addition von $\beta(a) \cdot b + \beta(b) \cdot a$ können wir noch bewirken, daß sich für $a = 0$ der Wert b, für $l = 0$ der Wert a ergibt. Der so erhaltene Term sei

$$\mathfrak{d}(a, b).$$

Auf Grund der ableitbaren Formel

$$k \leqq b \,\&\, l \leqq a \;\to\; \delta(k \cdot a, l \cdot b) = \delta(\delta(a, l) \cdot b, \delta(b, k) \cdot a)$$

erhält man, mit Benutzung von

$$\delta(a, l) \leqq a, \; \delta(b, k) \leqq b,$$

die Formel

$$\mathfrak{d}(a, b) = \mathfrak{d}(b, a).$$

Des weiteren ergibt sich

$$\delta(r \cdot a, s \cdot b) = t \lor \delta(s \cdot b, r \cdot a) = t \;\rightarrow\; t = 0 \lor \mathfrak{d}(a, b) \leqq t;$$

und mit Hilfe dieser Formel leitet man die Formel

$$\varrho(b, \mathfrak{d}(a, b)) = 0$$

ab, aus der sich — wegen $\mathfrak{d}(a, b) = \mathfrak{d}(b, a)$ — sofort auch

$$\varrho(a, \mathfrak{d}(a, b)) = 0$$

ergibt. Außerdem ist noch die Formel

$$\varrho(a, d) = 0 \;\&\; \varrho(b, d) = 0 \;\rightarrow\; \varrho(\mathfrak{d}(a, b), d) = 0$$

ableitbar. Die erhaltenen Formeln bringen zum Ausdruck, daß $\mathfrak{d}(a, b)$ ein gemeinsamer Teiler von a und b ist und daß jeder gemeinsame Teiler von a und b auch Teiler von $\mathfrak{d}(a, b)$ ist. Zugleich ergibt sich damit, daß $\mathfrak{d}(a, b)$, außer für $a = 0$, $b = 0$, der *größte* gemeinsame Teiler von a und b ist, was sich durch die Formel

$$a + b \neq 0 \;\&\; \varrho(a, d) = 0 \;\&\; \varrho(b, d) = 0 \;\rightarrow\; d \leqq \mathfrak{d}(a, b)$$

ausdrückt. Ferner liefert die Definition von $\mathfrak{d}(a, b)$ unmittelbar die Darstellbarkeit des größten gemeinsamen Teilers von a, b (für $a \cdot b \neq 0$) in der Form

$$\delta(k \cdot a, l \cdot b),$$

wobei k eine gewisse Zahl $\leqq b$, l eine Zahl $\leqq a$ ist. Die in dieser Darstellung auftretende Zahl $k \cdot a$ erfüllt die beiden Kongruenzen:

$$k \cdot a \equiv 0 \;(\mathrm{mod}\,a),$$

$$k \cdot a \equiv \mathfrak{d}(a, b) \;(\mathrm{mod}\,b).$$

Zugleich ergibt sich

$$\delta(a, l) \cdot b \equiv \mathfrak{d}(a, b) \;(\mathrm{mod}\,a),$$

$$\delta(a, l) \cdot b \equiv 0 \;(\mathrm{mod}\,b)$$

und somit auch

$$\delta(a, l) \cdot b \cdot r + k \cdot a \cdot s \equiv r \cdot \mathfrak{d}(a, b) \;(\mathrm{mod}\,a),$$

$$\delta(a, l) \cdot b \cdot r + k \cdot a \cdot s \equiv s \cdot \mathfrak{d}(a \cdot b) \;(\mathrm{mod}\,b).$$

Diese Rechnung läßt sich völlig im Rahmen unseres Formalismus vollziehen; wir haben ja die Zahlenkongruenz durch eine explizite Definition, mit Hilfe der Funktion $\varrho(a, b)$ eingeführt. Von den so erhaltenen Kongruenzen, in denen noch der links stehende Term

$$\delta(a, l) \cdot b \cdot r + k \cdot a \cdot s$$

durch

$$\varrho(\delta(a, l) \cdot b \cdot r + k \cdot a \cdot s, a \cdot b)$$

ersetzt werden kann, gelangen wir zur Ableitung der Formel, welche der Aussage entspricht, daß es für $a \cdot b \neq 0$ eine Zahl n unter den Zahlen $< a \cdot b$ gibt, für welche die Kongruenzen

$$n \equiv r \cdot \mathfrak{d}(a, b) \pmod{a},$$

$$n \equiv s \cdot \mathfrak{d}(a, b) \pmod{b}$$

gelten. r, s treten in dieser Aussage als willkürliche Parameter auf.

Wird nun noch die Bedingung $\mathfrak{d}(a, b) = 1$ hinzugenommen, welche besagt, daß a und b „teilerfremd" sind, d. h. keinen gemeinsamen Teiler außer 1 besitzen, so ergibt sich für diesen Fall bei beliebigen r, s die Existenz einer Zahl n unter den Zahlen $< a \cdot b$, welche den Kongruenzen

$$n \equiv r \pmod{a}$$
$$n \equiv s \pmod{b}$$

genügt.

Noch einfacher als die Sätze über den größten gemeinsamen Teiler ergeben sich die über das *kleinste gemeinsame Vielfache*. Das kleinste gemeinsame Vielfache von a und b kann rekursiv definiert werden als „die kleinste unter den Zahlen $\leqq a \cdot b$, welche sowohl a wie b als Teiler haben und, falls $a \cdot b \neq 0$, von 0 verschieden sind" Man beweist formal, daß jede durch a und durch b teilbare Zahl auch durch das kleinste gemeinsame Vielfache von a und b teilbar ist.

Diese Beispiele mögen genügen, um eine Vorstellung zu geben von der Methode, nach der man die Zahlentheorie formal, an Hand der Rekursionen und des Induktionsschemas, unter Vermeidung von gebundenen Variablen entwickelt. Diese Art der Behandlung der Zahlentheorie soll als die rekursive Behandlung der Zahlentheorie oder auch kurz als die „*rekursive Zahlentheorie*" bezeichnet werden.

Diese rekursive Zahlentheorie steht insofern der anschaulichen Zahlentheorie, wie wir sie im § 2 betrachtet haben, nahe, als ihre Formeln sämtlich *einer finiten inhaltlichen Deutung fähig* sind. Diese inhaltliche Deutbarkeit ergibt sich aus der bereits festgestellten Verifizierbarkeit aller ableitbaren Formeln der rekursiven Zahlentheorie. In der Tat hat in diesem Gebiet die Verifizierbarkeit den Charakter einer direkten inhaltlichen Interpretation, und der Nachweis der Widerspruchsfreiheit war daher auch hier so leicht zu erbringen.

Der Unterschied der rekursiven Zahlentheorie gegenüber der anschaulichen Zahlentheorie besteht in ihrer formalen Gebundenheit; sie hat als einzige Methode der Begriffsbildung, außer der expliziten Definition, das Rekursionsschema zur Verfügung, und auch die Methoden der Ableitung sind fest umgrenzt.

Allerdings können wir, ohne der rekursiven Zahlentheorie das Charakteristische ihrer Methode zu nehmen, gewisse *Erweiterungen des Schemas der Rekursion* sowie auch des Induktionsschemas zulassen. Auf diese wollen wir noch kurz zu sprechen kommen.

Was zunächst die Rekursionen betrifft, so haben wir zu unterscheiden zwischen solchen Modifikationen des Rekursionsschemas, die sich auf eine Reihe von Anwendungen der bisherigen Form der Rekursion zurückführen lassen, und solchen, deren Zulassung wirklich eine Erweiterung des Formalismus der rekursiven Zahlentheorie darstellt. Es seien zunächst einige solcher Formen der Rekursion betrachtet, welche zwar von dem gewöhnlichen Rekursionsschema

$$\mathfrak{f}(a, \ldots, k, 0) = \mathfrak{a}(a, \ldots, k),$$

$$\mathfrak{f}(a, \ldots, k, n') = \mathfrak{b}(a, \ldots, k, n, \mathfrak{f}(a, \ldots, k, n))$$

abweichen, sich aber auf Rekursionen nach diesem Schema — diese sollen im folgenden kurz als *„primitive Rekursionen"* bezeichnet werden — zurückführen lassen.

Ein Beispiel einer solchen allgemeinen Rekursion, welche auf primitive Rekursionen zurückführbar ist, bildet das Schema

$$\mathfrak{f}(0) = \mathfrak{a},$$

$$\mathfrak{f}(n') = \mathfrak{b}\big(n, \mathfrak{f}(\mathfrak{t}_1(n)), \ldots, \mathfrak{f}(\mathfrak{t}_\mathfrak{r}(n))\big),$$

worin für $\mathfrak{f}$ ein Funktionszeichen mit einem Argument zu setzen ist und

$$\mathfrak{t}_1(n), \ldots, \mathfrak{t}_\mathfrak{r}(n)$$

solche bereits eingeführten Terme bedeuten, für welche die Formeln

$$\mathfrak{t}_1(n) \leqq n, \ldots, \mathfrak{t}_\mathfrak{r}(n) \leqq n$$

ableitbar sind. Die Zurückführung dieses Schemas auf primitive Rekursionen[1] erfolgt in der Weise, daß man als rekursiv zu definierende Funktion anstatt $\mathfrak{f}(n)$ zunächst die Funktion

$$\mathfrak{h}(n) = \prod_{k \leqq n} \wp_k{}^{\mathfrak{f}(k)}$$

nimmt. Diese Funktion $\mathfrak{h}(n)$ wird durch folgende primitive Rekursion definiert:

$$\mathfrak{h}(0) = 2^\mathfrak{a},$$

$$\mathfrak{h}(n') = \mathfrak{h}(n) \cdot \wp_{n'}{}^{\mathfrak{b}(n, \nu(\mathfrak{h}(n), \mathfrak{t}_1(n)), \ldots, \nu(\mathfrak{h}(n), \mathfrak{t}_\mathfrak{r}(n)))};$$

und aus $\mathfrak{h}(n)$ erhält man $\mathfrak{f}(n)$ durch die explizite Definition

$$\mathfrak{f}(n) = \nu(\mathfrak{h}(n), n).$$

Das betrachtete Rekursionsschema bildet eine Art von „Wertverlaufs-Rekursion", d. h. einer solchen Rekursion, bei welcher der

---

[1] Die Möglichkeit der Zurückführung auf primitive Rekursionen wurde für dieses Schema, sowie auch für verschiedene weitere Formen von Rekursionen von Rózsa Péter (Politzer) aufgezeigt. Siehe den Vortrag „Rekursive Funktionen" (Verhandlungen des internat. Math.-Kongr. Zürich 1932, II. Band S. 336) sowie die Abhandlung von R. Péter „Über den Zusammenhang der verschiedenen Begriffe der rekursiven Funktion" ,Math. Ann. 110 (1934), S. 612—623.

Wert $\mathfrak{f}(n')$ nicht nur von n und $\mathfrak{f}(n)$, sondern von dem ganzen Wertverlauf der Funktion $\mathfrak{f}$ bis zu dem Argument n hin abhängt. Wir können dieses Schema, unbeschadet seiner Zurückführbarkeit auf primitive Rekursionen, durch die Hinzunahme von Parametern verallgemeinern, so daß wir folgendes Schema erhalten:

$$\mathfrak{R}_1)\ \begin{cases} \mathfrak{f}(a,\ldots,l,0) = \mathfrak{a}(a,\ldots,l) \\ \mathfrak{f}(a,\ldots,l,n') = \mathfrak{b}(a,\ldots,l,n,\mathfrak{f}(a,\ldots,l,\mathfrak{t}_1(n)),\ldots,\mathfrak{f}(a,\ldots,l,\mathfrak{t}_\mathfrak{r}(n))), \end{cases}$$

wobei wieder $\mathfrak{t}_1(n),\ldots,\mathfrak{t}_\mathfrak{r}(n)$ solche Terme bedeuten, für welche die Formeln

$$\mathfrak{t}_1(n) \leqq n,\ \ldots,\ \mathfrak{t}_\mathfrak{r}(n) \leqq n$$

ableitbar sind.

In dieses Schema $(\mathfrak{R}_1)$ lassen sich insbesondere die Rekursionen der folgenden Form einordnen:

$$\mathfrak{R}_2)\ \begin{cases} \mathfrak{f}(a,\ldots,l,0) = \mathfrak{a}_0(a,\ldots,l), \\ \mathfrak{f}(a,\ldots,l,0') = \mathfrak{a}_1(a,\ldots,l), \\ \quad\vdots \\ \mathfrak{f}(a,\ldots,l,0^{(\mathfrak{k})}) = \mathfrak{a}_\mathfrak{k}(a,\ldots,l), \\ \mathfrak{f}(a,\ldots,l,n^{(\mathfrak{k}+1)}) = \mathfrak{b}(a,\ldots,l,n,\mathfrak{f}(a,\ldots,l,n),\mathfrak{f}(a,\ldots,l,n'),\ldots,\mathfrak{f}(a,\ldots,l,n^{(\mathfrak{k})})), \end{cases}$$

wobei $\mathfrak{k}$ mindestens den Wert 1 hat. Nämlich die $\mathfrak{k}+2$ Gleichungen dieses Schemas lassen sich in folgende zwei Gleichungen zusammenfassen:

$$\mathfrak{f}(a,\ldots,l,0) = \mathfrak{a}_0(a,\ldots,l),$$

$$\mathfrak{f}(a,\ldots,l,n') = \beta(n',1)\cdot\mathfrak{a}_1(a,\ldots,l) + \cdots + \beta(n',\mathfrak{k})\cdot\mathfrak{a}_\mathfrak{k}(a,\ldots,l)$$

$$+\beta(\delta(\mathfrak{k},n))\cdot\mathfrak{b}(a,\ldots,l,\delta(n,\mathfrak{k}),\mathfrak{f}(a,\ldots,l,\delta(n,\mathfrak{k})),\mathfrak{f}(a,\ldots,l,\delta(n,\mathfrak{k})'),\ldots,\mathfrak{f}(a,\ldots,l,\delta(n,\mathfrak{k})^{(\mathfrak{k})}));$$

und diese Gleichungen sind gemäß dem Schema $(\mathfrak{R}_1)$ gebildet, da ja die Formeln

$$\delta(n,\mathfrak{k}) \leqq n,\ \delta(n,\mathfrak{k})' \leqq n,\ \ldots,\ \delta(n,\mathfrak{k})^{(\mathfrak{k})} \leqq n$$

ableitbar sind.

Ein Beispiel für Rekursionsgleichungen von der Form $(\mathfrak{R}_2)$ liefert das EUKLIDische Verfahren zur Bestimmung des größten gemeinsamen Teilers von a und b. Die bei diesem Verfahren zu bildende Reihe von Divisionsgleichungen

$$a = q_1 \cdot b + r_1,$$

$$b = q_2 \cdot r_1 + r_2,$$

$$r_1 = q_3 \cdot r_2 + r_3,$$

$$\cdot\ \cdot\ \cdot\ \cdot\ \cdot\ \cdot$$

$$\cdot\ \cdot\ \cdot\ \cdot\ \cdot\ \cdot$$

ist nichts anderes als die rekursive Definition einer Funktion

$$\varrho(a,b,c),$$

welche mit Hilfe der Funktion
$$\varrho(a, b)$$
durch folgende Gleichungen erfolgt:
$$\varrho(a, b, 0) = a,$$
$$\varrho(a, b, 0') = b,$$
$$\varrho(a, b, n'') = \varrho(\varrho(a, b, n), \varrho(a, b, n')).$$

Auf das Schema $(\Re_2)$ kann eine andere Art von verallgemeinerter Rekursion, die „simultane Rekursion" für zwei oder mehrere Funktionen, zurückgeführt werden. Das Schema einer simultanen Rekursion lautet im einfachsten Falle, wo es sich um zwei simultan zu definierende Funktionen eines Argumentes handelt, welche $\psi(n)$, $\chi(n)$ heißen mögen,
$$\psi(0) = \mathfrak{a}_1, \qquad \chi(0) = \mathfrak{a}_2,$$
$$\psi(n') = \mathfrak{b}_1(n, \psi(n), \chi(n)), \qquad \chi(n') = \mathfrak{b}_2(n, \psi(n), \chi(n)).$$

Als ein Beispiel einer solchen simultanen Rekursion wollen wir eine zweite Definition der Umkehrungsfunktionen $\sigma_1(n)$, $\sigma_2(n)$ von der Funktion $\sigma(a, b)$ geben, d. h. jener beiden Funktionen, welche den Zahlen die sämtlichen Zahlenpaare in einer gewissen Reihenfolge zuordnen[1]. Diese Definition hat gegenüber der früheren den Vorzug, daß sie sich unmittelbar aus dem Verfahren der Numerierung ohne arithmetische Hilfsbetrachtungen ergibt; sie lautet:
$$\sigma_1(0) = 0, \qquad \sigma_2(0) = 0,$$
$$\sigma_1(n') = \alpha(\delta(\sigma_2(n), \sigma_1(n))) \cdot \sigma_2(n) + \alpha(\delta(\sigma_1(n), \sigma_2(n))) \cdot (\sigma_2(n) + 1),$$
$$\sigma_2(n') = \alpha(\delta(\sigma_2(n), \sigma_1(n))) \cdot \sigma_1(n) + \alpha(\delta(\sigma_1(n), \sigma_2(n))) \cdot \sigma_1(n)$$
$$+ \beta(\sigma_1(n), \sigma_2(n)) \cdot (\sigma_2(n) + 1).$$

Die Zurückführung des angegebenen Schemas der simultanen Rekursion für $\psi(n)$ und $\chi(n)$ auf das Schema $(\Re_2)$ geschieht in der Weise, daß man die Rekursionsgleichungen für diejenige Funktion $\varphi(n)$ aufstellt, deren Werte durch die Gleichungen
$$\varphi(2n) = \psi(n),$$
$$\varphi(2n + 1) = \chi(n)$$
bestimmt sind. Wir benutzen dazu die Funktion $\varrho(n, 2)$, welche für geradzahliges Argument den Wert 0, für ungeradzahliges Argument den Wert 1 hat, und die Funktion $\pi(n, 2)$, welche für gerades n der Gleichung $2 \cdot \pi(n, 2) = n$, für ungerades n der Gleichung $2 \cdot \pi(n, 2) + 1 = n$ genügt. Die Rekursionsgleichungen lauten:
$$\varphi(0) = \mathfrak{a}_1,$$
$$\varphi(0') = \mathfrak{a}_2,$$
$$\varphi(0'') = \mathfrak{b}_1(0, \mathfrak{a}_1, \mathfrak{a}_2),$$
$$\varphi(n''') = \varrho(n, 2) \cdot \mathfrak{b}_1(\pi(n, 2) + 1, \varphi(n'), \varphi(n''))$$
$$+ \varrho(n', 2) \cdot \mathfrak{b}_2(\pi(n, 2), \varphi(n), \varphi(n')).$$

---

[1] Vgl. S. 326.

Nachdem auf diese Weise die Funktion $\varphi(n)$ eingeführt ist, erhält man die Funktionen $\psi(n), \chi(n)$ durch die expliziten Definitionen:

$$\psi(n) = \varphi(2n),$$
$$\chi(n) = \varphi(2n + 1).$$

Auf ganz entsprechende Art läßt sich auch eine simultane Rekursion für mehrere Funktionen, und zwar auch eine solche, in der Parameter auftreten, nach dem Schema

$$\mathfrak{g}_1(a, \ldots, l, 0) = \mathfrak{a}_1(a, \ldots, l),$$
$$\vdots$$
$$\mathfrak{g}_\mathfrak{f}(a, \ldots, l, 0) = \mathfrak{a}_\mathfrak{f}(a, \ldots, l),$$
$$\mathfrak{g}_1(a, \ldots, l, n') = \mathfrak{b}_1(a, \ldots, l, n, \mathfrak{g}_1(a, \ldots, l, n), \ldots, \mathfrak{g}_\mathfrak{f}(a, \ldots, l, n)),$$
$$\mathfrak{g}_\mathfrak{f}(a, \ldots, l, n') = \mathfrak{b}_\mathfrak{f}(a, \ldots, l, n, \mathfrak{g}_1(a, \ldots, l, n), \ldots, \mathfrak{g}_\mathfrak{f}(a, \ldots, l, n))$$

auf unser verallgemeinertes Rekursionsschema für eine Funktion zurückführen, indem man die Rekursion für diejenige Funktion

$$\mathfrak{f}(a, \ldots, l, n)$$

aufstellt, deren Werte mit denjenigen der Funktionen

$$\mathfrak{g}_1(a, \ldots, l, n), \ldots \quad \mathfrak{g}_\mathfrak{f}(a, \ldots, l, n)$$

durch die Gleichungen

$$\mathfrak{f}(a, \ldots, l, \mathfrak{k} \cdot n) \quad = \mathfrak{g}_1(a, \ldots, l, n),$$
$$\mathfrak{f}(a, \ldots, l, \mathfrak{k} \cdot n + 1) \quad = \mathfrak{g}_2(a, \ldots, l, n),$$
$$\vdots$$
$$\mathfrak{f}(a, \ldots, l, \mathfrak{k} \cdot n + \delta(\mathfrak{k})) = \mathfrak{g}_\mathfrak{f}(a, \ldots, l, n)$$

verknüpft sind, wobei man die Funktionen $\varrho(n, \mathfrak{k})$ und $\pi(n, \mathfrak{k})$ zu benutzen hat.

Aus der Zurückführbarkeit der simultanen Rekursion auf eine Rekursion der Form $(\mathfrak{R}_2)$ folgt auch ihre Zurückführbarkeit auf primitive Rekursionen.

Außer den Wertverlaufs-Rekursionen von der Form $(\mathfrak{R}_1)$, dem Schema $(\mathfrak{R}_2)$ und den simultanen Rekursionen gibt es noch mannigfache andere Formen von Rekursionen, welche sich auf primitive Rekursionen zurückführen lassen. Es erhebt sich die Frage, ob nicht etwa alle solchen Rekursionen, durch welche ein Verfahren der schrittweise fortschreitenden Berechnung einer oder mehrerer Funktionen formalisiert wird und welche sich ohne Hinzunahme einer neuen Variablengattung darstellen lassen, auf primitive Rekursionen zurückführbar sind.

Das ist aber nicht der Fall, vielmehr gibt es Rekursionen von der genannten Beschaffenheit, die sich nicht auf primitive Rekursionen zurückführen lassen.

Man kann dieses auf zweierlei Art erkennen. Die eine Methode ist die des CANTORschen Diagonalverfahrens: Man bringt die sämtlichen Funktionen *eines* Argumentes, welche sich mittels primitiver Rekursionen definieren lassen, in eine Abzählung. Einer solchen Abzählung entspricht eine Funktion zweier Argumente $\chi(a, n)$ von der Eigenschaft, daß für jede Ziffer $\mathfrak{z}$ die Funktion $\chi(a, \mathfrak{z})$ mit derjenigen Funktion übereinstimmt, welche in der Abzählung die Nummer $\mathfrak{z}$ hat. Die Funktion $\chi(a, n)$ kann nun jedenfalls nicht durch primitive Rekursionen gewonnen werden; denn wäre dieses der Fall, so müßte das gleiche von der Funktion

$$\chi(n, n) + 1$$

gelten; diese aber kann nicht in der Abzählung auftreten, weil ja sonst, wenn $\mathfrak{z}$ ihre Nummer in der Abzählung wäre, die Gleichung

$$\chi(n, \mathfrak{z}) = \chi(n, n) + 1$$

bestehen müßte, welche bei der Einsetzung von $\mathfrak{z}$ für n auf einen Widerspruch führt.

Gelingt es nun andererseits, die Funktion $\chi(a, n)$ durch eine Rekursion zu definieren, so ist damit ein Beispiel einer nicht auf primitive Rekursionen zurückführbaren Rekursion gewonnen.

Tatsächlich findet man auf diesem Wege eine rekursive Definition, welche die verlangte Beschaffenheit eines formalisierten Berechnungsverfahrens besitzt und welche andererseits nicht auf primitive Rekursionen zurückführbar ist. Allerdings ist die Herstellung der Abzählung ziemlich mühsam. Immerhin kann man sich dabei die früher erwähnte Tatsache zunutze machen, daß jede mittels primitiver Rekursionen definierbare Funktion auch mittels solcher primitiven Rekursionen definiert werden kann, die nicht mehr als einen Parameter enthalten, und daß man also für die Abzählung der durch primitive Rekursionen definierbaren Funktionen eines Argumentes nur Rekursionen mit höchstens einem Parameter in Betracht zu ziehen braucht.

Doch haben wir noch eine zweite direktere Methode zur Verfügung, um die Existenz von solchen Rekursionen zu erweisen, die sich nicht auf primitive Rekursionen zurückführen lassen. Diese Methode, mit welcher WILHELM ACKERMANN zum erstenmal diesen Nachweis erbracht hat[1], besteht darin, daß eine Funktion rekursiv definiert wird, von der sich zeigen läßt, daß sie stärker anwächst als eine jede durch primitive Rekursionen definierbare Funktion.

Die Funktion, für welche ACKERMANN dieses zeigt, wird folgendermaßen erhalten: Man bildet diejenige Folge von Funktionen zweier Argumente

$$\xi_0(a, b), \ \xi_1(a, b), \ \ldots$$

---

[1] W. ACKERMANN: Zum HILBERTschen Aufbau der reellen Zahlen. Math. Ann. Bd. 99, Heft 1/2 (1928).

worin
$$\xi_0(a, b) = a + b,$$
$$\xi_1(a, b) = a \cdot b,$$
$$\xi_2(a, b) = a^b$$

ist, und des weiteren (für $\mathfrak{n} \geqq 2$) $\xi_{\mathfrak{n}+1}(a, b)$ mit Hilfe von $\xi_{\mathfrak{n}}(a, b)$ durch die Rekursion
$$\xi_{\mathfrak{n}+1}(a, 0) = a,$$
$$\xi_{\mathfrak{n}+1}(a, b') = \xi_{\mathfrak{n}}(a, \xi_{\mathfrak{n}+1}(a, b))$$

definiert wird. Faßt man diese Folge als eine Funktion von drei Argumenten
$$\xi(a, b, n) = \xi_n(a, b)$$

auf, so ergeben sich für die Funktion $\xi(a, b, n)$ die Definitionsgleichungen
$$\xi(a, b, 0) \quad = a + b,$$
$$\xi(a, 0, n') \quad = \beta(n, 1) + a \cdot \alpha(\delta(n)),$$
$$\xi(a, b', n') = \xi(a, \xi(a, b, n'), n).$$

Diese Gleichungen haben die Form einer „verschränkten" Rekursion, d. h. einer solchen Rekursion, welche nach den Werten zweier Variablen fortschreitet[1].

Setzt man in diesen Gleichungen für n der Reihe nach die Ziffern von 0 bis $\mathfrak{z}$, so erhält man Rekursionsschemata der gewöhnlichen Art für die Funktionen
$$\xi(a, b, 1), \ \xi(a, b, 2), \ \ldots, \ \xi(a, b, \mathfrak{z} + 1),$$

wobei jeweils das Schema für $\xi(a, b, \mathfrak{k} + 1)$ die durch das vorherige Schema eingeführte Funktion $\xi(a, b, \mathfrak{k})$ enthält. Auf diese Weise ergibt sich ein Verfahren zur Berechnung der Werte von $\xi(a, b, n)$ für beliebige Ziffernwerte der Argumente, und die Berechnung des Wertes c von $\xi(\mathfrak{a}, \mathfrak{b}, \mathfrak{n})$ für drei Ziffern $\mathfrak{a}, \mathfrak{b}, \mathfrak{n}$ läßt sich mit Hilfe der

---

[1] Durch Einführung einer *Funktionsvariablen* kann man diese verschränkte Rekursion in zwei Rekursionen, deren jede nur nach den Werten *einer* Variablen fortschreitet, folgendermaßen auflösen: Man definiert zunächst die „n-fache Iteration einer Funktion $f(a)$, beginnend mit dem Werte c", als *Funktionenfunktion* „$\tau_x(f(x), c, n)$" durch die Rekursion
$$\tau_x(f(x), c, 0) = c,$$
$$\tau_x(f(x), c, n') = f(\tau_x(f(x), c, n))$$
und führt dann $\xi(a, b, n)$ ein durch die Rekursionsgleichungen:
$$\xi(a, b, 0) = a + b,$$
$$\xi(a, b, n') = \tau_x(\xi(a, x, n), \beta(n, 1) + a \cdot \alpha(\delta(n)), b).$$
Diese beiden Rekursionen gehören aber nicht mehr unserem betrachteten Formalismus der rekursiven Zahlentheorie an.

Definitionsgleichungen von $\xi(a, b, n)$ in die formale Ableitung der Gleichung

$$\xi(\mathfrak{a}, \mathfrak{b}, \mathfrak{n}) = \mathfrak{c}$$

übersetzen. Auch gehen jene drei Definitionsgleichungen, wenn wir darin für die Variablen Ziffern setzen und dann allenthalben die durch das Berechnungsverfahren sich ergebenden Werte eintragen, in wahre numerische Gleichungen über.

Somit hat die verschränkte Rekursion, durch welche $\xi(a, b, n)$ definiert ist, mit den primitiven Rekursionen die Eigenschaften eines formalisierten schrittweisen Berechnungsverfahrens gemeinsam.

Dennoch läßt sich diese Rekursion nicht auf primitive Rekursionen zurückführen[1]. Wäre dieses nämlich der Fall, so wäre die Funktion $\xi(a, a, a)$ mittels primitiver Rekursionen definierbar. ACKERMANN zeigt jedoch, daß diese Funktion stärker anwächst als jede durch primitive Rekursionen definierbare Funktion eines Argumentes.

Dieser ACKERMANNsche Nachweis für die Existenz einer zwar rekursiven, aber nicht durch primitive Rekursionen definierbaren Funktion läßt sich nun, mit Benutzung verschiedener von R. PÉTER (POLITZER) herrührender erheblicher Vereinfachungen, in folgender gekürzter Form ausführen.

Wir betrachten die verschränkte Rekursion

$$\psi(a, 0) = 2 \cdot a + 1,$$

$$\psi(0, n') = \psi(1, n),$$

$$\psi(a', n') = \psi(\psi(a, n'), n).$$

Diese hat wiederum, ebenso wie die von ACKERMANN betrachtete Rekursion für die Funktion $\xi(a, b, n)$, die Eigenschaften eines formalisierten Berechnungsverfahrens. Es soll gezeigt werden, daß die durch diese Rekursion definierte Funktion $\psi(a, n)$ nicht mittels primitiver Rekursionen definiert werden kann.

Hierzu entnehmen wir zunächst aus der Rekursion für $\psi(a, n)$ einige Abschätzungen.

Es gilt erstens: für jede Ziffer $\mathfrak{n}$ ist die Ungleichung

$$a < \psi(a, \mathfrak{n})$$

---

[1] ACKERMANN erbringt in der genannten Abhandlung (Math. Ann. Bd. 99) den allgemeineren Nachweis, daß man zur rekursiven Definition der Funktion $\xi(a, b, n)$ nicht mit solchen Rekursionen auskommt, die nur nach den Werten einer Variablen fortschreiten und keine höhere Variablengattung benutzen. Alle diese Rekursionen lassen sich aber — nach den erwähnten neueren Ergebnissen von R. PÉTER — auf primitive Rekursionen zurückführen, und man kann daher die von ACKERMANN erwiesene Eigenschaft der Funktion $\xi(a, b, n)$ bereits aus dem Satz folgern, daß die Funktion $\xi(a, b, n)$ nicht mittels primitiver Rekursionen definierbar ist.

ableitbar[1]; nämlich man erhält unmittelbar

$$a < \psi(a, 0);$$

und wenn die Ungleichung

$$a < \psi(a, \mathfrak{n})$$

schon abgeleitet ist, so erhält man aus dieser durch Einsetzungen die Formeln

$$1 < \psi(1, \mathfrak{n}), \qquad \psi(a, \mathfrak{n}') < \psi(\psi(a, \mathfrak{n}'), \mathfrak{n}),$$

welche auf Grund der Rekursionsgleichungen für $\psi(a, n)$ die Ungleichungen

$$0 < \psi(0, \mathfrak{n}'), \qquad \psi(a, \mathfrak{n}') < \psi(a', \mathfrak{n}')$$

liefern; aus diesen aber ergibt sich durch Induktion nach a die Formel

$$a < \psi(a, \mathfrak{n}').$$

Aus der Ungleichung

$$a < \psi(a, \mathfrak{n})$$

erhält man

$$a' \leqq \psi(a, \mathfrak{n}).$$

Zweitens kann für jede Ziffer $\mathfrak{n}$ die Formel

$$a < b \;\rightarrow\; \psi(a, \mathfrak{n}) < \psi(b, \mathfrak{n})$$

abgeleitet werden. Man erhält zunächst für jede Ziffer $\mathfrak{n}$

$$\psi(a, \mathfrak{n}) < \psi(a', \mathfrak{n});$$

nämlich für $\mathfrak{n} = 0$ ergibt sich die Ungleichung unmittelbar, und für eine von 0 verschiedene Ziffer $\mathfrak{n}$ wird durch das eben angegebene Verfahren der Ableitung von

$$a < \psi(a, \mathfrak{n})$$

zugleich die Formel

$$\psi(a, \mathfrak{n}) < \psi(a', \mathfrak{n})$$

geliefert. Aus der Formel

$$\psi(a, \mathfrak{n}) < \psi(a', \mathfrak{n})$$

leitet man nun, durch Induktion nach k, die Formel

$$\psi(a, \mathfrak{n}) < \psi(a + k', \mathfrak{n})$$

und aus dieser mit Hilfe der Formel

$$a < b \;\rightarrow\; b = a + \delta(b, a')'$$

die gewünschte Formel

$$a < b \;\rightarrow\; \psi(a, \mathfrak{n}) < \psi(b, \mathfrak{n})$$

---

[1] Man beachte, daß wir hier nicht die Formel für variables n ableiten, sondern nur inhaltlich zeigen, daß sie für jede Ziffer $\mathfrak{n}$ ableitbar ist. Die Ableitung für variables n wird an späterer Stelle (S. 354) mit Hilfe eines verallgemeinerten Induktionsschemas ausgeführt.

ab. Aus dieser Formel ergibt sich auch

$$a \leqq b \;\rightarrow\; \psi(a, \mathfrak{n}) \leqq \psi(b, \mathfrak{n}).$$

Drittens kann für jede Ziffer $\mathfrak{n}$ die Formel

$$\psi(a', \mathfrak{n}) \leqq \psi(a, \mathfrak{n}')$$

durch Induktion nach a abgeleitet werden. Nämlich man erhält direkt

$$\psi(0', \mathfrak{n}) = \psi(0, \mathfrak{n}'),$$

und mit Hilfe der Formeln

$$a \leqq b \;\rightarrow\; \psi(a, \mathfrak{n}) \leqq \psi(b, \mathfrak{n}),$$

$$a' \leqq \psi(a, \mathfrak{n})$$

ergeben sich die Formeln

$$\psi(a', \mathfrak{n}) \leqq \psi(a, \mathfrak{n}') \;\rightarrow\; \psi(\psi(a', \mathfrak{n}), \mathfrak{n}) \leqq \psi(\psi(a, \mathfrak{n}'), \mathfrak{n}),$$

$$\psi(a'', \mathfrak{n}) \leqq \psi(\psi(a', \mathfrak{n}), \mathfrak{n}),$$

welche in Verbindung mit der dritten Rekursionsformel für $\psi(a, n)$ die Formel

$$\psi(a', \mathfrak{n}) \leqq \psi(a, \mathfrak{n}') \;\rightarrow\; \psi(a'', \mathfrak{n}) \leqq \psi(a', \mathfrak{n}')$$

liefern, so daß wir mittels des Induktionsschemas die Formel

$$\psi(a', \mathfrak{n}) \leqq \psi(a, \mathfrak{n}')$$

erhalten. Durch die Vereinigung dieser Formel mit der Ungleichung

$$\psi(a, \mathfrak{n}) < \psi(a', \mathfrak{n})$$

ergibt sich noch

$$\psi(a, \mathfrak{n}) < \psi(a, \mathfrak{n}'),$$

und hieraus für irgend zwei verschiedene Ziffern $\mathfrak{r}, \mathfrak{s}$, von denen $\mathfrak{s}$ die größere ist,

$$\psi(a, \mathfrak{r}) < \psi(a, \mathfrak{s}).$$

Im folgenden empfiehlt es sich, die Schreibweise $\psi_n(a)$ im Sinne der expliziten Definition

$$\psi_n(a) = \psi(a, n)$$

anzuwenden, welche der Auffassung von $\psi(a, n)$ als Darstellung einer Folge von Funktionen eines Arguments entspricht. Mit dieser Schreibweise stellen sich die erhaltenen Abschätzungen so dar: Für jede Ziffer $\mathfrak{n}$ sind die Formeln

$$a < \psi_{\mathfrak{n}}(a),$$

$$a < b \;\rightarrow\; \psi_{\mathfrak{n}}(a) < \psi_{\mathfrak{n}}(b),$$

$$\psi_{\mathfrak{n}}(a') \leqq \psi_{\mathfrak{n}'}(a),$$

sowie für jede Ziffer $\mathfrak{m}$, welche größer als $\mathfrak{n}$ ist, die Formel

$$\psi_{\mathfrak{n}}(a) < \psi_{\mathfrak{m}}(a)$$

ableitbar.

22*

Mit Hilfe dieser Ungleichungen wollen wir nun nachweisen, daß zu jeder Funktion $\mathfrak{f}(n)$, welche sich mittels primitiver Rekursionen (nebst Einsetzungen) definieren läßt, eine Ziffer $\mathfrak{r}$ bestimmt werden kann, für welche die Ungleichung

$$\mathfrak{f}(a) < \psi_{\mathfrak{r}}(a)$$

ableitbar ist.

Hierzu erinnern wir daran, daß jede Funktion, die überhaupt mittels primitiver Rekursionen definiert werden kann, auch mittels solcher primitiven Rekursionen definierbar ist, die höchstens einen Parameter enthalten, welche also entweder die Form

$$\mathfrak{h}(0) = \mathfrak{a},$$

$$\mathfrak{h}(n') = \mathfrak{b}(n, \mathfrak{h}(n))$$

oder die Form

$$\mathfrak{h}(a, 0) = \mathfrak{a}(a),$$

$$\mathfrak{h}(a, n') = \mathfrak{b}(a, n, \mathfrak{h}(a, n))$$

haben, wobei für $\mathfrak{h}$ jeweils das einzuführende Funktionszeichen zu setzen ist[1].

Hierbei können wir uns noch von der Willkürlichkeit des Termes $\mathfrak{a}$ bzw. $\mathfrak{a}(a)$ befreien. Haben wir z. B. die Rekursion

$$\varphi(a, 0) = \mathfrak{a}(a),$$

$$\varphi(a, n') = \mathfrak{b}(a, n, \varphi(a, n)),$$

so können wir die hierdurch definierte Funktion $\varphi(a, n)$ auch mittels einer Funktion $\chi(a, n)$ einführen, für welche die Rekursionsgleichungen lauten:

$$\chi(a, 0) = 0,$$

$$\chi(a, n') = \beta(n) \cdot \mathfrak{a}(a) + \alpha(n) \cdot \mathfrak{b}(a, \delta(n), \chi(a, n)),$$

und aus welcher $\varphi(a, n)$ durch die explizite Definition

$$\varphi(a, n) = \chi(a, n')$$

erhalten wird. Das gleiche Verfahren ist auf eine Rekursion ohne Parameter anwendbar.

---

[1] Man kann in dieser Richtung sogar noch weiter gehen. Nämlich es ergibt sich mittels der besprochenen Péterschen Methode der Zurückführung von Wertverlaufsrekursionen auf primitive Rekursionen, daß jede mittels primitiver Rekursionen definierbare Funktion sich auch schon mittels primitiver Rekursionen *ohne Parameter* definieren läßt, sofern man als Ausgangsfunktionen zu der Strichfunktion die Funktionen

$$a + b, \quad a \cdot b, \quad a^b, \quad \delta(a, b), \quad \wp_n, \quad \nu(n, k)$$

hinzunimmt.

Wir könnten diese Tatsache für unseren Nachweis benutzen. Jedoch wollen wir uns hier ohne diese Reduktion behelfen.

Bei dieser Reduktion werden die Funktionen

$$\beta(n), \ \alpha(n), \ \delta(n), \ a+b, \ a \cdot b.$$

benutzt. Von diesen sind

$$\alpha(n), \ \delta(n), \ a \cdot b$$

durch solche Rekursionen definiert, in deren erster Gleichung rechts der Term 0 steht. $a+b$ hat in seiner ersten Rekursionsgleichung rechts den Term a, und $\beta(n)$ drückt sich gemäß der Gleichung

$$\beta(n) = \delta(1, n)$$

durch die Funktion $\delta(a, b)$ aus, welche ebenfalls in ihrer ersten Rekursionsgleichung rechts den Term a hat.

Demgemäß brauchen wir von den primitiven Rekursionen ohne Parameter nur solche in Betracht zu ziehen, für welche die erste Gleichung

$$\mathfrak{h}(0) = 0$$

lautet, und unter den Rekursionen mit einem Parameter nur solche, bei denen die erste Gleichung

$$\mathfrak{h}(a, 0) = 0$$

oder

$$\mathfrak{h}(a, 0) = a$$

lautet, so daß jedenfalls

$$\mathfrak{h}(a, 0) \leqq a$$

ableitbar ist.

Eine primitive Rekursion mit höchstens einem Parameter, deren erste Gleichung eine der Formen

$$\mathfrak{h}(0) = 0, \quad \mathfrak{h}(a, 0) = 0, \quad \mathfrak{h}(a, 0) = a$$

hat, wollen wir hier kurz als eine „normierte Rekursion" bezeichnen.

Es sei nun $\mathfrak{f}(a)$ eine mittels primitiver Rekursionen definierte Funktion. Diese kann dann auch mittels normierter Rekursionen definiert werden. (Explizite Definitionen brauchen wir hierbei nicht zuzulassen, da wir ja ein jedes durch eine solche Definition eingeführte Symbol durch den definierenden Ausdruck ersetzen können.) Denken wir uns eine solche Definition von $\mathfrak{f}(a)$ mittels normierter Rekursionen ausgeführt. Bei jeder dieser Rekursionen wird zur Bildung der zweiten Rekursionsgleichung ein Term

$$\mathfrak{b}(r, s) \quad \text{bzw.} \quad \mathfrak{b}(r, s, t)$$

benutzt, der seinerseits mittels der vorher schon eingeführten Terme gebildet ist. Es werden daher in der zu betrachtenden Definition der Funktion $\mathfrak{f}(a)$ im allgemeinen Terme mit drei Variablen auftreten; dagegen können Terme mit mehr als drei Variablen nicht vorkommen, sofern wir darauf sehen, daß alle auftretenden zusammengesetzten Funktionsausdrücke *von innen her* aufgebaut werden. Als Ausgangsterme haben wir das Symbol 0 und die freien Individuenvariablen, als Ausgangsfunktion die Strichfunktion.

Um nun an Hand der vorgelegten Definition von $\mathfrak{f}(a)$ zu der gewünschten Ungleichung

$$\mathfrak{f}(a) < \psi_\mathfrak{r}(a)$$

zu gelangen, verfahren wir so, daß wir nacheinander für alle in der Definition von $\mathfrak{f}(a)$ vorkommenden Terme Abschätzungen der gleichen Art ableiten. Diese Abschätzungen haben für Terme mit einer Variablen die Gestalt

$$\mathfrak{t}(a) < \psi_\mathfrak{t}(a),$$

für Terme mit zwei und drei Variablen haben sie die Form

$$\mathfrak{t}(a, b) < \psi_\mathfrak{t}(\mu(a, b))$$

bzw.

$$\mathfrak{t}(a, b, c) < \psi_\mathfrak{t}(\mu(a, b, c))$$

(wobei jedesmal $\mathfrak{k}$ eine Ziffer bedeutet); dabei sind $\mu(a, b)$ und $\mu(a, b, c)$ die Funktionen, welche das Maximum von a und b bzw. das Maximum von a, b, c darstellen und welche sich explizite durch die Gleichungen

$$\mu(a, b) = a + \delta(b, a),$$

$$\mu(a, b, c) = \mu(a, \mu(b, c))$$

definieren lassen, aus denen man die Formeln ableitet:

$$a \leqq \mu(a, b), \quad b \leqq \mu(a, b),$$

$$a = \mu(a, b) \lor b = \mu(a, b),$$

$$a \leqq \mu(a, b, c), \quad b \leqq \mu(a, b, c), \quad c \leqq \mu(a, b, c),$$

$$a = \mu(a, b, c) \lor b = \mu(a, b, c) \lor c = \mu(a, b, c).$$

Daß man nun in der Tat für jeden in der Definition von $\mathfrak{f}(a)$ vorkommenden Term, und somit zuletzt auch für $\mathfrak{f}(a)$ selbst, eine Abschätzung der gewünschten Form erhält, ergibt sich aus folgenden Feststellungen:

1. Es sind die Formeln ableitbar

$$0 < \psi_0(a), \quad a < \psi_0(a),$$

$$\psi_\mathfrak{t}(a)' \leqq \psi_{\mathfrak{t}'}(a)$$

(für jede Ziffer $\mathfrak{k}$).

2. Ist $\mathfrak{h}(a)$ durch die Rekursion

$$\mathfrak{h}(0) = 0,$$

$$\mathfrak{h}(n') = \mathfrak{b}(n, \mathfrak{h}(n))$$

eingeführt und ist für $\mathfrak{b}(a, b)$ eine Abschätzung

$$\mathfrak{b}(a, b) < \psi_\mathfrak{t}(\mu(a, b))$$

ableitbar, so erhält man daraus die Formeln

$$\mathfrak{b}(a, \mathfrak{h}(a)) < \psi_{\mathfrak{t}}(\mu(a, \mathfrak{h}(a))),$$

$$\mathfrak{h}(a) < \psi_{\mathfrak{t}+1}(a) \;\rightarrow\; \mathfrak{b}(a, \mathfrak{h}(a)) < \psi_{\mathfrak{t}}(\psi_{\mathfrak{t}+1}(a)),$$

und mit Hilfe der Gleichung

die Formel
$$\psi_{\mathfrak{t}}(\psi_{\mathfrak{t}+1}(a)) = \psi_{\mathfrak{t}+1}(a')$$

$$\mathfrak{h}(a) < \psi_{\mathfrak{t}+1}(a) \;\rightarrow\; \mathfrak{h}(a') < \psi_{\mathfrak{t}+1}(a'),$$

welche in Verbindung mit der ableitbaren Formel

$$\mathfrak{h}(0) < \psi_{\mathfrak{t}+1}(0)$$

mittels des Induktionsschemas die Formel

liefert.
$$\mathfrak{h}(a) < \psi_{\mathfrak{t}+1}(a)$$

Man beachte, daß der hier angenommene Fall auch dann vorliegt, wenn in $\mathfrak{b}(a, b)$ nur eine der Variablen a, b auftritt und in bezug auf diese Variable die Ungleichung

bzw.
$$\mathfrak{b}(a, b) < \psi_{\mathfrak{t}}(a)$$

$$\mathfrak{b}(a, b) < \psi_{\mathfrak{t}}(b)$$

ableitbar ist. Denn aus jeder dieser Ungleichungen ergibt sich mit Hilfe der Formel

$$a \leqq b \;\rightarrow\; \psi_{\mathfrak{t}}(a) \leqq \psi_{\mathfrak{t}}(b)$$

die Ungleichung

$$\mathfrak{b}(a, b) < \psi_{\mathfrak{t}}(\mu(a, b)).$$

3. Ist $\mathfrak{h}(a, b)$ durch die Rekursion

$$\mathfrak{h}(a, 0) = 0 \text{ bzw. } \mathfrak{h}(a, 0) = a,$$

$$\mathfrak{h}(a, n') = \mathfrak{b}(a, n, \mathfrak{h}(a, n))$$

eingeführt, und ist für
$$\mathfrak{b}(a, b, c)$$

eine Abschätzung
$$\mathfrak{b}(a, b, c) < \psi_{\mathfrak{t}}(\mu(a, b, c))$$

ableitbar, so erhält man daraus die Abschätzung

$$\mathfrak{h}(a, b) < \psi_{\mathfrak{t}+2}(\mu(a, b)).$$

Nämlich man leitet zuerst die Ungleichung

$$\mathfrak{h}(a, b) < \psi_{\mathfrak{t}+1}(a + b)$$

folgendermaßen durch Induktion nach b ab. Zunächst ergibt sich

ferner erhält man
$$\mathfrak{h}(a, 0) < \psi_{\mathfrak{t}+1}(a + 0);$$

$$\mathfrak{h}(a, b) < \psi_{\mathfrak{t}+1}(a + b) \;\rightarrow\; \mathfrak{b}(a, b, \mathfrak{h}(a, b)) < \psi_{\mathfrak{t}}(\psi_{\mathfrak{t}+1}(a + b))$$

und daraus weiter

$$\mathfrak{h}(a, b) < \psi_{\mathfrak{f}+1}(a + b) \;\rightarrow\; \mathfrak{h}(a, b') < \psi_{\mathfrak{f}+1}(a + b');$$

nun ergibt sich mittels des Induktionsschemas

$$\mathfrak{h}(a, b) < \psi_{\mathfrak{f}+1}(a + b).$$

Andererseits erhalten wir, mit Benutzung der Formeln

$$a + b \leqq 2 \cdot \mu(a, b),$$

$$2 \cdot \mu(a, b) < \psi_0(\mu(a, b)),$$

$$\psi_{\mathfrak{f}+1}(\psi_0(a)) < \psi_{\mathfrak{f}+1}(\psi_{\mathfrak{f}+2}(\delta(a))),$$

$$a \neq 0 \;\rightarrow\; \psi_{\mathfrak{f}+1}(\psi_{\mathfrak{f}+2}(\delta(a))) = \psi_{\mathfrak{f}+2}(a)$$

die Ungleichung

$$\psi_{\mathfrak{f}+1}(a + b) < \psi_{\mathfrak{f}+2}(\mu(a, b)),$$

so daß sich im ganzen

$$\mathfrak{h}(a, b) < \psi_{\mathfrak{f}+2}(\mu(a, b))$$

ergibt.

Der Fall, daß in

$$\mathfrak{b}(r, s, t)$$

nicht alle drei Variablen r, s, t auftreten, erledigt sich ganz ebenso wie der entsprechende Fall bei der Rekursion ohne Parameter.

4. Wird ein Term t, in dem außer a, b, c keine Variable auftritt, in ein Funktionszeichen $\mathfrak{h}(n)$ mit einem Argument eingesetzt und ist für $\mathfrak{h}(n)$ die Ungleichung

$$\mathfrak{h}(a) < \psi_{\mathfrak{f}}(a)$$

sowie für t die Ungleichung

$$t < \psi_{\mathfrak{l}}(\mathfrak{c})$$

ableitbar, wobei $\mathfrak{c}$ einer der Terme

$$a, b, c, \quad \mu(a, b), \quad \mu(a, c), \quad \mu(b, c), \quad \mu(a, b, c)$$

ist, so ist auch die Ungleichung

$$\mathfrak{h}(t) < \psi_{\mu(\mathfrak{f}, \mathfrak{l}) + 2}(\mathfrak{c})$$

ableitbar; denn man erhält

$$\mathfrak{h}(t) < \psi_{\mathfrak{f}}(\psi_{\mathfrak{l}}(\mathfrak{c}))$$

$$< \psi_{\mu(\mathfrak{f}, \mathfrak{l})}(\psi_{\mu(\mathfrak{f}, \mathfrak{l}) + 1}(\mathfrak{c})),$$

$$\mathfrak{h}(t) < \psi_{\mu(\mathfrak{f}, \mathfrak{l}) + 1}(\mathfrak{c}')$$

$$< \psi_{\mu(\mathfrak{f}, \mathfrak{l}) + 2}(\mathfrak{c}).$$

5. Werden die Terme $\mathfrak{u}, \mathfrak{v}$, welche außer a, b, c keine Variable enthalten, in die Argumentstellen eines Funktionszeichens $\mathfrak{h}(m, n)$ eingesetzt und sind die Ungleichungen

$$\mathfrak{h}(a, b) < \psi_\mathfrak{j}(\mu(a, b)),$$

$$\mathfrak{u} < \psi_\mathfrak{t}(\mathfrak{a}),$$

$$\mathfrak{v} < \psi_\mathfrak{l}(\mathfrak{b})$$

ableitbar, wobei sowohl $\mathfrak{a}$ wie $\mathfrak{b}$ einer der Terme

$$a, b, c, \quad \mu(a, b), \quad \mu(a, c), \quad \mu(b, c), \quad \mu(a, b, c)$$

ist, so kann daraus eine Ungleichung

$$\mathfrak{h}(\mathfrak{u}, \mathfrak{v}) < \psi_{\mu(\mathfrak{j}, \mathfrak{t}, \mathfrak{l}) + 2}(\mathfrak{c})$$

abgeleitet werden, wobei $\mathfrak{c}$ wiederum einer der Terme

$$a, b, c, \quad \mu(a, b), \quad \mu(a, c), \quad \mu(b, c), \quad \mu(a, b, c)$$

ist. Nämlich man erhält zunächst

$$\mathfrak{h}(\mathfrak{u}, \mathfrak{v}) < \psi_\mathfrak{j}(\mu(\psi_\mathfrak{t}(\mathfrak{a}), \psi_\mathfrak{l}(\mathfrak{b})))$$

$$< \psi_\mathfrak{j}(\psi_{\mu(\mathfrak{t}, \mathfrak{l})}(\mu(\mathfrak{a}, \mathfrak{b})))$$

und daraus entsprechend wie beim Fall 4

$$\mathfrak{h}(\mathfrak{u}, \mathfrak{v}) < \psi_{\mu(\mathfrak{j}, \mathfrak{t}, \mathfrak{l}) + 2}(\mu(\mathfrak{a}, \mathfrak{b})),$$

und außerdem ist eine Gleichung

$$\mu(\mathfrak{a}, \mathfrak{b}) = \mathfrak{c}$$

ableitbar, worin $\mathfrak{c}$ einer der in der Behauptung genannten Terme ist.

Auf Grund dieser unter 1. bis 5. festgestellten Ableitbarkeiten erhalten wir für die Funktion $\mathfrak{f}(a)$, indem wir ihrer Definition durch normierte Rekursionen nachgehen, eine Abschätzung

$$\mathfrak{f}(a) < \psi_\mathfrak{r}(a),$$

wofür auch

$$\mathfrak{f}(a) < \psi(a, \mathfrak{r})$$

geschrieben werden kann.

Hieraus folgt nun, daß die Funktion $\psi(a, n)$ nicht durch primitive Rekursionen definierbar ist. Wäre dieses nämlich der Fall, so müßte das gleiche für die Funktion $\psi(a, a)$ gelten, und es müßte demnach, für eine gewisse Ziffer $\mathfrak{r}$, die Ungleichung

$$\psi(a, a) < \psi(a, \mathfrak{r})$$

ableitbar sein, aus welcher sich durch Einsetzung von $\mathfrak{r}$ für a die Formel

$$\psi(\mathfrak{r}, \mathfrak{r}) < \psi(\mathfrak{r}, \mathfrak{r})$$

und damit ein Widerspruch ergäbe. Das wäre aber ein Widerspruch innerhalb der rekursiven Zahlentheorie (diese im Sinne unseres anfänglichen Rahmens verstanden), während wir doch gezeigt haben, daß ein solcher Widerspruch ausgeschlossen ist.

Hiermit ist nun erwiesen, daß die für die Funktion $\psi(a, n)$ aufgestellte Rekursion tatsächlich über die primitiven Rekursionen hinausführt.

Auch können wir aus diesem Ergebnis den entsprechenden Satz für die ACKERMANNsche Funktion $\xi(a, b, n)$ folgendermaßen entnehmen. Wir betrachten die Funktion

$$\chi(a, n) = \xi(2, a + 1, n + 2).$$

Für diese ergibt sich zunächst:

$$\chi(a, 0) = \xi(2, a + 1, 2)$$
$$= 2^{a + 1}$$
$$\chi(a, 0) > \psi(a, 0),$$

ferner:

$$\chi(0, n') = \xi(2, 1, n + 3)$$
$$= \xi(2, \xi(2, 0, n + 3), n + 2)$$
$$= \xi(2, 2, n + 2)$$
$$\chi(0, n') = \chi(1, n),$$

und drittens:

$$\chi(a', n') = \xi(2, a + 2, n + 3)$$
$$= \xi(2, \xi(2, a + 1, n + 3), n + 2)$$
$$\chi(a', n') = \xi(2, \chi(a, n'), n + 2).$$

Mit Hilfe dieser Formeln kann nun für jede Ziffer $\mathfrak{n}$ die Formel

$$\chi(a, \mathfrak{n}) > \psi(a, \mathfrak{n})$$

abgeleitet werden. Für $\mathfrak{n} = 0$ ist die Formel bereits abgeleitet. Es genügt also zum Nachweis, wenn wir zeigen, daß mit Hilfe der Formel

$$\chi(a, \mathfrak{n}) > \psi(a, \mathfrak{n})$$

die Formel

$$\chi(a, \mathfrak{n}') > \psi(a, \mathfrak{n}')$$

ableitbar ist. Diese Ableitung erfolgt durch Induktion nach a. Man erhält zunächst aus

$$\chi(0, \mathfrak{n}') = \chi(1, \mathfrak{n}),$$
$$\chi(1, \mathfrak{n}) > \psi(1, \mathfrak{n}),$$
$$\psi(1, \mathfrak{n}) = \psi(0, \mathfrak{n}')$$

die Formel

$$\chi(0, \mathfrak{n}') > \psi(0, \mathfrak{n}').$$

Nun handelt es sich noch darum, die Formel

$$\chi(a, \mathfrak{n}') > \psi(a, \mathfrak{n}') \;\to\; \chi(a', \mathfrak{n}') > \psi(a', \mathfrak{n}')$$

zu gewinnen. Hierzu benutzen wir, daß für jede Ziffer $\mathfrak{n}$, ganz entsprechend wie zuvor die Formel

$$\psi(a, \mathfrak{n}) < \psi(a', \mathfrak{n})$$

abgeleitet wurde[1], die Formel

$$\xi(2, a, \mathfrak{n} + 2) < \xi(2, a', \mathfrak{n} + 2)$$

und somit auch die Formel

$$b \geqq a \;\rightarrow\; \xi(2, b, \mathfrak{n} + 2) \geqq \xi(2, a, \mathfrak{n} + 2)$$

ableitbar ist. Aus dieser erhält man, mit Benutzung von

$$\chi(a, n') > \psi(a, n') \;\rightarrow\; \chi(a, n') \geqq \psi(a, n') + 1$$

und der Gleichungen

$$\xi(2, \chi(a, n'), n + 2) = \chi(a', n'),$$

$$\xi(2, \psi(a, n') + 1, n + 2) = \chi(\psi(a, n'), n)$$

die Formel

$$\chi(a, \mathfrak{n}') > \psi(a, \mathfrak{n}') \;\rightarrow\; \chi(a', \mathfrak{n}') \geqq \chi(\psi(a, \mathfrak{n}'), \mathfrak{n}).$$

Andererseits erhalten wir aus der Formel

$$\chi(a, \mathfrak{n}) > \psi(a, \mathfrak{n})$$

durch Einsetzung

$$\chi(\psi(a, \mathfrak{n}'), \mathfrak{n}) > \psi(\psi(a, \mathfrak{n}'), \mathfrak{n}),$$

und hieraus mittels der Rekursionsgleichung

$$\psi(a', n') = \psi(\psi(a, n'), n)$$

die Formel

$$\chi(\psi(a, \mathfrak{n}'), \mathfrak{n}) > \psi(a', \mathfrak{n}'),$$

so daß sich im ganzen die gewünschte Formel

$$\chi(a, \mathfrak{n}') > \psi(a, \mathfrak{n}') \rightarrow \chi(a', \mathfrak{n}') > \psi(a', \mathfrak{n}')$$

ergibt.

Somit ist in der Tat für jede Ziffer $\mathfrak{n}$ die Formel

$$\chi(a, \mathfrak{n}) > \psi(a, \mathfrak{n})$$

ableitbar. Hieraus aber folgt, auf Grund dessen, was wir über die Funktion $\psi(a, n)$ bewiesen haben, daß zu jeder durch primitive Rekursionen definierbaren Funktion $\mathfrak{f}(a)$ eine Ziffer $\mathfrak{r}$ so bestimmt werden kann, daß die Ungleichung

$$\mathfrak{f}(a) < \chi(a, \mathfrak{r})$$

---

[1] Vgl. S. 338.

ableitbar ist. Die Funktion $\chi(a, a)$ kann daher, ebenso wie $\psi(a, a)$, nicht durch primitive Rekursionen definiert werden, d. h. die Funktion

$$\xi(2, a + 1, a + 2)$$

läßt sich nicht durch primitive Rekursionen definieren, und erst recht kann daher auch die Funktion $\xi(a, b, n)$ nicht durch primitive Rekursionen definiert werden.

Wir wollen die Betrachtung der möglichen Verallgemeinerungen der rekursiven Definition hier nicht weiterführen, dagegen noch kurz eine *Erweiterung des Induktionsschemas* besprechen. Diese betrifft die Anwendung des Induktionsschemas auf Formeln, welche mehr als eine Individuenvariable enthalten. Bei diesen erweist es sich zur Formalisierung des Schlusses von n auf $n + 1$ als sachgemäß — sofern man gebundene Variablen vermeiden will, wie es ja der Methode der rekursiven Zahlentheorie entspricht —, folgende Gestalt des Induktionsschemas zuzulassen:

$$\mathfrak{A}(b, 0)$$
$$\frac{\mathfrak{A}(t, a) \to \mathfrak{A}(b, a')}{\mathfrak{A}(b, a)}$$

sowie auch noch die allgemeinere Form

$$\mathfrak{A}(b, 0)$$
$$\frac{\mathfrak{A}(t_1, a) \& \ldots \& \mathfrak{A}(t_r, a) \to \mathfrak{A}(b, a')}{\mathfrak{A}(b, a)}.$$

Hierbei bedeuten $t, t_1, \ldots, t_r$ irgendwelche Terme, welche auch die Variablen a, b enthalten können, und als Bedingung für die Anwendung des Schemas haben wir nur, daß die Formel $\mathfrak{A}(c, r)$ keine der Variablen a, b enthält.

Man beachte, daß bei der Anwendung von gebundenen Variablen das erweiterte Induktionsschema sich auf das gewöhnliche Induktionsschema zurückführen läßt. Nämlich aus den Formeln

$$\mathfrak{A}(b, 0),$$
$$\mathfrak{A}(t_1, a) \& \ldots \& \mathfrak{A}(t_r, a) \to \mathfrak{A}(b, a')$$

erhält man mittels des Prädikatenkalkuls die Formeln

$$(x) \, \mathfrak{A}(x, 0),$$
$$(x) \, \mathfrak{A}(x, a) \to (x) \, \mathfrak{A}(x, a'),$$

aus denen sich mit Hilfe des gewöhnlichen Induktionsschemas die Formel

$$(x) \, \mathfrak{A}(x, a),$$

und daraus wieder die Formel

$$\mathfrak{A}(b, a)$$

ergibt.

Aber auch ohne die Heranziehung der gebundenen Variablen ist die Zurückführung auf das gewöhnliche Induktionsschema möglich, wie dies zuerst TH. SKOLEM erkannt hat[1].

Betrachten wir zuerst das Schema

$$\text{(Ind 1)} \qquad \frac{\mathfrak{A}(b, 0) \qquad \mathfrak{A}\big(\mathfrak{t}(a, b), a\big) \to \mathfrak{A}(b, a')}{\mathfrak{A}(b, a)}$$

(worin jetzt das eventuelle Auftreten von a und b in $\mathfrak{t}$ explicite angegeben ist). Es werde die Funktion $\psi(a, b, k)$ durch folgende primitive Rekursion eingeführt:

$$\psi(a, b, 0) = b$$
$$\psi(a, b, k') = \mathfrak{t}(\delta(a, k'), \psi(a, b, k)).$$

Setzt man in der zweiten dieser Gleichungen für a die Variable n und für k den Term $\delta(n, a')$ ein und benutzt man die Formeln

$$\delta(n, a) \neq 0 \;\to\; \delta(n, a')' = \delta(n, a), \qquad a' \leq n \to \delta(n, a) \neq 0,$$

so erhält man, mit Anwendung des Gleichheitsaxioms (J_2),

$$a' \leq n \;\to\; \psi\big(n, b, \delta(n, a)\big) = \mathfrak{t}\big(\delta(n, \delta(n, a)), \psi(n, b, \delta(n, a'))\big),$$

und weiter, mittels der früher abgeleiteten Formel[2]

$$\delta(b, a) \neq 0 \to \delta\big(b, \delta(b, a)\big) = a,$$

welche zusammen mit

$$a' \leq n \to \delta(n, a) \neq 0$$

die Formel

$$a' \leq n \to \delta\big(n, \delta(n, a)\big) = a$$

liefert:

$$a' \leq n \;\to\; \psi\big(n, b, \delta(n, a)\big) = \mathfrak{t}\big(a, \psi(n, b, \delta(n, a'))\big).$$

Aus dieser Formel in Verbindung mit der zweiten Prämisse unseres Schemas, worin für b eingesetzt werde $\psi\big(n, b, \delta(n, a')\big)$, nebst dem Gleichheitsaxiom erhalten wir die Formel

$$a' \leq n \to \big[\mathfrak{A}\big(\psi(n, b, \delta(n, a)), a\big) \to \mathfrak{A}\big(\psi(n, b, \delta(n, a')), a'\big)\big],$$

---

[1] TH. SKOLEM: Eine Bemerkung über die Induktionsschemata in der rekursiven Zahlentheorie (Monatshefte f. Math. und Phys. Bd. 48, 1939, S. 268—276). Hier wurde zunächst noch ein Rekursionsschema benutzt, das nicht direkt die Form der primitiven Rekursion hat; dieses kann aber auf eine primitive Rekursion reduziert werden, wie es in der Besprechung der SKOLEMschen Abhandlung von RÓSZA PÉTER angegeben wurde (Journ. of Symb. Log. Vol. 5, 1940, Nr. 1, S. 34—35).

[2] Vgl. S. 306.

und diese zusammen mit $a' \leqq n \rightarrow a \leqq n$ ergibt mittels des Aussagen-kalkuls

$$\left(a \leqq n \rightarrow \mathfrak{A}\left(\psi(n, b, \delta(n, a)), a\right)\right) \rightarrow \left(a' \leqq n \rightarrow \mathfrak{A}\left(\psi(n, b, \delta(n, a')), a'\right)\right).$$

Diese Formel hat nun die Gestalt $\mathfrak{B}(n, b, a) \rightarrow \mathfrak{B}(n, b, a')$. Um daher die Formel $\mathfrak{B}(n, b, a)$ durch Induktion nach a zu gewinnen, genügt es, wenn wir noch die Formel $\mathfrak{B}(n, b, 0)$, d.h.

$$0 \leqq n \rightarrow \mathfrak{A}\left(\psi(n, b, \delta(n, 0)), 0\right)$$

zur Verfügung haben. Diese aber erhalten wir aus der ersten Prämisse unseres Schemas durch Einsetzung und den Aussagenkalkul.

Somit ist nun die Formel $\mathfrak{B}(n, b, a)$, d.h.

$$a \leqq n \rightarrow \mathfrak{A}\left(\psi(n, b, \delta(n, a)), a\right)$$

gewonnen. Setzen wir hierin die Variable a für n ein, so erhalten wir, mit Benutzung von $a \leqq a$ und $\delta(a, a) = 0$, die Formel

$$\mathfrak{A}\left(\psi(a, b, 0), a\right),$$

woraus sich mittels der ersten Rekursionsformel für ψ und des Gleich-heitsaxioms die gewünschte Formel $\mathfrak{A}(b, a)$ ergibt.

Um nunmehr die allgemeinere Form des erweiterten Induktions-schemas auf die speziellere Form (Ind 1) und damit auch auf das gewöhn-liche Induktionsschema zurückzuführen, benutzen wir, daß die Formel $\mathfrak{A}(b, c)$ in eine Gleichung $\mathfrak{a}(b, c) = 0$ mit einem rekursiven Term $\mathfrak{a}(b, c)$ überführbar ist.

Wir setzen

$$\varphi(b, c) = \sum_{x \leqq b} \mathfrak{a}(x, c).$$

Auf Grund der ableitbaren Schemata für die mehrgliedrige Summe[1] und der Äquivalenz $\mathfrak{A}(c, d) \sim \mathfrak{a}(c, d) = 0$ haben wir

((1)) $$\varphi(b, a) = 0 \rightarrow \left(c \leqq b \rightarrow \mathfrak{A}(c, a)\right),$$

und insbesondere

((1a)) $$\varphi(b, a) = 0 \rightarrow \mathfrak{A}(b, a)$$

sowie, für eine beliebige Formel $\mathfrak{B}$, welche die Variable c nicht enthält, den Übergang

((2)) $$\frac{\mathfrak{B} \rightarrow \left(c \leqq b \rightarrow \mathfrak{A}(c, d)\right)}{\mathfrak{B} \rightarrow \varphi(b, d) = 0}.$$

Die in dem Schema auftretenden Terme $\mathfrak{t}_1, \ldots, \mathfrak{t}_r$, in denen ja die Variablen a, b vorkommen können, seien ausführlicher mit $\mathfrak{t}_1(a, b), \ldots, \mathfrak{t}_r(a, b)$ angegeben.

---

[1] Vgl. S. 316—318.

Es werde die Funktion $\psi(a, n)$ definiert durch folgende primitive Rekursion

$$\psi(a, 0) = \max\left(t_1(a, 0), t_2(a, 0), \ldots, t_r(a, 0)\right)$$
$$\psi(a, n') = \max\left(\psi(a, n), t_1(a, n'), \ldots, t_r(a, n')\right).$$

Durch (gewöhnliche) Induktion nach n erhält man hieraus

$$((3)) \quad c \leq n \;\rightarrow\; t_1(a, c) \leq \psi(a, n) \;\&\; \ldots \;\&\; t_r(a, c) \leq \psi(a, n).$$

Wir setzen nun in ((1)) für b den Term $\psi(a, b)$ ein, ferner für c zuerst $t_1(a, c)$, dann $t_2(a, c) \ldots$, dann $t_r(a, c)$. So erhalten wir die r Formeln

$$\varphi\left(\psi(a, b), a\right) = 0 \rightarrow \left(t_i(a, c) \leq \psi(a, b) \rightarrow \mathfrak{A}(t_i(a, c), a)\right), \quad (i = 1, 2, \ldots, r).$$

Diese Formeln zusammen mit ((3)) (worin b für n eingesetzt werde) ergeben

$$\varphi\left(\psi(a, b), a\right) = 0 \;\&\; c \leq b \;\rightarrow\; \mathfrak{A}\left(t_1(a, c), a\right) \;\&\; \ldots \;\&\; \mathfrak{A}\left(t_r(a, c), a\right).$$

Durch Anwendung der zweiten Prämisse unseres betrachteten Schemas:

$$\mathfrak{A}\left(t_1(a, b), a\right) \;\&\; \mathfrak{A}\left(t_2(a, b), a\right) \;\&\; \ldots \;\&\; \mathfrak{A}\left(t_r(a, b), a\right) \;\rightarrow\; \mathfrak{A}(b, a')$$

(worin c für b eingesetzt werde) erhalten wir nun

$$\varphi\left(\psi(a, b), a\right) = 0 \;\&\; c \leq b \rightarrow \mathfrak{A}(c, a'),$$

also auch

$$\varphi\left(\psi(a, b), a\right) = 0 \rightarrow \left(c \leq b \rightarrow \mathfrak{A}(c, a')\right),$$

und somit, gemäß dem Schema ((2)):

$$\varphi\left(\psi(a, b), a\right) = 0 \rightarrow \varphi(b, a') = 0.$$

Andrerseits erhalten wir aus der ersten Prämisse $\mathfrak{A}(b, 0)$ unseres betrachteten Schemas die Formel

$$c \leq b \rightarrow \mathfrak{A}(c, 0),$$

aus der wir mittels des Schemas ((2)) die Formel

$$\varphi(b, 0) = 0$$

gewinnen.

Die beiden Formeln

$$\varphi(b, 0) = 0. \qquad \varphi\left(\psi(a, b), a\right) = 0 \rightarrow \varphi(b, a') = 0$$

liefern aber gemäß der speziellen Form (Ind 1) des erweiterten Induktionsschemas die Formel $\varphi(b, a) = 0$, aus der wir mittels ((1a)) die gewünschte Formel $\mathfrak{A}(b, a)$ erhalten. —

Eine weitere Verallgemeinerung des Induktionsschemas bildet das folgende „verschränkte" Induktionsschema

$$\mathfrak{A}(b, 0)$$

$$\mathfrak{A}(t_1, a) \to \mathfrak{A}(0, a')$$

$$\frac{\mathfrak{A}(t_2, a) \to \big(\mathfrak{A}(b, a') \to \mathfrak{A}(b', a')\big)}{\mathfrak{A}(b, a)},$$

für welches wieder die Bedingung besteht, daß die Formel $\mathfrak{A}(c, d)$ keine der Variablen a, b enthalten darf.

Es bedeutet dabei keine Beschränkung, wenn wir voraussetzen, daß der Term t_1 nur solche Variablen enthält, die in $\mathfrak{A}(0, a')$ vorkommen, und ebenso t_2 nur solche Variablen, die in $\mathfrak{A}(b, a)$ vorkommen. Andernfalls nämlich können die anderweitigen in t_1, t_2 auftretenden Variablen durch Zifferneinsetzungen entfernt werden, ohne daß die Form des Schemas verändert wird.

Im folgenden mögen die beiden Terme ausführlicher mit $t_1(a)$ und $t_2(a, b)$ angegeben werden. (Gemäß unserer Voraussetzung enthält $t_1(a)$ nicht die Variable b.)

Dieses verschränkte Induktionsschema läßt sich wiederum auf die erste Form (Ind 1) des erweiterten Induktionsschemas zurückführen und somit auf das gewöhnliche Induktionsschema.

Hierzu verwenden wir wieder die Überführbarkeit der Formel $\mathfrak{A}(c, d)$ in eine Gleichung $\mathfrak{a}(c, d) = 0$ und definieren wie vordem

$$\varphi(b, c) = \sum_{x \leq b} \mathfrak{a}(x, c).$$

Auf Grund dieser Definition erhalten wir wie zuvor die Schemata ((1)), ((1a)), ((2)), und aus der Prämisse $\mathfrak{A}(b, 0)$ unseres betrachteten Schemas erhalten wir wiederum die Gleichung

$$\varphi(b, 0) = 0.$$

Auch merken wir uns die Formel

((4)) $c \leq d \to (\varphi(d, a) = 0 \to \varphi(c, a) = 0)$

an, welche auf Grund der Definition von φ überführbar ist in die Formel

$$c \leq d \to \Big(\sum_{x \leq d} \mathfrak{a}(x, a) = 0 \to \sum_{x \leq c} \mathfrak{a}(x, a) = 0 \Big),$$

die man durch Induktion nach d erhält.

Wir definieren nun $\psi(a, n)$ durch die primitive Rekursion

$$\psi(a, 0) = t_1(a)$$

$$\psi(a, n') = \max\big(\psi(a, n), t_2(a, n)\big).$$

Wie bei der vorigen Zurückführung genügt es, wenn wir außer der schon erhaltenen Formel $\varphi(b, 0) = 0$ noch die Formel

$$\varphi\big(\psi(a, b), a\big) = 0 \to \varphi(b, a') = 0$$

ableiten können. Bezeichnen wir diese mit $\mathfrak{B}(a, b)$. Die Herleitung von $\mathfrak{B}(a, b)$ erfolgt nun durch (gewöhnliche) Induktion nach b.

$\mathfrak{B}(a, 0)$ ist, auf Grund der Definitionen von φ und ψ, überführbar in die Formel:

$$\varphi\big(\mathfrak{t}_1(a), a\big) = 0 \to \mathfrak{a}(0, a') = 0$$

und weiter in die Formel

$$\varphi\big(\mathfrak{t}_1(a), a\big) = 0 \to \mathfrak{A}(0, a'),$$

welche sich aus der zweiten Prämisse unseres betrachteten Schemas

$$\mathfrak{A}\big(\mathfrak{t}_1(a), a\big) \to \mathfrak{A}(0, a')$$

mittels des Schemas $((1\,a))$ ergibt.

Die Formel $\mathfrak{B}(a, b) \to \mathfrak{B}(a, b')$ kann aussagenlogisch umgeformt werden in

$$\big(\varphi(\psi(a, b), a) = 0 \to \varphi(b, a') = 0\big)\ \&\ \varphi\big(\psi(a, b'), a\big) = 0 \to \varphi(b', a') = 0.$$

Auf Grund der aus der Definition von ψ zu entnehmenden Ungleichung

$$\psi(a, b) \leqq \psi(a, b')$$

erhalten wir mit Hilfe von $((4))$ die Formel

$$\varphi\big(\psi(a, b'), a\big) = 0 \to \varphi\big(\psi(a, b), a\big) = 0.$$

Es genügt somit zur Gewinnung von $\mathfrak{B}(a, b) \to \mathfrak{B}(a, b')$, die Formel

$$\varphi\big(\psi(a, b'), a\big) = 0\ \&\ \varphi(b, a') = 0 \to \varphi(b', a') = 0$$

herzuleiten. Das gelingt auf folgende Weise.

Auf Grund der Definition von ψ haben wir

$$\mathfrak{t}_2(a, b) \leqq \psi(a, b');$$

daher erhalten wir mittels $((4))$

$$\varphi\big(\psi(a, b'), a\big) = 0 \to \varphi\big(\mathfrak{t}_2(a, b), a\big) = 0,$$

also nach $((1\,a))$

$((5))$ $\qquad\qquad \varphi\big(\psi(a, b'), a\big) = 0 \to \mathfrak{A}\big(\mathfrak{t}_2(a, b), a\big).$

Ferner liefert die Definition von φ:

$$\varphi(b, a') = 0\ \&\ \mathfrak{a}(b', a') = 0 \to \varphi(b', a') = 0,$$

also

$((6))$ $\qquad\qquad \varphi(b, a') = 0 \to \big(\mathfrak{A}(b', a') \to \varphi(b', a') = 0\big),$

und nach ((1a)) haben wir

$$((7)) \qquad\qquad \varphi(b, a') = 0 \to \mathfrak{A}(b, a').$$

Die Formeln ((5)) ,((6)), ((7)) zusammen mit der dritten Prämisse unseres Schemas

$$\mathfrak{A}\big(t_2(a, b), a\big) \to \big(\mathfrak{A}(b, a') \to \mathfrak{A}(b', a')\big)$$

liefern nun:

$$\varphi\big(\psi(a, b'), a\big) \;\&\; \varphi(b, a') = 0 \to \varphi(b', a') = 0,$$

womit die gewünschte Zurückführung erhalten ist.

Als Beispiel für die Verwendung dieses verschränkten Induktionsschemas möge die Ableitung der Ungleichung

$$a < \psi(a, n)$$

aus den Rekursionsgleichungen

$$\psi(a, 0) \;= 2 \cdot a + 1,$$
$$\psi(0, n') = \psi(1, n),$$
$$\psi(a', n') = \psi(\psi(a, n'), n)$$

genommen werden. Wir haben bisher diese Ungleichung nur für feste Ziffernwerte von n als ableitbar erwiesen. Mittels des verschränkten Induktionsschemas kann sie für variables n folgendermaßen abgeleitet werden:

Aus der ersten Rekursionsgleichung erhalten wir

$$a < \psi(a, 0),$$

aus der zweiten

$$1 < \psi(1, n) \;\to\; 0 < \psi(0, n'),$$

und aus der dritten ergibt sich

$$\psi(a, n') < \psi(\psi(a, n'), n) \;\to\; \psi(a, n') < \psi(a', n')$$

und daraus weiter

$$\psi(a, n') < \psi(\psi(a, n'), n) \to (a < \psi(a, n') \;\to\; a' < \psi(a', n')).$$

Setzen wir in den erhaltenen Formeln b für a und a für n ein, und wenden dann das verschränkte Induktionsschema in der Weise an, daß wir für $\mathfrak{A}(c, d)$ die Formel $c < \psi(c, d)$ und für t_1 und t_2 die Terme 1 und $\psi(b, a')$ nehmen, so gelangen wir zu der Formel $b < \psi(b, a)$, aus der wir durch Einsetzungen die gewünschte Ungleichung

$$a < \psi(a, n)$$

erhalten.

Auf ganz entsprechende Weise erhält man mittels des verschränkten Induktionsschemas für die ACKERMANNsche Funktion $\xi(a, b, n)$[1] die Ungleichung

$$a < \xi(2, a, n + 2),$$

---

[1] Vgl. S. 336.

aus welcher man, auf Grund der Rekursionsgleichungen für $\xi(a, b, n)$ direkt

$$\xi(2, a, n + 3) < \xi(2, a + 1, n + 3)$$

und somit auch

$$\xi(2, a, n + 2) < \xi(2, a + 1, n + 2)$$

erhält — eine Ungleichung, die wir vorhin nur für feste Ziffernwerte von n als ableitbar festgestellt hatten.

Aus der Zurückführung der erweiterten Induktionsschemata auf das gewöhnliche Induktionsschema folgt insbesondere, daß bei Anwendung dieser erweiterten Induktionsschemata der Satz in Geltung bleibt, daß jede in der rekursiven Zahlentheorie ableitbare Formel, welche keine Formelvariable enthält, verifizierbar ist. —

Kehren wir nun von der Betrachtung der rekursiven Zahlentheorie zu unserem vorherigen Gedankengang zurück. Wir waren ausgegangen von der Erwägung, daß das System der Axiome (B)[1], hinzugefügt zu dem Prädikatenkalkül, noch nicht den Formalismus der Zahlentheorie liefert, obwohl darin alle fünf PEANOschen Axiome ihre Formalisierung erhalten, und zwar aus dem Grunde nicht, weil in jenem System die Methode der Einführung von Funktionen durch rekursive Definitionen noch nicht inbegriffen ist. Wir kamen so auf eine genauere Erörterung des Verfahrens der rekursiven Definition[2]. Diese zeigte uns, daß die rekursive Einführung einer Funktion zwar ihre Bezeichnung als Definition insofern verdient, als sie für den Fall der Besetzung der (durch die Rekursion) ausgezeichneten Argumentstelle durch eine Ziffer, und erst recht also bei der Besetzung aller Argumentstellen durch Ziffern, einen definierenden Ausdruck liefert, daß sie aber für die Funktion selbst, mit variablen Argumenten, keinen Ausdruck gibt und sich dadurch von der eigentlichen „expliziten" Definition unterscheidet, welche nur in der Einführung einer abkürzenden Bezeichnung besteht. Als einen weiteren Unterschied der rekursiven Definition gegenüber der expliziten Definition stellten wir fest, daß die Widerspruchsfreiheit der Einführung von rekursiven Definitionen nicht schon durch die Widerspruchsfreiheit der vorherigen Axiome garantiert ist, sondern von einer bestimmten Beschaffenheit der vorherigen Axiome abhängt. Durch die rekursiven Definitionen wird die Strichfunktion implizite charakterisiert, und es können daher auch rekursive Definitionen an die Stelle von zahlentheoretischen Axiomen treten. So haben wir insbesondere gefunden, daß die Axiome (P_1), (P_2) aus den Rekursionsgleichungen für die Funktionen $\alpha(n)$ und $\delta(n)$ mit Hilfe des

---

[1] Vgl. S. 273.
[2] Vgl. S. 286 ff.

Gleichheitsaxioms (J_2) $((J_1)$ ist hier entbehrlich) und der Formel $0' \neq 0$ ableitbar sind[1]. Bei der Hinzunahme des Induktionsschemas genügen schon die Rekursionsgleichungen für $\delta(n)$ allein zur Ableitung der Formeln (P_1), (P_2). Und aus den Rekursionsgleichungen für $\delta(n)$ und $\delta(a, b)$ lassen sich auf Grund der expliziten Definition

$$a < b \sim \delta(b, a) \neq 0$$

die Axiome

$$\overline{a < a}, \; a < a', \; a < b \, \& \, b < c \to a < c$$

mit Hilfe der Gleichheitsaxiome, der Formel $0' \neq 0$ und des Induktionsschemas ableiten[2]. Bei allen diesen Ableitungen ist der elementare Kalkul mit freien Variablen zugrunde gelegt.

Erst recht folgt nun, daß bei Zugrundelegung des Prädikatenkalkuls die Formeln des Axiomensystems (B) sich sämtlich ableiten lassen aus demjenigen Axiomensystem, welches gebildet wird von dem Gleichheitsaxiom, der Formel $0' \neq 0$, den Rekursionsgleichungen für die Funktionen $\delta(n)$ und $\delta(a, b)$ und dem Induktionsaxiom, also aus dem System der Formeln

$$
(C) \quad
\begin{cases}
a = b \to (A(a) \to A(b)), \\
0' \neq 0, \\
\delta(0) = 0, \\
\delta(n') = n, \\
\delta(a, 0) = a, \\
\delta(a, n') = \delta(\delta(a, n)), \\
A(0) \, \& \, (x)(A(x) \to A(x')) \to A(a),
\end{cases}
$$

unter Hinzufügung der expliziten Definition

$$a < b \sim \delta(b, a) \neq 0.$$

Über die Betrachtung der speziellen Ableitbarkeiten hinausgehend, haben wir uns die Tragweite der rekursiven Definitionen dadurch vor Augen geführt, daß wir die Entwicklung der Zahlentheorie, wie sie sich an Hand der Rekursionen ohne Benutzung von gebundenen Variablen ergibt, ein Stück weit verfolgt haben.

Durch diese Entwicklung der rekursiven Zahlentheorie ist es nun schon im höchsten Grade plausibel gemacht, daß auch bei der Zugrundelegung des gesamten Prädikatenkalkuls die Hinzufügung der rekursiven Definitionen zu den Symbolen und Axiomen des Systems (B)

---

[1] Vgl. S. 301—303.
[2] Vgl. S. 303 ff.

eine wesentliche Erweiterung des Formalismus mit sich bringt. Einen strengen Nachweis haben wir aber dafür noch nicht geliefert. Um einen solchen zu erbringen, müssen wir uns klarmachen, was wir unter einer „wesentlichen Erweiterung des Formalismus" zu verstehen haben. Eine Erweiterung eines Formalismus liegt bereits dann vor, wenn ein Funktionszeichen eingeführt wird, welches sich nicht durch einen vorher schon zugelassenen Term explizite definieren läßt derart, daß bei der Ersetzung des Funktionszeichens durch diesen Term die Formeln, mit welchen das Funktionszeichen eingeführt ist, in ableitbare (d. h. in dem vorherigen Formalismus ableitbare) Formeln übergehen. In diesem Sinne wird der Formalismus des Systems (B) bereits durch die Einführung der Funktion $\delta(n)$ mittels der Rekursionsgleichungen

$$\delta(0) = 0,$$

$$\delta(n') = n$$

erweitert.

Unter dem „Formalismus des Systems (B)" verstehen wir hierbei das Axiomensystem (B) einschließlich aller der Festsetzungen, auf welche sich die Anwendung der Axiome stützt, sowie auch aller der Termbildungen, Formelbildungen und Beweise, welche durch diese Festsetzungen zugelassen sind. In diesem Formalismus ist jeder Term entweder eine Ziffer oder eine Variable oder eine mit Strichen versehene Variable. Eine explizite Definition von $\delta(n)$ durch einen Term könnte also nur die Gestalt

$$\delta(n) = \mathfrak{a}^{(\mathfrak{t})}$$

haben, wobei $\mathfrak{a}$ entweder das Symbol 0 oder eine Variable ist. Hier muß nun $\mathfrak{a}^{(\mathfrak{t})}$ jedenfalls die Variable n enthalten. Denn andernfalls würde sich für $\delta(n')$ aus der Definitionsgleichung die Ersetzung $\mathfrak{a}^{(\mathfrak{t})}$ ergeben, und bei dieser Ersetzung müßte die Gleichung

$$\delta(n') = n$$

in eine durch das System (B) ableitbare Formel übergehen, d. h. es müßte die Gleichung

$$\mathfrak{a}^{(\mathfrak{t})} = n$$

ableitbar sein. Dann aber wären auch (weil ja $\mathfrak{a}$ nach der Annahme die Variable n nicht enthält) die Formeln

$$\mathfrak{a}^{(\mathfrak{t})} = 0, \quad \mathfrak{a}^{(\mathfrak{t})} = 0',$$

und somit auch

$$0' = 0$$

durch das System (B) ableitbar. Wir wissen aber, daß diese Formel, welche ja eine falsche Formel ist, nicht durch das System (B) abgeleitet werden kann. Es bleibt also nur die Möglichkeit, daß $\mathfrak{a}$ die Variable n ist, und daß also die explizite Definition

$$\delta(n) = n^{(\mathfrak{t})}$$

lautet. Aber auch dieser Fall kommt nicht in Betracht; denn es würde sich, wenn diese Gleichung eine explizite Definition darstellte, für $\delta(n')$ die Ersetzung $n^{(\mathfrak{t}+1)}$ ergeben, und es müßte die durch diese Ersetzung aus der zweiten Rekursionsgleichung für $\delta(n)$ entstehende Gleichung

$$n^{(\mathfrak{t}+1)} = n,$$

und somit auch

$$0^{(\mathfrak{t}+1)} = 0$$

durch das System (B) ableitbar sein, während doch diese Formel eine falsche Formel ist.

Somit läßt sich in der Tat die Funktion $\delta(n)$ im Formalismus des Systems (B) nicht explizite definieren. Gleichwohl erfährt durch die Einführung dieser Funktion der Bereich der *Aussagen*, welche sich im Formalismus des Systems (B) durch Formeln darstellen lassen[1], keine Erweiterung. Denn die Funktionsbeziehung, welche durch die Gleichung

$$\delta(a) = b$$

dargestellt wird, kann ohne das Funktionszeichen δ durch die Formel

$$(a = 0 \,\&\, b = 0) \vee a = b'$$

ausgedrückt werden.

Bezeichnen wir nämlich diese Formel kurz mit $\mathfrak{B}(a, b)$, so sind aus dem Axiom (J_1) unmittelbar die Formeln

$$\mathfrak{B}(0, 0),$$

$$\mathfrak{B}(n', n)$$

ableitbar; aus diesen erhält man mittels des Induktionsschemas

$$(E\,x)\,\mathfrak{B}(a, x),$$

und mit Hilfe der Formeln (P_1), (P_2) und des zweiten Gleichheitsaxioms ergibt sich

$$\mathfrak{B}(a, b) \,\&\, \mathfrak{B}(a, c) \;\rightarrow\; b = c.$$

Diese beiden Formeln bringen zum Ausdruck, daß durch die Beziehung $\mathfrak{B}(a, b)$ jedem Wert von a eindeutig ein Wert von b zugeordnet wird, als „*derjenige*" Wert b, für welchen $\mathfrak{B}(a, b)$ zutrifft; und durch die beiden Formeln

$$\mathfrak{B}(0, 0), \quad \mathfrak{B}(n', n)$$

---

[1] Man beachte, daß eine zum Formalismus des Systems (B) gehörige Formel nicht eine ableitbare Formel zu sein braucht.

wird ausgedrückt, daß diese Zuordnung, als Funktion aufgefaßt, die Rekursionsgleichungen für $\delta(n)$ erfüllt.

Die eben genannten Ableitungen erfolgen ohne Benutzung der Funktion $\delta(n)$. Nehmen wir die Rekursionsgleichungen für $\delta(n)$ hinzu, so erhalten wir durch Induktion nach a die Äquivalenz

$$\delta(a) = b \sim \mathfrak{B}(a, b),$$

welche direkt zur Darstellung bringt, daß $\delta(a)$ gleich derjenigen Zahl b ist, welche zu a in der Beziehung $\mathfrak{B}(a, b)$ steht. Aus dieser Äquivalenz ergibt sich weiter mit Hilfe der Gleichheitsaxiome [d. h. durch Anwendung der Formel 6a)) aus § 5][1] die Formel

$$A(\delta(a)) \sim (x)(\mathfrak{B}(a, x) \rightarrow A(x)),$$

mittels deren eine jede mit Benutzung des Funktionszeichens $\delta(\cdot)$ gebildete Formel überführbar ist in eine solche Formel, in der dieses Funktionszeichen nicht auftritt.

Mit der Ausschaltung des Funktionszeichens $\delta(\cdot)$ aus den Formeln kann übrigens auch — (was aus dem Vorangehenden nicht ohne weiteres zu ersehen ist) — die Ausschaltung der Funktion $\delta(n)$ aus den Ableitungen verbunden werden, d. h. wir können die Benutzung der Funktion $\delta(n)$ zur Ableitung einer von dem Funktionszeichen $\delta(\cdot)$ freien Formel stets vermeiden.

Daß dieses in der Tat der Fall ist, läßt sich aus einem allgemeinen logischen Theorem über die Eliminierbarkeit der Begriffsbildung „derjenige, welcher" entnehmen, für welches im folgenden Paragraphen der Nachweis geliefert werden soll[2].

Die Beziehung zwischen der Gleichung

$$\delta(a) = b$$

und der Formel

$$\mathfrak{B}(a, b)$$

hat für Ziffernwerte der Variablen folgende Konsequenz: Ist $\mathfrak{z}$ eine Ziffer und ist t der Wert, den man durch die Berechnung von $\delta(\mathfrak{z})$ erhält, so ist die Formel

$$\mathfrak{B}(\mathfrak{z}, t)$$

wahr und zugleich auch durch das System (B) ableitbar. Und ist $\mathfrak{n}$ eine von t verschiedene Ziffer, so ist die Formel

$$\mathfrak{B}(\mathfrak{z}, \mathfrak{n})$$

---

[1] Vgl. § 5 S. 168.

[2] Sofern wir uns auf die Betrachtung solcher Beweise beschränken, deren Endformel keine Formelvariable enthält, können wir den Nachweis für die Eliminierbarkeit der Funktion $\delta(n)$ auch durch eine Modifikation der im § 6 entwickelten Reduktionsmethode erbringen.

falsch und ihre Negation ist durch das System (B) ableitbar.

Der gleiche Sachverhalt, wie wir ihn hier bei der Funktion $\delta(n)$ antreffen, liegt vor bei der Funktion $\alpha(a, b)$, die wir in der rekursiven Zahlentheorie mit Hilfe der Funktionen $a + b$, $\delta(a, b)$ und $x(n)$ explizite durch die Gleichung

$$\alpha(a, b) = \alpha(\delta(a, b) + \delta(b, a))$$

eingeführt haben[1].

Von dieser kann man wiederum feststellen, daß sie sich nicht durch einen aus Variablen und dem Symbol 0 mittels des Strichsymbols gebildeten Term explizite definieren läßt. Wohl aber kann die Gleichung

$$\alpha(a, b) = c$$

durch die zum Formalismus des Systems (B) gehörige Formel

$$(a = b \,\&\, c = 0) \lor (a \neq b \,\&\, c = 0')$$

vertreten werden. Auf diese wird man nicht direkt durch die genannte Definition der Funktion $\alpha(a, b)$, sondern erst durch die aus ihr ableitbaren Formeln

$$a = b \,\rightarrow\, \alpha(a, b) = 0,$$

$$a \neq b \,\rightarrow\, \alpha(a, b) = 0'$$

geführt. Diese beiden Formeln liefern in dem Sinne eine Definition der Funktion $\alpha(a, b)$, daß sie für jedes Ziffernpaar $\mathfrak{z}$, $\mathfrak{t}$, je nachdem $\mathfrak{z}$ mit $\mathfrak{t}$ übereinstimmt oder von $\mathfrak{t}$ verschieden ist, die Ableitung der Gleichung

$$\alpha(\mathfrak{z}, \mathfrak{t}) = 0$$

oder der Gleichung

$$\alpha(\mathfrak{z}, \mathfrak{t}) = 0'$$

und damit eine formalisierte Berechnung der Funktionswerte ermöglichen.

Die beiden definierenden Formeln für $\alpha(a, b)$ gehen nun, wenn wir die Gleichung

$$\alpha(a, b) = c$$

durch die Formel

$$(a = b \,\&\, c = 0) \lor (a \neq b \,\&\, c = 0')$$

ersetzen, welche zur kurzen Mitteilung durch $\mathfrak{C}(a, b, c)$ angegeben werde in die Formeln

$$a = b \rightarrow \mathfrak{C}(a, b, 0),$$

$$a \neq b \rightarrow \mathfrak{C}(a, b, 0')$$

über, welche beide mittels der Formel

$$a = a$$

---

[1] Vgl. S. 322.

ableitbar sind.

Außerdem können mit Hilfe der Gleichheitsaxiome die Formeln

$$\mathfrak{C}(a, b, c) \,\&\, a = b \;\to\; c = 0,$$

$$\mathfrak{C}(a, b, c) \,\&\, a \neq b \;\to\; c = 0'$$

abgeleitet werden. Auf Grund der vier erhaltenen Formeln steht die Formel $\mathfrak{C}(a, b, c)$ zu der Gleichung $\alpha(a, b) = c$ in ganz der entsprechenden Beziehung wie die vorhin betrachtete Formel $\mathfrak{B}(a, b)$ zu der Gleichung $\delta(a) = b$. Insbesondere ergibt sich, daß für jedes Zifferntripel $\mathfrak{r}$, $\mathfrak{z}$, $\mathfrak{t}$, bei welchem $\mathfrak{t}$ mit dem Wert von $\alpha(\mathfrak{r}, \mathfrak{z})$ übereinstimmt, die Formel

$$\mathfrak{C}(\mathfrak{r}, \mathfrak{z}, \mathfrak{t})$$

und, falls $\mathfrak{t}$ von dem Werte von $\alpha(\mathfrak{r}, \mathfrak{z})$ verschieden ist, die Formel

$$\overline{\mathfrak{C}(\mathfrak{r}, \mathfrak{z}, \mathfrak{t})}$$

durch das System (B) ableitbar ist.

Die Betrachtung der beiden besprochenen Fälle von Funktionen, deren Hinzunahme zu dem Formalismus des Systems (B) zwar den Termbereich, nicht aber den Bereich der darstellbaren Beziehungen erweitert, legt uns nahe, den Begriff der wesentlichen Erweiterung — es handelt sich um die Erweiterung eines Formalismus durch die Hinzunahme einer Funktion — folgendermaßen zu präzisieren:

Wird zu einem Formalismus eine Funktion von einem oder mehreren Argumenten hinzugefügt, durch Einführung eines Funktionszeichens $\mathfrak{f}(a, \ldots, k)$ nebst zugehörigen Formeln, welche eine formalisierte Berechnung der Funktionswerte für Ziffernwerte der Argumente ermöglichen, so wollen wir sagen, daß die Funktion $\mathfrak{f}(a, \ldots, k)$ in dem Formalismus „vertretbar" ist[1], wenn die Gleichung

$$\mathfrak{f}(a, \ldots, k) = l$$

durch eine Formel

$$\mathfrak{A}(a, \ldots, k, l)$$

aus dem Formalismus in dem Sinne vertreten werden kann, daß bei jeder Ersetzung der Variablen

$$a, \ldots, k, l$$

durch Ziffern

$$\mathfrak{a}, \ldots, \mathfrak{f}, \mathfrak{l}$$

die Formel

$$\mathfrak{A}(\mathfrak{a}, \ldots, \mathfrak{f}, \mathfrak{l})$$

in dem Formalismus ableitbar ist, falls $\mathfrak{l}$ mit dem Werte von

$$\mathfrak{f}(\mathfrak{a}, \ldots, \mathfrak{f})$$

---

[1] Wir wählen hier die Bedingung der Vertretbarkeit möglichst schwach, damit die Behauptung der Unvertretbarkeit möglichst viel besagt.

übereinstimmt, und sonst die Formel

$$\overline{\mathfrak{A}(\mathfrak{a}, \ldots, \mathfrak{k}, \mathfrak{l})}$$

ableitbar ist. Die vertretende Formel

$$\mathfrak{A}(a, \ldots, k, l)$$

kann dann jedenfalls auch so gewählt werden, daß darin außer $a, \ldots, k, l$ keine freie Variable vorkommt. Denn in einer vertretenden Formel, welche noch andere freie Variablen enthält, können ja diese durch Einsetzungen beseitigt werden, ohne daß die genannte Eigenschaft der Formel verloren geht.

Wir sprechen nun von einer *wesentlichen* Erweiterung des Formalismus durch die Hinzunahme einer Funktion, wenn diese Funktion in dem Formalismus *nicht vertretbar* ist.

Im Sinne dieser Begriffsbestimmung wollen wir jetzt zeigen, daß bereits die Hinzunahme der Funktion $a + b$ und ebenso auch die Hinzunahme der Funktion $\delta(a, b)$ zu dem Formalismus des Systems (B) eine wesentliche Erweiterung dieses Formalismus bewirkt.

Betrachten wir irgend eine Formel aus dem Formalismus des Systems (B), welche die Variable a als einzige freie Variable enthält; diese Formel ist durch das System (B) überführbar in ihre Reduzierte, und diese wiederum ist überführbar in eine solche disjunktive Normalform, in welcher keine Negation auftritt, in der also jedes Disjunktionsglied sich konjunktiv zusammensetzt aus Gleichungen und Ungleichungen. Die Gleichungen brauchen wir nicht besonders zu betrachten, da eine Gleichung

$$\mathfrak{a} = \mathfrak{b}$$

überführbar ist in

$$\mathfrak{a} < \mathfrak{b}' \,\&\, \mathfrak{b} < \mathfrak{a}'.$$

Für eine Ungleichung, die außer a keine Variable enthält, bestehen folgende Möglichkeiten:

Entweder sie ist numerisch, dann ist sie entweder wahr oder falsch.

Oder sie hat die Gestalt

$$a^{(\mathfrak{k})} < a^{(\cdot)},$$

dann ist sie in die numerische Ungleichung

$$0^{(\mathfrak{k})} < 0^{(\cdot)}$$

überführbar.

Oder sie hat die Gestalt

$$a^{(\mathfrak{k})} < 0^{(\mathfrak{l})}.$$

Falls dann $\mathfrak{k} \geqq \mathfrak{l}$, so ist sie überführbar in die falsche Ungleichung

$$0 < 0;$$

falls $\mathfrak{k} < \mathfrak{l}$, so ist sie überführbar in eine Ungleichung

$$a < 0^{(\mathfrak{k})};$$

eine solche wollen wir eine „obere Abschätzung von a" nennen.

Oder sie hat die Gestalt

$$0^{(t)} < a^{(l)}.$$

Falls dann $\mathfrak{k} < \mathfrak{l}$, so ist sie überführbar in die wahre Ungleichung

$$0 < 0';$$

falls $\mathfrak{k} \geqq \mathfrak{l}$, so ist sie überführbar in eine Ungleichung

$$0^{(t)} < a;$$

eine solche nennen wir eine „untere Abschätzung von a".

Hiernach ergibt sich für die gesamte Formel die Alternative, daß sie entweder in eine wahre oder in eine falsche numerische Formel oder aber in eine solche disjunktive Normalform überführbar ist, worin jedes Disjunktionsglied sich konjunktiv aus oberen und unteren Abschätzungen von a zusammensetzt.

Betrachten wir nun diesen dritten Fall. Hier bestehen folgende zwei Möglichkeiten: entweder tritt in mindestens einem der Disjunktionsglieder keine obere Abschätzung von a auf; dann geht die Formel bei jeder Einsetzung einer Ziffer, welche größer ist als eine gewisse Ziffer $0^{(t)}$, in eine wahre Formel über. Oder in jedem Disjunktionsglied kommt eine obere Abschätzung von a vor. Dann geht die Formel bei jeder Einsetzung einer Ziffer, die größer ist als eine bestimmte Ziffer $0^{(t)}$, in eine falsche Formel über.

Unsere Formel hat somit in allen Fällen die Eigenschaft, daß sie entweder für alle genügend großen, an Stelle von a gesetzten Ziffern eine wahre Formel oder für alle genügend großen Ziffern eine falsche Formel ergibt.

Hieraus folgt nun für die Formel, von der wir ausgingen, daß entweder sie selbst für alle genügend großen Ziffernwerte von a ableitbar ist, oder ihre Negation für alle genügend großen Ziffernwerte von a ableitbar ist. Diese Eigenschaft kommt also einer jeden zum Formalismus des Systems (B) gehörigen Formel zu, sofern sie a als einzige freie Variable enthält.

Auf Grund dieser Feststellung gelingt es nun leicht, für die Funktion $a + b$ sowie auch für $\delta(a, b)$ nachzuweisen, daß sie im Formalismus des Systems (B) nicht vertretbar ist.

Angenommen die Gleichung

$$a + b = c$$

wäre durch eine Formel

$$\mathfrak{A}(a, b, c)$$

aus dem Formalismus des Systems (B) vertretbar, so könnte zunächst — wie wir schon bemerkten — die Formel jedenfalls so gewählt werden, daß sie außer a, b, c keine freie Variable enthält, und ferner auch so, daß die gebundene Variable x darin nicht auftritt, da man ja nötigenfalls diese Variable nur in eine andere umzubenennen brauchte.

Es würde dann

$$(E\,x)\ \mathfrak{A}(x, x, a)$$

eine dem Formalismus des Systems (B) angehörige Formel sein, welche a als einzige freie Variable enthält. Gemäß unserm bewiesenen Satz müßte daher entweder für alle genügend großen Ziffern $\mathfrak{z}$, d. h. alle von einer zu ermittelnden Ziffer $0^{(t)}$ an, die Formel

$$(E\,x)\ \mathfrak{A}(x, x, \mathfrak{z})$$

oder für alle genügend großen Ziffern $\mathfrak{z}$ die Negation dieser Formel, also auch

$$(x)\ \overline{\mathfrak{A}(x, x, \mathfrak{z})}$$

durch das System (B) ableitbar sein.

Wählen wir also die Ziffer $\mathfrak{k}$ genügend groß, so wäre für die Ziffer $\mathfrak{z}$, welche der Wert von $\mathfrak{k} + \mathfrak{k}$ ist, entweder jede der beiden Formeln

$$(E\,x)\ \mathfrak{A}(x, x, \mathfrak{z}),\quad (E\,x)\ \mathfrak{A}(x, x, \mathfrak{z}')$$

oder jede der beiden Formeln

$$(x)\ \overline{\mathfrak{A}(x, x, \mathfrak{z})},\quad (x)\ \overline{\mathfrak{A}(x, x, \mathfrak{z}')}$$

durch das System (B) ableitbar.

Im ersten Falle würden wir, wegen der Ableitbarkeit von

$$(E\,x)\ \mathfrak{A}(x, x, \mathfrak{z}'),$$

nach dem „Satz von der partiellen Reduktion"[1] eine Ziffer $\mathfrak{l}$ finden, für welche die Formel

$$\mathfrak{A}(\mathfrak{l}, \mathfrak{l}, \mathfrak{z}')$$

durch das System (B) ableitbar wäre; im zweiten Falle wäre, zufolge der Ableitbarkeit von

$$(x)\ \overline{\mathfrak{A}(x, x, \mathfrak{z})},$$

auch die Formel

$$\overline{\mathfrak{A}(\mathfrak{k}, \mathfrak{k}, \mathfrak{z})}$$

ableitbar. Nun kann aber weder die Formel

$$\mathfrak{A}(\mathfrak{l}, \mathfrak{l}, \mathfrak{z}')$$

noch auch die Formel

$$\overline{\mathfrak{A}(\mathfrak{k}, \mathfrak{k}, \mathfrak{z})}$$

durch das System (B) ableitbar sein.

---

[1] Vgl. S. 243.

Denn da $\mathfrak{z}$ der Wert von $\mathfrak{k} + \mathfrak{k}$ ist, so erfordert die Eigenschaft der Formel

$$\mathfrak{A}(a, b, c)$$

als vertretende Formel für

$$a + b = c,$$

daß die Formel

$$\mathfrak{A}(\mathfrak{k}, \mathfrak{k}, \mathfrak{z})$$

durch das System (B) ableitbar sei. Dieselbe Eigenschaft der Formel $\mathfrak{A}(a, b, c)$ erfordert ferner, daß die Formel

$$\overline{\mathfrak{A}(\mathfrak{l}, \mathfrak{l}, \mathfrak{z}')}$$

ableitbar sei, da $\mathfrak{z}'$ im Falle $\mathfrak{l} \leqq \mathfrak{k}$ größer als der Wert von $\mathfrak{l} + \mathfrak{l}$, im Falle $\mathfrak{l} > \mathfrak{k}$ kleiner als dieser Wert, also jedenfalls von dem Werte von $\mathfrak{l} + \mathfrak{l}$ verschieden ist. Demnach wäre sowohl im Falle der Ableitbarkeit von

$$\mathfrak{A}(\mathfrak{l}, \mathfrak{l}, \mathfrak{z}')$$

wie auch im Falle der Ableitbarkeit von

$$\overline{\mathfrak{A}(\mathfrak{k}, \mathfrak{k}, \mathfrak{z})}$$

eine Formel samt ihrer Negation durch das System (B) ableitbar, während doch, wie wir gezeigt haben, das System (B) widerspruchsfrei ist.

Es kann somit für die Gleichung

$$a + b = c$$

keine vertretende Formel $\mathfrak{A}(a, b, c)$ im Formalismus des Systems (B) geben.

Daß die Gleichung

$$\delta(a, b) = c$$

im Formalismus des Systems (B) nicht durch eine Formel

$$\mathfrak{B}(a, b, c)$$

vertretbar ist, ergibt sich auf ganz entsprechende Art, durch Betrachtung der Formel

$$(E\,x)\,\mathfrak{B}(a, x, x).$$

Wir brauchen, um dieses zu erkennen, die Überlegung nicht von neuem durchzuführen, sondern nur zu beachten, daß das Bestehen der Gleichung

$$\delta(\mathfrak{z}, \mathfrak{k}) = \mathfrak{k}$$

im Sinne der Wertbestimmung gleichbedeutend ist mit dem Bestehen der Gleichung

$$\mathfrak{k} + \mathfrak{k} = \mathfrak{z}.$$

Hiermit ist nun tatsächlich gezeigt, daß keine der beiden Funktionen $a + b$, $\delta(a, b)$ im Formalismus des Systems (B) vertretbar ist. Insbesondere ergibt sich hiermit, daß das System (C), von dem wir gezeigt haben, daß aus ihm sämtliche Formeln des Systems (B) ableitbar sind, umfassender ist als das System (B), d. h. gegenüber diesem eine wesentliche Erweiterung des Formalismus darstellt.

Dem System (C), in welchem die Rekursionsgleichungen für $\delta(a, b)$ als Axiome auftreten, stellen wir das folgende, mit den Rekursionsgleichungen für $a + b$ gebildete Axiomensystem gegenüber:

(D)
$$
\begin{cases}
a = b \rightarrow (A(a) \rightarrow A(b)), \\
a' \neq 0, \\
a' = b' \rightarrow a = b, \\
a + 0 = a, \\
a + b' = (a + b)', \\
A(0) \,\&\, (x)(A(x) \rightarrow A(x')) \rightarrow A(a).
\end{cases}
$$

Hierin haben wir außer dem Gleichheitsaxiom (J_2), — (J_1) ist entbehrlich auf Grund des Axioms $a + 0 = a$ —, die beiden PEANOSchen Axiome (P_1), (P_2), welche in dem System (C) durch die Rekursionsgleichungen für $\delta(n)$ und die Formel $0' \neq 0$ vertreten sind, die Rekursionsgleichungen für $a + b$ und das Induktionsaxiom.

Dazu tritt die explizite Definition von $a < b$, welche hier durch die Formel
$$
a < b \sim (Ex)(x \neq 0 \,\&\, a + x = b)
$$
erfolgt.

Auf Grund dieser Definition leitet man die Formeln
$$
a < a', \quad a < b \rightarrow a' = b \lor a' < b, \quad \overline{a < a},
$$
$$
a < b \,\&\, b < c \rightarrow a < c
$$
ab, und zwar[1] die erste unmittelbar mit Hilfe der Formel (P_1), die zweite mit Hilfe der (durch das Induktionsaxiom ableitbaren) Formeln
$$
a \neq 0 \rightarrow (Ex)(x' = a),
$$
$$
a' + b = a + b',
$$
die dritte mit Hilfe der aus den Formeln
$$
0 + a = a,
$$
$$
a' + b = a + b'
$$
und (P_2) durch Induktion nach a ableitbaren Formel
$$
a + b = a \rightarrow b = 0
$$

---

[1] In der folgenden kurzen Angabe der Beweisgänge werden die direkten Anwendungen der Rekursionsgleichungen für $a + b$ sowie die Anwendungen des zweiten Gleichheitsaxioms nicht eigens erwähnt.

und die vierte mit Hilfe der Formel

$$a + (b + c) = (a + b) + c$$

und der Formel

$$b \neq 0 \rightarrow a + b \neq 0,$$

welche man aus den Formeln

$$a \neq 0 \rightarrow (E\,x)\,(x' = a)$$

und (P_1) erhält.

Somit sind die sämtlichen Axiome des Systems (B) durch das System (D) auf Grund der expliziten Definition von $a < b$ ableitbar.

Auch kann im Formalismus des Systems (D) die Gleichung

$$\delta(a, b) = c$$

durch die Formel

$$(a < b \;\&\; c = 0) \lor a = b + c$$

vertreten werden. Bezeichnen wir diese Formel zur Abkürzung mit $\mathfrak{B}(a, b, c)$, so ist in der Tat, wie man sich leicht überlegt, für jedes Zifferntripel $\mathfrak{r}, \mathfrak{s}, \mathfrak{t}$ die Formel

$$\mathfrak{B}(\mathfrak{r}, \mathfrak{s}, \mathfrak{t})$$

oder aber die Formel

$$\overline{\mathfrak{B}(\mathfrak{r}, \mathfrak{s}, \mathfrak{t})}$$

durch das System (D) ableitbar, je nachdem $\mathfrak{t}$ der Wert von $\delta(\mathfrak{r}, \mathfrak{s})$ oder von diesem Werte verschieden ist[1].

Will man $\delta(a, b)$ als Term zu dem System (D) hinzunehmen, so geschieht das am einfachsten, indem man die beiden Formeln

$$\delta(a + b, a) = b,$$

$$\delta(a, a + b) = 0$$

zu den Axiomen von (D) hinzufügt. In dem so entstehenden System (D_1) kann man die Funktion $\delta(n)$ explizite durch die Gleichung

$$\delta(n) = \delta(n, 0')$$

definieren und auf Grund dieser Definition die Rekursionsgleichungen für $\delta(n)$ und für $\delta(a, b)$ ableiten. Aus dem System (D_1) können somit sämtliche Formeln des Systems (C) abgeleitet werden.

Der Übergang von dem System (B) zu dem System (D) bildet, wie wir erkannt haben, eine wesentliche Erweiterung des Formalismus. Durch diese Erweiterung wird jedoch die Situation, wie wir sie bei der

---

[1] Man beachte, daß andererseits auch die Gleichung

$$a + b = c$$

innerhalb des Systems (C) durch die Formel

$$\delta(c, b) = a \;\&\; \delta(b, c) = 0$$

vertretbar ist.

Betrachtung des Systems (B) vorfanden, in grundsätzlicher Hinsicht nicht verändert, vielmehr ergeben sich in bezug auf das System (D) ganz entsprechende Tatsachen, wie sie für das System (B) festgestellt wurden.

Zunächst besteht das Erfordernis, die Widerspruchsfreiheit für das System (D) nachzuweisen; denn diese folgt ja nicht schon aus der des Systems (B) und auch nicht aus der Widerspruchsfreiheit der rekursiven Zahlentheorie, bei welcher ja die gebundenen Variablen ausgeschlossen sind. Es läßt sich nun die Methode, nach der im § 6 die Widerspruchsfreiheit des Systems (B) nachgewiesen wurde, zur Behandlung des Systems (D) ausdehnen und liefert für dieses System auch die entsprechenden Vollständigkeitssätze. Wir wollen dieses Verfahren, welches von PRESBURGER herrührt[1], hier nicht in allen Einzelheiten durchführen, vielmehr es nur insoweit darlegen, daß der Hauptgedanke und die genaue Form des Ergebnisses deutlich wird. Dazu sei folgendes vorausgeschickt:

Zu den im Formalismus des Systems (D) vorkommenden Termen gehören insbesondere die mehrgliedrigen Summen mit gleichen Summanden von der Gestalt

$$(\ldots((\mathfrak{a} + \mathfrak{a}) + \mathfrak{a}) + \cdots) + \mathfrak{a}.$$

Eine $\mathfrak{f}$-gliedrige Summe von dieser Gestalt möge zur abgekürzten Mitteilung mit

$$\mathfrak{a} \cdot \mathfrak{f}$$

angegeben werden, ohne daß wir jedoch diesen Ausdruck hier in den Formalismus einführen. Zu dem Formalismus fügen wir Formeln der Gestalt

$$\mathfrak{a} \equiv \mathfrak{b} \ (\mathrm{mod} \ \mathfrak{f})$$

(zu lesen: „$\mathfrak{a}$ ist kongruent $\mathfrak{b}$ modulo $\mathfrak{f}$")

hinzu, wobei $\mathfrak{f}$ eine von 0 und 0' verschiedene Ziffer ist. Solche „Kongruenzen modulo $\mathfrak{f}$" werden durch folgende *explizite Definition* eingeführt:

$$a \equiv b \ (\mathrm{mod} \ \mathfrak{f}) \ \sim \ (E\,x)\,(a = b + x \cdot \mathfrak{f} \lor b = a + x \cdot \mathfrak{f});$$

und zwar hat man die Definition für jede in der Verbindung vorkommende Ziffer $\mathfrak{f}$ einzeln aufzustellen. Z. B. lautet sie, wenn $\mathfrak{f}$ die Ziffer 0''' ist, ohne Abkürzung geschrieben:

$$a \equiv b \,(\mathrm{mod} \ 0''') \sim (E\,x)\,(a = b + ((x + x) + x) \lor b = a + ((x + x) + x)).$$

Eine Kongruenz

$$\mathfrak{r} \equiv \mathfrak{s} \ (\mathrm{mod} \ \mathfrak{f}),$$

in welcher $\mathfrak{r}$ und $\mathfrak{s}$ Ziffern sind, soll wahr heißen, wenn die Division von $\mathfrak{r}$ durch $\mathfrak{f}$ denselben Rest ergibt wie die Division von $\mathfrak{s}$ durch $\mathfrak{f}$;

---

[1] M. PRESBURGER: Über die Vollständigkeit eines gewissen Systems der Arithmetik ganzer Zahlen, in welchem die Addition als einzige Operation hervortritt. Comptes-Rend. du Premier Congr. d. Math. des Pays Slaves 1929 (Warschau 1930).

sie soll falsch heißen, wenn die Divisionen verschiedene Reste ergeben. Die Kongruenzen treten im Formalismus als Primformeln auf. Überhaupt haben wir in unserem Formalismus als Formeln ohne gebundene Variablen und ohne Formelvariablen die Gleichungen, Ungleichungen und Kongruenzen, und ferner Formeln, die aus jenen drei Arten von Formeln durch die Operationen des Aussagenkalkuls gebildet sind.

Eine solche Formel soll *verifizierbar* heißen, wenn sie bei jeder Ersetzung der freien Variablen durch Ziffern nach Ausrechnung der Summenausdrücke eine wahre Formel ergibt. Es läßt sich nun dieser Begriff der Verifizierbarkeit, entsprechend wie es im § 6 geschah, mittels eines Verfahrens der „Reduktion" auf Formeln mit gebundenen Variablen ausdehnen[1]. D. h. man kann ein Verfahren angeben, durch das einer jeden von Formelvariablen freien Formel $\mathfrak{A}$ aus dem Formalismus des Systems (D) (unter Einbeziehung der Ungleichungen und Kongruenzen) eine (d. h. mindestens eine) *Reduzierte* zugeordnet wird, derart, daß folgende Bedingungen erfüllt sind:

1. Die Reduzierte einer Formel $\mathfrak{A}$ ist eine Formel ohne gebundene Variablen und enthält die gleichen freien Individuenvariablen wie $\mathfrak{A}$.

2. Eine Formel ohne gebundene Variablen (und ohne Formelvariablen) ist ihre eigene Reduzierte.

3. Setzt sich eine Formel $\mathfrak{F}$ aus $\mathfrak{F}_1, \ldots, \mathfrak{F}_t$ mittels der Operationen des Aussagenkalkuls zusammen, so setzt sich jede Reduzierte von $\mathfrak{F}$ in der gleichen Weise aus Reduzierten von $\mathfrak{F}_1, \ldots, \mathfrak{F}_t$ zusammen.

4. Die Reduzierte einer Formel $\mathfrak{A}$, welche Allzeichen enthält, stimmt überein mit der Reduzierten derjenigen Formel, welche man aus ihr erhält, indem man jeden Bestandteil $(x)\,\mathfrak{B}(x)$ durch $\overline{(E\,x)\,\overline{\mathfrak{B}(x)}}$ (und entsprechend auch für eine andere gebundene Variable an Stelle von x) ersetzt.

5. Es komme die Variable c nicht in $\mathfrak{G}(x)$ vor, dann ist jede Reduzierte von $(E\,x)\,\mathfrak{G}(x)$ zugleich Reduzierte einer Formel $(E\,x)\,\mathfrak{R}(x)$, bei welcher $\mathfrak{R}(c)$ eine Reduzierte von $\mathfrak{G}(c)$ ist (statt x kann hier auch eine andere gebundene Variable, statt c eine andere freie Individuenvariable stehen).

6. Geht aus $\mathfrak{A}$ die Formel $\mathfrak{A}'$ hervor, indem die in $\mathfrak{A}$ auftretenden Individuenvariablen (Formelvariablen sollen nicht vorkommen) durch Ziffern ersetzt werden, so geht durch die gleiche Ersetzung jede Reduzierte von $\mathfrak{A}$ in eine Reduzierte von $\mathfrak{A}'$ über.

7. Es enthalte $\mathfrak{A}(c)$ außer c keine Variablen, und $\mathfrak{R}$ sei eine Reduzierte von $(E\,x)\,\mathfrak{A}(x)$. Wenn dann für eine Ziffer $\mathfrak{z}$ die Formel $\mathfrak{A}(\mathfrak{z})$ verifizierbar ist, d. h. nach Ausrechnung der vorkommenden Summenausdrücke eine wahre Formel ergibt, so ist $\mathfrak{R}$ gleichfalls verifizierbar, und umgekehrt: wenn $\mathfrak{R}$ verifizierbar ist, so finden wir an Hand

---

[1] Vgl. S. 237f., 247.

der Reduktion von $(E\,x)\,\mathfrak{A}(x)$ eine Ziffer $\mathfrak{z}$, für welche $\mathfrak{A}(\mathfrak{z})$ verifizierbar ist.

8. Eine Formel und eine Reduzierte von ihr sind stets ineinander überführbar.

Es seien hier auch kurz die Prozesse aufgezählt, durch die man zu einer gegebenen Formel ohne Formelvariablen eine Reduzierte gewinnt, wobei wir uns im Interesse der Faßlichkeit einer heuristischen Darstellungsweise bedienen wollen.

Es handelt sich darum, die gebundenen Variablen, falls solche auftreten, zu entfernen. Die Ausschaltung der Allzeichen ergibt sich ohne weiteres gemäß der Anforderung 4. Die Aufgabe besteht dann wie früher in der schrittweisen Ausschaltung der Seinszeichen von innen her. Das Verfahren dieser Ausschaltung ist bestimmt, wenn wir wissen, wie man einen zu innerst stehenden Formelbestandteil der Gestalt $(E\,x)\,\mathfrak{A}(x)$ (statt x kann auch eine andere Variable stehen) durch einen von dem betreffenden Seinszeichen $(E\,x)$ freien Ausdruck zu ersetzen hat.

Dieser Ersetzungsprozeß beginnt damit, daß wir den Ausdruck $\mathfrak{A}(x)$ mehreren Veränderungen unterwerfen.

a) Wir bringen ihn zunächst mittels der Umformungen des Aussagenkalkuls in die Gestalt einer disjunktiven Normalform, gebildet aus Gleichungen, Ungleichungen und Kongruenzen. Sodann schalten wir die Gleichungen und ihre Negationen, ferner die Negationen von Ungleichungen und Kongruenzen aus, indem wir jeweils eine Gleichung

durch
$$\mathfrak{a} = \mathfrak{b}$$
$$\mathfrak{a} < \mathfrak{b}' \,\&\, \mathfrak{b} < \mathfrak{a}',$$

eine negierte Gleichung
$$\mathfrak{a} \neq \mathfrak{b}$$

durch
$$\mathfrak{a} < \mathfrak{b} \lor \mathfrak{b} < \mathfrak{a},$$

eine negierte Ungleichung
$$\overline{\mathfrak{a} < \mathfrak{b}}$$

durch
$$\mathfrak{b} < \mathfrak{a}',$$

und die Negation einer Kongruenz
$$\mathfrak{a} \equiv \mathfrak{b} \pmod{\mathfrak{k}}$$
durch die $(\mathfrak{k} - 1)$-gliedrige Disjunktion
$$\mathfrak{a} \equiv \mathfrak{b} + 0' \pmod{\mathfrak{k}} \lor \mathfrak{a} \equiv \mathfrak{b} + 0'' \pmod{\mathfrak{k}} \lor \ldots \lor \mathfrak{a} \equiv \mathfrak{b} + 0^{(\mathfrak{k}-1)} \pmod{\mathfrak{k}}$$
ersetzen. Durch diese Ersetzungen wird im allgemeinen die disjunktive Normalform zerstört. Wir stellen sie dann wieder her. In der so erhaltenen Normalform ist jedes Disjunktionsglied eine Konjunktion aus Ungleichungen und Kongruenzen. Die Ausdrücke, die zu beiden Seiten

der Ungleichungen und Kongruenzen stehen, sind entweder Ziffern oder Variablen oder aus solchen mittels des Strichsymbols und des Pluszeichens gebildet.

b) Wir bringen nun jeden solchen auf einer Seite einer Ungleichung oder einer Kongruenz stehenden Ausdruck, sofern er die zu eliminierende Variable x enthält, auf die Form

$$x \cdot \mathfrak{k} + \mathfrak{r} \text{ bzw. } x \cdot \mathfrak{k},$$

worin $\mathfrak{r}$ ein von x freier Ausdruck ist, der aber sonst noch Variablen enthalten kann. Dies geschieht, indem wir jeden Ausdruck

$$\mathfrak{a}^{(\mathfrak{t})},$$

worin $\mathfrak{a}$ keine Ziffer und die Strichzahl $\mathfrak{t}$ von 0 verschieden ist, durch

$$\mathfrak{a} + 0^{(\mathfrak{t})}$$

ersetzen und ferner auf die mit dem Pluszeichen gebildeten Ausdrücke die üblichen Rechenregeln für die Summe anwenden.

Weiter können wir erreichen, daß jede Ungleichung sowie jede Kongruenz die Variable x höchstens auf einer Seite enthält. Nämlich eine Ungleichung

$$x \cdot \mathfrak{k} + \mathfrak{r} < x \cdot \mathfrak{k} + \mathfrak{s}$$

wird ersetzt durch

$$\mathfrak{r} < \mathfrak{s},$$

eine Ungleichung

$$x \cdot \mathfrak{k} + \mathfrak{r} < x \cdot \mathfrak{l} + \mathfrak{s}$$

bzw.

$$x \cdot \mathfrak{l} + \mathfrak{r} < x \cdot \mathfrak{k} + \mathfrak{s},$$

worin $\mathfrak{l}$ die größere der beiden Ziffern $\mathfrak{k}, \mathfrak{l}$ und also von der Gestalt $\mathfrak{k} + \mathfrak{p}$ ist, wird ersetzt durch

$$\mathfrak{r} < x \cdot \mathfrak{p} + \mathfrak{s}$$

bzw.

$$x \cdot \mathfrak{p} + \mathfrak{r} < \mathfrak{s}.$$

Ganz entsprechend verfahren wir bei den Kongruenzen. Bei diesen können wir überdies die Variable x, wenn sie nur auf der rechten Seite steht, durch Vertauschung der beiden Seiten auf die linke Seite bringen, so daß nur noch Kongruenzen von der Gestalt

$$x \cdot \mathfrak{p} \equiv \mathfrak{s} \pmod{\mathfrak{n}}$$

bzw.

$$x \cdot \mathfrak{p} + \mathfrak{r} \equiv \mathfrak{s} \pmod{\mathfrak{n}}$$

auftreten.

Ferner schaffen wir bei einer Kongruenz

$$x \cdot \mathfrak{p} + \mathfrak{r} \equiv \mathfrak{s} \pmod{\mathfrak{n}}$$

den Summanden $\mathfrak{r}$ auf der linken Seite weg, indem wir die Kongruenz durch

$$x \cdot \mathfrak{p} \equiv \mathfrak{s} + \mathfrak{r} \cdot (\mathfrak{n} - 1) \pmod{\mathfrak{n}}$$

ersetzen[1], so daß jede Kongruenz, in der x vorkommt, die Gestalt

$$x \cdot \mathfrak{p} \equiv t \pmod{\mathfrak{n}}$$

erhält. Hierin braucht zunächst t keine Ziffer zu sein. Wir können jedoch bewirken, daß in jeder vorkommenden Kongruenz der betrachteten Art rechts eine Ziffer steht. Nämlich eine Kongruenz

$$x \cdot \mathfrak{p} \equiv t \pmod{\mathfrak{n}}$$

kann ersetzt werden durch die $\mathfrak{n}$-gliedrige Disjunktion

$$(t \equiv 0 \pmod{\mathfrak{n}} \,\&\, x \cdot \mathfrak{p} \equiv 0 \pmod{\mathfrak{n}})$$

$$\vee \; (t \equiv 0' \pmod{\mathfrak{n}} \,\&\, x \cdot \mathfrak{p} \equiv 0' \pmod{\mathfrak{n}})$$

$$\vee \ldots \vee (t \equiv 0^{(\mathfrak{n}-1)} \pmod{\mathfrak{n}} \,\&\, x \cdot \mathfrak{p} \equiv 0^{(\mathfrak{n}-1)} \pmod{\mathfrak{n}}).$$

Nach der Ausführung dieser Ersetzung müssen wir wieder dafür Sorge tragen, daß die zunächst zerstörte disjunktive Normalform wiederhergestellt wird.

Nachdem dies geschehen ist, setzt sich jedes Disjunktionsglied unserer Normalform konjunktiv zusammen aus Gliedern, welche entweder von x frei sind oder eine der Gestalten haben:

$$x \cdot \mathfrak{p} + \mathfrak{r} < \mathfrak{s},$$

$$\mathfrak{r} < x \cdot \mathfrak{p} + \mathfrak{s},$$

$$x \cdot \mathfrak{p} \equiv \mathfrak{z} \pmod{\mathfrak{n}},$$

wobei $\mathfrak{z}$ eine Ziffer ist, während $\mathfrak{r}$ und $\mathfrak{s}$ nicht Ziffern zu sein brauchen.

c) Für eine Konjunktion aus Kongruenzen von der Gestalt

$$x \cdot \mathfrak{p} \equiv \mathfrak{z} \pmod{\mathfrak{n}}$$

(wobei die Ziffern $\mathfrak{p}, \mathfrak{z}, \mathfrak{n}$ jeweils andere sein können) besteht im Sinne der elementaren Zahlentheorie die Alternative, daß diese Kongruenzen entweder keine gemeinsame Lösung haben oder daß sie einer einzigen Kongruenz von der Gestalt

$$x \equiv \mathfrak{q} \pmod{\mathfrak{m}}$$

gleichwertig sind, wobei $\mathfrak{q}$ wieder eine Ziffer ist. Welcher der beiden Fälle vorliegt, entscheidet man nach elementaren Methoden, und diese liefern auch im zweiten Fall die Bestimmung der Ziffern $\mathfrak{q}$ und $\mathfrak{m}$. Wir ersetzen nun im ersten Falle die betrachtete Konjunktion durch

---

[1] Hier steht $\mathfrak{n} - 1$ zur Mitteilung einer Ziffer.

die Ungleichung $0 < 0$, im zweiten Falle ersetzen wir sie durch die betreffende ihr gleichwertige Kongruenz

$$x \equiv \mathfrak{q} \ (\operatorname{mod} \mathfrak{m}).$$

Bei einer Konjunktion aus Ungleichungen, welche die Variable x enthalten, können wir zunächst bewirken, daß in jeder von den konjunktiv verbundenen Ungleichungen die Variable x in der gleichen Verbindung

$$x \cdot \mathfrak{p} + \mathfrak{t}$$

auftritt. Haben wir nämlich zwei Ungleichungen

$$x \cdot \mathfrak{p}_1 + \mathfrak{r}_1 < \mathfrak{z}_1,$$

$$x \cdot \mathfrak{p}_2 + \mathfrak{r}_2 < \mathfrak{z}_2,$$

so können wir statt deren die beiden anderen Ungleichungen

$$x \cdot (\mathfrak{p}_1 \cdot \mathfrak{p}_2) + (\mathfrak{r}_1 \cdot \mathfrak{p}_2 + \mathfrak{r}_2 \cdot \mathfrak{p}_1) < \mathfrak{z}_1 \cdot \mathfrak{p}_2 + \mathfrak{r}_2 \cdot \mathfrak{p}_1,$$

$$x \cdot (\mathfrak{p}_1 \cdot \mathfrak{p}_2) + (\mathfrak{r}_1 \cdot \mathfrak{p}_2 + \mathfrak{r}_2 \cdot \mathfrak{p}_1) < \mathfrak{z}_2 \cdot \mathfrak{p}_1 + \mathfrak{r}_1 \cdot \mathfrak{p}_2$$

setzen, und entsprechend können wir auch bei zwei Ungleichungen

bzw.
$$x \cdot \mathfrak{p}_1 + \mathfrak{r}_1 < \mathfrak{z}_1, \quad \mathfrak{z}_2 < x \cdot \mathfrak{p}_2 + \mathfrak{r}_2$$
$$\mathfrak{z}_1 < x \cdot \mathfrak{p}_1 + \mathfrak{r}_1, \quad \mathfrak{z}_2 < x \cdot \mathfrak{p}_2 + \mathfrak{r}_2$$

verfahren. Hiermit ist die Anzahl der verschiedenen Verbindungen der Gestalt

$$x \cdot \mathfrak{p} + \mathfrak{t},$$

in denen x innerhalb der betrachteten Konjunktion aus Ungleichungen auftritt, um eins vermindert, und durch Wiederholung dieses Prozesses wird die Anzahl schließlich auf 1 gebracht.

Haben wir nun eine Konjunktion aus Ungleichungen von der Gestalt

$$x \cdot \mathfrak{p} + \mathfrak{t} < \mathfrak{z}_1 \ \& \ \ldots \ \& \ x \cdot \mathfrak{p} + \mathfrak{t} < \mathfrak{z}_\mathfrak{v},$$

so können wir diese durch eine $\mathfrak{v}$-gliedrige Disjunktion ersetzen, worin das $\mathfrak{l}$-te Glied lautet:

$$\mathfrak{z}_\mathfrak{l} < \mathfrak{z}_1 + 1 \ \& \ \mathfrak{z}_\mathfrak{l} < \mathfrak{z}_2 + 1 \ \& \ \ldots \ \& \ \mathfrak{z}_\mathfrak{l} < \mathfrak{z}_\mathfrak{v} + 1 \ \& \ x \cdot \mathfrak{p} + \mathfrak{t} < \mathfrak{z}_\mathfrak{l}.$$

Entsprechend ersetzen wir eine Konjunktion

$$\mathfrak{r}_1 < x \cdot \mathfrak{p} + \mathfrak{t} \ \& \ \ldots \ \& \ \mathfrak{r}_\mathfrak{w} < x \cdot \mathfrak{p} + \mathfrak{t}$$

durch eine $\mathfrak{w}$-gliedrige Disjunktion mit dem allgemeinen Gliede

$$\mathfrak{r}_1 < \mathfrak{r}_\mathfrak{l} + 1 \ \& \ \mathfrak{r}_2 < \mathfrak{r}_\mathfrak{l} + 1 \ \& \ \ldots \ \& \ \mathfrak{r}_\mathfrak{w} < \mathfrak{r}_\mathfrak{l} + 1 \ \& \ \mathfrak{r}_\mathfrak{l} < x \cdot \mathfrak{p} + \mathfrak{t}.$$

Wird nach diesen Ersetzungen die zunächst zerstörte disjunktive Normalform wiederhergestellt, so enthält darin jedes Disjunktionsglied die Variable x in höchstens drei Konjunktionsgliedern, nämlich in höchstens einer Kongruenz, welche die Gestalt

$$x \equiv \mathfrak{q} \ (\operatorname{mod} \mathfrak{n})$$

(mit einer Ziffer q) hat, und in höchstens je einer Ungleichung von den beiden Formen

$$\mathfrak{a} < x \cdot \mathfrak{p} + \mathfrak{t}$$

und

$$x \cdot \mathfrak{p} + \mathfrak{t} < \mathfrak{b},$$

wobei noch im Falle, daß beide Formen zugleich vorkommen, der Ausdruck $x \cdot \mathfrak{p} + \mathfrak{t}$ beidemal der gleiche ist.

Nachdem nun der Ausdruck $\mathfrak{A}(x)$ durch die Prozesse a), b), c) in eine disjunktive Normalform von der angegebenen einfachen Beschaffenheit umgewandelt ist, nehmen wir das Seinszeichen $(E\,x)$ hinzu und verteilen es auf die einzelnen Disjunktionsglieder, soweit diese die Variable x noch enthalten. Ferner ziehen wir bei jedem Glied mit voranstehendem $(E\,x)$ die von x freien Konjunktionsglieder vor das Seinszeichen.

Wir haben nunmehr die Elimination der Variablen x nur noch an solchen Ausdrücken auszuführen, welche entweder die Gestalt

$$(E\,x)\,(x \equiv \mathfrak{q} \pmod{\mathfrak{n}} \,\&\, \mathfrak{a} < x \cdot \mathfrak{p} + \mathfrak{t} \,\&\, x \cdot \mathfrak{p} + \mathfrak{t} < \mathfrak{b})$$

haben oder sich von dieser Gestalt nur durch das Fehlen eines oder zweier Konjunktionsglieder unterscheiden.

Den Fall, daß das Glied

$$\mathfrak{a} < x \cdot \mathfrak{p} + \mathfrak{t}$$

fehlt, brauchen wir nicht eigens zu betrachten, da wir an Stelle der einen Ungleichung

$$x \cdot \mathfrak{p} + \mathfrak{t} < \mathfrak{b}$$

die Konjunktion

$$0 < x \cdot \mathfrak{p} + \mathfrak{t}' \,\&\, x \cdot \mathfrak{p} + \mathfrak{t}' < \mathfrak{b}'$$

setzen können.

Wenn das Konjunktionsglied

$$x \cdot \mathfrak{p} + \mathfrak{t} < \mathfrak{b}$$

fehlt, so ersetzen wir den ganzen Ausdruck durch die wahre numerische Formel

$$0 < 0'.$$

Fehlt die Kongruenz und ist $\mathfrak{p}$ gleich 1, so haben wir

$$(E\,x)\,(\mathfrak{a} < x + \mathfrak{t} \,\&\, x + \mathfrak{t} < \mathfrak{b}),$$

wofür wir

$$\mathfrak{a}' < \mathfrak{b} \,\&\, \mathfrak{t} < \mathfrak{b}$$

setzen können.

Ist dagegen beim Fehlen der Kongruenz die Ziffer $\mathfrak{p}$ größer als 1, so kann

$$(E\,x)\,(\mathfrak{a} < x \cdot \mathfrak{p} + \mathfrak{t} \,\&\, x \cdot \mathfrak{p} + \mathfrak{t} < \mathfrak{b})$$

ersetzt werden durch

$$(E\,x)\,(x \equiv 0\ (\mathrm{mod}\ \mathfrak{p})\ \&\ \mathfrak{a} < x + \mathfrak{t}\ \&\ x + \mathfrak{t} < \mathfrak{b}),$$

womit wir auf den Hauptfall dreier Konjunktionsglieder zurückkommen, mit der Spezialisierung, daß $\mathfrak{p}$ gleich 1 ist. Diese Spezialisierung kann auch bei dem vollen Ausdruck

$$(E\,x)\,(x \equiv \mathfrak{q}\ (\mathrm{mod}\ \mathfrak{n})\ \&\ \mathfrak{a} < x \cdot \mathfrak{p} + \mathfrak{t}\ \&\ x \cdot \mathfrak{p} + \mathfrak{t} < \mathfrak{b})$$

erreicht werden, indem man diesen ersetzt durch

$$(E\,x)\,(x \equiv \mathfrak{q} \cdot \mathfrak{p}\ (\mathrm{mod}\ \mathfrak{n} \cdot \mathfrak{p})\ \&\ \mathfrak{a} < x + \mathfrak{t}\ \&\ x + \mathfrak{t} < \mathfrak{b})$$

und hierin für die Terme $\mathfrak{q} \cdot \mathfrak{p}$ und $\mathfrak{n} \cdot \mathfrak{p}$ ihre Ziffernwerte einträgt.

Es bleibt somit nur noch der Fall eines Ausdrucks

$$(E\,x)\,(x \equiv \mathfrak{z}\ (\mathrm{mod}\ \mathfrak{n})\ \&\ \mathfrak{a} < x + \mathfrak{t}\ \&\ x + \mathfrak{t} < \mathfrak{b})$$

zu behandeln, wobei $\mathfrak{z}$ eine Ziffer ist, während $\mathfrak{a}, \mathfrak{b}, \mathfrak{t}$ nicht Ziffern zu sein brauchen, und zwar kann hierin die Ziffer $\mathfrak{z}$ aus der Reihe von 0 bis $\mathfrak{n} - 1$ angenommen werden; denn steht zunächst in der Kongruenz eine größere Ziffer, so können wir statt dieser den Rest setzen, den sie bei der Division durch $\mathfrak{n}$ hat.

Wir ersetzen nun einen jeden solchen Ausdruck durch die Disjunktion

$$(\mathfrak{a} < \mathfrak{t}\ \&\ \mathfrak{t} + \mathfrak{z} < \mathfrak{b})\ \lor\ \mathfrak{D}_1\ \lor\ \mathfrak{D}_2\ \lor\ \ldots\ \lor\ \mathfrak{D}_\mathfrak{n},$$

wobei $\mathfrak{D}_\mathfrak{p}$ zur Abkürzung steht für den Ausdruck

$$\mathfrak{t} < \mathfrak{a}'\ \&\ \mathfrak{a} + \mathfrak{p} < \mathfrak{b}\ \&\ \mathfrak{a} + \mathfrak{p} \equiv \mathfrak{t} + \mathfrak{z}\ (\mathrm{mod}\ \mathfrak{n}).$$

Nachdem auf diese Weise der betrachtete Formelbestandteil $(E\,x)\,\mathfrak{A}(x)$ durch einen von x freien Ausdruck ersetzt ist, können wir noch erforderlichenfalls durch Hinzufügung von Konjunktionsgliedern der Gestalt $\mathfrak{a} = \mathfrak{a}$ dafür sorgen, daß in dem an Stelle von $(E\,x)\,\mathfrak{A}(x)$ tretenden Ausdruck alle die von $\overset{\cdot}{x}$ verschiedenen Variablen auftreten, welche in $\mathfrak{A}(x)$ vorkommen.

Hiermit ist das Ersetzungsverfahren für die innersten Bestandteile $(E\,x)\,\mathfrak{A}(x)$ und damit überhaupt das Reduktionsverfahren beschrieben.

An Hand dieser Beschreibung kann man nun die aufgezählten Eigenschaften 1. bis 8. des Reduktionsverfahrens feststellen. Die Eigenschaften 1. bis 6. ergeben sich ohne weiteres. Der Nachweis der Eigenschaft 7. erfolgt, analog dem Beweise des „zweiten Hilfssatzes" in § 6, durch eine genaue Verfolgung des Reduktionsverfahrens, mittels Betrachtungen, welche der elementaren anschaulichen Zahlentheorie angehören. Wesentlich mühsamer ist der Nachweis für die Eigenschaft 8. Hier hat man zu zeigen, daß jeder Schritt des Reduktionsverfahrens eine Umformung im Sinne der *Überführbarkeit* ist[1], wobei insbesondere das Induktionsaxiom wesentlich zur Anwendung kommt.

---

[1] Die Überführbarkeit besteht natürlich nur, sofern die expliziten Definitionen für $<$ und für die Kongruenzen zum System (D) hinzugenommen werden.

Auf Grund der Eigenschaften 1. bis 7. des Reduktionsverfahrens können wir nun die Überlegungen aus dem § 6, durch die wir zu dem „Eindeutigkeitssatz" und dem „Satz von der partiellen Reduktion" gelangten, vollkommen übertragen[1]. Aus dem Eindeutigkeitssatz folgt insbesondere, daß, wenn von zwei Reduzierten die eine verifizierbar ist, auch die andere verifizierbar ist.

Wir bezeichnen entsprechend wie früher eine Formel mit gebundenen Variablen (jedoch ohne Formelvariablen) als *verifizierbar*, wenn sie eine verifizierbare Reduzierte hat. Es gilt dann auch der Satz, daß eine jede durch das System (D) (unter Hinzunahme der expliziten Definition von $a < b$) ableitbare Formel verifizierbar ist.

Der Nachweis hierfür erfordert gegenüber dem entsprechenden in § 6 nur insofern eine Modifikation, als wir jetzt das Induktionsaxiom von vornherein unter den Axiomen haben. Jedoch entsteht hierdurch keine Schwierigkeit. Nämlich wir können zunächst wieder wie früher das Induktionsaxiom auf das Induktionsschema zurückführen. Auch die Ausschaltung der Formelvariablen geschieht wie vordem mit den erforderlichen Vorsichtsmaßregeln. Nun braucht nur noch gezeigt zu werden: Wenn zwei Formeln

$$\mathfrak{A}(0), \qquad \mathfrak{A}(r) \to \mathfrak{A}(r')$$

verifizierbar sind, wobei die Variable r (statt deren natürlich auch eine andere freie Individuenvariable stehen kann) nur an der angegebenen Argumentstelle vorkommt, so ist auch $\mathfrak{A}(a)$ verifizierbar. Dieses aber erkennt man daraus, daß unter der genannten Voraussetzung für jede Ziffer $\mathfrak{z}$ die Formel $\mathfrak{A}(\mathfrak{z})$ verifizierbar ist.

Aus dem Satz, daß jede ableitbare Formel ohne Formelvariablen verifizierbar ist, folgt insbesondere die *Widerspruchsfreiheit* des Systems (D).

Die Umkehrung, daß auch jede verifizierbare Formel ableitbar ist, ergibt sich aus der Eigenschaft 8. des Reduktionsverfahrens, in Verbindung mit der Ableitbarkeit jeder wahren numerischen Formel des Systems (D), sowie der wahren Ungleichungen und Kongruenzen, und mit dem Satz von der partiellen Reduktion[2]. Es fällt also im Formalismus des Systems (D) wiederum Verifizierbarkeit mit Ableitbarkeit zusammen.

Als Konsequenzen hieraus ergeben sich folgende Tatsachen: Wenn eine Formel aus unserem Formalismus keine freie Variable enthält, dann ist entweder sie selbst oder ihre Negation ableitbar. Die Entscheidung darüber, welcher der beiden Fälle vorliegt, erhalten wir durch das Reduktionsverfahren, und zwar liefert uns dieses im Falle der Ableitbarkeit der Formel zugleich auch eine Methode der Ableitung.

Hat insbesondere eine ableitbare Formel, die keine freie Variable enthält, die Gestalt $(E\,x)\,\mathfrak{A}(x)$, so führt das Reduktionsverfahren zur

---

[1] Vgl. S. 239—243.
[2] Vgl. die entsprechende Überlegung im § 6, S. 252—254.

Bestimmung einer Ziffer $\mathfrak{z}$, für welche die Formel $\mathfrak{A}(\mathfrak{z})$ ableitbar ist (dieses letzte ergibt sich aus dem Satz von der partiellen Reduktion). Und eine Formel von der Gestalt $(x)\,\mathfrak{A}(x)$ ohne freie Variablen ist dann und nur dann ableitbar, wenn für jede Ziffer $\mathfrak{z}$ die Formel $\mathfrak{A}(\mathfrak{z})$ ableitbar ist.

Das System (D) besitzt also die gleichen Vollständigkeitseigenschaften wie die Systeme (A) und (B) und gestattet gleichermaßen die Entscheidung aller in ihm formulierbaren Probleme.

Mit diesem Vorzug ist aber auch ein Mangel in Hinsicht auf die Ausdrucksfähigkeit des Formalismus verbunden. Betrachten wir nämlich im Formalismus des Systems (D) [entsprechend wie früher im Formalismus des Systems (B)] diejenigen Formeln, welche a als einzige freie Variable enthalten. Eine jede solche Formel ist entweder ihre eigene Reduzierte oder in ihre Reduzierte überführbar. Diese wiederum läßt sich — nach den Methoden, die bei dem Reduktionsverfahren zur Anwendung kamen — überführen entweder in die wahre Formel $0 = 0$, oder in die falsche Formel $0 < 0$, oder in eine disjunktive Normalform, deren Glieder sich konjunktiv aus Bestandteilen der Form

$$a \equiv \mathfrak{q} \pmod{\mathfrak{n}}, \quad \mathfrak{k} < a \cdot \mathfrak{p}, \quad a \cdot \mathfrak{p} < \mathfrak{l}$$

zusammensetzen, wobei $\mathfrak{q}, \mathfrak{k}, \mathfrak{l}$ Ziffern sind und von jeder der drei Formen nicht mehr als ein Glied in einer und derselben Konjunktion auftritt.

Eine Ungleichung

$$\mathfrak{k} < a \cdot \mathfrak{p}$$

ist weiter überführbar in eine „untere Abschätzung"

$$\mathfrak{r} < a$$

und ebenso

$$a \cdot \mathfrak{p} < \mathfrak{l}$$

überführbar in eine „obere Abschätzung"

$$a < \mathfrak{s}.$$

Unsere Ausgangsformel ist somit entweder in eine wahre oder in eine falsche numerische Formel überführbar, oder in eine disjunktive Normalform, worin jedes Glied sich konjunktiv aus höchstens einer unteren Abschätzung von a, höchstens einer oberen Abschätzung von a und höchstens einer Kongruenz

$$a \equiv \mathfrak{q} \pmod{\mathfrak{n}}$$

zusammensetzt. Für eine solche disjunktive Normalform besteht folgende Alternative: Entweder sie enthält in jedem Disjunktionsglied eine obere Abschätzung von a, dann geht sie bei jeder Ersetzung von a durch eine Ziffer, welche die in den oberen Abschätzungen $a < \mathfrak{s}$ vorkommenden Ziffern $\mathfrak{s}$ übertrifft, in eine falsche Formel über; oder die

Disjunktion enthält mindestens ein Glied, worin keine obere Abschätzung auftritt, das also aus einer unteren Abschätzung oder einer Kongruenz

$$a \equiv q \ (\text{mod } \mathfrak{n})$$

oder einer konjunktiven Verbindung aus einer unteren Abschätzung mit einer Kongruenz besteht; es geht dann jedenfalls dieses Glied und damit auch die ganze konjunktive Normalform in eine wahre Formel über, falls für a eine Ziffer gesetzt wird, die genügend groß ist und die (im Falle des Auftretens der Kongruenz) bei der Division durch $\mathfrak{n}$ den gleichen Rest hat wie q.

Hieraus folgt nun für die Ausgangsformel $\mathfrak{A}(a)$, daß entweder für alle genügend großen Ziffern $\mathfrak{z}$ die Formel $\overline{\mathfrak{A}(\mathfrak{z})}$ ableitbar ist, oder daß sich drei Ziffern $\mathfrak{z}_0$, $\mathfrak{n}$ und $\mathfrak{r}(\mathfrak{r} < \mathfrak{n})$ so bestimmen lassen, daß für jede Ziffer $\mathfrak{z}$, welche größer als $\mathfrak{z}_0$ ist und welche bei der Division durch $\mathfrak{n}$ den Rest $\mathfrak{r}$ hat, die Formel $\mathfrak{A}(\mathfrak{z})$ ableitbar ist. Diese Alternative besteht also für jede solche Formel unseres Formalismus, welche a als einzige freie Variable enthält. Es geht daraus schon hervor, daß die Darstellungsfähigkeit des Formalismus sehr begrenzt ist.

Insbesondere können wir hieraus folgern, daß die Funktion $a \cdot b$ im Formalismus des Systems (D) nicht vertretbar ist. Wäre nämlich die Gleichung

$$a \cdot b = c$$

durch eine Formel

$$\mathfrak{B}(a, b, c)$$

aus dem Formalismus des Systems (D) vertretbar, so könnte diese Formel insbesondere so gewählt werden, daß darin außer a, b, c keine freien Variablen auftreten und daß auch die gebundene Variable x nicht darin vorkommt. Die Formel $\mathfrak{B}(a, b, c)$ müßte die Eigenschaft haben, daß für jedes Zifferntripel $\mathfrak{k}, \mathfrak{l}, \mathfrak{m}$, für welches die Ausrechnung von $\mathfrak{k} \cdot \mathfrak{l}$ den Wert $\mathfrak{m}$ ergibt, die Formel

$$\mathfrak{B}(\mathfrak{k}, \mathfrak{l}, \mathfrak{m}),$$

und für jedes Tripel, bei welchem die Ausrechnung von $\mathfrak{k} \cdot \mathfrak{l}$ einen von $\mathfrak{m}$ verschiedenen Wert ergibt, die Formel

$$\overline{\mathfrak{B}(\mathfrak{k}, \mathfrak{l}, \mathfrak{m})}$$

durch das System (D) ableitbar wäre. Für die Formel

$$(E x) \, \mathfrak{B}(x, x, a),$$

welche ja a als einzige freie Variable enthält, müßte nun die bewiesene Alternative gelten, d. h. es müßte entweder für jede genügend große Ziffer $\mathfrak{z}$ die Negation von

$$(E x) \, \mathfrak{B}(x, x, \mathfrak{z}),$$

also die Formel

$$(x) \, \overline{\mathfrak{B}(x, x, \mathfrak{z})}$$

ableitbar sein, oder es müßte sich eine Ziffer $\mathfrak{n}$ und eine Ziffer $\mathfrak{r}$, welche kleiner als $\mathfrak{n}$ ist, angeben lassen, derart, daß für jede genügend große Ziffer $\mathfrak{z}$, die bei der Division durch $\mathfrak{n}$ den Rest $\mathfrak{r}$ hat, die Formel

$$(E\,x)\,\mathfrak{B}\,(x,\,x,\,\mathfrak{z})$$

ableitbar wäre. Keiner dieser beiden Fälle kann aber bestehen, denn im ersten Falle wäre für jede genügend große Ziffer $\mathfrak{z}$ und für jede Ziffer $\mathfrak{k}$ die Formel

$$\overline{\mathfrak{B}\,(\mathfrak{k},\,\mathfrak{k},\,\mathfrak{z})}$$

ableitbar, und es müßte daher, auf Grund der vorausgesetzten Eigenschaft der Formel $\mathfrak{B}\,(a,\,b,\,c)$ für jede genügend große Ziffer $\mathfrak{z}$ und für jede Ziffer $\mathfrak{k}$ der Wert von $\mathfrak{k}\cdot\mathfrak{k}$ verschieden sein von $\mathfrak{z}$, während doch oberhalb jeder Schranke Ziffern vorhanden sind, die sich in der Form $\mathfrak{k}\cdot\mathfrak{k}$ darstellen lassen. Im zweiten Falle müßte sich zu jeder genügend großen Ziffer $\mathfrak{z}$, welche bei der Division durch $\mathfrak{n}$ den Rest $\mathfrak{r}$ hat (gemäß dem Satz von der partiellen Reduktion), eine Ziffer $\mathfrak{k}$ bestimmen lassen, so daß

$$\mathfrak{B}\,(\mathfrak{k},\,\mathfrak{k},\,\mathfrak{z})$$

ableitbar und somit der Wert von $\mathfrak{k}\cdot\mathfrak{k}$ gleich $\mathfrak{z}$ wäre. Es müßte also für jede genügend große Ziffer $\mathfrak{p}$ der Wert von $\mathfrak{p}\cdot\mathfrak{n}+\mathfrak{r}$ in der Form $\mathfrak{k}\cdot\mathfrak{k}$ darstellbar sein. Das trifft aber offensichtlich nicht zu. Denn nehmen wir für $\mathfrak{p}$ eine Ziffer, die größer als $\mathfrak{n}$ ist, so ist, wenn

$$\mathfrak{p}\cdot\mathfrak{n}+\mathfrak{r}=\mathfrak{t}\cdot\mathfrak{t}$$

ist, die Ziffer $\mathfrak{t}$ größer als $\mathfrak{n}$, und es ist der Wert von $\mathfrak{p}'\cdot\mathfrak{n}+\mathfrak{r}$ einerseits größer als $\mathfrak{t}\cdot\mathfrak{t}$, andererseits kleiner als $\mathfrak{t}'\cdot\mathfrak{t}'$. Zwischen $\mathfrak{t}\cdot\mathfrak{t}$ und $\mathfrak{t}'\cdot\mathfrak{t}'$ liegt aber keine Ziffer, welche sich als Wert eines Produktes $\mathfrak{k}\cdot\mathfrak{k}$ darstellen läßt. Also ist $\mathfrak{p}'\cdot\mathfrak{n}+\mathfrak{r}$ nicht in der Form $\mathfrak{k}\cdot\mathfrak{k}$ darstellbar.

Es ergibt sich hiermit, daß die Hinzunahme der Funktion $a\cdot b$ und ihrer Rekursionsgleichungen zu dem System (D) eine wesentliche Erweiterung des Formalismus bewirkt. Das System (D) verhält sich also in allen Punkten analog zu den Systemen (A) und (B).

Beiläufig sei noch bemerkt, daß die gesamte Betrachtung, wie wir sie für das System (D) angestellt haben, auch für das System (D$_1$) durchgeführt werden kann, das aus (D) durch die Hinzunahme der Funktion $\delta\,(a,\,b)$ nebst den beiden Formeln

$$\delta\,(a,\,a+b)=0,$$
$$\delta\,(a+b,\,b)=a$$

hervorgeht. Auch im Formalismus dieses Systems ist die Funktion $a\cdot b$ nicht vertretbar[1].

Man könnte nun denken, daß bei der Hinzufügung weiterer rekursiver Funktionen stets die analoge Situation wiederkehrt, wie wir sie

---

[1] Dieses geht übrigens schon aus der Tatsache hervor, daß die Funktion $\delta\,(a,\,b)$ im Formalismus des Systems (D) vertretbar ist (vgl. S. 367).

bei den Systemen (A), (B), (D) angetroffen haben. Das ist jedoch nicht der Fall; vielmehr tritt bereits bei der Hinzunahme der Funktion $a \cdot b$ und ihrer Rekursionsgleichungen eine völlig andere Situation ein. Durch diese Hinzufügung der Funktion $a \cdot b$ entsteht aus dem System (D) das folgende Axiomensystem:

(Z)
$$a = b \rightarrow (A(a) \rightarrow A(b)),$$
$$a' \neq 0,$$
$$a' = b' \rightarrow a = b,$$
$$a + 0 = a,$$
$$a + b' = (a + b)',$$
$$a \cdot 0 = 0,$$
$$a \cdot b' = a \cdot b + a,$$
$$A(0) \,\&\, (x)(A(x) \rightarrow A(x')) \rightarrow A(a).$$

Versucht man, für dieses System die Widerspruchsfreiheit nach unserer bisherigen Methode durch ein Verfahren der Reduktion nachzuweisen, so bemerkt man, daß diese Methode hier nicht mehr gangbar ist. Bei den bisher betrachteten Formalismen der Systeme (A), (B), (D) beruht nämlich die Durchführbarkeit des Reduktionsverfahrens wesentlich darauf, daß wir die in ihnen ausdrückbaren arithmetischen Beziehungen vollkommen beherrschen. Die Methode der Reduktion besteht gerade darin, daß wir uns von der mathematischen Beherrschung desjenigen Teilgebietes der Zahlentheorie überzeugen, welches durch das betreffende System seine Formalisierung erhält. Daher ist es auch nicht erstaunlich, daß uns diese Methode in den Stand setzt, jede mathematische Frage aus jenem Teilgebiet zu entscheiden. Für den Formalismus des Systems (Z) steht uns aber eine solche Beherrschung aller durch ihn ausdrückbaren mathematischen Beziehungen keineswegs zur Verfügung.

Man kann sich dieses zunächst an Beispielen klarmachen. Betrachten wir die Formel

$$(u)(v)(u \neq 0' \,\&\, v \neq 0' \rightarrow u \cdot v \neq n);$$

diese drückt aus, daß n eine Primzahl ist (sofern die Zahl 1 zu den Primzahlen gerechnet wird). Bezeichnen wir diese Formel zur Abkürzung mit $\mathfrak{Pr}(n)$, so stellt die Formel

$$(x)(x \neq 0 \rightarrow (Ey)(Ez)\{\mathfrak{Pr}(y) \,\&\, \mathfrak{Pr}(z) \,\&\, x + x = y + z\})$$

die Behauptung dar, daß jede gerade Zahl Summe von zwei Primzahlen ist; und die Formel

$$(x)(Ey)(x < y \,\&\, \mathfrak{Pr}(y) \,\&\, \mathfrak{Pr}(y''))$$

entspricht der Behauptung, daß es oberhalb jeder Zahlenschranke noch Paare von Primzahlen mit der Differenz 2 gibt. Diese beiden genannten Behauptungen sind berühmt als solche, für welche die Frage ihres Zutreffens ein ungelöstes mathematisches Problem bildet. Ein Reduktionsverfahren für das System (Z), welches dem für die früheren Systeme analog wäre, müßte durch seine Anwendung die Entscheidung dieser Probleme bewirken.

Beachten wir ferner, daß die Potenz $\mathfrak{a}^{\mathfrak{k}}$ für einen festen Ziffernexponenten $\mathfrak{k}$ sich durch das $\mathfrak{k}$-gliedrige Produkt

$$(\ldots (\mathfrak{a} \cdot \mathfrak{a}) \ldots) \, \mathfrak{a}$$

ausdrückt, und nehmen wir die Schreibweise $\mathfrak{a}^{\mathfrak{k}}$ hier als *Abkürzung* für das $\mathfrak{k}$-gliedrige Produkt, so erkennen wir, daß die Behauptung des großen FERMATschen Satzes für einen festen Exponenten $\mathfrak{k} > 2$ sich im Formalismus des Systems (Z) durch die Formel

$$(x) \, (y) \, (z) \, (x \neq 0 \, \& \, y \neq 0 \; \rightarrow \; x^{\mathfrak{k}} + y^{\mathfrak{k}} \neq z^{\mathfrak{k}})$$

darstellt. Wie man weiß, ist der große FERMATsche Satz (als Behauptung über beliebige Zahlen $\mathfrak{k} > 2$) nicht bewiesen, und man hat auch keine Methode, welche gestattet, für jede vorgelegte Ziffer $\mathfrak{k}$ zu entscheiden, ob für sie die Behauptung des großen FERMATschen Satzes zutrifft. Das Reduktionsverfahren für das System (Z) müßte uns eine solche Methode liefern.

Auf entsprechende Weise müßte dieses Reduktionsverfahren die Entscheidung über eine jede Frage der Lösbarkeit einer „diophantischen Gleichung" enthalten, d. h. die Entscheidung über eine jede Frage, welche die Lösbarkeit einer algebraischen Gleichung mit einer oder mehreren Unbekannten und mit ganzzahligen Koeffizienten durch ganze positive Zahlenwerte der Unbekannten betrifft. Auch die Frage, ob eine solche Gleichung „unendlich viele" Lösungen besitzt, oder auch, ob sie für beliebige Werte einer der Unbekannten (bzw. beliebige Werte oberhalb einer gewissen Schranke) stets eine Lösung (in den übrigen Unbekannten) besitzt, müßte durch das Reduktionsverfahren entschieden werden.

Das sind bereits Anforderungen, von deren Erfüllung wir in der Mathematik weit entfernt sind. Aber wir brauchen uns gar nicht auf die Diskussion der einzelnen Beispiele einzulassen, denn es wird sich ergeben — und darin tritt der wesentliche Unterschied des Systems (Z) gegenüber dem vorher betrachteten System von einer zweiten Seite in Erscheinung —, daß der Formalismus des Systems (Z) nicht nur, wie wir eben fanden, schwierige Probleme der Zahlentheorie zu formulieren imstande ist, sondern daß er überhaupt *eine Formalisierung der gesamten Zahlentheorie liefert.* Es sind nämlich in diesem Formalismus bereits alle die Funktionen vertretbar, welche durch Rekursionsgleichungen eingeführt werden, und zwar auch unter Zulassung der (in der rekursiven Zahlentheorie betrachteten) Erweiterungen des Rekursionsschemas.

Wir wollen die Darlegung dieses Sachverhaltes erst in dem folgenden Paragraphen im Zusammenhang mit der Betrachtung der Begriffsbildung „derjenige, welcher" geben, da er in diesem Zusammenhang eine prägnantere Fassung und größere Deutlichkeit gewinnt.

Einstweilen stellen wir fest, daß bei dem System (Z) die Methode des Nachweises der Widerspruchsfreiheit mittels des Reduktionsverfahrens ihre Grenze hat. Immerhin hat uns diese Methode die Widerspruchsfreiheit von solchen Axiomensystemen erkennen lassen, die im Endlichen nicht erfüllbar sind, freilich nur im Rahmen einer beschränkten Begriffsbildung. Außerdem hat sie auch den Nachweis ermöglicht, daß das Axiomensystem PEANOS bei Zugrundelegung des Prädikatenkalküls und der Gleichheitsaxiome noch nicht zum Aufbau der Zahlentheorie ausreicht, daß vielmehr die Hinzufügung der Rekursionsgleichungen für die Addition und Multiplikation zu diesem Axiomensystem eine wesentliche Erweiterung bedeutet, durch welche erst der Reichtum der zahlentheoretischen Beziehungen zustande kommt.

Zum Abschluß dieser Betrachtungen wollen wir noch eine *Bemerkung betreffs des zweiten Gleichheitsaxioms* anbringen. Dieses Axiom (J_2) nimmt in den sämtlichen betrachteten Systemen eine Sonderstellung ein, da es, abgesehen von dem Induktionsaxiom, das einzige Axiom ist, in dem eine Formelvariable auftritt. Es ist nun bemerkenswert, daß wir dieses Auftreten der Formelvariablen vermeiden können, sofern es nur auf die Ableitung solcher Formeln ankommt, welche keine Formelvariablen enthalten.

Wir wollen uns den Sachverhalt zunächst an dem ersten der in § 6 behandelten Axiomensysteme klarmachen, welches außer den Gleichheitsaxiomen die Axiome $(<_1)$, $(<_2)$, $(<_3)$, (P_1), (P_2) enthält[1]. Wird aus ·diesem Axiomensystem eine Formel abgeleitet, in der keine Formelvariable auftritt, so können, wie wir wissen, aus dieser Ableitung die Formelvariablen ausgeschaltet werden, indem wir zunächst den Beweis in Fäden auflösen, dann die Einsetzungen für die Formelvariablen in die Ausgangsformeln zurückverlegen und für die noch verbleibenden Formelvariablen beliebige Einsetzungen machen[2]. Es treten dann an die Stelle der Formel (J_2) Ausgangsformeln von der Gestalt

$$a = b \rightarrow (\mathfrak{A}(a) \rightarrow \mathfrak{A}(b)),$$

wobei die Formel $\mathfrak{A}(c)$ [welche für die Nennform $A(c)$ der Formelvariablen in (J_2) eingesetzt ist] keine Formelvariable enthält. Diese Formel $\mathfrak{A}(c)$ ist dann entweder eine Gleichung oder eine Ungleichung oder

---

[1] Vgl. S. 219.
[2] Vgl. S. 220 f.

aus Gleichungen und Ungleichungen durch Operationen des Aussagenkalkuls und evtl. auch durch Bindung einer oder mehrerer Variablen gebildet. Zu beiden Seiten einer Gleichung oder Ungleichung stehen Ausdrücke $\mathfrak{a}^{(\mathfrak{t})}$, wobei $\mathfrak{a}$ entweder das Symbol 0 oder eine (freie oder gebundene) Variable ist. Aus dieser Beschaffenheit der Formeln $\mathfrak{A}(c)$ läßt sich nun entnehmen, daß eine jede der Ausgangsformeln

$$a = b \to (\mathfrak{A}(a) \to \mathfrak{A}(b))$$

mit Hilfe des Prädikatenkalkuls jedenfalls aus folgenden Formeln ableitbar ist:

(J_1) $\qquad\qquad\qquad a = a\,,$

(i_1) $\qquad\qquad\quad a = b \to (a = c \to b = c)\,,$

(i_2) $\qquad\qquad\qquad a = b \to a' = b'\,,$

(i_3) $\qquad\qquad\quad a = b \to (a < c \to b < c)\,,$

(i_4) $\qquad\qquad\quad a = b \to (c < a \to c < b)\,.$

Diese Ableitbarkeit ergibt sich aus folgenden Tatsachen:

1. Aus den Formeln (J_1) und (i_1) sind, wie früher gezeigt[1], die Formeln

$$a = b \to b = a$$

und

$$a = b \to (c = a \to c = b)$$

ableitbar.

2. Aus der Formel (i_2) ist für jede Strichzahl $\mathfrak{t}$ die Formel

$$a = b \to a^{(\mathfrak{t})} = b^{(\mathfrak{t})}$$

ableitbar.

3. Aus einer Formel

$$a = b \to (\mathfrak{C}(a) \to \mathfrak{C}(b))$$

leitet man mit Anwendung der Formel

$$a = b \to b = a$$

die Formel

$$a = b \to (\overline{\mathfrak{C}(a)} \to \overline{\mathfrak{C}(b)})$$

ab.

4. Aus einer Formel

$$a = b \to (\mathfrak{C}(a) \to \mathfrak{C}(b))$$

sind, wenn $\mathfrak{U}$ eine beliebige Formel ist, die Formeln

$$a = b \to (\mathfrak{C}(a) \lor \mathfrak{U} \to \mathfrak{C}(b) \lor \mathfrak{U})\,,$$
$$a = b \to (\mathfrak{U} \lor \mathfrak{C}(a) \to \mathfrak{U} \lor \mathfrak{C}(b))$$

mittels des Aussagenkalkuls ableitbar.

5. Aus einer Formel

$$a = b \to (\mathfrak{C}(a, r) \to \mathfrak{C}(b, r))$$

---

[1] Vgl. § 5, S. 166.

ist die Formel

$$a = b \rightarrow ((E\,x)\, \mathfrak{C}\,(a,\, x) \rightarrow (E\,x)\, \mathfrak{C}\,(b,\, x))$$

ableitbar.

6. Jede Formel des betrachteten Formalismus ist mittels des Prädikatenkalkuls überführbar in eine Formel, welche keine Allzeichen enthält und worin von den Operationen des Aussagenkalkuls nur die Negation und die Disjunktion auftritt.

Hiernach folgt, daß für die Ableitung von Formeln, welche keine Formelvariablen enthalten, das zweite Gleichheitsaxiom (J_2) innerhalb des betrachteten Axiomensystems ersetzt werden kann durch die Formeln (i_1), (i_2), (i_3), (i_4).

Bei dieser Überlegung haben wir von den besonderen Eigenschaften der Beziehung $a < b$ sowie der Strichfunktion, welche in den Axiomen $(<_1)$, $(<_2)$, $(<_3)$, (P_1), (P_2) zum Ausdruck kommen, keinen Gebrauch gemacht; wir können daher das Ergebnis ohne weiteres auf andere formalisierte Axiomensysteme anwenden, in denen zu dem Formalismus des Prädikatenkalkuls gewisse Prädikatensymbole, Individuensymbole und mathematische Funktionszeichen nebst zugehörigen Axiomen hinzukommen, darunter auch das Gleichheitszeichen mit den Axiomen (J_1), (J_2). Betrachtet man innerhalb eines solchen Formalismus die Ableitung von Formeln, die keine Formelvariable enthalten, so kann für diese das Axiom (J_2) vertreten werden durch eine Reihe von Formeln, welche teils die Gestalt

$$a = b \rightarrow (\mathfrak{P}\,(a) \rightarrow \mathfrak{P}\,(b)),$$

teils die Gestalt

$$a = b \rightarrow \mathfrak{f}\,(a) = \mathfrak{f}\,(b)$$

haben, wobei $\mathfrak{P}$ ein Prädikatensymbol, $\mathfrak{f}$ ein Funktionszeichen bedeutet. Sowohl in $\mathfrak{P}$ wie in $\mathfrak{f}$ können außer der angegebenen Argumentstelle noch andere Argumentstellen auftreten; diese sind dann in der betreffenden Formel durch Variablen ausgefüllt, welche von a und b sowie auch untereinander verschieden sind.

Unter den Formeln

$$a = b \rightarrow (\mathfrak{P}\,(a) \rightarrow \mathfrak{P}\,(b))$$

befindet sich erstens (i_1), und außerdem entspricht jeder Argumentstelle eines von dem Gleichheitszeichen verschiedenen Prädikatensymbols je eine solche Formel; jeder Argumentstelle eines Funktionszeichens entspricht eine Formel

$$a = b \rightarrow \mathfrak{f}\,(a) = \mathfrak{f}\,(b).$$

So entsprechen bei dem eben betrachteten Axiomensystem den beiden Argumentstellen des Prädikatensymbols $<$ die beiden Formeln (i_3), (i_4), und der einen Argumentstelle der Strichfunktion entspricht die Formel (i_2).

Bei manchen Axiomensystemen sind einige von den vertretenden Formeln entbehrlich. Betrachten wir unter diesem Gesichtspunkt die

Axiomensysteme (A) und (B). Das System (A) fällt zwar nicht unmittelbar unter den Geltungsbereich unseres allgemeinen Satzes, weil darin die Formel (J_1) nicht als Axiom auftritt. Dieser Umstand bildet jedoch deshalb kein Hindernis für die Anwendung des Satzes, weil (J_1) im System (A) aus den Axiomen $(<_3)$, $a < b \rightarrow \overline{b < a'}$ und $a \neq b \rightarrow a < b \lor b < a$ ableitbar ist[1].

Man kann aber hier Vereinfachungen erzielen. Nämlich für das System (A) genügt an Stelle von (i_2), (i_3), (i_4) die Formel

$$a = b \rightarrow \overline{a < b}$$

oder auch

$$a = b \rightarrow a < b',$$

so daß jede dieser beiden Formeln zusammen mit (i_1) für das System (A) das Axiom (J_2) vertreten kann.

In der Tat sind ja, wenn in (A) zunächst (J_2) durch (i_1) ersetzt und die eben erwähnte Ableitung von (J_1) benutzt wird, die Formeln

$$a = b \rightarrow b = a, \quad a = b \rightarrow (b = c \rightarrow a = c)$$

ableitbar[2]. Unter Hinzuziehung der Formel

$$a = b \rightarrow \overline{a < b}$$

erhält man, mit Verwendung der Axiome $(<_2)$ und $a \neq b \rightarrow a < b \lor b < a$, die Formeln (i_3) und (i_4). Aus (i_3) erhält man weiter mittels des Axioms $(<_3)$ die Formel

$$a = b \rightarrow b < a',$$

und, wegen $a = b \rightarrow b = a$, auch

$$a = b \rightarrow a < b'.$$

Diese beiden Formeln, in Verbindung mit der in (A) ohne Benutzung von (J_2) ableitbaren Formel[3] $a < b \rightarrow a' = b \lor a' < b$, ergeben (i_2) (mittels Verwendung von $(<_2)$, $\overline{a < a}$ und $b' = a' \rightarrow a' = b'$).

Nimmt man andrerseits an Stelle von $a = b \rightarrow \overline{a < b}$ die Formel

$$a = b \rightarrow a < b'$$

als Axiom hinzu, so erhält man zunächst wiederum auch die Formel

$$a = b \rightarrow b < a',$$

und aus dieser gewinnt man mittels des Axioms $a < b \rightarrow \overline{b < a'}$ die Formel

$$a = b \rightarrow \overline{a < b}$$

zurück.

---

[1] Vgl. § 6, S. 260, 262.
[2] Vgl. S. 166.
[3] Vgl. S. 261.

Beim System (B) müssen wir auf die früher dargestellte HASEN-JAEGERsche Herleitung der Formel $a < b \rightarrow a' = b \lor a' < b$ zurückgehen[1]. Bei dieser wird das Gleichheitsaxiom (J_2) nur zur Ableitung der drei Formeln

$$a' < b' \rightarrow a \neq b, \quad a' = b \rightarrow a' < b', \quad a = b \rightarrow a' = b'$$

gebraucht. Von diesen drei Formeln ist die dritte (i_2); die erste erhält man aus (i_2) in Verbindung mit

$$a = b \rightarrow \overline{a < b}$$

und die zweite durch Einsetzung aus

$$a = b \rightarrow a < b'.$$

Somit kann für jene Herleitung das Axiom (J_2) vertreten werden durch die Formeln (i_2), $a = b \rightarrow \overline{a < b}$ und $a = b \rightarrow a < b'$.

Andrerseits können wir, wenn wir die Formel

$$a < b \rightarrow a' = b \lor a' < b$$

zur Verfügung haben, die Formel

$$a \neq b \rightarrow a < b \lor b < a$$

mit Hilfe des Induktionsschemas gewinnen, unter Verwendung noch der Formeln $0 = 0$, $(<_2)$, $(<_3)$ und der Formel

$$a = b \rightarrow b < a'$$

(die sich aus $a = b \rightarrow b = a$ und $a = b \rightarrow a < b'$ ergibt)[2].

Wie vorhin bemerkt, lassen sich aber mit Verwendung der Formeln (J_1), (i_1), $(<_2)$, $a \neq b \rightarrow a < b \lor b < a$ unter Hinzunahme von $a = b \rightarrow \overline{a < b}$ die Formeln (i_3) und (i_4) herleiten.

Im ganzen ergibt sich so, daß für das System (B) das Axiom (J_2) vertreten werden kann durch (i_1), (i_2) nebst noch den beiden Formeln

$$a = b \rightarrow \overline{a < b}, \quad a = b \rightarrow a < b'.$$

Hier gewinnen wir aber noch eine weitere Vereinfachung, insofern als durch die beiden letzteren Formeln auf Grund des Axioms (J_1) die Axiome $(<_1)$, $(<_3)$ entbehrlich werden, so daß wir schließlich an Stelle des Systems (B) das folgende Axiomensystem erhalten:

$$(J_1), (i_1), (i_2), (<_2)$$
$$a = b \rightarrow \overline{a < b}$$
$$a = b \rightarrow a < b'$$

Induktionsaxiom.

---

[1] Vgl. S. 272—273.
[2] Vgl. hierzu § 6, S. 270—271.

Wenden wir nun unseren Satz über das zweite Gleichheitsaxiom (J_2) auf das System (Z) an. In diesem tritt als einziges Prädikatensymbol (das als Grundzeichen genommen ist) das Gleichheitszeichen auf. Dagegen haben wir außer dem Strichsymbol noch die beiden mathematischen Funktionszeichen $a + b$, $a \cdot b$. Unser Satz besagt hier nun zunächst, daß in Hinsicht auf die Ableitung von Formeln, die keine Formelvariablen enthalten, die Formel (J_2) vertreten werden kann durch die Formeln (i_1), (i_2) und folgende vier Formeln:

$$a = b \; \rightarrow \; a + c = b + c,$$

$$a = b \; \rightarrow \; c + a = c + b,$$

$$a = b \; \rightarrow \; a \cdot c = b \cdot c,$$

$$a = b \; \rightarrow \; c \cdot a = c \cdot b.$$

Diese vier Formeln sind aber aus den Rekursionsgleichungen für $a + b$ und $a \cdot b$ mittels der Formeln (J_1), (i_1), (i_2) und des Induktionsaxioms ableitbar.

Somit können wir für die Ableitung von zahlentheoretischen Formeln, welche keine Formelvariablen enthalten, und auch für die Untersuchung der Widerspruchsfreiheit, welche ja auf die Frage der Ableitbarkeit von $0 \neq 0$ hinauskommt, die Formel (J_2) durch die beiden Formeln (i_1), (i_2) ersetzen. Die Formel (i_2), d. h.

$$a = b \; \rightarrow \; a' = b'$$

kann dann auch mit dem Axiom

$$a' = b' \; \rightarrow \; a = b$$

zu der einen Formel

$$a = b \; \sim \; a' = b'$$

zusammengefaßt werden.

Ersetzen wir noch das Induktionsaxiom durch das ihm gleichwertige[1] Induktionsschema, so gelangen wir zu dem Axiomensystem, welches von den Axiomen

$$a = b \; \rightarrow \; (a = c \; \rightarrow \; b = c),$$

$$a' \neq 0,$$

$$a = b \; \sim \; a' = b',$$

$$a + 0 = a,$$

$$a + b' = (a + b)',$$

$$a \cdot 0 = 0,$$

$$a \cdot b' = a \cdot b + a$$

und dem Induktionsschema gebildet wird.

Hier treten sowohl in den Formeln wie in dem Induktionsschema keine gebundenen Variablen und keine Formelvariablen auf. Wir können nun *überhaupt die Anwendung der Formelvariablen zur Ableitung*

---

[1] Vgl. S. 265.

der zahlentheoretischen Formeln vermeiden, indem wir die Formeln des Prädikatenkalkuls — gemäß dem in § 6 erwähnten Verfahren[1] — sämtlich durch *Formelschemata* ersetzen, d. h. die sonst nachträglich auszuführenden Einsetzungen für die Formelvariablen gleich von vornherein in die Ausgangsformeln eintragen, so daß die Formelvariablen ganz wegfallen.

Auf diese Weise wird der Formalismus erheblich eingeschränkt; allerdings gewinnen wir dadurch nichts für den Nachweis der Widerspruchsfreiheit, vielmehr wird nur das Ergebnis des Prozesses der Rückverlegung der Einsetzungen, den wir ohnehin als Anfangsschritt für den Nachweis der Widerspruchsfreiheit zur Verfügung haben, durch die andere Gestaltung des Formalismus teilweise vorweggenommen. Immerhin ist es für manche Betrachtungen nützlich, zu wissen, daß man die Formalisierung der zahlentheoretischen Beweise in diesem engeren Rahmen ausführen kann.

Der bewiesene Satz über das zweite Gleichheitsaxiom hat seine Bedeutung insbesondere für den Zusammenhang der Axiomatik mit dem *Entscheidungsproblem.* Erinnern wir uns an die Überlegung, die wir im · § 4 hinsichtlich dieses Zusammenhanges angestellt haben[2]. Wir betrachteten Axiomensysteme, deren Axiome sich ohne Funktionszeichen und ohne Formelvariablen darstellen lassen. Bei solchen Axiomensystemen können in der Darstellung der Axiome überhaupt die freien Variablen vermieden werden, da ja eine Formel mit freien Individuenvariablen derjenigen Formel deduktionsgleich ist, die man aus ihr durch Austausch der freien Variablen gegen gebundene Variablen erhält. Sind nun

$$\mathfrak{A}_1, \ldots, \mathfrak{A}_{\mathfrak{k}}$$

die Formeln ohne freie Variablen, welche die Axiome darstellen, und ist $\mathfrak{S}$ die Darstellung für einen in der Theorie formulierbaren Satz, so besteht die notwendige und hinreichende Bedingung dafür, daß der Satz $\mathfrak{S}$ aus den Axiomen $\mathfrak{A}_1, \ldots, \mathfrak{A}_{\mathfrak{k}}$ mittels eines durch den Prädikatenkalkul formalisierbaren Beweises gefolgert werden kann, in der Ableitbarkeit derjenigen logischen Formel, die man aus der Formel

$$\mathfrak{A}_1 \mathbin{\&} \ldots \mathbin{\&} \mathfrak{A}_{\mathfrak{k}} \to \mathfrak{S}$$

erhält, indem man jedes darin vorkommende Prädikatensymbol durch je eine Formelvariable (mit der gleichen Anzahl von Argumenten) ersetzt.

Der bei dieser Betrachtung vorausgesetzte Fall liegt nun bei den meisten in Frage kommenden Axiomensystemen, z. B. denjenigen der elementaren Geometrie (unter Ausschluß der Stetigkeitsaxiome), deshalb nicht vor, weil bei diesen zu den axiomatisch eingeführten Grundprädikaten noch die (inhaltlich aufgefaßte) Identitätsbeziehung

---

[1] Vgl. § 6, S. 247—248.   [2] Vgl. § 4, S. 154—155.

hinzutritt. Hier können wir nun, wie schon an früherer Stelle bemerkt wurde[1], auf zweierlei Art verfahren. Entweder wir nehmen die Gleichheitsaxiome zu dem Prädikatenkalkul hinzu und untersuchen die Ableitbarkeit der betreffenden aus

$$\mathfrak{A}_1 \,\&\, \ldots \,\&\, \mathfrak{A}_{\mathfrak{f}} \to \mathfrak{S}$$

durch die genannten Ersetzungen entstehenden Formel unter Zugrundelegung des erweiterten Prädikatenkalkuls. Oder wir stellen die Gleichheitsaxiome den Axiomen $\mathfrak{A}_1, \ldots, \mathfrak{A}_{\mathfrak{f}}$ gleich, wie wir es bei den zahlentheoretischen Systemen getan haben. Bei diesem zweiten Verfahren besteht aber zunächst für die Zurückführung der axiomatischen Fragen der Beweisbarkeit auf das Entscheidungsproblem das Hindernis, daß in dem Axiom (J_2) eine Formelvariable auftritt.

Dieses Hindernis läßt sich nun nach unserem Satz über das zweite Gleichheitsaxiom (J_2) dadurch beheben, daß wir dieses Axiom durch eine Reihe von spezielleren Axiomen ersetzen, in denen keine Formelvariable auftritt. Fügen wir diese Axiome und das erste Gleichheitsaxiom zu unserem ursprünglichen, ohne die Gleichheitsaxiome gebildeten Axiomensystem hinzu, so sind nun die Bedingungen für die Anwendung unserer vorherigen Überlegung erfüllt, und es gilt daher wieder, daß die Beweisbarkeit eines Satzes aus den Axiomen zusammenfällt mit der Ableitbarkeit einer logischen Formel im bloßen Prädikatenkalkul[2].

Zur Erläuterung möge dieses kurz durchgeführt werden an dem System der in § 1 aufgestellten Axiome[3] für die Grundprädikate

$$Gr(x, y, z) \quad (\text{\,,,}x, y, z \text{ liegen auf einer Geraden''}),$$

$$Zw(x, y, z) \quad (\text{\,,,}x \text{ liegt zwischen } y \text{ und } z''),$$

welche die Axiomatisierung der Verknüpfungs- und Anordnungsbeziehungen für die Geometrie der Ebene (einschließlich des Parallelenaxioms) liefern, unter Zugrundelegung eines einzigen Dingbereiches, der ,,Punkte''. Jeder der Argumentstellen von den beiden Grundprädikaten Gr, Zw entspricht eine Spezialisierung der Formel (J_2). Auf Grund der Symmetrieeigenschaften dieser Prädikate brauchen wir jedoch von den so sich ergebenden sechs Formeln nur drei, nämlich eine für Gr und zwei für Zw, zu nehmen. Zu diesen treten noch die Formeln (J_1) und (i_1). Führen wir auch gleich den Austausch der freien Variablen gegen gebundene Variablen aus und bringen wir ferner die Gleichstellung der Identität mit den beiden Grundprädikaten

---

[1] Vgl. § 4, S. 131.   [3] Vgl. S. 5f.

[2] Vgl. hierzu die vom Standpunkt der mengentheoretischen Prädikatenlogik ausgeführte Betrachtung von L. KALMÁR: Eine Bemerkung zur Entscheidungstheorie. Acta Litt. Sci. Szeged. Bd. 4 (1929) Heft 4.

Gr, *Zw* äußerlich dadurch zum Ausdruck, daß wir an Stelle des Gleichheitszeichens das Symbol *Id* verwenden, so erhalten wir die fünf Formeln die fünf Formeln

$$(x)\, Id(x,\, x),$$

$$(x)\,(y)\,(z)\,\{Id(x,\, y) \to (Id(x,\, z) \to Id(y,\, z))\},$$

$$(x)\,(y)\,(u)\,(v)\,\{Id(x,\, y) \to (Gr(x,\, u,\, v) \to Gr(y,\, u,\, v))\},$$

$$(x)\,(y)\,(u)\,(v)\,\{Id(x,\, y) \to (Zw(x,\, u,\, v) \to Zw(y,\, u,\, v))\},$$

$$(x)\,(y)\,(u)\,(v)\,\{Id(x,\, y) \to (Zw(u,\, v,\, x) \to Zw(u,\, v,\, y))\},$$

welche zu den vorherigen (im § 1 unter I, II, III aufgeführten) Axiomen hinzuzufügen sind. Wird nunmehr mit $\mathfrak{K}$ die Konjunktion aus allen Axiomen bezeichnet, und ist $\mathfrak{S}$ die Formel für einen mit den Grundprädikaten *Id*, *Gr*, *Zw* ausdrückbaren geometrischen Satz, so ist die Beweisbarkeit dieses Satzes aus den Axiomen gleichbedeutend damit, daß diejenige logische Formel im Prädikatenkalkul ableitbar ist, welche wir aus der Formel

$$\mathfrak{K} \to \mathfrak{S}$$

erhalten, indem wir darin überall das Symbol *Id* durch die Formelvariable *A* mit zwei Argumenten und *Gr*, *Zw* durch die Formelvariablen *B*, *C* mit je drei Argumenten ersetzen.

Man beachte, daß diese Methode zur Untersuchung der Beweisbarkeit auch dann noch anwendbar bleibt, wenn es sich um die Beweisbarkeit von Sätzen handelt, in deren Darstellung durch eine Formel $\mathfrak{S}$ eine oder mehrere Formelvariablen auftreten. Nämlich in einer Ableitung der Formel $\mathfrak{S}$ müssen ja die in $\mathfrak{S}$ vorkommenden Formelvariablen (eine jede von der Stelle an, wo sie zum erstenmal im Beweiszusammenhang mit der Endformel auftritt) festgehalten werden, d. h. es erfolgt für sie keine Einsetzung; sie werden also geradeso behandelt wie Prädikatensymbole. Somit kommt die Ableitbarkeit der Formel $\mathfrak{S}$ der Ableitbarkeit einer Formel gleich, die aus $\mathfrak{S}$ entsteht, indem jede der in $\mathfrak{S}$ auftretenden Formelvariablen durch je ein neues Prädikatensymbol mit der gleichen Anzahl von Argumenten ersetzt wird. Zur Untersuchung dieser Ableitbarkeit müssen außer den sonst schon an Stelle des zweiten Gleichheitsaxioms (J_2) hinzugefügten Spezialisierungen dieses Axioms noch die weiteren Spezialisierungen für die neu eingeführten Prädikatensymbole als Axiome hinzugenommen werden.

Wir können aus diesen Überlegungen noch eine weitere Folgerung entnehmen. Sei $\mathfrak{S}$ eine Formel des Prädikatenkalkuls, welche mit Hinzuziehung der Gleichheitsaxiome ableitbar ist. In dieser Ableitung können wir, wie bemerkt, ohne im übrigen etwas zu ändern, die in $\mathfrak{S}$

auftretenden Formelvariablen — soweit sie im Beweiszusammenhang mit der Endformel auftreten — durch je ein Prädikatensymbol mit der gleichen Anzahl von Argumenten ersetzen. Aus $\mathfrak{S}$ entstehe so die Formel $\mathfrak{S}'$. Es kann ferner für die Ableitung von $\mathfrak{S}'$ das Axiom (J_2) ersetzt werden durch die Formel (i_1) nebst einer Reihe von Formeln $(i_2), \ldots, (i_n)$ der Gestalt

$$a = b \rightarrow (\mathfrak{P}_{\mathfrak{k}}(a) \rightarrow \mathfrak{P}_{\mathfrak{k}}(b)); \qquad (\mathfrak{k} = 2, \ldots, \mathfrak{n}).$$

Nämlich einem jeden der eingeführten Prädikatensymbole entspricht für jedes seiner Argumente eine solche Formel. In diesen Formeln sind bei den Prädikatensymbolen mit mehreren Argumenten die in der Bezeichnung $\mathfrak{P}_{\mathfrak{k}}(a)$ nicht angegebenen Argumentstellen durch freie Variablen ausgefüllt, welche untereinander und von a, b verschieden sind.

Wir ordnen nun jeder dieser von a und b verschiedenen freien Variablen in den Formeln $(i_2), \ldots, (i_n)$ eine gebundene Variable zu. Seien

$$x, y, \ldots, u$$

die zugeordneten gebundenen Variablen und $\mathfrak{P}_{\mathfrak{k}}^{*}(a)$ der Ausdruck, den wir aus $\mathfrak{P}_{\mathfrak{k}}(a)$ erhalten, indem wir die darin von a verschiedenen freien Variablen durch die zugeordneten gebundenen Variablen ersetzen.

Nun bilden wir die Formel

$$(x)\,(y) \ldots (u)\,\{(\mathfrak{P}_2^{*}(a) \sim \mathfrak{P}_2^{*}(b))\, \&\, \ldots \&\, (\mathfrak{P}_\mathfrak{n}^{*}(a) \sim \mathfrak{P}_\mathfrak{n}^{*}(b))\}.$$

In dieser Formel, welche mit $\mathfrak{G}(a, b)$ bezeichnet werde, sind a, b die einzigen vorkommenden freien Variablen. Man erkennt ferner leicht, daß die Formeln

$$\mathfrak{G}(a, a),$$

$$\mathfrak{G}(a, b) \rightarrow (\mathfrak{G}(a, c) \rightarrow \mathfrak{G}(b, c)),$$

$$\mathfrak{G}(a, b) \rightarrow (\mathfrak{P}_{\mathfrak{k}}(a) \rightarrow \mathfrak{P}_{\mathfrak{k}}(b)) \qquad (\mathfrak{k} = 2, \ldots, \mathfrak{n})$$

durch den Prädikatenkalkul ableitbar sind. Diese Formeln sind aber diejenigen, welche aus den Formeln (J_1), (i_1), $(i_2), \ldots, (i_n)$ hervorgehen, indem wir darin das Gleichheitssymbol $a = b$ überall durch $\mathfrak{G}(a, b)$ ersetzen. Führen wir somit die Ersetzung des Gleichheitssymbols durch die Formel $\mathfrak{G}(a, b)$ in der genannten Ableitung der Formel $\mathfrak{S}'$ aus, so treten an Stelle der Formeln (J_1), $(i_1), \ldots, (i_n)$, die ja als Axiome zu den Grundformeln des Prädikatenkalkuls hinzugenommen wurden, solche Formeln, die durch den Prädikatenkalkul ableitbar sind. Andererseits bleibt bei dieser Ersetzung die Formel $\mathfrak{S}'$, in der ja das Gleichheitssymbol nicht vorkommt, ungeändert.

Wir gelangen daher zu einer Ableitung der Formel $\mathfrak{S}'$, welche lediglich durch den Prädikatenkalkul ohne Hinzunahme irgendwelcher Axiome erfolgt. Hierin können nun wieder an Stelle der Prädikatensymbole die ursprünglichen Formelvariablen gesetzt werden, und wir erhalten damit eine Ableitung der Formel $\mathfrak{S}$ durch den Prädikatenkalkul. Es ergibt sich somit, daß *eine Formel des Prädikatenkalkuls, welche mit Hinzunahme der Gleichheitsaxiome ableitbar ist, auch stets durch den Prädikatenkalkul allein ableitbar* ist.

Wenden wir uns nach diesen eingeschalteten Bemerkungen wieder unserem Hauptgedanken zu. Unsere nächste Aufgabe besteht in der angekündigten Untersuchung des Begriffes „derjenige, welcher", dessen Darstellung im Formalismus an sich schon zur Ergänzung der Formalisierung des Schließens erforderlich ist. Die Untersuchung wird uns insbesondere zu dem auch schon angekündigten Theorem über die Eliminierbarkeit des Begriffes „derjenige, welcher" führen und im Zusammenhang damit die behauptete Vertretbarkeit der rekursiven Funktionen[1] im System (Z) erkennen lassen.

§ 8. Der Begriff „derjenige, welcher" und seine Eliminierbarkeit.

Unser logischer Formalismus, so wie wir ihn bisher entwickelt haben, ist zwar für den Zweck der Formalisierung axiomatischer Theorien und der in ihnen geführten Beweise ausreichend. Dennoch fehlt darin die Darstellung einer gewissen logischen Begriffsbildung, welche sowohl im alltäglichen Denken wie insbesondere in der Mathematik viel gebraucht wird, wenn auch ihre Anwendung in den Beweisen umgangen werden kann.

Der logische Prozeß, um den es sich hier handelt, wird in der Sprache durch den bestimmten Artikel zum Ausdruck gebracht, in Wendungen wie „der höchste Berg der Alpen", „die Mutter Goethes", „der Komponist jener Oper", „der Stein, den wir gestern gefunden haben", oder, um mathematische Beispiele zu nennen: „der größte gemeinsame Teiler von 63 und 84", „der Maximalwert der Funktion $x \cdot e^{-x^2}$".

Hier wird jedesmal ein Gegenstand dadurch charakterisiert, daß ein bestimmtes Prädikat auf ihn und auf ihn allein zutrifft.

Im Bereich der von uns betrachteten Aussagen stellt sich ein solches Prädikat durch eine Formel $\mathfrak{A}(a)$

dar[2], und die Bedingung, daß das Prädikat auf ein und nur ein Ding zutrifft, drückt sich aus durch die beiden Formeln

$$(E x)\, \mathfrak{A}(x)$$

$$(x)\, (y)\, (\mathfrak{A}(x)\; \&\; \mathfrak{A}(y) \rightarrow x = y)\,,$$

---

[1] Vgl. S. 381f.

[2] Die Variable a dient hier, so wie eine Individuenvariable einer Nennform, nur zur Festlegung einer Argumentstelle

welche die „zu $\mathfrak{A}(a)$ gehörigen *Unitätsformeln*" heißen mögen. Nun brauchen wir ein Symbol, welches die Zuordnung des einzigen Dinges, auf das $\mathfrak{A}(a)$ zutrifft, zu eben diesem Prädikat $\mathfrak{A}(a)$ formalisiert.

Jenes Ding ist bestimmt durch den Wertverlauf des Prädikates $\mathfrak{A}(a)$; demgemäß erhält bei der Formalisierung der Zuordnung das Argument von $\mathfrak{A}$ die Rolle einer *gebundenen Variablen*.

Wir nehmen, in Anlehnung an RUSSELL und WHITEHEAD, das Symbol

$$\iota_x \mathfrak{A}(x)$$

(zu lesen: „dasjenige Ding x, für welches $\mathfrak{A}(x)$ besteht"). Ein solcher Ausdruck werde eine „Kennzeichnung" genannt.

RUSSELL und WHITEHEAD, welche auf die Eigenart der hier in Rede stehenden Begriffsbildung besonders nachdrücklich hingewiesen haben, geben für die Formeln $\mathfrak{B}\big(\iota_x \mathfrak{A}(x)\big)$, in denen eine Kennzeichnung an der Stelle eines Terms auftritt, eine inhaltliche Deutung, indem sie unter $\mathfrak{B}(\iota_x \mathfrak{A}(x))$ die Aussage verstehen: „Es gibt ein einziges Ding, auf welches $\mathfrak{A}(a)$ zutrifft, und auf dieses trifft auch $\mathfrak{B}(a)$ zu."

Hiernach stellt eine Formel, in der ein Symbol $\iota_x \mathfrak{A}(x)$ auftritt, jedenfalls schon dann eine falsche Aussage dar, wenn für $\mathfrak{A}(a)$ die durch die Unitätsformeln dargestellten Bedingungen nicht erfüllt sind.

Diese Deutung der Formeln $\mathfrak{B}(\iota_x \mathfrak{A}(x))$ hat nicht den Charakter einer *expliziten* Definition für das Symbol („ι-Symbol") $\iota_x \mathfrak{A}(x)$; denn sie liefert ja nicht für dieses direkt einen definierenden Ausdruck, sondern nur für die Formeln, in denen $\iota_x \mathfrak{A}(x)$ als Bestandteil an einer Termstelle vorkommt. Wohl aber gewinnen wir aus ihr einen Ansatz zu dem Beweise, durch den man die *Eliminierbarkeit* der Kennzeichnungen (der ι-Symbole) erkennt.

Um die Verwendung des ι-Symbols in unserem Kalkul zu regeln, wollen wir uns möglichst eng an das tatsächlich im Sprachgebrauch und insbesondere auch in der Mathematik befolgte Verfahren anschließen, welches darin besteht, daß man einen Ausdruck wie „dasjenige Ding, welches die Eigenschaft $\mathfrak{A}$ hat", überhaupt nur dann verwendet, wenn bereits feststeht, daß es ein und nur ein Ding von dieser Eigenschaft gibt.

Wir lassen demgemäß einen Ausdruck $\iota_x \mathfrak{A}(x)$ erst dann als *Term* zu, wenn die zu $\mathfrak{A}(a)$ gehörigen Unitätsformeln *abgeleitet* sind. Außerdem müssen wir noch zum Ausdruck bringen, daß in dem genannten Fall der Term $\iota_x \mathfrak{A}(x)$ eben ein solches Ding darstellt, auf welches $\mathfrak{A}(a)$ zutrifft. So kommen wir zur Aufstellung folgender Regel für den Gebrauch des ι-Symbols, die wir kurz als die „*ι-Regel*" bezeichnen wollen:

Sind für die Formel $\mathfrak{A}(a)$ die Unitätsformeln abgeleitet, so gilt von da an

$$\iota_x \mathfrak{A}(x) \text{ (bzw. } \iota_y \mathfrak{A}(y), \iota_z \mathfrak{A}(z))$$

als Term, und die Formel $\mathfrak{A}(\iota_x\,\mathfrak{A}(x))$ gilt als abgeleitete Formel im Sinne des Schemas

$$\frac{(E\,x)\;\mathfrak{A}(x)\qquad (x)\;(y)\;(\mathfrak{A}(x)\;\&\;\mathfrak{A}(y)\;\rightarrow\;x=y)}{\mathfrak{A}(\iota_x\,\mathfrak{A}(x))\,.}$$

Diese ι-Regel bedarf allerdings noch einer Präzisierung in Hinsicht auf die Verwendung der gebundenen Variablen.

Für die zu dem ι-Symbol gehörige gebundene Variable soll, ebenso wie für die gebundenen Variablen des Allzeichens und des Seinszeichens, die *Regel der Umbenennung* gelten.

Diese Regel haben wir bei den Allzeichen und Seinszeichen unter anderm zur Vermeidung von Kollisionen zwischen gebundenen Variablen verwendet[1]. Das Erfordernis der Vermeidung solcher Kollisionen erstreckt sich nun auch auf die zu den ι-Symbolen gehörigen gebundenen Variablen. D.h. wir stellen an einen Ausdruck, damit er als „Formel" bzw. als „Term" gelte, die Anforderung, daß darin ein Allzeichen, Seinszeichen oder ι-Symbol nirgends im Bereich eines solchen von diesen Symbolen stehe, dem die gleiche gebundene Variable beigeordnet ist, also z.B. nirgends das Symbol (y), $(E\,y)$ oder $\iota\,y$ im Bereich eines von diesen mit der Variablen y verbundenen Symbolen stehe.

Die Möglichkeit, solche Kollisionen zwischen gebundenen Variablen zu vermeiden, ist stets durch die Zulässigkeit der Umbenennung der gebundenen Variablen gegeben. Bei der Anwendung der ι-Symbole müssen wir von solchen Umbenennungen beständig Gebrauch machen. Zunächst einmal muß zwecks der Ableitung der Unitätsformeln eine jede in der betreffenden Formel $\mathfrak{A}(a)$ auftretende gebundene Variable eine von x und y verschiedene Benennung erhalten. Außerdem aber ist zu beachten, daß die Bildung

$$\mathfrak{A}(\iota_x\,\mathfrak{A}(x))$$

stets dann zu einer Kollision von gebundenen Variablen Anlaß gibt, wenn die Formel $\mathfrak{A}(a)$ eine gebundene Variable enthält. In allen diesen Fällen muß die ι-Regel so aufgefaßt werden, daß bei der Endformel des Schemas in dem Ausdruck $\iota_x\,\mathfrak{A}(x)$ eine Umbenennung der in $\mathfrak{A}(a)$ vorkommenden gebundenen Variablen vorgenommen wird, so daß in dem entstehenden Ausdruck $\iota_x\,\mathfrak{A}^*(x)$ keine dieser Variablen mehr auftritt, und daher in

$$\mathfrak{A}(\iota_x\,\mathfrak{A}^*(x))$$

keine Kollision zwischen gebundenen Variablen stattfindet.

Sei z. B. $\mathfrak{A}(a)$ die Formel

$$(E\,z)\;(z=0\;\&\;z=a)\,.$$

---

[1] Vgl. S. 97.

Für diese ergeben sich die Unitätsformeln aus den Gleichheitsaxiomen mittels der Äquivalenz

$$a = 0 \ \sim \ (Ez)\,(z = 0 \ \& \ z = a)\,.$$

Somit kommt für $\mathfrak{A}(a)$ die ι-Regel zur Anwendung. Dabei besteht jedoch zunächst das Hindernis, daß in dem Ausdruck

$$\mathfrak{A}(\iota_x\,\mathfrak{A}(x))\,,$$

welcher ja lautet

$$(Ez)\,(z = 0 \ \& \ z = \iota_x\,(Ez)\,(z = 0 \ \& \ z = x)),$$

eine Kollision von gebundenen Variablen vorliegt, da in dem Bereich des Ausdrucks, auf den sich das zu Anfang stehende Seinszeichen (Ez) erstreckt, noch einmal das Seinszeichen (Ez) auftritt. Diese Kollision vermeiden wir nun, indem wir innerhalb von $\iota_x\,\mathfrak{A}(x)$ die Variable z in eine andere Variable, etwa u, umbenennen. Den so geänderten Term

$$\iota_x\,(Eu)\,(u = 0 \ \& \ u = x)$$

können wir nun in die Formel $\mathfrak{A}(a)$ für a einsetzen und erhalten so die Formel

$$(Ez)\,(z = 0 \ \& \ z = \iota_x\,(Eu)\,(u = 0 \ \& \ u = x))\,,$$

welche gemäß dem Schema der ι-Regel hinter die zu $\mathfrak{A}(a)$ gehörigen Unitätsformeln gesetzt werden kann.

Im folgenden soll diese Ausführung von Umbenennungen zur *Vermeidung von Kollisionen* zwischen gebundenen Variablen stets als *zur Anwendung der ι-Regel gehörig* angesehen und nicht immer eigens erwähnt werden. Ferner wollen wir uns der Einfachheit halber die Bezeichnungsweise

$$\mathfrak{A}(\iota_x\,\mathfrak{B}(x))$$

auch in den Fällen gestatten, wo die Einsetzung des Terms

$$\iota_x\,\mathfrak{B}(x)$$

in $\mathfrak{A}(a)$ eine Umbenennung einer oder mehrerer darin auftretender gebundener Variablen erforderlich macht, und wo wir genauer zur Andeutung dieser Veränderung

$$\mathfrak{A}(\iota_x\,\mathfrak{B}^*(x))$$

zu schreiben hätten.

Als ein einfaches Beispiel einer Anwendung der ι-Regel sei die Ableitbarkeit der Äquivalenz

$$\mathfrak{A}(a) \ \sim \ a = \iota_x\,\mathfrak{A}(x)$$

für eine Formel $\mathfrak{A}(c)$ vermerkt, deren zugehörige Unitätsformeln zur Verfügung stehen.

Nämlich aus der ι-Regel erhält man die Formel $\mathfrak{A}(\iota_x\mathfrak{A}(x))$ und diese in Verbindung mit dem Gleichheitsaxiom (J_2) liefert

$$a = \iota_x\,\mathfrak{A}(x) \to \mathfrak{A}(a)\,.$$

während andrerseits die Implikation

$$\mathfrak{A}(a) \to a = \iota_x \, \mathfrak{A}(x)$$

durch die Formel $\mathfrak{A}\big(\iota_x \, \mathfrak{A}(x)\big)$ in Verbindung mit der zweiten Unitätsformel gewonnen wird.

Nach diesen ergänzenden Ausführungen zu der ι-Regel sei nun noch
etwas in Hinsicht auf die inhaltliche Deutung der durch die ι-Regel
eingeführten Terme bemerkt. Bei der Einführung des ι-Symbols zur
Formalisierung des Begriffes „derjenige, welcher" sind wir von der Betrachtung solcher Formeln $\mathfrak{A}(a)$ ausgegangen, durch die eine bestimmte
Eigenschaft eines (an Stelle der Variablen a zu setzenden) Dinges dargestellt wird. Es stellt aber eine Formel $\mathfrak{A}(a)$ nur dann eine bestimmte
Eigenschaft dar, wenn sie außer der Variablen a keine freie Variable
enthält. Andernfalls stellt sie eine zweigliedrige oder mehrgliedrige
Ding-Beziehung oder, falls in ihr Formelvariablen auftreten, eine Ding-
Prädikaten-Beziehung dar.

Überlegen wir uns, was bei einer Formel $\mathfrak{A}(a)$ mit mehreren freien
Variablen der Einführung des Termes $\iota_x \mathfrak{A}(x)$ inhaltlich entspricht. Der
einfachste in Betracht kommende Fall ist der einer Formel $\mathfrak{B}(a, b)$, die
außer a und b keine freie Variable enthält und für welche in bezug auf
die Variable a die Unitätsformeln

$$(E\,x)\,\mathfrak{B}(x, b),$$

$$(x)\,(y)\,(\mathfrak{B}(x, b)\,\&\,\mathfrak{B}(y, b)\;\to\;x = y)$$

ableitbar sind, so daß mittels der ι-Regel $\iota_x \mathfrak{B}(x, b)$ als Term eingeführt
werden kann.

Hier stellt $\mathfrak{B}(a, b)$ eine zweigliedrige Beziehung dar, und den Unitätsformeln entspricht inhaltlich die Aussage, daß es zu jedem Ding $\mathfrak{b}$ (des
zugrunde gelegten Individuenbereiches) ein und nur ein Ding $\mathfrak{a}$ gibt,
das zu ihm in der Beziehung $\mathfrak{B}(\mathfrak{a}, \mathfrak{b})$ steht. Der Term $\iota_x \mathfrak{B}(x, b)$ stellt
nun „das zu b in der Beziehung $\mathfrak{B}(a, b)$ stehende Ding" in seiner Ab-
hängigkeit von b, also als *Funktion* von b dar.

Mittels dieser Funktion läßt sich die Beziehung $\mathfrak{B}(a, b)$ nach a auflösen in Gestalt der Gleichung

$$a = \iota_x \mathfrak{B}(x, b).$$

Die Auflösung wird formal durch die Ableitung der Äquivalenz

$$\mathfrak{B}(a, b)\;\sim\;a = \iota_x \mathfrak{B}(x, b)$$

vollzogen, die ja einen Spezialfall der vorhin erwähnten Äquivalenz
bildet.

Wie nun in diesem betrachteten Fall der Term $\iota_x \mathfrak{B}(x, b)$ im Sinne
der inhaltlichen Deutung eine Funktion des Argumentes b darstellt, die
einem jeden als Wert von b genommenen Ding (des zugrunde gelegten
Individuenbereiches) eindeutig wieder ein Ding (dieses Bereiches) zu-

ordnet, so stellt allgemein ein Term $\iota_x\mathfrak{A}(x)$, der eine oder mehrere freie Variablen enthält, eine Funktion dar, welche diese Variablen als Argumente hat. Sind insbesondere alle in jenem Term vorkommenden freien Variablen Individuenvariablen, so ist die dargestellte Funktion eine mathematische Funktion, d. h. eine eindeutige Zuordnung eines Dinges zu einem oder mehreren Dingen[1], während im Falle des Auftretens von Formelvariablen die dargestellte Funktion eine solche ist, die einem oder mehreren (einstelligen oder auch mehrstelligen) Prädikaten und außerdem eventuell noch einem oder mehreren Dingen eindeutig ein Ding zuordnet.

Sehen wir nun zu, wie durch die ι-Regel unser Formalismus beeinflußt wird und was wir durch sie gewinnen. Wir müssen zunächst über die verschiedenen Terme der Gestalt

$$\iota_x\mathfrak{A}(x)\,,$$

welche auf Grund der ι-Regel zustande kommen können — solche Terme mögen kurz „ι-Terme" heißen —, einen Überblick gewinnen. Die große Mannigfaltigkeit dieser Bildungen beruht auf der Möglichkeit der kombinierten Anwendungen des ι-Symbols, und zwar sind zwei verschiedene Arten der Kombination von ι-Symbolen zu unterscheiden: die *Einlagerung* und die *Überordnung*.

Es handelt sich dabei um folgendes: Wir gehen aus von einer Formel

$$\mathfrak{A}(a,b)\,.$$

Hierin werde für b ein ι-Term $\iota_y\mathfrak{B}(y)$ eingesetzt. Für die hierdurch entstehende Formel

$$\mathfrak{A}(a,\iota_y\mathfrak{B}(y))\,,$$

welche abgekürzt mit $\mathfrak{C}(a)$ bezeichnet werde, seien die Unitätsformeln ableitbar, so daß gemäß der ι-Regel der Term $\iota_x\mathfrak{C}(x)$ eingeführt werden kann.

Tritt die Variable a in $\iota_y\mathfrak{B}(y)$ nicht auf, so wird dieser Term von der Bindung der Variablen a durch das ι-Symbol nicht betroffen; er geht also in $\iota_x\mathfrak{C}(x)$ unverändert als Bestandteil ein, und der Term $\iota_x\mathfrak{C}(x)$ hat die Gestalt

$$\iota_x\mathfrak{A}(x,\iota_y\mathfrak{B}(y))\,.$$

Wir sagen dann, daß der Term $\iota_y\mathfrak{B}(y)$ dem Term $\iota_x\mathfrak{C}(x)$ „*eingelagert*" ist, indem wir allgemein da von Einlagerung eines ι-Terms sprechen, wo ein solcher als Bestandteil eines umfassenderen ι-Terms vorkommt.

Enthält dagegen $\iota_y\mathfrak{B}(y)$ die Variable a, so daß dieser Term genauer durch $\iota_y\mathfrak{B}(a,y)$ anzugeben ist, so hat der Term $\iota_x\mathfrak{C}(x)$ die Gestalt

$$\iota_x\mathfrak{A}(x,\iota_y\mathfrak{B}(x,y))\,.$$

---

[1] Vgl. § 5, S. 189.

In diesem Fall sagen wir, daß das äußere ι-Symbol dem innerhalb der Formel stehenden „*übergeordnet*" bzw. dieses jenem äußeren ι-Symbol „*untergeordnet*" ist.

Zu beachten ist hierbei, daß der Bestandteil

$$\iota_y \mathfrak{B}(x, y)$$

wegen der darin auftretenden Variablen x nicht den Charakter eines Terms hat, so daß wir ihn nicht als einen ι-Term, sondern nur als einen „*ι-Ausdruck*" bezeichnen können.

Betreffs der Einlagerung sei noch bemerkt, daß eine solche außer auf die eben angegebene Art auch auf dem Wege der Einsetzung zustande kommen kann. Nämlich ein Term wie

$$\iota_x \mathfrak{A}(x, \iota_y \mathfrak{B}(y))$$

kann eventuell durch Einsetzung des Terms $\iota_y \mathfrak{B}(y)$ für eine freie Variable, etwa b, aus $\iota_x \mathfrak{A}(x, b)$ erhalten werden, allerdings nur dann, wenn für die Formel $\mathfrak{A}(a, b)$ die auf a bezüglichen Unitätsformeln ableitbar sind.

Wir wollen uns die verschiedenen genannten Möglichkeiten der Zusammensetzung von ι-Ausdrücken an ganz einfachen Beispielen[1] verdeutlichen, die sich auf den Formalismus der Gleichheitsaxiome und der PEANOschen Axiome (P_1), (P_2) beziehen.

Nehmen wir zuerst für $\mathfrak{A}(a, b)$ die Formel

$$a = b' \, ;$$

für diese sind die auf die Variable a bezüglichen Unitätsformeln

$$(E \, x) \, (x = b')$$

$$(x) \, (y) \, (x = b' \, \& \, y = b' \; \rightarrow \; x = y)$$

mit Hilfe der Gleichheitsaxiome ableitbar. Für $\mathfrak{B}(a)$ werde die Formel

$$a = 0$$

genommen, deren zugehörige Unitätsformeln ebenfalls mittels der Gleichheitsaxiome erhalten werden.

Nun können wir die Terme

$$\iota_x \, \mathfrak{A}(x, b), \quad \text{d. h.} \quad \iota_x (x = b')$$

und

$$\iota_y \, \mathfrak{B}(y), \quad \text{d. h.} \quad \iota_y (y = 0)$$

bilden, und indem wir den zweiten Term für die Variable b in $\iota_x (x = b')$ einsetzen, erhalten wir den Term

$$\iota_x (x = \iota_y (y = 0)') \, ,$$

in welchem $\iota_y (y = 0)$ als eingelagerter ι-Term auftritt.

---

[1] Diese Beispiele sind, ohne Rücksicht auf mathematischen Belang, nur im Hinblick darauf gewählt, daß die Ableitbarkeit der zu benutzenden Unitätsformeln ohne weiteres ersichtlich ist. Beispiele von mathematischem Interesse werden sich uns im Folgenden bieten.

Diesen Term können wir aber auch direkt mittels der ι-Regel einführen, indem wir für die Formel $\mathfrak{A}(a, \iota_y\mathfrak{B}(y))$, d. h.

$$a = \iota_y(y = 0)'$$

die Unitätsformeln ableiten.

Nehmen wir dagegen für $\mathfrak{A}(a, b)$ die Formel

$$a' = b,$$

so sind für diese die auf a bezüglichen Unitätsformeln nicht ableitbar. Wohl aber sind für die Formel

$$a' = \iota_y(y = 0')$$

die zugehörigen Unitätsformeln ableitbar, und es kann daher

$$\iota_x(x' = \iota_y(y = 0'))$$

als Term eingeführt werden.

In den beiden betrachteten Beispielen haben wir eine Einlagerung, aber nur in dem ersten kann sie durch Einsetzung erhalten werden.

Wählen wir nunmehr für $\mathfrak{A}(a, b)$ die Formel

$$a = 0 \lor b = 0'$$

und für $\mathfrak{B}(a, b)$ die Formel $b = a'$, so kann

$$\iota_y\mathfrak{B}(a, y), \text{ d. h. } \iota_y(y = a')$$

mittels der ι-Regel als Term eingeführt werden, und es ergibt sich zugleich die Formel

$$\iota_y(y = a') = a'.$$

Mittels dieser Formel sind für die Formel

$$a = 0 \lor \iota_y(y = a') = 0'$$

die zugehörigen Unitätsformeln mit Benutzung der Gleichheitsaxiome und des Axioms (P_2) ableitbar. Somit können wir $\iota_x\mathfrak{A}(x, \iota_y\mathfrak{B}(x, y))$, d. h.

$$\iota_x(x = 0 \lor \iota_y(y = x') = 0')$$

als ι-Term einführen. Hier haben wir ein Beispiel für den Fall der Überordnung. Durch das äußere, übergeordnete ι-Symbol wird die in dem Term $\iota_y(y = a')$ auftretende freie Variable gebunden.

Außer derjenigen Art der Überordnung, bei der eine Variable eines ι-Ausdrucks direkt durch ein übergeordnetes ι-Symbol gebunden wird, kommt noch eine *indirekte* Art der *Überordnung* in Betracht, welche darin besteht, daß eine Variable eines ι-Ausdrucks von außen her durch ein Allzeichen, ein Seinszeichen oder ein ι-Symbol gebunden wird, welches seinerseits im Bereiche eines ι-Symbols steht.

Eine Überordnung dieser Art liegt z. B. vor bei einem Term der Gestalt

$$\iota_x(y)\,\mathfrak{A}(x, \iota_z\mathfrak{B}(y, z)),$$

worin die Variable y des Ausdrucks $\iota_z \mathfrak{B}(y, z)$ durch das Allzeichen (y) gebunden ist, welches innerhalb des ganzen ι-Terms steht.

Ein anderes Beispiel einer indirekten Überordnung bildet der Term

$$\iota_x \mathfrak{A}\left(x, \iota_y \mathfrak{B}(y, \iota_z \mathfrak{C}(y, z))\right),$$

worin der Ausdruck $\iota_z \mathfrak{C}(y, z)$ durch Vermittlung des eingelagerten Terms

$$\iota_y \mathfrak{B}(y, \iota_z \mathfrak{C}(y, z))$$

dem ganzen ι-Term untergeordnet ist.

Auch besteht die Möglichkeit, daß eine direkte Überordnung zusammen mit einer indirekten auftritt; denn es können ja verschiedene Variablen eines ι-Ausdrucks auf verschiedene Art gebunden sein. So ist z. B. einem ι-Term $\quad \iota_x (E y) \mathfrak{A}(\iota_z \mathfrak{B}(x, y, z))$

der darin auftretende ι-Ausdruck $\iota_z \mathfrak{B}(x, y, z)$ einerseits direkt durch die Bindung der Variablen x, andererseits indirekt durch die Bindung von y untergeordnet.

Wie man schon aus diesen Beispielen ersieht, können durch die Kombination der verschiedenen Verknüpfungsarten der ι-Symbole sehr verwickelte Strukturen zustande kommen.

Auch schon bei einfacheren Bildungen werden die ι-Terme leicht unübersichtlich, und es empfiehlt sich, für gewisse häufig vorkommende ι-Terme *abkürzende Symbole* durch *explizite Definitionen* einzuführen. Ein solches abkürzendes Symbol ist im Falle, wo der zu vertretende ι-Term keine freie Variable enthält, ein Symbol ohne Argument, welches die Rolle eines Individuensymbols hat. Andernfalls enthält, gemäß unserer allgemeinen Festsetzung über explizite Definitionen[1], das abkürzende Symbol die in dem ι-Term auftretenden freien Variablen als Argumente; durch dieses Symbol wird dann im Sinne der inhaltlichen Deutung eine Funktion dargestellt, und zwar, wenn nur Individuenvariablen als Argumente vorkommen, eine mathematische Funktion.

Treten als Argumente solche Formelvariablen auf, die ihrerseits eine oder mehrere Individuenvariablen als Argumente haben, so wollen wir die Argumentstellen dieser Formelvariablen durch gebundene Variablen angeben, die zugleich als untere Indizes an das mit den Argumenten versehene Zeichen angehängt werden[2]. Auf diese Weise er-

---

[1] Vgl. § 7, S. 292.

[2] Treten in dem ι-Term, für den man eine Abkürzung einführen will, freie Individuenvariablen als Argumente von Formelvariablen auf, so sind diese Individuenvariablen neben den Formelvariablen als selbständige Argumente des einzuführenden Symbols anzugeben. Demgemäß hat z. B. für einen ι-Term, in welchem als Bestandteil der Ausdruck $A(c)$, im übrigen aber keine freie Variable vorkommt, das abkürzende Symbol die Gestalt

$$\mathfrak{f}_x(A(x), c),$$

worin für $\mathfrak{f}$ ein Funktionszeichen zu setzen ist und anstatt x auch eine andere gebundene Variable stehen kann.

halten wir Symbole wie $\beta_x(A(x))$, $\gamma_{xyz}(a, B(x), C(y, z))$; und zwar stellt dann im Sinne der inhaltlichen Deutung

$$\beta_x(A(x))$$

eine Funktion dar, welche einem Prädikat mit einem Subjekt ein Ding zuordnet, und

$$\gamma_{xyz}(a, B(x), C(y, z))$$

stellt eine Funktion dar, welche einem Ding, einem Prädikat mit einem Subjekt und einem Prädikat mit zwei Subjekten ein Ding zuordnet.

Wir wollen hier einige *wichtige Funktionsbildungen* näher betrachten, welche durch das ι-Symbol ermöglicht werden. Als erste nehmen wir die Darstellung der Aussagenfunktion, welche einer Aussage den Wert 0 oder 1 zuordnet, je nachdem die Aussage zutrifft oder nicht. Dazu gehen wir aus von der Formel

$$(A \rightarrow a = 0) \,\&\, (\overline{A} \rightarrow a = 0') \,.$$

Zu dieser gehören die Unitätsformeln

$$(E\,x)\,((A \rightarrow x = 0) \,\&\, (\overline{A} \rightarrow x = 0'))$$

$$(x)\,(y)\,((A \rightarrow x=0) \,\&\, (\overline{A} \rightarrow x=0') \,\&\, (A \rightarrow y=0) \,\&\, (\overline{A} \rightarrow y=0') \rightarrow x=y)\,.$$

Diese sind beide mit Hilfe der Gleichheitsaxiome ableitbar. Die Ableitung der ersten Formel erfolgt so:

Aus dem ersten Gleichheitsaxiom erhalten wir durch Einsetzung und durch Vorsetzen von Implikationsvordergliedern:

$$A \rightarrow (A \rightarrow 0 = 0)\,.$$

Aus der identischen Formel

$$A \rightarrow (\overline{A} \rightarrow B)$$

erhalten wir durch Einsetzung:

$$A \rightarrow (\overline{A} \rightarrow 0 = 0')\,.$$

Die beiden erhaltenen Formeln ergeben nach dem Schema für die Konjunktion

$$A \rightarrow ((A \rightarrow 0 = 0) \,\&\, (\overline{A} \rightarrow 0 = 0'))\,;$$

ferner geht aus der Formel (b) durch Einsetzung die Formel

$$(A \rightarrow 0 = 0) \,\&\, (\overline{A} \rightarrow 0 = 0') \rightarrow (E\,x)\,((A \rightarrow x = 0) \,\&\, (\overline{A} \rightarrow x = 0'))$$

hervor, und diese zusammen mit der vorigen Formel liefert mit Hilfe des Kettenschlusses

$$A \rightarrow (E\,x)\,((A \rightarrow x = 0) \,\&\, (\overline{A} \rightarrow x = 0'))\,.$$

In entsprechender Weise gelangen wir zu der Formel

$$\overline{A} \rightarrow (E\,x)\,((A \rightarrow x = 0) \,\&\, (\overline{A} \rightarrow x = 0'))\,.$$

Nach dem Schema für die Disjunktion erhalten wir daher

$$A \vee \bar{A} \rightarrow (E\,x)\,((A \rightarrow x = 0)\,\&\,(\bar{A} \rightarrow x = 0'))\,,$$

und da $A \vee \bar{A}$ eine identische Formel ist, so ergibt sich

$$(E\,x)\,((A \rightarrow x = 0)\,\&\,(\bar{A} \rightarrow x = 0'))\,.$$

Ganz entsprechend verläuft die Ableitung der zweiten Unitätsformel, indem diese einerseits mit Hinzufügung von A als Implikationsvorderglied, andrerseits mit Hinzufügung von $\bar{A}$ als Vorderglied abgeleitet wird. An Stelle des ersten Gleichheitsaxioms, das beim Beweis der ersten Formel verwendet wird, tritt hier die Formel

$$a = c\,\&\,b = c \rightarrow a = b\,,$$

aus der durch Einsetzung und mit Hilfe des Aussagenkalkuls die Formel

$$A \rightarrow \{(A \rightarrow a = 0)\,\&\,(\bar{A} \rightarrow a = 0')\,\&\,(A \rightarrow b = 0)\,\&\,(\bar{A} \rightarrow b = 0') \rightarrow a = b\}$$

sowie auch die entsprechende Formel mit $\bar{A}$ als Vorderglied erhalten wird, und anstatt der Formel (b) wird hier das Schema (α) und die Regel der Umbenennung benutzt.

Auf Grund dieser Ableitung der beiden Unitätsformeln kann nun der Ausdruck

$$\iota_x((A \rightarrow x = 0)\,\&\,(\bar{A} \rightarrow x = 1))$$

als ein ι-Term eingeführt werden. Um für diesen eine Abkürzung zu haben, stellen wir die explizite Definition auf:

$$\omega(A) = \iota_x((A \rightarrow x = 0)\,\&\,(\bar{A} \rightarrow x = 1))\,.$$

Auf Grund dieser Definition ergeben sich gemäß der ι-Regel, mit Benutzung des zweiten Gleichheitsaxioms, die Formeln

$$A \rightarrow \omega(A) = 0\,,$$
$$\bar{A} \rightarrow \omega(A) = 1\,,$$

und aus diesen erhalten wir ferner, mit Anwendung der Formel

$$0' \neq 0\,,$$

die Äquivalenz

$$A \sim \omega(A) = 0\,.$$

Hiermit ist allgemein die Überführung einer Formel in eine Gleichung der Form

$$\mathfrak{a} = 0$$

geliefert, welche in der rekursiven Zahlentheorie nur für Formeln von spezieller Art ermöglicht wurde. In den erhaltenen Formeln für $\omega(A)$

können wir für die Variable A beliebige Formeln einsetzen und gelangen so zu weiteren Funktionen. Setzen wir z. B. $A(a)$ für A ein, so erhalten wir die Formeln

$$A(a) \;\rightarrow\; \omega(A(a)) = 0,$$

$$\overline{A(a)} \;\rightarrow\; \omega(A(a)) = 1,$$

worin nun wieder für $A(a)$ irgendeine Formel $\mathfrak{A}(a)$ eingesetzt werden kann. Es stellt dann

$$\omega(\mathfrak{A}(a))$$

eine solche Funktion von a dar, welche den Wert 0 oder den Wert 1 hat, je nachdem die Aussage $\mathfrak{A}(a)$ auf das Ding a zutrifft oder nicht. Somit wird durch die Funktion $\omega(A(a))$ allgemein der *Übergang von den logischen Funktionen (den Prädikaten) zu den mathematischen Funktionen formalisiert.*

Setzen wir ferner in den obigen Formeln für die Variable A ein: $(x)\,A(x)$, so erhalten wir mit Benutzung der Umformung von $\overline{(x)\,A(x)}$ in $(E\,x)\,\overline{A(x)}$ die Formeln

$$(x)\,A(x) \;\rightarrow\; \omega((x)\,A(x)) = 0,$$

$$(E\,x)\,\overline{A(x)} \;\rightarrow\; \omega((x)\,A(x)) = 1.$$

Hierbei kann wieder für $A(a)$ eine bestimmte Formel $\mathfrak{A}(a)$ eingesetzt werden, und es stellt dann

$$\omega((x)\,\mathfrak{A}(x))$$

den Wert 0 oder 1 dar, je nachdem das Prädikat $\mathfrak{A}(a)$ auf alle Dinge des Individuenbereichs zutrifft oder auf mindestens eines nicht zutrifft.

Bei der Einführung der Funktion $\omega(A)$ und der Ableitung der sie charakterisierenden Formeln

$$A \rightarrow \omega(A) = 0, \quad \overline{A} \rightarrow \omega(A) = 1$$

kommen außer den allgemeinen logischen Formeln und Regeln einschließlich der ι-Regel nur die Gleichheitsaxiome und die Formel $0' \neq 0$ zur Verwendung. Nunmehr wollen wir eine solche Funktionsbildung betrachten, bei der man die ι-Regel in Verbindung mit den zahlentheoretischen Axiomen, insbesondere mit dem Induktionsaxiom, anzuwenden hat, und die sich also, im Sinne der inhaltlichen Deutung, speziell auf den *Individuenbereich der Zahlen* bezieht.

Wie wir im § 6 gezeigt haben, ist aus dem Induktionsaxiom und den Axiomen für $=$ und $<$, d. h. aus den Formeln des Systems (B), die Formel

$$A(a) \rightarrow (E\,x)\,(A(x)\;\&\;(y)\,(A(y) \;\rightarrow\; x = y \lor x < y))$$

ableitbar, welche das Prinzip der kleinsten Zahl darstellt.

Bezeichnen wir die Formel

$$A(c)\;\&\;(u)\,(A(u) \;\rightarrow\; c = u \lor c < u)$$

zur kürzeren Angabe mit $\mathfrak{M}(c)$, so wird die vorige Formel, nach Umbenennung der Variablen y in u, durch

$$A\,(a) \to (E\,x)\,\mathfrak{M}(x)$$

angegeben. Aus dieser erhalten wir mit Hilfe des Schemas (β) die Formel

$$(E\,x)\,A\,(x) \to (E\,x)\,\mathfrak{M}(x)\,.$$

Nun wollen wir die ι-Regel anwenden auf die Formel

$$((z)\,\overline{A\,(z)}\ \to\ a = 0)\ \&\ ((E\,z)\,A\,(z) \to \mathfrak{M}(a))\,.$$

Für diese erhält man die zugehörigen Unitätsformeln, wieder mittels des Schemas der Disjunktion, indem man jede der beiden Formeln einerseits mit Vorsetzen des Implikationsvorderglieds $(z)\,\overline{A\,(z)}$, andererseits mit Vorsetzen des Vorderglieds $(E\,z)\,A\,(z)$ ableitet und hernach die Formel

$$(z)\,\overline{A\,(z)} \lor (E\,z)\,A\,(z)$$

benutzt. Die genannten Ableitungen ergeben sich auf Grund des Prädikatenkalkuls mit Hilfe der Formeln

$$0 = 0\,,\ (E\,x)\,A\,(x) \to (E\,x)\,\mathfrak{M}(x)\,,$$
$$a = 0\ \&\ b = 0\ \to\ a = b\,,\quad \mathfrak{M}(a)\ \&\ \mathfrak{M}(b)\ \to\ a = b\,.$$

Die letzte von diesen Formeln wird so erhalten: Durch Anwendung der Grundformel (a) (in Verbindung mit der Regel der Umbenennung) und des Aussagenkalkuls erhält man

$$\mathfrak{M}(b) \to A\,(b)\ \&\ (A\,(a)\ \to\ b = a \lor b < a)\,.$$

Vertauscht man hierin (durch Einsetzungen) die Variablen a, b, so ergibt sich

$$\mathfrak{M}(a) \to A\,(a)\ \&\ (A\,(b)\ \to\ a = b \lor a < b)\,.$$

Die beiden erhaltenen Formeln zusammen ergeben mit Hilfe des Aussagenkalkuls die Formel

$$\mathfrak{M}(a)\ \&\ \mathfrak{M}(b) \to (a = b \lor a < b)\ \&\ (b = a \lor b < a)\,,$$

und diese, in Verbindung mit den Formeln

$$b = a \to a = b\,,$$
$$a < b \to \overline{b < a}\,,$$

liefert mittels des Aussagenkalkuls:

$$\mathfrak{M}(a)\ \&\ \mathfrak{M}(b)\ \to\ a = b\,.$$

Nachdem nun die beiden zu der Formel

$$((z)\,\overline{A\,(z)} \to a = 0)\ \&\ ((E\,z)\,A\,(z) \to \mathfrak{M}(a))$$

gehörigen Unitätsformeln abgeleitet sind, kann der Ausdruck

$$\iota_x\{((z)\,\overline{A\,(z)} \to x = 0)\ \&\ ((E\,z)\,A\,(z) \to \mathfrak{M}(x))\}$$

als ι-Term eingeführt werden. In diesem tritt als einzige freie Variable die Formelvariable A mit einem Argument auf. Wir wählen für diesen Term als abkürzendes Symbol

$$\mu_x A(x);$$

dieses Symbol wird also eingeführt durch die explizite Definition:

$$\mu_x A(x) = \iota_x \{((z)\ \overline{A(z)} \to x = 0)\ \&\ ((E z)\ A(z) \to \mathfrak{M}(x))\};$$

es ist ein Funktionszeichen, das als Argument eine Formelvariable hat, die ihrerseits mit einem Argument versehen ist. Die Art der Zuordnung, die durch dieses Funktionszeichen dargestellt wird, ergibt sich, indem wir die Formel aufstellen, welche für $\mu_x A(x)$ aus dem Schema der ι-Regel zu entnehmen ist. Diese lautet:

$$((z)\ \overline{A(z)} \to \mu_x A(x) = 0)\ \&\ ((E z)\ A(z) \to \mathfrak{M}(\mu_x A(x))).$$

Zerlegen wir diese Formel in ihre konjunktiven Bestandteile und benennen die Variable z in x um, so erhalten wir zunächst

$$(x)\ \overline{A(x)} \to \mu_x A(x) = 0,$$
$$(E x)\ A(x) \to \mathfrak{M}(\mu_x A(x)).$$

Nun nehmen wir die schon vorhin (bei der Ableitung der zweiten Unitätsformel) benutzte Formel

$$\mathfrak{M}(b) \to A(b)\ \&\ (A(a)\ \to\ b = a \lor b < a)$$

hinzu; wird darin für b der Term $\mu_x A(x)$ eingesetzt, so erhalten wir, mit Anwendung der Abkürzung $\leqq$, die Formel

$$\mathfrak{M}(\mu_x A(x)) \to (A(\mu_x A(x))\ \&\ (A(a) \to \mu_x A(a) \leqq a)),$$

und diese, zusammen mit der vorigen Formel

$$(E x)\ A(x) \to \mathfrak{M}(\mu_x A(x))$$

ergibt mittels des Aussagenkalkuls und mit Anwendung der Grundformel (b) die beiden Formeln:

(μ_1) $\qquad\qquad\qquad (E x)\ A(x) \to A(\mu_x A(x)),$

(μ_2) $\qquad\qquad\qquad A(a) \to \mu_x A(x) \leqq a.$

Diese Formeln besagen, inhaltlich gedeutet, daß für jedes Zahlenprädikat $\mathfrak{A}(a)$, welches überhaupt auf eine Zahl zutrifft, $\mu_x \mathfrak{A}(x)$ *die kleinste Zahl* darstellt, auf die das Prädikat zutrifft. Zur vollständigen Festlegung der Funktion $\mu_x \mathfrak{A}(x)$ dient noch die obige Formel

(μ_3) $\qquad\qquad\qquad (x)\ \overline{A(x)}\ \to\ \mu_x A(x) = 0,$

welche besagt, daß für ein Prädikat $\mathfrak{A}(a)$, das auf keine Zahl zutrifft, $\mu_x \mathfrak{A}(x)$ den Wert 0 hat.

Die Funktion $\mu_x A(x)$ formalisiert also ganz allgemein den Begriff derjenigen Zahl, welche die kleinste von einer gewissen Eigenschaft oder, falls es keine Zahl von der Eigenschaft gibt, die Zahl 0 ist. Diese Begriffsbildung ist wesentlich weitergehend als die, welche wir in der rekursiven Zahlentheorie durch den Ausdruck

$$\underset{0 \leq x \leq k}{\text{Min}}\ \mathfrak{A}(x)$$

formalisiert haben, da diese erstens nur auf spezielle Prädikate $\mathfrak{A}(a)$ anwendbar ist und außerdem die Beschränkung auf das Intervall der Zahlen bis k enthält.

Aus der inhaltlichen Deutung der Funktion $\mu_x A(x)$ entnimmt man ohne weiteres, daß die zu einem Prädikat $\mathfrak{A}(a)$ gehörige Zahl $\mu_x \mathfrak{A}(x)$ eindeutig bestimmt ist durch die *Menge* der Zahlen, auf welche das Prädikat zutrifft. Diese eindeutige Bestimmtheit durch den „Umfang" des Prädikats drückt sich formal aus durch die Formel

$$(x)\ (A(x) \sim B(x))\ \rightarrow\ \mu_x A(x) = \mu_x B(x)\,.$$

Um deren Ableitbarkeit festzustellen, genügt es (nach dem Deduktionstheorem), daß wir mittels der Formel

$$(x)\ (A(x) \sim B(x))\,,$$

unter Festhaltung der Formelvariablen, die Gleichung

$$\mu_x A(x) = \mu_x B(x)$$

ableiten. Hierzu entnehmen wir zunächst aus (μ_2) die beiden Formeln

$$A(\mu_x B(x))\ \rightarrow\ \mu_x A(x) \leq \mu_x B(x)\,,$$
$$B(\mu_x A(x))\ \rightarrow\ \mu_x B(x) \leq \mu_x A(x)\,,$$

welche zusammen

$$A(\mu_x B(x))\ \&\ B(\mu_x A(x))\ \rightarrow\ \mu_x A(x) = \mu_x B(x)$$

ergeben. Nun wenden wir die Formel

$$(x)\ (A(x) \sim B(x))$$

an, indem wir aus ihr die Formeln

$$(E\,x)\ A(x) \rightarrow (E\,x)\ B(x)\,,$$
$$A(a) \rightarrow B(a)\,,\qquad B(a) \rightarrow A(a)$$

ableiten. Die erste von diesen ergibt, in Verbindung mit den Formeln

$$(E\,x)\ A(x) \rightarrow A(\mu_x A(x))\,,$$
$$(E\,x)\ B(x) \rightarrow B(\mu_x B(x))\,,$$

die wir aus (μ_1) erhalten, die Formel

$$(E\,x)\ A(x)\ \rightarrow\ A(\mu_x A(x))\ \&\ B(\mu_x B(x))\,;$$

die zweite und dritte ergeben durch Einsetzung für die Variable a die Formeln

$$A\left(\mu_x A(x)\right) \rightarrow B\left(\mu_x A(x)\right), \quad B\left(\mu_x B(x)\right) \rightarrow A\left(\mu_x B(x)\right),$$

so daß wir im ganzen

$$(E\,x)\,A(x) \rightarrow A\left(\mu_x B(x)\right)\,\&\,B\left(\mu_x A(x)\right)$$

und daraus in Verbindung mit der vorherigen Formel

$$A\left(\mu_x B(x)\right)\,\&\,B\left(\mu_x A(x)\right) \rightarrow \mu_x A(x) = \mu_x B(x)$$

die Formel

$$(E\,x)\,A(x) \rightarrow \mu_x A(x) = \mu_x B(x)$$

erhalten.

Andererseits erhalten wir, durch nochmalige Anwendung der Formel

$$(x)\,(A(x) \sim B(x)),$$

$$(x)\,\overline{A(x)} \rightarrow (x)\,\overline{B(x)},$$

und diese Formel, in Verbindung mit den aus (μ_3) sich ergebenden Formeln

$$(x)\,\overline{A(x)} \rightarrow \mu_x A(x) = 0,$$

und der Formel

$$(x)\,\overline{B(x)} \rightarrow \mu_x B(x) = 0$$

$$\mu_x A(x) = 0\,\&\,\mu_x B(x) = 0 \rightarrow \mu_x A(x) = \mu_x B(x),$$

liefert

$$(x)\,\overline{A(x)} \rightarrow \mu_x A(x) = \mu_x B(x).$$

Die beiden erhaltenen Formeln

$$(E\,x)\,A(x) \rightarrow \mu_x A(x) = \mu_x B(x),$$

$$(x)\,\overline{A(x)} \rightarrow \mu_x A(x) = \mu_x B(x)$$

ergeben aber zusammen die gewünschte Gleichung

$$\mu_x A(x) = \mu_x B(x).$$

Die entsprechende Eindeutigkeit, wie sie für die Funktion $\mu_x A(x)$ durch die ableitbare Formel

$$(x)\,(A(x) \sim B(x)) \rightarrow \mu_x A(x) = \mu_x B(x)$$

dargestellt wird, besteht auch für die durch das ι-Symbol formalisierte Zuordnung eines Dinges zu einem Prädikat. Diese kommt formal dadurch zum Ausdruck, daß für irgendwelche Formeln $\mathfrak{A}(a)$, $\mathfrak{B}(a)$, deren zugehörige Unitätsformeln ableitbar sind, die Formel

$$(x)\,(\mathfrak{A}(x) \sim \mathfrak{B}(x)) \rightarrow \iota_x \mathfrak{A}(x) = \iota_x \mathfrak{B}(x)$$

abgeleitet werden kann. Den Nachweis hierfür wollen wir hier auch geben; es genügt dazu wiederum, wenn wir zeigen, wie man im Falle, daß für $\mathfrak{A}(a)$ und $\mathfrak{B}(a)$ die Unitätsformeln abgeleitet sind, aus der Formel

$$(x)\,(\mathfrak{A}(x) \sim \mathfrak{B}(x)),$$

unter Festhaltung der darin eventuell vorkommenden freien Variablen, die Formel

$$\iota_x \mathfrak{A}(x) = \iota_x \mathfrak{B}(x)$$

erhalten kann.

Auf Grund der abgeleiteten Unitätsformeln liefert die ι-Regel zunächst die Formeln

$$\mathfrak{A}(\iota_x \mathfrak{A}(x)) , \quad \mathfrak{B}(\iota_x \mathfrak{B}(x)) .$$

Aus der Formel

$$(x) (\mathfrak{A}(x) \sim \mathfrak{B}(x))$$

ergibt sich

$$(x) (\mathfrak{A}(x) \to \mathfrak{B}(x))$$

und hieraus weiter

$$\mathfrak{A}(\iota_x \mathfrak{A}(x)) \to \mathfrak{B}(\iota_x \mathfrak{A}(x)) ;$$

und diese Formel, zusammen mit den Formeln

$$\mathfrak{A}(\iota_x \mathfrak{A}(x)) , \quad \mathfrak{B}(\iota_x \mathfrak{B}(x)) ,$$

liefert

$$\mathfrak{B}(\iota_x \mathfrak{A}(x)) \,\&\, \mathfrak{B}(\iota_x \mathfrak{B}(x)) .$$

Andererseits erhalten wir aus der zweiten Unitätsformel für $\mathfrak{B}(a)$ die Formel

$$\mathfrak{B}(\iota_x \mathfrak{A}(x)) \,\&\, \mathfrak{B}(\iota_x \mathfrak{B}(x)) \; \to \; \iota_x \mathfrak{A}(x) = \iota_x \mathfrak{B}(x) ,$$

und diese ergibt zusammen mit der vorigen Formel die Gleichung

$$\iota_x \mathfrak{A}(x) = \iota_x \mathfrak{B}(x) .$$

Man bemerkt an dieser Ableitung, daß die Formel

$$(x) (\mathfrak{A}(x) \sim \mathfrak{B}(x))$$

nur zur Gewinnung der Formel

$$(x) (\mathfrak{A}(x) \to \mathfrak{B}(x))$$

benutzt wird. Aus diesem Umstand folgt, daß — wiederum im Fall der Ableitbarkeit der zu $\mathfrak{A}(a)$ und $\mathfrak{B}(a)$ gehörigen Unitätsformeln — auch die Formel

$$(x) (\mathfrak{A}(x) \to \mathfrak{B}(x)) \; \to \; \iota_x \mathfrak{A}(x) = \iota_x \mathfrak{B}(x)$$

ableitbar ist. Man beachte, daß die Ableitung dieser Formel aus den zu $\mathfrak{A}(a)$ und $\mathfrak{B}(a)$ gehörigen Unitätsformeln *ohne Benutzung der Gleichheitsaxiome* allein mittels der ι-Regel und des Prädikatenkalküls erfolgt.

An den hier betrachteten Eindeutigkeitsformeln zeigt sich der Vorteil, den die Einführung der Funktion $\mu_x A(x)$ gegenüber dem allgemeinen Operieren mit dem ι-Symbol bietet: Während wir die Eindeutigkeitsformeln für das ι-Symbol nur als *in jedem einzelnen Falle beweisbar* feststellen können, haben wir für die Funktion $\mu_x A(x)$ die eine allgemeine Eindeutigkeitsformel, welche die verschiedenen einzelnen Anwendungsfälle alle in sich schließt.

Dieser Unterschied beruht darauf, daß $\mu_x A(x)$ ohne weiteres ein Term ist, während wir für die Einführung der ι-Terme an die Ableitung der Unitätsformeln gebunden sind. Unter diesem Gesichtspunkt ist es wichtig, sich klarzumachen, daß die Funktion $\mu_x A(x)$, nachdem sie einmal mit Hilfe des ι-Symbols eingeführt ist, von da an allgemein zur Vertretung des ι-Symbols verwendet werden kann, so daß *jede weitere Anwendung der ι-Regel entbehrlich* wird.

Sind nämlich für die Formel $\mathfrak{A}(a)$ die Unitätsformeln ableitbar, so ist auch die Gleichung

$$\iota_x \mathfrak{A}(x) = \mu_x \mathfrak{A}(x)$$

ableitbar. Denn gemäß der ι-Regel erhalten wir dann zunächst

$$\mathfrak{A}(\iota_x \mathfrak{A}(x)) \, .$$

Ferner ergibt sich aus der Formel (μ_1) und der ersten Unitätsformel für $\mathfrak{A}(a)$

$$\mathfrak{A}(\mu_x \mathfrak{A}(x)) \, ,$$

so daß wir

$$\mathfrak{A}(\iota_x \mathfrak{A}(x)) \, \& \, \mathfrak{A}(\mu_x \mathfrak{A}(x))$$

erhalten. Andererseits ergibt sich aus der zweiten Unitätsformel für $\mathfrak{A}(a)$ die Formel

$$\mathfrak{A}(\iota_x \mathfrak{A}(x)) \, \& \, \mathfrak{A}(\mu_x \mathfrak{A}(x)) \; \rightarrow \; \iota_x \mathfrak{A}(x) = \mu_x \mathfrak{A}(x) \, ,$$

so daß wir in der Tat zu der Gleichung

$$\iota_x \mathfrak{A}(x) = \mu_x \mathfrak{A}(x)$$

gelangen. Der Term $\mu_x \mathfrak{A}(x)$ übernimmt also bei allen den Formeln $\mathfrak{A}(a)$, für welche gemäß der ι-Regel $\iota_x \mathfrak{A}(x)$ eingeführt werden kann, gewissermaßen von selbst die Rolle von $\iota_x \mathfrak{A}(x)$, und wir können uns somit durch Benutzung der Funktion $\mu_x A(x)$ die Einführung von ι-Termen gemäß der ι-Regel, d. h. mittels der Ableitung der entsprechenden Unitätsformeln, ersparen.

Diese Möglichkeit besteht allerdings nur in der Zahlentheorie, wo das Prinzip der kleinsten Zahl seine Gültigkeit hat, während ja der durch das ι-Symbol formalisierte Begriff „derjenige, welcher" eine ganz allgemeine Verwendung findet.

Wir haben hier, zur Einführung der Funktion $\mu_x \mathfrak{A}(x)$ von der Zahlentheorie zunächst nur die Axiome des Systems (B) herangezogen. Jetzt wollen wir die *Rekursionsgleichungen für die Addition und Multiplikation hinzunehmen,* also von dem System (B) zu dem System (Z) übergehen. Im Rahmen dieses Formalismus gewinnt die Funktionsbildung $\mu_x A(x)$ erst ihre volle Tragweite. Insbesondere können wir zeigen, daß mittels der Funktion $\mu_x A(x)$ alle weiteren *rekursiven Definitionen sich durch explizite Definitionen ersetzen lassen.*

Als Vorbereitung hierzu müssen wir ein Stück weit die *Formalisierung der Zahlentheorie* verfolgen, wie sie sich *auf Grund der Axiome des Systems* (Z) *mit Hinzunahme des Funktionszeichens* $\mu_x A(x)$ *und der zugehörigen Formeln* (μ_1), (μ_2), (μ_3) ergibt.

Diese Art der Behandlung der Zahlentheorie bildet ein Gegenstück zu der rekursiven Zahlentheorie; was dort durch die rekursiven Definitionen bewirkt wurde, das leistet hier die Anwendung der gebundenen Variablen, insbesondere mittels der Funktion $\mu_x A(x)$. Es treten daher die gleichen zahlentheoretischen Beziehungen und Funktionen in einer neuen Art der formalen Darstellung auf, wobei wir uns jedoch gestatten wollen, die früheren Symbole beizubehalten, wie wir es bereits in betreff des Symbols $<$ getan haben. Nämlich das Symbol $a < b$ haben wir zunächst (im § 6) als Grundzeichen, dann in der rekursiven Zahlentheorie mittels der Funktion $\delta(a, b)$ durch die Definition[1]

$$a < b \sim \delta(b, a) \neq 0$$

und hernach, mit Anwendung der gebundenen Variablen, mittels der Funktion $a + b$ durch die Definition

$$a < b \sim (Ex)(x \neq 0 \,\&\, a + x = b)$$

eingeführt. Diese letzte Definition haben wir für das Folgende zugrunde zu legen.

Aus dieser ergeben sich [wie wir bei der Betrachtung des Systems (D) im § 7 gezeigt haben[2]] die Formeln $(<_1)$, $(<_2)$, $(<_3)$ sowie

$$a < b \;\rightarrow\; a' = b \lor a' < b\,,$$

aus denen weiter (wie im § 6 festgestellt wurde[3]) die Formeln

$$a = b \lor a < b \lor b < a\,, \quad a < b \;\rightarrow\; \overline{b < a'}$$

ableitbar sind.

Hierzu kommen noch die Formeln

$$a < b \sim a + c < b + c\,,$$

$$c \neq 0 \;\rightarrow\; (a < b \sim a \cdot c < b \cdot c)\,,$$

welche mit Hilfe der Rechengesetze für Summe und Produkt erhalten werden[4]. Ferner ergibt sich aus der Gestalt des definierenden Ausdrucks für $a < b$ die Äquivalenz

$$a \leqq b \sim (Ex)(a + x = b)\,.$$

Wir beginnen nun mit der Definition der „*Kongruenz modulo n*"

$$a \equiv b \pmod n\,,$$

---

[1] Vgl. S. 303.   [3] Vgl. § 6, S. 270—271.
[2] Vgl. § 7, S. 366.   [4] Vgl. S. 311.

welche folgendermaßen lautet[1]:

$$a \equiv b \,(\text{mod } n) \;\sim\; (E\,x)\,(a = n \cdot x + b \lor b = n \cdot x + a)\,.$$

Aus dieser Definition ergeben sich auf Grund der Rechengesetze für die Summe und das Produkt und der Formeln

$$a + c = b + c \;\rightarrow\; a = b\,,$$

$$a = b \lor a < b \lor b < a$$

folgende Formeln für die Kongruenz:

$$a \equiv a \,(\text{mod } n)\,,$$

$$a \equiv b \,(\text{mod } n) \,\&\, a \equiv c \,(\text{mod } n) \;\rightarrow\; b \equiv c \,(\text{mod } n)\,,$$

$$a \equiv b \,(\text{mod } n) \;\sim\; a + c \equiv b + c \,(\text{mod } n)\,,$$

$$a \equiv b \,(\text{mod } n) \;\rightarrow\; a \cdot c \equiv b \cdot c \,(\text{mod } n \cdot c)$$

$$a \equiv b \,(\text{mod } n \cdot c) \;\rightarrow\; a \equiv b \,(\text{mod } n)\,.$$

Der Begriff der Kongruenz nach einem Modul steht in engem Zusammenhang mit der Division. Von dieser brauchen wir hier nur den Begriff des Restes. Wir führen die Funktion $\varrho(a, b)$, welche den *Rest* von a bei der Division durch b darstellt, durch folgende explizite Definition ein:

$$\varrho(a, b) = \mu_x\,(E\,y)\,(a = b \cdot y + x)\,.$$

Hier haben wir das erste Beispiel der Definition einer zahlentheoretischen Funktion mit Hilfe der Funktion $\mu_x A\,(x)$. Die formalen Eigenschaften einer so definierten Funktion müssen sich aus der Anwendung der Formeln (μ_1), (μ_2), (μ_3) ergeben. Im vorliegenden Falle brauchen wir nur die beiden ersten von diesen Formeln. Setzen wir in (μ_1) für die Nennform $A\,(c)$ der Formelvariablen die Formel

$$(E\,y)\,(a = b \cdot y + c)$$

ein, so erhalten wir, mit Benutzung der Definitionsgleichung für $\varrho\,(a, b)$,

$$(E\,x)\,(E\,y)\,(a = b \cdot y + x) \;\rightarrow\; (E\,y)\,(a = b \cdot y + \varrho(a, b))\,.$$

Nun erhalten wir ferner aus der Gleichung

$$a = b \cdot 0 + a$$

durch den Prädikatenkalkul die Formel

$$(E\,x)\,(E\,y)\,(a = b \cdot y + x)\,;$$

somit ergibt sich

$$(E\,y)\,(a = b \cdot y + \varrho(a, b))\,,$$

---

[1] Man vergleiche hiermit die im § 7 (auf S. 368) angegebene Definition von $a \equiv b \,(\text{mod } \mathfrak{k})$ für eine Ziffer $\mathfrak{k}$. Die Beschränkung auf eine Ziffer $\mathfrak{k}$ war dort, im Rahmen des Systems (D), nötig, weil wir die Funktion $a \cdot b$ nicht zur Verfügung hatten.

und daraus, durch Anwendung der Definition der Kongruenz:

$$a \equiv \varrho\,(a\,,\,b)\;(\mathrm{mod}\;b)\,.$$

Nunmehr ziehen wir die Formel (μ_2) heran. Hierin setzen wir zunächst für a die Variable r ein, und für die Nennform $A\,(c)$ wieder die Formel

$$(E\,y)\,(a = b \cdot y + c)\,;$$

auf diese Weise erhalten wir

$$(E\,y)\,(a = b \cdot y + r)\;\rightarrow\;\varrho\,(a\,,\,b) \leqq r\,.$$

Andererseits erhalten wir durch Anwendung der Rechengesetze die Formel

$$a = b \cdot n + s \,\&\, b + r = s\;\rightarrow\;a = b \cdot n' + r$$

und aus dieser mittels des Prädikatenkalkuls

$$(E\,y)\,(a = b \cdot y + \varrho\,(a\,,\,b))\;\rightarrow\;(b + r = \varrho\,(a\,,\,b)\;\rightarrow\;(E\,y)\,(a = b \cdot y + r))\,.$$

Die hier als Vorderglied auftretende Formel

$$(E\,y)\,(a = b \cdot y + \varrho\,(a\,,\,b))$$

haben wir vorhin abgeleitet; somit ergibt sich

$$b + r = \varrho\,(a\,,\,b)\;\rightarrow\;(E\,y)\,(a = b \cdot y + r)\,,$$

und diese Formel zusammen mit der vorherigen

$$(E\,y)\,(a = b \cdot y + r)\;\rightarrow\;\varrho\,(a\,,\,b) \leqq r$$

ergibt die Formel

$$b + r = \varrho\,(a\,,\,b)\;\rightarrow\;\varrho\,(a\,,\,b) \leqq r\,,$$

aus der wir weiter

$$b + r = \varrho\,(a\,,\,b)\;\rightarrow\;b + r \leqq r$$

erhalten. Mit Hilfe der Formel

$$b + r \leqq r\;\rightarrow\;b = 0\,,$$

die man aus der Äquivalenz

$$a \leqq b\;\sim\;(E\,x)\,(a + x = b)$$

ableitet, ergibt sich nun

$$b + r = \varrho\,(a\,,\,b)\;\rightarrow\;b = 0$$

und daraus mittels des Prädikatenkalkuls

$$(E\,x)\,(b + x = \varrho\,(a\,,\,b))\;\rightarrow\;b = 0\,.$$

Wenden wir hier nochmals die Äquivalenz

$$a \leqq b\;\sim\;(E\,x)\,(a + x = b)$$

an, so gelangen wir zu der Formel

$$b \leqq \varrho\,(a\,,\,b)\;\rightarrow\;b = 0$$

und von dieser durch Kontraposition und Anwendung der Disjunktion

$$a = b \lor a < b \lor b < a$$

zu der Formel

$$b \neq 0 \;\rightarrow\; \varrho(a, b) < b \,.$$

Diese Formel stellt das Ergebnis unserer Anwendung der Formel (μ_2) dar. Sie liefert in Verbindung mit der Kongruenz

$$a \equiv \varrho(a, b) \pmod{b}$$

die volle Charakterisierung der Funktion $\varrho(a, b)$. Diese Tatsache kommt formal zum Ausdruck durch die Ableitbarkeit der Formel

$$a \equiv r \pmod{b} \;\&\; r < b \;\rightarrow\; r = \varrho(a, b) \,,$$

welche sich mit Benutzung der Formel

$$r \equiv s \pmod{b} \;\rightarrow\; r \geqq b + s \lor s \geqq b + r \lor r = s$$

ergibt.

Aus der Formel

$$a \equiv r \pmod{b} \;\&\; r < b \;\rightarrow\; r = \varrho(a, b)$$

kann noch die Äquivalenz

$$a \equiv b \pmod{n} \;\sim\; \varrho(a, n) = \varrho(b, n)$$

abgeleitet werden, welche wir in der rekursiven Zahlentheorie als Definition der Kongruenz genommen haben.

Wie man an diesem Beispiel der Einführung von $\varrho(a, b)$ sieht, ist die genaue formale Durchführung auch schon bei den ersten zahlentheoretischen Überlegungen recht umständlich. Wir werden uns im folgenden, um Weitschweifigkeiten zu vermeiden, mit kurzen Angaben begnügen, was um so mehr angängig ist, als es sich ja hier um die Formalisierung von geläufigen Überlegungen aus der Zahlentheorie handelt, wobei wir nur darauf zu achten brauchen, daß die Beweisführungen im Rahmen unseres betrachteten Formalismus verbleiben[1].

Für unseren vorgesetzten Zweck ist die Formalisierung der Begriffe „teilbar", „zueinander prim" und „kleinstes gemeinsames Vielfaches" erforderlich. Für die *Teilbarkeit* nehmen wir das in der Zahlentheorie zuweilen gebräuchliche Symbol a/b („a teilt b", „a geht in b auf"), für welches die Definition lautet:

$$a/b \sim (E\,x)\,(a \cdot x = b) \,.$$

Aus dieser Definition leitet man die Äquivalenzen ab:

$$a/b \;\sim\; b \equiv 0 \pmod{a} \,,$$
$$a/b \;\sim\; \varrho(b, a) = 0 \,,$$

---

[1] Wer die hier folgenden formalen Entwicklungen überspringen will, kann auf S. 421 fortfahren.

ferner ergeben sich die Formeln

$$a/a \cdot b , \quad b/a \cdot b ,$$
$$a/b \,\&\, b/c \;\to\; a/c ,$$
$$a/b \,\&\, a/c \;\to\; a/b + c ,$$
$$a/b \,\&\, a/b + c \;\to\; a/c ,$$
$$a/0 , \quad 0/b \;\to\; b = 0 .$$

Aus der Äquivalenz

$$a/b \;\sim\; b \equiv 0 \;(\text{mod } a)$$

erhält man noch

$$a/b \,\&\, b \equiv c \;(\text{mod } a) \;\to\; a/c .$$

Zur Formalisierung des Begriffes „*a ist zu b prim*" stellen wir die Definition auf:
$$\text{Prim}\,(a, b) \;\sim\; (E\,x)\,(a \cdot x \equiv 1 \;(\text{mod } b)) .$$

Aus dieser Definition gewinnt man leicht die folgenden Formeln:

$$\text{Prim}\,(a, b) \,\&\, c/a \;\to\; \text{Prim}\,(c, b) ,$$
$$\text{Prim}\,(a, n) \,\&\, \text{Prim}\,(b, n) \to \text{Prim}\,(a \cdot b, n) ,$$
$$\text{Prim}\,(a, n) \,\&\, a \equiv b \;(\text{mod } n) \to \text{Prim}\,(b, n) .$$

Etwas mühsamer ist die Ableitung der Symmetrieeigenschaft, welche sich durch die Formel

$$\text{Prim}\,(a, b) \to \text{Prim}\,(b, a)$$

ausdrückt. Diese geschieht auf dem Weg über folgende Formeln:

$$\text{Prim}\,(1, a), \quad \text{Prim}\,(a, 0) \;\to\; a = 1, \quad \text{Prim}\,(0, 1),$$
$$b > 1 \,\&\, \text{Prim}\,(a, b) \to (E\,x)\,(E\,y)\,(x < b \,\&\, y < a \,\&\, a \cdot x = b \cdot y + 1),$$
$$(E\,x)\,(E\,y)\,(x < b \,\&\, y < a \,\&\, a \cdot x = b \cdot y + 1)$$
$$\to (E\,x)\,(E\,y)\,(E\,u)\,(E\,v)\,(x + u = b \,\&\, y + v = a \,\&\, a \cdot x = b \cdot y + 1),$$
$$(E\,x)\,(E\,y)\,(E\,u)\,(E\,v)\,(x + u = b \,\&\, y + v = a \,\&\, a \cdot x = b \cdot y + 1)$$
$$\to (E\,u)\,(E\,v)\,(b \cdot v = a \cdot u + 1) .$$

Aus der Formel

$$\text{Prim}\,(a, b) \to \text{Prim}\,(b, a)$$

erhält man, durch Anwendung der Definition von Prim (a, b):

$$\text{Prim}\,(a, b) \to (E\,x)\,(a \cdot x \equiv 1 \;(\text{mod } b)) \,\&\, (E\,x)\,(b \cdot x \equiv 1 \;(\text{mod } a)).$$

Nimmt man hierzu die Formel

$$a \cdot r \equiv 1 \;(\text{mod } b) \,\&\, b \cdot s \equiv 1 \;(\text{mod } a)$$
$$\to a \cdot r \cdot l + b \cdot s \cdot k \equiv l \;(\text{mod } b) \,\&\, a \cdot r \cdot l + b \cdot s \cdot k \equiv k \;(\text{mod } a) ,$$

so ergibt sich

$$\text{Prim}\,(a, b) \to (E\,x)\,(x \equiv k \;(\text{mod } a) \,\&\, x \equiv l \;(\text{mod } b)) .$$

Wir führen nun die Funktion mult (a, b), welche das *kleinste gemeinsame Vielfache* von a und b darstellt, durch folgende Definition ein:

$$\text{mult } (a, b) = \mu_x (x \neq 0 \,\&\, a/x \,\&\, b/x) .$$

Zur Anwendung dieser Definition haben wir Gebrauch zu machen von den Formeln (μ_1), (μ_2), (μ_3). Diese Formeln werden hier in der Weise angewendet, daß zunächst in (μ_2) für a die Variable n und dann in allen drei Formeln für $A(c)$ die Formel

$$c \neq 0 \,\&\, a/c \,\&\, b/c$$

eingesetzt wird. So erhalten wir aus (μ_1), (μ_2) die Formeln

$$(E\,x)\,(x \neq 0 \,\&\, a/x \,\&\, b/x) \;\rightarrow\; \text{mult } (a, b) \neq 0 \,\&\, a/\text{mult } (a, b) \,\&\, b/\text{mult } (a, b),$$

$$n \neq 0 \,\&\, a/n \,\&\, b/n \;\rightarrow\; \text{mult } (a, b) \leqq n ,$$

und aus (μ_3) erhalten wir nach einer einfachen Umformung:

$$(x)\,(a/x \,\&\, b/x \;\rightarrow\; x = 0) \;\rightarrow\; \text{mult } (a, b) = 0 .$$

Diese letzte Formel, in Verbindung mit der Formel

$$0/b \;\rightarrow\; b = 0 ,$$

ergibt

$$a = 0 \vee b = 0 \;\rightarrow\; \text{mult } (a, b) = 0 .$$

In der aus (μ_1) erhaltenen Formel kann das Vorderglied auf Grund der Formeln

$$a \neq 0 \,\&\, b \neq 0 \;\rightarrow\; a \cdot b \neq 0 ,$$

$$a/a \cdot b , \qquad b/a \cdot b ,$$

aus denen sich

$$a \neq 0 \,\&\, b \neq 0 \rightarrow (E\,x)\,(x \neq 0 \,\&\, a/x \,\&\, b/x)$$

ergibt, durch $a \neq 0 \,\&\, b \neq 0$ ersetzt werden. Die so entstandene Formel kann in folgende beiden zerlegt werden:

$$a \neq 0 \,\&\, b \neq 0 \;\rightarrow\; \text{mult } (a, b) \neq 0 ,$$

$$a \neq 0 \,\&\, b \neq 0 \;\rightarrow\; a/\text{mult } (a, b) \,\&\, b/\text{mult } (a, b) .$$

In der zweiten von diesen kann auf Grund der vorher erhaltenen Formel

$$a = 0 \vee b = 0 \;\rightarrow\; \text{mult } (a, b) = 0$$

und der Formel $a/0$ das Vorderglied weggelassen werden, d. h. wir erhalten

$$a/\text{mult } (a, b) \,\&\, b/\text{mult } (a, b) .$$

Um nun auch die aus (μ_2) erhaltene Formel

$$n \neq 0 \,\&\, a/n \,\&\, b/n \;\rightarrow\; \text{mult } (a, b) \leqq n$$

zur Anwendung zu bringen, beachten wir zunächst, daß die Formel

$$n \neq 0 \,\&\, a/n \,\&\, b/n \;\rightarrow\; a \neq 0 \,\&\, b \neq 0 ,$$

welche sich mit Hilfe der Formel

$$0/b \rightarrow b = 0$$

ergibt, zusammen mit der abgeleiteten Formel

$$a \neq 0 \,\&\, b \neq 0 \rightarrow \text{mult}\,(a, b) \neq 0$$

die Formel

$$n \neq 0 \,\&\, a/n \,\&\, b/n \rightarrow \text{mult}\,(a, b) \neq 0$$

liefert. Diese Formel zusammen mit der Formel

$$b \neq 0 \rightarrow \varrho\,(a, b) < b\,,$$

worin wir n für a und mult (a, b) für b einsetzen, ergibt

$$n \neq 0 \,\&\, a/n \,\&\, b/n \rightarrow \varrho\,(n, \text{mult}\,(a, b)) < \text{mult}\,(a, b)\,.$$

Des weiteren ziehen wir die Formeln

$$a \equiv \varrho\,(a, b)\ (\text{mod}\ b)\,,$$
$$a/b \,\&\, b \equiv c\ (\text{mod}\ a) \rightarrow a/c$$

heran. Von diesen ergibt die erste durch Einsetzung

$$n \equiv \varrho\,(n, \text{mult}\,(a, b))\ (\text{mod}\ \text{mult}\,(a, b))$$

und weiter, durch Benutzung von $a/\text{mult}\,(a, b)$, $b/\text{mult}\,(a, b)$:

$$n \equiv \varrho\,(n, \text{mult}\,(a, b))\ (\text{mod}\ a)\,,$$
$$n \equiv \varrho\,(n, \text{mult}\,(a, b))\ (\text{mod}\ b)\,.$$

Aus der zweiten erhalten wir durch Einsetzungen

$$a/n \,\&\, n \equiv \varrho\,(n, \text{mult}\,(a, b))\ (\text{mod}\ a) \rightarrow a/\varrho\,(n, \text{mult}\,(a, b))\,,$$
$$b/n \,\&\, n \equiv \varrho\,(n, \text{mult}\,(a, b))\ (\text{mod}\ b) \rightarrow b/\varrho\,(n, \text{mult}\,(a, b))\,.$$

Somit ergibt sich

$$a/n \,\&\, b/n \rightarrow a/\varrho\,(n, \text{mult}\,(a, b)) \,\&\, b/\varrho\,(n, \text{mult}\,(a, b))\,.$$

Nunmehr bringen wir die aus (μ_2) erhaltene Formel

$$n \neq 0 \,\&\, a/n \,\&\, b/n \rightarrow \text{mult}\,(a, b) \leqq n$$

zur Anwendung. Setzen wir darin für n ein $\varrho\,(n, \text{mult}\,(a, b))$, so ergibt sich, in Verbindung mit der vorigen Formel:

$$\varrho\,(n, \text{mult}\,(a, b)) \neq 0 \,\&\, a/n \,\&\, b/n \rightarrow \text{mult}\,(a, b) \leqq \varrho\,(n, \text{mult}\,(a, b))\,.$$

Andererseits hatten wir zuvor abgeleitet

$$n \neq 0 \,\&\, a/n \,\&\, b/n \rightarrow \varrho\,(n, \text{mult}\,(a, b)) < \text{mult}\,(a, b)\,;$$

somit erhalten wir:

$$n \neq 0 \,\&\, a/n \,\&\, b/n \rightarrow \varrho\,(n, \text{mult}\,(a, b)) = 0\,,$$

also, auf Grund der Äquivalenz

$$a/b \,\sim\, \varrho\,(b, a) = 0\,,$$
$$n \neq 0 \,\&\, a/n \,\&\, b/n \rightarrow \text{mult}\,(a, b)/n\,.$$

Hier kann schließlich noch im Vorderglied $n \neq 0$ wegen

$$\mathrm{mult}\,(a,\,b)/0$$

weggelassen werden, so daß wir zu der Formel

$$a/n \ \& \ b/n \rightarrow \mathrm{mult}\,(a,\,b)/n$$

gelangen.

Im ganzen haben wir so folgende Formeln für die Funktion $\mathrm{mult}\,(a,b)$ gewonnen:

$$a/\mathrm{mult}\,(a,\,b) \ \& \ b/\mathrm{mult}\,(a,\,b)\,,$$

$$a/n \ \& \ b/n \rightarrow \mathrm{mult}\,(a,\,b)/n\,.$$

Diese liefern in der Tat auch eine hinlängliche Charakterisierung der Funktion.

Nun brauchen wir für das Folgende noch die Darstellung des *kleinsten gemeinsamen Vielfachen für eine endliche Folge von Zahlen,* welche durch m sukzessive Werte eines Terms $\mathrm{t}\,(a)$ bestimmt wird. Wir gewinnen diese durch folgende Definition:

$$\mathrm{mult}_x(\mathrm{t}(x);\,m) = \mu_x\big(x \neq 0 \ \& \ (y)\,(y < m \ \rightarrow \ \mathrm{t}(y)/x)\big)\,.$$

Aus dieser Definition ergeben sich ganz entsprechende Formeln, wie wir sie für die Funktion $\mathrm{mult}\,(a,\,b)$ erhalten haben, nämlich

$$(y)\,(y < m \ \rightarrow \ \mathrm{t}(y) \neq 0) \rightarrow \mathrm{mult}_x(\mathrm{t}(x);\,m) \neq 0\,,$$

$$(y)\,(y < m \ \rightarrow \ \mathrm{t}(y)/\mathrm{mult}_x(\mathrm{t}(x);\,m))\,,$$

$$(y)\,(y < m \ \rightarrow \ \mathrm{t}(y)/n) \rightarrow \mathrm{mult}_x(\mathrm{t}(x);\,m)/n\,.$$

Die Ableitungen verlaufen analog wie bei den Formeln für $\mathrm{mult}\,(a,\,b)$; nur muß die Formel, welche jetzt an die Stelle der Formel

$$a \neq 0 \ \& \ b \neq 0 \rightarrow (Ex)\,(x \neq 0 \ \& \ a/x \ \& \ b/x)$$

tritt und welche lautet

$$(y)\,(y < m \ \rightarrow \ \mathrm{t}(y) \neq 0) \rightarrow (Ex)\,\big(x \neq 0 \ \& \ (y)\,(y < m \ \rightarrow \ \mathrm{t}(y)/x)\big)\,,$$

durch vollständige Induktion nach m abgeleitet werden. An dieser Ableitung ist insbesondere zu beachten, daß durch sie die *Anwendung einer rekursiven Definition umgangen wird.* Ihre Ausführung geschieht folgendermaßen. Bezeichnen wir die zu beweisende Formel abgekürzt mit

$$\mathfrak{A}\,(m) \rightarrow \mathfrak{B}\,(m)\,,$$

so ergibt sich zunächst $\mathfrak{B}\,(0)$, d. h.

$$(Ex)\,\big(x \neq 0 \ \& \ (y)\,(y < 0 \ \rightarrow \ \mathrm{t}(y)/x)\big)$$

aus der Formel

$$0' \neq 0 \ \& \ (y)\,(y < 0 \ \rightarrow \ \mathrm{t}(y)/0')\,;$$

und aus $\mathfrak{B}\,(0)$ erhalten wir

$$\mathfrak{A}\,(0) \rightarrow \mathfrak{B}\,(0)\,.$$

Nun braucht zur Anwendbarkeit des Induktionsschemas nur noch

$$(\mathfrak{A}(m) \to \mathfrak{B}(m)) \to (\mathfrak{A}(m') \to \mathfrak{B}(m'))$$

abgeleitet zu werden.

$\mathfrak{A}(m)$ lautet

$$(y)\,(y < m \; \to \; \mathrm{t}(y) \neq 0)\,,$$

und es ergibt sich somit

$$\mathfrak{A}(m') \; \to \; \mathfrak{A}(m)\,\&\,\mathrm{t}(m) \neq 0\,;$$

es genügt daher die Formel

$$(\mathfrak{A}(m) \to \mathfrak{B}(m)) \to (\mathfrak{A}(m)\,\&\,\mathrm{t}(m) \neq 0 \; \to \; \mathfrak{B}(m'))$$

abzuleiten, wozu wiederum auf Grund des Aussagenkalkuls die Ableitung der Formel

$$\mathfrak{B}(m)\,\&\,\mathrm{t}(m) \neq 0 \; \to \; \mathfrak{B}(m')$$

ausreicht. Diese Formel aber, welche ausgeschrieben lautet:

$$(E\,x)\,\big(x \neq 0\,\&\,(y)\,(y < m \; \to \; \mathrm{t}(y)/x)\big)\,\&\,\mathrm{t}(m) \neq 0$$
$$\to (E\,x)\,\big(x \neq 0\,\&\,(y)\,(y < m' \; \to \; \mathrm{t}(y)/x)\big)\,,$$

ergibt sich mittels des Prädikatenkalkuls aus der ableitbaren Formel

$$a \neq 0\,\&\,(y)\,(y < m \; \to \; \mathrm{t}(y)/a)\,\&\,\mathrm{t}(m) \neq 0$$
$$\to \; a \cdot \mathrm{t}(m) \neq 0\,\&\,(y)\,(y < m' \; \to \; \mathrm{t}(y)/a \cdot \mathrm{t}(m))\,.$$

Aus den somit sich ergebenden Formeln für die Funktion $\mathrm{mult}_x\,(\mathrm{t}(x)\,;\,m)$ können wir nun noch folgende weitere Formel ableiten:

$$(x)\,\big(x < m \; \to \; \mathrm{Prim}(\mathrm{t}(x),\,a)\big) \; \to \; \mathrm{Prim}\big(\mathrm{mult}_x(\mathrm{t}(x)\,;\,m),\,a\big)\,.$$

Diese wird wiederum durch Induktion nach m erhalten. Wir geben sie zur Abkürzung wieder mit

$$\mathfrak{A}(m) \to \mathfrak{B}(m)$$

an. $\mathfrak{B}(0)$ ist die Formel

$$\mathrm{Prim}\big(\mathrm{mult}_x(\mathrm{t}(x)\,;\,0),\,a\big)\,;$$

diese erhält man aus der ableitbaren Gleichung

$$\mathrm{mult}_x\,(\mathrm{t}(x)\,;\,0) = 1$$

in Verbindung mit der Formel

$$\mathrm{Prim}\,(1,\,a)\,.$$

Damit ist auch

$$\mathfrak{A}(0) \to \mathfrak{B}(0)$$

abgeleitet. Nun hat man noch abzuleiten

$$(\mathfrak{A}(m) \to \mathfrak{B}(m)) \to (\mathfrak{A}(m') \to \mathfrak{B}(m'))\,.$$

Hierzu genügt es, auf Grund der Formel

$$\mathfrak{A}(m') \to \mathfrak{A}(m) \,\&\, \text{Prim}(\mathfrak{t}(m), a) \,,$$

daß man ableitet:

$$\mathfrak{B}(m) \,\&\, \text{Prim}(\mathfrak{t}(m), a) \to \mathfrak{B}(m') \,,$$

d. h. ausgeschrieben:

$$\text{Prim}(\text{mult}_x(\mathfrak{t}(x); m), a) \,\&\, \text{Prim}(\mathfrak{t}(m), a) \to \text{Prim}(\text{mult}_x(\mathfrak{t}(x); m'), a) \,.$$

Diese Formel ergibt sich nun mit Hilfe der für $\text{mult}_x(\mathfrak{t}(x); m)$ erhaltenen Formeln:

$$(y)\,(y < m \;\to\; \mathfrak{t}(y)/\text{mult}_x(\mathfrak{t}(x); m))\,,$$

$$(y)\,(y < m \;\to\; \mathfrak{t}(y)/n) \;\to\; \text{mult}_x(\mathfrak{t}(x); m)/n \,.$$

Nämlich aus der ersten erhalten wir

$$(y)\,(y < m' \;\to\; \mathfrak{t}(y)/(\text{mult}_x(\mathfrak{t}(x); m) \cdot \mathfrak{t}(m)))\,;$$

diese Formel, zusammen mit derjenigen, die wir aus der zweiten durch Einsetzung von m' für m und von $\text{mult}_x(\mathfrak{t}(x); m) \cdot \mathfrak{t}(m)$ für n erhalten, ergibt

$$\text{mult}_x(\mathfrak{t}(x); m')/\text{mult}_x(\mathfrak{t}(x); m) \cdot \mathfrak{t}(m) \,.$$

Auf Grund dieser Formel kommt aber die Ableitung von

$$\text{Prim}(\text{mult}_x(\mathfrak{t}(x); m), a) \,\&\, \text{Prim}(\mathfrak{t}(m), a) \to \text{Prim}(\text{mult}_x(\mathfrak{t}(x); m'), a)$$

auf die Anwendung der Formel

$$\text{Prim}(k, a) \,\&\, \text{Prim}(l, a) \,\&\, r/k \cdot l \;\to\; \text{Prim}(r, a)$$

hinaus, welche man aus den Formeln

$$\text{Prim}(a, n) \,\&\, \text{Prim}(b, n) \;\to\; \text{Prim}(a \cdot b, n)$$

und

$$\text{Prim}(a, b) \,\&\, c/a \;\to\; \text{Prim}(c, b)$$

erhält.

Demnach führt das Induktionsschema zu der gewünschten Formel

$$(x)\,(x < m \;\to\; \text{Prim}(\mathfrak{t}(x), a)) \to \text{Prim}(\text{mult}_x(\mathfrak{t}(x); m), a) \,.$$

Von dieser Formel machen wir nun eine spezielle Anwendung, indem wir für $\mathfrak{t}(x)$ den Term $x' \cdot k + 1$ nehmen[1] und für a einsetzen $m' \cdot k + 1$. Dadurch erhalten wir

$$(x)(x < m \to \text{Prim}(x' \cdot k + 1, m' \cdot k + 1)) \to \text{Prim}(\text{mult}_x(x' \cdot k + 1; m), m' \cdot k + 1).$$

Hier kann nun das Vorderglied ersetzt werden durch

$$(x)\,(x < m \;\to\; x'/k)\,;$$

nämlich wir können die Formel ableiten

$$(x)\,(x < m \;\to\; x'/k) \;\to\; (x)\,(x < m \;\to\; \text{Prim}(x' \cdot k + 1, m' \cdot k + 1)).$$

---

[1] Die Schreibweise $x' \cdot k + 1$ an Stelle von $(x' \cdot k)'$ dient zur Ersparung von Klammern.

27*

Der Gang dieser Ableitung sei kurz angegeben. Es genügt, wenn **wir** ableiten können:

$$(x)\ (x < m \ \rightarrow\ x'/k) \ \rightarrow\ (r < m \ \rightarrow\ \mathrm{Prim}\,(r' \cdot k + 1,\, m' \cdot k + 1))\,.$$

Dazu gehen wir aus von den beiden ableitbaren Formeln

$$r < m \ \rightarrow\ (E\,x)\ (x \neq 0\ \&\ r' + x = m')\,,$$

$$s \neq 0\ \&\ r' + s = m' \ \rightarrow\ (E\,x)\ (s = x'\ \&\ x < m)\,.$$

Aus der zweiten ergibt sich:

$$(x)\ (x < m \ \rightarrow\ x'/k) \rightarrow (s \neq 0\ \&\ r' + s = m' \rightarrow s/k)$$

und hieraus in Verbindung mit der ersten Formel:

$$(x)\ (x < m \ \rightarrow\ x'/k) \ \rightarrow\ (r < m \ \rightarrow\ (E\,x)\ (x/k\ \&\ r' + x = m'))\,.$$

Hiernach genügt es zur Ableitung der gewünschten Formel, wenn wir die Formel

$$(E\,x)\ (x/k\ \&\ r' + x = m') \ \rightarrow\ \mathrm{Prim}\,(r' \cdot k + 1,\, m' \cdot k + 1)$$

ableiten können, welche wiederum deduktionsgleich ist mit der Formel

$$a/k\ \&\ r' + a = m' \ \rightarrow\ \mathrm{Prim}\,(r' \cdot k + 1,\, m' \cdot k + 1)\,.$$

Diese aber ist ist folgendermaßen zu erhalten. Wir haben zunächst

$$r' + a = m' \ \rightarrow\ r' \cdot k + 1 + a \cdot k = m' \cdot k + 1$$

und daher auch

$$r' + a = m' \ \rightarrow\ m' \cdot k + 1 \equiv a \cdot k \bmod (r' \cdot k + 1)\,.$$

Ferner erhalten wir aus der Definition von $\mathrm{Prim}\,(a,\, b)$

$$\mathrm{Prim}\,(r' \cdot k + 1,\, k)$$

und daher auch

$$\mathrm{Prim}\,(k,\, r' \cdot k + 1)$$

sowie

$$a/k \ \rightarrow\ \mathrm{Prim}\,(a,\, r' \cdot k + 1)\,;$$

die beiden letzten Formeln zusammen ergeben

$$a/k \ \rightarrow\ \mathrm{Prim}\,(a \cdot k,\, r' \cdot k + 1)\,.$$

Auf Grund der vorherigen Formel

$$r' + a = m' \ \rightarrow\ m' \cdot k + 1 \equiv a \cdot k\,(\bmod\,(r' \cdot k + 1))$$

folgt nun

$$a/k\ \&\ r' + a = m' \ \rightarrow\ \mathrm{Prim}\,(m' \cdot k + 1,\, r' \cdot k + 1)$$

und daraus die gewünschte Formel

$$a/k\ \&\ r' + a = m' \ \rightarrow\ \mathrm{Prim}\,(r' \cdot k + 1,\, m' \cdot k + 1)\,.$$

Damit ist nun die Formel

$$(x)\ (x < m \ \rightarrow\ x'/k) \ \rightarrow\ \mathrm{Prim}\,(\mathrm{mult}_x\,(x' \cdot k + 1;\, m),\, m' \cdot k + 1)$$

abgeleitet.

Endlich sei hier noch erwähnt, wie man das Maximum der Werte eines Terms $\mathfrak{t}(a)$ für $a < n$ mittels der Funktion $\mu_x A(x)$ definiert. Die Definition lautet:

$$\max_{x < n} \mathfrak{t}(x) = \mu_x(y)(y < n \rightarrow \mathfrak{t}(y) \leqq x).$$

Wir brauchen im folgenden von dieser Funktion nur die Eigenschaft, welche sich durch die Formel

$$(y)(y < n \rightarrow \mathfrak{t}(y) \leqq \max_{x < n} \mathfrak{t}(x))$$

darstellt. Diese erhält man durch Anwendung der Formel (μ_1) in Verbindung mit der Formel

$$(E x)(y)(y < n \rightarrow \mathfrak{t}(y) \leqq x),$$

welche man durch vollständige Induktion nach n ableitet.

Nunmehr sind wir so weit, daß wir zeigen können, wie man eine *rekursive Definition mit Hilfe der Funktion $\mu_x A(x)$ durch eine explizite Definition ersetzt*, worin als Grundfunktionen *außer der Strichfunktion nur die Addition und die Multiplikation* benutzt werden. Die Einführung der rekursiven Definitionen geschieht, wie wir wissen, in einer bestimmten Reihenfolge, und die jeweils schon eingeführten Funktionen können bei den nachfolgenden rekursiven Definitionen benutzt werden. Im Anschluß an diese Reihenfolge vollzieht sich auch die Ersetzung der rekursiven Definitionen durch explizite Definitionen schrittweise. Es kommt darauf an zu zeigen: Wenn bis zu einer gewissen Stelle die rekursiven Definitionen — abgesehen von denjenigen für die Addition und Multiplikation, welche wir ja im System (Z) als Axiome nehmen — durch explizite Definitionen ersetzt sind, so kann auch die nächstfolgende rekursive Definition durch eine explizite Definition ersetzt werden. Diese betreffende Rekursion — es soll sich hier nur um Rekursionen im engeren Sinne, d. h. um *primitive Rekursionen* handeln — möge lauten[1]

$$\varphi(a, \ldots, k, 0) = \mathfrak{a}(a, \ldots, k),$$
$$\varphi(a, \ldots, k, n') = \mathfrak{b}(a, \ldots, k, n, \varphi(a, \ldots, k, n)).$$

Hier können wir uns die in $\mathfrak{a}(a, \ldots, k)$ und $\mathfrak{b}(a, \ldots, k, n, m)$ vorkommenden rekursiven Funktionen bereits durch die an ihre Stelle tretenden Terme ersetzt denken, so daß die rechten Seiten der beiden Gleichungen außer der Funktion φ und Abkürzungen (d. h. explizit definierten Symbolen) keine anderen Symbole enthalten als die Funktionszeichen a', $a + b$, $a \cdot b$, das Symbol $\mu_x A(x)$ und die logischen

---

[1] Wir könnten uns hier gemäß dem früher Bewiesenen (§ 7, S. 327) auf Rekursionen mit höchstens einem Parameter beschränken; doch würde dadurch unsere Überlegung nicht vereinfacht.

Symbole [welche ja innerhalb eines Ausdrucks $\mu_x \mathfrak{A}(x)$ vorkommen können].

Die Aufgabe ist nun, einen Term $\mathfrak{f}(a, \ldots, k, n)$ anzugeben, für welchen die Formeln

$$\mathfrak{f}(a, \ldots, k, 0) = \mathfrak{a}(a, \ldots, k),$$

$$\mathfrak{f}(a, \ldots, k, n') = \mathfrak{b}(a, \ldots, k, n, \mathfrak{f}(a, \ldots, k, n))$$

ableitbar sind. Hierbei können wir in der Angabe der Terme überall die Parameter $a, \ldots, k$ weglassen, so daß die beiden Gleichungen einfach durch

$$\mathfrak{f}(0) = \mathfrak{a},$$

$$\mathfrak{f}(n') = \mathfrak{b}(n, \mathfrak{f}(n))$$

angegeben werden[1].

Die Methode der Lösung dieser Aufgabe möge zunächst ihrem Grundgedanken nach dargelegt werden. Wir knüpfen hierzu an DEDEKIND an, welcher als erster in seiner Schrift „Was sind und was sollen die Zahlen?" die *Erfüllbarkeit* der Rekursionsgleichungen, aufgefaßt als Bestimmungsgleichungen für die einzuführende Funktion, ohne Benutzung anschaulicher Betrachtung bewiesen hat. Sein Beweis besteht darin, daß er zunächst zeigt: Es gibt für jede Zahl n eine Funktion $f_n(a)$, welche die Eigenschaft hat, daß

$$f_n(0) = \mathfrak{a},$$

und für jede Zahl x, welche $< n$ ist,

$$f_n(x') = \mathfrak{b}(x, f_n(x)).$$

Der Beweis erfolgt durch vollständige Indikation nach n. Weiter zeigt er, daß der Wert von $f_n(x)$ durch die gestellten Bedingungen für alle $x \leqq n$ eindeutig festgelegt ist, so daß für $x \leqq n$ und $x \leqq m$

$$f_n(x) = f_m(x).$$

Hieraus folgt dann, daß die Funktion

$$f(n) = f_n(n)$$

für alle Argumentwerte den Rekursionsgleichungen genügt.

Dieser Beweis läßt sich streng formal durchführen, jedoch nicht in dem von uns betrachteten Formalismus, sondern erst in dem logischen Kalkul der „zweiten Stufe", d. h. mit Benutzung gebundener Funk-

---

[1] Das Erfordernis, die Parameter in dem Rekursionsschema explizite anzugeben, rührt — wenigstens bei dem einfachsten Rekursionsschema — lediglich davon her, daß für Funktionszeichen die Festsetzung besteht, ihre Argumente alle explizite aufzuschreiben. Daß auf den linken Seiten der Rekursionsgleichungen ein neu einzuführendes Funktionszeichen mit den betr. Argumenten und nicht nur irgendwelche Terme mit den gleichen Variablen stehen, gehört wesentlich zur Form des Rekursionsschemas.

tionsvariablen (oder statt dessen gebundener Formelvariablen bzw. Mengenvariablen). Denn man hat ja eine Behauptung auszudrücken, welche die *Existenz einer Funktion* von einer gewissen Beschaffenheit besagt.

Diese Schwierigkeit kann aber umgangen werden. Nämlich eine jede der Funktionen $f_n(x)$ braucht ja nur für die Werte des Arguments von 0 bis n betrachtet zu werden; die Existenz einer Funktion $f_n(x)$ von der Eigenschaft

$$f_n(0) = \mathfrak{a} \,\&\, (x)\,(x < n \;\rightarrow\; f_n(x') = \mathfrak{b}\,(x, f_n(x)))$$

ist daher gleichbedeutend mit der Existenz einer $(n+1)$-gliedrigen Zahlenfolge

$$a_0, a_1, \ldots, a_n,$$

bei welcher $a_0 = \mathfrak{a}$ ist und für jeden Index $k < n$ die Beziehung

$$a_{k'} = \mathfrak{b}\,(k, a_k)$$

erfüllt ist.

Nun wissen wir andererseits, daß die endlichen Zahlenfolgen sich in eine Abzählung bringen, d. h. umkehrbar eindeutig den Zahlen selbst zuordnen lassen. In der rekursiven Zahlentheorie haben wir insbesondere diejenige Abzählung betrachtet, welche auf der Darstellung der Zahlen als Produkten von Primzahlpotenzen beruht. Bei dieser Abzählung entspricht der Zahlenfolge

$$a_0, a_1, \ldots, a_n$$

die Zahl

$$\wp_0^{a_0}\,\wp_1^{a_1} \ldots \wp_n^{a_n},$$

wobei $\wp_0$ die Zahl 2 ist und $\wp_1, \ldots, \wp_n$ die n ersten ungeraden Primzahlen sind. Gehen wir umgekehrt von der Zahl

$$m = \wp_0^{a_0} \ldots \wp_n^{a_n}$$

aus, so stellt sich die Folge

$$a_0, \ldots, a_n$$

mit Hilfe der in der rekursiven Zahlentheorie eingeführten Funktion $\nu(m, k)$ dar in der Form

$$\nu(m, 0), \ldots, \nu(m, n).$$

Und die Existenz einer Zahlenfolge $a_0, \ldots, a_n$ von der verlangten Beschaffenheit wird als Existenz einer *Zahl* von einer gewissen Beschaffenheit dargestellt durch die Formel:

$$(E\,x)\,[\nu(x, 0) = \mathfrak{a} \,\&\, (y)\,(y < n \;\rightarrow\; \nu(x, y') = \mathfrak{b}(y, \nu(x, y)))].$$

Auf diese Weise kann die DEDEKINDsche Überlegung so umgeformt werden, daß in ihrer Formalisierung keine anderen Variablen als Zahlenvariablen auftreten[1].

---

[1] Die Möglichkeit dieser Umformung ist wohl zuerst von J. v. NEUMANN bemerkt worden.

Hiermit sind wir jedoch noch nicht am Ziele. Denn wir haben ja im Formalismus des Systems (Z) die Funktion $\nu(m, k)$ nicht zur Verfügung. Diese wird in der rekursiven Zahlentheorie durch Rekursionen definiert[1]. Versucht man, diese Rekursionen — abgesehen von denjenigen für die Summe und das Produkt, die ja beim System (Z) zugelassen sind — mittels der Funktion $\mu_x A(x)$ zu eliminieren, so bemerkt man, daß dieses bei einigen von ihnen ohne weiteres gelingt; es bleiben aber die Rekursionen für die beiden Funktionen

$$a^n \quad \text{und} \quad \varphi_n,$$

für welche keine direkte explizite Definition im Rahmen des Systems (Z) bekannt ist (welche nicht schon das allgemeine Verfahren der Ersetzung des Rekursionsschemas durch eine explizite Definition benutzt, das ja gerade hier erst zuwege gebracht werden soll).

Wir müssen deshalb auf einem anderen Wege suchen, die Existenz einer Zahlenfolge $a_0, \ldots, a_n$ von der in Frage kommenden Beschaffenheit durch eine Existenzaussage über Zahlen auszudrücken. Dieses gelingt im Anschluß an folgende Bemerkung von GÖDEL[2]: Wird die Zahl l so gewählt, daß sie durch jede der Zahlen von 1 bis n teilbar ist, so sind die Zahlen

$$1 \cdot l + 1, \ 2 \cdot l + 1, \ldots, \ n \cdot l + 1, \ (n+1) \cdot l + 1$$

paarweise teilerfremd, und es kann daher eine Zahl m so bestimmt werden, daß die Kongruenzen

$$m \equiv a_k (\bmod (k+1) \cdot l + 1)$$
$$(\text{für } k = 0, 1, \ldots, n)$$

erfüllt sind. Wird außerdem l mindestens so groß gewählt wie das Maximum der Zahlen $a_0, a_1, \ldots, a_n$, so ist

$$a_k < (k+1) \cdot l + 1,$$

also ist a_k der Rest von m bei der Division durch $(k+1) \cdot l + 1$. Die Folge $a_0, \ldots, a_n$ stellt sich somit dar als die Folge der Reste von m bei der Division durch die Zahlen

$$1 \cdot l + 1, \ 2 \cdot l + 1, \ldots, (n+1) \cdot l + 1.$$

Eine solche Darstellung ist für jede beliebige Folge $a_0, a_1, \ldots, a_n$ möglich. Demnach ist die Existenz einer Folge $a_0, a_1, \ldots, a_n$, welche den Bedingungen

$$a_0 = \mathfrak{a}, \ a_{k'} = \mathfrak{b}(k, a_k) \ \text{für } k < n$$

---

[1] Vgl. S. 324—325.

[2] Vgl. in der Abhandlung „Über formal unentscheidbare Sätze der Principia Mathematica und verwandter Systeme I" (Mh. Math. Phys. Bd. 38 Heft 1) den Beweis von Satz VII.

genügt, gleichbedeutend mit der Existenz einer Zahl m, zu welcher es eine Zahl l gibt derart, daß

$$\varrho\,(m,\,l+1) = \mathfrak{a}$$

und für jede Zahl k von 0 bis $(n-1)$

$$\varrho\,(m,\,k''\cdot l+1) = \mathfrak{b}\,(k,\,\varrho\,(m,\,\bar{k}'\cdot l+1))\,.$$

Die Behauptung der Existenz einer solchen Zahl m können wir auch in unserem Formalismus, auf Grund unserer expliziten Definition der Funktion $\varrho\,(a,\,b)$, zur Darstellung bringen, nämlich durch die Formel

$$(E\,x)(E\,y)\big[\varrho\,(x,\,y+1) = \mathfrak{a}\,\&\,(z)\,(z<n \rightarrow \varrho\,(x,\,z''\cdot y+1) = \mathfrak{b}\,(z,\,\varrho\,(x,\,z'\cdot y+1)))\big].$$

Es kommt nun darauf an, diese Formel — sie möge kurz mit $\mathfrak{A}(n)$ bezeichnet werden — abzuleiten und im Anschluß daran einen Term $\mathfrak{f}\,(n)$ aufzustellen, für welchen sich die Formeln

$$\mathfrak{f}\,(0) = \mathfrak{a}\,,$$

$$\mathfrak{f}\,(n') = \mathfrak{b}\,(n,\,\mathfrak{f}\,(n))$$

beweisen lassen.

Die Ableitung[1] der Formel $\mathfrak{A}\,(n)$ erfolgt durch Induktion nach n. $\mathfrak{A}\,(0)$ ist überführbar in die Formel

$$(E\,x)\,(E\,y)\,(\varrho\,(x,\,y+1) = \mathfrak{a})\,;$$

diese erhält man aus der Gleichung

$$\varrho\,(\mathfrak{a},\,\mathfrak{a}+1) = \mathfrak{a}\,,$$

welche sich aus der Formel

$$a \equiv r\,(\mathrm{mod}\,b)\,\&\,r<b \rightarrow r = \varrho\,(a,\,b)$$

ergibt.

Um nun die Formel

$$\mathfrak{A}\,(n) \rightarrow \mathfrak{A}\,(n')$$

zu erhalten, leiten wir zunächst die Formel

$$\mathrm{mult}_x\,(x'\,;\,n')/k\,\&\,a \leq n \rightarrow (E\,x)(y)(y \leq a \rightarrow x \equiv \varrho\,(m,\,y'\cdot l+1)(\mathrm{mod}(y'\cdot k+1)))$$

durch *Induktion nach a* ab.

Diese Formel hat die Gestalt

$$\mathfrak{U}\,\&\,a \leq n \rightarrow \mathfrak{B}\,(a)\,,$$

wobei in $\mathfrak{U}$ die Variable a nicht vorkommt.

$\mathfrak{B}\,(0)$ erhält man ohne weiteres aus der Formel

$$b \equiv b\,(\mathrm{mod}\,c)$$

und somit auch die Formel

$$\mathfrak{U}\,\&\,0 \leq n \rightarrow \mathfrak{B}\,(0)\,.$$

---

[1] Wem an der Nachprüfung dieser etwas mühsamen Ableitung nicht gelegen ist, der möge zu S. 429 übergehen.

Nun muß zur Anwendung der vollständigen Induktion die Formel

$$(\mathfrak{U} \mathbin{\&} a \leqq n \to \mathfrak{B}(a)) \to (\mathfrak{U} \mathbin{\&} a' \leqq n \to \mathfrak{B}(a'))$$

abgeleitet werden; hierzu genügt es, wenn wir die Formel

$$\mathfrak{U} \mathbin{\&} a < n \; \to \; (\mathfrak{B}(a) \to \mathfrak{B}(a'))$$

ableiten, da man von dieser leicht mittels des Aussagenkalkuls und der Formeln für $<$ zu der vorstehenden Formel übergeht.

Es handelt sich also jetzt um die Ableitung der Formel

$$\mathrm{mult}_x(x'; n')/k \mathbin{\&} a < n \to \{(Ex)(y)(y \leqq a \to x \equiv \varrho(m, y' \cdot l + 1)(\mathrm{mod}\, y' \cdot k + 1))$$
$$\to (Ex)(y)(y \leqq a' \; \to \; x \equiv \varrho(m, y' \cdot l + 1)(\mathrm{mod}\, y' \cdot k + 1))\}.$$

Diese Ableitung geschieht nun mittels der früher[1] abgeleiteten Formel

$$(x)(x < m \; \to \; x'/k) \to \mathrm{Prim}(\mathrm{mult}_x(x' \cdot k + 1; m), m' \cdot k + 1).$$

Setzen wir darin a' für m ein, und benutzen wir die Formeln

$$r < a' \mathbin{\&} a < n \; \to \; r < n',$$
$$r < n' \; \to \; r'/\mathrm{mult}_x(x'; n'),$$
$$r'/\mathrm{mult}_x(x'; n') \mathbin{\&} \mathrm{mult}_x(x'; n')/k \to r'/k,$$

so gelangen wir zu der Formel

$$\mathrm{mult}_x(x'; n')/k \mathbin{\&} a < n \to \mathrm{Prim}(\mathrm{mult}_x(x' \cdot k + 1; a'), a'' \cdot k + 1).$$

Hierzu nehmen wir die Formel

$$\mathrm{Prim}(a, b) \to (Ez)(z \equiv k(\mathrm{mod}\, a) \mathbin{\&} z \equiv l(\mathrm{mod}\, b)),$$

aus der wir durch Einsetzungen erhalten:

$$\mathrm{Prim}(\mathrm{mult}_x(x' \cdot k + 1; a'), a'' \cdot k + 1) \to (Ez)[z \equiv c(\mathrm{mod}\,\mathrm{mult}_x(x' \cdot k + 1; a'))$$
$$\mathbin{\&} z \equiv \varrho(m, a'' \cdot l + 1)(\mathrm{mod}\, a'' \cdot k + 1)];$$

außerdem leiten wir mit Hilfe der ohne weiteres sich ergebenden Formeln

$$b \equiv c(\mathrm{mod}\,\mathrm{mult}_x(x' \cdot k + 1; a')) \to (y)(y \leqq a \; \to \; b \equiv c(\mathrm{mod}\, y' \cdot k + 1)),$$
$$(y)(b \equiv c(\mathrm{mod}\, y' \cdot k + 1) \mathbin{\&} c \equiv \varrho(m, y' \cdot l + 1)(\mathrm{mod}\, y' \cdot k + 1)$$
$$\to \; b \equiv \varrho(m, y' \cdot l + 1)(\mathrm{mod}\, y' \cdot k + 1))$$

die Formel ab:

$$(y)(y \leqq a \to c \equiv \varrho(m, y' \cdot l + 1)(\mathrm{mod}\, y' \cdot k + 1))$$
$$\mathbin{\&} b \equiv c(\mathrm{mod}\,\mathrm{mult}_x(x' \cdot k + 1; a'))$$
$$\mathbin{\&} b \equiv \varrho(m, a'' \cdot l + 1)(\mathrm{mod}\, a'' \cdot k + 1)$$
$$\to \; (y)(y \leqq a' \to b \equiv \varrho(m, y' \cdot l + 1)(\mathrm{mod}\, y' \cdot k + 1)).$$

---

[1] Vgl. S. 420.

Aus der Vereinigung der verschiedenen erhaltenen Formeln ergibt sich nun

$$\text{mult}_x(x';n')/k \,\&\, a < n \to \{(Ex)(y)(y \leqq a \to x \equiv \varrho(m;y' \cdot l+1)(\operatorname{mod} y' \cdot k+1))$$
$$\to (E\,x)\,(y)\,(y \leqq a' \to x \equiv \varrho(m,\,y' \cdot l + 1)\,(\operatorname{mod} y' \cdot k + 1))\};$$

das ist aber gerade die Formel, welche wir abkürzungsweise durch

$$\mathfrak{U} \,\&\, a < n \;\to\; (\mathfrak{B}(a) \to \mathfrak{B}(a'))$$

angegeben hatten und aus der wir auch

$$(\mathfrak{U} \,\&\, a \leqq n \to \mathfrak{B}(a)) \;\to\; (\mathfrak{U} \,\&\, a' \leqq n \to \mathfrak{B}(a'))$$

erhalten.

Somit ergibt sich durch vollständige Induktion nach a die Formel

$$\mathfrak{U} \,\&\, a \leqq n \to \mathfrak{B}(a)\,,$$

d. h.

$$\text{mult}_x(x';n')/k \,\&\, a \leqq n \to (Ex)(y)(y \leqq a \to x \equiv \varrho(m,y' \cdot l+1)(\operatorname{mod} y' \cdot k+1)).$$

Setzen wir hierin n für a ein, so können wir im Vorderglied den Bestandteil $n \leqq n$ weglassen und erhalten so

$$\text{mult}_x(x';n')/k \to (E\,x)\,(y)\,(y \leqq n \to x \equiv \varrho(m,\,y' \cdot l + 1)\,(\operatorname{mod} y' \cdot k + 1)).$$

Nun wenden wir nochmals die Formel

$$(x)\,(x < m \;\to\; x'/k) \to \operatorname{Prim}(\text{mult}_x(x' \cdot k + 1;m),\,m' \cdot k + 1)$$

an, wobei wir jetzt n' für m einsetzen. Es ergibt sich, wieder mit Benutzung der Formeln

$$r < n' \;\to\; r'/\text{mult}_x(x';n')\,,$$
$$r'/\text{mult}_x(x';n') \,\&\, \text{mult}_x(x';n')/k \;\to\; r'/k\,,$$

zunächst die Formel

$$\text{mult}_x(x';n')/k \;\to\; \operatorname{Prim}(\text{mult}_x(x' \cdot k + 1;n'),\,n'' \cdot k + 1)\,.$$

Ferner ziehen wir die Formeln

$$\operatorname{Prim}(\text{mult}_x(x' \cdot k + 1;n'),\,n'' \cdot k + 1)$$
$$\to (Ez)(z \equiv c(\operatorname{mod}\text{mult}_x(x' \cdot k+1;n')) \,\&\, z \equiv \mathfrak{b}(n,\varrho(m,n' \cdot l+1))(\operatorname{mod} n'' \cdot k+1))$$

und

$$\mathfrak{b} \equiv c\,(\operatorname{mod}\text{mult}_x(x' \cdot k + 1;n')) \to (y)\,(y \leqq n \to \mathfrak{b} \equiv c\,(\operatorname{mod} y' \cdot k + 1))$$

heran und nehmen dazu die eben abgeleitete Formel

$$\text{mult}_x(x';n')/k \to (E\,x)\,(y)\,(y \leqq n \;\to\; x \equiv \varrho(m,\,y' \cdot l + 1)\,(\operatorname{mod} y' \cdot k + 1)).$$

So erhalten wir im ganzen die Formel

$$\text{mult}_x(x';n')/k \to (E\,x)\,[(y)\,(y \leqq n \to x \equiv \varrho(m,\,y' \cdot l + 1)\,(\operatorname{mod} y' \cdot k + 1))$$
$$\&\, x \equiv \mathfrak{b}(n,\,\varrho(m,\,n' \cdot l + 1))\,(\operatorname{mod} n'' \cdot k + 1)]\,.$$

Machen wir nun noch Gebrauch von der Formel

$$a \equiv r \,(\text{mod}\, b) \,\&\, r < b \;\rightarrow\; r = \varrho\,(a, b)\,;$$

setzen wir darin für b ein $c' \cdot k + 1$, so erhalten wir, mit Benutzung von

$$k < c' \cdot k + 1$$

die Formel

$$a \equiv r \,(\text{mod}\, c' \cdot k + 1) \,\&\, r \leqq k \;\rightarrow\; r = \varrho\,(a, c' \cdot k + 1)\,.$$

Indem wir diese Formel mit der zuvor erhaltenen und mit der Formel

$$(y)\,(y \leqq n \;\rightarrow\; \varrho\,(m, y' \cdot l + 1) \leqq \max_{x < n'} \varrho\,(m, x' \cdot l + 1))$$

vereinigen, gelangen wir zu der Formel

$$\text{mult}_x\,(x'; n')/k \,\&\, \max_{x < n'} \varrho\,(m, x' \cdot l + 1) \leqq k \,\&\, \mathfrak{b}\,(n, \varrho\,(m, n' \cdot l + 1)) \leqq k$$
$$\rightarrow\; (E\,x)\,((y)\,(y \leqq n \rightarrow \varrho\,(x, y' \cdot k + 1) = \varrho\,(m, y' \cdot l + 1))$$
$$\&\, \varrho\,(x, n'' \cdot k + 1) = \mathfrak{b}\,(n, \varrho\,(m, n' \cdot l + 1)))\,.$$

Von dieser können wir auf Grund der ableitbaren Formel

$$(E\,u)\,(\text{mult}_x\,(x'; n')/u \,\&\, \max_{x < n'} \varrho\,(m, x' \cdot l + 1) \leqq u \,\&\, \mathfrak{b}\,(n, \varrho\,(m, n' \cdot l + 1)) \leqq u)$$

übergehen zu der Formel

$$(E\,u)\,(E\,x)\,((y)\,(y \leqq n \rightarrow \varrho\,(x, y' \cdot u + 1) = \varrho\,(m, y' \cdot l + 1))$$
$$\&\, \varrho\,(x, n'' \cdot u + 1) = \mathfrak{b}\,(n, \varrho\,(m, n' \cdot l + 1)))\,:$$

aus dieser erhalten wir zunächst

$$(E\,x)\,(E\,u)\,(\varrho\,(x, u + 1) = \varrho\,(m, l + 1)$$
$$\&\, (z)\,(z' \leqq n \rightarrow \varrho\,(x, z'' \cdot u + 1) = \varrho\,(m, z'' \cdot l + 1))$$
$$\&\, (z)\,(z < n \;\rightarrow\; \varrho\,(x, z' \cdot u + 1) = \varrho\,(m, z' \cdot l + 1))$$
$$\&\, \varrho\,(x, n' \cdot u + 1) = \varrho\,(m, n' \cdot l + 1)$$
$$\&\, \varrho\,(x, n'' \cdot u + 1) = \mathfrak{b}\,(n, \varrho\,(m, n' \cdot l + 1)))$$

und hieraus weiter

$$\varrho\,(m, l + 1) = \mathfrak{a} \,\&\, (z)\,(z < n \rightarrow \varrho\,(m, z'' \cdot l + 1) = \mathfrak{b}\,(z, \varrho\,(m, z' \cdot l + 1)))$$
$$\rightarrow\; (E\,x)\,(E\,u)\,(\varrho\,(x, u + 1) = \mathfrak{a}$$
$$\&\, (z)\,(z < n' \;\rightarrow\; \varrho\,(x, z'' \cdot u + 1) = \mathfrak{b}\,(z, \varrho\,(x, z' \cdot u + 1))))\,.$$

Diese Formel liefert aber ohne weiteres, mittels des Prädikatenkalkuls, die Formel

$$\mathfrak{A}\,(n) \rightarrow \mathfrak{A}\,(n')\,,$$

auf deren Ableitung wir ausgingen.

Es ergibt sich demnach durch Induktion nach n die Formel $\mathfrak{A}(n)$, d. h.

$$(E\,x)\,(E\,y)\,[\varrho\,(x,\,y+1)=\mathfrak{a}\,\&\,(z)\,(z<n\to\varrho\,(x,\,z''\cdot y+1)=\mathfrak{b}\,(z,\varrho\,(x,z'\cdot y+1)))].$$

Bilden wir nun den Term

$$\mu_x(E\,y)\,[\varrho\,(x,\,y+1)=\mathfrak{a}\,\&\,(z)\,(z<n\to\varrho\,(x,\,z''\cdot y+1)=\mathfrak{b}\,(z,\varrho\,(x,z'\cdot y+1)))],$$

welcher zur kurzen Mitteilung mit $\mathfrak{h}\,(n)$ angegeben werde[1], so liefert die Anwendung der Formel (μ_1) in Verbindung mit der bewiesenen Formel $\mathfrak{A}(n)$:

$$(E\,y)\,[\varrho(\mathfrak{h}(n),\,y+1)=\mathfrak{a}\,\&\,(z)\,(z<n\to\varrho\,(\mathfrak{h}(n),z''\cdot y+1)=\mathfrak{b}\,(z,\varrho\,(\mathfrak{h}(n),z'\cdot y+1)))].$$

Auf Grund dieser Formel ergibt wiederum die Anwendung der Formel (μ_1) auf den Term

$$\mu_y\,[\varrho\,(\mathfrak{h}\,(n),\,y+1)=\mathfrak{a}\,\&\,(z)\,(z<n\to\varrho\,(\mathfrak{h}\,(n),\,z''\cdot y+1)=\mathfrak{b}\,(z,\varrho\,(\mathfrak{h}\,(n),z'\cdot y+1)))],$$

welchen wir kurz mit $\mathfrak{k}(n)$ angeben wollen, folgende beiden Formeln

$$\varrho\,(\mathfrak{h}(n),\,\mathfrak{k}(n)+1)=\mathfrak{a}\,,$$

$$a<n\;\to\;\varrho\,(\mathfrak{h}(n),\,a''\cdot\mathfrak{k}(n)+1)=\mathfrak{b}\,(a,\,\varrho\,(\mathfrak{h}(n),\,a'\cdot\mathfrak{k}(n)+1)).$$

Hiermit sind wir nun schon nahe am Ziel unseres gewünschten Nachweises für die Lösbarkeit der Rekursionsgleichungen

$$\mathfrak{f}(0)=\mathfrak{a}\,,$$

$$\mathfrak{f}(n')=\mathfrak{b}\,(n,\,\mathfrak{f}(n))\,.$$

Wird nämlich $\mathfrak{r}(n,\,a)$ als Zeichen zur Mitteilung für $\varrho\,(\mathfrak{h}(n),\,a'\cdot\mathfrak{k}(n)+1)$ genommen, so lassen sich die beiden erhaltenen Formeln angeben in der Form

$$\mathfrak{r}(n,\,0)=\mathfrak{a}\,,$$

$$a<n\;\to\;\mathfrak{r}(n,\,a')=\mathfrak{b}\,(a,\,\mathfrak{r}(n,\,a))\,.$$

Setzen wir in der ersten dieser Formeln 0 für n ein, in der zweiten n' für n und n für a, wobei dann das Vorderglied $n<n'$ weggelassen werden kann, so erhalten wir[2] die Gleichungen

$$\mathfrak{r}(0,\,0)=\mathfrak{a}\,,$$

$$\mathfrak{r}(n',\,n')=\mathfrak{b}\,(n,\,\mathfrak{r}(n',\,n))\,.$$

Hier kann nun noch in der zweiten Gleichung an Stelle von $\mathfrak{r}(n',\,n)$ gesetzt werden $\mathfrak{r}(n,\,n)$; nämlich die Gleichung

$$\mathfrak{r}(n',\,n)=\mathfrak{r}(n,\,n)$$

läßt sich folgendermaßen ableiten.

---

[1] Wir brauchen hier ein Zeichen zur Mitteilung, da der betrachtete Term seinerseits schon die Bezeichnungen $\mathfrak{a}$, $\mathfrak{b}$ (., .) enthält, die nicht zum Formalismus gehören.

[2] Wir setzen hier voraus, daß die Variable a, ebenso wie n, weder in $\mathfrak{a}$ noch in $\mathfrak{b}\,(k,\,l)$ auftritt. Diese Bedingung läßt sich durch passende Wahl der Variablen stets erfüllen. Dasselbe ist gleich nachher betreffs der Variablen m zu bemerken.

Aus den beiden obigen Formeln für $\mathfrak{r}(n, a)$ erhalten wir

$$\mathfrak{r}(m, 0) = \mathfrak{r}(n, 0) \,,$$

$$a < m \,\&\, a < n \;\rightarrow\; (\mathfrak{r}(m, a) = \mathfrak{r}(n, a) \;\rightarrow\; \mathfrak{r}(m, a') = \mathfrak{r}(n, a')) \,.$$

Aus der zweiten dieser Formeln ergibt sich weiter

$$(a \leqq m \,\&\, a \leqq n \rightarrow \mathfrak{r}(m, a) = \mathfrak{r}(n, a)) \rightarrow$$

$$\rightarrow \; (a' \leqq m \,\&\, a' \leqq n \;\rightarrow\; \mathfrak{r}(m, a') = \mathfrak{r}(n, a')) \,,$$

so daß wir durch Induktion nach a die Formel

$$a \leqq m \,\&\, a \leqq n \;\rightarrow\; \mathfrak{r}(m, a) = \mathfrak{r}(n, a)$$

erhalten. Setzen wir hierin n für a und n' für m ein, so kann das Vorderglied

$$n \leqq n' \,\&\, n \leqq n$$

weggelassen werden, und es ergibt sich

$$\mathfrak{r}(n', n) = \mathfrak{r}(n, n) \,.$$

Somit gelangen wir zu den Gleichungen

$$\mathfrak{r}(0, 0) = \mathfrak{a} \,,$$

$$\mathfrak{r}(n', n') = \mathfrak{b}(n, \mathfrak{r}(n, n)) \,.$$

Der Term $\mathfrak{r}(n, n)$ hat demnach die verlangte Eigenschaft eines Terms $\mathfrak{f}(n)$, für welchen die Rekursionsgleichungen

$$\mathfrak{f}(0) = \mathfrak{a} \,,$$

$$\mathfrak{f}(n') = \mathfrak{b}(n, \mathfrak{f}(n))$$

ableitbar sind.

Man beachte, daß hier die Ausdrücke $\mathfrak{a}$ und $\mathfrak{b}(n, m)$ freie Variablen als Parameter enthalten können; diese treten dann entsprechend in den Termen $\mathfrak{h}(n)$ und $\mathfrak{k}(n)$, und somit in $\mathfrak{f}(n)$ auf.

Hiermit ist nun gezeigt, wie sich im Rahmen des Systems (Z), unter Hinzunahme der Funktion $\mu_x A(x)$ und der zugehörigen Formeln, die rekursiven Definitionen auf explizite Definitionen zurückführen lassen.

Dieses Verfahren ist in seiner Anwendung nicht auf den betrachteten Fall der primitiven Rekursion beschränkt. Vielmehr gelingt auf entsprechende Weise auch bei komplizierteren Formen der Rekursion die Zurückführung auf explizite Definitionen mittels der Funktion $\mu_x A(x)$. So sind z. B. die „verschränkten" Rekursionsgleichungen für die ACKERMANNsche Funktion $\xi(a, b, n)$

$$\xi(a, b, 0) \;= a + b \,,$$

$$\xi(a, 0, n') = \beta(n, 1) + a \cdot \alpha(\delta(n)) \,,$$

$$\xi(a, b', n') = \xi(a, \xi(a, b, n'), n)$$

(worin b, n die ausgezeichneten Variablen der Rekursion sind, während a nur als Parameter auftritt) durch einen Term $\mathfrak{f}(m, n)$ lösbar, für welchen die Gleichungen

$$\mathfrak{f}(b, 0) = a + b,$$
$$\mathfrak{f}(0, n') = \beta(n, 1) + a \cdot \alpha(\delta(n)),$$
$$\mathfrak{f}(b', n') = \mathfrak{f}(\mathfrak{f}(b, n'), n)$$

abgeleitet werden können. Der Nachweis hierfür ist allerdings nicht ohne weiteres aus der Methode der Behandlung des einfachsten Rekursionstypus zu entnehmen; denn es kommt hier folgende Schwierigkeit hinzu: Während im Fall der primitiven Rekursion das System der Argumentwerte a, für welche man bei der rekursiven Berechnung von $\mathfrak{f}(n)$ den Wert von $\mathfrak{f}(a)$ zu bestimmen hat, einfach aus der Folge der Zahlen von 0 bis n besteht, ist bei der vorliegenden Rekursion das System der Wertepaare c, d, für welche der Wert $\mathfrak{f}(c, d)$ bei der rekursiven Berechnung von $\mathfrak{f}(b, n)$ auftritt, in sehr komplizierter Weise durch ein rekursives Gesetz von dem Wertepaar b, n abhängig.

Hierdurch wird das Verfahren des Nachweises für die Lösbarkeit der Rekursionsgleichungen erheblich verwickelter. Es läßt sich aber doch, wie v. NEUMANN und GÖDEL gezeigt haben, dieser Nachweis erbringen[1]. —

Durch die ausgeführten Betrachtungen über die Formalisierung der Zahlentheorie im Rahmen des Systems (Z) unter Hinzunahme der Funktion $\mu_x A(x)$ und der Formeln (μ_1), (μ_2), (μ_3) haben wir uns mit der Anwendungsweise der Funktion $\mu_x A(x)$ vertraut gemacht und eine Vorstellung gewonnen von den formalen Möglichkeiten, die sich durch ihre Einführung bieten.

Die Funktion $\mu_x A(x)$ ist ihrerseits definiert mit Hilfe des ι-Symbols[2], und durch Anwendung der ι-Regel haben wir die Formeln (μ_1), (μ_2), (μ_3) abgeleitet. Somit kommen die an die Funktion $\mu_x A(x)$ geknüpften Entwicklungen auf Anwendungen der ι-Regel hinaus.

Nachdem in dieser Weise der Gebrauch des ι-Symbols, d. h. die Formalisierung des Begriffs „derjenige, welcher" eingehend dargelegt ist, wenden wir uns nun zu dem schon früher[3] angekündigten Theorem, welches von der *Eliminierbarkeit der Kennzeichnungen* handelt.

Dieses Theorem bezieht sich auf das System des erweiterten Prädikatenkalkuls, d. h. des Prädikatenkalkuls mit Hinzunahme der Gleichheitsaxiome, ferner auf solche formalen Systeme, die aus diesem Kalkul hervorgehen, indem gewisse Individuensymbole, Prädikatensymbole, mathematische Funktionszeichen nebst zugehörigen Axiomen hinzugefügt werden, wobei *von den Axiomen vorausgesetzt* wird, *daß sie keine Formel-*

---

[1] Eine Ausführung des Nachweises nach der v. NEUMANNschen Methode wurde von RÓZSA PÉTER, — die sich den Beweis ursprünglich auf eine andere Art überlegt hatte — in ihrer Abhandlung „Über die mehrfache Rekursion", Math. Ann. Bd. 113 (1936), S. 489—527, § 5 gebracht. (Der Ausdruck „mehrfache Rekursion" steht hier anstatt „verschränkte Rekursion" und hat sich hierfür seitdem eingebürgert.)

[2] Vgl. S. 405.

[3] Vgl. S. 393.

variable enthalten. Um einen kurzen Ausdruck zu haben, wollen wir Axiome ohne Formelvariablen (bzw. die ihnen entsprechenden inhaltlichen Sätze) als „*eigentliche Axiome*" bezeichnen, zum Unterschied von solchen, die eine Forderung von höherer Allgemeinheit zum Ausdruck bringen.

Unser Theorem erstreckt sich aber auch auf den Fall, daß neben eigentlichen Axiomen das *Induktionsaxiom* auftritt oder statt dessen das Induktionsschema als Regel hinzugenommen wird.

Für alle die genannten Arten von formalen Systemen besagt nun das zu beweisende Theorem der Eliminierbarkeit, daß durch die Hinzufügung des ι-Symbols und der ι-Regel der Bereich der ableitbaren Formeln, insoweit solche nicht das ι-Symbol enthalten, keine Erweiterung erfährt. Mit anderen Worten: Wenn eine Formel des betreffenden formalen Systems durch Einführung der ι-Regel abgeleitet werden kann, so kann sie auch schon innerhalb jenes Systems selbst, ohne Hinzunahme der ι-Regel, abgeleitet werden.

Für diesen Nachweis empfiehlt es sich, den Formalismus der Kennzeichnungen etwas zu erweitern. Unsere Festsetzungen über den Umgang mit ι-Symbolen, welche, wie wir sahen, für den mathematischen Gebrauch durchaus zulänglich sind, haben für die beweistheoretische Betrachtung gewisse Nachteile. Ein solcher ergibt sich zunächst aus dem Umstand, daß wir einen Ausdruck $\iota_x \mathfrak{A}(x)$ erst dann als Term zulassen, wenn die zu $\mathfrak{A}(c)$ gehörigen Unitätsformeln abgeleitet sind. Dieses hat zur Folge, daß die Eigenschaft eines Ausdrucks, ein Term zu sein, nicht äußerlich erkennbar ist, sondern von der Beweisbarkeit eines Satzes abhängen kann[1].

Ein weiterer Nachteil der ι-Regel besteht darin, daß bei Hinzunahme dieser Regel das Deduktionstheorem nicht mehr zur Verfügung steht. Der übliche Beweis des Deduktionstheorems versagt ja hier, weil das Schema der ι-Regel bei der Hinzufügung eines jedesmal gleichlautenden Implikations-Vordergliedes zu den Formeln des Schemas nicht seine Form behält und auch nicht in ein ersichtlich ableitbares Schema übergeht.

Diese beiden Mängel können wir beheben, indem wir 1. festsetzen, daß allgemein, wenn $\mathfrak{A}(c)$ eine Formel ist, $\iota_{\mathfrak{x}} \mathfrak{A}(\mathfrak{x})$ (mit einer gebundenen Variablen $\mathfrak{x}$) ein Term ist, und 2. die dem Schema der ι-Regel entsprechende Formel

$$(E\,x)\,A\,(x)\,\&\,(x)\,(y)\,\big(A\,(x)\,\&\,A\,(y) \rightarrow x = y\big) \rightarrow A\,\big(\iota_x A\,(x)\big)$$

als formales Axiom nehmen.

Diesem Axiom können wir noch eine vereinfachte Gestalt geben, indem wir benutzen, daß die Formel

$$(E\,x)\,A\,(x)\,\&\,(x)\,(y)\,\big(A\,(x)\,\&\,A\,(y) \rightarrow x = y\big)$$

---

[1] Auf diesen Umstand wurde insbesondere von R. CARNAP in seinem Buche „Meaning and Necessity" (§ 7, Individual Descriptions) hingewiesen.

mit Anwendung des Gleichheitsaxioms (J_2) überführbar ist in die Formel:

$$(E\,x)\,\big(A\,(x)\,\&\,(y)\,(A\,(y)\to x=y)\big)\,,$$

und diese wiederum, mit Verwendung beider Gleichheitsaxiome, überführbar in die Formel

$$(E\,x)\,(y)\,\big(A\,(y)\sim y=x\big)\,.$$

Wir können demnach als formales „ι-Axiom" die Formel nehmen:

$[\iota]$ $\qquad\qquad (E\,x)\,(y)\,\big(A\,(y)\sim y=x\big)\to A\,\big(\iota_x\,A\,(x)\big)\,.$

Ausgehend von diesem Axiom gewinnen wir das Schema der ι-Regel ohne weiteres als abgeleitete Regel zurück, indem wir wiederum die Formel

$$(E\,x)\,A\,(x)\,\&\,(x)\,(y)\,\big(A\,(x)\,\&\,A\,(y)\to x=y\big)\to(E\,x)\,(y)\,\big(A\,(y)\sim y=x\big)$$

verwenden.

Die formale Anweisung, die sich aus der unbeschränkten Zulassung der Ausdrücke $\iota_x\,\mathfrak{A}(\mathfrak{x})$ als Terme und der Statuierung der Formel $[\iota]$ als formales Axiom ergibt, stellt somit eine *Erweiterung der ι-Regel* dar.

Diese Erweiterung ist andererseits insofern keine wesentliche, als wir mit Hilfe der ursprünglichen ι-Regel Terme einführen können, welche die Rolle der ι-Terme im Sinne der erweiterten ι-Regel erhalten. Dieses gelingt in ganz entsprechender Weise, wie wir im zahlentheoretischen Formalismus mittels der ursprünglichen ι-Regel das Symbol $\mu_x\,A\,(x)$ eingeführt haben, für das sich die Formeln (μ_1), (μ_2), (μ_3) beweisen ließen[1].

Es werde mit $\mathfrak{U}\,(A)$ die Formel

$$(E\,u)\,(v)\,\big(A\,(v)\sim v=u\big)$$

bezeichnet. Wir wenden die ι-Regel an auf die Formel

$$\big(\mathfrak{U}\,(A)\to A\,(a)\big)\,\&\,\big(\overline{\mathfrak{U}\,(A)}\to a=d\big)\,.$$

Diese werde abgekürzt angegeben mit $\mathfrak{C}\,(a)$. Auf Grund des Aussagenkalkuls ergibt sich:

$$\mathfrak{U}\,(A)\to\big(\mathfrak{C}\,(a)\sim A\,(a)\big),\qquad \overline{\mathfrak{U}\,(A)}\to\big(\mathfrak{C}\,(a)\sim a=d\big),$$

und hieraus — da ja die Variable a in $\mathfrak{U}\,(A)$ nicht auftritt:

$$\mathfrak{U}\,(A)\to(z)\,\big(\mathfrak{C}\,(z)\sim A\,(z)\big),\qquad \overline{\mathfrak{U}\,(A)}\to(z)\,\big(\mathfrak{C}\,(z)\sim z=d\big).$$

Die erste dieser beiden Formeln, zusammen mit der Formel

$$\mathfrak{U}\,(A)\to(E\,x)\,A\,(x)\,\&\,(x)\,(y)\,\big(A\,(x)\,\&\,A\,(y)\to x=y\big),$$

welche, gemäß dem vorhin Erwähnten, durch den Prädikatenkalkul und die Gleichheitsaxiome erhalten wird, liefert mittels des Prädikatenkalkuls

$$\mathfrak{U}\,(A)\to(E\,x)\,\mathfrak{C}\,(x)\,\&\,(x)\,(y)\,\big(\mathfrak{C}\,(x)\,\&\,\mathfrak{C}\,(y)\to x=y\big).$$

---

[1] Vgl. S. 403—405.

Die zweite jener Formeln zusammen mit der Formel

$$(E\,x)\ (x = d)\ \&\ (x)\ (y)\ (x = d\ \&\ y = d \rightarrow x = y),$$

die man durch Verwendung der Gleichheitsaxiome erhält, liefert in entsprechender Weise

$$\overline{\mathfrak{U}(A)} \rightarrow (E\,x)\ \mathfrak{C}(x)\ \&\ (x)\ (y)\ \big(\mathfrak{C}(x)\ \&\ \mathfrak{C}(y) \rightarrow x = y\big).$$

Die beiden so erhaltenen Formeln ergeben zusammen

$$(E\,x)\ \mathfrak{C}(x)\ \&\ (x)\ (y)\ \big(\mathfrak{C}(x)\ \&\ \mathfrak{C}(y) \rightarrow x = y\big).$$

Wir haben somit die Konjunktion der zu $\mathfrak{C}(a)$ gehörigen Unitätsformeln abgeleitet. Wir können daher, gemäß der ι-Regel, $\iota_x \mathfrak{C}(x)$ als Term einführen und erhalten überdies

$$\mathfrak{C}\big(\iota_x \mathfrak{C}(x)\big),$$

also:

$$\mathfrak{U}(A) \rightarrow A\big(\iota_x \mathfrak{C}(x)\big), \qquad \overline{\mathfrak{U}(A)} \rightarrow \iota_x\, \mathfrak{C}(x) = d.$$

Definieren wir nun $\iota_x^{(d)} A\,(x) = \iota_x\, \mathfrak{C}(x)$, d. h.

$$\iota_x^{(d)}\, A\,(x) = \iota_x\big((\mathfrak{U}(A) \rightarrow A\,(x))\ \&\ (\overline{\mathfrak{U}(A)} \rightarrow x = d)\big),$$

so gehen die erhaltenen Formeln über in:

$$(E\,u)\ (v)\ \big(A\,(v) \sim v = u\big) \rightarrow A\big(\iota_x^{(d)} A\,(x)\big),$$
$$\overline{(E\,u)}\ (v)\ \big(A\,(v) \sim v = u\big) \rightarrow \iota_x^{(d)} A\,(x) = d.$$

Auf Grund der ersten dieser beiden Formeln hat der Term $\iota_x^{(d)} A\,(x)$ die Rolle, welche gemäß der *erweiterten ι-Regel* dem Term $\iota_x\, A\,(x)$ zukommt. Ferner ist auch für jede Formel $\mathfrak{A}(c)$ (welche nicht die Variable x enthält) $\iota_x^{(d)}\, \mathfrak{A}(x)$ ein Term und

$$\mathfrak{U}(\mathfrak{A}) \rightarrow \mathfrak{A}\big(\iota_x^{(d)}\, \mathfrak{A}(x)\big)$$

(eventuell mit erforderlicher Umbenennung von Variablen) eine ableitbare Formel.

Im Falle, daß die zu $\mathfrak{A}(c)$ gehörigen Unitätsformeln herleitbar sind, erhalten wir $\mathfrak{A}\big(\iota_x^{(d)}\, \mathfrak{A}(x)\big)$ sowie (direkt durch die ι-Regel) auch $\mathfrak{A}\big(\iota_x\, \mathfrak{A}(x)\big)$, und somit $\iota_x^{(d)}\, \mathfrak{A}(x) = \iota_x \mathfrak{A}(x)$. Wenn andrerseits eine der zu $\mathfrak{A}(c)$ gehörigen Unitätsformeln widerlegbar ist, so erhalten wir $\iota_x^{(d)}\, \mathfrak{A}(x) = d$.

Was die freie Variable d betrifft, die als Parameter in der angestellten Überlegung auftritt, so können wir anstatt ihrer ein Individuensymbol nehmen, sofern das formale System, in welchem wir Kennzeichnungen einführen wollen, ein solches Symbol enthält; damit ist dann die Abhängigkeit von dem Parameter beseitigt. Andernfalls werden wir, um unerwünschte Übereinstimmungen zu vermeiden, jeweils eine solche freie Variable wählen, die in den zu betrachtenden Herleitungen sonst nicht benutzt wird.

Die inhaltliche Bedeutung des Ausdrucks $\iota_x^{(d)}\,\mathfrak{A}(x)$ ist diese: Wenn $\mathfrak{A}(c)$ irgend ein Prädikat und d irgend ein Ding des Individuenbereiches ist, so ist $\iota_x^{(d)}\,\mathfrak{A}(x)$, im Fall daß das Prädikat auf genau ein Ding des Individuenbereiches zutrifft, eben dieses Ding; andernfalls ist $\iota_x^{(d)}\,\mathfrak{A}(x)$ das Ding d.

Im Hinblick auf unser Ziel, die Eliminierbarkeit der Kennzeichnungen nachzuweisen, liefert unsere angestellte Betrachtung folgendes Ergebnis: Wenn wir ein Verfahren der Elimination für solche ι-Terme haben, die gemäß der ursprünglichen ι-Regel eingeführt sind, so können wir auch die gemäß der erweiterten ι-Regel erfolgende Verwendung von ι-Termen eliminieren — (vorausgesetzt immer, daß es sich um Herleitungen handle, deren Endformeln von ι-Symbolen frei sind). Nämlich wir können ja in einer solchen Herleitung, worin die erweiterte ι-Regel verwendet wird, einen jeden auftretenden Term $\iota_{\mathfrak{x}}\,\mathfrak{A}(\mathfrak{x})$ durch den entsprechenden Term $\iota_{\mathfrak{x}}^{(d)}\,\mathfrak{A}(\mathfrak{x})$ ersetzen, und diesen können wir gemäß der engeren ι-Regel einführen; denn die zugehörigen Unitätsformeln gehen ja aus den vorhin als ableitbar erwiesenen Formeln

$$(E\,x)\,\mathfrak{C}(x), \qquad (x)\,(y)\,\big(\mathfrak{C}(x)\ \&\ \mathfrak{C}(y)\to x=y\big)$$

durch Einsetzung von $\mathfrak{A}(c)$ für die Formelvariable $A(c)$ hervor. Aus der so umgewandelten Herleitung, können wir dann, unserer Annahme gemäß, die ι-Terme eliminieren. Es genügt also, den Nachweis der Eliminierbarkeit der ι-Symbole bei Zugrundelegung der ursprünglichen Fassung der ι-Regel zu führen.

Jedoch erweist es sich für den Zweck unseres Nachweises als vorteilhaft, eine Formalisierung der Kennzeichnungen zu verwenden, welche eine Art Mittelweg zwischen unserer ursprünglichen ι-Regel und der erweiterten ι-Regel bildet. Diese Art der Formalisierung der Kennzeichnungen, welche von BARKLEY ROSSER stammt[1], besteht darin, daß man zwar für jede Formel $\mathfrak{A}(c)$ (welche die gebundene Variable $\mathfrak{x}$ nicht enthält) den Ausdruck $\iota_{\mathfrak{x}}\,\mathfrak{A}(\mathfrak{x})$ als Term zuläßt, andrerseits aber die Einsetzungen von ι-Termen für freie Individuenvariablen auf solche ι-Terme beschränkt, für welche die zugehörigen Unitätsformeln ableitbar sind. Diese mögen als *„eigentliche ι-Terme"* bezeichnet werden.

Im Sinne dieser Anweisung kann, wie bei der erweiterten ι-Regel, die Formel $[\iota]$

$$\mathfrak{U}(A)\to A\,\big(\iota_x\,A\,(x)\big)$$

als Axiom genommen werden; und die Einsetzung von ι-Termen läßt

---

[1] Siehe J. B. ROSSER: „On the Consistency of Quines ‚New Foundations for Mathematical Logic'", (The Journal of Symbolic Logic, Vol. 4 (1939) S. 15—24). ROSSER führt hier diese formale Behandlung der Kennzeichnungen an einem bestimmten Formalismus durch und gibt des genaueren eine Methode an, wie sich hier die ι-Symbole aus der Ableitung einer ι-freien Formel eliminieren lassen.

sich durch das Axiom

$$[\iota, B] \qquad \mathfrak{U}(A) \to \big((x)\, B(x) \to B(\iota_x\, A(x))\big)$$

formalisieren[1].

Mittels dieses Axioms und der auf ι-freie Terme beschränkten Einsetzungsregel für freie Individuenvariablen, können alle diejenigen Einsetzungen für freie Individuenvariablen bewirkt werden, welche sich bei Zugrundelegung der ursprünglichen ι-Regel ausführen lassen.

Nämlich auf Grund der ursprünglichen ι-Regel kommen ja nur solche Terme zur Einsetzung für freie Individuenvariablen, die entweder kein ι-Symbol enthalten oder eigentliche ι-Terme sind oder aus eigentlichen ι-Termen mit Hilfe von Funktionszeichen gebildet sind.

Für einen eigentlichen ι-Term $\iota_{\mathfrak{x}}\, \mathfrak{A}(\mathfrak{x})$ ist die Formel $\mathfrak{U}(\mathfrak{A})$ (eventuell mit Umbenennung der Variablen u, v) ableitbar; das Axiom $[\iota, B]$ liefert daher die Formel

$$(x)\, B(x) \to B\big(\iota_{\mathfrak{x}}\, \mathfrak{A}(\mathfrak{x})\big).$$

Sei nun $\mathfrak{B}(c)$ die Formel, in welcher die Einsetzung des Termes $\iota_{\mathfrak{x}}\, \mathfrak{A}(\mathfrak{x})$ für die Variable c erfolgen soll. (Es sei angenommen, daß hierdurch keine Kollision zwischen gebundenen Variablen entsteht.) Und nehmen wir an, daß in $\mathfrak{B}(c)$ die Variable x nicht vorkomme, dann können wir von $\mathfrak{B}(c)$ durch den Prädikatenkalkul zu $(x)\, \mathfrak{B}(x)$ übergehen. Und diese Formel zusammen mit der vorher erhaltenen Formel $(x)\, B(x) \to B\big(\iota_{\mathfrak{x}}\, \mathfrak{A}(\mathfrak{x})\big)$ liefert mittels der Einsetzung von $\mathfrak{B}(\mathfrak{v})$ für eine Nennform $B(\mathfrak{v})$ und des Schlußschemas die gewünschte Formel $\mathfrak{B}\big(\iota_{\mathfrak{x}}\, \mathfrak{A}(\mathfrak{x})\big)$. (Sollte die Variable x in $\mathfrak{B}(c)$ vorkommen, so hat man nur noch Umbenennungen vorzunehmen.)

Was endlich die Einsetzung solcher Terme betrifft, die aus eigentlichen ι-Termen und Funktionszeichen gebildet sind, so können solche Einsetzungen jeweils aus Einsetzungen ι-freier Terme und Einsetzungen eigentlicher ι-Terme zusammengesetzt werden. Haben wir z. B. einen Term $\psi\big(\iota_x\, \mathfrak{A}(x), \varphi(\iota_y\, \mathfrak{B}(y))\big)$, wobei φ ein einstelliges, ψ ein zweistelliges Funktionszeichen ist und $\iota_x\, \mathfrak{A}(x)$, $\iota_y\, \mathfrak{B}(y)$ eigentliche ι-Terme sind, und soll dieser Term in die Formel $\mathfrak{C}(c)$ für c eingesetzt werden — (es sei wieder angenommen, daß dabei keine Kollision zwischen gebundenen Variablen entsteht) —, so können wir in der Weise verfahren, daß wir, nach Wahl einer in $\mathfrak{C}(c)$ nicht vorkommenden freien Variablen, etwa b, und einer in $\mathfrak{C}(c)$ und $\mathfrak{A}(c)$ nicht vorkommenden freien Variablen, etwa d, zunächst für c den Term $\psi(b, \varphi(d))$ einsetzen, in der entstehenden Formel dann für b den eigentlichen ι-Term $\iota_x\, \mathfrak{A}(x)$ und in der so erhaltenen Formel schließlich für d den eigentlichen ι-Term $\iota_y\, \mathfrak{B}(y)$ einsetzen.

Somit ist ersichtlich, daß wir mittels der ROSSERschen Axiome alle diejenigen Ableitungen (in übersetzter Form) ausführen können, welche durch die ι-Regel ermöglicht werden. Und wenn wir daher ein Ver-

---

[1] An Stelle der beiden Axiome nimmt ROSSER, der keine Formelvariablen benutzt, die entsprechenden Formelschemata. — Man beachte, daß bei Zugrundelegung der erweiterten ι-Regel die Formel $[\iota, B]$, und sogar $(x)\, B(x) \to B\big(\iota_x\, A(x)\big)$ ableitbar ist.

fahren haben, um die gemäß den ROSSERschen Axiomen formalisierten Kennzeichnungen zu eliminieren, so ist damit auch ein Verfahren der Elimination der Anwendung der ι-Regel gegeben — und ferner auch, wie wir uns überlegten, ein Verfahren der Elimination der erweiterten ι-Regel.

Für die ROSSERsche Formalisierung der Kennzeichnungen ergibt sich nun eine Vereinfachung dadurch, daß die beiden Axiome $[\iota]$ und $[\iota, B]$ sich zusammenfassen lassen in die Formel:

$$\{\iota\} \qquad \mathfrak{U}(A) \rightarrow \big((x)\,(A\,(x) \rightarrow B\,(x)) \rightarrow B\,(\iota_x\,A\,(x))\big).$$

Nämlich aus dieser Formel erhält man durch Einsetzung[1] von $A\,(c)$ für $B\,(c)$, mittels der ableitbaren Formel $(x)\,\big(A\,(x) \rightarrow A\,(x)\big)$ und des Aussagenkalkuls, die Formel $[\iota]$, und die Formel $[\iota, B]$ wird aus $\{\iota\}$ mit Benutzung der ableitbaren Formel $(x)\,B\,(x) \rightarrow (x)\,\big(A\,(x) \rightarrow B\,(x)\big)$ durch den Aussagenkalkul erhalten. Andrerseits erhalten wir $\{\iota\}$ aus $[\iota]$ und $[\iota, B]$, indem wir aus $[\iota, B]$ durch Einsetzung von $A\,(c) \rightarrow B\,(c)$ für $B\,(c)$ die Formel

$$\mathfrak{U}(A) \rightarrow \big((x)\,\big(A\,(x) \rightarrow B\,(x)\big) \rightarrow \big(A\,(\iota_x\,A\,(x)) \rightarrow B\,(\iota_x\,A\,(x))\big)\big)$$

gewinnen, welche zusammen mit $[\iota]$ mittels des Aussagenkalkuls die Formel $\{\iota\}$ ergibt.

Auf die Möglichkeit dieser Zusammenziehung der ROSSERschen Axiome in eines wurde von GISBERT HASENJAEGER hingewiesen, der die von ROSSER angegebene Methode der Elimination der ι-Terme, in Anwendung auf beliebige, im Rahmen des Prädikatenkalkuls nebst den Gleichheitsaxiomen formalisierte Theorien, ausgearbeitet und in mehrfacher Hinsicht vereinfacht hat[2]. Wir werden uns bei der folgenden Betrachtung im wesentlichen an seine Beweisführung anschließen.

Schließlich empfiehlt es sich für die beabsichtigte Elimination der ι-Terme, daß wir die Einsetzungen für Formelvariablen durch das Verfahren der Rückverlegung der Einsetzungen in die Ausgangsformeln ausschalten, wie es in § 6 dargelegt wurde[3]. Doch soll jenes Verfahren auf die Einsetzungen für Formelvariablen beschränkt sein. Auch sollen die Formelvariablen selbst nicht ausgeschaltet werden; sie bleiben für die Bildung von Primformeln zugelassen. Es treten aber an die Stelle

---

[1] Die Einsetzungen für die Formelvariablen sind hier nicht eingeschränkt. Wir werden übrigens die Formelvariablen bald hernach für die Betrachtung ausschalten.

[2] Diese Arbeit „Der bestimmte Artikel im Prädikatenkalkul" (März 1952) ist nicht im Druck erschienen. Der hier zugrunde gelegte Formalismus des erweiterten Prädikatenkalkuls unterscheidet sich von dem in § 4 und § 5 aufgestellten Formalismus, abgesehen von unerheblichen Verschiedenheiten, dadurch, daß keine Einsetzungen für Formelvariablen stattfinden. HASENJAEGER benutzt übrigens anstatt der Formel $\{\iota\}$ die ihr (aufgrund der Gleichheitsaxiome) deduktionsgleiche Formel

$$(x)\,\big(A\,(x) \sim x = c\big)\ \&\ B\,(c) \rightarrow B\big(\iota_x\,A\,(x)\big),$$

bzw. das entsprechende Formelschema.

[3] Vgl. S. 220—222.

derjenigen Ausgangsformeln, welche Formelvariablen enthalten, entsprechende *Formelschemata*.

Vergegenwärtigen wir uns nun die Beschaffenheit der formalen Systeme, für welche wir, nach den getroffenen Vorbereitungen, die Eliminierbarkeit der ι-Symbole nachweisen wollen.

Die Formeln sind entweder Primformeln oder sie sind aus anderen Formeln mittels der aussagenlogischen Symbole und der Quantoren gebildet. Außerlogische Symbole sind das Gleichheitszeichen und eventuell noch andere Prädikatensymbole sowie Individuensymbole und Funktionszeichen. Als Variablen haben wir freie und gebundene Individuenvariablen, und eventuell auch freie Formelvariablen. Eine Primformel besteht entweder aus einer Formelvariablen ohne Argument, oder aus einer Formelvariablen mit Termen als Argumenten, oder aus einem Prädikatensymbol mit Termen als Argumenten. Ein Term ist entweder eine freie Variable oder ein Individuensymbol oder ein Funktionszeichen mit Termen als Argumenten oder ein ι-Term, d. h. von der Form $\iota_{\mathfrak{x}} \mathfrak{A}(\mathfrak{x})$, wo $\mathfrak{A}(c)$ eine (die freie Variable c, aber nicht die gebundene Variable $\mathfrak{x}$ enthaltende) Formel ist.

Als Ausgangsformeln haben wir 1. eigentliche Axiome; 2. Formeln, die nach einem der folgenden Formelschemata gebildet sind:

a) Schemata identisch wahrer Formeln des Aussagenkalkuls; die nach einem solchen Schema gebildeten Formeln mögen „*aussagenlogisch wahre*" Formeln heißen;

b) die den Grundformeln (a), (b) des Prädikatenkalkuls entsprechenden Schemata:

$$(x)\, \mathfrak{A}(x) \rightarrow \mathfrak{A}(a), \qquad \mathfrak{A}(a) \rightarrow (E\,x)\, \mathfrak{A}(x);$$

c) das dem Gleichheitsaxiom (J_2) entsprechende Schema

$$a = b \rightarrow \big(\mathfrak{A}(a) \rightarrow \mathfrak{A}(b)\big);$$

d) das dem Axiom $\{\iota\}$ entsprechende ι-Schema

$$(E\,x)\,(y)\,\big(\mathfrak{A}(y) \sim y = x\big) \rightarrow \big((x)\,(\mathfrak{A}(x) \rightarrow \mathfrak{B}(x)) \rightarrow \mathfrak{B}(\iota_x\, \mathfrak{A}(x))\big).$$

e) eventuell das dem Induktionsaxiom entsprechende Formelschema[1]

$$\mathfrak{A}(0)\, \&\, (x)\,\big(\mathfrak{A}(x) \rightarrow \mathfrak{A}(x')\big) \rightarrow \mathfrak{A}(a).$$

Als Regeln der Ableitung haben wir: das Schlußschema, die Schemata (α), (β) für All- und Seinszeichen, die Regel der Einsetzung von ι-freien Termen für freie Individuenvariablen, die Regel der Umbenennung gebundener Variablen.

Unter den Axiomen soll die Formel $a = a$ vorkommen, sofern sie nicht als ableitbar festgestellt ist.

---

[1] Falls das betrachtete formale System das Induktionsschema als Regel enthält, so kann diese Regel ja (wie im § 6, S. 265—266 gezeigt) auf das Formelschema der Induktion zurückgeführt werden.

Der Nachweis der Eliminierbarkeit der ι-Symbole aus den Ableitungen ι-freier Formeln soll nun in der Weise erfolgen, daß jeder Formel $\mathfrak{A}$ eine „Reduzierte" $\mathfrak{R}(\mathfrak{A})$ zugeordnet wird[1], welche eine ι-freie Formel ist und welche im Fall einer ι-freien Formel $\mathfrak{A}$ mit $\mathfrak{A}$ übereinstimmt. Auf Grund einer solchen Definition einer Reduzierten, ergibt sich die behauptete Eliminierbarkeit, wenn wir aus jeder Herleitung einer Formel $\mathfrak{C}$, die in einem Formalismus der beschriebenen Art erfolgt, eine ι-freie Herleitung der Formel $\mathfrak{R}(\mathfrak{C})$ gewinnen können. Der Nachweis hiervon wird erbracht sein, wenn wir folgendes feststellen können: 1. die Reduzierte einer jeden Ausgangsformel ist ι-frei herleitbar; 2. ersetzen wir in der Anwendung einer Regel die Prämisse bzw. die Prämissen durch ihre Reduzierten, so ist aus diesen die Reduzierte der durch die Regel gelieferten Formel ι-frei herleitbar.

Es handelt sich nun zunächst darum, den Begriff der Reduzierten einer Formel festzulegen. Hierzu setzen wir zuerst fest: Für eine mittels der logischen Symbole des Prädikatenkalkuls aus Primformeln zusammengesetzte Formel soll die Reduzierte *in der gleichen Weise* aus den Reduzierten der Primformeln zusammengesetzt sein. Das heißt also: die Reduzierte von $\mathfrak{A}\,\&\,\mathfrak{B}$ soll $\mathfrak{R}(\mathfrak{A})\,\&\,\mathfrak{R}(\mathfrak{B})$, die Reduzierte von $\overline{\mathfrak{A}}$ soll $\overline{\mathfrak{R}(\mathfrak{A})}$ sein; entsprechend für $\vee$, $\rightarrow$, $\sim$. Die Reduzierte von $(\mathfrak{x})\,\mathfrak{A}(\mathfrak{x})$ soll $(\mathfrak{x})\,\mathfrak{R}\big(\mathfrak{A}(\mathfrak{x})\big)$, die Reduzierte von $(E\,\mathfrak{x})\,\mathfrak{A}(\mathfrak{x})$ soll $(E\,\mathfrak{x})\,\mathfrak{R}\big(\mathfrak{A}(\mathfrak{x})\big)$ sein; dabei bedeute $\mathfrak{R}\big(\mathfrak{A}(\mathfrak{x})\big)$ den Ausdruck, der aus der Formel $\mathfrak{R}\big(\mathfrak{A}(c)\big)$ (mit einer nicht in $\mathfrak{A}(\mathfrak{x})$ vorkommenden freien Variablen c) durch Ersetzung von c durch $\mathfrak{x}$ entsteht. Wir wollen diese Festsetzungen kurz als die der *Vertauschbarkeit der Reduzierten-Bildung mit den logischen Operationen* bezeichnen.

Nun bedarf es noch der Definition der Reduzierten einer Primformel. Durch unsere Anforderung an die Definition der Reduzierten ist schon festgelegt, daß die Reduzierte einer ι-freien Primformel mit dieser übereinstimmt. Eine Primformel, in der mindestens ein ι-Symbol auftritt, besteht entweder aus einer Formelvariablen mit Argumenten oder einem Prädikatensymbol mit Argumenten. In beiden Fällen möge die Primformel mit $\mathfrak{P}\big(\iota_{\mathfrak{x}_1}\,\mathfrak{A}(\mathfrak{x}_1),\, \iota_{\mathfrak{x}_2}\,\mathfrak{B}(\mathfrak{x}_2),\, \ldots,\, \iota_{\mathfrak{x}_\mathfrak{r}}\,\mathfrak{K}(\mathfrak{x}_\mathfrak{r})\big)$ angegeben werden; und zwar ist diese Angabe so zu verstehen, daß $\iota_{\mathfrak{x}_1}\,\mathfrak{A}(\mathfrak{x}_1),\, \iota_{\mathfrak{x}_2}\,\mathfrak{B}(\mathfrak{x}_2),\, \ldots,$ $\iota_{\mathfrak{x}_\mathfrak{r}}\,\mathfrak{K}(\mathfrak{x}_\mathfrak{r})$ die verschiedenen äußersten in der Primformel auftretenden ι-Terme sind, d.h. die ι-Terme, die nicht einem anderen ι-Term eingelagert sind. Ein solcher zu äußerst in einer Primformel auftretender ι-Term braucht nicht direkt ein Argument der Formelvariablen bzw. des Prädikatensymbols zu sein, sondern kann als Argument eines Funktionszeichens auftreten. Ferner ist zu beachten, daß der gleiche ι-Term sowohl als äußerster wie auch als eingelagerter Term in einer Primformel vorkommen kann. So kann z.B. der Term $\iota_{\mathfrak{x}_1}\,\mathfrak{A}(\mathfrak{x}_1)$, der ja in der be-

---

[1] Der Buchstabe „$\mathfrak{R}$" steht hier ausnahmsweise nicht zur Mitteilung einer Formel, sondern einer (metamathematischen) Operation.

trachteten Primformel als äußerster ι-Term auftritt, zugleich etwa in $\iota_{\mathfrak{x}_2} \mathfrak{B}(\mathfrak{x}_2)$ eingelagert sein; auf diese Übereinstimmung wird jedoch in unserer Angabe der Primformel *nicht* Bezug genommen. Andrerseits kann der gleiche ι-Term mehrmals als äußerster ι-Term in der Primformel auftreten; er wird dann in der Angabe nur einmal aufgezählt. So kann ja $\mathfrak{P}(c)$ lauten: $c < c$, und es ist dann $\mathfrak{P}\left(\iota_x \mathfrak{A}(x)\right)$ die Primformel $\iota_x \mathfrak{A}(x) < \iota_x \mathfrak{A}(x)$. Hervorgehoben sei noch, daß als gleiche ι-Terme auch solche behandelt werden, die sich nur durch die Benennung gebundener Variablen unterscheiden; es dürfen also in der Reihe der ι-Terme $\iota_{\mathfrak{x}_1} \mathfrak{A}(\mathfrak{x}_1), \ldots, \iota_{\mathfrak{x}_\mathfrak{r}} \mathfrak{K}(\mathfrak{x}_\mathfrak{r})$ nicht zwei solche sein, die sich nur durch die Benennung gebundener Variablen unterscheiden. Zum Beispiel ist eine Primformel $\iota_x \mathfrak{A}(x) < \iota_y \mathfrak{A}(y)$ mit

$$\mathfrak{P}\left(\iota_x \mathfrak{A}(x)\right), \quad \text{nicht etwa mit} \quad \mathfrak{P}\left(\iota_x \mathfrak{A}(x), \iota_y \mathfrak{A}(y)\right)$$

anzugeben.

Als Reduzierte der Formel $\mathfrak{P}\left(\iota_{\mathfrak{x}_1} \mathfrak{A}(\mathfrak{x}_1), \iota_{\mathfrak{x}_2} \mathfrak{B}(\mathfrak{x}_2), \ldots, \iota_{\mathfrak{x}_\mathfrak{r}} \mathfrak{K}(\mathfrak{x}_\mathfrak{r})\right)$ erklären wir nun die Formel

$$(\mathfrak{x}_1) \ldots (\mathfrak{x}_\mathfrak{r}) \left(\mathfrak{R}(\mathfrak{A}(\mathfrak{x}_1)) \, \& \ldots \& \, \mathfrak{R}(\mathfrak{K}(\mathfrak{x}_\mathfrak{r})) \rightarrow \mathfrak{P}(\mathfrak{x}_1, \ldots, \mathfrak{x}_\mathfrak{r})\right).$$

Diese ist hiermit freilich nicht direkt angegeben; es treten ja die Reduzierten der Formeln $\mathfrak{A}(c_1), \ldots, \mathfrak{K}(c_\mathfrak{r})$ als Bestandteile auf. Diese Formeln aber enthalten weniger ι-Symbole als die Ausgangsprimformel, und vermöge der Vertauschbarkeit der logischen Operationen mit der Reduzierten-Bildung setzen sich die Reduzierten dieser Formeln aus den Reduzierten ihrer Primformeln zusammen, die alle weniger ι-Symbole enthalten als jene Ausgangsprimformel. Somit ergibt sich für die Bestimmung der Reduzierten einer Primformel ein *rekursives Verfahren*, das nach höchstens so vielen Schritten, wie die Primformel ι-Symbole enthält, zum Abschluß kommt. Der Abschluß besteht darin, daß man auf ι-freie Primformeln geführt wird, für welche ja die Reduzierte mit der Formel übereinstimmt.

Im ganzen erhalten wir so eine Bestimmung der Reduzierten einer Formel, welche den beiden gestellten Anforderungen entspricht, daß jede Reduzierte ι-frei ist, und daß die Reduzierte einer ι-freien Formel mit dieser übereinstimmt. Überdies ist gemäß der Festsetzung die Operation der Reduzierten-Bildung mit den logischen Operationen vertauschbar. Und daraus ergibt sich, daß die logische Struktur der Reduzierten einer Formel die gleiche ist wie diejenige der Formel selbst. Auch ist die Reduzierten-Bildung so beschaffen, daß jede in einer Formel als Parameter auftretende freie Variable in der Reduzierten der Formel als Parameter bestehen bleibt.

Aus diesen Feststellungen können wir folgendes entnehmen:

Ein eigentliches Axiom bleibt bei der Reduzierten-Bildung ungeändert;

die Reduzierte einer aussagenlogisch wahren Formel ist wiederum aussagenlogisch wahr;

die Reduzierte einer Formel von einer der Gestalten

$$(x)\,\mathfrak{A}(x) \to \mathfrak{A}(a), \quad \mathfrak{A}(a) \to (E\,x)\,\mathfrak{A}(x), \quad a = b \to \big(\mathfrak{A}(a) \to \mathfrak{A}(b)\big),$$
$$\mathfrak{A}(0)\,\&\,(x)\,\big(\mathfrak{A}(x) \to \mathfrak{A}(x')\big) \to \mathfrak{A}(a)$$

hat wiederum diese Gestalt.

Was das Schlußschema, die Schemata (α), (β) und die Regel der Einsetzung ι-freier Terme für freie Individuenvariablen betrifft, so wird bei jeder Anwendung einer dieser Regeln durch die Ersetzung der beteiligten Formeln durch ihre Reduzierten die Form des Schemas aufrecht erhalten; es ist also aus der Reduzierten der Prämisse (bzw. denen der Prämissen) die Reduzierte der resultierenden Formel gemäß dem gleichen Schema herleitbar. Auch lassen sich die Reduzierten zweier durch Umbenennung gebundener Variablen auseinander hervorgehender Formeln wieder durch Umbenennungen ineinander überführen.

Es braucht daher, gemäß dem Ansatz unseres Nachweises für die Eliminierbarkeit der ι-Symbole, nur noch gezeigt zu werden, daß die Reduzierten der nach dem Schema

$$(E\,x)\,(y)\,\big(\mathfrak{A}(y) \sim y = x\big) \to \big((x)\,(\mathfrak{A}(x) \to \mathfrak{B}(x)) \to \mathfrak{B}(\iota_x\,\mathfrak{A}(x))\big)$$

gebildeten Formeln ι-frei herleitbar sind.

Wir werden die ι-freie Herleitbarkeit sogleich für die Reduzierten derjenigen Formeln feststellen, die nach dem Schema

$$(E\,x)\,(y)\,\big(\mathfrak{A}(y) \sim y = x\big) \to \big((x)\,(\mathfrak{A}(x) \to \mathfrak{B}(x)) \sim \mathfrak{B}(\iota_x\,\mathfrak{A}(x))\big)$$

gebildet sind, d.h. also für die Formeln

$$\{\mathfrak{R},\,\mathfrak{A},\,\mathfrak{B}\} \quad (E\,x)\,(y)\,\big(\mathfrak{R}(\mathfrak{A}(y)) \sim y = x\big)$$
$$\to \big((x)\,(\mathfrak{R}(\mathfrak{A}(x)) \to \mathfrak{R}(\mathfrak{B}(x))) \sim \mathfrak{R}(\mathfrak{B}(\iota_x\,\mathfrak{A}(x)))\big),$$

aus denen ja die Reduzierten der betrachteten Formeln ableitbar sind.

Der Nachweis erfolgt durch Induktion nach der Anzahl der logischen Zeichen in der Formel $\mathfrak{B}(c)$ — mit c als einer weder in $\mathfrak{A}(x)$ noch in $\mathfrak{B}(x)$ vorkommenden Variablen („Nennvariablen") —, wobei hier zu den logischen Zeichen auch die ι-Symbole gerechnet werden sollen.

Wenn diese Anzahl null ist, dann ist $\mathfrak{B}(c)$ eine ι-freie Primformel; es ist dann nach der Definition der Reduzierten $\mathfrak{R}\big(\mathfrak{B}(\iota_x\,\mathfrak{A}(x))\big)$ die Formel $(x)\,\big(\mathfrak{R}(\mathfrak{A}(x)) \to \mathfrak{B}(x)\big)$, und $\mathfrak{R}(\mathfrak{B}(c))$ stimmt mit $\mathfrak{B}(c)$ überein. Also ist die Formel $\{\mathfrak{R},\,\mathfrak{A},\,\mathfrak{B}\}$ aussagenlogisch wahr.

Sei nun $\mathfrak{B}(c)$ eine Primformel, in der mindestens ein ι-Symbol vorkommt, und betrachten wir zunächst den Fall, daß die Variable c nicht in einem der in $\mathfrak{B}(c)$ vorkommenden ι-Terme auftritt. Es ist dann $\iota_x\,\mathfrak{A}(x)$ in $\mathfrak{B}(\iota_x\,\mathfrak{A}(x))$ ein äußerster ι-Term. Wir nehmen überdies an, daß kein

Term $\iota_{\mathfrak{x}} \mathfrak{A}(\mathfrak{x})$ in $\mathfrak{B}(c)$ vorkommt. Die Formel $\mathfrak{B}(\iota_x \mathfrak{A}(x))$ hat dann die Gestalt $\mathfrak{P}\big(\iota_x \mathfrak{A}(x), \iota_{x_1} \mathfrak{F}_1(x_1), \ldots, \iota_{x\mathfrak{k}} \mathfrak{F}_\mathfrak{k}(x_\mathfrak{k})\big)$, wobei $\mathfrak{P}(c, c_1, \ldots, c_\mathfrak{k})$ eine ι-freie Primformel ist, und ihre Reduzierte ist

$$(x)(x_1)\ldots(x_\mathfrak{k})\big(\mathfrak{R}(\mathfrak{A}(x)) \,\&\, \mathfrak{R}(\mathfrak{F}_1(x_1)) \,\&\, \ldots \,\&\, \mathfrak{R}(\mathfrak{F}_\mathfrak{k}(x_\mathfrak{k})) \to \mathfrak{P}(x, x_1, \ldots, x_\mathfrak{k})\big).$$

Diese Reduzierte läßt sich umformen in die Formel

$$(x)\big(\mathfrak{R}(\mathfrak{A}(x)) \to (x_1)\ldots(x_\mathfrak{k})\big(\mathfrak{R}(\mathfrak{F}_1(x_1)) \,\&\, \ldots \,\&\, \mathfrak{R}(\mathfrak{F}_\mathfrak{k}(x_\mathfrak{k})) \to \mathfrak{P}(x, x_1, \ldots, x_\mathfrak{k})\big)\big);$$

diese aber ist gerade die Formel

$$(x)\big(\mathfrak{R}(\mathfrak{A}(x)) \to \mathfrak{R}(\mathfrak{B}(x))\big).$$

Demnach ist die Äquivalenz

$$(x)\big(\mathfrak{R}(\mathfrak{A}(x)) \to \mathfrak{R}(\mathfrak{B}(x))\big) \sim \mathfrak{R}\big(\mathfrak{B}(\iota_x \mathfrak{A}(x))\big),$$

und somit erst recht die Formel $\{\mathfrak{R}, \mathfrak{A}, \mathfrak{B}\}$ ι-frei herleitbar.

In den bisherigen Fällen spielte das Vorderglied der Formel $\{\mathfrak{R}, \mathfrak{A}, \mathfrak{B}\}$ keine Rolle für die Herleitung; auch brauchten wir nicht die Induktionsvoraussetzung heranzuziehen, wonach $\{\mathfrak{R}, \mathfrak{A}, \mathfrak{B}_1\}$ für Formeln $\mathfrak{B}_1$ mit einer geringeren Anzahl logischer Symbole als $\mathfrak{B}$ ι-frei herleitbar ist. Dagegen wird beides in den folgenden Betrachtungen zur Verwendung kommen.

Beim Fall einer Primformel $\mathfrak{B}(c)$ haben wir zunächst noch die Möglichkeit zu betrachten, daß einer der in $\mathfrak{B}(c)$ vorkommenden ι-Terme mit $\iota_x \mathfrak{A}(x)$ (abgesehen eventuell von der Benennung der gebundenen Variablen) übereinstimmt, und ferner diejenige, daß die Variable c innerhalb eines oder mehrerer der ι-Terme $\iota_{x_i} \mathfrak{F}_i(x_i)$ $(i = 1, \ldots, k)$ auftritt, was dann durch die Schreibweise $\iota_{x_i} \mathfrak{F}_i(x_i, c)$ angedeutet werde.

Die beiden Möglichkeiten können auch gemeinsam vorliegen. Dagegen kommt nicht in Betracht, daß einer der Terme $\iota_{x_i} \mathfrak{F}_i(x_i, c)$ mit $\iota_x \mathfrak{A}(x)$ übereinstimmt. Nämlich die Variable c wird ja in der Angabe $\mathfrak{B}(c)$, nur beispielsweise, als Nennvariable verwendet; und diese Nennvariable ist als verschieden von den sonst, insbesondere in $\mathfrak{A}(x)$, auftretenden Variablen zu wählen.

Nehmen wir zunächst an, daß nur die erste der beiden Möglichkeiten vorliege. Sind dann $\iota_{x_1} \mathfrak{F}_1(x_1), \ldots, \iota_{x_\mathfrak{k}} \mathfrak{F}_\mathfrak{k}(x_\mathfrak{k})$ die (abgesehen von der Benennung der gebundenen Variablen) verschiedenen äußersten ι-Terme in $\mathfrak{B}(c)$, so können wir annehmen, daß $\mathfrak{F}_1(x_1)$ mit $\mathfrak{A}(x)$ übereinstimmt. Die Formel $(x)\big(\mathfrak{R}(\mathfrak{A}(x)) \to \mathfrak{R}(\mathfrak{B}(x))\big)$ lautet dann, nach einer elementaren prädikatenlogischen Umformung

$$\langle 1 \rangle \qquad (x)(x_1)\ldots(x_\mathfrak{k})\big(\mathfrak{R}(\mathfrak{A}(x)) \,\&\, \mathfrak{R}(\mathfrak{A}(x_1)) \,\&\, \mathfrak{R}(\mathfrak{F}_2(x_2)) \,\&\, \ldots$$
$$\cdot \,\&\, \mathfrak{R}(\mathfrak{F}_\mathfrak{k}(x_\mathfrak{k})) \to \mathfrak{P}(x, x_1, \ldots, x_\mathfrak{k})\big).$$

Die Formel $\mathfrak{B}(\iota_x\,\mathfrak{A}(x))$, d.h. $\mathfrak{P}(\iota_x\,\mathfrak{A}(x),\,\iota_{x_1}\mathfrak{F}_1(x_1),\,\ldots,\,\iota_{x_\mathfrak{k}}\mathfrak{F}_\mathfrak{k}(x_\mathfrak{k}))$ ist nach unserer Vereinbarung anzugeben mit $\mathfrak{P}^*(\iota_x\,\mathfrak{A}(x),\,\iota_{x_2}\,\mathfrak{F}_2(x_2),\,\ldots,\,\iota_{x_\mathfrak{k}}\mathfrak{F}_\mathfrak{k}(x_\mathfrak{k}))$, wobei $\mathfrak{P}^*(c,\,c_2,\,\ldots,\,c_\mathfrak{k})$ die Formel $\mathfrak{P}(c,\,c,\,c_2,\,\ldots,\,c_\mathfrak{k})$ ist. Somit ist die Reduzierte $\mathfrak{R}\big(\mathfrak{B}(\iota_x\,\mathfrak{A}(x))\big)$ die Formel

$$\langle 2\rangle \qquad (x)\,(x_2)\ldots(x_\mathfrak{k})\,\big(\mathfrak{R}(\mathfrak{A}(x))\,\&\,\mathfrak{R}(\mathfrak{F}_2(x_2))\,\&\,\ldots\,\&\,\mathfrak{R}(\mathfrak{F}_\mathfrak{k}(x_\mathfrak{k}))$$
$$\rightarrow \mathfrak{P}(x,\,x,\,x_2,\,\ldots,\,x_\mathfrak{k})\big).$$

Um hier die ι-freie Herleitbarkeit von $\{\mathfrak{R},\,\mathfrak{A},\,\mathfrak{B}\}$ zu erkennen, genügt es, gemäß dem Deduktionstheorem, wenn wir feststellen, daß mit Hilfe der Formel $(E\,x)\,(y)\,\big(\mathfrak{R}(\mathfrak{A}(y))\sim y=x\big)$ die Formel $\langle 1\rangle$ in $\langle 2\rangle$ überführbar ist.

Aus der Formel $(E\,x)\,(y)\,\big(\mathfrak{R}(\mathfrak{A}(y))\sim y=x\big)$ erhalten wir, wie wir wissen, mittels des Gleichheitsaxioms (J_2) die zweite zu $\mathfrak{R}(\mathfrak{A}(c))$ gehörige Unitätsformel und somit:

$$\mathfrak{R}(\mathfrak{A}(a))\,\&\,\mathfrak{R}(\mathfrak{A}(a_1))\rightarrow a=a_1.$$

Andrerseits erhalten wir, wiederum mittels des Gleichheitsaxioms (J_2):

$$a=a_1\rightarrow\big(\mathfrak{P}(a,\,a_1,\,a_2,\,\ldots,\,a_\mathfrak{k})\sim\mathfrak{P}(a,\,a,\,a_2,\,\ldots,\,a_\mathfrak{k})\big)\,;$$

und die beiden Formeln zusammen liefern

$$\mathfrak{R}(\mathfrak{A}(a))\,\&\,\mathfrak{R}(\mathfrak{A}(a_1))\rightarrow\big(\mathfrak{P}(a,\,a_1,\,a_2,\,\ldots,\,a_\mathfrak{k})\sim\mathfrak{P}(a,\,a,\,a_2,\,\ldots,\,a_\mathfrak{k})\big)^1.$$

Mittels dieser Formel ist $\langle 1\rangle$ überführbar in

$$(x)\,(x_1)\ldots(x_\mathfrak{k})\,\big(\mathfrak{R}(\mathfrak{A}(x))\,\&\,\mathfrak{R}(\mathfrak{A}(x_1))\,\&\,\mathfrak{R}(\mathfrak{F}_2(x_2))\,\&\,\ldots\,\&\,\mathfrak{R}(\mathfrak{F}_\mathfrak{k}(x_\mathfrak{k}))\rightarrow$$
$$\mathfrak{P}(x,\,x,\,x_2,\,\ldots,\,x_\mathfrak{k})\big),$$

und die Überführbarkeit dieser Formel in $\langle 2\rangle$ gelingt gemäß dem ableitbaren Formelschema

$$(x)\,(x_1)\,\big(\mathfrak{G}(x)\,\&\,\mathfrak{G}(x_1)\rightarrow\mathfrak{H}(x)\big)\sim(x)\,\big(\mathfrak{G}(x)\rightarrow\mathfrak{H}(x)\big).$$

Betrachten wir nun die zweite der vorhin genannten Möglichkeiten, daß nämlich die Variable c in mindestens einem der in der Primformel $\mathfrak{B}(c)$ vorkommenden ι-Terme auftritt. Sie kann dann auch noch außerhalb dieser ι-Terme in $\mathfrak{B}(c)$ auftreten.

Angenommen zunächst, dieses letztere sei nicht der Fall, dann hat $\mathfrak{B}(c)$ die Gestalt

$$\mathfrak{P}\big(\iota_{x_1}\,\mathfrak{F}_1(x_1,\,c),\,\ldots,\,\iota_{x_\mathfrak{r}}\,\mathfrak{F}_\mathfrak{r}(x_\mathfrak{r},\,c),\,\iota_{y_1}\,\mathfrak{G}_1(y_1),\,\ldots,\,\iota_{y_\mathfrak{s}}\,\mathfrak{G}_\mathfrak{s}(y_\mathfrak{s})\big),$$

wobei die Variable c in $\mathfrak{G}_1(y_1),\,\ldots,\,\mathfrak{G}_\mathfrak{s}(y_\mathfrak{s})$ nicht vorkommt; die Anzahl $\mathfrak{s}$ kann übrigens auch null sein. Hier stellt sich $(x)\,\big(\mathfrak{R}(\mathfrak{A}(x))\rightarrow\mathfrak{R}(\mathfrak{B}(x))\big)$

---

[1] Eventuell sind in diesen Formeln zur Vermeidung unerwünschter Übereinstimmungen anstatt $a,\,a_1,\,\ldots,\,a_\mathfrak{k}$ andere freie Variablen zu wählen.

dar durch

[1] $(x) \left[\Re(\mathfrak{A}(x)) \to (x_1) \ldots (x_r) (y_1) \ldots (y_s) \left(\Re(\mathfrak{F}_1(x_1, x)) \& \ldots \right.\right.$
$\& \Re(\mathfrak{F}_r(x_r, x)) \& \Re(\mathfrak{G}_1(y_1)) \& \ldots \& \Re(\mathfrak{G}_s(y_s))$
$\left.\left. \to \mathfrak{P}(x_1, \ldots, x_r, y_1, \ldots, y_s) \right) \right]$

und $\Re(\mathfrak{B}(\iota_x \mathfrak{A}(x)))$ durch

[2] $(x_1) \ldots (x_r) (y_1) \ldots (y_s) \left(\Re(\mathfrak{F}_1(x_1, \iota_x \mathfrak{A}(x))) \& \ldots \& \Re(\mathfrak{F}_r(x_r, \iota_x \mathfrak{A}(x))) \& \right.$
$\left. \& \Re(\mathfrak{G}_1(y_1)) \& \ldots \& \Re(\mathfrak{G}_s(y_s)) \to \mathfrak{P}(x_1, \ldots, x_r, y_1, \ldots, y_s) \right).$

Um hier die ι-freie Ableitbarkeit von $\{\Re, \mathfrak{A}, \mathfrak{B}\}$ nachzuweisen, genügt es, wiederum auf Grund des Deduktionstheorems, zu zeigen, daß unter Benutzung der Formel $(Ex)(y) \left(\Re(\mathfrak{A}(y)) \sim y = x \right)$ die Formeln [1], [2] mittels des Prädikatenkalkuls und des Gleichheitsaxioms (J_2) ι-frei ineinander überführbar sind. Wir dürfen überdies von unserer Induktionsannahme Gebrauch machen. Diese können wir auf die Formel $\mathfrak{F}_1(c_1, c) \& \ldots \& \mathfrak{F}_r(c_r, c)$ (mit den Nennvariablen $c, c_1, \ldots, c_r$) anwenden[1], worin wir $c_1, \ldots, c_r$ als Parameter betrachten; diese Formel enthält ja an logischen Symbolen mindestens eines weniger als die Formel $\mathfrak{B}(c)$, da ja jedenfalls die Anzahl der hinzutretenden Konjunktionszeichen um 1 kleiner ist als die der wegfallenden ι-Symbole $\iota_{x_1}, \ldots, \iota_{x_r}$. Wir wollen diese Konjunktion abgekürzt durch $\Re(c_1, \ldots, c_r, c)$ angeben.

Wir haben somit für unsere Ableitung die Formel
$(Ex)(y) \left(\Re(\mathfrak{A}(y)) \sim y = x \right)$
$$\to \left[(x) \left(\Re(\mathfrak{A}(x)) \to \Re(\Re(c_1, \ldots, c_r, x)) \right) \sim \Re(\Re(c_1, \ldots, c_r, \iota_x \mathfrak{A}(x))) \right]$$
zur Verfügung. Und da wir die Formel $(Ex)(y) \left(\Re(\mathfrak{A}(y)) \sim y = x \right)$ als Hilfsformel benutzen, so können wir auf Grund der (durch das Schluß-schema gelieferten) Äquivalenz

$$(x) \left(\Re(\mathfrak{A}(x)) \to \Re(\Re(c_1, \ldots, c_r, x)) \right) \sim \Re(\Re(c_1, \ldots, c_r, \iota_x \mathfrak{A}(x)))$$

die beiden Glieder dieser Äquivalenz für einander setzen.

Gehen wir nun mit diesen Hilfsmitteln an die Überführung der Formel [1] in die Formel [2]. Die Formel [1] läßt sich mittels des Prädikatenkalkuls umformen in

$$(x) (x_1) \ldots (x_r) (y_1) \ldots (y_s) \left[\Re(\mathfrak{A}(x)) \& \Re(\Re(x_1, \ldots, x_r, x)) \& \right.$$
$$\left. \& \Re(\mathfrak{G}_1(y_1)) \& \ldots \& \Re(\mathfrak{G}_s(y_s)) \to \mathfrak{P}(x_1, \ldots, x_r, y_1, \ldots, y_s) \right]$$

und weiter in

[1'] $(x_1) \ldots (x_r) (y_1) \ldots (y_s) \left[(Ex) \left(\Re(\mathfrak{A}(x)) \& \Re(\Re(x_1, \ldots, x_r, x)) \right) \& \right.$
$$\left. \& \Re(\mathfrak{G}_1(y_1)) \& \ldots \& \Re(\mathfrak{G}_s(y_s)) \to \mathfrak{P}(x_1, \ldots, x_r, y_1, \ldots, y_s) \right].$$

---

[1] Dabei haben wir von dem Umstande Gebrauch zu machen, daß die Reduzierte einer Konjunktion erklärt ist als die Konjunktion der Reduzierten der einzelnen Glieder.

Nun machen wir Gebrauch von der festgestellten Überführbarkeit der Formel $(E\,x)\,(y)\,(A\,(y)\sim y=x)$ in die Konjunktion der Formeln

$$(E\,x)\,A\,(x), \qquad (x)\,(y)\,\big(A\,(x)\;\&\;A\,(y)\to x=y\big).$$

Aus dieser ergibt sich, daß wir aus unserer Hilfsformel

$$(E\,x)\,(y)\,\big(\Re(\mathfrak{A}(y))\sim y=x\big)$$

die zu der Formel $\Re(\mathfrak{A}(a))$ (mit a als einer Nennvariablen) gehörenden Unitätsformeln ableiten können; aus diesen wiederum läßt sich mittels des Prädikatenkalkuls und des Gleichheitsaxioms (J_2) die Äquivalenz

$$(E\,x)\,\big(\Re(\mathfrak{A}(x))\;\&\;B\,(x)\big)\sim(x)\,\big(\Re(\mathfrak{A}(x))\to B\,(x)\big)$$

gewinnen. Hierin setzen wir für $B\,(c)$ die Formel $\Re\big(\Re(c_1,\ldots,c_{\mathfrak{r}},c)\big)$ ein und erhalten damit

$$(E\,x)\,\big(\Re(\mathfrak{A}(x))\;\&\;\Re(\Re(c_1,\ldots,c_{\mathfrak{r}},x))\big)\sim(x)\,\big(\Re(\mathfrak{A}(x))\to\Re(\Re(c_1,\ldots,c_{\mathfrak{r}},x))\big).$$

Die beiderseitigen Formeln können wir also für einander setzen. Für die zweite aber können wir, wie wir feststellten, $\Re\big(\Re(c_1,\ldots,c_{\mathfrak{r}},\iota_x\,\mathfrak{A}(x))\big)$ setzen.

Wir können daher die Formel [1'] überführen in

$$(x_1)\ldots(x_{\mathfrak{r}})\,(y_1)\ldots(y_{\mathfrak{s}})\,\big[\Re\big(\Re(x_1,\ldots,x_{\mathfrak{r}},\iota_x\,\mathfrak{A}(x))\big)\;\&$$
$$\&\;\Re\big(\mathfrak{G}_1(y_1)\big)\;\&\ldots\&\;\Re\big(\mathfrak{G}_{\mathfrak{s}}(y_{\mathfrak{s}})\big)\to\mathfrak{P}(x_1,\ldots,x_{\mathfrak{r}},y_1,\ldots,y_{\mathfrak{s}})\big].$$

Das ist aber die Formel [2], da ja $\Re\big(\Re(c_1,\ldots,c_{\mathfrak{r}},c)\big)$ übereinstimmt mit $\Re\big(\mathfrak{F}_1(c_1,c)\big)\;\&\ldots\&\;\Re\big(\mathfrak{F}_{\mathfrak{r}}(c_{\mathfrak{r}},c)\big)$. Somit ist die gewünschte Überführung vollzogen. Und zwar treten dabei keine ι-Symbole auf. In der Tat sind ja alle Ausdrücke von Reduzierten (auch da, wo in ihrer Angabe ι-Symbole vorkommen) ι-frei.

Ähnlich wie bei dem eben behandelten Fall verfahren wir, wenn in der Primformel $\mathfrak{B}(c)$ die Variable c auch außerhalb der ι-Terme auftritt, so daß sie die Gestalt hat

$$\mathfrak{P}\big(c,\iota_{x_1}\,\mathfrak{F}_1(x_1,c),\ldots,\iota_{x_{\mathfrak{r}}}\,\mathfrak{F}_{\mathfrak{r}}(x_{\mathfrak{r}},c),\iota_{y_1}\,\mathfrak{G}_1(y_1),\ldots,\iota_{y_{\mathfrak{s}}}\,\mathfrak{G}_{\mathfrak{s}}(y_{\mathfrak{s}})\big),$$

wobei wieder c nicht in $\mathfrak{G}_1(y_1),\ldots,\mathfrak{G}_{\mathfrak{s}}(y_{\mathfrak{s}})$ vorkommt.

Hier stellt sich $(x)\,\big(\Re(\mathfrak{A}(x))\to\Re(\mathfrak{B}(x))\big)$ entsprechend wie vordem, unter Benutzung der Abkürzung $\Re(c_1,\ldots,c_{\mathfrak{r}},c)$, dar durch:

$$[1\,x]\quad(x)\,\big[\Re(\mathfrak{A}(x))\to(x_1)\ldots(x_{\mathfrak{r}})\,(y_1)\ldots(y_{\mathfrak{s}})\,\big(\Re(\Re(x_1,\ldots,x_{\mathfrak{r}},x))\;\&$$
$$\&\;\Re(\mathfrak{G}_1(y_1))\;\&\ldots\Re(\mathfrak{G}_{\mathfrak{s}}(y_{\mathfrak{s}}))\to\mathfrak{P}(x,x_1,\ldots,x_{\mathfrak{r}},y_1,\ldots,y_{\mathfrak{s}})\big)\big].$$

In $\mathfrak{B}\big(\iota_x\,\mathfrak{A}(x)\big)$ tritt jetzt aber $\iota_x\,\mathfrak{A}(x)$ auch als äußerster ι-Term auf, und somit stellt sich die Reduzierte $\Re(\mathfrak{B}(\iota_x \mathfrak{A}(x)))$ dar durch[1]

[2 x] $(x) (x_1) \ldots (x_r) (y_1) \ldots (y_s) \big(\Re(\mathfrak{A}(x)) \,\&\, \Re(\Re(x_1, \ldots, x_r, \iota_z \mathfrak{A}(z))) \,\&$
$\&\, \Re(\mathfrak{G}_1(y_1)) \,\&\, \ldots \,\&\, \Re(\mathfrak{G}_s(y_s)) \rightarrow \mathfrak{P}(x, x_1, \ldots, y_s)\big).$

Zum Nachweis der ι-freien Herleitbarkeit der Formel $\{\Re, \mathfrak{A}, \mathfrak{B}\}$ genügt es nun wiederum, wenn wir, unter Benutzung der Formel

$$(E\,x)\,(y)\,\big(\Re(\mathfrak{A}(y))\sim y = x\big)$$

als Hilfsformel — sie werde kurz mit „$\mathfrak{U}(\Re(\mathfrak{A}))$" angegeben — und unter Anwendung unserer Induktionsannahme, die Formel [1 x] ι-frei in [2 x] überführen können.

Dazu wenden wir die Induktionsannahme wieder auf die Formel $\Re(c_1, \ldots, c_r, c)$ (mit $c_1, \ldots, c_r$ als Parametern) an. Damit ergibt sich die Ersetzbarkeit von $(z)\,[\Re(\mathfrak{A}(z)) \rightarrow \Re(\Re(c_1, \ldots, c_r, z))]$ durch

$$\Re\big(\Re(c_1, \ldots, c_r, \iota_z\,\mathfrak{A}(z))\big).$$

Andrerseits sind aus der Formel $\mathfrak{U}(\Re(\mathfrak{A}))$ die Unitätsformeln für $\Re(\mathfrak{A}(a))$ ableitbar. Mit Anwendung der zweiten von diesen und des Gleichheitsaxioms (J_2) erhalten wir durch den Prädikatenkalkül die Formel

$$\Re\big(\mathfrak{A}(c)\big) \,\&\, B(c) \;\sim\; \Re\big(\mathfrak{A}(c)\big) \,\&\, (z)\,\big(\Re(\mathfrak{A}(z)) \rightarrow B(z)\big).$$

Und indem wir hierin für $B(c)$ die Formel $\Re(\Re(c_1, \ldots, c_r, c))$ einsetzen, ergibt sich die Überführbarkeit der Formel

$$\Re\big(\mathfrak{A}(c)\big) \,\&\, \Re\big(\Re(c_1, \ldots, c_r, c)\big)$$

in die Formel

$$\Re\big(\mathfrak{A}(c)\big) \,\&\, (z)\,\big(\Re(\mathfrak{A}(z)) \rightarrow \Re(\Re(c_1, \ldots, c_r, z))\big),$$

welche andrerseits, gemäß unserer obigen Feststellung, ersetzbar ist durch

$$\Re\big(\mathfrak{A}(c)\big) \,\&\, \Re\big(\Re(c_1, \ldots, c_r, \iota_z\,\mathfrak{A}(z))\big).$$

Damit aber erhalten wir die ι-freie Überführung von [1 x] in [2 x], da ja [1 x] sich umformen läßt in

$(x) (x_1) \ldots (x_r) (y_1) \ldots y_s) \big(\Re(\mathfrak{A}(x)) \,\&\, \Re(\Re(x_1, \ldots, x_r, x)) \,\&$
$\&\, \Re(\mathfrak{G}_1(y_1)) \,\&\, \ldots \,\&\, \Re(\mathfrak{G}_s(y_s)) \rightarrow \mathfrak{P}(x, x_1, \ldots, x_r, y_1, \ldots, y_s)\big).$

Es bleibt noch die Möglichkeit zu berücksichtigen, daß in der Primformel $\mathfrak{B}(c)$ sowohl ι-Terme vorkommen, welche die Variable c enthalten, wie auch ein solcher ι-Term vorkommt, der mit $\iota_x \mathfrak{A}(x)$ übereinstimmt. Dieser kann dann aber, wie wir feststellten, nicht einer der Terme $\iota_{x_i} \mathfrak{F}_i(x_i, c)$ sein; er muß also zu den Termen $\iota_{y_j} \mathfrak{G}_j(y_j)$ gehören, für welche ja bei der Überführung von [1] in [2], bzw. derjenigen von [1 x] in

---

[1] Man beachte das Erfordernis einer Umbenennung der Variablen x bei dem eingelagerten ι-Term $\iota_x \mathfrak{A}(x)$.

$[2\,x]$, die zugehörigen Glieder $\Re\big(\mathfrak{G}_j(y_j)\big)$ unverändert bleiben. Es läßt sich daher hier die Methode, mit der (in dem einfachsten Fall) die Formel $\langle 1\rangle$ in $\langle 2\rangle$ übergeführt wird, kombinieren mit der Methode der Überführung von $[1]$ in $[2]$ sowie mit derjenigen der Überführung von $[1\,x]$ in $[2\,x]$. Damit wird dann auch in diesen Fällen die Reduzierte der Formel $\{\iota\}$ als ι-frei herleitbar erwiesen.

Nunmehr sind noch die Fälle zu betrachten, in denen die Formel $\mathfrak{B}(c)$ mindestens ein aussagenlogisches Symbol oder einen Quantor enthält. Es hat dann $\mathfrak{B}(c)$ entweder eine der Formen $\overline{\mathfrak{B}_1(c)}$, $(\mathfrak{x})\,\mathfrak{B}_1(\mathfrak{x})$, $(E\,\mathfrak{x})\,\mathfrak{B}_1(\mathfrak{x})$, oder $\mathfrak{B}(c)$ ist aus zwei Formeln $\mathfrak{B}_1(c)$, $\mathfrak{B}_2(c)$ durch eine der Operationen &, V, $\rightarrow$, $\sim$ zusammengesetzt. Auf die Formel $\mathfrak{B}_1(c)$ der ersten drei Fälle und auf die Formeln $\mathfrak{B}_1(c)$, $\mathfrak{B}_2(c)$ in den weiteren Fällen können wir unsere Induktionsannahme anwenden.

Wir brauchen aber diese Fälle nicht alle einzeln zu betrachten, da ja die aussagenlogischen Operationen sich zusammensetzen lassen aus Konjunktion und Negation, und eine Formel $(E\,\mathfrak{x})\,\mathfrak{A}(\mathfrak{x})$ umgeformt werden kann in $\overline{(\mathfrak{x})\,\overline{\mathfrak{A}(\mathfrak{x})}}$. Zufolge der Vertauschbarkeit der Reduzierten-Bildung mit den logischen Operationen übertragen sich diese Umformungen auf die Reduzierten, derart daß jeweils, wenn eine Formel $\mathfrak{B}(c)$ durch solche Umformungen in $\mathfrak{B}^*(c)$ übergeht, durch die gleichen Umformungen $\Re\big(\mathfrak{B}(c)\big)$ in $\Re\big(\mathfrak{B}^*(c)\big)$ und $\Re\big(\mathfrak{B}(\iota_x\,\mathfrak{A}(x))\big)$ in $\Re\big(\mathfrak{B}^*(\iota_x\,\mathfrak{A}(x))\big)$ übergeht, so daß aus der ι-freien Herleitbarkeit von $\{\Re,\,\mathfrak{A},\,\mathfrak{B}^*\}$ diejenige von $\{\Re,\,\mathfrak{A},\,\mathfrak{B}\}$ folgt.

Es genügt daher — nachdem wir ja für Primformeln $\mathfrak{B}(c)$ die ι-freie Herleitbarkeit von $\{\Re,\,\mathfrak{A},\,\mathfrak{B}\}$ festgestellt haben —, wenn wir, im Sinne unserer Induktion nach der Anzahl der logischen Symbole in $\mathfrak{B}(c)$, noch folgendes zeigen:

(1) Wenn unsere Behauptung der ι-freien Herleitbarkeit von $\{\Re,\,\mathfrak{A},\,\mathfrak{B}\}$ für die Formel $\mathfrak{B}(c)$ zutrifft, so trifft sie auch für die Formel $\overline{\mathfrak{B}(c)}$ zu;

(2) wenn sie für $\mathfrak{B}_1(c)$ und für $\mathfrak{B}_2(c)$ zutrifft, so auch für $\mathfrak{B}_1(c)\,\&\,\mathfrak{B}_2(c)$;

(3) wenn sie für $\mathfrak{B}(a,c)$ (mit einer von c verschiedenen und nicht in $\mathfrak{A}(\mathfrak{x})$ vorkommenden freien Variablen a) zutrifft, so auch für $(\mathfrak{x})\,\mathfrak{B}(\mathfrak{x},c)$.

Für alle diese Nachweise können wir wieder das Deduktionstheorem verwenden, wonach die Feststellung der Herleitbarkeit von $\{\Re,\,\mathfrak{A},\,\mathfrak{B}\}$ auf diejenige der Ableitbarkeit der Formel

$$[\Re,\,\mathfrak{A},\,\mathfrak{B}(x)]\qquad (x)\,\big(\Re(\mathfrak{A}(x))\rightarrow\Re(\mathfrak{B}(x))\big)\sim\Re\big(\mathfrak{B}(\iota_x\,\mathfrak{A}(x))\big)$$

aus der Formel $\mathfrak{U}\big(\Re(\mathfrak{A})\big)$ hinauskommt.

Für die Feststellung (1) haben wir also unter der Annahme der ι-freien Herleitbarkeit von $\{\Re,\,\mathfrak{A},\,\mathfrak{B}\}$ die ι-freie Herleitbarkeit der Formel $[\Re,\,\mathfrak{A},\,\overline{\mathfrak{B}(x)}]$, d.h.

$$(x)\,\big(\Re(\mathfrak{A}(x))\rightarrow\Re(\overline{\mathfrak{B}(x)})\big)\sim\Re\,\overline{\mathfrak{B}(\iota_x\,\mathfrak{A}(x))},$$

mit Hilfe der Formel $\mathfrak{U}\big(\mathfrak{R}(\mathfrak{A})\big)$ nachzuweisen.

$\mathfrak{U}\big(\mathfrak{R}(\mathfrak{A})\big)$ und $\{\mathfrak{R},\,\mathfrak{A},\,\mathfrak{B}\}$ ergeben durch das Schlußschema die Äquivalenz $[\mathfrak{R},\,\mathfrak{A},\,\mathfrak{B}\,(x)]$. Aus dieser erhalten wir durch beiderseitige Negation und prädikatenlogische Umformung

$$(E\,x)\,\big(\mathfrak{R}(\mathfrak{A}(x))\ \&\ \overline{\mathfrak{R}(\mathfrak{B}(x))}\big)\sim\overline{\mathfrak{R}\big(\mathfrak{B}(\iota_x\,\mathfrak{A}(x))\big)},$$

und wegen der Vertauschbarkeit der Negation mit der Reduzierten-Bildung

$$(E\,x)\,\big(\mathfrak{R}(\mathfrak{A}(x))\ \&\ \mathfrak{R}\,\overline{\mathfrak{B}(x)}\big)\sim\mathfrak{R}\,\overline{\mathfrak{B}\big(\iota_x\,\mathfrak{A}(x)\big)}.$$

Aus der Formel $\mathfrak{U}\big(\mathfrak{R}(\mathfrak{A})\big)$ können wir, wie kürzlich bemerkt, die zu $\mathfrak{R}\big(\mathfrak{A}(a)\big)$ gehörigen Unitätsformeln ableiten, und aus diesen gewinnen wir die Formel

[3] $\qquad (E\,x)\,\big(\mathfrak{R}(\mathfrak{A}(x))\ \&\ B\,(x)\big)\sim(x)\,\big(\mathfrak{R}(\mathfrak{A}(x))\rightarrow B\,(x)\big).$

Dabei sind alle diese Ableitungen ι-frei. Aus der Formel [3] erhalten wir durch Einsetzung von $\mathfrak{R}\,\overline{\mathfrak{B}(c)}$ für $B\,(c)$ die Formel

$$(E\,x)\,\big(\mathfrak{R}(\mathfrak{A}(x))\ \&\ \mathfrak{R}\,\overline{\mathfrak{B}(x)}\big)\sim(x)\,\big(\mathfrak{R}(\mathfrak{A}(x))\rightarrow\mathfrak{R}\,\overline{\mathfrak{B}(x)}\big),$$

welche zusammen mit der zuvor erhaltenen Äquivalenz durch den Aussagenkalkul die gewünschte Formel $[\mathfrak{R},\,\mathfrak{A},\,\overline{\mathfrak{B}(x)}]$ ergibt.

In den Fällen (2) und (3) handelt es sich — wiederum auf Grund der Verfügbarkeit der Hilfsformel $\mathfrak{U}\big(\mathfrak{R}(\mathfrak{A})\big)$ — darum, einmal aus zwei Äquivalenzen $[\mathfrak{R},\,\mathfrak{A},\,\mathfrak{B}_1\,(x)]$, $[\mathfrak{R},\,\mathfrak{A},\,\mathfrak{B}_2\,(x)]$ die Äquivalenz $[\mathfrak{R},\,\mathfrak{A},\,\mathfrak{B}_1\,(x)\,\&\,\mathfrak{B}_2\,(x)]$ abzuleiten, und ferner aus $[\mathfrak{R},\,\mathfrak{A},\,\mathfrak{B}\,(\mathfrak{a},\,x)]$ die Äquivalenz $[\mathfrak{R},\,\mathfrak{A},\,(\mathfrak{x})\,\mathfrak{B}\,(\mathfrak{x},x)]$ abzuleiten (worin die Variable $\mathfrak{a}$ als nicht in $\mathfrak{A}(x)$ vorkommend vorausgesetzt ist).

Diese Ableitungen erhalten wir aber, auf Grund der Vertauschbarkeit der Reduzierten-Bildung mit den logischen Operationen, ohne weiteres durch den Prädikatenkalkul.

Im ganzen liefern unsere letzten Betrachtungen folgendes Ergebnis: Gehen wir aus von einem formalen System bestehend aus dem (durch die Gleichheitsaxiome) erweiterten Prädikatenkalkul, zu dem noch eigentliche Axiome und eventuell noch das Induktionsaxiom (bzw. das Induktionsschema) hinzutreten können; wird der Termbereich eines solchen Systems durch die den Formeln $\mathfrak{A}(\mathfrak{x})$ zugeordneten ι-Terme $\iota_{\mathfrak{x}}\,\mathfrak{A}(\mathfrak{x})$ erweitert und das Axiom $\{\iota\}$ bzw. das entsprechende Formelschema hinzugenommen, so wird dadurch der Bereich der herleitbaren ι-freien Formeln nicht erweitert. Oder, wie wir dafür auch sagen: aus der Herleitung einer ι-freien Formel können die ι-Symbole eliminiert werden. Auf Grund unserer vorausgehenden Überlegung[1] besteht diese Eliminierbarkeit auch für solche Herleitungen, bei denen die Einführung und Anwendung der ι-Terme gemäß unserer ursprünglichen ι-Regel

---

[1] Vgl. S. 436—437.

erfolgt, und ferner auch für Herleitungen mit Anwendung der erweiterten ι-Regel.

Zugleich haben wir festgestellt, daß für jede mit Anwendung der ι-Regel herleitbare Formel ihre Reduzierte ι-frei herleitbar ist. Hierzu wollen wir noch ergänzend beweisen, daß im Rahmen der Ableitungen mit Hilfe der ι-Regel[1] jede Formel $\mathfrak{F}$ in ihre Reduzierte überführbar ist. Wir zeigen dieses mittels einer Induktion nach der Anzahl der logischen Zeichen in $\mathfrak{F}$, wobei wir wiederum die ι-Symbole zu den logischen Zeichen rechnen wollen. Für den Fall, daß diese Anzahl null ist, ist die Behauptung trivial, da ja dann $\mathfrak{F}$ eine ι-freie Formel ist und somit $\mathfrak{R}(\mathfrak{F})$ mit $\mathfrak{F}$ übereinstimmt. Wenn $\mathfrak{F}$ aussagenlogisch aus anderen Formeln zusammengesetzt ist, so ergibt sich die Behauptung auf Grund unserer Induktionsannahme mittels des Aussagenkalkuls. Entsprechend ergibt sich im Falle, wo $\mathfrak{F}$ eine der Formen $(\mathfrak{x})\,\mathfrak{F}_1(\mathfrak{x})$, $(E\mathfrak{x})\,\mathfrak{F}_1(\mathfrak{x})$ hat, die Behauptung auf Grund der Induktionsannahme mittels des Prädikatenkalkuls.

Nun bleibt noch der Fall zu betrachten, daß $\mathfrak{F}$ eine Primformel $\mathfrak{P}\left(\iota_{\mathfrak{x}_1}\,\mathfrak{A}_1(\mathfrak{x}_1),\ \ldots,\ \iota_{\mathfrak{x}_\mathfrak{r}}\,\mathfrak{A}_\mathfrak{r}(\mathfrak{x}_\mathfrak{r})\right)$ ist, mit den äußersten ι-Termen

$$\iota_{\mathfrak{x}_1}\,\mathfrak{A}_1(\mathfrak{x}_1),\ \ldots,\ \iota_{\mathfrak{x}_\mathfrak{r}}\,\mathfrak{A}_\mathfrak{r}(\mathfrak{x}_\mathfrak{r})\,.$$

Hier lautet die Reduzierte

$$(\mathfrak{x}_1)\,\ldots\,(\mathfrak{x}_\mathfrak{r})\,\left(\mathfrak{R}(\mathfrak{A}_1(\mathfrak{x}_1))\,\&\,\ldots\,\&\,\mathfrak{R}(\mathfrak{A}_\mathfrak{r}(\mathfrak{x}_\mathfrak{r}))\to\mathfrak{P}\,(\mathfrak{x}_1,\,\ldots,\,\mathfrak{x}_\mathfrak{r})\right).$$

Auf Grund unserer Induktionsannahme sind die Äquivalenzen

$$\mathfrak{R}\left(\mathfrak{A}_1(c_1)\right)\sim\mathfrak{A}_1(c_1),\ \ldots,\ \mathfrak{R}\left(\mathfrak{A}_\mathfrak{r}(c_\mathfrak{r})\right)\sim\mathfrak{A}_\mathfrak{r}(c_\mathfrak{r})$$

(mit freien Variablen $c_1,\ \ldots,\ c_\mathfrak{r}$) herleitbar. Diese Variablen seien als solche gewählt, die nicht in der Formel $\mathfrak{F}$ vorkommen.

Ferner haben wir für jede Formel $\mathfrak{A}_i(c_i)$ $(i = 1,\ \ldots,\ \mathfrak{r})$ die zugehörigen Unitätsformeln zur Verfügung, aus denen mittels der ι-Regel und des Gleichheitsaxioms (J_2) die Äquivalenzen

$$\mathfrak{A}_i(c_i)\ \sim\ c_i = \iota_{\mathfrak{x}_i}\,\mathfrak{A}_i(\mathfrak{x}_i)\qquad(i = 1,\ \ldots,\ \mathfrak{r})$$

ableitbar sind[2].

Diese Äquivalenzen zusammen mit den obigen ergeben die Formeln

$$\mathfrak{R}\left(\mathfrak{A}_i(c_i)\right)\ \sim\ c_i = \iota_{\mathfrak{x}_i}\,\mathfrak{A}(\mathfrak{x}_i)\qquad(i = 1,\ \ldots,\ \mathfrak{r}),$$

aus denen man durch mehrmalige Anwendung des Gleichheitsaxioms (J_2) die Implikation

$$\mathfrak{R}\left(\mathfrak{A}_1(c_1)\right)\,\&\,\ldots\,\&\,\mathfrak{R}\left(\mathfrak{A}_\mathfrak{r}(c_\mathfrak{r})\right)\to\left(\mathfrak{P}\left(\iota_{\mathfrak{x}_1}\,\mathfrak{A}(\mathfrak{x}_1),\,\ldots,\,\iota_{\mathfrak{x}_\mathfrak{r}}\,\mathfrak{A}(\mathfrak{x}_\mathfrak{r})\right)\to\mathfrak{P}(c_1,\,\ldots,\,c_\mathfrak{r})\right)$$

---

[1] Wobei also nur eigentliche ι-Terme auftreten.
[2] Vgl. S. 395.

und daraus mittels des Prädikatenkalkuls die Formel

$$\mathfrak{F} \rightarrow (\mathfrak{x}_1) \ldots (\mathfrak{x}_\mathfrak{r}) \left(\mathfrak{R}(\mathfrak{A}_1(\mathfrak{x}_1)) \& \ldots \& \mathfrak{R}(\mathfrak{A}_\mathfrak{r}(\mathfrak{x}_\mathfrak{r})) \rightarrow \mathfrak{P}(\mathfrak{x}_1, \ldots, \mathfrak{x}_\mathfrak{r}) \right),$$

d.h. die Formel $\mathfrak{F} \rightarrow \mathfrak{R}(\mathfrak{F})$ erhält.

Andrerseits ergibt sich die Implikation $\mathfrak{R}(\mathfrak{F}) \rightarrow \mathfrak{F}$ folgendermaßen: Man geht aus von der mittels des Prädikatenkalkuls herleitbaren Implikation

$$(\mathfrak{x}_1) \ldots (\mathfrak{x}_\mathfrak{r}) \left(\mathfrak{R}(\mathfrak{A}_1(\mathfrak{x}_1)) \& \ldots \& \mathfrak{R}(\mathfrak{A}_\mathfrak{r}(\mathfrak{x}_\mathfrak{r})) \rightarrow \mathfrak{P}(\mathfrak{x}_1, \ldots, \mathfrak{x}_\mathfrak{r}) \right)$$
$$\rightarrow \left(\mathfrak{R}(\mathfrak{A}_1(c_1)) \& \ldots \& \mathfrak{R}(\mathfrak{A}_\mathfrak{r}(c_\mathfrak{r})) \rightarrow \mathfrak{P}(c_1, \ldots, c_\mathfrak{r}) \right),$$

worin das Vorderglied die Formel $\mathfrak{R}(\mathfrak{F})$ ist. Werden hierin für die Variablen $c_1, \ldots, c_\mathfrak{r}$ die ι-Terme $\iota_{\mathfrak{x}_1} \mathfrak{A}_1(\mathfrak{x}_1), \ldots, \iota_{\mathfrak{x}_\mathfrak{r}} \mathfrak{A}_\mathfrak{r}(\mathfrak{x}_\mathfrak{r})$ eingesetzt, so tritt an Stelle des Gliedes $\mathfrak{P}(c_1, \ldots, c_\mathfrak{r})$ die Formel $\mathfrak{F}$. Man erhält also

$$\mathfrak{R}(\mathfrak{F}) \rightarrow \left(\mathfrak{R}(\mathfrak{A}_1(\iota_{\mathfrak{x}_1} \mathfrak{A}_1(\mathfrak{x}_1))) \& \ldots \& \mathfrak{R}(\mathfrak{A}_\mathfrak{r}(\iota_{\mathfrak{x}_\mathfrak{r}} \mathfrak{A}_\mathfrak{r}(\mathfrak{x}_\mathfrak{r}))) \rightarrow \mathfrak{F} \right).$$

Nun sind aber die Formeln $\mathfrak{A}_i(\iota_{\mathfrak{x}_i} \mathfrak{A}_i(\mathfrak{x}_i))$ $(i = 1, \ldots, \mathfrak{r})$ durch die ι-Regel herleitbar, und folglich sind auch die Formeln $\mathfrak{R}(\mathfrak{A}_i(\iota_{\mathfrak{x}_i} \mathfrak{A}_i(\mathfrak{x}_i)))$ (sogar ι-frei) herleitbar. Demgemäß ergibt sich durch den Aussagenkalkul die Formel $\mathfrak{R}(\mathfrak{F}) \rightarrow \mathfrak{F}$. Aus den beiden abgeleiteten Implikationen $\mathfrak{F} \rightarrow \mathfrak{R}(\mathfrak{F})$ und $\mathfrak{R}(\mathfrak{F}) \rightarrow \mathfrak{F}$ erhalten wir die Äquivalenz $\mathfrak{R}(\mathfrak{F}) \sim \mathfrak{F}$.

Hiermit ist auf Grund unserer Induktionsannahme die Herleitbarkeit dieser Äquivalenz in allen Fällen dargetan.

Bemerkung. In der ersten Auflage des Buches wurde der Nachweis der Eliminierbarkeit der ι-Symbole direkt für die ursprüngliche ι-Regel geführt, und zwar in solcher Weise, daß gezeigt wurde, daß jeweils die letzte Einführung eines ι-Terms sich eliminieren läßt. Diese Art der Induktion erwies sich jedoch als sehr mühsam. Von KURT SCHÜTTE wurde ein erheblich vereinfachter Nachweis erbracht[1], bei welchem gleichfalls die ursprüngliche ι-Regel zugrunde gelegt wird, jedoch die Induktion in der Weise erfolgt, daß der maximale „Grad" der ι-Ausdrücke verkleinert wird, wobei unter dem Grad eines Ausdrucks $\iota_x \mathfrak{A}(x)$ die Anzahl der in ihm vorkommenden ι-Symbole zu verstehen ist. Zugleich liefert der SCHÜTTEsche Beweis ein weitergehendes Ergebnis, da er sich auch auf solche formale Systeme bezieht, in denen freie und gebundene Funktionsvariablen und auch gebundene Formelvariablen verwendet werden, und in denen das ι-Symbol in Verbindung mit Funktionsvariablen wie auch mit Formelvariablen gebraucht werden kann, so daß auch Kennzeichnungen von Funktionen und Prädikaten formalisiert werden.

Gegenüber der SCHÜTTEschen Beweismethode liefert das hier von uns verwendete ROSSER-HASENJAEGERsche Verfahren insofern eine Erleichterung der Kontrolle, als der Hauptteil der Überlegung auf ein einziges

---

[1] Vgl. die Abh.: „Die Eliminierbarkeit des bestimmten Artikels in Kodifikaten der Analysis" (Math. Ann. Bd. 123 (1951), S. 166—186).

Formelschema beschränkt wird[1,2].

Aus unserem erhaltenen Ergebnis können wir nun insbesondere als Folgerung den schon im § 7 angekündigten Satz entnehmen, daß *die rekursiven Funktionen im System (Z) vertretbar* sind[3]. Sei $\mathfrak{f}(a, b, \ldots, k)$ eine Funktion, welche wir, ausgehend von der Strichfunktion, durch primitive Rekursionen und Einsetzungen erhalten. Eine solche Funktion läßt sich, wie wir wissen[4], innerhalb desjenigen Systems, welches aus dem System (Z) durch Hinzunahme der Funktion $\mu_x A(x)$ und der Formeln (μ_1), (μ_2), (μ_3) entsteht, durch einen Term $\mathfrak{f}(a, b, \ldots, k)$ darstellen, welcher außer $a, b, \ldots, k$ keine freie Variable enthält; und zwar ist die Beziehung dieses Terms zu der Funktion $\mathfrak{f}(a, b, \ldots, k)$ derart, daß einer jeden in der rekursiven Zahlentheorie für die Funktion $\mathfrak{f}(a, \ldots, k)$ ableitbaren Formel vermöge der Ersetzung von $\mathfrak{f}(a, \ldots, k)$ durch $\mathfrak{f}(a, \ldots, k)$ eine durch das System (Z), unter Hinzunahme der Formeln (μ_1), (μ_2), (μ_3) ableitbare Formel entspricht.

Hier kann zunächst, wie wir wissen, die Anwendung der Funktion $\mu_x A(x)$ und der Formeln (μ_1), (μ_2), (μ_3) auf die Anwendung der ι-Regel zurückgeführt werden[5].

Setzen wir für die in $\mathfrak{f}(a, \ldots, k)$ auftretenden Ausdrücke $\mu_x \mathfrak{A}(x)$ ihre Definition mittels des ι-Symbols ein, so erhalten wir einen mit ι-Symbolen aufgebauten Term $\mathfrak{g}(a, \ldots, k)$; und dieser steht nun wiederum zu $\mathfrak{f}(a, \ldots, k)$ in der Beziehung, daß jede in der rekursiven Zahlentheorie für die Funktion $\mathfrak{f}(a, \ldots, k)$ ableitbare Formel, wenn darin $\mathfrak{f}(a, \ldots, k)$ überall durch $\mathfrak{g}(a, \ldots, k)$ ersetzt wird, in eine durch das System (Z) mit Hinzunahme der ι-Regel ableitbare Formel übergeht. Insbesondere ist daher, wenn

$$\mathfrak{a}, \ldots, \mathfrak{k}, \mathfrak{l}$$

Ziffern sind, die Gleichung

$$\mathfrak{g}(\mathfrak{a}, \ldots, \mathfrak{k}) = \mathfrak{l}$$

---

[1] Hingewiesen sei hier auch auf den Beweis der Eliminierbarkeit der Kennzeichnungen im Lehrbuch von STEPHEN COLE KLEENE „Introduction to Metamathematics" 1952 Amsterdam. — Als neuere Publikationen über den Gegenstand seien noch erwähnt: KARL SCHRÖTER „Theorie des bestimmten Artikels" (Zeitschr. f. math. Logik und Grundl. d. Math. Bd. 2, 1956); ELIOTT MENDELSON „A semantic proof of the eliminability of descriptions", Z. Math. Logik Grundl. Math. 6 (1960), S. 199—200.

[2] Bei dem ursprünglichen Nachweis für die Eliminierbarkeit der ι-Symbole, wurde anläßlich der Vorbereitungen eine Ergänzung zu dem Satz aus § 7 (S. 382 bis 384) über die Ersetzbarkeit des Gleichheitsaxioms (J_2) bzw. des Gleichheitsschemas

$$a = b \to \left(\mathfrak{A}(a) \to \mathfrak{A}(b) \right)$$

durch eigentliche Axiome bewiesen. Die diesbezüglichen Überlegungen folgen in einem Nachtrag, siehe S. 464—466.

[3] Vgl. S. 381 f.

[4] Vgl. S. 421 ff.

[5] Vgl. S. 403—405.

oder aber ihre Negation

$$\mathfrak{g}(\mathfrak{a}, \ldots, \mathfrak{k}) \neq \mathfrak{l}$$

durch das System (Z) mit Hinzunahme der ι-Regel ableitbar, je nachdem der Wert von $\mathfrak{f}(\mathfrak{a}, \ldots, \mathfrak{k})$, wie er sich durch die rekursive Berechnung ergibt, mit $\mathfrak{l}$ übereinstimmt oder nicht.

Betrachten wir nun die mit den Variablen $a, \ldots, k, l$ gebildete Gleichung

$$\mathfrak{g}(a, \ldots, k) = l \,.$$

Die Reduzierte dieser Gleichung ist eine ι-freie Formel $\mathfrak{G}(a, \ldots, k, l)$, für welche die Äquivalenz

[$\mathfrak{G}$] $\mathfrak{G}(a, \ldots, k, l) \sim \mathfrak{g}(a, \ldots, k) = l$

herleitbar ist. Da wir in diese Äquivalenz für die Variablen $a, \ldots, k, l$ beliebige Ziffern einsetzen können, so ergibt sich nach dem vorherigen, daß, je nachdem für die Ziffern $\mathfrak{a}, \ldots, \mathfrak{k}$ der Wert von $\mathfrak{f}(\mathfrak{a}, \ldots, \mathfrak{k})$ mit $\mathfrak{l}$ übereinstimmt oder nicht, die Formel

$$\mathfrak{G}(\mathfrak{a}, \ldots, \mathfrak{k}, \mathfrak{l})$$

oder ihre Negation durch das System (Z), in Verbindung mit der ι-Regel, ableitbar ist.

Nun lehrt unser bewiesener Satz von der Eliminierbarkeit der ι-Symbole, daß aus der Ableitung der Formel

$$\mathfrak{G}(\mathfrak{a}, \ldots, \mathfrak{k}, \mathfrak{l}) \text{ bzw. } \overline{\mathfrak{G}(\mathfrak{a}, \ldots, \mathfrak{k}, \mathfrak{l})},$$

da diese ja kein ι-Symbol enthält, die Anwendung der ι-Regel ganz ausgeschaltet werden kann. Es kann daher allein durch das System (Z) die Formel

$$\mathfrak{G}(\mathfrak{a}, \ldots, \mathfrak{k}, \mathfrak{l})$$

oder ihre Negation abgeleitet werden, je nachdem $\mathfrak{f}(\mathfrak{a}, \ldots, \mathfrak{k})$ den Wert $\mathfrak{l}$ hat oder nicht.

Hiernach ist in der Tat, im Sinne unserer früheren Definition[1], die Funktion $\mathfrak{f}(a, \ldots, k)$ im System (Z) vertretbar; nämlich die Gleichung

$$\mathfrak{f}(a, \ldots, k) = l$$

wird vertreten durch die Formel

$$\mathfrak{G}(a, \ldots, k, l) \,.$$

Die Vertretbarkeit der rekursiven Funktionen im System (Z) besteht aber nicht nur im Sinne jener Definition[2], sondern in einem viel weitergehenden Sinne.

Nämlich auf Grund der herleitbaren Äquivalenz [$\mathfrak{G}$] ergibt sich die Herleitbarkeit der Unitätsformeln

$$(E \mathfrak{x}) \, \mathfrak{G}(a, \ldots, k, \mathfrak{x})$$

$$(\mathfrak{x}) \, (\mathfrak{y}) \, \big(\mathfrak{G}(a, \ldots, k, \mathfrak{x}) \, \& \, \mathfrak{G}(a, \ldots, k, \mathfrak{y}) \to \mathfrak{x} = \mathfrak{y} \big)$$

---

[1] Vgl. S. 361—362.

[2] Wir haben bei der Aufstellung dieser Definition für den Zweck der damaligen Betrachtung die Bedingung der „Vertretbarkeit" einer Funktion sehr schwach gewählt. Vgl. die Anmerkung auf S. 361.

(mit passenden gebundenen Variablen $\mathfrak{x}$, $\mathfrak{y}$). Demgemäß kann der ι-Term $\iota_{\mathfrak{x}} \mathfrak{G}(a, \ldots, k, \mathfrak{x})$ eingeführt werden, und wir erhalten:

$$\mathfrak{G}\left(a, \ldots, k, \iota_{\mathfrak{x}} \mathfrak{G}(a, \ldots, k, \mathfrak{x})\right)$$

sowie die Äquivalenz

$$\mathfrak{G}(a, \ldots, k, l) \sim l = \iota_{\mathfrak{x}} \mathfrak{G}(a, \ldots, k, \mathfrak{x})$$

und mit Anwendung der Äquivalenz [$\mathfrak{G}$] durch Einsetzung von $\mathfrak{g}(a, \ldots, k)$ für l, und Benutzung von (J_2), die Gleichung

$$\mathfrak{g}(a, \ldots, k) = \iota_{\mathfrak{x}} \mathfrak{G}(a, \ldots, k, \mathfrak{x}).$$

Somit ist $\mathfrak{g}(a, \ldots, k)$, und daher auch die Funktion $\mathfrak{f}(a, \ldots, k)$ dargestellt durch einen ι-Term, welcher gebildet ist durch Anwendung des ι-Symbols auf eine Formel des Systems (Z). In dieser Weise läßt sich also jede rekursive Funktion darstellen; und zwar besteht die Darstellbarkeit auf Grund der Hinzunahme der ι-Regel zum System (Z).

Mittels dieser Darstellung einer jeden rekursiven Funktion durch einen ι-Term $\iota_{\mathfrak{x}} \mathfrak{A}(a, \ldots, k, \mathfrak{x})$ können wir nun von der Reihe der Gleichungen, welche den rekursiven Aufbau einer rekursiven Funktion $\mathfrak{f}(a, \ldots, k)$ liefern, zu einer Reihe von ι-freien Formeln übergehen, welche das Prädikat $\mathfrak{G}(a, \ldots, k, l)$ im System (Z) charakterisieren.

Wird z. B. ein Funktionszeichen $\varphi(a, b)$ durch die Rekursionsgleichungen

$$\varphi(a, 0) = \mathfrak{a}(a)$$
$$\varphi(a, n') = \mathfrak{b}\left(a, n, \varphi(a, n)\right)$$

eingeführt, wobei $\mathfrak{a}(a)$ und $\mathfrak{b}(a, n, c)$ rekursive Terme sind, und stellen sich die Funktionen $\varphi(a, b)$, $\mathfrak{a}(a)$, $\mathfrak{b}(a, n, c)$ durch die ι-Terme

$$\iota_x \mathfrak{G}(a, b, x), \qquad \iota_y \mathfrak{A}(a, y), \qquad \iota_z \mathfrak{B}(a, n, c, z)$$

dar, wobei $\mathfrak{G}(a, b, k)$, $\mathfrak{A}(a, b)$, $\mathfrak{B}(a, n, c, d)$ Formeln des Systems (Z) sind, so ergeben sich zunächst an Stelle der beiden Rekursionsgleichungen die Gleichungen

$$\iota_x \mathfrak{G}(a, 0, x) = \iota_y \mathfrak{A}(a, y)$$
$$\iota_x \mathfrak{G}(a, n', x) = \iota_z \mathfrak{B}\left(a, n, \iota_x \mathfrak{G}(a, n, x), z\right).$$

Aus der ersten gewinnen wir mittels der herleitbaren Äquivalenzen

$$\mathfrak{G}(a, 0, c) \sim c = \iota_x \mathfrak{G}(a, 0; x)$$
$$\mathfrak{A}(a, c) \sim c = \iota_y \mathfrak{A}(a, y)$$

und aus der aus dem Gleichheitsaxiom (J_2) sich ergebenden Formel

$$a = b \to (c = a \sim c = b)$$

die Äquivalenz

$$\mathfrak{G}(a, 0, c) \sim \mathfrak{A}(a, c).$$

Aus der zweiten gewinnen wir mittels der herleitbaren Formel

$$\mathfrak{G}(a, n, b) \;\rightarrow\; b = \iota_x \, \mathfrak{G}(a, n, x)$$

und des Gleichheitsaxioms (J_2) die Formel

$$\mathfrak{G}(a, n, b) \;\rightarrow\; \iota_x \, \mathfrak{G}(a, n', x) = \iota_z \, \mathfrak{B}(a, n, b, z)$$

und aus dieser weiter, mit Hilfe der Äquivalenzen

$$\mathfrak{G}(a, n', c) \;\sim\; c = \iota_x \, \mathfrak{G}(a, n', x)$$
$$\mathfrak{B}(a, n, b, c) \;\sim\; c = \iota_z \, \mathfrak{B}(a, n, b, z)$$

und des Gleichheitsaxiom (J_2) die Formel

$$\mathfrak{G}(a, n, b) \rightarrow \big(\mathfrak{G}(a, n', c) \sim \mathfrak{B}(a, n, b, c)\big).$$

Wir erhalten somit zur Charakterisierung des Prädikates $\mathfrak{G}(a, n, c)$ die beiden ι-freien Formeln

$$\mathfrak{G}(a, 0, c) \sim \mathfrak{A}(a, c)$$
$$\mathfrak{G}(a, n, b) \rightarrow \big(\mathfrak{G}(a, n\,,\, c) \sim \mathfrak{B}(a, n, b, c)\big),$$

welche die rekursive Definition der Funktion $\varphi(a, b)$ im System (Z) vertreten. Man beachte, daß aus diesen Formeln die Unitätsformeln für $\mathfrak{G}(a, n, c)$ in bezug auf das dritte Argument aus denjenigen für $\mathfrak{A}(a, c)$ in bezug auf das zweite und für $\mathfrak{B}(a, n, b, c)$ in bezug auf das vierte Argument durch Induktion nach n ableitbar sind.

Wird ferner eine Funktion ζ aus schon eingeführten rekursiven Funktionen durch Zusammensetzung gebildet, so erhalten wir aus den Prädikaten, welche die in der Zusammensetzung auftretenden Funktionen im System (Z) vertreten, eine Charakterisierung des Prädikates, welches die Funktion ζ vertritt.

Wird z.B. die Funktion $\zeta(a)$ mittels der Funktionsbeziehung $\zeta(a) = \varphi\big(\psi(a), \chi(a)\big)$ aus den rekursiven Funktionen $\varphi(a, b)$, $\psi(a)$, $\chi(a)$ definiert, und ist

$$\varphi(b, c) = \iota_x \, \mathfrak{A}(b, c, x), \qquad \psi(a) = \iota_y \, \mathfrak{B}(a, y), \qquad \chi(a) = \iota_z \, \mathfrak{C}(a, z),$$
$$\zeta(a) = \iota_x \, \mathfrak{R}(a, x),$$

wobei $\mathfrak{A}(b, c, d)$, $\mathfrak{B}(a, d)$, $\mathfrak{C}(a, d)$, $\mathfrak{R}(a, d)$ Formeln aus dem System (Z) sind, so erhalten wir zunächst für $\mathfrak{R}(a, d)$ als Bestimmungsgleichung:

$$\iota_x \, \mathfrak{R}(a, x) = \iota_x \, \mathfrak{A}\big(\iota_y \, \mathfrak{B}(a, y), \, \iota_z \, \mathfrak{C}(a, z), \, x\big).$$

Aus dieser gewinnen wir auf Grund der Äquivalenzen

$$\mathfrak{B}(a, b) \;\sim\; b = \iota_y \, \mathfrak{B}(a, y), \qquad \mathfrak{C}(a, c) \;\sim\; c = \iota_z \, \mathfrak{C}(a, z)$$

zuerst, mittels des Gleichheitsaxioms (J_2), die Formel

$$\mathfrak{B}(a, b) \,\&\, \mathfrak{C}(a, c) \;\rightarrow\; \iota_x \, \mathfrak{R}(a, x) = \iota_x \, \mathfrak{A}(b, c, x)$$

und aus dieser dann auf Grund der Äquivalenzen

$$\mathfrak{A}(b, c, d) \sim d = \iota_x \, \mathfrak{A}(b, c, x), \qquad \mathfrak{K}(a, d) \sim d = \iota_x \, \mathfrak{K}(a, x),$$

wiederum mit Anwendung von (J_2), die Formel

$$\mathfrak{B}(a, b) \,\&\, \mathfrak{C}(a, c) \rightarrow \big(\mathfrak{K}(a, d) \sim \mathfrak{A}(b, c, d)\big),$$

durch welche das Prädikat $\mathfrak{K}(a, d)$ im System (Z) charakterisiert ist.

Aus diesen Formeln können auch wieder die auf das zweite Argument von $\mathfrak{K}(a, b)$ bezüglichen Unitätsformeln aus denjenigen für die Formeln $\mathfrak{B}(a, b)$, $\mathfrak{C}(a, b)$, $\mathfrak{A}(b, c, d)$, jeweils mit Bezug auf das letzte Argument, abgeleitet werden.

Nach diesem Verfahren gewinnen wir schrittweise für jede aus primitiven Rekursionen und Zusammensetzungen gebildete Definition einer rekursiven Funktion $\mathfrak{f}(a, \ldots, k)$ eine Charakterisierung eines vertretenden Prädikates $\mathfrak{G}(a, \ldots, k, l)$ im System (Z).

Unsere eben angestellte Überlegung läßt sich in dem Sinne verallgemeinern, daß wir von der zu betrachtenden Funktion $\mathfrak{f}(a, \ldots, k)$ nicht vorauszusetzen brauchen, daß die zu ihrer Bildung benutzten Rekursionen alle die Form der primitiven Rekursion haben; vielmehr genügt es, wenn diese Rekursionen alle die beiden folgenden Eigenschaften besitzen:

1. Sie ermöglichen die Berechnung der Funktion für beliebige Ziffernwerte der Argumente sowie auch die Formalisierung dieser Berechnung, d. h. die Ableitung der Gleichung

$$\mathfrak{f}(\mathfrak{a}, \ldots, \mathfrak{k}) = \mathfrak{l},$$

wenn $\mathfrak{l}$ der Wert von $\mathfrak{f}(\mathfrak{a}, \ldots, \mathfrak{k})$ ist.

2. Sie lassen sich im Rahmen des Systems (Z) mittels der Funktion $\mu_x A(x)$ auf explizite Definitionen zurückführen.

Bei dem hiermit erbrachten Nachweis für die Vertretbarkeit der rekursiven Funktionen haben wir zwei verschiedene Übergänge vollzogen: zuerst die Zurückführung der rekursiven Funktionen auf die Summe und das Produkt mittels der Funktion $\mu_x A(x)$ auf arithmetischem Wege und dann die Elimination der ι-Symbole, durch die man an Stelle der (mit ι-Symbolen gebildeten) Funktionsgleichungen die vertretenden Formeln erhält.

Man kann auch diese beiden Schritte in einen zusammenziehen und dadurch die Benutzung der ι-Symbole vermeiden; jedoch gestaltet sich das Verfahren mit Hilfe der ι-Symbole übersichtlicher.

Allgemein bildet die Einführung von ι-Symbolen ein handliches Verfahren für den Übergang von Funktionszeichen zu entsprechenden, d. h. die Funktionsgleichungen vertretenden Prädikatensymbolen. Es besteht in der Tat eine *allgemeine Vertretbarkeit*[1] *von Funktionszeichen*

---

[1] Was hier genauer unter „Vertretbarkeit" zu verstehen ist, wird aus dem Folgenden hervorgehen.

durch Prädikatensymbole, die wir uns mit Hilfe des Satzes von der Eliminierbarkeit der ι-Symbole sehr einfach klarmachen können. Es genügt, die Überlegung an einem typischen Falle durchzuführen.

Gegeben sei uns ein Formalismus $\mathfrak{S}$, welcher aus dem Prädikatenkalkul hervorgeht, indem die Gleichheitsaxiome, ferner gewisse eigentliche Axiome nebst den in ihnen auftretenden Symbolen und eventuell auch das Induktionsaxiom, bzw. das ihm gleichwertige Induktionsschema, hinzugenommen werden. Zu den Symbolen von $\mathfrak{S}$ gehöre das Funktionszeichen φ mit zwei Argumenten; dieses trete nur in einem von den Axiomen auf, welches die Gestalt

$$\mathfrak{K}(a, b, c, \varphi(a, b), \varphi(a, c))$$

habe — [wobei die Angabe so zu verstehen ist, daß das Funktionszeichen $\varphi(., .)$ nur in den Termen $\varphi(a, b)$ und $\varphi(a, c)$ vorkommt].

Wir führen nun ein Prädikatensymbol mit drei Argumenten, etwa Φ, durch die explizite Definition

$$\Phi(a, b, c) \sim \varphi(a, b) = c$$

ein. Aus dieser sind dann die zu $\Phi(a, b, c)$ in bezug auf das Argument c gehörigen Unitätsformeln

$$(E\,x)\ \Phi(a, b, x)$$

$$(x)\,(y)\,(\Phi(a, b, x)\ \&\ \Phi(a, b, y)\ \rightarrow\ x = y)$$

ableitbar.

Nehmen wir nun die ι-Regel hinzu, so können wir

$$\iota_x\,\Phi(a, b, x)$$

als Term einführen, und es ergibt sich einerseits nach der ι-Regel

$$\Phi(a, b, \iota_x\,\Phi(a, b, x)),$$

andererseits aus der Definition von $\Phi(a, b, c)$ in Verbindung mit (J_1)

$$\Phi(a, b, \varphi(a, b))$$

und somit auch, mittels der zweiten von den eben genannten Unitätsformeln, die Gleichung

$$\varphi(a, b) = \iota_x\,\Phi(a, b, x).$$

Durch die Anwendung dieser Gleichung und des zweiten Gleichheitsaxioms erhalten wir aus einer Formel, in der das Funktionszeichen $\varphi(., .)$ auftritt, diejenige Formel, die aus jener hervorgeht, indem jeder Bestandteil $\varphi(\mathfrak{a}, \mathfrak{b})$ durch den entsprechenden Ausdruck $\iota_x\,\Phi(\mathfrak{a}, \mathfrak{b}, x)$ ersetzt wird. Insbesondere erhalten wir aus dem Axiom

$$\mathfrak{K}(a, b, c, \varphi(a, b), \varphi(a, c))$$

die Formel

$$\mathfrak{K}(a, b, c, \iota_x\,\Phi(a, b, x), \iota_x\,\Phi(a, c, x)),$$

die wiederum überführbar ist in die Formel

$$(x)\,(y)\,(\Phi(a, b, x)\ \&\ \Phi(a, c, y)\ \rightarrow\ \mathfrak{K}(a, b, c, x, y)).$$

Es bleibt nun der Bereich der ableitbaren Formeln unverändert, wenn wir das Prädikatensymbol Φ, anstatt es durch die explizite Definition einzuführen, als Grundzeichen nehmen und die beiden zu $\iota_x \Phi(a, b, x)$ gehörigen Unitätsformeln sowie die Formel

$$(x)\ (y)\ (\Phi(a, b, x)\ \&\ \Phi(a, c, y) \to \Re(a, b, c, x, y))$$

zu den Axiomen hinzufügen, dafür andererseits das Axiom

$$\Re(a, b, c, \varphi(a, b), \varphi(a, c))$$

weglassen und das Funktionszeichen $\varphi(.,.)$, welches wir vorher als Grundzeichen hatten, nunmehr [nach Einführung von $\iota_x \Phi(a, b, x)$ mittels der ι-Regel] explizite durch die Gleichung

$$\varphi(a, b) = \iota_x \Phi(a, b, x)$$

definieren. In der Tat gehen ja hierdurch die Formeln

$$\Re(a, b, c, \varphi(a, b), \varphi(a, c))$$

$$\Phi(a, b, c) \sim \varphi(a, b) = c$$

in ableitbare Formeln über[1].

Nunmehr kommt die Elimination des ι-Terms $\iota_x \Phi(a, b, x)$ der Elimination von $\varphi(a, b)$ gleich. Führen wir die Elimination von $\iota_x \Phi(a, b, x)$ aus, so erhalten wir an Stelle einer jeden im Formalismus $\mathfrak{S}$ gebildeten Formel, die das Funktionszeichen $\varphi(.,.)$ enthält, eine „vertretende" Formel desjenigen Formalismus $\mathfrak{S}^*$, der aus $\mathfrak{S}$ durch Weglassen des Funktionszeichens $\varphi(.,.)$ sowie des Axioms $\Re(a, b, c, \varphi(a, b), \varphi(a, c))$ und durch Hinzufügen des Symbols Φ sowie der drei für dieses aufgestellten Axiome hervorgeht. Wenn die in $\mathfrak{S}$ gebildete Formel durch das System $\mathfrak{S}$ ableitbar ist, so ist die vertretende Formel durch $\mathfrak{S}^*$ ableitbar, und umgekehrt. Nämlich aus der einen Ableitbarkeit folgt die andere zunächst bei Hinzunahme der ι-Regel; da aber in der Endformel kein ι-Symbol auftritt, kann die Anwendung der ι-Regel ausgeschaltet werden.

Auf dieselbe Weise erkennen wir auch, daß in dem Formalismus, welcher aus $\mathfrak{S}$ durch Hinzunahme der expliziten Definition

$$\Phi(a, b, c) \sim \varphi(a, b) = c$$

entsteht, eine Formel, die das Funktionszeichen $\varphi(.,.)$ nicht enthält, dann und nur dann ableitbar ist, wenn sie in $\mathfrak{S}^*$ ableitbar ist.

In diesem Sinne besteht also eine *Gleichwertigkeit* der Formalismen $\mathfrak{S}$ und $\mathfrak{S}^*$.

---

[1] Vgl. hierzu die frühere Bemerkung über die Ableitbarkeit der Formel

$$\mathfrak{B}(a, b) \sim a = \iota_x \mathfrak{B}(x, b)$$

(S. 396). Allgemein ist auf diese Weise für einen Term $\iota_x \mathfrak{A}(x)$ die Äquivalenz

$$\mathfrak{A}(a) \sim a = \iota_x \mathfrak{A}(x)$$

ableitbar.

Das Ergebnis dieser Betrachtung läßt sich ohne weiteres auf den Fall einer beliebigen Anzahl von Funktionszeichen (mit beliebigen Anzahlen von Argumenten) und einer beliebigen Anzahl von Axiomen für diese Funktionen ausdehnen. Auch lassen sich die Individuensymbole in diese Betrachtung einbegreifen, da sie als Funktionszeichen ohne Argumente behandelt werden können.

Wir erkennen so, daß bei Zugrundelegung des Prädikatenkalkuls und der Gleichheitsaxiome jedes Axiomsystem, welches nur eigentliche Axiome, oder außer solchen nur das Induktionsaxiom enthält, stets einem solchen Axiomensystem gleichwertig ist, in dem kein Funktionszeichen und kein Individuensymbol auftritt.

Die Ersetzung eines mit Anwendung von Funktionszeichen formalisierten Axiomensystems der betrachteten Art durch ein gleichwertiges, von Funktionszeichen freies Axiomensystem ermöglicht insbesondere, falls das Induktionsaxiom nicht unter den Axiomen vorkommt, die Zurückführung der Fragen der Ableitbarkeit und der Widerspruchsfreiheit auf spezielle Entscheidungsprobleme des Prädikatenkalkuls[1].

Für diesen Zweck bietet die Ausschaltung der Individuensymbole keinen Vorteil. Überhaupt wird die Ersetzung eines Individuensymbols durch ein vertretendes Prädikatensymbol sich zumeist nicht empfehlen, und man wird im allgemeinen die Ausschaltung eines Individuensymbols nur dann in Betracht ziehen, wenn sie mittels einer expliziten Definition des Individuensymbols durch einen ι-Term, also ohne die Einführung eines neuen Prädikatensymbols gelingt.

Wir wollen uns den Übergang von Funktionszeichen zu vertretenden Prädikatensymbolen, wie er durch Vermittlung der ι-Terme erfolgt, und auch das Verfahren der Ausschaltung eines Individuensymbols mittels einer expliziten Definition an dem Beispiel des Systems (Z) deutlich machen.

Im System (Z) haben wir die Funktionszeichen a', $a + b$, $a \cdot b$. Jedem dieser Symbole ordnen wir ein Prädikatensymbol zu mittels folgender Äquivalenzen:

$\{1\}$ $\qquad\qquad Sq(a, b) \sim a' = b$

$\{2\}$ $\qquad\qquad Ad(a, b, c) \sim a + b = c$

$\{3\}$ $\qquad\qquad Mp(a, b, c) \sim a \cdot b = c.$

Werden diese Äquivalenzen als explizite Definitionen der Prädikatensymbole genommen, so sind aus ihnen für jedes dieser Symbole die Unitätsformeln in bezug auf das letzte Argument mit Hilfe der Gleichheitsaxiome ableitbar.

Wir nehmen jetzt umgekehrt diese Unitätsformeln als Axiome. Mittels der ι-Regel können wir dann die Terme

$$\iota_x Sq(a \quad x), \ \iota_x Ad(a, b, x), \ \iota_x Mp(a, b, x)$$

_____

[1] Vgl. § 4, S. 154—155.

einführen, und indem wir die Gleichungen

[1] $$a' = \iota_x \, Sq(a, x)$$

[2] $$a + b = \iota_x \, Ad(a, b, x)$$

[3] $$a \cdot b = \iota_x \, Mp(a, b, x)$$

als explizite Definitionen nehmen, werden die Formeln $\{1\}$, $\{2\}$, $\{3\}$ ableitbar.

Um nun von dem System (Z) zu einem solchen Axiomensystem zu gelangen, in dem anstatt der drei Funktionszeichen die ihnen zugeordneten Prädikatensymbole auftreten, haben wir nur nötig, aus den Axiomen, in denen die Funktionszeichen vorkommen, also aus den Axiomen (P_1), (P_2), den Rekursionsgleichungen für $a + b$ und $a \cdot b$ und dem Induktionsaxiom zunächst durch Anwendung der Äquivalenzen $\{1\}$, $\{2\}$, $\{3\}$ und der Gleichungen [1], [2], [3] die Funktionszeichen zu entfernen und hernach die ι-Terme zu eliminieren. Dieser Ausschaltungsprozeß gestaltet sich folgendermaßen:

Die Axiome (P_1), (P_2) sind mit Hilfe von $\{1\}$ überführbar in die Formeln
$$\overline{Sq(a, 0)}$$
$$Sq(a, b') \;\rightarrow\; a = b;$$

die zweite von diesen ist weiter mit Hilfe von [1] überführbar in die Formel
$$Sq(a, \iota_x Sq(b, x)) \;\rightarrow\; a = b,$$

und aus dieser erhalten wir durch das Verfahren der Elimination des ι-Symbols die Formel
$$Sq(b, c) \rightarrow (Sq(a, c) \;\rightarrow\; a = b),$$

welche noch die elementare Umformung in
$$Sq(a, c) \,\&\, Sq(b, c) \;\rightarrow\; a = b$$
gestattet.

Die Rekursionsgleichungen für $a + b$ sind mit Hilfe von $\{2\}$ überführbar in
$$Ad(a, 0, a)$$
$$Ad(a, b', (a + b)');$$

von diesen ist wiederum die zweite mit Hilfe von [1], [2] überführbar in die Formel
$$Ad(a, \iota_x Sq(b, x), \iota_x Sq(\iota_y Ad(a, b, y), x)),$$

von der wir durch die Elimination der ι-Symbole nebst elementaren Umformungen zu der Formel
$$Ad(a, b, c) \,\&\, Sq(b, r) \,\&\, Sq(c, s) \rightarrow Ad(a, r, s)$$
gelangen. In ganz entsprechender Weise ergeben sich an Stelle der

Rekursionsgleichungen für $a \cdot b$ mit Hilfe von $\{3\}$ und $[1]$, $[2]$, $[3]$ die Formeln

$$Mp(a, 0, 0)$$

$$Mp(a, b, c) \,\&\, Sq(b, r) \,\&\, Ad(c, a, s) \rightarrow Mp(a, r, s).$$

Das Induktionsaxiom ist mit Hilfe von $[1]$ überführbar in die Formel

$$A(0) \,\&\, (x)\,(A(x) \rightarrow A(\iota_y\, Sq(x, y))) \rightarrow A(a),$$

und aus dieser geht durch die Elimination des ι-Symbols nebst einfacher Umformung die Formel

hervor. $A(0) \,\&\, (x)\,(y)\,(Sq(x, y) \,\&\, A(x) \rightarrow A(y)) \rightarrow A(a)$

Hiermit ist nun bereits der Übergang von dem System (Z) zu einem gleichwertigen Axiomensystem vollzogen, in welchem an Stelle der Funktionszeichen Prädikatensymbole auftreten. In diesem Axiomensystem sind die Unitätsformeln

$$(Ex)\,Ad(a, b, x), \qquad (Ex)\,Mp(a, b, x)$$

als Axiome entbehrlich. Nämlich die Formel

$$(Ex)\,Ad(a, b, x)$$

ist aus den beiden Formeln, welche die Rekursionsgleichungen für $a + b$ vertreten, mit Hilfe des modifizierten Induktionsaxioms und der Unitätsformel

$$(Ex)\,Sq(a, x)$$

ableitbar; und entsprechend ist die Formel

$$(Ex)\,Mp(a, b, x)$$

aus den beiden an Stelle der Rekursionsgleichungen für $a \cdot b$ getretenen Formeln mit Hilfe des modifizierten Induktionsaxioms und der Formel

ableitbar. $(Ex)\,Ad(a, b, x)$

Somit erhalten wir — (nach Austausch der gebundenen Variablen gegen freie in der zweiten Unitätsformel für Sq, für Ad und für Mp) — an Stelle der Axiome des Systems (Z), abgesehen von den Gleichheitsaxiomen, die folgenden Axiome:

$$(Z^*) \begin{cases} (Ex)\,Sq(a, x) \\ Sq(a, b) \,\&\, Sq(a, c) \rightarrow b = c \\ Sq(a, c) \,\&\, Sq(b, c) \rightarrow a = b \\ \overline{Sq(a, 0)} \\ Ad(a, b, c) \,\&\, Ad(a, b, d) \rightarrow c = d \\ Ad(a, 0, a) \\ Ad(a, b, c) \,\&\, Sq(b, r) \,\&\, Sq(c, s) \rightarrow Ad(a, r, s) \\ Mp(a, b, c) \,\&\, Mp(a, b, d) \rightarrow c = d \\ Mp(a, 0, 0) \\ Mp(a, b, c) \,\&\, Sq(b, r) \,\&\, Ad(c, a, s) \rightarrow Mp(a, r, s) \\ A(0) \,\&\, (x)\,(y)\,(Sq(x, y) \,\&\, A(x) \rightarrow A(y)) \rightarrow A(a). \end{cases}$$

Die Anzahl der Axiome hat sich bei dem Übergang von dem System (Z) zu (Z*) um 4 vermehrt; es sind nämlich die beiden Unitätsformeln für Sq hinzugekommen und je eine für Ad und für Mp.

Wir können nun noch das Individuensymbol 0 mittels einer expliziten Definition ausschalten. Nämlich aus dem Axiom

$$\overline{Sq(a, 0)}$$

erhalten wir mittels des Prädikatenkalkuls zunächst

$$(z)\, \overline{Sq(z, 0)}$$

und weiter

$$(E\,x)\,(z)\, \overline{Sq(z, x)}.$$

Hiermit ist die erste zu der Formel

$$(z)\, \overline{Sq(z, a)}$$

gehörige Unitätsformel abgeleitet. Die zugehörige zweite Unitätsformel ergibt sich aus der Formel

$$(z)\, \overline{Sq(z, a)} \;\to\; a = 0,$$

die man durch Anwendung des modifizierten Induktionsaxioms erhält. Nun liefert die ι-Regel in Verbindung mit der eben genannten Formel die Gleichung

[4] $$0 = \iota_x\,(z)\, \overline{Sq(z, x)}.$$

Hier können wir nun wieder — entsprechend wie wir bei der Ausschaltung der Funktionszeichen verfahren sind — das deduktive Verhältnis umkehren, indem wir die Unitätsformeln

$$(E\,x)\,(z)\, \overline{Sq(z, x)}$$
$$(x)\,(y)\,((z)\, \overline{Sq(z, x)}\; \&\; (z)\, \overline{Sq(z, y)} \;\to\; x = y),$$

die wir zuvor mit Benutzung des Symbols 0 abgeleitet haben, als Axiome und, nach der Einführung des Termes

$$\iota_x\,(z)\, \overline{Sq(z, x)}$$

mittels der ι-Regel, die Gleichung [4] als explizite Definition für das Symbol 0 nehmen.

Auf Grund dieser Abänderung des Formalismus läßt sich die Ausschaltung des Symbols 0 in der Weise durchführen, daß zunächst für dieses Symbol allenthalben der definierende ι-Term gesetzt und hernach auf diesen das Verfahren zur Elimination der ι-Symbole angewandt wird.

Bei diesem Ausschaltungsprozeß geht das Axiom

$$\overline{Sq(a, 0)},$$

— wenn zur Ersetzung für den ι-Term $\iota_x(z)\, Sq(z, x)$ die Variable b genommen wird — über in die durch den Prädikatenkalkul ableitbare

Formel
$$(z)\ \overline{Sq(z,\,b)}\ \rightarrow\ \overline{Sq(a,\,b)},$$

und die weiteren drei das Symbol 0 enthaltenden Formeln des Systems (Z^*) — es sind die Formeln

$$Ad(a,\,0,\,a),\qquad Mp(a,\,0,\,0)$$

und das modifizierte Induktionsaxiom — werden entsprechend in die Formeln

$$(z)\ \overline{Sq(z,\,b)}\ \rightarrow\ Ad(a,\,b,\,a)$$

$$(z)\ \overline{Sq(z,\,b)}\ \rightarrow\ Mp(a,\,b,\,b)$$

$$(z)\ \overline{Sq(z,\,b)}\ \&\ A\,(b)\ \&\ (x)\,(y)\,(Sq(x,\,y)\ \&\ A\,(x)\ \rightarrow\ A\,(y))\ \rightarrow\ A\,(a)$$

umgewandelt, welche an Stelle von jenen als Axiome zu nehmen sind.

Schließlich zeigt sich noch, daß aus dem Induktionsaxiom in der neuen Gestalt die zweite der zu $\iota_x\,(z)\,Sq(z,\,x)$ gehörigen Unitätsformeln, die wir ja als Axiom genommen haben, abgeleitet werden kann. Setzen wir nämlich in dem neuen Induktionsaxiom für die Formelvariable mit der Nennform $A\,(c)$ die Formel

$$(z)\ \overline{Sq(z,\,c)}\ \rightarrow\ c = b$$

ein, welche abgekürzt mit $\mathfrak{A}\,(c)$ bezeichnet werde, so erhalten wir auf Grund der Ableitbarkeit von

$$\mathfrak{A}\,(b)\ \&\ (x)\,(y)\,(Sq(x,\,y)\ \&\ \mathfrak{A}\,(x)\ \rightarrow\ \mathfrak{A}\,(y))$$

die Formel
$$(z)\ \overline{Sq(z,\,b)}\ \rightarrow\ \mathfrak{A}\,(a),$$

welche ausgeschrieben

$$(z)\ \overline{Sq(z,\,b)}\ \rightarrow\ ((z)\ \overline{Sq(z,\,a)}\ \rightarrow\ a = b)$$

lautet und aus der durch elementare Umformung nebst Austausch der freien Variablen gegen gebundene die gewünschte Unitätsformel hervorgeht. Diese ist somit als Axiom entbehrlich.

Die andere Unitätsformel

$$(E\,x)\,(z)\ \overline{Sq(z,\,x)}$$

vertritt in dem neuen Axiomensystem das vorherige Axiom $\overline{Sq(a,\,0)}$.

Im ganzen erhalten wir so an Stelle des Systems (Z) ein System (Z^{**}), welches keine anderen arithmetischen Grundzeichen als die Prädikatensymbole Sq, Ad, Mp enthält.

Die an diesem Beispiel dargelegte Methode der Ausschaltung von Funktionszeichen und von Individuensymbolen hat ihre Bedeutung für die Zurückführung axiomatischer Fragen auf solche von einem spezielleren Typus.

Unter anderem Gesichtspunkt kann umgekehrt die Einführung von Funktionszeichen und Individuensymbolen von Vorteil sein; insbesondere kann sie dazu dienen, Existenzaxiome teils überhaupt entbehrlich zu machen, teils sie durch solche Axiome zu ersetzen, in denen nur freie Variablen auftreten.

Führen wir z. B. den Rückgang von dem System (Z**) zu dem System (Z) aus, so wird das Axiom

$$(E\,x)\;Sq\,(a,\,x)$$

zufolge der Einführung der Strichfunktion entbehrlich, und an die Stelle des Axioms

$$(E\,x)\;(z)\;\overline{Sq\,(z,\,x)}$$

tritt das Axiom

$$a' \neq 0,$$

welches keine gebundene Variable enthält.

Im Hinblick auf diese Vereinfachung haben wir ja auch im § 6 das Strichsymbol und das Symbol 0 eingeführt[1], und mit Hilfe dieser Symbole ließ sich die gemeinsame Erfüllung der Formeln ($\mathfrak{D}$) und ($\mathfrak{F}$) durch ein Axiomensystem ohne gebundene Variablen darstellen.

Es erhebt sich nun hier die Frage, ob allgemein die Ausschaltung der Existenzaxiome aus einem Axiomensystem mittels der Einführung von Funktionszeichen und Individuensymbolen als ein Übergang zu einem gleichwertigen Axiomensystem vollzogen werden kann.

Wir wollen diese Frage, die durch unsere bisherigen Betrachtungen nur für gewisse Fälle bejahend entschieden ist[2], zu Beginn des folgenden Teils unserer Untersuchungen allgemein in Angriff nehmen. Ihre Behandlung wird uns zugleich zum Beweis des früher erwähnten HERBRANDschen Satzes[3] führen und von da aus zur Behebung derjenigen Problematik, von der unsere Untersuchung ihren Ausgang genommen hat, nämlich des Zweifels an der Hinlänglichkeit von Modellen der finiten Zahlentheorie zum Nachweis der Widerspruchsfreiheit von Axiomensystemen.

Das Problem des Nachweises für die Widerspruchsfreiheit der Arithmetik ist aber damit, auch bei Beschränkung auf den Formalismus des Systems (Z) mit Hinzunahme der Funktion $\mu_x\,A\,(x)$, noch keineswegs erledigt. Wir wissen nur, auf Grund des Satzes von der Eliminierbarkeit der ι-Symbole, daß unter der Voraussetzung der Widerspruchsfreiheit des Systems (Z) auch dasjenige System widerspruchsfrei ist,

---

[1] Vgl. § 6, S. 214—217. Daß hierbei das zur Darstellung der umkehrbar eindeutigen Abbildung [im Sinne der Erfüllung der Formeln ($\mathfrak{D}$)] eingeführte Strichsymbol zugleich die Verschärfung des Existenzaxioms

$$(Ey)\;(a < y)$$

zu dem Axiom

$$a < a'$$

ermöglicht, ist eine Besonderheit dieses Falles.

[2] Diese Fälle werden bei dem allgemeinen Ansatz des Problems zur Sprache kommen.

[2] Vgl. § 4, S. 128.

welches aus (Z) durch die Hinzufügung des Symbols $\mu_x A(x)$ und die Hinzunahme der Formeln (μ_1), (μ_2), (μ_3) zu den Axiomen entsteht. Dagegen für das System (Z) selbst wird der Nachweis seiner Widerspruchsfreiheit durch das bisherige und auch durch den HERBRANDschen Satz nicht erbracht.

Wir werden uns der Aufgabe dieses Nachweises und den an sie sich knüpfenden grundsätzlichen Erörterungen im letzten Teil unserer Betrachtungen zuwenden.

Nachtrag

Es sei hier der Beweis dafür nachgetragen, daß der im § 7 bewiesene Satz über die Vertretbarkeit des Gleichheitsaxioms (J_2), bzw. des Gleichheitsschemas

$$a = b \rightarrow \big(\mathfrak{A}(a) \rightarrow \mathfrak{A}(b)\big)$$

durch spezielle, eigentliche Gleichheitsaxiome[1] auch bei der Hinzunahme der ι-Regel gültig bleibt[2]. Die Betrachtung sei von vornherein auf Formalismen ohne Formelvariablen bezogen und demgemäß das allgemeine Gleichheitsaxiom als Schema angenommen.

Wir knüpfen an die Überlegung im § 7 an. Dort wurde gezeigt, daß, wenn die Formel $\mathfrak{A}(a)$ aus Individuenvariablen, Prädikatensymbolen, Individuensymbolen und mathematischen Funktionszeichen mittels der Symbole des Prädikatenkalkuls aufgebaut ist, dann die Formel

$$a = b \rightarrow (\mathfrak{A}(a) \rightarrow \mathfrak{A}(b))$$

mittels des Prädikatenkalkuls abgeleitet werden kann aus einer Axiomenreihe — sie werde kurz mit (i) bezeichnet — bestehend aus

1. den Formeln

$$a = a \,,$$

$$a = b \rightarrow (a = c \rightarrow b = c) \,,$$

2. Formeln der Gestalt

$$a = b \rightarrow (\mathfrak{P}(a) \rightarrow \mathfrak{P}(b)) \,,$$

3. Formeln der Gestalt

$$a = b \rightarrow t(a) = t(b) \,,$$

wobei $\mathfrak{P}(a)$ ein Prädikatensymbol, $t(a)$ ein Funktionszeichen mit a als einem Argument und sonst eventuell noch anderen Variablen als Argumenten bedeutet.

---

[1] Vgl. S. 382—384.

[2] Dieser Beweis erfolgte in der 1. Auflage unseres Buches im Rahmen des Nachweises für die Eliminierbarkeit der ι-Symbole. In der veränderten Fassung dieses Nachweises ist die Maßnahme der Ersetzung des Gleichheitsschemas durch spezielle Gleichheitsaxiome entbehrlich.

Diese Betrachtung bedarf jetzt einer Ergänzung mit Rücksicht auf das Hinzutreten der ι-Symbole. Hier ist zunächst eine Komplikation zu beachten, die durch die einschränkenden Bedingungen der ι-Regel — wir nehmen diese hier in der ursprünglichen Form — verursacht wird: Es kann für eine Formel $\mathfrak{B}(a, c)$ und einen Term c der Fall sein, daß $\iota_x \mathfrak{B}(x, c)$ ein Term ist, nicht aber $\iota_x \mathfrak{B}(x, c)$, wie man sich an einfachen Beispielen klarmacht. Daher kann auch $\mathfrak{A}(c)$ eine Formel sein, ohne daß $\mathfrak{A}(c)$ eine solche ist.

Mit Rücksicht auf diesen Umstand geben wir unserer Behauptung die folgende verschärfte Fassung: Falls a, b Terme und $\mathfrak{A}(a)$, $\mathfrak{A}(b)$ Formeln sind, so ist die Formel

$$a = b \rightarrow \big(\mathfrak{A}(a) \rightarrow \mathfrak{A}(b)\big)$$

aus den Axiomen (i) mittels des Prädikatenkalkuls und der ι-Regel ableitbar.

Der Beweis wird folgendermaßen geführt: Zunächst erkennen wir, indem wir, entsprechend wie bei der erwähnten Überlegung im § 7, dem Aufbau der Formeln nachgehen, daß eine Formel

$$a = b \rightarrow \big(\mathfrak{A}(a) \rightarrow \mathfrak{A}(b)\big)$$

mittels des Prädikatenkalkuls ableitbar ist aus den Formeln (i) nebst Formeln von der Gestalt

$$a = b \rightarrow \iota_x \mathfrak{B}(x, a) = \iota_x \mathfrak{B}(x, b).$$

Dabei sind die Terme $\iota_x \mathfrak{B}(x, a)$, $\iota_x \mathfrak{B}(x, b)$ solche, die innerhalb von $\mathfrak{A}(a)$ bzw. $\mathfrak{A}(b)$ als zu äußerst stehende ι-Terme (im Unterschied von den in anderen ι-Termen eingelagerten) auftreten. Unsere Voraussetzung, daß $\mathfrak{A}(a)$, $\mathfrak{A}(b)$ Formeln sind, schließt die Annahme ein, daß die in $\mathfrak{A}(a)$ und $\mathfrak{A}(b)$ vorkommenden ι-Terme, insbesondere also $\iota_x \mathfrak{B}(x, a)$, $\iota_x \mathfrak{B}(x, b)$ gemäß der ι-Regel mittels der zugehörigen Unitätsformeln eingeführt sind. Anstatt x kann natürlich auch eine andere gebundene Variable auftreten.

Eine jede der Formeln

$$a = b \rightarrow \iota_x \mathfrak{B}(x, a) = \iota_x \mathfrak{B}(x, b)$$

kann nun, ohne Benutzung der Gleichheitsaxiome, abgeleitet werden aus einer Formel von der Gestalt

$$a = b \rightarrow \big(\mathfrak{C}(a) \rightarrow \mathfrak{C}(b)\big),$$

worin $\mathfrak{C}(a)$, $\mathfrak{C}(b)$ weniger ι-Symbole enthalten als $\mathfrak{A}(a)$, $\mathfrak{A}(b)$. Wählen wir nämlich eine in $\mathfrak{B}(x, a)$ und $\mathfrak{B}(x, b)$ nicht vorkommende freie Individuenvariable, etwa c, so ist die Formel

$$a = b \rightarrow \big(\mathfrak{B}(c, a) \rightarrow \mathfrak{B}(c, b)\big)$$

eine solche von der angegebenen Gestalt; dabei enthält $\mathfrak{B}(c, \mathfrak{a})$ weniger ι-Symbole als $\mathfrak{A}(\mathfrak{a})$, $\mathfrak{B}(c, \mathfrak{b})$ weniger als $\mathfrak{A}(\mathfrak{b})$, weil $\iota_x \mathfrak{B}(x, \mathfrak{a})$ Bestandteil von $\mathfrak{A}(\mathfrak{a})$, $\iota_x \mathfrak{B}(x, \mathfrak{b})$ Bestandteil von $\mathfrak{A}(\mathfrak{b})$ ist. Ferner können wir von der Formel

$$\mathfrak{a} = \mathfrak{b} \rightarrow \big(\mathfrak{B}(c, \mathfrak{a}) \rightarrow \mathfrak{B}(c, \mathfrak{b})\big)$$

mittels des Prädikatenkalkuls übergehen zu der Formel

$$\mathfrak{a} = \mathfrak{b} \rightarrow (x) \big(\mathfrak{B}(x, \mathfrak{a}) \rightarrow \mathfrak{B}(x, \mathfrak{b})\big).$$

Andererseits erhalten wir durch Anwendung der Formeln

$$\mathfrak{B}\big(\iota_x \mathfrak{B}(x, \mathfrak{a}), \mathfrak{a}\big), \qquad \mathfrak{B}\big(\iota_x \mathfrak{B}(x, \mathfrak{b}), \mathfrak{b}\big)$$

und der zweiten zu $\iota_x \mathfrak{B}(x, \mathfrak{b})$ gehörigen Unitätsformel mittels des Prädikatenkalkuls, wie früher gezeigt[1], die Formel

$$(x) \big(\mathfrak{B}(x, \mathfrak{a}) \rightarrow \mathfrak{B}(x, \mathfrak{b})\big) \rightarrow \iota_x \mathfrak{B}(x, \mathfrak{a}) = \iota_x \mathfrak{B}(x, \mathfrak{b}),$$

und diese zusammen mit der vorigen ergibt durch den Kettenschluß

$$\mathfrak{a} = \mathfrak{b} \rightarrow \iota_x \mathfrak{B}(x, \mathfrak{a}) = \iota_x \mathfrak{B}(x, \mathfrak{b}).$$

Im ganzen ergibt sich also, daß die Formel

$$\mathfrak{a} = \mathfrak{b} \rightarrow \big(\mathfrak{A}(\mathfrak{a}) \rightarrow \mathfrak{A}(\mathfrak{b})\big)$$

mit Hilfe des Prädikatenkalkuls, der ι-Regel und der Formeln (i) aus Formeln von der Gestalt

$$\mathfrak{a} = \mathfrak{b} \rightarrow \big(\mathfrak{C}(\mathfrak{a}) \rightarrow \mathfrak{C}(\mathfrak{b})\big)$$

abgeleitet werden kann, in denen die Anzahl der auftretenden ι-Symbole geringer ist als in der Formel

$$\mathfrak{a} = \mathfrak{b} \rightarrow \big(\mathfrak{A}(\mathfrak{a}) \rightarrow \mathfrak{A}(\mathfrak{b})\big).$$

Die wiederholte Anwendung dieses Ableitungsverfahrens führt schließlich die Ableitung der Formel

$$\mathfrak{a} = \mathfrak{b} \rightarrow \big(\mathfrak{A}(\mathfrak{a}) \rightarrow \mathfrak{A}(\mathfrak{b})\big)$$

auf die Ableitungen solcher Formeln

$$\mathfrak{a} = \mathfrak{b} \rightarrow \big(\mathfrak{K}(\mathfrak{a}) \rightarrow \mathfrak{K}(\mathfrak{b})\big)$$

zurück, in denen gar kein ι-Symbol vorkommt. Diese aber können, wir wir wissen, aus den Formeln (i) mittels des Prädikatenkalkuls erhalten werden.

Somit reichen im ganzen zur Ableitung der Formel

$$\mathfrak{a} = \mathfrak{b} \rightarrow \big(\mathfrak{A}(\mathfrak{a}) \rightarrow \mathfrak{A}(\mathfrak{b})\big)$$

der Prädikatenkalkul, die ι-Regel und die Formeln (i) aus; und das sollte ja gezeigt werden.

---

[1] Vgl. S. 408.

Namenverzeichnis.

Sachverzeichnis.

Universitätsdruckerei H. Stürtz AG Würzburg

Die Grundlehren der mathematischen Wissenschaften
in Einzeldarstellungen
mit besonderer Berücksichtigung der Anwendungsgebiete

Errata zu

Grundlehren d. math. Wissenschaften, Bd. 40
HILBERT/BERNAYS, Grundlagen der Mathematik I, 2. Aufl.

Infolge einer technischen Störung während der Drucklegung, die sich der Kontrolle der verantwortlichen Mitarbeiter entzog, sind auf den nachstehenden Seiten teilweise die Negationsstriche beim Reindruck nicht herausgekommen. Wir bitten um Verständnis und Verwendung folgender *Errata*.

As a result of technical difficulties during printing which escaped the notice of those responsible, the negation bars failed to come out in the final printing of the following pages. We apologise and ask readers to note the following *Errata*.

bitte wenden!   please turn over!

Seite/Zeile (page/line)	Anstelle von (instead of)	lies (read)
11_6	$\mathfrak{F}$ nicht	$\overline{\overline{\mathfrak{F}}}$ nicht
11_4	$\mathfrak{F}$	$\overline{\overline{\mathfrak{F}}}$
50^{10}	durch $A \vee$	durch $\bar{A} \vee$
70_1	$(A \to B)$	$(\bar{A} \to \bar{B})$
75, Tabelle V 1	$(B \to A)$	$(\bar{B} \to \bar{A})$
87^{20}	$A \vee A$	$A \vee \bar{A}$
87^{22}	$A(a) \vee A(a)$	$A(a) \vee \overline{A(a)}$
90_5	$\to A$	$\to \bar{A}$
114^1	$A, B(a)$	$A, \overline{B(a)}$
123^1	$\mathfrak{G}$	$\overline{\mathfrak{G}}$
128^8	also $\bar{A}$	also $\bar{\bar{A}}$
128^9	aus $\bar{A}$	aus $\bar{\bar{A}}$
132_{19}	$\mathfrak{U} \sim \mathfrak{B}$	$\bar{\mathfrak{U}} \sim \bar{\mathfrak{B}}$
183_3	$A \& A$	$A \& \bar{A}$
198_{13}	oder $\mathfrak{A}$	oder $\overline{\mathfrak{A}}$
198_{12}	zweiten ist $\mathfrak{A}$	zweiten ist $\overline{\mathfrak{A}}$

Es bedeutet z. B. ,,11_6'' Seite 11, Zeile 6 von unten; ,,50^{10}'' Seite 50, Zeile 10 von oben.

E.g. "11_6" means page 11, 6th line from bottom; "50^{10}" means page 50, 10th line from top.